Denise Reimann
Auftakte der Bioakustik

Undisziplinierte Bücher

Gegenwartsdiagnosen und ihre historischen
Genealogien

Herausgegeben von
Iris Därmann, Andreas Gehrlach und Thomas Macho

Wissenschaftlicher Beirat
Andreas Bähr · Kathrin Busch · Philipp Felsch
Dorothee Kimmich · Morten Paul · Jan Söffner

Band 6

Denise Reimann
Auftakte der Bioakustik

Zur Wissensgeschichte nichtmenschlicher Stimmen
um 1800 und 1900

DE GRUYTER

Gedruckt mit freundlicher Unterstützung des Leibniz-Zentrums für Literatur- und Kulturforschung (ZfL).

ISBN 978-3-11-152268-5
e-ISBN (PDF) 978-3-11-072765-4
e-ISBN (EPUB) 978-3-11-072777-7
ISSN 2626-9244

Library of Congress Control Number: 2022936054

Bibliografische Information der Deutschen Nationalbibliothek
Die Deutsche Nationalbibliothek verzeichnet diese Publikation in der Deutschen Nationalbibliografie; detaillierte bibliografische Daten sind im Internet über http://dnb.dnb.de abrufbar.

© 2024 Walter de Gruyter GmbH, Berlin/Boston
Dieser Band ist text- und seitenidentisch mit der 2022 erschienenen gebundenen Ausgabe.
Einbandabbildung: Fotografie von Wilhelm Doegen bei Tonaufnahmen von Elefanten im Zirkus Krone am 9. September 1925. © Lautarchiv, Humboldt-Universität zu Berlin.
Satz: Integra Software Services Pvt. Ltd.

www.degruyter.com

Inhaltsverzeichnis

Einleitung: Stimmenkunde als Schwellenkunde —— 1

1 Tönende Tote: Reanimierungen der Stimme im Wissenschaftstheater —— 15
1.1 *De la formation de la voix de l'homme* (1741) —— 15
1.2 Die Glottis: Eine epistemische Leerstelle —— 17
1.2.1 Akzidentielle Offenbarwerdungen (Ludwig J. C. Mende) —— 22
1.2.2 Vivisektionen (François Magendie, Albrecht von Haller) —— 27
1.2.3 Analogien mit Musikinstrumenten (Aristoteles, Denis Dodart) —— 32
1.3 Spektakuläre Einblicke: Antoine Ferreins Experiment —— 36
1.3.1 Rinder, Schweine, Hunde, Menschen —— 36
1.3.2 Resonanzen (Albrecht von Haller, Denis Diderot) —— 40
1.3.3 Instruktion für eine „machine fort simple" —— 47
1.4 Das Nach(er)leben der Stimme: Nebenschauplätze in Wissenschaft und Literatur —— 54
1.5 *Têtes parlantes* und magische Maschinen: Die Stimme zwischen epistemischem und technischem Ding —— 75

2 Die vergleichende Physiologie der Stimmgebung —— 89
2.1 Sprechende Katzen, schnurrende Jäger (Ludwig Tieck) —— 89
2.2 Vergleichende Kehlkopfstudien —— 96
2.2.1 Vielstimmigkeit als Ausgang und Methode (François Hérissant) —— 96
2.2.2 Von der Diversität der Stimme zur akustischen Phonetik (Albrecht von Haller) —— 103
2.2.3 Komparative Einblicke ins „grand concert de la Nature" (Félix Vicq d'Azyr) —— 108
2.2.4 Vergleich, Nichtwissen, Imagination —— 117
2.2.5 Anthropologische Irritationen —— 128
2.3 „Wollen oder können die Affen und Orange nicht reden?" (Pieter Camper) —— 134
2.3.1 Der ‚stumme' Affe – eine unbehagliche Figur —— 134
2.3.2 Campers Experiment —— 139
2.3.3 Resonanzen (Johann G. Herder, Wolfgang von Kempelen) —— 144
2.4 Schwellen erzählen (Ludwig Tieck, Edgar A. Poe) —— 150

3 Redende Maschinen, sprechende Natur — 167

3.1 Mechanisch sprechen lernen: Visionen der Sprechmaschine (James Lord Monboddo, Wolfgang von Kempelen) — 167
3.2 Ermündigung der ‚Unmündlichen'? Sprecherziehung um 1800 — 179
3.2.1 Szenen der Sprechaktivierung (Jacob R. Pereire) — 179
3.2.2 Die Politisierung der Stimme im Zuge von Aufklärung und Revolution — 189
3.2.3 „Denn die Tonsprache ist eine Kunst" (Samuel Heinicke) — 192
3.3 Mechanische Rede versus sprechende Natur: Positionen der Romantik — 197
3.3.1 Maschinenstimmen in Verruf (Immanuel Kant, Jean Paul, E.T.A. Hoffmann) — 197
3.3.2 Kultivierung des Lauschens (Ernst F. F. Chladni, Johann G. Herder, Ludwig Tieck) — 209
3.3.3 Singen, Klagen, Rauschen der Natur — 216
3.4 Tiergeräusche bei Nacht (Alexander von Humboldt) — 224

4 Lauschangriffe auf das Unerhörte — 235

4.1 Lärmdiskurs und Sensibilisierung des Gehörsinns um 1900 — 235
4.2 Phonographien unerhörter Welten — 241
4.2.1 „Le cri même de la mouche devient perceptible": (Mikro-)phonographische Hörbarwerdung — 241
4.2.2 …der Anderen — 246
4.2.3 Hörschwellen verzeichnen: Kafkas *Bau* und Musils *Amsel* — 255
4.3 Entzug der Tierstimme: Notations- und Übersetzungsprobleme — 274

5 Die koloniale (Tier-)phonographie und das Playback-Experiment — 285

5.1 „A Simian Linguist": Richard L. Garners phonographische Affenforschung um 1890 — 285
5.1.1 Auf den Spuren Darwins — 285
5.1.2 Das Playback-Experiment — 292
5.1.3 Experimentalphonographische Affenstudien — 296
5.1.4 Vom Zoo ins Feld (der Fiktion) — 300
5.1.5 Fortschreibungen (Jules Verne, Franz Kafka) — 312

5.2	Archive der Stimme: Koloniale (Tier-)Phonographie —— **321**	
5.3	Archivierte Leerstellen: Tierstimmen im Berliner Lautarchiv —— **331**	

6 Wiener Grillen: Auftakte der modernen Bioakustik —— 345
6.1   Kaiserstimme und Eselsruf: Frühe Aufnahmen im Wiener Phonogrammarchiv —— **345**
6.2   *Physiologische Untersuchungen über Tierstimmen* (1905) —— **357**
6.3   Mit Grillenstudien gegen den Lärm der Zeit (Theodor Lessing, Hugo von Hofmannsthal, Rainer M. Rilke, Camille Flammarion, Jean-Henri Fabre) —— **362**
6.4   Johann Regens Forschungsprogramm —— **371**
6.4.1 Registrieren: Beobachten, Zuhören, Notieren —— **371**
6.4.2 Experimentieren: Anrufen, Antworten —— **382**
6.4.3 Messen: Aufzeichnen, Visualisieren, Vergrößern —— **390**
6.4.4 Poetisieren: Beschreiben, Imaginieren —— **398**
6.5   Nachgeschichten (Gustav Meyrink, Albrecht Faber, Günter Tembrock) —— **404**

Schluss: Für eine kulturwissenschaftliche Bioakustik —— 413

Literaturverzeichnis —— 421

Bildnachweise —— 453

Danksagung —— 457

Personenregister —— 459

Einleitung: Stimmenkunde als Schwellenkunde

Der schuhschachtelgroße Apparat, mit dem die Verhaltensbiologin Denise Herzing seit 2011 in den Atlantischen Ozean hinabtaucht, um die Lautkommunikation von Fleckendelfinen zu studieren, trägt den Kurznamen CHAT (*Cetacean Hearing and Augmented Telemetry*). Es handelt sich um einen von dem Informatiker Thad Starner entwickelten Apparat, der mit zwei schallempfangenden Unterwassermikrofonen und einem Lautsprecher ausgestattet ist. Über eine ebenfalls am Apparat befindliche Tastatur können synthetisch produzierte Pfiffe ausgesendet werden, die nicht zum natürlichen Lautrepertoire der Delfine gehören. Sie wurden zuvor am Computer entwickelt und mit einer spezifischen Bedeutung besetzt. Wenn Herzing einen solchen Pfiff in die Weite des Meeres entlässt, hört sie über ihre Kopfhörer die ‚Übersetzung' in englische Sprache, gesprochen von einer tiefen Stimme: ‚sargassum', sagt diese Stimme zum Beispiel, um die Wissenschaftlerin über die Bedeutung ihres ausgesendeten Signals rückzuversichern. Gleichzeitig präsentiert Herzing den Delfinen das entsprechende Referenzobjekt des Pfiffes, in diesem Fall ein Algengewächs (‚sargassum'). Das Ziel dieses experimentellen Trainings besteht in der Entwicklung einer gemeinsamen Lautsprache zwischen Mensch und Tier, welche im besten Fall Einblicke in die intraspezifische Kommunikation von Delfinen geben soll. So funktioniert die Signalverarbeitung von CHAT auch in umgekehrte Richtung: Sobald die mimetisch begabten Delfine Pfiffe äußern, die den künstlich produzierten Pfiffen entsprechen, hört Herzing die ‚Übersetzung' über ihre Kopfhörer: Auch ‚sargassum' hat sie laut eigener Aussage eines Tages unter Wasser vernehmen können, obwohl sie selbst keinerlei Pfiff ausgesendet hatte.[1]

Die Unterwasserversuche Herzings und ihres Teams sind Teil eines Forschungszweiges der Verhaltensbiologie, der seit den 1950er Jahren unter dem Namen ‚Bioakustik' (‚bioacoustics') firmiert.[2] Untersucht werden die Laut- und

---

[1] Siehe D. Kohlsdorf / S. Gilliland / P. Presti / T. Starner / D. Herzing: An underwater wearable computer for two way human-dolphin communication experimentation. In: *Proceedings of the 2013 International Symposium on Wearable Computers* (September 2013), S. 147–148 und Hal Hodson: Decoding Dolphin. In: *New Scientist*, 29.03.2014. Siehe auch die Website zum Projekt: http://www.wilddolphinproject.org/ (Abruf am 17.12.2021).

[2] Wenngleich dem Biologen Albrecht Faber nachgesagt wird, den Begriff der Bioakustik schon Anfang der 1940er Jahre vorgeschlagen und umrissen zu haben (siehe Ernst Schütz: Albrecht Faber. Bahnbrecher in der Bioakustik. In: *Pflanzensoziologie. Jahreshefte der Gesellschaft für Naturkunde in Württemberg* 142 (1987), S. 325–335, hier S. 327), datiert sein Kollege Günter Tembrock die offizielle Geburtsstunde der Bioakustik auf das Jahr 1956, als an der State University of Pennsylvania ein „International Committee of Bioacoustics" gegründet wurde,

Hörorgane von Tieren samt deren Funktionen und Kapazitäten, die Beschaffenheit der Laute selbst sowie die biologische Rolle, die sie im Zusammenleben der Tiere spielen. Die Erforschung jener Aspekte ist eng an Techniken zur Aufzeichnung, Reproduktion und Analyse von Schall geknüpft. Laut einem der Gründungsväter der Bioakustik, dem Biologen Günter Tembrock, liegt darin auch der Grund, weshalb sich der Forschungszweig erst Mitte des 20. Jahrhunderts etablieren konnte. In einer kurzen historischen Rückschau betont Tembrock die Rolle der Medien für die Herausbildung seiner Disziplin. Es bedurfte erst geeigneter Apparate wie Phonograph, Tonband und Sonagraph, um die Erforschung von Tierstimmen systematisch zu betreiben.[3]

Von einem solchen „medientechnischen Apriori"[4] der Bioakustik künden noch die Untersuchungen Herzings. Dem lautaufzeichnenden und lautproduzierenden Unterwassercomputer kommt eine zentrale Bedeutung innerhalb der Experimentalanordnung zu. Indem der Computer die Delfinpfiffe unter vermeintlich objektiven, weil von menschlichen Sinnen unabhängigen Bedingungen erfassen und qua eines festgelegten Algorithmus in Sprache zu übersetzen sowie umgekehrt der Sprache entsprechende Pfiffe auszusenden vermag, stiftet er die für das Experiment nötige Verbindungsstelle zwischen Forschungsteam und Forschungsgegenstand, den Lauten von Delfinen. Zugleich steht die Nutzung des Computers damit in einer langen Tradition: der Vision, mit Tieren ins Gespräch zu kommen. Nicht zufällig einigte man sich bei der Namensgebung auf das Akronym *CHAT*. Während der hohe technische Aufwand des Experiments einerseits die sensorischen und epistemischen Grenzen verdeutlicht, mit denen Tierlaute uns konfrontieren, verspricht er andererseits deren Überwindung. Die Distanz zwischen sprechendem Menschen und stimmbegabtem, aber sprechunfähigem Tier, so Herzings Hoffnung, könnte mittels der künstlichen Pfiffe ein Stück weit aufgehoben werden. Indem sich die Forscher:innen die charakteristischen Stimmen der Delfine über den *CHAT*-Computer formal aneigneten, diese aber selbst encodierten, verschafften sie sich einen Zugang zur sonst verschlossenen Lautwelt der Tiere.

---

um die vereinzelt existierenden Forschungsprojekte zum Thema zu vernetzen. Vgl. Günter Tembrock: *Tierstimmen. Eine Einführung in die Bioakustik. Mit 28 Figuren im Text und 56 Abbildungen.* Lutherstadt Wittenberg: Ziemsen 1959, S. 5.
3 Siehe ebd., S. 6. Siehe auch Judith Willkomm: Die Technik gibt den Ton an. Zur auditiven Medienkultur der Bioakustik. In: Axel Volmar / Jens Schröter (Hrsg.): *Auditive Medienkulturen. Techniken des Hörens und Praktiken der Klanggestaltung.* Bielefeld: transcript 2013, S. 393–417, hier S. 395–397.
4 Ute Holl: Medien der Bioakustik. Tiere wiederholt zur Sprache bringen. In: Sabine Nessel (Hrsg.): *Der Film und das Tier // Animals and the cinema. Klassifizierungen, Cinephilien, Philosophien // Classifications, cinephilias, philosophies.* Berlin: Bertz + Fischer 2012, S. 97–114, hier S. 111.

Dass die (pfeifende) Stimme hier zum grenzüberschreitenden Medium des Austauschs zwischen Menschen, Tieren und Maschinen gerät, ja überhaupt geraten kann, liegt an der grundsätzlichen Schwellenposition der Stimme selbst. Aufgespannt zwischen bloßem Geräusch und bedeutungsvollem Laut, zwischen Physischem und Symbolischem, Naturgeräusch und Sprachkultur bildet die Stimme ein gemeinsames Ausdrucksmedium menschlicher und nichtmenschlicher Akteur:innen. Ebenso wie die menschliche Lautsprache auf der kreatürlichen Stimme basiert, birgt umgekehrt die tierliche Stimme eine heimliche Potenz zur sprachlichen Artikulation, das Versprechen einer in Latenz befindlichen oder aber unserem Zugriff nur entzogenen Sprache, wie auch Herzings Forschungen sie aufzudecken hoffen.

Unabhängig von der Frage, welche Rolle das grenzüberschreitende Potenzial der Stimme für historische und aktuelle Aushandlungen von Mensch-Tier-Verhältnissen spielt, hat es in den letzten zwei Jahrzehnten vermehrt Aufmerksamkeit erhalten. In Philosophie und Kulturwissenschaften sind zahlreiche Beiträge erschienen, welche die Stimme als ein Schwellen- bzw. Hybridphänomen beschreiben, dessen besondere Qualität gerade darin bestehe, systematischen Klassifikationen und eindeutigen Zuordnungen zu widerstehen. Wie etwa die Theaterwissenschaftlerin Doris Kolesch hervorgehoben hat, ist die Stimme grundsätzlich ‚atopischer' Natur, insofern sie sich der begrifflichen Einhegung verweigert. Sie oszilliert zwischen Anwesenheit und Abwesenheit, geht weder in Präsenz auf noch in Repräsentation, kommt ohne Körper nicht aus und weist doch über ihn hinaus. Als „paradigmatische Figur der Überschreitung"[5] etablierter Grenzen markiert die Stimme einen begrifflich nicht einholbaren Ort des ‚Dazwischen'.[6] Vielmehr noch, so argumentiert Sybille Krämer, hat die Stimme rekursive Effekte auf eben jene Begriffe, deren Entweder-Oder-Logik sie sich verweigert. Die an der Schwelle dualistischer Konzepte wie Natur und Kultur, Sinn und Sinnlichkeit sich bewegende Stimme erweise diese Konzepte als zutiefst ambivalent.[7]

In diesen neueren Zugängen zur Stimme, welche in interdisziplinär ausgerichtete Forschungen und Publikationen mündeten,[8] artikuliert sich nicht zuletzt der

---
5 Doris Kolesch: Die Spur der Stimme. Überlegungen zu einer performativen Ästhetik. In: Cornelia Epping-Jäger / Erika Linz (Hrsg.): *Medien, Stimmen*. Köln: DuMont 2003, S. 267–281, hier S. 275.
6 Ebd.
7 Sybille Krämer: Die ‚Rehabilitierung der Stimme'. Über die Oralität hinaus. In: Doris Kolesch / Sybille Krämer (Hrsg.): *Stimme. Annäherung an ein Phänomen*. Frankfurt am Main: Suhrkamp 2006, S. 269–295, hier S. 290.
8 Siehe die Bände Cornelia Epping-Jäger / Erika Linz (Hrsg.): *Medien, Stimmen*. Köln: DuMont 2003; Doris Kolesch / Jenny Schrödl (Hrsg.): *Kunst-Stimmen*. Berlin: Theater der Zeit 2004; Brigitte

Versuch, die Stimme als Gegenstand der Geisteswissenschaften zu rehabilitieren. Jacques Derridas Phonozentrismus-Vorwurf an das abendländische Denken, 1967 in seiner *Grammatologie* entfaltet, rückte die Stimme im geisteswissenschaftlichen Diskurs unweigerlich in die Nähe von Wahrheit, Sinn und Präsenz und damit aufs Abstellgleis der Metaphysik.[9] Demgegenüber zielen die genannten philosophischen und kulturwissenschaftlichen Beiträge zur Stimme darauf ab, eine in dieser Derrida-Rezeption überhörte, andere Dimension der Stimme zu rehabilitieren, die, so Sigrid Weigel, „in der europäischen Kulturgeschichte mindestens so bedeutsam und wirkungsvoll [ist] wie die Stimme als Zeichen von Präsenz."[10] Diese Dimension betrifft die Materialität der Stimme, ihre weniger ontologische denn ereignishafte Präsenz, „diesseits des Zeichens und jenseits von Logos und Sinn."[11] In ihrem prosodischen Auftritt, ihrer Brüchigkeit, Empirie und Kontingenz ist der Stimme eine Qualität zu eigen, die im Sinn nicht aufgeht, die ihn ganz im Gegenteil verschiebt, überschreitet oder unterläuft. Erst die Wiederentdeckung dieser akustisch-physischen Ebene der Stimme hat sie in der theoretischen Auseinandersetzung der letzten Jahre als ein Schwellenmedium erkennbar werden lassen, als „dasjenige Medium, mit dem die Transformationen und Übergänge zwischen Signifikant und Signifikat, Leiblichem und Intelligiblem, Kreatürlichem und Sozialem vollzogen werden und das somit auch im Zentrum der konfliktreichen Verhandlungen über die genannten Gegensätze steht."[12]

Die vorliegende Arbeit setzt hier an und geht in historisch-systematischer Perspektive der Frage nach, welche Rolle die Stimme für Verhandlungen über die Grenzen des Humanen spielte. Denn im Verhältnis zwischen Menschlichem und Nichtmenschlichem konkretisieren sich viele der Gegensatzpaare, zwischen denen

---

Felderer (Hrsg.): *Phonorama. Eine Kulturgeschichte der Stimme als Medium*. Zentrum für Kunst und Medientechnologie Karlsruhe, Museum für Neue Kunst, [Ausstellung, 18. September 2004–30. Januar 2005]. Berlin: Matthes & Seitz 2004; Doris Kolesch / Sybille Krämer (Hrsg.): *Stimme. Annäherung an ein Phänomen*. Frankfurt am Main: Suhrkamp 2006; Friedrich A. Kittler / Thomas Macho / Sigrid Weigel (Hrsg.): *Zwischen Rauschen und Offenbarung. Zur Kultur- und Mediengeschichte der Stimme*. Berlin: Akademie-Verlag 2008; Norie Neumark / Ross Gibson / Theo van Leeuwen (Hrsg.): *Voice. Vocal aesthetics in digital arts and media*. Cambridge, Mass: MIT Press 2010. Siehe auch das seit 2016 zweimal jährlich erscheinende *Journal of Interdisciplinary Voice Studies* und die 2015 auf den Weg gebrachte, bislang neun Bände umfassende Reihe *Routledge Voice Studies*.
9 Vgl. Jacques Derrida: *Grammatologie*. Frankfurt am Main: Suhrkamp 1983. Siehe dazu Sigrid Weigel: Die Stimme als Medium des Nachlebens: Pathosformel, Nachhall, Phantom. In: Kolesch / Krämer (Hrsg.): *Stimme*, S. 16–39, hier S. 16–22, und Krämer: Die ‚Rehabilitierung der Stimme'.
10 Weigel: Die Stimme als Medium des Nachlebens: Pathosformel, Nachhall, Phantom, S. 22.
11 Ebd.
12 Ebd., hier S. 18–19.

die Stimme vermittelt bzw. unterscheidet. In ihrer intellektuellen, ethischen und politischen Aufladung als Denk-, Sprach- und Handlungsmedium gilt die Stimme einerseits als Signum humaner Vernunft. Kraft ihrer materiellen Dimension als kreatürlich oder künstlich produzierter Schall steht sie andererseits eigentümlich quer zur anthropologischen Differenz. Auch manche Tiere und Maschinen bzw. Apparate sind zur Stimmgebung in der Lage. Schon bei Aristoteles tritt diese spannungsreiche Konstellation zutage. Wird der Mensch in der *Politik* als dasjenige Wesen konzeptualisiert, welches zwischen Gut und Böse, Recht und Unrecht unterscheiden kann, insofern es „unter allen animalischen Wesen mit der Sprache begabt" ist, während die Stimme „das Zeichen für Schmerz und Lust und darum auch den anderen Sinneswesen verliehen"[13] ist, erscheint Aristoteles' Definition der Sprache als Alleinstellungsmerkmal des Menschen in anderen seiner Schriften weniger prinzipiell. In der tierkundlichen Abhandlung *Historia Animalium* zieht er die Grenze zwischen Stimme und Sprache nicht entlang der Mensch-Tier-Grenze, sondern macht sie abhängig von körperlichen Voraussetzungen. Insofern „die Sprache [...] auf einer Gliederung der Stimme mittelst der Zunge"[14] beruhe, seien etwa auch Vögel „mit einer Art Sprache [begabt], besonders diejenigen, welche eine mässig breite Zunge haben und [unter diesen] diejenigen, bei welchen sie dünn ist."[15] Als ein Medium, welches gleichermaßen als Distinktions- und Verbindungsmedium zwischen Menschen und Tieren aufgerufen werden kann, birgt die Stimme ein Konfliktpotenzial, dem die vorliegende Arbeit kultur- und wissensgeschichtlich nachgeht.

Den historischen Ausgangspunkt der Untersuchung bilden dabei die Sattelzeiten um 1800 und 1900 (samt ihren konzentrischen Ausstrahlungen ins 18., 19. und 20. Jahrhundert), als die Wahrnehmung der Stimme entscheidende Umbrüche erfuhr. Um 1800 wurden neue Verfahren der Stimm- und Sprachsynthese entwickelt, welche die Stimme erstmals vom menschlichen Körper isolierten und in ihrer anthropologischen Differenzfähigkeit relativierten. Sie trafen auf eine zeitgenössische Debatte zum Sprachursprung, welche die genuine Menschlichkeit von Stimme und Sprache ihrerseits zur Disposition stellte. Worin sich die menschliche von der maschinellen, aber auch der tierlichen Stimmgebung unterscheide, wurde im Austausch von Physiologie, Technologie, Sprachphilosophie und Literatur breit diskutiert. Um 1900 erfuhr die Wahrnehmung der Stimme einen neu-

---

13 Aristoteles: *Politik*. Übersetzt und mit erklärenden Anmerkungen versehen von Eugen Rolfes, mit einer Einleitung von Günther Bien. Hamburg: Meiner 1981, Buch I, Kapitel 2, 1253a, S. 4–5.
14 Aristoteles: *Thierkunde. Bd. 1*. Kritisch berichtigter Text, mit deutscher Übersetzung, sachlicher und sprachlicher Erklärung und vollständigem Index von H. Aubert und Fr. Wimmer. Leipzig: Engelmann 1868, Buch IV, Kapitel 9, 101, S. 429.
15 Ebd., S. 435.

erlichen Einschnitt: Seinerzeit entwickelte Medientechniken wie Mikrofon und Phonograph eröffneten innovative Zugänge zu den Lauten von Tieren, welche die zeitgenössische Diskussion um die evolutionsgeschichtliche Verwandtschaft zwischen Menschen und Tieren mitbestimmten. Im Rahmen tierphonographischer Experimente wurde erforscht, ob auch Tiere über eine rudimentäre Form der Sprache verfügen und wie sich die menschliche Sprache aus der Tierstimme entwickelt haben könnte.

Diese Umbruchphasen sollen anhand von sechs im Folgenden noch genauer vorzustellenden Schauplätzen oder besser: ‚Hörszenen' der Kultur- und Wissensgeschichte der Stimme untersucht werden. Es handelt sich um ‚Schwellenszenen der Stimme', die zum einen Aufschluss darüber geben, wie nichtmenschliche, insbesondere tierliche Stimmen zu Referenzmedien anthropologischer Befragungen wurden. Zum anderen fügen sich die Schwellenszenen zu einer Geschichte der Bioakustik *avant la lettre* zusammen, die weitaus komplexer und länger ist, als es die oben erwähnte Rückschau von Tembrock vermuten lässt. Beides – die Stimme als Schwellenmedium in anthropozoologischen Konstellationen sowie eine Wissens- und Kulturgeschichte der Bioakustik als Teilgebiet der Biologie – ist trotz der Herausbildung der Human-Animal Studies einerseits und des neueren Interesses an Stimme und Sound andererseits bisher nur in Ansätzen Gegenstand der Forschung gewesen.[16] Aus den Reihen der Philosophie, die – wie nicht zuletzt der späte Derrida gezeigt hat – in ihrer Geschichte zumeist eine starre Trennlinie zwischen dem *homo loquens*, dem sprechenden Menschen, und dem ‚stummen', allenfalls bedeutungslos tönenden Tier gezogen hat,[17] sind in den letzten Jahren vereinzelt Beiträge erschienen, welche die „Stimme des Tieres [...] als drängende, aber (noch) unbeantwortete Frage" revidieren.[18] Auch in film- und kulturwissen-

---

16 Zu diesem „tauben Fleck", den Tierlaute an der Schnittstelle beider Forschungsperspektiven bilden, vgl. Marianne Sommer / Denise Reimann: Tierlaute. Zwischen Animal Studies und Sound Studies. In: Dies. (Hrsg.): *Zwitschern, Bellen, Röhren. Tierlaute in der Wissens-, Medientechnik- und Musikgeschichte*. Berlin: Neofelis 2018, S. 7–20, hier S. 10–11.
17 Vgl. Jacques Derrida: *Das Tier, das ich also bin*. Wien: Passagen 2010.
18 Vgl. Sabine Till: *Die Stimme zwischen Immanenz und Transzendenz. Zu einer Denkfigur bei Emmanuel Lévinas, Jacques Lacan, Jacques Derrida und Gilles Deleuze*. Bielefeld: transcript 2013, S. 193–206, hier S. 206, die neben Derridas Auseinandersetzung mit der Tierstimme auch auf Deleuze eingeht, der die Stimme ins Zentrum seiner Konzeption vom Tier-Werden rückt. Zur philosophiegeschichtlichen Revision der Tierstimme siehe auch Bernhard Siegert: parlêtres. Zur kulturtechnischen Gabe und Barre der anthropologischen Differenz. In: Anne von der Heiden / Joseph Vogl (Hrsg.): *Politische Zoologie*. Zürich/Berlin: Diaphanes 2007, S. 23–37 und Leander Scholz: Tierstimme/Menschenstimme: Medien der Kognition. In: Epping-Jäger / Linz (Hrsg.): *Medien, Stimmen*, S. 36–49.

schaftlichen,[19] musik-[20] und literaturwissenschaftlichen[21] Annäherungen sind Tierlaute neu ‚ins Verhör' genommen worden. Erste wissensethnografische[22] und wissenschaftsgeschichtliche[23] Aufarbeitungen der Tierstimmenforschung haben

---

19 Siehe Thomas Macho: Der Eselsschrei in der A-Dur-Sonate. Robert Bresson zu Film und Musik. In: Thomas Becker (Hrsg.): *Ästhetische Erfahrung der Intermedialität. Zum Transfer künstlerischer Avantgarden und „illegitimer" Kunst im Zeitalter von Massenkommunikation und Internet*. Bielefeld: transcript 2011, S. 123–138; Sabine Nessel: Animal images, human voices. Die Stimmen der Tiere in Zoo und Kino. In: Oksana Bulgakowa (Hrsg.): *Resonanz-Räume. Die Stimme und die Medien*. Berlin: Bertz und Fischer 2011, S. 226–236, und Sabine Nessel: Die akusmatische Tierstimme in Luis Buñuels „The Adventures of Robinson Crusoe". In: Roland Borgards / Marc Klesse / Alexander Kling (Hrsg.): *Robinsons Tiere*. Freiburg: Rombach 2016, S. 251–267; Holl: Medien der Bioakustik. Tiere wiederholt zur Sprache bringen.
20 Siehe die kürzlich erschienene Dissertationsschrift von Susanne Heiter: *Von Admiral bis Zebrafink. Tiere und Tierlaute in der Musik nach 1950*. Schliengen: Argus 2021. Mathias Gredig: *Tiermusik*. Würzburg: Königshausen & Neumann 2017; Tobias Fischer / Lara Cory / Kate Carr: *Animal music. Sound and song in the natural world*. London: Strange Attractor Press 2015; Martin Ullrich: Tiere und Musik. In: Roland Borgards (Hrsg.): *Tiere. Kulturwissenschaftliches Handbuch*. Stuttgart: Metzler 2015, S. 216–224; Susanne Heiter: Mind the gap! Musicians challenging limits of birdsong knowledge. In: *Relations. Beyond Anthropocentrism* 2,1 (2014), S. 79–89; siehe auch die Tieren gewidmete Ausgabe der Zeitschrift *Positionen. Texte zur aktuellen Musik* 87 (2011).
21 Literarische Tierstimmen sind Thema mehrerer Beiträge in Margo DeMello (Hrsg.): *Speaking for animals. Animal autobiographical writing*. New York, NY: Routledge 2013. Siehe auch Denise Reimann: Tierstimmen. Literarische Erkundungen einer liminalen Sprache. In: Colleen M. Schmitz / Judith Weiss / Deutsches Hygiene-Museum Dresden (Hrsg.): *Sprache. Ein Lesebuch von A bis Z*. Göttingen: Wallstein 2016, S. 230–233; Roland Borgards: Geheul und Gebrüll. Ästhetische Tiere in Kleists „Empfindungen vor Friedrichs Seenlandschaft" und „Die heilige Cäcilie oder die Gewalt der Musik". In: Nicolas Pethes (Hrsg.): *Ausnahmezustand der Literatur. Neue Lektüren zu Heinrich von Kleist*. Göttingen: Wallstein 2011, S. 307–324; Michael Eggers: „Ein eigentlich menschliches Ausdrucksmittel". Der Gesang der Nachtigall in Literatur- und Naturgeschichte. In: Marcel Krings (Hrsg.): *Phono-Graphien. Akustische Wahrnehmung in der deutschsprachigen Literatur von 1800 bis zur Gegenwart*. Würzburg: Königshausen & Neumann 2011, S. 295–316; Monika Schmitz-Emans: „Wer mit fremder Stimme spricht, ist ein Ornithologe und ein Vogel in einer Person" (Yōko Tawada). Vogelstimmen in Literatur und Musik der Moderne. In: Joachim Grage (Hrsg.): *Literatur und Musik in der klassischen Moderne. Mediale Konzeptionen und intermediale Poetologien*. Würzburg: Ergon 2006, S. 61–86, sowie die 2019 erschienene Ausgabe der *Tierstudien*, deren Beiträge sich mit erzählenden und erzählten Tieren auseinandersetzen, wobei eine Sektion Tierstimmen gewidmet ist: Jessica Ullrich / Alexandra Böhm: *Tierstudien* 15 (2019), S. 109–139.
22 Siehe die Forschungsarbeiten von Judith Willkomm, vor allem ihre Dissertationsschrift *Tiere – Medien – Sinne. Eine Ethnographie bioakustischer Feldforschung*. Stuttgart: Metzler 2022 sowie Judith Willkomm: ‚skilled listening': Zur Bedeutung von Hörpraktiken in naturwissenschaftlichen Erkenntnisprozessen. In: Anna Symanczyk / Daniela Wagner / Miriam Wendling (Hrsg.): *Klang – Kontakte. Kommunikation, Konstruktion und Kultur von Klängen*. Berlin: Reimer 2016, S. 35–56, und Willkomm: Die Technik gibt den Ton an.
23 Vgl. Joeri Bruyninckx: *Listening in the field. Recording and the science of birdsong*. Cambridge, Mass.: MIT Press 2018, der in seiner Studie den Fokus auf die Ornithologie legt. Sophia

das Zusammenspiel von Forscher:innen, ihren Gegenständen, Praktiken und Instrumenten seit der Institutionalisierung bioakustischer Forschung Mitte des 20. Jahrhunderts untersucht. Schließlich wurden im Rahmen von interdisziplinären Tagungen und den daraus entstandenen Publikationen „erste Perspektiven einer kulturgeschichtlichen Bioakustik" eröffnet.[24]

Die vorliegende Untersuchung schließt an diese Pionierarbeiten an, wobei sie der Annahme folgt, dass eine Vorgeschichte der Tierstimmenforschung nur quer zu disziplinären Grenzen geschrieben werden kann. Gerade weil die Stimme, und dies schließt Tierstimmen mit ein, ein Schwellenphänomen ist, das von Literatur, Medientechnik, Naturforschung und Sprachanthropologie je unterschiedlich konzeptualisiert wird und wurde, erfordert ihre Untersuchung eine Zusammenschau jener heterogenen Zugänge. Umso mehr betrifft dies die bioakustische Forschung *avant la lettre*, die – wie zu zeigen sein wird – vom intensiven Austausch der Zugänge lebte. Bevor sich die Bioakustik Mitte des 20. Jahrhunderts zu einem eigenständigen Teilgebiet der Biologie formierte, war die Frage nach der Funktionsweise und Bedeutung von Tierlauten Gegenstand interdisziplinär ausgetragener Debatten, an denen sich auch die Literatur rege beteiligte. Waren etwa naturwissenschaftliche Erkundungen von Tierlauten auf poetische Verfahren angewiesen, um die oftmals schwer erfass- bzw. vermittelbaren Laute zu beschreiben und – vor der Möglichkeit der technischen Aufzeichnung – zu konservieren, wurden umgekehrt ungeklärte Fragen aus der Tierstimmenforschung zum Ausgangspunkt poetischer Entwürfe. Wenn diese Arbeit anhand eines entsprechend heterogenen Materials (befragt werden wissenschaftliche, journalistische und literarische Texte sowie Briefe, Tondokumente und Bilder) solchen gegenseitigen Dependenzen und Übertragungen, aber auch den Missverständnissen und Bedeutungsverschiebungen nachgeht, welche sich zwischen den verschiedenen Registern der Stimmenkunde auftaten, dann geschieht dies nicht nur vor dem Hintergrund einer wissenspoetologischen Perspektive.[25] Ihrem Gegenstand gemäß versteht die Untersuchung sich darüber hinaus als

---

Gräfe arbeitet derzeit an einer kultur- und wissensgeschichtlichen Dissertation mit dem Arbeitstitel „Verhaltenswissen. Schreib- und Beobachtungsszenen des Verhaltens am Zoologischen Institut der Humboldt-Universität zu Berlin (1948–1968)", die unter anderem die bioakustischen Forschungen Günter Tembrocks in den Blick nimmt.

24 Siehe den 2018 erschienenen Sammelband Marianne Sommer / Denise Reimann (Hrsg.): *Zwitschern, Bellen, Röhren. Tierlaute in der Wissens-, Medientechnik- und Musikgeschichte*. Berlin: Neofelis 2018, der auf einen im Herbst 2015 am Seminar für Kulturwissenschaften und Wissenschaftsforschung der Universität Luzern veranstalteten interdisziplinären Workshop zurückgeht.

25 Die Beziehungen zwischen Literatur und Wissen sind von der Forschung spätestens seit Joseph Vogls Vorschlag einer „Poetologie des Wissens" verstärkt in den Blick genommen worden. Joseph Vogl: Einleitung. In: Ders. (Hrsg.): *Poetologien des Wissens um 1800*. München: Fink 1999, S. 7–16; siehe auch Jacques Rancière: *Die Wörter der Geschichte. Versuch einer Poetik des*

‚Schwellenkunde', als erkenntniskritische „Arbeit im Grenzbereich"[26], die sich insbesondere für die offenen Fragen und Konflikte interessiert, welche die (Tier-) Stimme als Grenzphänomen an der Schnittstelle heterogener Wissensordnungen auslöste.[27] Dabei wird auch nach wiederkehrenden Problemkonstellationen, Praktiken und Deutungsmustern gefragt, welche diese Grenzarbeit prägen. Mit welchen methodischen Schwierigkeiten hatte sie zu tun? Welche Rolle spielten Medientechniken und Instrumente im Prozess der Wissensproduktion? An welche gesellschaftlichen Diskurse und Narrative knüpften die Erkundungen an und welchen Visionen arbeiteten sie zu?

Entlang ihres historisch-systematischen Aufbaus gliedert sich die vorliegende Studie in sechs Kapitel, die jeweils eine Schwellenszene der Stimme erkunden. Im Zentrum des ersten Kapitels steht ein 1741 durchgeführtes Experiment, dessen Anordnung die tiefgreifenden Veränderungen im Umgang mit der Stimme markiert, welche das 18. Jahrhundert zu verzeichnen hat. Um sich die von außen nicht einsehbare Funktionsweise des Stimmorgans vor Augen zu führen, animierte der französische Arzt und Anatom Antoine Ferrein die präparierten Kehlköpfe von Rindern, Hunden, Schweinen und Menschen durch Anblasen künstlich zur Stimmgebung. Die an der Schwelle zwischen Leben und Tod, Tieren und Menschen produzierten Stimmen waren Teil einer auch an anderen zeitgenössischen Schauplätzen feststell-

---

Wissens [1992]. Mit einem Vorwort zur Neuausgabe von Jacques Rancière, überarbeitete und erweiterte Übersetzung aus dem Französischen Eva Moldenhauer. Berlin: August 2015. Gegenüber traditionellen Auffassungen von Wissenschaft und Literatur als mehr oder weniger unabhängig voneinander existierenden ‚zwei Kulturen' betonen wissenspoetologische Ansätze die enge Verwobenheit wissenschaftlicher und literarischer Verfahrensweisen. Literatur wird hier weniger als sekundäre Repräsentationsform eines primär wissenschaftlich erworbenen Wissens aufgefasst denn als eine der empirischen Wissenschaft mindestens ebenbürtige bzw. inhärente Konstituente des Wissens, die insbesondere im (Gedanken-)Experiment wirksam wird. Siehe auch Sigrid Weigel: Thesen zur Forschungsperspektive einer Philologie wissenschaftlicher Konzepte. In: Christoph König (Hrsg.): *Geschichte der Germanistik. Mitteilungen.* Doppelheft 34/24. Göttingen: Wallstein 2003, S. 14–17; Thomas Macho / Annette Wunschel (Hrsg.): *Science & Fiction. Über Gedankenexperimente in Wissenschaft, Philosophie und Literatur.* Frankfurt am Main: Fischer 2004; Michael Gamper (Hrsg.): *Experiment und Literatur. Themen, Methoden, Theorien.* Göttingen: Wallstein 2010 sowie den Band von Roland Borgards (Hrsg.): *Literatur und Wissen. Ein interdisziplinäres Handbuch.* Stuttgart: Metzler 2013, der einen Überblick über die mittlerweile zahlreich erschienenen Beiträge zum Verhältnis zwischen Wissenschaft und Literatur gibt.

26 Johannes Steizinger / Sigrid Weigel: Schwellenkunde/Threshold Knowledge. In: *Trajekte. Zeitschrift des Zentrums für Literatur- und Kulturforschung* 15,30 (2015), S. 26–37, hier S. 35.

27 Damit knüpft die Arbeit an Überlegungen von Johannes Steizinger und Sigrid Weigel an, welche die Schwellenkunde 2015 ausgehend von Walter Benjamin und anderen Theoretiker:innen des Liminalen als Schlüsselkonzept kulturwissenschaftlicher Forschung vorgestellt und umrissen haben. Vgl. ebd.

baren Inszenierung tönender Toter, die – so die These – die Stimme im Zeitalter ihrer technischen Reproduzierbarkeit antizipierten. So war Ferreins Experiment zur Stimmsynthese Vorläufer der einige Jahrzehnte später entwickelten Sprechmaschine Wolfgang von Kempelens sowie der späteren, um 1900 verbreiteten und für die bioakustische Forschung instrumentalisierten Klangspeichermedien. Im Kapitel wird die Transformation der Stimme vom epistemischen zum technischen Ding verfolgt, samt den damit verbundenen Irritationen und differentiellen Verschiebungen.[28]

Über seine Bedeutung für die Technikgeschichte der Stimme hinaus bildete Ferreins Experiment den Auftakt zur vergleichenden Physiologie der Stimmgebung, ein Ende des 18. Jahrhunderts erblühender Forschungszweig der Naturgeschichte, dessen methodisch-epistemische Herausforderungen, implizite Fragen und literarische Verwicklungen Gegenstand des zweiten Kapitels sind. Ziel der physiologischen Forschungen war es, durch ein komplexes visuell-akustisches Vergleichsverfahren herauszufinden, wie die Eigenheiten artspezifischer Tierlaute mit den jeweiligen lauterzeugenden Organen zusammenhängen und worin der Unterschied zwischen tierlicher und menschlicher Stimmgebung besteht – eine Frage, die auch die gleichzeitig geführten sprachanthropologischen Debatten umtrieb. Insbesondere das Stimmorgan des äußerlich so menschenähnlichen Orang-Utans bildete einen heiß umkämpften Möglichkeitsraum tierlichen Sprechens, der von Physiologen und Anthropologen, aber auch von literarischer und technologischer Seite jeweils unterschiedlich besetzt wurde.

Im dritten Kapitel wird zunächst gezeigt, inwiefern sowohl die Arbeit an der Sprechmaschine als auch manche Versuche, Affen eine (sprachfähige) Stimme zuzuschreiben, in einen Aufklärungsdiskurs eingebettet waren. Mit der Absicht, den Mechanismus der Stimme zu durchschauen, verbanden sich auch pädagogische und politische Visionen der Ermündigung.[29] Kempelens Innovation sollte den gemeinhin ‚stummen' Mitgliedern der Gesellschaft zu einer Stimme verhelfen. Zu diesen gehörten unter anderem gehörlose Menschen, welche die Aufmerksamkeit von Sprachursprungstheoretikern sowie Stimm- und Sprechpädagogen auf sich zogen. Am Beispiel von zwei oralistischen Unterrichtsszenen wird die Rolle der Sprechmaschine als Dispositiv und konkretes Instrument der Gehörlosenpädagogik verfolgt. Abgesehen von diesen konstruktiven Besetzungen figurierte die Sprechmaschine auch als bedrohliches Sinnbild einer rein automatischen, geistlosen und nicht zuletzt manipulativen Rede. Mit der Erkundung der Frage, inwieweit die romantische

---

28 Vgl. Hans-Jörg Rheinberger: *Experimentalsysteme und epistemische Dinge. Eine Geschichte der Proteinsynthese im Reagenzglas*. Göttingen: Wallstein 2001, S. 18–34 und S. 76–87.
29 Vgl. Brigitte Felderer: Stimm-Maschinen. In: Kittler / Macho / Weigel (Hrsg.): *Zwischen Rauschen und Offenbarung*, S. 257–278, hier S. 275–276.

Sensibilisierung für eine akustisch ‚sprechende' Natur, die sich nicht zuletzt in den vielfältigen Inszenierungen stimm- und sprechgewaltiger Tiere äußert, als Kehrseite der fortschreitenden Mechanisierung der Stimme verstanden werden kann, schließt das dritte Kapitel.

Das vierte Kapitel unternimmt einen Sprung ins späte 19. Jahrhundert, als der Fokus des Interesses an Tierlauten sich verschob, manche Zugänge und Deutungsmuster – wie etwa die romantische Privilegierung des Hörens – aber wiederauflebten. Während um 1800 vorrangig der Mechanismus menschlicher und tierlicher Stimmgebung interessierte, rückten um 1900 Verfahren der Aufzeichnung, Darstellung und Deutung von Tierstimmen in den Mittelpunkt der Aufmerksamkeit. Als Erben der Sprechmaschine wurden Mikrofon, Phonograph und Telefon eingesetzt, um in akustische Welten vorzudringen, die der menschlichen Wahrnehmung bislang verschlossen geblieben waren. Das Kapitel zeichnet die lärmpolitischen, musikpsychologischen und medientechnischen Voraussetzungen nach, unter denen sich insbesondere die Akustik von Tieren einer gesteigerten Aufmerksamkeit erfreute. Des Weiteren werden die methodischen und epistemischen Hürden herausgearbeitet, mit denen die Erkundung von Tierlauten sich konfrontiert sah. Wie etwa Vogelgesang angemessen aufgezeichnet und in Bedeutung ‚übersetzt' werden könne, war Gegenstand wissenschaftlicher und poetischer Reflexionen.

Schon wenige Jahre nach seiner Erfindung durch Thomas A. Edison wurde der Phonograph für tierphonetische Zwecke eingesetzt. 1891 entdeckte der Evolutionsbiologe Richard Lynch Garner das Medium für seine Studien an nichtmenschlichen Primaten. Als überzeugter Darwinist suchte Garner nach einer rudimentären Sprache in den Stimmen von Pavianen, Kapuziner- und Rhesusaffen. Vom phonographischen Medium erhoffte er sich nicht nur die Objektivierung seiner Studien. Mit der noch heute angewandten Playback-Methode griff er zudem aktiv in das Lautverhalten der Affen ein: Wie Herzings Apparat *CHAT* sandte auch Garners Phonograph semantisch besetzte Laute aus, um die Tiere unter kontrollierten Bedingungen zu Stimm- und Sprachbildung zu animieren. Im Vordergrund stand dabei weniger – wie noch hundert Jahre zuvor – die Reproduktion als vielmehr die Decodierung der tierlichen Laute. Inwieweit die Experimente Garners, aber auch andere tierphonographische Praktiken jener Zeit – wie die in den 1920er Jahren durchgeführten Aufnahmen exotischer Tierarten im Berliner Lautarchiv – kolonialrassistisch grundiert waren, welche anthropologischen Fragen sie aufwarfen und inwieweit sie literarisch bespiegelt wurden, ist Thema des fünften Kapitels.

In der Nachfolge Garners nutzten sukzessiv weitere Biologen den Phonographen für ihre Forschungszwecke, wobei nunmehr auch heimische Tiere untersucht wurden. Das sechste und letzte Kapitel der Arbeit nimmt die Forschungen des Wiener Biologen Johann Regen in den Blick, der zu Beginn des 20. Jahrhunderts in die

Welt eines mythengeschichtlich bedeutenden Gesangs vordrang: Mithilfe von Phonograph, Telefon, Galtonpfeife und einem selbst entwickelten künstlichen Zirp-Apparat führte er bioakustische Experimente mit zirpenden Grillen und Schrecken durch. Mit der medienexperimentellen Exploration der Funktionsweise, Wirkung und Bedeutung von Zirplauten betrat Regen weitgehend Neuland, stellte jedoch in mehrerlei Hinsicht die Weichen für die einige Jahrzehnte später sich institutionalisierende Bioakustik. Umso erstaunlicher ist es, dass seine Untersuchungen von der Forschung bisher noch kaum aufgearbeitet wurden. Anhand ihrer epistemischen, technischen und poetischen Einsätze und deren Wechselwirkungen untereinander lässt sich nachvollziehen, wie vielschichtig, tentativ und bisweilen spielerisch die Herausbildung des bioakustischen Forschungsfeldes vonstattenging.

Angesichts der aktuell zunehmenden Aufmerksamkeit für die Stimmen von Tieren – sei es im Kontext bioakustischer Dekodierungsversuche mithilfe modernster Technologien wie im Falle Herzings,[30] sei es als klangökologische Reaktion auf die nachweislich schwindende Vielfalt biophoner Umwelten[31] oder metaphorisch gewendet als philosophisch-politisches Engagement für die Rechte von Tieren[32] – möchte diese Arbeit einen kultur- und wissensgeschichtlichen Beitrag zur Frage nach der Bedeutung von Tierstimmen für unser Selbst- und Weltverhältnis leisten, eine Bedeutung, die sich anhand der Vorgeschichte der Bioakustik besonders deutlich herauskristallisieren lässt. Dabei hat die Arbeit weder den Anspruch, sämtliche Szenen um 1800 und 1900 zusammenzutragen, in denen die Stimme als Schwellenmedium zwischen Mensch und Tier in Erscheinung trat, noch möchte sie eine umfassende Genealogie bioakustischen Wissens entwerfen. Es geht ihr vielmehr darum, ausgewählte Hörszenen in den Blick zu nehmen, in denen die liminale Position der Stimme emblematisch hervorgetreten ist und die zugleich

---

30 Wobei Herzings Forschungen nur eines von zahlreichen aktuellen Fallbeispielen neuer kollaborativer Zusammenschlüsse von Bioakustiker:innen und Informatiker:innen sind, die mithilfe von künstlicher Intelligenz die Lautkommunikation von Tieren entschlüsseln wollen. Siehe z. B. auch den Forschungsverbund CETI (Cetacean Translation Initiative): https://www.projectceti.org/ (Abruf am 17.12.2021).
31 Vgl. hierzu vor allem Bernard L. Krause: *The great animal orchestra. Finding the origins of music in the world's wild places*. New York: Little, Brown 2012.
32 Siehe etwa die kürzlich in deutscher Sprache erschienene Monographie *Die Sprachen der Tiere* der niederländischen Philosophin und Künstlerin Eva Meijer, die auf ihrer Dissertationsschrift mit dem Titel *Political Animal Voices* basiert. Darin plädiert die Autorin für einen Wandel im Umgang mit Tieren, wobei sie sich hauptsächlich auf theoretische Konzeptionen einer infrage stehenden Tiersprache sowie jüngste empirische Forschungen zur Bioakustik und – weiter gefasst – zur Zoosemiotik bezieht, der wissenschaftlichen Erkundung sprachlichen Verhaltens bei Tieren. Vgl. Eva Meijer: *Die Sprachen der Tiere*. Aus dem Niederländischen von Christian Welzbacher. Mit Collagen von Pauline Altmann. 2. Aufl. Berlin: Matthes & Seitz 2018.

entscheidende Anschlussstellen für die spätere Bioakustik eröffneten. Diese Hörszenen erweisen die Vorgeschichte der wissenschaftlichen Tierstimmenforschung als eine Geschichte komplexer Interferenzbeziehungen: zwischen menschlichen und nichtmenschlichen Akteur:innen, zwischen wissenschaftlichen, ästhetischen und technischen Zugängen und zwischen den Stimmen von Menschen, Maschinen bzw. Medientechniken und Tieren. Und sie geben einen Ausblick auf eine auch Tiere einschließende Vielstimmigkeit der Geschichte und Gegenwart, die darauf wartet, von einer bioakustisch sensibilisierten Kultur- und Wissenschaftsforschung entdeckt zu werden.

1 Tönende Tote: Reanimierungen der Stimme im Wissenschaftstheater

1.1 *De la formation de la voix de l'homme* (1741)

Im Jahr 1741 beschreibt der französische Arzt und Anatom Antoine Ferrein ein denkwürdiges Experiment: Um sich einen Einblick in die Entstehungs- und Funktionsweise der menschlichen Stimme zu verschaffen, präparierte er die Stimmorgane von Rindern, Schweinen, Hunden und Menschen, spannte die in ihnen befindlichen Stimmbänder und blies mit seinem eigenen Atem durch die zu Kehlköpfen und Stimmbändern führenden Luftröhren, woraufhin vermeintlich naturgetreue Stimmen erklangen.[1] Mit diesem Experiment reagierte Ferrein auf ein altes Problem der wissenschaftlichen Stimmkunde: Die scheinbar unmögliche Gleichzeitigkeit der akustischen und visuellen Wahrnehmung der Stimme. Entweder war das Stimmorgan eines lebendigen Körpers zu hören, dann aber aufgrund der dem Blick entzogenen, da inkorporalen Position des Kehlkopfes nicht zu sehen. Oder aber das Stimmorgan ließ sich anhand von leblosen Kehlkopfpräparaten in Augenschein nehmen, blieb dann aber naturgemäß stumm. Ein Nachvollzug der Entstehungs- und Funktionsweise der Stimme stellte eine wahrnehmungsphysiologische Herausforderung dar. Was genau sich am Ort des Stimmorgans, der Glottis, während der Stimmgebung abspielt, ob etwa die Stimmbänder von der Atemluft wie die Saiten einer Violine in Bewegung gesetzt würden oder ob die Glottis viel eher wie ein Blasinstrument fungiere, stellte die Forschung bis ins 18. Jahrhundert hinein vor ein Rätsel und öffnete zugleich den Raum für verschiedenste Spekulationen.[2]

Ferreins experimenteller Versuch, dieses Rätsel zu lösen, indem er die aus dem toten Körper herauspräparierten Glottides von Tieren und Menschen durch Anblasen ‚verlebendigte' und auf diese Weise gut hör-, vor allem aber sichtbar zum Tönen brachte, soll im Folgenden als eine Urszene der wissenschaftlich-technischen Reproduktion und Analyse kreatürlicher Stimmen untersucht werden. Anhand des Experiments und dessen diskursivem Umfeld lassen sich Fragestellungen, Problemkonstellationen und Zugangsweisen entfalten, die für die Heraus-

---

1 Antoine Ferrein: De la formation de la voix de l'homme. In: *Histoire de l'Académie royale des sciences* (1741), S. 409–432.
2 Siehe dazu Joachim Gessinger: *Auge & Ohr. Studien zur Erforschung der Sprache am Menschen 1700–1850*. Berlin/New York: De Gruyter 1994, S. 441, 444 und 452 sowie Felderer: Stimm-Maschinen.

bildung der wissenschaftlichen (Tier-)Stimmenforschung prägend sein sollten. Vor allem drei Aspekte – so viel sei vorweggenommen – waren hier wesentlich:

Zum einen steht Ferreins Experiment paradigmatisch für eine im 18. Jahrhundert einsetzende Entzauberung der Stimme als unhintergehbares Zeichen von Sinn und Präsenz. Reproduziert an toten Körpern wird die Stimme ihrer Aura von Transzendenz und Intelligibilität beraubt und als ein zuallererst physikalisches Phänomen erfahrbar, welches als solches an Tieren und Menschen gleichermaßen mechanisch nachgebildet werden kann. Deutlicher denn je trat die Stimme so in ihrer Schwellenposition zu Tage: Während sie in ihrer Instrumentalisierung als Sprachmedium einerseits Menschen von Tieren trennt, erwies sie sich im Experiment andererseits als eine von Sprache und Geist entkoppelbare realakustische Erscheinung, die dieser Trennung vorgelagert ist. Diese konfliktreiche Erfahrung bildete die implizite Voraussetzung für die in den folgenden Kapiteln zu untersuchenden Schwellenszenen der Stimme. Des Weiteren wird Ferreins Experiment aber auch ganz konkret zum methodischen Ausgangspunkt eines Teilgebiets der Bioakustik: der ab der zweiten Hälfte des 18. Jahrhunderts intensiv beforschten Frage, welche Organe Tieren wie zur Stimm- und Lautgebung dienen (siehe Kapitel 2). Verwendeten schon die damaligen Physiologen die Ferrein'sche Methode, um dieser Frage nachzugehen, werden in der bioakustischen Forschung noch heute Kehlkopfpräparate künstlich zur Stimmgebung animiert.[3] Schließlich steht Ferreins Experiment medientechnikgeschichtlich am Beginn einer neuen Ära maschineller Stimmreproduktion, deren medientechnische Erben – Phonograph und Grammophon – die Erkundung von Tierstimmen um 1900 massiv vorantreiben werden (siehe Kapitel 4–6). Indem Ferrein tote Körper zur Stimmgebung animierte, machte er erstmals möglich, was bis dato nur mythisch-imaginativ gelang: Er ließ die Stimme den Tod ihres Körpers überleben und postmortal wiedererklingen.[4] Lange bevor Phonograph und Grammophon wissenschaftlich eingesetzt wurden, um Stimmen unter objektiven Bedingungen zu speichern, zu reproduzieren und zu analysieren, läutete er so die zentralen Bedingungen dieser wissenschaftlichen Stimmforschung ein: Wiederholbarkeit und Objektivität, wobei Letztere bei Ferrein

---

[3] Für einen Überblick über den Einsatz der Methode in der historischen und gegenwärtigen bioakustischen Forschung siehe Maxim Garcia / Christian Herbst: Excised larynx experimentation: History, current developments, and prospects for bioacoustic research. In: *Anthropological Science* 126, 1 (2018), S. 9–17.

[4] Zu ‚nachlebenden Stimmen' in Mythos, Kultur- und Theoriegeschichte siehe Weigel: Die Stimme als Medium des Nachlebens: Pathosformel, Nachhall, Phantom und Sigrid Weigel: Die Stimme der Toten. Schnittpunkte zwischen Mythos, Literatur und Kulturwissenschaft. In: Kittler / Macho / Weigel (Hrsg.): *Zwischen Rauschen und Offenbarung*, S. 73–92.

durch die vermeintlich interventionsarme Erzeugung der Stimmen aus den originalen Kehlköpfen gegeben schien.

Wie die späteren Stimm- und Sprechmaschinen ist Ferreins Forschung dabei in ein theatrales Setting eingebunden, das die vermeintliche Entzauberung der Stimme ein Stück weit konterkariert. Ferrein inszeniert sich nicht nur als Erneuerer des Wissens über die Stimme. Er vollzieht auch einen hochgradig demiurgischen Akt: Toten Körpern eine Stimme einzuhauchen, ist ein traditionell den Göttern vorbehaltenes Vermögen. Aus dessen unverzagter Nachahmung rührt denn auch der Skandal, den Ferreins Experiment seinerzeit in Wissenschaft und Literatur auslöste. Dabei bildet es nicht den einzigen Schauplatz, an dem im ausgehenden 18. Jahrhundert Stimmen experimentell reanimiert wurden. Wie zu zeigen sein wird, wurden nachlebende Stimmen auch in anderen diskursiven Zusammenhängen publikumswirksam inszeniert. Inwiefern diese Inszenierungen entscheidende Verschiebungen in der kulturellen und wissenschaftlichen Wahrnehmung und im Umgang mit der Stimme mit sich brachten, Verschiebungen, die vor allem den Übergang der Stimme und ihrer Quelle von einer ungreifbaren Leerstelle des Wissens in einen technisch handhabbaren und analysierbaren Forschungsgegenstand betreffen, ist Gegenstand dieses Kapitels.

1.2 Die Glottis: Eine epistemische Leerstelle

Die Schwierigkeit, die Stimme in Aktion zu beobachten, ergab sich aus der einfachen Tatsache, dass die Stimmgebung einerseits Leben voraussetzt, andererseits aufgrund ihrer im Körper befindlichen Quelle nur an Toten rekonstruiert werden konnte. Das gleichzeitige Hören und Sehen des Stimmorgans war daher nicht möglich. Der unter der Haut befindliche tönende Kehlkopf ließ sich allenfalls ertasten oder mit dem Blick erahnen.[5] Die Frage, welche spezifischen Formveränderungen der im Kehlkopf befindlichen Glottis welche Stimme verursachen, und

---

5 Taktile und visuelle Untersuchungen der von außen wahrnehmbaren Kehlkopfbewegungen gehörten denn auch zur gängigen Praxis in der (medizinischen) Stimmkunde, exemplarisch nachzulesen in der Deutschen Enzyklopädie von 1796 zum ‚Kehlkopf': „Man kann ihn [den Kehlkopf] von aussen deutlich durch die Haut in der Mitte des Halses fühlen, und besonders bey Mannspersonen auch deutlich sehen, weil bey ihnen der gleich zu beschreibende vordere Knorpel des Kehlkopfs, der Schildknorpel, stark hervorragt. Da hingegen diese Hervorragung, welche den Namen Adamsapfel (Pomum Adami) führt; bey Frauenzimmern, weil dieser Knorpel mehr bogenförmig abgerundet ist, wann sie nicht mager sind, nicht so durch die Haut erblickt werden kann." *Deutsche Encyclopädie oder Allgemeines Real-Wörterbuch aller Künste und Wissenschaften von einer Gesellschaft Gelehrten. Band XIX.* Frankfurt am Main: Varrentrapp und Wenner 1796, S. 480. Siehe auch S. 492, 498 und 499.

auf welchem Wege die Stimmgebung überhaupt vonstattengeht, war jedoch lange Zeit unklar und wurde mitunter ins Reich des Metaphysischen verwiesen.[6] Weil sich das Stimmorgan in Aktion dem Forscherblick entziehe, schreibt etwa Marin Mersenne in seiner musikwissenschaftlichen Schrift *Harmonie Universelle* (1636), wisse einzig und allein sein göttlicher Urheber um das Zusammenspiel seiner einzelnen Teile.[7]

Die heute in der Medizin gebräuchliche Kehlkopfspiegelung, die sogenannte Laryngoskopie, gab es zu jener Zeit noch nicht. Erste laryngoskopische Verfahren zur Sichtung des Kehlkopfes am lebenden Körper wurden erst im Laufe des 19. Jahrhunderts aus den Mundspiegeln von Zahnärzten entwickelt.[8] Zwar hatte der französische Geburtshelfer Levret schon 1743 ein Instrument namens *speculum oris* erfunden, eine aus poliertem Metall bestehende Spatelsonde zur Inspektion des Mund- und Rachenraums, die von manchen als frühe Vorläuferin des Kehlkopfspiegels angesehen wird.[9] Und auch der Mainzer Arzt Philipp Bozzini trat 1805 mit einem Instrument hervor, dem so genannten Lichtleiter, das den en-

---

[6] Siehe Gessinger: *Auge & Ohr. Studien zur Erforschung der Sprache am Menschen 1700–1850*, S. 441, 444 und 452 sowie Felderer: Stimm-Maschinen.

[7] „Les parties qui servent à la voix ont plusieurs mouvements qui ne se peuvent reconnoistre que dans l'animal vivant lors qu'il crie, qu'il chant ou qu'il parle: De là vient qu'ils [les anatomistes] se trompent souvent, lors qu'ils disent que tel ou tel muscle ne peut servir à tel ou tel mouvement, parce que les parties ont plusieurs usages dans les vivans qui sont seulement connus de celuy qui en est le premier & et le principal autheur." Marin Mersenne: *Harmonie universelle contenant la théorie et la pratique de la musique. Bd. 5: Traitez de la voix et des chants*. Paris: Sebastien Cramoisy 1636, S. 50. Siehe dazu auch Cordula Neis: Menschliche Lautsprache (vs. andere Zeichen). In: Gerda Hassler / Cordula Neis (Hrsg.): *Lexikon sprachtheoretischer Grundbegriffe des 17. und 18. Jahrhunderts*. Berlin: De Gruyter 2009, S. 160–206, hier S. 177.

[8] Zur Geschichte der Laryngoskopie siehe Giulio Panconcelli-Calzia: Der erste Kehlkopfspiegel: Babingtons „Glottiskop" (1829–1835). In: *Die Medizinische Welt* 9,48 (1935), S. 1752–1757; Anthony Jahn / Andrew Blitzer: A short history of laryngoscopy. In: *Log Phon Vocol* 21 (1996), S. 181–185; Morell Mackenzie: *The use of the laryngoscope in diseases of the throat. With an appendix on rhinoscopy*. London: Robert Hardwicke 1865; Dr. Billing: Proceedings of societies. Huntarian societies. In: *London Medical Gazette* 3 (1829), S. 555–556; Zur direkten, d. h. ohne vermittelnden Spiegel auskommenden Laryngoskopie siehe Steven M. Zeitels: Universal modular glottiscope system: The evolution of a century of design and technique for direct laryngoscopy. In: *Annals of Otology, Rhinology & Laryngology* 108,9 (1999), S. 2–24.

[9] Siehe Mackenzie: *The use of the laryngoscope in diseases of the throat*, S. 11–12 und Jahn / Blitzer: A short history of laryngoscopy, S. 182. Laut Panoncelli-Calzia handelt es sich hier um ein Missverständnis. So stellte das von Levret entworfene *speculum oris* (lat. specere: sehen, beobachten) Panoncelli-Calzia zufolge weniger einen (Kehlkopf-)Spiegel als vielmehr ein sondenartiges Instrument zur allgemeinen Beobachtung des Mund- und Rachenraums dar. Panconcelli-Calzia: Der erste Kehlkopfspiegel: Babingtons „Glottiskop" (1829–1835), S. 1752.

doskopischen Zugang „in alle innere Höhlen und Zwischenräume des lebenden animalischen Körpers" versprach.[10] „Trotzdem hatte", wie der Phonetiker und Wissenschaftshistoriker Giulio Panconcelli-Calzia betont,

> noch bis zur Mitte des 19. Jahrhunderts niemand [...] die Stimmlippen beim Lebenden gesehen. Alle bis dahin erfolgten Äußerungen über das Zustandekommen der Stimme und über die Rolle, die die Stimmlippen, Taschenfalten usw. dabei spielen, stützten sich auf Vermutungen; daß mancher dabei das Richtige traf, tut nichts zur Sache, es war mehr oder weniger Zufall.[11]

Damit „sich endlich die Stimmlippen dem menschlichen Auge [zeigten]"[12], bedurfte es einer trickreichen Kombination aus langstieligem Spiegel und zweckdienlicher Beleuchtung, wie sie erst 1829 vom Arzt Benjamin Guy Babington hergestellt wurde.[13] Babingtons Erfindung, die aus heutiger Perspektive den „ersten wirklichen Kehlkopfspiegel"[14] darstellte, sollte sich jedoch nicht durchsetzen. Erst ein Vierteljahrhundert später tritt der als Opernsänger ausgebildete Gesangslehrer Manuel Garcia mit einer der Babingtonschen Erfindung gar nicht so unähnlichen Technik hervor, deretwegen er lange Zeit als Urheber der Laryngoskopie gerühmt wurde, als „the first man who ever was able properly to observe the appearance of the human larynx during life", wie es emphatisch in einer Würdigung zum 100-jährigen Geburtstag Garcias heißt.[15]

Ähnlich aufgeladen ist die Erzählung, die über den Moment der Sichtbarwerdung überliefert wird. Während eines Aufenthalts im Pariser Palais Royal im Jahr 1854 sei Garcia auf die Idee verfallen, sein eigenes Stimmorgan mithilfe eines

---

10 Bozzini in seinem Brief vom 8.6.1805 an Erzherzog Carl in Wien. Zitiert nach Matthias A. Reuter: *Geschichte der Endoskopie. Handbuch und Atlas. Bd. I: Geschichte der Endoskopie in der Antike, im Mittelalter und im 19. Jahrhundert*. Stuttgart: Krämer 1998, S. 32. Zu Bozzinis Lichtleiter siehe auch Anja-Katharina Füssmann: *Die Entwicklung der Endoskopie in der Tiermedizin*. Dissertationsschrift. München: Eigenverlag 1996, S. 26–37.
11 Panconcelli-Calzia: Der erste Kehlkopfspiegel: Babingtons „Glottiskop" (1829–1835), S. 1752.
12 Ebd.
13 Am 18. März desselben Jahres stellte Babington der *Londoner Huntarian Society* sein aus zwei Spiegeln zusammengesetztes ‚Glottiskop' vor: Während der ursprünglich mit einem Zungendrücker versehene Kehlkopfspiegel mit der rechten Hand des Arztes in den Mund des Patienten eingeführt wurde, um dessen Glottis abzubilden, diente ein weiterer von der linken Hand des Arztes gehaltener Spiegel der Beleuchtung. Der Patient saß mit dem Rücken zur Sonne, sodass diese im Beleuchtungsspiegel reflektiert und der im Dunkel des Mundraums befindliche Kehlkopfspiegel indirekt angestrahlt wurde. Vgl. Dr. Billing: Proceedings of societies, S. 555. Siehe auch Mackenzie: *The use of the laryngoscope in diseases of the throat*, S. 20–25 und Panconcelli-Calzia: Der erste Kehlkopfspiegel: Babingtons „Glottiskop" (1829–1835), S. 1754.
14 Ebd.
15 The Garcia centenary. In: *The British Medical Journal* 1,2308 (1905), S. 681–689, hier S. 683.

Zahnarztspiegels in den Blick zu bekommen. Als er einen solchen erworben, gegen sein Gaumenzäpfchen gehalten und mit einem das Sonnenlicht reflektierenden Handspiegel angestrahlt habe, sei vor seinen Augen die Glottis „erschienen":

> There before his eyes appeared the glottis, wide open and so fully exposed, that he could see a portion of the trachea. So dumfounded was he that he sat down aghast for several minutes. On recovering from his amazement he gazed intently for some time at the changes which were presented to his vision while the various tones were being emitted.[16]

Garcia, der berufsbedingt zur besonderen Kontrolle seines Stimmapparates befähigt war und wohl auch deshalb auf Anhieb einen günstigen Blickwinkel erzielte,[17] wird durch die Sichtbarwerdung seiner doppelt gespiegelten Glottis in einen derartigen Schockzustand versetzt, dass er einige Minuten verstreichen lässt, bevor er einen zweiten Blick in den Spiegel wagt. Bemerkenswert ist die Performanz, die dieser Szene eignet. Garcia scheint wie geblendet zu sein von der im Spiegel sich offenbarenden Glottis, einer bis dato unerschlossenen Körperregion, deren Anblick ihn zunächst sprachlos macht. Obwohl auch sein Blick in den Spiegel nur ein vermittelter ist, nimmt Garcia hier erstmals den lebendigen physischen Entstehungsort der Stimme in Augenschein. Diesem ersten ehrfürchtig zurückweichenden Blick folgt – nach einer kurzen Pause – ein zweiter, nunmehr explorativ forschender Blick, mit dem Garcia seine Entdeckung studiert. Dabei sticht die Theatralität der Beobachtung ins Auge. Wie auf einer Bühne „präsentieren" sich Garcia die Bewegungen der Glottis, während er versuchsweise verschiedene Töne von sich gibt. Wie ein gebannter Zuschauer blickt er auf das Schauspiel, welches sich seinen Augen im Spiegel darbietet. Inszeniert sich Garcia hier selbst als Zeuge einer einmaligen Aufführung, wird er von seinen Zeitgenossen sogar mit Christoph Kolumbus verglichen, insofern er der wissenschaftlichen Forschung eine gänzlich neue Welt, einen unentdeckten Kontinent aufgeschlossen habe.[18]

---

16 Zitiert nach Malcom Sterling Mackinlay: *Garcia the centenarian and his times. Being a memoir of Manuel Garcia's life and labours for the advancement of music and science.* Edinburgh/London: W. Blackwood and sons 1908, S. 203–204.
17 Panconcelli-Calzia: Der erste Kehlkopfspiegel: Babingtons „Glottiskop" (1829–1835), S. 1755.
18 „[H]e [Garcia, D. R.] opened up a new world to scientific exploration. Leaving music out of account, subtract the laryngoscope from medicine, and what a gap is left in modern methods of diagnosis and treatment! Before its inventor threw light into places which had been dark since the birth of the human race, the larynx was an undiscovered country and its diseases lay beyond the limits of medical art. He is the true begetter of the laryngoscope, for, although several investigators had worked at the problem before him, he was the Columbus who showed how the egg be made to stand on its end." Anonym: The evolution of laryngology. In: *The British Medical Journal* 1,2308 (1905), S. 667–668, hier S. 667.

Die Rhetorik der Entdeckung und Bemächtigung einer noch unbekannten Welt, welche die hier nur in Ansätzen wiedergegebene Frühgeschichte der Laryngoskopie durchzieht,[19] kündet nicht nur von den kulturellen Imaginationen, den wissenschaftlichen und pädagogischen Hoffnungen, die sich mit der Visualisierung des lebendigen Stimmapparates verbanden. Darüber hinaus deutet sie – gleichsam *ex negativo* – auf den Stachel, den die Glottis als epistemisch nicht zuhandene Quelle der Stimme bis zur Entdeckung und Verbreitung der Laryngoskopie im 19. Jahrhundert darstellte. In Anlehnung an Hans-Jörg Rheinbergers Epistemologie ließe sich die Funktionsweise des Stimmorgans als ‚epistemisches Ding' beschreiben, als von einer „irreduziblen Verschwommenheit und Vagheit"[20] gekennzeichnete Leerstelle des Wissens, die im Laufe des 18. und 19. Jahrhunderts als solche zunehmend kenntlich wird. „Epistemische Dinge", so Rheinberger, „verkörpern, paradox gesagt, das, was man noch nicht weiß. Sie haben den prekären Status, in ihrer experimentellen Präsenz abwesend zu sein."[21] Sie sind jedoch „nicht einfach verborgen und durch ausgeklügelte Manipulationen ans Licht zu bringen."[22] Vielmehr verkörpern sich in ihnen noch undefinierte, zur Zukunft hin offene Wissensinhalte. Metaphysische Fragen, woher die Stimme komme und wer sich in ihr zeige, gehörten dabei ebenso zum mit der Glottis verbundenen Nichtwissen wie die Unkenntnis ihrer physischen Entstehung.

Um sich über die wissensgeschichtliche Tragweite dieser für die Stimmforschung konstitutiven Wissenslücke klarzuwerden, genügt ein Blick auf die di-

---

19 Erst 1879 gelang es dem Physiologen Johann Nepomuk Czermak, seinen eigenen Kehlkopf stereoskopisch zu fotografieren, wobei das theatrale Setting dieser ersten fotografischen Belichtung des lebendigen Kehlkopfes einmal mehr auf das Imaginäre dieser Sichtbarmachung weist: Wohl auch, um seine Entdeckung ins rechte Licht zu rücken, baute Czermak 1872 in Leipzig „den CZERMAK-Hörsaal mit 500 Plätzen aus eigenen Mitteln; dieses ‚Spektatorium' besteht aus einem Amphitheater mit angeschlossenen photographischen Arbeitszimmern, Wohnräumen und einer Plattform für Projektionsapparate, mit denen die Photographien auf die Wand geworfen wurden." Reuter: *Geschichte der Endoskopie. Handbuch und Atlas*, S. 47. Bemerkenswert an Czermaks endofotografischer Erkundung der Glottis in Aktion ist darüber hinaus, dass sie das mit Letzterem verbundene Beobachtungsproblem wohl oder übel reproduzierte: Zwar konnte die fotografierte lebendige Stimmritze bequem visuell studiert werden, ihre akustische Dimension wurde auf diese Weise jedoch abermals verfehlt. – Ein Problem, das sich bis zu den 1937 angewandten röntgenkinematografischen Verfahren der Abbildung gesprochener Sprache fortsetzte. Ob endofotografierte Glottides in Aktion oder geröntgte sprechende Schädel: Stimmwerkzeuge, „die zu sehen, aber nicht zu hören sind, bleiben stumm." Margarete Vöhringer: Sprache röntgen, Schädel sehen. In: *Trajekte. Zeitschrift des Zentrums für Literatur- und Kulturforschung* 13,25 (2012), S. 41–44.
20 Rheinberger: *Experimentalsysteme und epistemische Dinge*, S. 24.
21 Ebd., S. 25.
22 Ebd.

versen Strategien, forschungspraktisch mit ihr umzugehen. Auf mindestens drei Wegen wurde um 1800 versucht, die nicht sichtbare Glottis in Aktion zu visualisieren: Erstens die Ausnützung derer zufälligen Sichtbarwerdung infolge einer Verletzung, zweitens deren vivisektorische Freilegung an Tieren und drittens der Vergleich der Glottis mit einem anderen, gut einsehbaren Klanginstrument. Gleichwohl oder gerade weil diese Verfahren die Entstehung und Funktionsweise der Stimme auf Umwegen in den Blick zu bekommen suchten, ließen sie sie als ‚epistemisches Ding' erst hervortreten, verliehen sie ihr als geheimnisvolle Leerstelle des Stimmwissens Kontur. Bevor zu zeigen sein wird, wie dieses epistemische Ding der Stimmgebung noch lange vor den ersten laryngoskopischen Verfahren bei Ferrein experimentell ausgelotet und – um in der Terminologie Rheinbergers zu bleiben – in ein ‚technisches Ding' überführt wurde, seien die drei Strategien kurz beschrieben.

1.2.1 Akzidentielle Offenbarwerdungen (Ludwig J. C. Mende)

Zunächst wurde die seltene Gelegenheit von unfall- oder krankheitsbedingten Verletzungen am Hals genutzt, um die Bewegungen der Stimmritze und -bänder gleichsam in natura zu beobachten. Exemplarisch hierfür steht der Fall des Schäfers Hilgendorf, der 1816 vom Greifswalder Professor für Medizin Ludwig Caspar Mende niedergeschrieben und von mehreren Stimmphysiologen aufgegriffen wurde.[23] Am 24. April desselben Jahres sei Mende zu einem schwer verletzten Mann namens Hilgendorf gerufen worden. Dieser hätte sich selbst – nach einem missglückten Versuch, seine Ehefrau zu ermorden – in suizidaler Absicht eine tiefe Schnittwunde an der Kehle zugefügt. Mendes Bericht zufolge ist die Verletzung nicht sofort tödlich gewesen. Er fand den Verletzten auf ein weiches Lager gebettet, seinen Kopf hatte man vornüber in die rechte Position gerückt und die Wunde an der Kehle mit dicken Tüchern verbunden. „In dieser Lage", so berichtet Mende, „schien der Kranke durch Mund und Nase Luft zu holen, und versuchte auch zu sprechen, doch waren nur einige einsylbige Worte verständlich."[24] Die Entfernung des notdürftigen Verbands offenbarte eine klaffende Wunde, die „durch ein sehr scharfes Bartmesser so beygebracht worden [war], dass sie [...] den obern Theil des Kehlkopfs und die Stimmritze ganz bloß legte, und der ungehinderten Beschauung

---

23 Mende, Ludwig Julius Caspar: *Von der Bewegung der Stimmritze beym Athemholen, eine neue Entdeckung: mit beygefügten Bemerkungen über den Nutzen und die Verrichtung des Kehldeckel.* Greifswald: Eigenverlag 1816. Zu den stimmphysiologischen Bezugnahmen auf diesen und ähnliche Fälle siehe die Anmerkungen in Fußnote 31.
24 Ebd., S. 8–9.

darbot."²⁵ Der derart entblößte Kehlkopf des zwischen Leben und Tod schwebenden Verletzten machte also etwas möglich, das eigentlich als unmöglich galt: Das synchrone Hören und Beobachten des Stimmapparates. Den unglücklichen Fall des Schäfers sah Mende als einmalige Gelegenheit, das Öffnen und Schließen der Stimmritze während des Atmens und Sprechens „ganz genau, bestimmt, und anhaltend beobachten zu können."²⁶ Um einen optimalen Blickwinkel zu erreichen, lässt er den Verletzten eine andere Position einnehmen:

> Sobald der Kranke der Binden entledigt war, zog er den Kopf nach hinten, und schien sich in dieser Lage besser zu befinden, indem er frey durch die Wunde athmete. Die Wunde stand jetzt volle 24 Zoll rheinisch auseinander, und man konnte bis auf die inwendigen Nackenmuskeln und die Halswirbelbeine sehen. [...] Diese ungeheure Wunde gestattete es nun, bey einem übrigens gesunden und noch kräftigen Menschen, die Bewegungen der Stimmritze beym Athmen frey zu beobachten. Um dies desto genauer thun zu können, ließ ich, während der Verband zugerichtet wurde, dem Kranken eine bequeme Lage gegen das Fenster über geben, mit dem Kopfe so nach hinten zurückgelegt, wie er es am besten vertragen konnte.²⁷

Derart in Position gebracht, wird das Stimmorgan zum leicht einsehbaren Studienobjekt, aus dessen spezifischem Verhalten Mende eine physiologische Erklärung ableitet. Am Ende seiner Untersuchungen steht die seinerzeit schon wenig spektakuläre Erkenntnis, dass die Stimmritze passiv an den Vorgängen des Atmens beteiligt sei, insofern sie sich beim Einatmen weite und beim Ausatmen schließe.²⁸ Die Schwierigkeiten, die Mende hatte, zu darüber hinausreichenden Befunden zu gelangen, deuten sich in seiner folgenden Versuchsbeschreibung an:

> Um nun zu versuchen, ob die Stimmritze an und für sich mit Hülfe der durchstreifenden Luft einen Ton von sich geben könnte, fragte ich den Kranken ob er zu trinken begehre. Die Stimmritze gerieth hierauf in eine zitternde Bewegung, wobey ein röchelnder, schwacher und abgebrochener Ton entstand. Ich drückte hierauf den Kopf auf die Brust, so dass die Wundränder aufeinander kamen, und wiederholte meine Frage darauf. Jetzt beantwortete er sie mit einem zwar röchelnden, jedoch vernehmlichen Ja und winselte dabey.²⁹

Während Mende dem Kranken bei zurückgelegtem Kopf einen zwar hörbaren, aber nur schwachen, unstetigen und rauschenden Ton zu entlocken vermag, schlägt derselbe Ton in artikulierte Stimme um, sobald Mende den Kopf seines Patienten in Richtung Brust vorrückt, wobei ihm der explorative Blick auf die

---

25 Ebd., S. 9.
26 Ebd., S. 11.
27 Ebd., S. 10.
28 Ebd., S. 7–8.
29 Ebd., S. 12.

Stimmritze wieder versagt ist. Um das Verhalten des Stimmorgans der Beobachtung zugänglich zu machen, muss der Hals zwangsläufig gereckt werden – es handelt sich um eine blicktechnisch unumgängliche Position, die sich schon in den ersten anatomischen Zeichnungen des Stimmorgans findet (Abb. 1) und auch von der späteren vergleichenden Physiologie der Stimmgebung aufgegriffen wird (siehe Kapitel 2). Mit dem nach hinten gereckten – und im Falle Hilgendorfs zusätzlich verletzten – Hals schlägt indes auch die Stimme um: in ein asignifikantes Geräusch, welches mit dem eigentlichen Untersuchungsobjekt nicht mehr viel zu tun hat. In zunehmender Entfernung oder gar abgeschnitten vom Vokaltrakt produziert das Stimmorgan keine artikulierte Stimme mehr, sondern reine Klangmaterie, bei Hilgendorf ein gleichsam animalisches „Röcheln".[30]

Der Fall zeigt, dass auch die Beobachtung des Stimmorgans am lebenden Menschen letztlich nur bedingt griff, wenn es darum ging, die Entstehungs- und Funktionsweise der Stimmgebung nachzuvollziehen. So konnte Mende am bloßgelegten Kehlkopf zwar beobachten, dass die Stimmritze bei der Produk-

---

30 Damit verdichtet sich in der von Mende beschriebenen Szene emblematisch ein Zusammenhang, der später von mehreren Theoretikern der (Post-)Moderne thematisiert wurde. In seiner anthropologischen Reflexion über den Mund verknüpft etwa Georges Bataille die Geste des erhobenen Kopfes samt gerecktem Hals mit der im Moment des Todes einsetzenden Auflösung menschlicher Artikulation in animalische Geräusche: „Bei großen Gelegenheiten konzentriert sich das menschliche Leben noch auf viehische Weise im Mund, der Zorn macht die Zähne knirschen, der Schrecken und entsetzliches Leid machen aus dem Mund das Organ herzzerreißender Schreie. Es ist leicht hierbei zu beobachten, daß das erschütterte Individuum den Kopf hebt, indem der Hals wie besessen gereckt wird, auf eine Weise, daß der Mund sich, soweit es möglich ist, in die Verlängerung der Wirbelsäule stellt, *das heißt in die Position, die er normalerweise beim Tier einnimmt*. Als wenn explosive Triebkräfte direkt aus dem Körper durch den Mund in Form von Gebrüll hervorbrechen müßten." Georges Bataille / Rainer M. Kiesow (Hrsg.): *Kritisches Wörterbuch*. Berlin: Merve 2005, S. 64. Hervorhebung im Original. Umgekehrt ist der Verschluss bzw. die Kontrolle der Mundhöhle Bataille zufolge das Merkmal „einer strikt menschlichen Haltung." Ebd. Auch Hilgendorf vermag sich erst nach der Schließung seiner Kehlwunde durch das Hinabsenken des Kopfes als Mensch zu artikulieren. In Auseinandersetzung mit dem literarischen Werk Franz Kafkas haben ganz ähnlich auch Gilles Deleuze und Félix Guattari, für die es „in Wahrheit [...] die Stimme, der Klang, ein gewisser Stil [ist], wodurch man Tier wird, und zwar in aller Nüchternheit", auf den Zusammenhang zwischen der Hebung des Kopfes einerseits und einer gewissen Animalisierung der Stimme bzw. stimmlichen Tierwerdung andererseits verwiesen. Gilles Deleuze / Félix Guattari: *Kafka. Für eine kleine Literatur*. Frankfurt am Main: Suhrkamp 1976, S. 7–14. Im Unterschied zum gesenkten Kopf, der die (re-)territorialisierende Einhegung des Signifikanten markiere, begleite die Geste des erhobenen Kopfes ein „intensiver klanglicher Rohstoff, der sich tendenziell *selber aufhebt*, ein deterritorialisierter musikalischer Klang, ein Schrei, der sich ebenso der Bedeutung entzieht wie der Komposition, der Melodie und dem Wort, eine Klanglichkeit im Bruch, im Bestreben, sich von einer noch viel zu signifikanten Fessel zu lösen." Ebd., S. 11. Hervorhebung im Original.

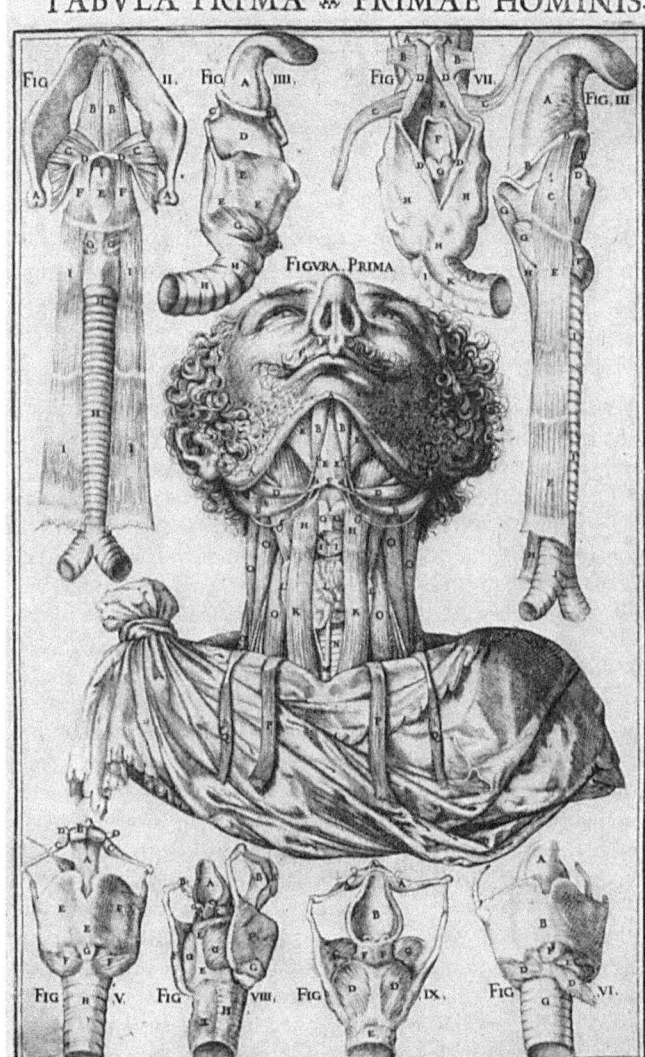

Abb. 1: Abbildungen verschiedener Ansichten des menschlichen Kehlkopfes. Kupferstich aus Giulio Cesare Casseris (1561–1616) Abhandlung über die Anatomie des Stimmorgans *De vocis auditusque organis historia anatomica* (1601).

tion unartikulierter und schwacher Geräusche zitterte. Wenn er hingegen erfahren wollte, wie sich dieselben Geräusche in stimmstarke und artikulierte Töne verwandelten, musste er den Kopf seines Patienten zwangsläufig nach vorn auf die Brust ziehen, sodass die Wunde und mit ihr der Vokaltrakt sich schließen konnten – eine Haltung, welche die Einsicht in die inneren Vorgänge der Stimmgebung verunmöglichte. Das Geheimnis, welches die Glottis umgab, war damit keineswegs gelöst. Es verhielt sich eher umgekehrt: Im experimentellen Bemühen, der Stimmgebung auf die Spur zu kommen, brachte Mende sie als epistemische Leerstelle erst hervor.

Und doch ging von Berichten über die Glottis in Aktion, wie sie neben Mende auch andere Mediziner um 1800 niedergeschrieben bzw. aufgegriffen haben, eine Faszination aus, die vor allem in der Unvorhersehbarkeit und Singularität des Gesehenen wurzelte.[31] „Diese einzige durch das Glück herbeygeführte

---

[31] Unfall- oder krankheitsbedingte Sichtbarwerdungen der Glottis stellten beliebte Fallbeispiele stimmphysiologischer Abhandlungen dar. So schreibt beispielsweise der Physiologe Karl Asmund Rudolphi, dem Mende seinen Bericht unter anderem gewidmet hat, im Falle einer Öffnung der Stimmritze „geht die Luft, wie bei unserm gewöhnlichen Athemholen, hindurch, ohne eine Stimme zu bewirken, obgleich einige Veränderung derselben stets dabei stattfindet, wie ich bei einem Manne gesehen habe, dem die Nase fehlte, und die Rachenhöle so frei lag, dass man das immerwährende Oeffnen und Schliessen der Stimmritze sehr schön sehen konnte. Lud. Mende hat diese interessante Beobachtung zuerst, und zwar bei einem Manne gemacht, der sich eine große Schnittwunde in den Hals beigebracht hatte [...]". Karl Asmund Rudolphi: *Grundriß der Physiologie*. Bd. 2,1. Berlin: Dümmler 1823, S. 370. Worauf Rudolphi im ersten Teil seines Verweises höchstwahrscheinlich anspielt, ist der im ausgehenden 18. Jahrhundert bekannt gewordene Fall des Johann Beck, der infolge eines Wundbrands seine Nase verloren und durch eine selbst erfundene Prothese ersetzt hatte. Da Beck mit der Präsentation seiner Erfindung in zahlreichen europäischen Städten seinen Lebensunterhalt verdiente, ist eine Begegnung zwischen ihm und Rudolphi nicht unwahrscheinlich. Zum Fall des Johann Beck, siehe Theodor von Leveling: *Ueber eine merkwürdige künstliche Ersetzung mehrerer sowohl zur Sprache als auch zum Schlucken nothwendiger, aber zerstörter Werkzeuge*. Mit zwei Kupfertafeln. Heidelberg: Wiesens Schriften 1793 sowie Pieter Camper: Bemerkung einer bewundernswürdigen Ersetzung der Nase und des Gaums, welche beyde durch den Beinfras verlohren gegangen. In: Johann Christoph Sommer (Hrsg.): *Sammlung der auserlesensten und neuesten Abhandlungen für Wundärzte*. Leipzig: Weygandsche Buchhandlung 1778, S. 201–204. Auch Herbert Mayo, Professor für Anatomie am King's College London und Chirurg am Middlesex Hospital, berichtet 1833 von zwei Patienten, deren Verletzungen an der Kehle ihm erlaubten, die Stimmritze in Aktion zu beobachten. Herbert Mayo: *Outlines of human physiology*. 3. Aufl. London: Burgess and Hill 1833, S. 349–350. Auf Rudolphis und Mayos Augenzeugenberichte bezieht sich wiederum der Physiologe Johannes Müller: „Die Form der Stimmritze beim Tonangeben im lebenden Menschen ist noch nicht ganz genau bekannt. Man weiss allerdings, dass sie hierbei verengt ist. [...] MAYO hat die Stimmritze bei einem Menschen beobachtet. [...] Ein Mann hatte beim Versuch zum Selbstmord den Kehlkopf gerade über den Stimmbändern durchschnitten; auf der einen Seite war Stimmband und Cartilagines arytaenoideae durch die schiefe Wunde verletzt. Beim ruhigen Athmen war die Stimme dreieckig. Als einmal ein Ton gelang, wurden die Stimmbänder fast parallel und die Stimmritze linienförmig. Nach der Figur scheint der hintere Theil der Stimmritze nicht eben geschlossen gewesen zu seyn. Ein anderer hatte sich über dem Schildknorpel in den Schlund geschnitten, so dass man den

Beobachtung", schließt Mende seinen Bericht, „wird und muss viele Untersuchungen an lebenden Thieren zur Folge haben"[32]. Mit diesem Ausblick auf vivisektorische Verfahren zur Visualisierung des Stimmapparates ist die zweite um 1800 praktizierte Methode angesprochen, das mit der Stimme verbundene Beobachtungsproblem zu umgehen.

1.2.2 Vivisektionen (François Magendie, Albrecht von Haller)

Im selben Jahr des von Mende berichteten Falls schreibt François Magendie, Vorreiter der Experimentalphysiologie und späterer Präsident der Pariser Akademie der Wissenschaften, über die Stimmgebung:

> Ich glaube nicht, daß man je die Stimmritze an einem lebenden Menschen untersucht hat. Wenigstens ist, so viel ich weiß, nichts darüber geschrieben worden; bei lebenden Tieren, z. B. Hunden, jedoch sieht man, wie sie sich abwechselnd erweitert und wieder verengert [...]. Wenn man endlich die Stimmritze bei einem lebenden Thier bloslegt, so kann man im Augenblick, wo dasselbe schreit, leicht wahrnehmen, daß die Stimme durch die Schwingungsoscillationen der Stimmsaiten [...] gebildet wird.[33]

In der Vivisektion des tierlichen Stimmapparates sahen Magendie, aber auch andere Experimentalphysiologen wie Karl Asmund Rudolphi[34] oder Benedict Stilling[35] eine gute Möglichkeit, das Verhalten der Glottis in Aktion zu studie-

---

obern Theil der Cartilagines arytaenoideae sehen konnte. Beim Tonangeben standen diese so, wie wenn die Stimmritze ganz geschlossen wurde. KEMPELEN [...] giebt an, dass die Stimmritze nicht über 1/12, höchstens 1/10 offen seyn dürfe, wenn noch die Stimme ansprechen soll, und RUDOLPHI bestätigt es aus der Beobachtung eines Mannes, dem bei fehlender Nase die Rachenhöhle so frei lag, dass er das Oeffnen und Schliessen der Stimmritze gut sehen konnte." Johannes Müller: *Handbuch der Physiologie des Menschen für Vorlesungen*. Bd. 2,1. Coblenz: Hölscher 1837, S. 183–184.

32 Ludwig Julius Caspar Mende: *Von der Bewegung der Stimmritze beym Athemholen, eine neue Entdeckung: mit beygefügten Bemerkungen über den Nutzen und die Verrichtung des Kehldeckel*, S. 8–16. Siehe auch ebd., S. 22 und 24.

33 François Magendie: *Lehrbuch der Physiologie*. Aus dem Französischen übersetzt mit Anmerkungen und Zusätzen von Karl Ludwig Elsäßer, Bd. 1. Dritte vermehrte und verbesserte Aufl. Tübingen: Osiander 1834, S. 196–197. Die französische Originalversion von Magendies *Précis élémentaire de physiologie* wurde in den Jahren 1816 und 1817 veröffentlicht. Vgl. François Magendie: *Précis élémentaire de physiologie*. Bd. 1. Paris: Méquignon-Marvi 1816–1817, S. 208–210.

34 Vgl. Rudolphi: *Grundriß der Physiologie*, S. 368–369.

35 Zur experimentalphysiologischen Forschung Benedict Stillings siehe Petra Bolte-Picker: *Die Stimme des Körpers. Vokalität im Theater der Physiologie des 19. Jahrhunderts*. Frankfurt am Main: Peter Lang 2012, S. 189–191.

ren. Die vivisezierten Stimmorgane von Hunden, Katzen und anderen Tieren gerieten zu Ersatzmodellen des menschlichen Stimmorgans. An ihnen konnten Untersuchungen durchgeführt werden, die sich am lebenden Menschen aus ethischen Gründen verboten. Die Bewegungen der Glottis – wie die Vibration der Stimmbänder während der Stimmgebung – ließen sich auf diese Weise unmittelbar nachvollziehen.

Damit stand die Vivisektion tierlicher Stimmapparate ganz im Zeichen der im ausgehenden 18. Jahrhundert sich herausbildenden Physiologie, eines Forschungszweiges, der sich vom experimentellen Studium der chemophysikalischen Funktionszusammenhänge tierlicher Körper Einblicke in die Gesetzmäßigkeiten der inneren menschlichen Körperfunktionen versprach.[36] Diese Substituierung ging mit einer Einebnung der Differenz zwischen tierlichen und menschlichen Körpern einher, die gerade im Hinblick auf die Stimme bemerkenswert ist. Galt die Stimme seit Aristoteles als Äußerung des beseelten Lebens, die auf das Engste mit der Spezies ihrer Äußerung verbunden ist, wurde sie unter dem Zugriff der Physiologie zur rein physikalischen Körperfunktion, sei sie nun tierlichen oder menschlichen Ursprungs. Zwar hatte schon Aristoteles die Stimme als Scharnier zwischen Tier und Mensch konzipiert, als Äußerungsform, welche beide Lebensformen miteinander verbindet. Allerdings wurde nur der menschlichen Stimme die Potenz zur Artikulation, Sprache und Vernunftäußerung zugeschrieben – der Ähnlichkeit zwischen Tier- und Menschenstimmen blieb damit eine Differenz eingetragen.[37]

Wenn aber – wie im Falle der Physiologie – hinter den verschiedenen Lebewesen kein geheimes, zwischen Tier und Mensch hierarchisierendes Prinzip mehr vermutet wird, das dessen Äußerungen auf spezifische Weise antreibt und durchdringt, verliert auch die Frage an Gewicht, ob diese Äußerungen vom Körper eines Tieres oder eines Menschen ausgehen. Mit der Herausbildung eines eher mechanistischen bzw. chemophysikalischen Körperverständnisses in der

---

36 Siehe hierzu Philipp Sarasin: *Reizbare Maschinen. Eine Geschichte des Körpers 1765–1914*. Frankfurt am Main: Suhrkamp 2001; Philipp Sarasin / Jakob Tanner (Hrsg.): *Physiologie und industrielle Gesellschaft. Studien zur Verwissenschaftlichung des Körpers im 19. und 20. Jahrhundert*. Frankfurt am Main: Suhrkamp 1998; John Emmett Lesch: *Science and medicine in France. The emergence of experimental physiology, 1790–1855*. Cambridge, Mass.: Harvard Univ. Press 1984 und Karl E. Rothschuh: *Physiologie. Der Wandel ihrer Konzepte, Probleme und Methoden vom 16. bis 19. Jahrhundert*. Freiburg/München: Alber 1968.
37 Vgl. Aristoteles: *Über die Seele*. griechisch/deutsch, mit Einleitung, Übersetzung (nach W. Theiler) und Kommentar hrsg. v. Horst Seidl. Griechischer Text in der Version von Wilhelm Biehl und Otto Apelt. Hamburg: Meiner 1995, Buch II, Kapitel 8, 420b, S. 111. Wenngleich, wie in der Einleitung erwähnt, Aristoteles seine Definition der Sprache als Kriterium des Menschen nicht so konsequent vertreten hat wie gemeinhin postuliert.

zweiten Hälfte des 18. Jahrhunderts wird die Stimme zu einer physikalischen Größe, die eben deshalb prinzipiell gattungsunabhängig ist. Dass die Stimmen von Hunden, Katzen und Menschen tatsächlich verschieden produziert werden und auch klingen, tat hierbei erst einmal nichts zur Sache. Experimentalphysiologen wie Magendie ging es zuvorderst um die Funktionsähnlichkeit zwischen tierlichem und menschlichem Stimmapparat.

Eine mechanistische Auffassung der Stimme tritt auch im experimentellen Setting der vivisektorischen Stimmphysiologie zu Tage. Sofern das vivisezierte Tier während der Bloßlegung seines Kehlkopfes nicht automatisch Schmerzensschreie ausstieß, wurde es zur Stimmgebung künstlich animiert – durch Reizung der verwundeten oder anderer Körperstellen, die es reflexartig schreien ließen. Die Stimme wird hier nicht mehr länger als unhintergehbares Merkmal des beseelten Lebens begriffen, sondern – vor dem Hintergrund des besagten mechanistischen Körperverständnisses – als eine willkürlich stimulierbare Funktion. Wie sich die Stimmritze unter natürlichen Bedingungen, d. h. im Zustand nicht induzierter, schmerzfreier Vokalisierung verhält, war damit aber nicht ermittelt. Genau darin lag denn auch das methodische Problem der vivisektorischen Verfahren. Zwar ließ sich mit ihrer Hilfe die lebendige Glottis beobachten. Insofern diese Beobachtung an einen gewaltsamen Eingriff in den natürlichen Funktionszusammenhang des tierlichen Stimmapparates gebunden war, veränderte sie jedoch zwangsläufig ihren Gegenstand. Welche Bewegungen der Glottis die physiologische, d. h. den normalen Lebensvorgängen entsprechende Stimme hervorbringen, vermochte auch die Vivisektion der Kehlköpfe nicht mit Sicherheit zu klären.

Die bei Magendie und anderen Experimentalphysiologen deutlich werdende mechanistische Konzeption der Stimme nach dem Reiz-Reaktions-Modell weist noch auf eine andere, ungleich zentralere Rolle, welche die Stimme des vivisezierten Tieres für die Geschichte der Physiologie spielte und die deshalb an dieser Stelle kurz genannt werden soll. Bevor sie selbst zum Gegenstand der experimentalphysiologischen Untersuchungen wurde, fungierte die Stimme zuallererst als deren Hilfsmittel. Bei den 1752 in der Königlichen Gesellschaft zu Göttingen gehaltenen Vorlesungen Albrecht von Hallers zu *den empfindlichen und reizbaren Theilen des menschlichen Körpers* wird diese Funktion sehr deutlich.[38] Darin berichtet der Schweizer Physiologe von den Ergebnissen seiner jahrelangen Forschungen an Hunderten von Tieren, meist Hunden, Katzen und Ziegen, deren lebendige

---

[38] Albrecht von Haller: *Abhandlung des Herrn von Haller von den empfindlichen und reizbaren Theilen des menschlichen Leibes*. Hrsg. v. Carl C. Krause. Leipzig: Jacobi 1756.

Körper er systematisch auf Empfindung und Reizbarkeit untersucht hatte, um daraus „die Probe einer neuen Eintheilung der Theile des menschlichen Lebens"[39] abzuleiten. Es könne zwischen reizbaren, empfindlichen und solchen Körperteilen unterschieden werden, die weder reizbar noch empfindlich sind. Als ‚reizbar' klassifiziert Haller jene Körperteile, die bei Berührung von außen zusammenzucken, als ‚empfindlich' hingegen jene, „bey deren Reizung das Thier offenbare Kennzeichen von Unlust und Schmerze von sich giebt."[40] Zu den eindeutigsten Kennzeichen für die Empfindlichkeit bestimmter Körperteile zählt Haller das Lautgebaren des Tieres.

So wartet der Physiologe, der die Grausamkeit seiner Vivisektionen selbst einräumt,[41] zunächst ab, bis das Tier „ruhig ward, und zu winseln aufhörte"[42], um dessen bloßgelegte Körperteile anschließend mit allerlei Instrumenten zu reizen und zu prüfen, ob es hierdurch „aus seiner Ruhe und Stille komme."[43] Die Stimme des Tieres geriet hier zum ausschlaggebenden Indikator für die Empfindlichkeit seiner Körperteile. Als besonders sensibel erweise sich beispielsweise die Haut, welche „vor andern Theilen des menschlichen Leibes in einem vorzüglichen Grade empfindlich [ist]. Man mag dieselbe reizen, auf welche Art man will, so schreyet das Thier."[44] Die Bewertung der Stimme als akustischer Beweis für nicht sichtbare, innerkörperliche Zusammenhänge, wie sie in Hallers Versuchen auf die Spitze getrieben wurde, durchzieht die Geschichte der Physiologie seit ihren Anfängen. Galens berüchtigtes Experiment an einem quiekenden Schwein, das augenblicklich verstummte, als sein Kehlkopfnerv durchtrennt wurde, gilt als erster experimentell erbrachter Nachweis der neurologischen Steuerung unserer Körperfunktionen.[45]

Auf die impliziten Widersprüche und Ambivalenzen der experimentalphysiologischen Versuche an Tieren haben vor aktuellen wissensgeschichtlichen Analysen[46] schon Hallers Zeitgenossen hingewiesen. Unter anderem wurde die

---

39 Ebd., hier S. 2.
40 Ebd., hier S. 3.
41 Ebd., hier S. 1–2.
42 Ebd., hier S. 4.
43 Ebd.
44 Ebd.
45 Siehe hierzu Charles G. Gross: Galen and the squealing pig. In: *History of Neuroscience* 4,3 (1998), S. 216–221. Auch Haller bezieht sich in seiner 1766 vom Lateinischen ins Deutsche übersetzten Physiologie der Stimme auf Galens Experiment. Albrecht von Haller: *Anfangsgründe der Physiologie des menschlichen Körpers*. Aus dem Lateinischen übersetzt von Johann Samuel Hallen. Dritter Band: Das Atemholen. Die Stimme. Berlin: Christian Friedrich Voß 1766, hier S. 635–637.
46 Anhand Hallers Untersuchungen zur Empfindlichkeit und Reizbarkeit von Tieren hat Stephanie Eichberg die ambivalente Haltung der Physiologie zur Mensch-Tier-Differenz herausgear-

umstandslose Übertragung der Körperfunktionen von Tieren auf Menschen problematisiert und damit die Methodik der Physiologie als solche kritisiert. Dem Mediziner Carl Christian Krause zufolge, der Hallers Vorlesungen 1852 ins Deutsche übersetzte, lehrt die Erfahrung, dass Tiere und Menschen in unterschiedlichem Maße für Krankheiten anfällig sind, verschiedene Schmerztoleranzen aufweisen und deren Empfindlichkeiten allgemein voneinander abweichen, weshalb einer einfachen Analogie zwischen tierlichem und menschlichem Körper mit Vorsicht zu begegnen sei.[47] Hinzu komme

> der Unterschied der Thiere selbst. Man schließt nemlich die Gegenwart oder Abwesenheit der Empfindung und des Schmerzens aus dem Geschrey oder Stille, aus der Ruhe oder Bewegung der Thiere. In diesem Stücke aber sind die Thiere einander unähnlich. Ein Schwein z. E. schreyet fast allemahl, als wenn es am Spieß gestecket würde, wenn ihm gleich nur Arzney in Hals gegossen oder äusserlich appliciret wird, gleichsam als ob es durch eine Divination wüßte, daß es zu nichts andern als zum Abschlachten auferzogen und gemästet werde, und dahero bey jeder fürchterlichen Anstalt dem Tode entgegen sehen müsse. Hingegen ein Schaaf thut kaum das Maul auf, wenn es der Schlachter auf die Schlachtbank bindet. Und diesem sind die dummen Ziegen ziemlich ähnlich. Was thut empfindlicher wehe als Haare ausraufen? Die Federn des Federviehes stecken aber gewiß nicht weniger tief und feste, als die Haare, und doch liegen die meisten Gänse ziemlich geduldig, und schreyen kaum denn und wenn einmahl, wenn man ihnen die Federn über dem ganzen Leib ausrupfet.[48]

---

beitet. Setzte – wie bereits angesprochen – die experimentalphysiologische Substituierung des menschlichen Körpers durch den tierlichen Körper einerseits eine gewisse Einebnung der Mensch-Tier-Differenz voraus, musste Letztere gerade forciert werden, um den Tierversuch moralisch zu rechtfertigen: „Die physiologische Analogie von Mensch und Tier wurde zum einen ausdrücklich betont, um die Übertragbarkeit experimenteller Resultate zu legitimieren. Das Vorhandensein eines reflektierenden Bewusstseins, das auf theoretischer Ebene als Voraussetzung für die Empfindungsfähigkeit an sich galt, dem Tier jedoch abgesprochen. Ein offener Diskurs über die Gleichwertigkeit des Schmerzempfindens beziehungsweise der Schmerzwahrnehmung hätte die ethische Ambivalenz des Experimentierens offenkundig gemacht, daher mag die notwendige Legitimation der Vivisektion für die wissenschaftliche Erkenntnisgewinnung ein impliziter Grund für die Beibehaltung dieser Unterscheidung gewesen sein." Stephanie Eichberg: Ambivalente Analogien: die Auslotung der Mensch-Tier-Grenze im neurophysiologischen Experiment des 18. Jahrhunderts. In: *Traverse* 15,3 (2008), S. 17–28, hier S. 25. Zur widersprüchlichen Konstruktion des ‚Versuchstiers', das die Empfindungen des Menschen zum einen repräsentieren, zum anderen aber gerade nicht aufweisen soll, um ethisch gerechtfertigt zu bleiben, siehe auch Margo DeMello: *Animals and society. An introduction to Human-Animal Studies*. New York: Columbia University Press 2012, S. 170–193.
47 Carl Christian Krause in: Haller: *Abhandlung des Herrn von Haller von den empfindlichen und reizbaren Theilen des menschlichen Leibes*, hier S. 56–57.
48 Ebd., S. 57–58.

Mit dem Verweis auf die artspezifisch variierende Intensität vokaler Schmerzensäußerungen stellt Krause nicht nur die Validität der Stimme als Indikator einer art- und gattungsübergreifenden Empfindlichkeit in Frage. Er zeigt zudem, dass die Ambivalenzen vivisektorischer Verfahren insbesondere dann zu Tage treten, wenn die Stimme im Spiele ist. Denn kraft ihrer Schwellenposition erlaubt die Stimme Übertragungen zwischen Mensch und Tier, deren Verschiedenheit sie zugleich markiert. Insofern sowohl Tiere als auch Menschen Stimme haben, kann Haller das Schreien einer Katze einerseits als akustischen Beweis der Empfindlichkeit des menschlichen Körpers werten und Magendie vom tönenden Kehlkopf eines Hundes Rückschlüsse auf den menschlichen Stimmapparat ziehen. Weil die Stimmen von Tieren und Menschen jedoch differieren (können), was deren physische Ursache und semantischen Gehalt betrifft, vermag die Stimme des vivisezierten Tieres andererseits nur bedingt Aufschluss über die Empfindlichkeit des Menschen bzw. dessen Glottis zu geben.

Aus der Problematisierung dieser Ambivalenzen entstand im Laufe des 18. Jahrhunderts die vergleichende Physiologie der Stimmgebung, welche die Stimmapparate verschiedener Arten untersuchte. Anders als die substitutional verfahrende Vivisektion des Stimmapparates, wie Magendie und Stiller sie an Hunde- und Katzenkehlköpfen betrieben, interessierte sich die vergleichende Physiologie der Stimmgebung gerade für die stimmlichen Differenzen zwischen den verschiedenen Arten. Auf die diskursiven Zusammenhänge und epistemologischen Besonderheiten dieser Teildisziplin, die ausgerechnet durch Haller entscheidend vorangetrieben wurde, wird noch zurückzukommen sein. An dieser Stelle sei lediglich vorweggenommen, dass das Beobachtungsproblem auch hier bestand: Zwar ließen sich mittels vergleichender Studien tierlicher Kehlkopfpräparate hypothetische Mutmaßungen über das Zustandekommen der jeweiligen artspezifischen Stimme anstellen. Zwischen der dem Auge zugänglichen Morphologie des Kehlkopfs und der Hörbarkeit der lebendigen, aber (insbesondere im Fall exotischer Tierarten) oft abwesenden bzw. nur imaginativ zuhandenen Tierstimme klaffte indes eine epistemische Lücke, der schwerlich beizukommen war (siehe Kapitel 2).

1.2.3 Analogien mit Musikinstrumenten (Aristoteles, Denis Dodart)

Neben der direkten Beobachtung der Stimmritze an versehrten Menschen und vivisezierten Tieren existierte eine dritte, ältere Praxis, die Glottis in Aktion sichtbar zu machen: Der Vergleich des Stimmapparates mit vermeintlich analogen, im Unterschied zum Stimmorgan jedoch visuell einsehbaren Musikinstrumenten. Schon Aristoteles bediente sich zweier Instrumentenvergleiche, um die Stimmgebung zu beschreiben. Dem Philosophen zufolge entsteht die Stimme im Zusammenspiel von luftanstoßenden Lungen, lauterzeugender Luftröhre und artikulierendem Mundraum. Die zentralen Vorrichtungen des Kehlkopfes – Stimmritze und Stimmbänder – waren ihm nicht bekannt.[49] Die von den Lungen angeblasene Luftröhre vergleicht Aristoteles mit dem *Aulos*, einem antiken Rohrblattinstrument, dessen Fähigkeit, verschiedene Tonhöhen bzw. -stärken zu erzeugen, ihm als Beschreibungsmodell für die klangliche Variabilität der menschlichen Stimme dient.[50] Gleichzeitig beruft er sich auf das Saiteninstrument, um die Stimmgebung zu illustrieren. So werde die Atemluft durch den Anstoß der Lunge wie beim Anschlag der Saite in schwingende und mithin tönende Bewegung versetzt.[51]

Bis ins 19. Jahrhundert hinein dienten Saiten- und Blasinstrumente der Stimmforschung als Vergleichsmodelle.[52] Weil sie dem Ferrein'schen Experiment unmittelbar vorausgehen, sei an dieser Stelle vor allem auf die Forschungen von Denis Dodart verwiesen, der sich als Hofarzt der Gräfin Conti Martinozzi und beratender Arzt von Ludwig dem XIV. unter anderem der Erkundung der Stimme widmete. In seiner 1700 vor der Pariser Akademie der Wissenschaften verlesenen Abhandlung über die Stimmgebung, der er einige Jahre später, 1706 und 1707, ein zweiteiliges Supplement folgen ließ, vergleicht Dodart die Stimme mit einem Blasinstrument, wobei es ihm weniger um die Ähnlichkeit als um die Verschiedenartigkeit beider Arten der Tonerzeugung ging.[53] Anders als Aristoteles und die klassische Theorie der Stimmgebung sah Dodart den menschlichen Stimmapparat nicht im Modell des Blasinstruments aufgehen. Würde die Luftröhre wie ein Blasinstrument funktionieren, argumentiert der in Musik- und Instrumentenlehre ausgebildete Mediziner,[54] und entsprechend der Kehlkopf der Luftröhre als

---

49 Siehe Aristoteles: *Opuscula II und III. Mirabilia. De Audibilibus*. Übersetzt von Hellmut Flashar und Ulrich Klein. München: Oldenbourg Akademieverlag: 2009, S. 155–168 und dazu Gessinger: *Auge & Ohr*, S. 435.
50 Aristoteles: *Opuscula II und III*, S. 158.
51 Ebd., S. 157. Siehe dazu Gessinger: *Auge & Ohr*, S. 435–437.
52 Ebd., S. 437.
53 Denis Dodart: Mémoire sur les causes de la voix de l'homme, & et de ses différens tons. In: *Histoire de l'Académie royale des sciences* (1700), S. 244–293. Die folgenden Ausführungen zur Stimmphysiologie Dodarts folgen im Wesentlichen der Darstellung von Gessinger: *Auge & Ohr*, S. 437–454.
54 In seinem Nachruf auf Dodart schreibt Bernard Le Bouyer de Fontenelle, dieser hätte eine über das gewöhnliche Maß hinausreichende musische Erziehung genossen, wozu insbesondere die musikalische Ausbildung zählte. Seine Eltern „ne se contentèrent pas de faire apprendre à leur fils le Latin & le Grec, ils y joignirent le Dessin, la Musique, les Instruments, qui n'entrent que dans les éducations les plus somptueuses, & et qu'on ne regarde que trop comme des superfluités agréables." Bernard Le Bouyer de Fontenelle: Éloge de M. Dodart. In: *Histoire de l'Académie royale des sciences* (1707), S. 182–192, hier S. 182. Laut Le Bouyer de

Mundstück dienen, so vermöchten wir nur beim Einatmen zu sprechen. Tatsächlich verhalte es sich aber genau umgekehrt: Die menschliche Stimme werde erfahrungsgemäß beim Ausatmen erzeugt.[55] Die Entstehung von Vokallauten, folgert Dodart, sei demnach nicht in der Luftröhre zu verorten, sondern in der Kehle. Erst, wenn die von den Lungen ausgehende Atemluft schnell und kraftvoll den Kehlkopf passiere, bilde sich ein Ton, welcher sodann vom Vokaltrakt moduliert werde. Wie genau dies funktioniert, blieb jedoch auch für Dodart rätselhaft. So eigne dem menschlichen Stimmapparat – insbesondere aber dem aus Nasen- und Mundraum, Zähnen und Lippen bestehenden Vokaltrakt – eine derartige Komplexität und Variabilität, dass er sich mit herkömmlichen Musikinstrumenten nicht vergleichen lasse. Kein Instrument der Welt könne die inkommensurable Stimme des Menschen imitieren.[56]

Mehr noch als der Vokaltrakt entzog sich die Glottis der Beschreib- und Wissbarkeit. Zwar ließen sich anhand der geschlechts- und altersspezifischen Formcharakteristika präparierter Glottides Vermutungen über deren physiologische Wirkung auf die Stimme anstellen.[57] So nimmt Dodart einen Zusammenhang zwischen der Öffnung bzw. Spannung der Stimmlippen und der Tonhöhe der durch sie produzierten Stimme an.[58] Die nicht sichtbare Glottis in Aktion verkörperte jedoch auch für Dodart zunächst ein unhintergehbares Nichtwissen, das – wie der Mediziner hervorhebt – im eigentümlichen Kontrast zum menschheitsgeschichtlich hohen Alter dieses „Instrument à vent naturel"[59] stehe. So alt, wie das Stimmorgan sei, so undurchsichtig und unnachahmlich sei dessen Funktionsmechanismus.[60]

In Ermangelung eines der menschlichen Glottis adäquaten Musikinstruments, mit dem sich seine Mutmaßungen experimentell überprüfen ließen, verfiel Dodart auf ein alternatives, dem menschlichen Körper selbst abgeschautes Modell. Dieses habe gegenüber künstlichen Tonerzeugern wie Bläsern oder Streichern den unschätzbaren Vorteil, die natürlichen Bewegungen der Glottis am lebenden Organ veranschaulichen zu können.

Fontenelle beabsichtigte Dodart eine umfassende Geschichte der altertümlichen und modernen Musik zu schreiben, zu der seine Abhandlung über die Stimmgebung nur die Einleitung abgeben sollte. Ebd., hier S. 205.
55 Dodart: Mémoire sur les causes de la voix de l'homme, & et de ses différens tons, S. 248.
56 Ebd., hier S. 250.
57 Ebd., hier S. 263.
58 Ebd., hier S. 264.
59 Ebd.
60 Ebd., hier S. 259.

> Es ist unmöglich, eine Glottis in Aktion sichtbar werden zu lassen, aber [...] sehr einfach, eine andere Art von Glottis in Aktion zu sehen, die genauso musikalisch und beinahe so natürlich wie die Glottis selbst ist.[61]

Worauf Dodart hier anspielt, ist der menschliche Mund, dessen Öffnung und Lippen mit der Stimmritze und den Stimmlippen des Kehlkopfs vergleichbar seien und ganz ähnlich wie diese einen (Pfeif-)Ton erzeugen und manipulieren könnten.[62] Anhand der sichtbaren Bewegungen der Lippen beim Pfeifen, so Dodart, ließen sich veritable Aussagen über die Funktionsweise der Glottis treffen.[63] Zwar komme der ‚labialen Glottis' im Unterschied zur ‚vokalen Glottis' keine gesellschaftliche Funktion zu, vielmehr werde ihr – auch angesichts der Entgleisung des Gesichts beim Pfeifen – für gewöhnlich eher Geringschätzung entgegengebracht. Oft seien es jedoch gerade die missachteten bzw. marginalisierten Dinge, welche weitreichende Erkenntnisse bereithielten.[64] Im gut sichtbaren Verhalten des pfeifenden Mundes sah Dodart seine These über die dem Blick entzogene Glottis in Aktion anschaulich bestätigt. So bewiesen die Lippenbewegungen des Mundes

> gut sichtbar alles, was ich über die vokale Glottis gesagt habe; denn bei der labialen Glottis ist man nicht gezwungen die Abstände zwischen den Lippen durch Überlegung zu bestimmen wie bei der vokalen Glottis. Man muss weder rätseln noch spekulieren. Man

---

61 Denis Dodart: Supplement au mémoire sur la voix et les tons. In: *Histoire de l'Académie royale des sciences* (1707), S. 66–81, hier S. 66. „Il est impossible de rendre visible une glotte en action ; mais [...] il est très-facile de voir en action une autre sorte du glotte aussi musicale & presque aussi naturelle que celle-là." Siehe auch Gessinger: *Auge & Ohr*, S. 451. Um den Lesefluss zu erleichtern, werden hier und im Folgenden längere Zitate aus französischsprachiger Literatur, zu der bislang keine deutschen Übersetzungen vorliegen, von mir im Fließtext ins Deutsche übersetzt, wobei die Originalversion in den Fußnoten jeweils aufgeführt wird.
62 Rund ein Jahrhundert darauf wird Mende die von Dodart postulierte phänotypische Ähnlichkeit zwischen den Stimmlippen der Glottis und den Lippen des Mundes bestätigen. Die von ihm gesehene lebendige und „unverletzte Stimmritze bildete zwey längliche Wülste, die viel dicklicher erschienen, als im todten Körper, und dem äusseren Ansehen nach einigermaßen mit den Lippen am Munde verglichen werden konnten, und ein frisches blassröthliches Ansehen hatten." Mende: *Von der Bewegung der Stimmritze beym Athemholen, eine neue Entdeckung: mit beygefügten Bemerkungen über den Nutzen und die Verrichtung des Kehldeckel*, S. 11.
63 Neben der ‚labialen Glottis' verweist Dodart noch auf ein drittes ‚natürliches' Pendant zur ‚vokalen Glottis', welchem er die Bezeichnung ‚glotte liguale' gibt: Wenn die beiden Ränder der Zungenspitze an den Gaumen gedrückt würden, bilde sich ein Pfeifton. Dodart: Supplement au mémoire sur la voix et les tons, S. 69–70. Siehe dazu Gessinger: *Auge & Ohr*, S. 452–453.
64 Dodart: Supplement au mémoire sur la voix et les tons, S. 66–67.

sieht sie. Auf diese Weise lässt sich leicht erkennen, dass der kleine Durchmesser der Stimmritze sich verringert, wenn der Ton höher wird und dass er sich vergrößert, wenn der Ton tiefer wird.[65]

Wie Dodart vermutet hatte, ließ sich ein physiologischer Zusammenhang zwischen der Öffnung der Stimmlippen und der Tonhöhe der Stimme feststellen. Spannten sich die Stimmlippen und dezimierten so den von ihnen eingeschlossenen Luftspalt, ließ sich ein verhältnismäßig hoher Ton vernehmen. Weiteten sie sich jedoch und vergrößerten dadurch den Spalt, wurde der Ton proportional tiefer. Entscheidend für die Stimmgebung, so Dodart, sei ein die Stimmritze passierender, in Schwingung versetzter Luftstrom, der eine ruhende Luft zur Resonanz anrege. Indem Dodart die Glottis mit einem pfeifenden Mund gleichsetzt, reduzierte er allerdings die Stimmlippen auf reine Manipulatoren der tonerzeugenden Stimmritze, ohne derer eigener Schwing- und Klangkraft Rechnung zu tragen. Insofern die Lippen des Mundes lediglich ‚tonerzeugend', nicht aber ‚selbsttönend' sind, musste Dodart die physiologische Möglichkeit schwingender Stimmlippen übersehen.[66]

Dass es sich auch bei Analogiebildungen mit künstlichen oder organischen Tonerzeugungsmedien um nur unzureichende, höchst fallible Versuche handelt, das Problem der Unvereinbarkeit zwischen Hör- und Sichtbarkeit der Glottis zu umgehen, wurde bereits im 18. Jahrhundert erkannt. Rund vierzig Jahre, nachdem Dodart mit seiner Theorie der Stimme hervorgetreten war, meldete sich der Mediziner Ferrein mit einer gänzlich neuen Idee zu Wort, wie die Glottis in Aktion sichtbar und damit analysierbar gemacht werden könne.

1.3 Spektakuläre Einblicke: Antoine Ferreins Experiment

1.3.1 Rinder, Schweine, Hunde, Menschen

Im Jahr 1741 berichtet Ferrein in den *Mémoires de l'Académie Royale des Sciences* von einem Experiment, das die bisherigen Instrumentenvergleiche als naturfern und die klassische Theorie der Stimme als unhaltbar erweise.[67] Im Gegensatz zu

---

65 „[...] visiblement tout ce que j'avois dit de la glotte vocale ; car dans la glotte labiale on n'a pas besoin de prouver par le raisonnement les degrez d'approche des levres, comme on est obligé de faire à l'égard des levres de la glotte vocale. Il n'y a point à deviner ni à raisonner. On les voit. On remarque donc que le petit diametre de cette glotte diminuë quand le ton hausse, & qu'il augmente quand le ton baisse." Ebd., S. 68–69.
66 Siehe Gessinger: *Auge & Ohr*, S. 453.
67 Ferrein: De la formation de la voix de l'homme.

Dodart war Ferrein der Auffassung, dass die Stimme weniger nach dem Prinzip der Zungenpfeifen gebildet werde, d. h. durch einen von der Glottis zum Tönen gebrachten Luftstrom, als durch die in der Glottis aufgespannten Stimmbänder, welche – ähnlich den Saiten einer Violine – vom passierenden Luftstrom angestrichen und so zum Schwingen und Klingen gebracht würden. Seiner Ansicht nach handelte es sich beim menschlichen Stimmapparat um eine eigentümliche Mischung aus Blas- und Saiteninstrument. Um diese These in empirisch gesichertes Wissen zu überführen, suchte Ferrein nach einem Weg, das vermeintlich Unmögliche zu realisieren: Es galt, die Glottis in Aktion über die bloße Analogiebildung hinaus am menschlichen Stimmapparat selbst experimentell sichtbar zu machen.

Zu diesem Zweck präparierte er einen Kadaver[68] und pustete mehrmals ins untere Ende von dessen Luftröhre – anders als erwartet blieb der Kehlkopf stumm. Als er nach einiger Überlegung auf den Gedanken verfiel, dass die Stimme abgesehen von einem starken Luftstrom eine spezifische Verengung im Kehlkopf erfordern könnte, startete er seinen Versuch neu. Er nahm den Kehlkopf eines Hundes, näherte dessen Stimmbänder einander an und blies kräftig durch die zum Kehlkopf führende Luftröhre. Was dann geschah, schildert Ferrein wie folgt:

> Auf einmal schien das Organ sich zu verlebendigen und ließ nicht nur einen Ton, sondern meinem Eindruck nach eine deutliche Stimme vernehmen, schöner noch als die ergreifendsten Konzerte.[69]

Diese Szene bildete den Auftakt einer ganzen Reihe von Experimenten, die Ferrein, der im Rahmen seiner Tätigkeit als Marinearzt in Montpellier Zugriff auf die Leichname zahlreicher Galeerensträflinge hatte,[70] an den Kehlköpfen von Menschen sowie Hunden, Schweinen und Rindern vornahm. Indem er deren Glottides durch Anblasen gut sichtbar zur Stimmgebung animierte, konnte er zeigen, dass es tatsächlich weniger die Öffnung der Stimmritze als die in Schwingung versetzten Stimmbänder sind, welche die Stimme hervorbringen und modulieren.

Wenngleich Ferrein seine Experimente einleitend als Verifizierung einer hypothetischen Stimmtheorie fasst, lässt er im weiteren Verlauf seiner Abhandlung keinen Zweifel daran, dass es umgekehrt die Experimente waren, die ihn zu seiner Theorie führten. Erst die experimentell ermöglichte Einsichtnahme in die Funktionsabläufe der natürlichen, d. h. organischen Kehlköpfe von Tieren und Menschen habe gezeigt, dass die seit Aristoteles und noch von Dodart vertretene klassische

---

[68] Ob es sich um einen Tierkadaver oder einen menschlichen Leichnam handelt, wird nicht spezifiziert. Vgl. ebd., S. 416.
[69] Ebd., hier S. 417. „à ce coup l'organe parut s'animer, & fit entendre, je ne dis pas seulement un son, mais une voix éclatante, plus agréable pour moi que les concerts les plus touchans."
[70] Gessinger: *Auge & Ohr*, S. 455.

Theorie des Stimmorgans als Blasinstrument nur wenig mit der Natur übereinstimme („est peu d'accord avec la Nature"[71]). In den animierten Kehlkopfpräparaten habe Ferrein vielmehr ein völlig neues, weder der Anatomie noch der Musikwissenschaft geläufiges Instrument „gefunden" – das mittels angeblasener Saiten tönende Stimmorgan.[72]

Diese während des Experimentierens gemachte „Entdeckung"[73] schildert der Anatom wie viele Jahre später der Laryngologe Garcia unter Verwendung einer auffallend theatralen Metaphorik. Nicht nur vergleicht er die während des Experiments hörbar werdenden Stimmen mit den ‚ergreifendsten Konzerten'. Auch die sichtbar werdenden Bewegungen der Glottis werden als ein singuläres Schauspiel beschrieben, als ein noch nie zuvor gesehenes Spektakel, welches sich auf der Bühne des Körpers „vor aller Augen"[74] (des anwesenden Anatomen Ferrein und seiner Assistenten) abspielte. Der angeblasene Kehlkopf eines Menschen „antwortete mit einer Stimme, die die Assistenten verblüffte und es war, denke ich, das erste Mal, dass man etwas Derartiges gesehen hatte"[75], heißt es in Ferreins Bericht. Er habe seinen Augen kaum trauen können („j'en croyois à peine mes yeux"[76]), als er mit einer Art Entzücken („une espèce de ravissement"[77]) feststellte, dass die Stimmbänder vibrierten: Nicht einmal ein Vergrößerungsglas sei notwendig gewesen, um die Vibrationen der Stimmbänder klar und deutlich zu erkennen. Jeder habe mühelos dasselbe sehen können; die vibrierenden Stimmbänder schienen die Stimmritze optisch zu schließen.[78]

Die Theatralität, welche dem Experiment und dessen nachträglicher Beschreibung eignet, steht hier im Dienste der Evidenzproduktion.[79] Die animierten Glottides werden als spektakuläre Erscheinungen inszeniert, die keines Instruments und keiner weiteren Erklärung bedürfen, um unmittelbar wahrgenommen und verstanden zu werden. Dadurch gewinnen sie den Anschein einer

---

[71] Ferrein: De la formation de la voix de l'homme, S. 410.
[72] Vgl. ebd.
[73] Ebd.
[74] Ebd., hier S. 420.
[75] „[...] le larinx du cadavre répondit par un éclat, qui étonna les assistans, & c'est, je pense la première fois qu'on ait vû pareil phénomène [...]" Ebd., hier S. 417.
[76] Ebd., hier S. 420.
[77] Ebd.
[78] „[E]lles [les vibrations des rubans tendineux, D. R.] se firent apercevoir d'une manière si claire & si distincte que la loupe ne fut plus nécessaire, & que tout le monde peut aisément voir la même chose; l'image tracée par ces vibrations semble effacer la cavité de la glotte." Ebd.
[79] Zu den theatralen Aspekten des Experimentierens siehe unter anderem Helmar Schramm / Ludger Schwarte / Jan Lazardzig (Hrsg.): *Spektakuläre Experimente. Praktiken der Evidenzproduktion im 17. Jahrhundert.* Berlin/New York: De Gruyter 2008.

Authentizität, der letztlich über die diversen Zurichtungen hinwegtäuscht, welche die Glottides im Zuge ihrer Präparation, ihrer Animation und Inszenierung erfahren haben. Zu sehen und hören sollen Stimmen sein, welche die Natur so auch selbst hervorbringt.[80] Auch Ferreins Rückgriff auf die Kehlköpfe verschiedener Tierarten erklärt sich vor diesem Hintergrund. So beabsichtigte der Anatom, dem es ja eigentlich dezidiert um die menschliche Stimme ging, den Authentizitätseffekt seines Experiments zu steigern, indem er allseits bekannte und besonders eingängige Stimmen aus der Natur ertönen ließ. Deren authentische Klangwirkung sollte die Validität seiner Methode und nicht zuletzt die ‚Echtheit' der aus dem menschlichen Stimmorgan erzeugten Stimme zu Gehör bringen. Die animierten Stimmen von Rindern, Hunden und Schweinen wiesen dieselbe spezifische Stärke und Beschaffenheit auf, durch die sie sich auch in der Natur voneinander unterschieden, betont Ferrein.[81] Durch die geschickte Manipulation der Stimmbänder sei es ihm sogar gelungen, deren Muhen, Winseln und Grunzen vollkommen naturgetreu zu imitieren („d'une manière qui imite parfaitement la nature même"[82]). In der Dramaturgie des Experiments verbürgt die suggestive Naturtreue von Tierlauten die um einiges schwieriger zu entscheidende, weil weniger kulturell überformte Natürlichkeit der menschlichen Stimme.

Mit seiner Animation des Stimmorgans *ex vivo* brach Ferrein – neben der Ausnützung von Verletzungen, der Vivisektion an Tieren und der Musikinstrumentenanalogie – einem vierten Weg bahn, auf dem die Entstehungs- und Funktionsweise der Stimme im 18. und frühen 19. Jahrhundert ans Licht gebracht wurde. Es handelt sich um einen ganz und gar technischen Weg, der sich genau deshalb durch ein hohes Maß an Praktikabilität auszeichnete. Mit ihm war die Untersuchung des Stimmapparates nicht mehr auf unvorhersehbare Unfälle, Vivisektionen oder spekulative Analogien angewiesen. Der Kehlkopf in Aktion konnte nun auf weitaus bequemere und vor allem geregeltere Weise in den Blick genommen werden. Die Reanimierung einer toten Glottis durch Anblasen ist – unter bestimmten institutionellen Voraussetzungen, wie sie dem Marinearzt Ferrein vorlagen – nicht nur jederzeit durchführbar sowie effektiv kontrollier- und

---

80 Siehe dazu Hans-Jörg Rheinberger: Die Evidenz des Präparates. In: Schramm / Schwarte / Lazardzig (Hrsg.): *Spektakuläre Experimente*, S. 1–17, hier S. 3: „Das Paradox des wissenschaftlichen Präparates, so könnte man sagen, besteht also darin, dass die ganze Arbeit der Zurüstung, die im lateinischen Wortsinn des ‚Präparierens' steckt, genau dann als erfolgreich verlaufen betrachtet wird, wenn sie im Objekt schließlich zum Verschwinden gebracht wurde. Ein Präparat zählt, insofern es in diesem Sinne als authentisch gilt. Und man könnte hinzufügen, dass in genau dem Maße, wie dies gelingt, das Präparat den Charakter des Spektakulären annimmt."
81 „La voix du bœuf, celle du cochon, ce sont encore fait distinguer par la force & par la qualité du son qui les caractérisent." Ferrein: De la formation de la voix de l'homme, S. 417.
82 Ebd., hier S. 426.

steuerbar: So geht vom willkürlich stimulierten Kehlkopfpräparat ein weitaus geringerer (Blick-)Widerstand aus als vom Stimmapparat des Unfallpatienten oder vivisezierten Tieres. Darüber hinaus sind die von Ferrein initiierten Kehlkopfstudien grundsätzlich wiederholbar und weisen damit ein Kriterium auf, womit das singuläre Zeugnis der sichtbaren Glottis in Aktion zum experimentell verfügbaren und mithin verifizierbaren Wissen wurde.

1.3.2 Resonanzen (Albrecht von Haller, Denis Diderot)

Trotz ihrer methodisch-technischen Ingeniosität stießen Ferreins Experimente bei seinen Zeitgenossen nicht durchweg auf positive Resonanz. Unter seinen Kollegen aus der Anatomie und Physiologie, in der philosophischen und künstlerischen Öffentlichkeit sowie an den Universitäten löste Ferreins Abhandlung über die Stimme vielmehr eine „langanhaltende, lebhafte und hitzige Auseinandersetzung"[83] aus. Ein Einblick in diese Debatte lässt sich über Albrecht von Hallers Physiologie der Stimme gewinnen.[84] Schon zu einem früheren Zeitpunkt hatte der Physiologe Zweifel angemeldet, was die Glaubwürdigkeit der Ferrein'schen Experimente anbelangt. Laut Haller handelt es sich bei Ferreins Theorie der menschlichen Stimme lediglich um eine „unwahrscheinliche Meynung"[85], die „dem Vernehmen nach auf ungewisse, und selbst in der Akademie nicht recht gerathene Versuche gegründet"[86] sei. Zwar hatte Ferrein wohlweislich darauf geachtet, seine wissenschaftlichen Assistenten am Experiment als Zeugen teilhaben zu lassen.[87] Wie Haller andeutet, hätten dieselben Zeugen jedoch verlauten lassen, dass es mit dem behaupteten Erfolg des Experiments de facto nicht weit her gewesen sei.[88] Dass die angeblasenen Kehlköpfe von Tieren und Menschen in Wahrheit keine naturgetreuen Stimmen produziert hätten, verwundert den Vivisektoren Haller nicht. Die Ferreins eigentümlicher Methodik zugrunde liegende Annahme, vom toten isolierten Kehlkopf auf das Stimmorgan *in vivo* schließen zu können, blende entscheidende Faktoren der Stimmgebung aus. Denn es seien nicht zuletzt die von der Seele angestoßenen Muskeln und Knorpel, welche den gesamten – d. h. sowohl den Kehlkopf als auch Luftröhre und Ansatzrohr umfassenden – Vokalapparat in Schwingung versetzten. Ohne den Antrieb der Seele

---

83 Vgl. J.-R. Marboutin: Frespech. In: *Revue de l'Agenais* (1934), S. 285–311, hier S. 311.
84 Haller: Anfangsgründe der Physiologie des menschlichen Körpers.
85 Ebd.
86 Ebd.
87 Ebd., hier S. 694.
88 Ebd.

auf einen den Kehlkopf umgebenden Resonanzraum wie ihn der Vokaltrakt darstelle, sei die Produktion einer naturgetreuen Stimme nicht möglich:

> Es erhellet auch hieraus, warum die Stimme besser, und heller in lebendigen Thieren hervorgebracht wird, als in todten. Es waren nämlich die Ferreinischen Stimmen, welche ich niemals gehöret habe, schlecht, und gar nicht der ordentlichen Stimme eines lebendigen Menschen, oder Thieres ähnlich genug. Es wird nämlich der Luftröhrenkopf im lebendigen Menschen von den Muskelkräften, die die Seele regieret, in solche Schwingungen gesezzt, daß er viel geschwinder und hurtiger zittern mus, so bald er von der Luft getroffen wird.[89]

Haller zufolge ist ein lebendiger, von Luftröhre und Vokaltrakt umschlossener Kehlkopf die notwendige Voraussetzung, um eine authentische Stimme zu erzeugen. Es sei deshalb ein Trugschluss wie Ferrein anzunehmen, dass die vom Resonanzraum des beseelten Körpers abgeschnittene Kehle bzw. die aus ihr freigelegten Stimmbänder „dergleichen Stimme hervorbringe, die die Natur einem jeden Thiere eigen gemacht hat."[90] Ferreins Behauptung, durch die alleinige Manipulation der isolierten Stimmbänder „das Brüllen der Rinder, das Winseln des Hundes und die durchdringenden Schreie der Schweine"[91] ausdrücken zu können, und dies „auf eine vollkommen naturgetreue Weise"[92], ist Haller zufolge mit Skepsis zu begegnen. Ihm selbst seien

> dergleichen ähnliche Versuche nicht so gut gerathen, daß ich einen Schall und Stimme hervorgebracht hätte, woran man das Thier erkennen können; indessen habe ich doch den Ausdrükk der Schweinsstimme, wiewohl nicht genau, und noch viel weniger eine Menschenstimme nachmachen können.[93]

Ferreins Konzentration auf die Stimmbänder, die er als das eigentliche Organ der Stimme beschreibt, übersehe die Rolle des für die Stimmmodulation wesentlichen Vokal- als Resonanzraum. Nur durch die unterschiedlich geformten und widerhallenden Rachen, Gaumen und Nasenhöhlen sei die natürliche Verschiedenheit der Stimmen zu erklären, sowohl in artspezifischer als auch in individualer Hinsicht.

---

89 Ebd., hier S. 685–686. Wie Gessinger gezeigt hat, versucht Haller mit dieser Theorie, „den Anteil der *Seele* an der Stimmgebung zu sichern." Gemäß der zeitgenössischen Schwingungslehre, welche eine „Korrespondenz zwischen den äußeren Erregungen des Körpers und seiner inneren ‚Stimmung'" annahm, geht Haller von einer Eigenschwingung bzw. -spannung des lebendigen Körpers aus, die an das Lebensprinzip der Seele gebunden sei. Vgl. Gessinger: *Auge & Ohr*, S. 470.
90 Haller: *Anfangsgründe der Physiologie des menschlichen Körpers*, hier S. 680.
91 Ferrein: De la formation de la voix de l'homme, S. 426.
92 Ebd.
93 Haller: *Anfangsgründe der Physiologie des menschlichen Körpers*, hier S. 682.

> Dass blos aus so kurzen Bändern alle Mannigfaltigkeiten in den Tönen, in denen Annehmlichkeiten, und in der Stärke der Sprache hervorgebracht werden sollen, scheinet um so viel weniger wahrscheinlich zu seyn, je unendlicher die Verschiedenheit der Töne ist, die ein Mensch, oder auch ein viel kleinerer Vogel, heraus zu bringen vermag.[94]

Mit dem Stimmapparat des Vogels greift Haller einen zentralen Aspekt in der zeitgenössischen Debatte um die Validität der Stimmtheorie Ferreins auf. So wurde gegen Ferreins Verweis auf die Stimmbänder als physiologischer Ursprung der Stimme von Seiten der Anatomie der kritische Einwand erhoben, dass gerade die stimmgewaltigsten aller Tiere, die Vögel, keine Stimmbänder besäßen. Zumindest der obere Kehlkopf von Vögeln sei vollständig knöchern. Deshalb sei anzunehmen, dass es weniger die vibrierenden Stimmbänder sind, welche die Stimme hervorbrächten, als vielmehr – wie Dodart richtig erkannt habe – die den Luftstrom in Schwingung versetzende Glottis.[95] Fürsprecher der Ferrein'schen Theorie verwiesen wiederum auf den unteren Kehlkopf der Vögel als eigentliches Instrument der Stimme, den sogenannten Stimmkopf, der ganz und gar nicht knöchern sei.[96] Wie selbst Haller eingesteht, bestehe er „vielmehr aus zitternden und schwankenden Membranplättchen, als aus Löchern oder Spalten."[97] Doch gleichwohl jene

> zitternden Häutchens in der Luftröhre bei den Wasservögeln, die Töne ehe verändern, ehe die Luft nach der Luftröhrenspalte hinauf kömmt, welche diese Töne mit sich bringt, so darf man wohl annehmen, daß in der Spalte der Zunge am Gaumen, im Wiederschalle der Nasenhölen, und in der Verschiedenheit des Gaumens, die Ursachen liegen, welche den aus der Spalte heraufgetriebenen Klang auf allerlei Weise temperiren.[98]

Er „erinnere dieses zu dem Ende, weil berühmte Männer [gemeint ist Ferrein, D. R.], außer der Luftröhrenspalte, alle übrige Theile des menschlichen Körpers, von dem Vermögen ausschließen, die Stimme zu verändern."[99] Hallers an den Kehlköpfen von Vögeln, aber auch von anderen Tieren wie Elefanten, Pfauen, Igeln, Krokodilen und Insekten gewonnenen Einsichten in die akustischen Funk-

---

94 Ebd., hier S. 704.
95 Exupere Josephe Bertin: *Lettres sur le nouveau système de la voix*. Den Haag: La Haye 1745, S. 42–43.
96 Henri-Joseph-Bernard Montagnat: *Eclaircissement en forme de lettre à M. Bertin, Médicin, sur la découverte que M. Ferrein a faite du mécanisme de la voix de l'homme par M. Montagnat, médicin*. 1746, hier S. 69. Siehe dazu Haller: *Anfangsgründe der Physiologie des menschlichen Körpers*, hier S. 698–699 und André Doyon / Lucien Liaigre: *Jacques Vaucanson. Mécanicien de génie*. Paris: Presses Universitaires de France 1966, S. 164.
97 Haller: *Anfangsgründe der Physiologie des menschlichen Körpers*, hier S. 699.
98 Ebd., hier S. 705.
99 Ebd.

tionszusammenhänge des Stimmapparates sind in mehrerlei Hinsicht bemerkenswert. Während es Ferrein explizit um eine Theorie der menschlichen Stimmgebung geht, obwohl er neben den Kehlköpfen von Menschen auch diejenigen von Rindern, Schweinen und Hunden untersucht, ist es Haller gerade um die Unterschiede zwischen den Stimmen verschiedener Arten zu tun. Bläst Ferrein die Stimmapparate von Tieren an, um anhand von deren Klangwirkung die ‚Natürlichkeit' der von ihm auf dieselbe Weise reproduzierten menschlichen Stimme zu beglaubigen, ist Haller an den tierlichen Stimmapparaten um ihrer selbst willen interessiert. Aus der Position des Ersatzes für den menschlichen Stimmapparat, wie sie bei Ferrein noch weitgehend maßgebend ist, rückt der tierliche Kehlkopf bei Haller in eine komparative Perspektive. In kritischer Auseinandersetzung mit Ferreins als reduktionistisch empfundener Stimmbandtheorie findet Haller zur Erkundung des morphologisch höchst variablen Stimmapparates verschiedener Individuen, Spezies und Arten und mit ihr zur vergleichenden Physiologie der Stimme, einer Disziplin, deren Entwicklung und Ausrichtung uns an anderer Stelle noch beschäftigen wird. Vorerst nur so viel: Interessanterweise wird eben jene aus der Kritik an Ferrein geborene Disziplin das Ferrein'sche Verfahren in ihre Methodologie mit aufnehmen. Um 1800 gehört das Anblasen des Kehlkopfes zur durchaus üblichen Methode der Stimmphysiologie.[100] Insbesondere in der vergleichenden Physiologie der Stimme, wie sie nach Albrecht von Haller vor allem von Pieter Camper, Félix Vicq d'Azyr und Johannes Müller betrieben wurde, wird die Ferrein'sche Praxis zum methodischen Rüstzeug.[101] Durch die

---

100 Auch Magendie bediente sich – neben der Vivisektion an Tierkehlköpfen – dieser Methode, wenn auch eher erfolglos: „Si l'on prend la trachée-artère et le larynx d'un animal ou d'un homme, et qu'avec un gros soufflet on pousse de l'air dans la trachée, en le dirigeant vers le larynx, aucun son n'est produit, mais seulement un léger bruit, résultat du frottement de l'air contre les parois du larynx. Si, continuant de souffler, on rapproche les cartilages arythénoïdes, de sorte qu'ils se touchent par leur face interne, il se produira un son qui aura quelque analogie avec la voix de l'animal auquel appartient le larynx servant à l'expérience. [...] Mais pourquoi, en soufflant dans la trachée-artère d'un cadavre, le larynx ne produit-il aucun son analogue à la voix humaine? Pourquoi la paralysie des muscles intrinsèques de cet organe est-elle suivie de la perte de la voix ? Enfin, pourquoi faut-il un acte de la volonté pour que nous formions le son vocal ?" Magendie: *Précis élémentaire de physiologie*, S. 209. Der Grund für die Schwierigkeit, dem toten Kehlkopf eine originalgetreue Stimme zu entlocken, ist Magendie zufolge simpel: Es brauche die durch Willenskraft gesteuerten Muskelbewegungen, um eine Stimme zu bilden. Ebd., S. 211. Siehe dazu Bolte-Picker: *Die Stimme des Körpers*, S. 187–188.
101 Pieter Camper: Account of the organs of speech of the orang outang. In: *Philosophical Transactions of the royal Society of London* 69 (1779), S. 129–159; Pieter Camper: *Naturgeschichte des Orang-Utang, und einiger andern Affenarten, des Africanischen Nashorns und des Rennthiers. Mit Kupfern*. Übersetzt von Johannes F. Herbell. Düsseldorf: Dänzer 1791, S. 147–162; Félix Vicq

künstliche Lenkung von Luftströmen in die Kehlkopfpräparate sollte unmittelbar nachvollzogen werden, auf welche Weise die artspezifische Stimme eines Tieres mit der artspezifischen Morphologie seines Kehlkopfes zusammenhängt (siehe Kapitel 2).

Abgesehen von den Reaktionen seiner Kollegen aus der Anatomie bzw. Physiologie hat Ferreins Abhandlung über die Stimme auch andernorts Aufsehen erregt. Auf künstlerischer Seite hat wohl am prominentesten der französische Philosoph Denis Diderot auf Ferreins Experiment reagiert. Nur sechs Jahre nach dessen Bekanntwerden und drei Jahre, bevor er Ferreins Stimmphysiologie in seine *Encyclopédie* aufnahm,[102] veröffentlichte Diderot den erotischen Roman *Les Bijoux indiscrets*.[103] Darin greift er das bis ins 13. Jahrhundert zurückreichende Motiv der sprechenden Vagina auf und verknüpft es mit den zeitgenössischen Versuchen Ferreins, isolierte Kehlköpfe zur Stimmgebung zu animieren. Weil der kongolesische Sultan Mangogul sich langweilt, bekommt er von seinem Freund, dem Geist Cucufa, einen Ring geschenkt, der über die magische Fähigkeit verfügt, den Hofdamen ihre erotischen Geheimnisse zu entlocken. Immer wenn Mangogul den Edelstein des Rings auf eine Dame richtet – sei es in der Oper oder während einer geselligen Spielerunde –, beginnt deren „Kleinod" freimütig von ihren Abenteuern, Intrigen und intimsten Gedanken zu erzählen. Diese als äußerst schmachvoll erlebte Stimme vermag die betreffende Dame weder zu kontrollieren noch zu unterbrechen, da ein eigentümlicher „Mechanismus bewirkt, daß ein Mund schweigen muß, wenn der andere redet"[104].

Der Roman besteht zum überwiegenden Teil aus insgesamt 30 solcher „Ringproben", in denen Mangogul die Wirkung des Ringes an den unterschiedlichsten

---

d'Azyr: Premier mémoire sur la voix. De la structure des organes qui servent à la formation de la voix, considérés dans l'homme et dans les différentes classes d'animaux, et comparés entr'eux. In: *Histoire de l'Académie royale des sciences* (1779), S. 178–206; Müller: *Handbuch der Physiologie des Menschen für Vorlesungen*, S. 179–229; Johannes Müller: *Über die Compensation der physischen Kräfte am menschlichen Stimmorgan: Mit Bemerkungen über die Stimme der Säugethiere, Vögel und Amphibien. Fortsetzung und Supplement der Untersuchungen über die Physiologie der Stimme*. Berlin: A. Hirschwald 1839.

102 Unter dem Lemma ‚Anatomie' heißt es: „[...] notre Ferrein, un des hommes qui entend le mieux l'œconomie animale, & dont les découvertes sur la formation de la voix & des sons, n'en sont devenues que plus certaines pour avoir été contestées." – „[...] unser Ferrein, einer der besten Kenner des tierischen Organismus', dessen Entdeckungen zur Bildung der Stimme und Töne sich mittlerweile als unbestreitbar richtig erwiesen haben." Denis Diderot / Jean-Baptiste le Rond d'Alembert (Hrsg.): *Encyclopédie ou Dictionnaire raisonné des sciences, des arts et des métiers, par une société de gens de lettres*. Bd. 1. Paris: Briasson 1751, S. 415.

103 Denis Diderot: *Die geschwätzigen Kleinode*. Aus dem Französischen neu übersetzt von Christel Gersch. Berlin: Rütten & Loening 1978.

104 Ebd., S. 66.

Frauen testet, und wird nur vereinzelt durch Beschreibungen des weiteren Handlungsverlaufes unterbrochen. Als sich die Nachricht von den geschwätzigen Kleinoden in der ganzen Stadt herumgesprochen und allseits Aufregung erzeugt hat, beginnt sich die „Akademie der Wissenschaften" für den Fall zu interessieren. Doch „die Erscheinung bot wenig Zugriff [...]. Vergebens forderte der Präsident die Herren Mitglieder auf, ihre Ansichten zu äußern: in der Versammlung herrschte tiefes Schweigen."[105] Nach einigen unqualifizierten Spekulationen von Mathematikern, Physikern und Naturgeschichtlern zur Ursache dieses für unmöglich gehaltenen Geschwätzes, meldet sich ein gewisser Doktor Orcotome zu Wort. Seines Zeichens Anatom beruft er sich auf seine Untersuchungen von Kleinoden, die ergeben hätten,

> daß das, was wir auf griechisch *delphus* nennen, alle Eigenschaften der Luftröhre hat und daß es folglich Frauenzimmer gibt, die ebensowohl mit dem Kleinod als auch mit dem Munde reden können. Ja, meine Herren, der *delphus* ist ein Saiten- wie auch ein Blasinstrument [...] Der sanfte Andrang der Luft auf die Stimmsaiten versetzt diese in Schwingen; und durch ihre mehr oder minder schnellen Schwingen entstehen Töne. Das Ding modifiziert diese Töne nach Belieben, spricht, ja kann sogar singen.[106]

Um die Herren der Akademie von der Richtigkeit seiner Behauptungen zu überzeugen, führt Orcotome einige Zeit darauf entsprechende Experimente durch, die jedoch „kaum mißlicher ausfallen"[107] konnten. Hatte schon Haller die künstliche Reproduzierbarkeit von Stimmen in Zweifel gezogen, wird sie bei Diderot als schlichtweg unmöglich dargestellt. So sehr Orcotome sich auch bemühte, die „toten Kleinode zum Reden [zu] bringen"[108], „man vernahm nur unartikulierte Laute, ganz anderer Art, als er versprochen hatte."[109]

Ungeachtet der wenig subtilen Persiflage auf Ferreins Kehlkopfexperimente weist Diderots Roman auf die tiefgreifenden Verstörungen, die diese mit sich brachten. Dass die menschliche Stimme von einem anderen Ort als dem lebendigen Mund ausgehen könne, dass auch vermeintlich stumme Körperteile wie isolierte Kehlkopfpräparate in der Lage wären, naturgetreue Stimmen zu erzeugen, war Mitte des 18. Jahrhunderts eine Vorstellung, die dem traditionellen Verständnis der Stimme grundlegend zuwiderlief. Seit Aristoteles hatte diese als Index des beseelten Lebens gegolten, als ein gottgegebenes und eben darum unhintergehbares Medium der Seele, dessen Funktionsmechanismus sich nicht bis zur

---

[105] Ebd., S. 63.
[106] Ebd., S. 64.
[107] Ebd., S. 78.
[108] Ebd.
[109] Ebd., S. 79.

Gänze einsehen, geschweige denn reproduzieren lasse. Indem Ferrein den Kehlköpfen toter Körper eine Stimme einblies, erwies er diese Vorstellung als hinfällig. Der Ursprung der Stimme – die geheimnisumwobene Glottis in Aktion – schien nun mit eigenen Augen nachvollzogen und – unter gewissen institutionellen und technischen Voraussetzungen – sogar imitiert werden zu können. Die solcherart von ihrem Ursprung entfremdete Stimme löste Ängste und Phantasien aus, die erst Jahrzehnte später in der Poetologie der Sprechmaschine manifest werden sollten (siehe Kapitel 3). Das Motiv der duplizierten Sprachorgane, wie es in den romantischen Entwürfen der (Sprech-)Maschine als Doppelgänger kulminiert,[110] entfaltet schon bei Diderot eine unheimliche Faszinationskraft. Wenn es tatsächlich möglich ist, die „Sprachorgane zu verdoppeln"[111] und Stimmen abseits des lebendigen Kehlkopfes ertönen zu lassen, so ist die Frage, wer oder was im Falle einer Stimme eigentlich spricht, nicht mehr eindeutig zu beantworten. Die Loslösung der Stimme von ihrem ‚natürlichen' Ursprung, wie Ferrein sie Mitte des 18. Jahrhunderts vollzog, um die Funktionsmechanismen der Stimme unter Kontrolle zu bekommen, leitete ihrerseits einen Kontrollverlust ein. Insofern die Stimme nicht mehr unverrückbar an den Willen und die Identität der sie erzeugenden Person geknüpft ist, sondern von dieser unabhängig erklingen kann, gewinnt sie eine verunsichernde Eigenmächtigkeit. Wer weiß noch, wann und wo die eigene Stimme erschallen wird, wenn sie abseits ihres eigentlichen Ursprungs reproduziert werden kann? „Wahrlich", beklagt sich eine der Damen in Les Bijoux indiscrets, „dieser Hexenzauber (denn die Kleinode sind verhext) hält uns in einem gräßlichen Zustand: allwege muß man gefaßt sein, daß eine freche Stimme aus einem redet!"[112] Die Verwirrung des ontologischen Status der Stimme, wie sie meist den modernen akustischen Technologien wie Sprechmaschine, Telefon und Phonograph zugeschrieben wird,[113] ist hier bereits Programm. Indem Fer-

---

110 Siehe hierzu u. a. Wolfgang Müller-Funk: Die Maschine als Doppelgänger. Romantische Ansichten von Apparaturen, Automaten und Mechaniken. In: Brigitte Felderer (Hrsg.): *Wunschmaschine Welterfindung. Eine Geschichte der Technikvisionen seit dem 18. Jahrhundert.* Ein Katalogbuch zur gleichnamigen Ausstellung [Kunsthalle Wien, 5. Juni – 4. August 1996]. Wien [u. a.]: Springer [u. a.] 1996, S. 486–506; Thomas Macho: Die Träume sind älter als die Erfindungen. In: Felderer (Hrsg.): *Wunschmaschine Welterfindung*, S. 45–55 und Britta Herrmann: „Wessen grauenvolle Stimme ist das?". Wolfgang von Kempelens Sprechapparat oder: Maschinen, Medien und romantische Textproduktion. In: Roland Borgards / Günter Oesterle (Hrsg.): *Kalender kleiner Innovationen. 50 Anfänge einer Moderne zwischen 1775 und 1856; für Günter Oesterle.* Würzburg: Königshausen & Neumann 2006, S. 77–86.
111 Diderot: *Die geschwätzigen Kleinode*, S. 65.
112 Ebd., S. 67.
113 Vgl. Doris Kolesch: Einleitung. In: Kolesch / Schrödl (Hrsg.): *Kunst-Stimmen*, S. 9–11, hier S. 9.

rein die Stimme vom lebendigen Körper entkoppelt, nimmt er ihr alles Wesenhafte und inszeniert sie als eine extern steuerbare mechanische Funktion.

1.3.3 Instruktion für eine „machine fort simple"

Gessinger zufolge handelt es sich bei Ferreins Abhandlung über die Stimmgebung denn auch um „die Beschreibung des ersten, der Natur nachgebildeten Sprechmechanismus, der ersten *natürlichen Sprechmaschine*"[114] – einer Maschine, welche nicht nur ganz ähnliche „Ängste der Ersetzbarkeit und des Verlusts des Originals aufkommen"[115] lässt wie die späteren Stimm- und Sprachautomaten, sondern auch deren Technik vorwegnimmt. Erst 1784 wird der ungarisch-österreichische Hofkammerrat Wolfgang von Kempelen, der sich im Übrigen auch auf Ferrein bezieht,[116] seine sprechende Maschine entwickeln, eine kleine aus Holzkasten und Blasebalg zusammengesetzte Apparatur, die in der Lage war, die menschliche Stimme zu simulieren. Die Idee einer maschinellen Produktion der Stimme ist in Ferreins Experimenten jedoch schon angelegt. So fügt er seiner Abhandlung eine ausführliche Bau- bzw. Gebrauchsanleitung für eine „machine fort simple"[117], eine sehr einfache Maschine bei, vermittels derer die Kehlkopfpräparate am einfachsten zur Stimmgebung zu animieren seien:

> Um die meisten der im Mémoire beschriebenen Experimente bequemer durchführen zu können, fertige man eine sehr einfache Maschine an, die aus einem kleinen Holzbrett besteht; auf ihm sind drei Stäbe von 8 Zoll Länge senkrecht befestigt, durch die bewegliche Wirbel ähnlich denen von Violen gesteckt sind. Ich hänge die Kehle mit Hilfe dreier starker Fäden auf, die an jeweils einem Ende auf die Wirbel gewickelt sind. Das andere Ende des einen ist am vorderen Teil der Kehle, gegenüber der Ausbuchtung der Stimmbänder befestigt, das des zweiten am rechten, des dritten am linken Stellknorpel. Diese Fäden dienen dazu, die Stimmbänder auseinanderzuziehen, sie gleichmäßig oder ungleichmäßig zu spannen und sie unter dem jeweiligen Maß an Spannung zu halten. Ich reihe die beiden Stellknorpel auf eine Nadel auf, auf der man sie später hin- und hergleiten lassen kann, um sie einander anzunähern oder zu entfernen und so die Glottis zu verengen oder zu erweitern. Wenn ich die Schwingungen anhalten und den Ton eines der Stimmbänder oder eines seiner Teile zum Verstummen bringen will, berühre ich diesen Teil mit kleinen

---

[114] Gessinger: *Auge & Ohr*, S. 461. Wobei die Bezeichnung der Sprechmaschine als ‚natürlich' hier irreführend ist, handelt es sich doch um eine – auf organischen Materialien beruhende – Konstruktion.
[115] Kolesch: Einleitung, S. 9.
[116] Wolfgang von Kempelen: *Mechanismus der menschlichen Sprache nebst der Beschreibung seiner sprechenden Maschine*. Mit XXVII Kupfertafeln. Wien: J. V. Degen 1791, S. 82–83.
[117] Ferrein: De la formation de la voix de l'homme, S. 430.

> Pincetten aus Weißblech oder aus Holz (sie verletzen weniger leicht als die anderen) und auf diese Weise bediene ich mich der Kehlen von Menschen, Hunden und Schweinen. [...] Bei allen Experimenten weiß man, falls es zweifelhaft ist, ob ein Stimmband oder sein Teil klingt, leicht, woran man sich zu halten hat: man braucht nur hinzusehen, man sieht, ob sich das Stimmband bewegt oder nicht.[118]

Um eine menschen- oder tierähnliche Stimme zu erzeugen, reichte es nicht, einfach durch den Kehlkopf hindurchzublasen. Erst die künstliche Manipulation der Stimmbänder und Stimmritze lässt eine mit Augen und Ohren deutlich wahrnehmbare Vibration entstehen. Das Stimmorgan musste wie ein Instrument gespielt, wie eine Maschine bedient werden, um es zum Tönen zu bringen (Abb. 2). Analogien zu anderen Instrumenten, wie sie von Aristoteles bis Dodart genutzt wurden, um den Funktionsmechanismus der Stimme zu beschreiben, waren damit nicht mehr nötig. Vielmehr wurde „das menschliche Stimmorgan selbst [...] so hergerichtet, dass es sich selbst zum Modell wird."[119]

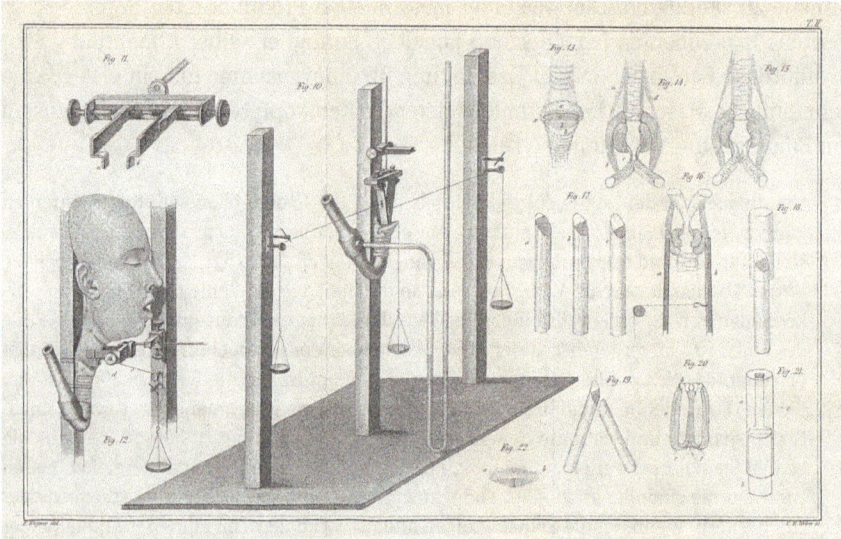

Abb. 2: Rekonstruktion des Ferrein'schen Experiments durch den Physiologen Johannes Müller, der die ursprüngliche Versuchsanordnung im Jahr 1839 dahingehend veränderte, dass er den für die Stimmgebung wesentlichen Mundraum beibehielt.

---

118 Zit. nach der Übersetzung von Gessinger: *Auge & Ohr*.
119 Ebd., S. 455.

1.3 Spektakuläre Einblicke: Antoine Ferreins Experiment — 49

Im Sinne Rheinbergers ließe sich dieser Vorgang als Transformation eines epistemischen Dings in ein technisches Ding verstehen, wobei es sich auch hier um nur funktionale Zuschreibungen handelt.[120] Das durch Unbestimmtheit gekennzeichnete Phänomen der Glottis in Aktion, deren Bewegungen während der Stimmgebung bis ins 19. Jahrhundert hinein eine Leerstelle des Wissens bildeten, wird innerhalb der Experimentalanordnung Ferreins in ein technisches Ding transformiert, eine Apparatur, die dem epistemischen Ding der Glottis eine Fassung gibt, „im doppelten Sinne des Wortes: Sie erlaub[t], es anzufassen, mit ihm umzugehen, und sie begrenz[t] es."[121] Die von Rheinberger typologisch unterschiedenen Verfahren einer solchen Einfassung – Präparation, Modellierung und Simulation[122] – treffen hier in bemerkenswerter Weise aufeinander. Durch die technische Aufbereitung der präparierten Glottis als simulationsfähiges Modell der Stimmgebung gerät sie selbst zum technischen Objekt, zu einer Sprechmaschine, die – wie noch zu zeigen sein wird – ihrerseits epistemische Leerstellen hervorruft.

Nicht zuletzt jener Umschlag vom epistemischen zum technischen Ding der Stimmgebung weist die Ferrein'sche Experimentalanordnung als eine Urszene stimmbasierter Reproduktionstechniken wie Sprechmaschine und Phonograph aus. Damit ist nicht etwa gemeint, dass sie diesbezüglich eine Art absoluten Anfang bildet. Obgleich Ferrein sich fortwährend als Inventor inszeniert,[123] ist er nicht der Erste, der auf die Idee kam, durch die Kehlköpfe von Toten zu blasen, um deren Stimme zu veranschaulichen. Schon um 1500 hat Leonardo Da Vinci,

---

120 Rheinberger: *Experimentalsysteme und epistemische Dinge*, S. 26–27.
121 Hans-Jörg Rheinberger: *Experiment, Differenz, Schrift. Zur Geschichte epistemischer Dinge*. Marburg an der Lahn: Basilisken-Presse 1992, S. 70.
122 Hans-Jörg Rheinberger: Experimentalsysteme und epistemische Dinge. In: Gerhard Gamm / Petra Gehring / Christoph Hubig / Andreas Kaminski / Alfred Nordmann (Hrsg.): *Jahrbuch Technikphilosophie 2015. Ding und System*. Zürich: Diaphanes 2014, S. 71–79, hier S. 76–79.
123 Gleich zu Beginn seiner Abhandlung kündigt Ferrein mit großer Geste an, statt die klassische Stimmtheorie nur neu zu kommentieren, sie ganz im Gegenteil experimentell aushebeln und ein völlig neues Instrument vorstellen zu wollen, das weder Anatomen noch Musikern je begegnet sei. „Cet instrument", preist Ferrein seine Entdeckung an, „je l'ai trouvé dans le corps humain. Cette découverte est fondé sur des expériences que j'ai faites." Ferrein: De la formation de la voix de l'homme, S. 409–410. Im weiteren Verlauf der Abhandlung signalisiert Ferrein vermittels Wendungen wie ‚les défauts du système qui a régné jusqu'ici' (Ebd., S. 416) bzw. ‚un nouvel organe que j'ai découvert, & dont j'ai eu grand soin de constater l'existence' (Ebd., S. 430) immer wieder den gewaltigen Einschnitt, den seine Experimente für die Wissenschaftsgeschichte der Stimme bedeuten und wundert sich, dass niemand zuvor auf die Idee gekommen sei, die Stimmlippen bzw. -bänder als schwingende Saiten zu beschreiben: „Il est étonnant que personne n'ait eu cette idée: la première inspection des lèvres de la glotte de l'homme, & plus encore de cette du chien, auroît dû suffire pour la faire naître." Ebd., S. 419.

der als einer der ersten anatomischen Zeichner des Stimmorgans wohl eine besondere Sensibilität für dessen spezifisches Beschreibungsproblem entwickelte, ganz ähnliche Experimente mit Kehlköpfen von Menschen, Gänsen und Schwänen durchgeführt.[124] Und auch dem Jenaer Anatom Günther Christoph Schelhammer wird nachgesagt, schon 1677 derartige Versuche angestellt zu haben.[125] Urszene meint in diesem Zusammenhang vielmehr den Augenblick des Kenntlichwerdens einer Innovation, „jenen Moment, in dem etwas in Erscheinung tritt oder als Bestimmtes Gestalt annimmt"[126] und zwar „jenseits von Entwicklungsgeschichte, Teleologie oder Fortschrittsmodell."[127] Als Urszene lassen sich Ferreins Experimente insofern verstehen, als sie in emblematischer Weise paradigmatische Verschiebungen im Umgang mit der Stimme markieren. So künden sich in ihnen Zugangsweisen und Probleme an, welche Techniken zur Reproduktion und Analyse kreatürlicher, d. h. menschlicher und tierlicher Stimmen bis heute prägen.

Schon hier geraten klassische Zuordnungen der Stimme an ihre Grenzen, offenbart sich ein erster charakteristischer Effekt: Müsste es nicht eher heißen: der

---

124 In seinem Parcours durch *3000 Jahre Stimmforschung. Die Wiederkehr des Gleichen* hat der Phonetiker und Wissenschaftshistoriker Giulio Panoncelli-Calza die Vor- und Nachleben diverser ‚Erfindungen' der Stimmforschung herausgearbeitet, wozu unter anderem das von Leonardo vorweggenommene Experiment Ferreins zählt: „Um 1500 liefert Leonardo da Vinci Zeichnungen des Kehlkopfes, von denen manche ziemlich naturgetreu ausgeführt sind" und zeigt darüber hinaus, „wie sich an der Leiche oder am Kadaver die Erzeugung der Stimme veranschaulichen läßt: ‚Ein Mittel festzustellen, wie der Klang der Stimme am Ausgang der Luftröhre erzeugt wird: Man nimmt Luftröhre und Lunge des Menschen heraus; wenn die mit Luft gefüllte Lunge schnell zusammengepreßt wird, kann man ohne weiteres erkennen, wie die Trachea genannte Röhre die Stimme erzeugt. Man beobachtet und hört dies gut auch am Halse eines Schwans oder einer Gans, die man oft schreien läßt, nachdem sie tot ist. Auch hierüber werden wir einen Versuch anstellen beim Sezieren von Tieren, durch Zuführung von Luft in ihre Lunge und durch Auspressen derselben, indem wir die ‚fistula', die Erzeugerin der Stimme, verengern oder erweitern.' Es wirkt überraschend, daß diese Versuche Leonardo nicht die wahre Natur und Aufgabe der Stimmlippen offenbarten! 1741 wiederholt Ferrein ähnliche Versuche am Kehlkopf von Leichen und Kadavern, hält sich trotzdem für den geistigen Urheber des Versuchs [...]." Giulio Panconcelli-Calza: *3000 Jahre Stimmforschung. Die Wiederkehr des Gleichen*. Mit 76 Abbildungen. Marburg: Elwert 1961, S. 41–42. Siehe zu den phonetischen Erkundungen Leonardos auch Giulio Panconcelli-Calza: *Leonardo als Phonetiker*. Hamburg: Hansischer Gildenverlag 1943.
125 Siehe *Deutsche Encyclopädie oder Allgemeines Real-Wörterbuch aller Künste und Wissenschaften von einer Gesellschaft Gelehrten*, S. 492. Auch Haller verweist in seiner Physiologie der Stimme auf Schelhammer als Vorgänger von Ferrein. Haller: *Anfangsgründe der Physiologie des menschlichen Körpers*, hier S. 681.
126 Yael Almog / Caroline Sauter / Sigrid Weigel: Ursprung/Urszene. In: *Trajekte. Zeitschrift des Zentrums für Literatur- und Kulturforschung* 15,30 (2015), S. 4–15, hier S. 5.
127 Ebd.

1.3 Spektakuläre Einblicke: Antoine Ferreins Experiment — 51

Reproduktion ‚künstlicher', also weder menschlicher noch tierlicher Stimmen? Lange vor der Entwicklung akustischer Reproduktionstechniken wie der Sprechmaschine und dem Phonographen bringen Ferreins Experimente ontologische Zugriffe auf die Stimme durcheinander. Als ‚natürlich-künstliche' Sprechmaschinen *avant la lettre* stehen die zum Tönen gebrachten Kehlköpfe quer zu eindeutigen Kategorien des Animalischen, Humanen und Maschinellen. Denn ob es sich bei der Stimme, die erklingt, wenn Ferrein durch den Kehlkopf eines Schweines bläst, tatsächlich um eine Tierstimme handelt, oder aber um eine genuin menschliche, nämlich Ferreins eigene Stimme, bleibt ebenso unentschieden wie die Frage nach deren Natürlichkeit bzw. Künstlichkeit. Was Ferreins Experimente auf emblematische Weise kenntlich machen, ist die enge Verschaltung von menschlichen mit nichtmenschlichen, d. h. tierlichen und künstlichen Stimmen in der experimentellen Wissensgeschichte der Stimme. Die ab dem 18. Jahrhundert verstärkt unternommenen Bemühungen, der menschlichen Stimmgebung auf die Spur zu kommen, lassen unweigerlich – mal im Zeichen der Ähnlichkeit, mal im Zeichen der Differenz – die Laute von Schweinen, Hunden und anderen Tieren erklingen und rufen gleichzeitig subtile Technologien der Stimmsynthese hervor. Die dabei entstehenden Unschärfen der Grenzen zwischen Tier-, Menschen- und Maschinenstimme, wie sie in Ferreins Experiment in so prägnanter Weise in Erscheinung treten, sollten für die später entwickelten akustischen Reproduktionsmedien insgesamt prägend bleiben. Sie verweisen auf die Schwellenhaftigkeit der Stimme als solche. Im experimentell-technischen Zugriff wird die Stimme deutlicher denn je als ein Phänomen kenntlich, welches Tiere und Menschen vor aller Differenzierung gemein haben.

Abgesehen davon kann Ferreins Experiment noch in anderer Hinsicht als eine Urszene der technischen Reproduktion und Analyse kreatürlicher Stimmen gelesen werden. So wird hier eine symbolisch höchst aufgeladene Geste vollzogen, die in der Geschichte der Stimmforschung eine bedeutende Zäsur markiert. Das Einblasen des Odems in einen toten Körper, um diesen zum Leben zu erwecken und hiernach zum Sprechen zu bewegen, genauer: ihm eine Stimme einzuhauchen, ist eine genuin demiurgische Technik. Die Transformation des bewegten Hauches, des ‚Seelenpneumas' in Seele, Geist und Leben ist eine seit der antiken Philosophie tradierte Vorstellung[128] und steht am Anfang der biblischen Schöpfungsgeschichte: „Da formte Gott, der Herr, den Menschen aus Erde vom Ackerboden und blies in seine Nase den Lebensatem. So wurde der Mensch zu einem lebendigen

---

128 Siehe dazu u. a. Marielene Putscher: *Pneuma, Spiritus, Geist. Vorstellungen vom Lebensantrieb in ihren geschichtlichen Wandlungen.* Wiesbaden: Steiner 1973 und Franz Rüsche: *Das Seelenpneuma. Seine Entwicklung von der Hauchseele zur Geistseele. Ein Beitrag zur antiken Pneumalehre.* Paderborn: Schöningh 1933.

Wesen." (Gen 2,7). Wenn Ferrein sich diese Technik unerschrocken zu eigen macht, öffnet er den Raum für eine folgenreiche Verschiebung in der Wahrnehmung der Stimme. Wie bereits angesprochen erscheint Letztere nun nicht mehr als untrüglicher Indikator des beseelten Lebens und damit zusammenhängend auch nicht mehr nur als unhintergehbares Zeichen von Sinn und Präsenz. Als Vorläufer der Sprechmaschinen löst der zum Tönen gebrachte Kehlkopf die Stimme von ihrem Ursprung und entdeckt sie als ein iteratives, potenziell nachbildbares Phänomen. Der Phonozentrismus der Stimme, wie Derrida ihn in seiner *Grammatologie* dem gesamten christlich-abendländischen Denken unterstellt,[129] wird durch Ferreins Experiment gleichsam konterkariert. Denn mit der künstlichen Stimmproduktion tritt eine Dimension der Stimme zu Tage, welche Derridas Postulat einer seit Aristoteles reproduzierten „absolute[n] Nähe der Stimme zum Sein, der Stimme zum Sinn des Seins, der Stimme zur Idealität des Sinns"[130] auf kulturgeschichtlicher Seite entgegensteht. Während Derrida die Stimme als Verkörperung von Sinn und Präsenz konturiert, als ein Zeichen vor dem Zeichen, welches „dem Signifikat am nächsten"[131] stehe, wohingegen „jeder Signifikant, zumal der geschriebene, bloßes Derivat [sei], verglichen mit der von der Seele oder dem denkenden Erfassen des Sinns, ja sogar dem Ding selbst untrennbaren Stimme"[132], geben die von Ferrein animierten Kehlköpfe die Stimme gerade nicht als sinnhaft bzw. wesentlich, sondern ganz im Gegenteil als reine Materialität zu erkennen. Dem stimmlichen Ausdruck, mit dem der Kehlkopf des Leichnams auf die Luftzufuhr „anspricht" – „le larinx du cadavre répondit par un éclat"[133] – entspricht kein Inneres mehr. Es gibt niemanden, der sich in dieser Stimme selbst vernehmen könnte, kein „System des ‚Sich-im-Sprechen-Vernehmens'"[134], das Derrida für die phonozentrische Identifizierung der Stimme mit Selbstpräsenz, Innerlichkeit und Sinn verantwortlich macht. Vielmehr offenbaren die unartikulierten Töne, die Ferrein aus den Kehlköpfen toter Menschen und Tiere erzeugt, die Materialität der Stimme selbst, deren fragile, aber grundständige Körperlichkeit, die eines metaphysischen Ursprungs wie der Seele nicht bedarf.

Die Abhängigkeit der experimentell erzeugten Stimme von den Atemzügen eines Anderen verweist darüber hinaus auf die generelle Differenz, welche der Stimme eingeschrieben ist. In der vermeintlich originalen Stimme haben immer schon die Stimmen der Anderen ihre Spuren hinterlassen. Damit wird in Ferreins

---

129 Vgl. Derrida: *Grammatologie*.
130 Ebd., S. 25.
131 Ebd.
132 Ebd.
133 Ferrein: De la formation de la voix de l'homme, S. 417.
134 Derrida: *Grammatologie*, S. 19.

Experimentalanordnung ein Zugang zur Stimme deutlich, der dieselbe – gleichsam als akustische Kehrseite der *différance* – in ihrer dezentralisierten, iterativen und sinnaufschiebenden Kraft begreift.¹³⁵ Antizipiert dieser Zugang einerseits mediengeschulte Stimmkonzeptionen der (Post-)Moderne, rückt er andererseits auch die biblische Szene in ein neues Licht. Im Ferrein'schen Experiment entpuppt sich die Stimme als aufgeschobener und aufschiebender Hauch, als differentielle Spur des Körpers jenseits bzw. vor jeder Artikulation von Sinn.

Mit der Trennung der Stimme vom lebenden Körper, die paradoxerweise gerade ihre Materialität betont, vollzieht Ferrein ganz buchstäblich einen Schnitt in der Wissens- und Mediengeschichte der Stimme. Die Stimme wird hier zum ersten Mal als Spur eines Körpers begriffen, dessen Leben sie prinzipiell zu überdauern vermag. Nicht zufällig lösen die von Ferrein initiierten und 1839 vom Physiologen Johannes Müller weiterentwickelten Experimente mit Kehlköpfen Phantasien der Klangspeicherung aus, lange bevor es den Phonographen als erstes akustisches Speichermedium gab. Unter anderem wurde 1855 der wohl nicht ganz ernst gemeinte, medientechnikgeschichtlich aber umso aufschlussreichere Vorschlag gemacht,

> statt des großen jährlichen Etats für die Oper nur die Kehlköpfe verstorbener Primadonnen zu kaufen, auf denen dann jeder gemeine Bälgetreter, versteht sich unter Beihülfe eines Professors der Physiologie, ganz wie die Malibran singen könne.¹³⁶

---

135 Auf den kulturgeschichtlich weitreichenden Umgang mit der Stimme als Phänomen einer *différance* hat Sigrid Weigel hingewiesen: „Wenn Derrida in der *Grammatologie* also ein Konzept von Schrift, verstanden als Spur und *différance*, der Stimme als Signum der Anwesenheit entgegensetzt bzw. dieser vorausgehen lässt, dann markiert die Stimme als Phänomen von *différance* und Überschuss gleichsam die Kehrseite seines Buches. *Diese* Stimme ist aber in der europäischen Kulturgeschichte mindestens so bedeutsam und wirkungsvoll wie die Stimme als Zeichen von Präsenz." Weigel: Die Stimme als Medium des Nachlebens: Pathosformel, Nachhall, Phantom, S. 22.
136 Matthias Jacob Schleiden: *Studien*. Leipzig: Wilhelm Engelmann 1855, S. 110. Schleiden bezieht sich hier auf die Experimente von Müller, der die Ferrein'schen Experimente 1839 wiederholte. Siehe Müller: *Über die Compensation der physischen Kräfte am menschlichen Stimmorgan: Mit Bemerkungen über die Stimme der Säugethiere, Vögel und Amphibien*. Auf die Ähnlichkeit der physiologischen Experimentalanordnung Müllers, der wie Ferrein „durch Anblasen eines sorgfältig präparierten Kehlkopfs, indem er die Muskelthätigkeit durch Fäden und Gewichte ersetzte, Melodien gespielt" hätte, mit der Technologie der Sprechmaschine wird explizit verwiesen: „Bekannt ist", schließt Schleiden seine Überlegungen zu den Kehlkopfexperimenten, „daß Albertus Magnus nach dreißigjähriger Arbeit einen Kopf zu Stande brachte, der deutlich sprechen konnte, der aber von seinem Freunde vor Entsetzen über diese Zauberei zerschlagen wurde. Auch in neuerer Zeit wurde ein solches Kunstwerk gezeigt, welches einige Worte ziemlich deutlich aussprach. So ist also das menschliche Stimmorgan selbst in seinen höchsten und scheinbar geistigsten

Derartige frühe Vorstellungen des Kehlkopfpräparates als jederzeit animierbare Stimmkonserve rücken die Stimme gleich in mehrerlei Hinsicht als „Medium des Nachlebens" in den Blick.[137] Neben der Tatsache, dass Ferreins Experimente in den um 1800 entwickelten Sprechmaschinen und selbst noch in den um 1900 verbreiteten akustischen Speichermedien ihre Spuren hinterlassen haben, findet ein ‚Nachleben der Stimme' schon auf der Gegenstandsebene der Versuche statt. Zum einen, insofern die Stimme durch Ferrein experimentell nacherlebt wird: Der Schwierigkeit, die Stimme in Aktion zu beschreiben, trotzt Ferrein durch die ‚Verlebendigung' des Stimmapparates *ex vivo*. Dabei produziert er Töne, die – wie zumindest der Physiologe nicht müde wird zu betonen – die natürlichen Stimmen originalgetreu imitierten.[138] Zum anderen wird die Stimme selbst zur Akteurin des Nachlebens – sie überlebt den Tod des nur scheinbar sie bedingenden Körpers. In welche historischen Nebenschauplätze diese Praktiken und Vorstellungen eines Nachlebens der Stimme eingebettet waren und inwiefern sie die Entwicklung der Sprechmaschinentechnologie geprägt haben, wird im Folgenden zu zeigen sein.

1.4 Das Nach(er)leben der Stimme: Nebenschauplätze in Wissenschaft und Literatur

Die Reanimation toter Körper, wie Ferrein sie an menschlichen und tierlichen Kehlkopfpräparaten vornahm, war Mitte des 18. Jahrhunderts keine singuläre Erscheinung. Vielmehr berührte die Frage, inwiefern sich die natürlichen Funktionen eines Körpers über dessen Tod hinaus erhalten bzw. nachträglich wiederherstellen ließen, eine ganze Reihe von Wissenschaftsfeldern. Neben dem wachsenden Interesse an Verfahren der Präparation und Konservierung organischen Materials wie der um 1800 sich etablierenden „Taxidermie, die nichts geringeres als die Animation von leblosen toten Stoffen versprach"[139], begegnen

---

Leistungen, der Sprache, nicht mehr und nicht minder als ein einfacher physikalischer Apparat, den wir zur Noth aus Holz. Pappendeckel und Leder nachmachen können." Schleiden: *Studien*, S. 110. Siehe dazu auch Tobias Robert Klein: Maplesons Kopf-Hörer. Auditive Imagination und das Timbre toter Stimmen. In: *Trajekte. Zeitschrift des Zentrums für Literatur- und Kulturforschung* 15,29 (2014), S. 48–54, hier S. 49.
137 Weigel: Die Stimme als Medium des Nachlebens: Pathosformel, Nachhall, Phantom.
138 Ferrein: De la formation de la voix de l'homme, S. 426.
139 Petra Lange-Berndt: Von der Gestaltung untoter Körper. Techniken zur Animation des Leblosen in Präparationsanleitungen um 1900. In: Peter Geimer (Hrsg.): *UnTot. Existenzen zwischen Leben und Leblosigkeit*. Berlin: Kadmos 2014, S. 83–104, hier S. 84.

Diskurse und Techniken der Wiederbelebung in der experimentellen Physiologie und Medizin.[140] An dieser Stelle seien lediglich drei Diskurse herausgegriffen, in denen die Stimme eine zentrale Rolle spielte: Erstens der Diskurs um scheintote Körper, zweitens die Debatte um das Schreivermögen Ungeborener und drittens der medizinische Streit um das Nachleben guillotinierter Köpfe. Trotz ihrer zweifellos disparaten Kontexte handelt es sich in allen drei Fällen um Schauplätze des stimmlichen Nachlebens, die – über Ferreins Experiment hinaus – die diskursübergreifenden Verschiebungen widerspiegeln, denen die Zugänge zur Stimme im 18. Jahrhundert unterlagen.

Diese Verschiebungen lassen sich zunächst anhand der Scheintoddebatte nachverfolgen. Angestoßen wurde die Debatte von der zwischen 1742 und 1749, d. h. etwa zeitgleich mit Ferreins Abhandlung erschienenen *Dissertation sur l'incertitude des signes de la mort* des Pariser Arztes Jacques Jean Bruhier.[141] Es handelt sich um die Übersetzung der ersten systematischen Abhandlung über unsichere Kennzeichen des Todes, welche 1740 vom dänischen Anatom Jacques Bénigne-Winslow an der medizinischen Fakultät in Paris vorgelegt wurde.[142] Bruhier, der Winslows Schrift einem breiten Publikum aufschloss, indem er sie vom Lateinischen ins Französische übertrug und um umfangreiche Kommentare erweiterte, trägt insgesamt 268 Fallgeschichten des Scheintodes zusammen, die von der Antike bis ins 18. Jahrhundert überliefert seien.[143] Berichtet wird von Menschen verschiedenen Alters und Geschlechts, die aufgrund einer vorübergehenden Aussetzung ihrer vitalen Körperfunktionen irrtümlich für tot gehalten wurden. Aufschluss über diese Fehleinschätzungen hätten vor allem die zahlreichen Funde von vermeintlich Toten gegeben, die aus ihren Leichentüchern, Särgen oder sogar Gräbern gestiegen wären.[144] Neben diesen meist tra-

---

140 Zur Wissenschaftsgeschichte der Anabiose siehe Cornelius Reiber: Natürliche Auferstehungen. Wiederbelebung unter dem Mikroskop. In: Katrin Solhdju / Ulrike Vedder (Hrsg.): *Das Leben vom Tode her betrachtet*. Paderborn: Fink 2014, S. 139–150; David Keilin: The problem of anabiosis or latent life. History and current concept. In: *Proceedings of the Royal Society of London* 150,939 (1959), S. 149–191 und Marc J. Ratcliff: Wonder, logic, and microscopy in the eighteenth century. A history of the rotifer. In: *Science in Context* 13,1 (2000), S. 93–119.
141 Jean Jacques Bruhier d'Alaincourt: *Dissertation sur l'incertitudes des signes de la mort et l'abus des enterrements & embaumemens précipités*. Paris: Debure 1749.
142 Ebd., VII.
143 Martina Kessel: Die Angst vor dem Scheintod im 18. Jahrhundert. Körper und Seele zwischen Religion, Magie und Wissenschaft. In: Thomas Schlich / Claudia Wiesemann (Hrsg.): *Hirntod. Zur Kulturgeschichte der Todesfeststellung*. Frankfurt am Main: Suhrkamp 2001, S. 133–166, hier S. 136.
144 Vgl. Bruhier d'Alaincourt: *Dissertation sur l'incertitudes des signes de la mort et l'abus des enterrements & embaumemens précipités*, S. 17.

gischen, weil zu spät erkannten Zeichen des scheintoten Lebens wird häufig die Stimme als ungleich effektiverer Indikator eines im scheintoten Körper noch anwesenden Lebens benannt. Es habe unbestreitbare Fälle gegeben, so heißt es bei Bruhier, in denen Scheintote, die vorschnell unters Messer der Anatomie gerieten, geschrien hätten und so dem sicheren Tod noch rechtzeitig entrissen werden konnten.[145] Zahlreich seien auch die Geschichten von irrtümlich bestatteten Scheintoten, die sich durch Wimmern, Ächzen und Rufe aus dem Grabe bemerkbar gemacht hätten. Ob die von Grabwächtern vernommenen „cris lamentables sortis du sépulchre, *ayez pitié de moi, tirés moi d'ici*"[146], oder die Laute aus Richtung hochschwanger beigesetzter Frauen, die noch im Grabe ihre schreienden Kinder geboren haben:[147] die Stimme tritt in den von Bruhier zusammengetragenen Scheintodgeschichten als ein unheimliches, weil die Grenzen zwischen Lebenden und Toten überschreitendes Medium zu Tage.

Mit seiner *Dissertation* verhalf Bruhier dem Thema schnell zu großer Popularität. Europa, vor allem aber Frankreich, Deutschland und die skandinavischen Länder wurden in der zweiten Hälfte des 18. Jahrhunderts von einer regelrechten Welle der Angst vor dem Scheintod ergriffen, die sich in literarischen Entwürfen, medizinischen Abhandlungen sowie in den Zeitschriften der Aufklärung äußerte.[148] Zwar wird das Phänomen des nur vermeintlichen Todes schon seit der Antike thematisiert.[149] Doch erst mit den im 18. Jahrhundert einsetzenden Prozessen der Säkularisierung avancierte der Scheintod zu einem Gegenstand „öffentlicher Brisanz, in dem wissenschaftliche Problematik und volkstümliche Ängste zusammengeführt wurden."[150] Christlich-mittelalterliche Vorstellungen des Körpers als bloße Wohnstatt eines metaphysischen Lebensprinzips Seele gerieten zunehmend in Konflikt mit anatomischen und physiologischen Erkenntnissen über

---

145 Ebd., S. 5. Siehe auch ebd., S. 5 und S. 61–62.
146 Ebd., S. 25.
147 Ebd., S. 110–111.
148 Kessel: Die Angst vor dem Scheintod im 18. Jahrhundert, S. 136–137.
149 So zum Beispiel in Plinius' *Naturalis historia* oder auch in antiken Liebes- und Abenteuerromanen, die den Scheintod als Möglichkeit der Wiedervereinigung eines Liebespaares nach dessen Trennung durch Tod entwerfen. Ines Köhler-Zülch: Scheintod. In: Rolf Wilhelm Brednich (Hrsg.): *Prüfung – Schimärenmärchen*, Enzyklopädie des Märchens. Handwörterbuch zur hist. und vergl. Erzählforschung. 15 Bände mit je 5 Lfgn. Berlin/New York: De Gruyter 2004, S. 1324–1331, hier S. 1325–1327. Zur Kultur- und Wissensgeschichte des Scheintods vor dem 18. Jahrhundert siehe auch Gerlind Rüve: *Scheintod. Zur kulturellen Bedeutung der Schwelle zwischen Leben und Tod um 1800*. Bielefeld: transcript 2008, S. 7–8 und Philippe Ariès / Hans-Horst Henschen: *Geschichte des Todes*. München: Hanser 1980, S. 504–514.
150 Kessel: Die Angst vor dem Scheintod im 18. Jahrhundert, S. 136–137.

den Körper als seelenunabhängige, lebensspendende Maschine.[151] Die experimentell gewonnenen Einblicke in die komplexen Funktionszusammenhänge dieser Maschine warfen gleichzeitig Fragen nach deren Lebensvoraussetzungen bzw. Todeszeichen auf. Wenn das Ableben des Körpers nicht mehr auf den Aufstieg der Seele zurückzuführen ist, sondern auf einen oder mehrere Defekte innerhalb seines Systems, dann gewinnen Vorstellungen eines prozessualen, vorübergehenden bzw. nur scheinbaren Todes an verunsichernder Plausibilität.[152] Die Erkenntnis, dass dem äußerlich tot erscheinenden Körper immer noch ein den Sinnen entzogenes Leben innewohnen könne, ging mit dem Bestreben einher, unzweifelhafte Methoden der Todesverifizierung zu finden.

1791 veröffentlichte Christoph Wilhelm Hufeland, Mediziner in Weimar und späterer Leibarzt des Königs, die in dieser Hinsicht programmatische Schrift *Ueber die Ungewißheit des Todes*,[153] der er 1808 das Lexikon über den *Scheintod, oder Sammlung der wichtigsten Thatsachen und Bemerkungen darüber*[154] folgen ließ. Um „das Lebendigbegraben unmöglich zu machen"[155], trägt Hufeland zahlreiche „untrügliche Mittel"[156] zur Überprüfung des Todes zusammen und ruft zu einem gesellschaftlichen Umdenken im Umgang mit dem toten Körper auf. Dabei spielt interessanterweise die Stimme eine Schlüsselrolle. Zunächst schreiben die von Hufeland referierten Fallgeschichten das von Bruhier respektive Winslow vorgegebene narrative Muster fort: Der nicht sichtbare, da schon begrabene oder im Nebenzimmer befindliche Tote macht sich durch ein Rufen, Wimmern, Getöse oder Gepolter, fast immer aber durch ein akustisches Signal bemerkbar, woraufhin im besten Fall ein Rettungsversuch gestartet wird, der mal erfolgreich verläuft, mal aber auch zu spät kommt. Allerdings stehen Hufelands Schilderungen des stimmlichen Nachlebens von Scheintoten nun ganz im Zeichen der Aufklärung. Die Stimmen sollen nicht wie noch in den Fallgeschichten bei Bruhier als unheimliche Phantomerscheinungen mystifiziert, sondern als realakustische In-

---
151 Siehe zu diesem Zusammenhang Rüve: *Scheintod*, S. 52–62.
152 Ebd., S. 57–59.
153 Christoph Wilhelm Hufeland: *Ueber die Ungewißheit des Todes und das einzige untrügliche Mittel sich von seiner Wirklichkeit zu überzeugen, und das Lebendigbegraben unmöglich zu machen nebst der Nachricht von der Errichtung eines Leichenhauses in Weimar*. Weimar: Glüsing 1791.
154 Christoph Wilhelm Hufeland: *Der Scheintod, oder Sammlung der wichtigsten Thatsachen und Bemerkungen darüber, in alphabetischer Ordnung*. Berlin: Buchhandlung des Commerzien-Raths Matzdorff 1808.
155 So im Titel von Hufeland: *Ueber die Ungewißheit des Todes und das einzige untrügliche Mittel sich von seiner Wirklichkeit zu überzeugen, und das Lebendigbegraben unmöglich zu machen nebst der Nachricht von der Errichtung eines Leichenhauses in Weimar*.
156 Ebd.

dizien eines noch vorhandenen Lebens ernstgenommen und auf ihre natürliche Ursache hin überprüft werden.[157] Der radikale Interpretationswandel, dem die Stimme im Zuge des medizinischen Scheintoddiskurses unterworfen war, wird hier sehr deutlich. Hufelands Forderung, aus Grüften bzw. Gräbern vernommenen Stimmen und Geräuschen unverzüglich nachzugehen, um ihren „natürlichen Ursprung" in den offenbar noch lebenden Körpern der vermeintlich Toten zu entdecken, richtet sich gegen die untätig bleibenden Dämonisierungen jener Stimmen und Geräusche als unheilvolle Äußerungen unruhiger Totengeister.[158] Entgegen volkstümlichen Ängsten vor verirrten Seelen, die den Übergang vom Leben zum Tod nicht meisterten und unter der Erde Unruhe stifteten bzw. Mitternachtsmessen abhielten,[159] mahnten Hufeland und seine Kollegen zu einem vernünftigen Umgang mit den Stimmen vermeintlich Toter. Aus den unheimlichen „Wiedergängern, die als Totengeister im Grab ihr Unwesen trieben, waren Schein-

---

157 Gleich in einem der ersten Einträge des Lexikons kommt Hufeland auf einen Fall zu sprechen, dessen rhetorische Ausgestaltung diese Tendenz verdeutlicht. Unter dem Lemma „Armfeld (die Freyfrau von) stirbt scheintodt, und gebiert in der Totengruft", wird von einem schwedischen Küster erzählt, der eines späten Abends im Jahr 1785 „Töne des Schreckens und Entsetzens [vernahm]. Sie drangen aus der Kirche zu seinen Ohren. Er hörte ein aus der Erde hervordringendes Stönen, Wimmern und Wehklagen. Durch die Vorurtheile der Erziehung von Jugend an furchtsam, war er nicht imstande, über den natürlichen Ursprung dieser Töne ruhig nachzudenken." Stattdessen hüllen der Küster und die Seinigen, denen „bei nächtlicher Stille schon in bedeutender Ferne das durchdringende Gekreische und ein erschütterndes Wimmern" ebenfalls bis zu den Ohren drangen, „triefend von Angstschweiße [...] sich tiefer als je in ihre Betten, und träumten von marternden Teufeln, ohne zu ahnen, daß sie selbst in ihrer Unwissenheit diese waren." Denn wie sich am Morgen darauf herausstellen sollte, war die nur scheinbar Tote in der Nacht erwacht, hatte ihr Kind geboren und sich verzweifelt bemüht, der Gruft zu entkommen. Doch alle ihr Wimmern und Flehen, ihr Kreischen und Rufen nach Hülfe war umsonst. Sie war und blieb hülflos und einsam in der grauenvollsten Verlassenheit. Zwar wurde ihr Wehklagen und ihre Seufzer von Menschenohren vernommen; aber Irrthum und Wahn hatten den Küster und alle die übrigen Kinder der Dummheit und des Aberglaubens bethört und für die Stimme der Verzweiflung taub gemacht." Hufeland: *Der Scheintod, oder Sammlung der wichtigsten Thatsachen und Bemerkungen darüber, in alphabetischer Ordnung*, S. 5–7. Siehe zu diesem Fall auch Ulrike Vedder: Scheintod, Koma, Testament. Wissenschaftliche und literarische Fiktionen an der Grenze des Todes. In: Claudia Breger / Jörn Ahrens (Hrsg.): *Engineering life. Narrationen vom Menschen in Biomedizin, Kultur und Literatur*. Berlin: Kadmos 2008, S. 53–69, hier S. 57–58, die ihn als Beispiel für die Literarisierung des Scheintods auch im wissenschaftlichen Kontext anführt. Wie bei den anderen Fallgeschichten Hufelands handle es sich um eine Geschichte, „die mit Perspektivwechseln, direkter Rede und einer Vielzahl rhetorischer Mittel sowohl an das Mitleid appelliert als auch auf den Schrecken hinarbeitet." Ebd., hier S. 57.
158 Siehe hierzu Rüve: *Scheintod*, S. 57–59, die besagtem Interpretationswandel anhand der Umdeutung von Klopfgeräuschen nachgeht.
159 Kessel: Die Angst vor dem Scheintod im 18. Jahrhundert, S. 157.

tote geworden"¹⁶⁰, aus deren übernatürlichen Stimmen wurden die untrüglichen Lebensäußerungen irrtümlich Begrabener. Innerhalb des oben beschriebenen Prozesses der Umdeutung des Körpers als seelenunabhängiger Mechanismus, wie sie sich seit dem ausgehenden 17. Jahrhundert vollzog, nahm die Stimme mithin eine prominente Stellung ein. Als metaphysisch aufgeladenes Produkt des Körpers eignete sie sich offenbar bestens, um Letzteren zu säkularisieren. Es galt, die Stimmen der Toten dem irrationalen Zugriff von „Irrthum und Wahn [...] Dummheit und Aberglauben" zu entziehen und als rational erklärbare Stimmen hörbar zu machen.¹⁶¹

---

160 Rüve: *Scheintod*, S. 56.
161 Einer ganz ähnlichen Intention folgen auch die eindringlichen Appelle Hufelands, von der bis ins 19. Jahrhundert gebräuchlichen Praxis abzusehen, die offenen Münder von vermeintlich Toten zu schließen bzw. deren heruntergefallenen Kinnladen hochzubinden. „Empörend" sei „der Gebrauch, daß man den Verstorbenen, sobald sie aufhören zu athmen, den Mund zubindet." Hufeland: *Der Scheintod, oder Sammlung der wichtigsten Thatsachen und Bemerkungen darüber, in alphabetischer Ordnung*, S. 103. Siehe auch ebd., S. 76, 111, 183–184, 232, 238–239, 297, 302–303. Wie die Furcht vor tönenden Scheintoten sei diese „schändliche" Praxis allein einem naiven Aberglauben geschuldet: „wenn der Mund des Todten offen steht, so holt er einen seiner Freunde nach." Ähnliches sagte man über Leichen, die auf dem Sterbebett noch einmal seufzten oder anderweitig akustisch agierten. Um solchen unbehaglichen Phänomenen vorzubeugen, wurde Toten ein Holzbrett bzw. Buch unter das Kinn gebunden, sodass ihre im Augenblick des Todes sich öffnenden Münder sich schlossen und keinen Ton mehr von sich geben konnten. Hufelands Kritik am abergläubischen Brauch der Mundschließung zielt auf die lebensnotwendige Freihaltung der Atemwege des bzw. der vermeintlich Toten. Sein Plädoyer, den Mund des Toten zu öffnen bzw. offenzuhalten, erinnert an die stimmphysiologischen Visualisierungsstrategien eines Mende, Magendie oder Ferrein. Ebenso wie Letztere das Geheimnis der Glottis durch die – je unterschiedlich erreichte – Öffnung der blickbehindernden Körperhülle aufzuklären suchen, steht Hufelands Mundöffnung im Zeichen der Entmystifizierung. Im Falle eines stimmlichen Nachlebens des bzw. der vermeintlich Toten soll der metaphysische Ursprung der Stimme als ein physischer, d. h. „natürliche[r] Ursprung" Ebd., S. 5 sichtbar gemacht werden. Durch die Öffnung des Mundes können zum einen eventuelle Stimmhalluzinationen der Angehörigen im Körper des bzw. der Toten kanalisiert werden – ein Motiv, das sich bis zu den rituellen Mundöffnungen im Alten Ägypten zurückverfolgen lässt. Siehe dazu Thomas Macho: Stimmen ohne Körper. In: Kolesch / Krämer (Hrsg.): *Stimme*, S. 130–146, hier S. 132. Zum anderen handelt es sich bei der von Hufeland propagierten Offenhaltung des Mundes um eine Technik der Evidenzproduktion. Tatsächliche akustische Regungen des bzw. der vermeintlich Toten können so den Augen und Ohren der Umstehenden zugänglich gemacht und auf ihre physische Ursache hin überprüft werden. Nur anhand eines offenen Mundes ließen sich „ein Zittern der Lippen, ein Stöhnen, oder ein Laut in der Brust" mit Leichtigkeit lokalisieren und als natürliche Zeichen eines noch vorhandenen bzw. wiederkehrenden Lebens verifizieren, um sogleich die erforderlichen Reanimierungsmaßnahmen zu ergreifen, „bis endlich auch das Athmen und der Pulsschlag, die Wärme, das Seufzen, ein Erbrechen, völliges Aufschlagen der Augenlider und die Sprache sich äußern." Hufeland: *Der*

Dabei reichte es laut Hufeland nicht, die Münder der Toten offenzuhalten[162] und auf eventuelle Geräusche und Stimmen aus deren Richtung zu lauschen. Er plädierte darüber hinaus für Verfahren, die scheinbar Toten gezielt zur akustischen Reaktion zu bewegen. Durch die Animierung toter Körper zur Stimmgebung erhoffte er sich einen untrüglichen Nachweis derer Lebendigkeit. So zählt Hufeland eine Reihe von Fällen auf, in denen vermeintlich Tote durch besondere Behandlungen wiederbelebt wurden, wobei das zurückgekehrte Leben sich meist in Form von Schreien, Seufzen oder anderen stimmlichen Lautwerdungen anzukündigen pflegte.[163] Zu diesen Behandlungen zählten neben magnetischen, mechanischen und chemophysikalischen Stimulationen mit allerlei Tinkturen, Tüchern und akustischen Instrumenten der Einsatz des Blasebalgs.[164] Insbesondere für die Reanimation Ertrunkener empfiehlt Hufeland mithilfe von Röhren durch Mund und Nasenlöcher „Luft in die Lunge [zu] blasen, bis sich Zeichen des Lebens äußern"[165], zu denen – wie oben beschrieben – vor allem akustische Regungen gehörten, wie „ein kleines Schluchzen und Zusammenziehen und Zischen der Nase, gemeiniglich das erste Kennzeichen von dem wiederkehrenden Leben"[166]. Für den vorliegenden Zusammenhang ist der Einsatz des Blasebalgs zur akustisch hörbaren Animierung der Scheintoten insofern interessant, als er das stimmphysiologische Experiment Ferreins gleichsam zitiert. Dessen Bemühungen, tote Kehlkopfpräparate durch Anblasen zum Leben zu erwecken bzw. ihnen eine Stimme einzuhauchen, erfahren hier eine Fortsetzung – wenn auch mit anderer Zielstellung. Beide physiologisch-medizinische Verfahren der Animierung lebloser Körper bedienen sich einer Technik, die – wie noch zu zeigen sein wird – das Herzstück der Sprechmaschine darstellt: Die Lenkung von Luftströmen durch einen toten Resonanzkörper zur künstlichen Erzeugung einer Stimme.

Die Auseinandersetzungen mit der Akustik von Toten beförderten aber nicht allein die Entzauberung der Stimme. Sie ließen umgekehrt auch alte Mythen sprechender Toter wiederaufleben und leisteten neuen Phantasien unheimlicher, an der Grenze zwischen Leben und Tod vollzogener Stimm- und Sprechakte Vorschub. Eines der eindrücklichsten Zeugnisse dieser Phantasien findet sich in Edgar Allan Poe's Erzählung *The facts in the case of M. Valdemar* (1845). Im Stile eines Tatsachenberichts wird hier von einem Experiment erzählt, in dem ein ster-

---

Scheintod, oder Sammlung der wichtigsten Thatsachen und Bemerkungen darüber, in alphabetischer Ordnung, S. 65.
162 Siehe dazu die vorhergehende Fußnote.
163 Siehe z. B. ebd., S. 27, 113 und 125.
164 Siehe ebd., S. 61, 65, 104–106, 209–211.
165 Ebd., S. 65.
166 Ebd., S. 113.

bender Proband durch mesmeristische Behandlungen in einem mehrere Monate andauernden Zustand zwischen Leben und Tod gehalten wird. Während der Körper von Valdemar sukzessive an Lebenskraft verliert, bis irgendwann „no longer the faintest sign of vitality"[167] zu sehen ist, kündet einzig und allein die Stimme des Sterbenden von seiner rudimentären Lebendigkeit. Auch hier ertönt die Stimme nicht von selbst, sondern wird evokativ hervorgebracht: Erst auf die Frage des Experimentators, ob der Proband schlafe, antwortet dieser mit einer „gelatinous or glutinous"[168] Stimme, die „from a vast distance, or from some deep cavern within the earth"[169] zu dringen scheint: „Yes; – no, – I *have been* sleeping – and now – now – I *am dead.*"[170]

Poes Animierung eines scheinbar leblosen Körpers zur Stimmgebung kommt zwar ohne künstliche Luftzufuhr aus. Für ein Verständnis der physiologischen Frühgeschichte der Sprechmaschine ist sie dennoch von Relevanz. Wie Roland Barthes in seiner strukturalen Modellanalyse der Erzählung hervorgehoben hat, wird mit dem Sprechakt Valdemars: „I am dead." eine „unmögliche Äußerung"[171] inszeniert, welche die Grammatik der menschlichen Rede radikal in Unordnung bringt. Insofern der Sprecher sich sprechend als tot bezeichnet, handelt er performativ selbstwidersprüchlich: „Der Signifikant drückt ein Signifikat aus (den Tod), das zu seinem Sprechen im Widerspruch steht."[172] Nicht ohne Grund erinnert der „Skandal"[173], den Valdemars Äußerung hinsichtlich der Gesetze menschlichen Sprechens bereithält, ebenso wie auch die Experimentalanordnung, in die sie eingebettet ist, an das knapp hundert Jahre zuvor von Ferrein beschriebene Kehlkopfexperiment als Urszene der Sprechmaschine. Auch hier entspringt die Stimme dem Unort eines toten Körpers, der – animiert vom Experimentator und umgeben von staunenden Zeugen –, etwas hörbar werden lässt, das als spektakuläre, weil eigentlich unmögliche und nie zuvor gehörte Äußerung wahrgenommen wird. Betont schon Ferrein die Originalität seiner Experimente, die mit dem tönenden Kehlkopfpräparat ein bis dato unbekanntes Phänomen offenbarten – „c'est, je

---

167 Edgar Allan Poe: The facts in the case of M. Valdemar. In: Ders.: *The science fiction of Edgar Allan Poe.* Harmondsworth/New York: Penguin 1976, S. 194–203, hier S. 200.
168 Ebd., S. 201.
169 Ebd., S. 200.
170 Ebd., S. 201.
171 Roland Barthes: Textanalyse einer Erzählung von Edgar Allan Poe. In: Ders.: *Das semiologische Abenteuer.* Frankfurt am Main: Suhrkamp 2007, S. 266–298, hier S. 291.
172 Ebd., S. 290–291. Zur Unmöglichkeit, von der Erfahrung des Todes zu sprechen und den Todesmetaphern, die diese Unmöglichkeit hervorgebracht hat, siehe Thomas Macho: *Todesmetaphern. Zur Logik der Grenzerfahrung.* Frankfurt am Main: Suhrkamp 1987.
173 Barthes: Textanalyse einer Erzählung von Edgar Allan Poe, S. 290.

pense la première fois qu'on ait vû pareil phénomène"[174] – hebt auch Poe's Erzähler auf die Einmaligkeit der hörbar werdenden Totenstimme ab, deren schwierige Beschreibbarkeit aus der einfachen Tatsache resultiere, „that no similar sounds have ever jarred upon the ear of humanity."[175] Tragen bei Ferrein staunende Assistenten zum theatralen Setting der experimentellen Stimmproduktion bei – „qui étonna les assistants"[176] –, kommt den Krankenschwestern von Valdemar, die im Augenblick seines Sprechakts „immediately left the chamber and could not be induced to return"[177] eine ganz ähnliche Rolle zu. Valdemars postmortaler Ausspruch ruft bei den Anwesenden einen „unutterable, shuddering horror"[178] hervor, wobei der größte Schrecken weniger von der Stimme selbst als von der bereits erwähnten Unmöglichkeit ihrer Aussage herrührt – eine Unmöglichkeit, wie sie realiter nur die Sprechmaschine performieren kann. Denn während die Stimmen lebendig Begrabener vom Leben zeugen und dieses im Sinne eines mehr oder weniger explizit ausgesprochenen „Ich lebe!" – „ayez pitié de moi, tirés moi d'ici"[179] – auch performativ beglaubigen, weist Valdemars Selbstbezichtigung als tot genau umgekehrt auf die potenzielle Unabhängigkeit der Stimme vom Leben. Verbale Äußerungen sind auf das Leben ihres Körpers nicht angewiesen, scheint Valdemars „I am dead." zu sagen. Sie können auch von leblosen Dingen ihren Ausgang nehmen. Mit Barthes gesprochen ist es das „(Übergreifen) des Lebens auf den Tod (und nicht banalerweise des Todes auf das Leben)"[180], das den Sprechakt Valdemars so brisant macht. In ihm artikuliert sich der Umschlag von der Stimme totgeglaubter, aber noch lebender Körper zur maschinellen Stimme belebter Dinge. Zu einer zutiefst selbstwidersprüchlichen Stimme, die ihr Signifikat (den Tod) negiert, indem sie ihn als Signifikant (Ich verbalisiere) behauptet. Denn „in der idealen Summe aller möglichen Aussagen der Sprache ist die Verklammerung der ersten Person (*Ich*) mit dem Attribut „*tot*" genau die radikal unmögliche: Sie ist der leere Punkt, der blinde Fleck der Sprache, den die Erzählung präzise einnimmt."[181] In eben jener Aufführung eines eigentlich unmöglichen Sprechaktes ist Valdemars Äußerung „*I am dead.*" verwandt mit den Äußerungen sprechender Maschinen. Wenn Kempelens Sprechmaschine und

---

[174] Ferrein: De la formation de la voix de l'homme, S. 417.
[175] Poe: The facts in the case of M. Valdemar, S. 200.
[176] Ferrein: De la formation de la voix de l'homme, S. 417.
[177] Poe: The facts in the case of M. Valdemar, S. 201.
[178] Ebd.
[179] Bruhier d'Alaincourt: *Dissertation sur l'incertitudes des signes de la mort et l'abus des enterrements & embaumemens précipités*, S. 25.
[180] Barthes: Textanalyse einer Erzählung von Edgar Allan Poe, S. 294.
[181] Ebd., hier S. 290.

späterhin Edisons Phonograph in der ersten Person Singular ‚reden' – beide Stimmapparate wurden von ihren Erbauern als autonome Redner inszeniert –, unterläuft wie bei Poe der lebendig scheinende Signifikant (Ich verbalisiere und bin folglich am Leben) das Signifikat ‚Tod' (Ich bin eine Maschine).[182] Bis heute wirken synthetisch erzeugte Stimmen irritierend: Insofern sie Lebendigkeit performieren, stellen sie die Leblosigkeit ihres Trägers in Frage. Valdemars Sprechakt macht mithin ein Vermögen der Stimme kenntlich, das bei Ferrein und Hufeland schon aufscheint, aber erst von der Sprechmaschine realisiert wird: Die Stimme besteht aus einem Material, das nicht nur den Tod seines Trägers überleben, sondern darüber hinaus in leblosen Körpern nacherlebt werden kann.

Verfahren des Nach(er)lebens der Stimme in der physiologischen Frühgeschichte der Sprechmaschine und der Scheintoddebatte reagieren in beiden Fällen auf den visuellen Entzug der Stimme. Sucht Ferreins Sprechmaschine *avant la lettre* das Beobachtungsproblem der nicht sichtbaren Glottis zu umgehen, indem sie tote Kehlköpfe *ex vivo* zur Stimmgebung animiert, hat es die von Hufeland und

---

[182] So heißt es in Kempelens Vorstellung seiner sprechenden Maschine: „Ich spreche ein jedes französisches oder italienisches Wort, das man mir vorsagt, auf der Stelle nach, ein deutsches, etwas langes hingegen kostet mich immer Mühe, und geräth mir nur selten ganz deutlich. Ganze Redensarten kann ich nur wenige und kurze sagen, weil der Blasebalg nicht groß genug ist, den erforderlichen Wind dazu herzugeben. Z. B. vous etes mon ami – je vous aime de tout mon Cœur, oder in der lateinischen Sprache: Leopoldus Secundus – Romanorum Imperator – Semper Augustus. u. d. g." Kempelen: *Mechanismus der menschlichen Sprache nebst der Beschreibung seiner sprechenden Maschine*, S. 455. Dass hier nicht die Sprechmaschine selbst, sondern Kempelen anstelle der Maschine das Wort erhebt, wird erst im weiteren Verlauf des Textes kenntlich. Zunächst jedoch lässt der zitierte Sprechakt die Lesenden im Unklaren über die Sprecherposition. Die selbstreflexive Äußerung entfaltet eine suggestive Kraft, welche die Identitäten der Sprechmaschine und ihres Vorführers in eine flottierende Austauschbeziehung bringt. „Wenn die Maschine am Ende der Abhandlung schließlich selbst das Wort ergreift", kommentiert Brigitte Felderer die besagte Stelle aus Kempelens Schrift, „hören wir Maschinengeräusch". Brigitte Felderer: Künstliches Leben in Österreich. Die Automaten und Maschinen des Freiherrn von Kempelen. Ein Zwischenbericht. In: Manfred Faßler (Hrsg.): *Ohne Spiegel leben. Sichtbarkeiten und posthumane Menschenbilder*. München: Fink 2000, S. 213–233, hier S. 233. Zur „symbiotische[n] Verschmelzung des Konstrukteurs mit seiner Maschine im verschobenen *ich spreche*" siehe auch Gessinger: *Auge & Ohr*, S. 597–598. Weitaus unmissverständlicher wird die paradoxe Position der sprechenden Maschine in den öffentlichen Inszenierungen des knapp hundert Jahre später von Thomas Alva Edison entwickelten Phonographen. Als ein Vertreter Edisons den Phonographen am 11. März 1878 in der Pariser Akademie der Wissenschaften vorführt, lässt er die Maschine für sich selbst sprechen, indem er ihr den folgenden Satz ‚eintrichtert': „Monsieur Phonographe présente ses hommages à l'Académie des Sciences' [...]: then, when he had moved the cylinder back to its original position, a nasal, far away voice repeated the famous phrase." Daniel Marty: *The illustrated history of phonographs*. New York: Dorset Press 1989, S. 19–20.

Poe praktizierte Evokation von Stimmen aus toten Körpern ganz ähnlich mit problematischen Sichtbarkeitsverhältnissen zu tun. Die nicht eindeutig zu lokalisierenden, da aus Richtung verborgener Orte dringenden Stimmen Scheintoter – seien es die aus Särgen, Grüften und Nebenzimmern erklingenden Rufe irrtümlich Begrabener oder aber die „from a vast distance, or from some deep cavern within the earth"[183] tönenden Münder vermeintlich Toter – erzeugen ab der Mitte des 18. Jahrhunderts ein zunehmendes „Begehren nach ihrer Verkörperung"[184], das aufklärerische Bedürfnis, sie in Form technischer Experimentalanordnungen zu lokalisieren. Um das mit dem Mysterium der Stimme korrespondierende Blickhindernis zu umgehen, werden Techniken zur experimentellen Beobachtung, Produktion und Lenkung von Luftströmen – dem unsichtbaren Antrieb der Stimme – entwickelt, welche wiederum in die Konstruktion der Sprechmaschine eingehen. Das Anblasen des Kehlkopfpräparates gehört ebenso zu diesen Techniken wie die mechanische Kanalisierung und Animierung der Stimmen vermeintlich Toter. So wurden über die Öffnung des Totenmundes und/oder Grabes hinaus – beides durchgängige Motive innerhalb des Scheintoddiskurses[185] – regelrechte Maschinen der akustischen Evidenzproduktion konstruiert. So genannte ‚Sicherheitssärge', die mit Luftröhren und Glocken bzw. anderen akustischen Alarmvorrichtungen ausgestattet waren, sollten den eventuell lebendig Begrabenen ermöglichen, sich im Falle des Erwachens mühelos, nämlich auf mechanische Weise akustisch bemerkbar zu machen. Zwar sollten sich derlei Vorrichtungen auf lange Sicht nicht durchsetzen, nichtsdestotrotz zeugen sie von den gewaltigen technischen Einsätzen, um dem Mysterium verborgener Stimmen im ausgehenden 18. Jahrhundert beizukommen.[186]

---

183 Poe: The facts in the case of M. Valdemar, S. 200.
184 Macho: Stimmen ohne Körper, S. 132.
185 Wie Gerlind Rüve bemerkt hat, stellen Graböffnungen ein beliebtes „erzählerisches Motiv dar, mit dem über Scheintote berichtet wurde. Kennzeichnend war dabei die veränderte Körperlage, über welche die Verstorbenen als scheintot identifiziert wurden." Rüve: *Scheintod*, S. 114. Insbesondere bei Hufeland wird das Motiv der Graböffnung eng an die auditive Dimension geknüpft. Auf die Wahrnehmung einer akustischen Regung aus Richtung des Grabes folgt im besten Falle dessen Öffnung, um der natürlichen Ursache des Geräuschs nachzugehen. Wie die Öffnung des Mundes handelt es sich hierbei um eine Geste der Aufklärung vermeintlich mysteriöser Stimmen. Zum Motiv der Graböffnung siehe auch ebd., S. 61–62.
186 Siehe zur Geschichte des Sicherheitssarges Jan Bondeson: *Lebendig begraben. Geschichte einer Urangst*. Hamburg: Hoffmann und Campe 2002, S. 136–157. Auch Hufeland kommt auf die sogenannte Beck'sche Rettungs- oder Lebensröhre zu sprechen, die dazu gedacht war, dem bzw. der Scheintoten einerseits Luft zuzuführen und andererseits einen Kanal für eventuelle akustische „Zeichen des Lebens" bereitzustellen. „Da indessen mancher im Grabe so schwach seyn möchte, daß er keinen hörbaren Laut von sich geben kann, so dürfte man nur an die Spitzen der Finger und Zehen Bindfaden befestigen und über das Grab ein kleines trag-

Bevor zu zeigen sein wird, wie der physiologisch-technische Gestus der visualisierenden Verkörperung verborgener Stimmen in der Sprechmaschine kulminiert, seien im Folgenden zwei weitere zeitgenössische Schauplätze eines stimmlichen Nachlebens benannt. Abgesehen vom Scheintoddiskurs taucht die stimmliche Lautwerdung des nicht toten, aber auch (noch) nicht lebensfähigen Körpers in der um 1800 virulent werdenden Frage nach dem schreienden bzw. sprechenden Kind im Mutterleibe auf, wie sie vor allem von Albrecht von Haller und Pieter Camper diskutiert wurde. Das Märchenmotiv vom ‚starken bzw. wissenden Knaben', der schon *in utero* von sich hören lasse, indem er schreie, weine und seiner Mutter Prophezeiungen ausspreche, geriet hier zum Gegenstand medizinischer Untersuchungen.[187] Seit dem Altertum haben sich kulturübergreifend Erzählungen vom starken Ungeborenen erhalten, wobei insbesondere seiner Stimme eine „magische Potenz"[188] zugeschrieben wurde. Bevor das Motiv im Zuge der Religionsgeschichte aretologisch aufgeladen wurde, handelte es sich meist um den „Befehl des Ungeborenen an seine Mutter, ihn zur Welt zu bringen"[189] oder aber um den „tröstliche[n] Zuspruch, sich zur Geburt niederzusetzen. Zuweilen findet sich auch der Zug, daß der Ungeborene schon im Mutterleibe seinen Namen sagt, oder angibt, auf welchem Wege er zur Welt gebracht werden will."[190] Erst ab der Mitte des 18. Jahrhunderts – nicht zufällig zur selben Zeit des Ferrein'schen Kehlkopfexperiments sowie des beginnenden Scheintoddiskurses in Europa – gewinnt das Motiv des sprechenden Knaben eine über bloß mythische bzw. religiöse Bezüge hinausreichende Brisanz.

So wird die Frage, ob schon Ungeborene über die Fähigkeit des Schreiens und Atmens verfügten, zum Dreh- und Angelpunkt einer rechtsmedizinischen De-

---

bares Leichenhäuschen setzen, unter welchem einige leicht zu bewegende Glocken angebracht würden. Hufeland: *Der Scheintod, oder Sammlung der wichtigsten Thatsachen und Bemerkungen darüber, in alphabetischer Ordnung*, S. 9. Maßgeblich für diese Apparate war auch hier die Umdeutung der unterirdischen Geräusche, des abergläubischen ‚Getöses' in ganz weltliche ‚Stimmen', verstanden als Hilferufe bzw. Lebenszeichen.
187 Zur Motivgeschichte des ‚starken Knaben' in Literatur und Religion siehe Hans Scherb: *Das Motiv vom starken Knaben in den Märchen der Weltliteratur. Seine religionsgeschichtliche Bedeutung und Entwicklung*. Stuttgart: Kohlhammer 1930 und Giulio Panconcelli-Calzia: Leonardo da Vinci und die Frage vom sprechenden oder weinenden Fötus. In: *Münchener Medizinische Wochenschrift* 49 (1954), S. 1456–1458, der dem Motiv aus einer phonetikgeschichtlichen Perspektive nachgeht.
188 Scherb: *Das Motiv vom starken Knaben in den Märchen der Weltliteratur*, S. 36.
189 Ebd.
190 Ebd.

batte. In seiner 1776 erschienen Physiologie *Von der menschlichen Frucht*[191] fasst Haller zusammen, was mit der Stimme des Ungeborenen rechtlich auf dem Spiel steht: Wenn Kinder tatsächlich schon im Mutterleibe ihre Stimme erhöben – wovon in jüngster Zeit vermehrt Zeugnis abgelegt worden sei – setzte dies ihre Fähigkeit voraus, intrauterin Luft zu holen. Mit dieser Fähigkeit aber würde ein altbewährter Test zur Überführung des Mordes an Neugeborenen hinfällig. Um die Todesursache eines Säuglings herauszufinden, legte man seine Lunge in ein Wasserbad – Sank sie ab, war bewiesen, dass das Kind schon tot auf die Welt gekommen sein musste, insofern sich keine Luft in seiner Lunge befand. Schwamm sie hingegen auf dem Wasser, war von einem postnatalen Tod des Kindes auszugehen und es wurde eine Mitschuld der Mutter oder Hebamme angenommen.[192] Die „mit vieler Hizze"[193] verhandelte Frage, ob ein Kind schon in der Gebärmutter, spätestens aber im Geburtskanal zur Vokalisierung und mithin zur Atmung fähig sei, wurde folglich

> bei den Gerichtshöfen wichtig. Denn wenn ein Kind in der Scheide atmen kann, so kann die erst feste Lunge schwimmbar werden, und es muß die Verurtheilung der Mütter verdächtig werden, so oft man sie aus dem Grunde eines Kindermordes schuldig hält, weil die Lunge des Kindes, welches sie an die Welt gebracht, schwimmend befunden wird. Es bleibet nämlich eine sichtbare Ausflucht übrig, daß das Kind Athem geholet, indem es durch die Scheide gegangen, und daß es folglich von der Mutter keine Gewaltthätigkeit erfahren.[194]

So habe Haller, der schon des Öfteren einer Entbindung beigewohnt habe, selbst gehört, „daß die Frucht winsele, so bald der Kopf ausser der Scheide, unter den Rökken der Mutter, und unter den Händen der ergreifenden Wehemutter ist"[195], ein Indiz dafür, dass das kindliche Atemholen schon während und nicht erst nach der Geburt einsetzen könne. Den Erzählungen eines intrauterinen Schreiens begegnet Haller jedoch mit Skepsis, gleichwohl er es unter „sehr selten vorfallen[den]"[196] physiologischen Umständen durchaus für möglich hält: Sofern das Gewebe der

---

[191] Albrecht von Haller: *Anfangsgründe der Physiologie des menschlichen Körpers*. Aus dem Lateinischen übersetzt von Johann Samuel Hallen. Achter und letzter Band: Von der menschlichen Frucht. Dem Leben und dem Tode der Menschen. Berlin: Christian Friedrich Voß 1776, S. 661–669.
[192] Zur Lungenschwimmprobe vor dem Hintergrund des gerichtsmedizinischen Diskurses des Kindsmords im ausgehenden 18. Jahrhundert siehe Esther Fischer-Homberger: *Medizin vor Gericht. Gerichtsmedizin von der Renaissance bis zur Aufklärung*. Mit 70 illustrierenden Fallbeispielen zusammengestellt von Cécile Ernst. Bern: Huber 1983, S. 277–292.
[193] Haller: *Anfangsgründe der Physiologie des menschlichen Körpers*, hier S. 663.
[194] Ebd., hier S. 664.
[195] Ebd., hier S. 666.
[196] Ebd., hier S. 669.

Fruchtblase wie bei langwierigen Geburten üblich „zerrissen"[197] sei und der Kopf des Ungeborenen zudem „so gewandt liegt, daß er aus der Scheide Luft bekommen kann, so liesse sich wohl zugestehen, daß die Frucht Atem holen und schreien könnte."[198]

Wesentlich kritischer beurteilt Camper die Frage der rechten „Bestimmung des Kindergeschreies in der Gebärmutter"[199], wie es von Müttern und Ärzten des Öfteren bezeugt würde. In seiner ein Jahr nach Hallers *Physiologie* erschienenen *Abhandlung von den Kennzeichen des Lebens und des Todes bey neugebornen Kindern* dementiert er die Möglichkeit eines zum Schreien und mithin Atmen fähigen Ungeborenen mit aller Vehemenz. In seiner beinahe dreißig Jahre ausgeübten Tätigkeit als Entbindungsarzt hätte es viele Geburtenfälle gegeben, bei denen Luft in die Gebärmutter eingedrungen sei und doch wäre es nie vorgekommen, „daß die Kinder ehe sie ganz geboren waren, nemlich mit dem Haupte, der Brust und dem ganzen Bauche, geschrien hätten."[200] Damit es einen Schrei geben könne, müssten sich Rippen und Brust ganz ausgedehnt haben, das Kind also wenigstens mit der Brust geboren sein. Denn solange „das Kind in der Bärmutter zusammen gedrückt liegt"[201], argumentiert Camper, „ist es ebenso unmöglich, daß es athmen könnte, als wenn man einem Blasbalg die Luft wollte einziehen lassen, indem man die hölzernen Blätter zusammen gedrückt hielte."[202] Die zahlreichen mythisch aufgeladenen Fallgeschichten, welche vom „Schreyen"[203] und „Sprechen in der Bärmutter"[204] existierten, seien nichts als „erdichtet[e] und eingebildet[e] Begebenheiten"[205], die letztlich – wie auch die anderen Stimmhalluzinationen um 1800 – mit einem simplen Sichtbarkeitsproblem zusammenhingen. Hatte schon Haller auf die schwierige Lokalisierbarkeit des „unter den Rökken der Mutter"[206] auf die Welt gebrachten Kindes hingewiesen, dessen gleichsam unterirdisch ausgestoßenen Schreie irrtümlich für diejenigen eines

---

197 Ebd., hier S. 668.
198 Ebd.
199 Ebd., hier S. 663.
200 Pieter Camper: *Abhandlung von den Kennzeichen des Lebens und des Todes bey neugebornen Kindern nebst einigen Gedanken über die Strafen des Kindermords*. Aus dem Holländischen übersetzt und mit neuen Zusätzen des Verfassers, wie auch einigen Anmerkungen vermehrt von J. F. M. Herbell. Frankfurt/Leipzig: Heinrich Ludwig Brönner 1777, S. 53.
201 Ebd., S. 59.
202 Ebd.
203 Ebd., S. 41.
204 Ebd., S. 51.
205 Ebd., S. 43.
206 Haller: *Anfangsgründe der Physiologie des menschlichen Körpers*, hier S. 666.

Ungeborenen gehalten werden könnten, kommt auch Camper auf die anfängliche visuelle Verborgenheit des Neugeborenen zu sprechen.

> Eine schickliche Gewohnheit erfordere, daß die Weiber ganz bedeckt ihre Kinder zur Welt bringen, selbst die Natur hat diese Ehrbarkeit nicht allein den Menschen, sondern auch den Thieren eingeprägt, die immer einen dunkelen, abgelegenen Ort zu diesem Geschäfte erwählen. Die Weiber [...] waren bedeckt. Die Kinder konnten also schon geboren seyn, da sie einen Laut hörten, indem sie meinten, daß sie noch nicht so weit wären. [...] Diese Beobachtungen beweisen also nichts.[207]

Im visuell unzugänglichen, da verhüllten mütterlichen Schoß setzt sich das Blickhindernis fort, das den Mutterleib als solchen kennzeichnet. Er bildet gleichsam den Vorhof des nicht sichtbaren Leibesinneren, das den Mythos des schreienden bzw. sprechenden Ungeborenen beherbergt und vor den Augen der aufklärungswilligen Physiologen verbirgt. Bevor es möglich war, das ungeborene Kind live im Mutterleib zu sehen und so ausfindig zu machen, ob es tatsächlich schon *in utero* Schrei- und Sprechversuche unternehme – eine Frage, der übrigens bis heute in der Embryologie nachgegangen wird[208] –, verband sich mit ihm eine ähnliche Konstellation des Nichtwissens, wie es die zeitgenössische Stimmforschung kennzeichnete. Über die Frage, was genau während der Schwangerschaft im Mutterleibe vor sich gehe bzw. ob und wenn ja, welchen morphologischen Entwicklungen das Ungeborene unterworfen sei, konnte nur spekuliert werden.[209]

---

207 Camper: *Abhandlung von den Kennzeichen des Lebens und des Todes bey neugebornen Kindern nebst einigen Gedanken über die Strafen des Kindermords*, S. 52–53. Auf dieses Sichtbarkeits- als Lokalisierungsproblem kommt Camper an späterer Stelle noch einmal zurück: Die irrtümliche Annahme eines schreienden Ungeborenen resultiere aus der trügerischen Beobachtung, dass Kinder, „wenn sie noch unter den Kleidern der Mutter verborgen gewesen, indem die Hebammen dieselben hervor zogen, öfters gleich und sehr starke Laute von sich gegeben haben." Ebd., S. 58.
208 Zum Ultraschall-Nachweis von schreiähnlichen Bewegungen des Ungeborenen siehe J. L. Gingras / E. A. Mitchell / K. E. Grattan: Fetal homologue of infant crying. In: *Arch Dis Child Fetal Neonatal Ed* 90 (2005), F415–F418. 2005 wurden mittels Videoaufnahme erstmals schreitypische Verhaltensweisen des Fötus festgehalten: „an initial exhalation movement associated with mouth opening and tongue depression, followed by a series of three augmented breaths, the last breath ending in an inspiratory pause followed by an expiration and settling. This is the first report/video documenting these behaviours and suggests the possibility of a state 5F [crying, D. R.]." E.bd., F415. Schon 1985 wurden Ultraschallbilder eines vermeintlich schreienden Fötus dokumentarfilmisch inszeniert. Siehe dazu Fußnote 216.
209 Wie die Historikerin Barbara Duden gezeigt hat, waren Mütter und Ärzte bis zur Entwicklung von Techniken zur introspektiven Abbildung auf äußerliche Zeichen des Körpers angewiesen – Indizien wie Blässe oder Übelkeit, die eine Schwangerschaft bzw. den Zustand des Ungeborenen vermuten ließen. Allerdings hatten diese „weder einzeln für sich noch alle zu-

Campers und Hallers Versuche, den Mythos der Ungeborenenstimme zu entkräften, indem sie deren körperliche Voraussetzung – die atmungsfähige Lunge des Fötus – ans Licht der experimentellen Physiologie holen, eint sie mit den zeitgleich erprobten physiologisch-technischen Verfahren des Nacherlebens der Stimme durch Hufeland und Ferrein.[210] Auch hier werden Apparate (der Blasebalg) und Techniken (die künstliche Manipulation der Lunge) angeführt, die in der späteren Stimmmechanik eine zentrale Rolle spielen sollten. Laut Camper hätten Untersuchungen mit den Lungen neugeborener Kinder sämtlich bestätigt, dass die Ungeborenen in der Gebärmutter keine Luftzufuhr und mithin gar keine Möglichkeit hätten zu schreien, seien doch „die Lungen derjenigen Kinder, die vor der Geburt gestorben sind, im Wasser gesunken, und [...] im Gegentheil die Lungen derjenigen die gelebt und geathmet hatten, auf dessen Oberfläche geschwommen"[211]. Nichtsdestotrotz sei für eine gerichtsmedizinische Instrumentalisierung dieser Experimente zu beachten, dass die Lunge künstlich manipuliert

---

sammen [...] die Kraft, eine Gewißheit herzustellen. Schwangerschaft war in dieser Tradition eine Erwartung, die vor der Geburt nicht zur Tatsache werden konnte.". Entsprechend bildeten sowohl die morphologische Gestalt als auch die akustischen Regungen des Ungeborenen eine visuell unzugängliche Leerstelle des Wissens. Zwar wird schon „seit der Antike graphisch auf das Ungeborene verwiesen". Bis zur Ausbildung subtiler Techniken der Präparation, Vermessung und Abbildung im späten 18. Jahrhundert liegt es indes „in einem blinden Fleck. Das Ungeborene bleibt auch in der klassischen Periode der Anatomie das paradigmatisch Unsichtbare." Barbara Duden: „Ein falsch Gewächs, ein unzeitig Wesen, gestocktes Blut". Zur Geschichte von Wahrnehmung und Sichtweise der Leibesfrucht. In: Gisela Staupe / Lisa Vieth (Hrsg.): *Unter anderen Umständen. Zur Geschichte der Abtreibung*. Dresden/Berlin: Deutsches Hygiene-Museum; Argon 1993, S. 27–35, hier S. 29–33. Zum bis ins 19. Jahrhundert wirkmächtigen Konzept der Schwangerschaft als „undurchschaubare Metamorphose" im Leibesinneren der Frauen siehe auch Barbara Duden: *Geschichte unter der Haut. Ein Eisenacher Arzt und seine Patientinnen um 1730*, Greif-Bücher. Stuttgart: Klett-Cotta 1991, S. 125–129.
210 Nicht ohne Grund ist das Motiv des Ungeborenen im Scheintoddiskurs zentral. In ihm dupliziert sich das nicht gesehene, da eingeschlossene Leben, welches bei Bruhier und Hufeland thematisch wird. Laut Ulrike Vedder werden in den Geschichten von Scheintoten gern „Schwangere und Gebärende zum Sujet, um durch die Verdopplung des zu rettenden Lebens nachdrücklich auf die zu meisternden Erfordernisse hinzuweisen." Vedder: Scheintod, Koma, Testament, S. 57. Umgekehrt kommt auch Camper in seiner *Abhandlung von den Kennzeichen des Lebens und des Todes bey neugebornen Kindern* auf Fälle scheintot begrabener Kinder zu sprechen. Camper: *Abhandlung von den Kennzeichen des Lebens und des Todes bey neugebornen Kindern nebst einigen Gedanken über die Strafen des Kindermords*, S. 65–66. Das Motiv des schreienden Ungeborenen wird nicht selten mit dem Scheintodmotiv verknüpft, z. B. in Form des „magischen toten Knaben", der wieder aufersteht, um sich an seinen Peinigern zu rächen. Siehe Scherb: *Das Motiv vom starken Knaben in den Märchen der Weltliteratur*, S. 64–71.
211 Camper: *Abhandlung von den Kennzeichen des Lebens und des Todes bey neugebornen Kindern nebst einigen Gedanken über die Strafen des Kindermords*, S. 46.

werden könne. Insofern „die Luft mit Gewalt in die Lungen könnte eingeblasen seyn, damit das für tod oder schwach gehaltene Kind wieder zu sich selbst käme"[212] oder aber, um eine eigentlich unschuldige Mutter schuldig erscheinen zu lassen, sei eine auf dem Wasser schwimmende Lunge kein hinlänglicher Beweis für die vorsätzliche Tötung des Kindes. Einzig die schon von Haller dementierte Frage, „ob eben so die Menschenfrucht, wie ein Hühnchen gegen die lezzte Zeiten der Brütung Athem holt und pfeife"[213], ist Camper zufolge mit Sicherheit zu verneinen. Der Vergleich des Ungeborenen mit einem Küken, welches „wir doch täglich [...] in dem Eye schreyen hören? Obschon die Schale und die Membranen des Eye ganz bleiben"[214], entbehre jeglicher empirischen Vernunft. Durch die poröse Schale könne und müsse das Küken Luft einatmen, „welche das Kind entbehren kann und muß, bis daß es geboren ist."[215] Bei den Erzählungen von schreienden Ungeborenen handle es sich bestenfalls um Sinnestäuschungen, realiter seien sie jedoch „ohne Grund und zugleich auch ungereimt."[216]

Neben den physiologischen Erkundungen von stimmgebenden Scheintoten und Ungeborenen sei schließlich auf den dritten Schauplatz um 1800 verwiesen, an dem ein Nach(er)leben der Stimme verhandelt wurde. Körper, die an der Schwelle zwischen Leben und Tod des Tönens bzw. Sprechens verdächtigt wurden, begegnen nicht zuletzt im medizinischen Streit um den Tod durch die Guillotine, wie er sich im ausgehenden 18. Jahrhundert zwischen angesehenen Ärzten, Anatomen und Anthropologen entfachte.[217] Während die Einen in der

---

212 Ebd., S. 49.
213 Haller: *Anfangsgründe der Physiologie des menschlichen Körpers*, hier S. 667.
214 Camper: *Abhandlung von den Kennzeichen des Lebens und des Todes bey neugebornen Kindern nebst einigen Gedanken über die Strafen des Kindermords*, S. 42.
215 Ebd., S. 43.
216 Ebd. Interessant ist in diesem Zusammenhang die Fortsetzung, die der Schrei des Ungeborenen in der heutigen Rede vom ‚stummen Schrei des Fötus' erfährt. Im 1984 von Jack Duane realisierten Dokumentarfilm „The Silent Scream" kommentiert der Gynäkologe Bernard Nathanson Ultraschallaufnahmen eines Fötus während eines Abtreibungsvorgangs: „[...] Once again we see the child's mouth wide open in a silent scream in this particular freeze frame. This is the silent scream of a child threatened eminently with extinction." Der online frei zugängliche Film steht im Zeichen der Lebensrechtsbewegung, die sich bis heute gegen Abtreibungen engagiert. Der Schrei des Ungeborenen, wie er seit dem Altertum mythologisiert und um 1800 experimentalphysiologisch infrage gestellt wurde, gerät hier zu einem politisch instrumentalisierten Narrativ, das sich auf religiöse wie wissenschaftlich-technische Bilder gleichermaßen stützt.
217 Einen guten Überblick über diese Debatte bietet Kerstin Rehwinkel: Kopflos, aber lebendig? Konkurrierende Körperkonzepte in der Debatte um den Tod durch Enthauptung im ausgehenden 18. Jahrhundert. In: Clemens Wischermann / Stefan Haas (Hrsg.): *Körper mit Geschichte. Der menschliche Körper als Ort der Selbst- und Weltdeutung*. Stuttgart: Steiner 2000, S. 151–171.

modernen Enthauptungsmaschine die Möglichkeit eines augenblicklichen und also humaneren Todes erblickten, befürchteten die Anderen ein – wenn auch nur kurzes – Nachleben des im Kopf verorteten Bewusstseins, das sich noch wenige Minuten nach der Enthauptung durch faziale Zuckungen sowie durch Sprechversuche und Knirschen mit den Zähnen äußere. In seiner 1795 veröffentlichten kritischen Abhandlung *Über den Tod durch die Guillotine* beruft sich der Anatom Samuel Soemmerring auf Beobachtungen einer fortgesetzten Reizbarkeit guillotinierter Köpfe. Unter anderem habe „der berühmte deutsche Arzt Weikard [...] selbst an einem abgehauenen Menschenkopfe sich die Lippen bewegen"[218] sehen. „Noch andere erzählten mir, selbst gesehen zu haben, daß die getrennten Köpfe mit den Zähnen knirschten u. s. f."[219] Nach Soemmerrings Ansicht handelt es sich hierbei um den schlagenden Beweis, dass das Bewusstsein im enthaupteten Kopf noch kurzzeitig fortlebe. Denn wenn das Bewusstsein tatsächlich im Gehirn lokalisiert sei – eine Annahme, die Soemmerring in seiner nur ein Jahr später publizierten Schrift *Über das Organ der Seele* entfalten wird[220] –, so müsse die anhaltende Lebenskraft des enthaupteten Kopfes als untrügliches Zeichen für dessen anhaltendes Bewusstsein gewertet werden.[221] „Ja ich bin überzeugt"[222], argumentiert Soemmerring weiter, „gienge noch Luft gehörig durch die am getrennten Kopf unversehrt gebliebenen Sprachorgane, solche Köpfe würden noch sprechen."[223]

Mit dieser Imagination sprechender „Untotenköpfe"[224], die noch nach der Hinrichtung ein Bewusstsein anzeigten, will Soemmerring seine Argumente gegen

---

218 Samuel Thomas Soemmerring: Ueber den Tod durch die Guillotine. In: Ders.: *Werke. Begründet von Gunter Mann*, Bd. 9. Hrsg. v. Jost Benedum und Werner Friedrich Kümmerl. Basel: Schwabe 1999, S. 255–266, hier S. 265. Soemmerring beruft sich hier auf eine fünf Jahre zuvor gemachte Bemerkung des Arztes Melchior Adam Weikard: „Wenn eure Seele, sagen sie weiter, das denkende Wesen ist, so sollte man glauben, daß sie in einem solchen abgehauenen Kopfe, der oft noch nach seiner Trennung vom Körper in die Höhe springt, mit den Lippen plappert, wie ich es selber gesehen habe, und in welchem der Markbalke, der Ursprungsort der Nervenfasern, die Zirbeldrüse, oder was man sonst zum Wohnsitze der Seele macht, noch lang unverändert bleibt, ungemein lebhaft denken müsse. Euer Kopf. Euer Kopf müsste dem Kopf eines Orpheus gleichen, der noch ein Liedchen sang, als man ihn in die Wässer des Ibrus warf." Melchior Adam Weikard: *Der philosophische Arzt*. Bd. 1. Frankfurt am Main: Andreäische Buchhandlung 1790, S. 221.
219 Soemmerring: Ueber den Tod durch die Guillotine, S. 66.
220 Samuel Thomas Soemmerring: Über das Organ der Seele. In: Ders.: *Werke*, S. 155–252.
221 Soemmerring: Ueber den Tod durch die Guillotine, S. 259.
222 Ebd., S. 260.
223 Ebd.
224 Siehe hierzu Thomas Macho: Untotenköpfe. In: *Trajekte. Zeitschrift des Zentrums für Literatur- und Kulturforschung* 13,25 (2012), S. 32–33, dem zufolge die Guillotine ein neues epistemisches Objekt hervorgebracht hat: die realen Totenköpfe. Bei diesen handle es sich eigentlich um

die Guillotine affektrhetorisch untermauern. Damit griff er eine symbolträchtige Maschine der französischen Revolution an, die sich gerade aufgrund der ihr nachgesagten humaneren Tötungsmethode zunehmender Anerkennung erfreute. Wie Michel Foucault gezeigt hat, markiert die 1792 in Gebrauch genommene Guillotine den Übergang vom Strafstil der öffentlich zur Schau gestellten Leibesmarter zur vermeintlich zivilisierteren, da schmerzfreieren Bestrafung der Seele.[225] Jedoch blieb das Spektakel, welches für den Strafstil der Marter charakteristisch war, im neuen Strafstil als „peinlicher Rest" erhalten.[226] Abgesehen von den theatralischen Ritualen, die den Gang zum Schafott der Guillotine rein äußerlich begleiteten – wie Daniel Arasse herausgearbeitet hat, handelte es sich bei der Guillotine um eine regelrechte „Theatermaschine"[227] inklusive Umzug, Bühne und Podium –, fand das Spektakel der Marter auch in den Körpern der Hingerichteten selbst ein Nachleben. So scheinen sich die überwunden geglaubten akustischen Schmerzensregungen der Gemarterten insbesondere in den von Soemmerring und anderen Ärzten beschriebenen fazialen Zuckungen und Lippenbewegungen der Guillotinierten bewahrt zu haben. Die von „schreckliche[n] Schreie[n]"[228] geprägte Soundkulisse der Marter – „bei jeder Peinigung schrie er [Damiens] so unbeschreiblich, wie man es von den Verdammten sagt"[229] –, welche durch die Guillotine, des diskreteren „Zufügens von Leid, ein Spiel von subtileren, geräuschloseren und prunkloseren Schmerzen"[230] abgelöst, mit anderen

---

„Untotenköpfe", insofern sie an der Schwelle zwischen Tod und Leben wahrgenommen und als solche experimentell erforscht wurden.
225 Foucault zufolge ist in der Zeitspanne zwischen 1760 und 1840 „das große Schauspiel der peinlichen Strafe zu Ende" gegangen. „Man schafft den gemarterten Körper beiseite; man verbannt die Inszenierung des Leidens aus der Züchtigung. Man tritt ins Zeitalter der Strafnüchternheit ein." Zu dieser Transformation gehörte nicht nur die Ersetzung der grausam in die Länge gezogenen Leibesmarter durch vermeintlich rationalere und körperdistanziertere Verfahren der Kontrolle (wie Geldbußen, Einsperrung, Isolierung, Rationierung der Nahrung etc.), sondern auch eine Demokratisierung der Strafe. Die Guillotine „ist die Maschine, die diesen Prinzipien entspricht. Der Tod ist damit auf ein sichtbares, aber augenblickliches Ereignis reduziert", das alle unabhängig von Rang und Status gleichermaßen treffen kann. Michel Foucault: *Überwachen und Strafen. Die Geburt des Gefängnisses*. Frankfurt am Main: Suhrkamp 1976, S. 21–23.
226 Ebd., S. 25.
227 Daniel Arasse: *Die Guillotine. Die Macht der Maschine und das Schauspiel der Gerechtigkeit*. Reinbek bei Hamburg: Rowohlt 1988, S. 113.
228 Foucault: *Überwachen und Strafen*, S. 9.
229 Ebd., S. 10.
230 Ebd., S. 15.

Worten: ‚beruhigt' werden sollte, lebt in den als Sprechversuche gedeuteten Zuckungen der Kinnladen, Lippen und Zähne der guillotinierten Köpfe fort.[231]

Der Streit darüber, wie diese Mundbewegungen zu deuten seien, ob es sich etwa – wie Soemmerring annahm – um Äußerungen eines nach der Hinrichtung noch fortdauernden Bewusstseins handelte oder aber – wie die Befürworter der Guillotine meinten – nur um die mechanischen Zuckungen eines schon toten Körpers, kreiste abermals um eine perspektivische „Lücke: Das Wissen vom Enthauptungsschmerz ist ein radikales Nicht-Wissen."[232] Weil im Falle einer Enthauptung eine Ich-Erzählung von vornherein ausgeschlossen ist, insofern „dem Sterbenden mit dem Kopf die Sprache gleich mit abgeschnitten [wird], und zwar endgültig"[233], gerät die Frage eines Sprechversuchs bzw. Bewusstseins hinter den Mundbewegungen „zu einem schwarzen Loch im medizinischen Wissen."[234] Darüber, was es mit den postmortalen Bewegungen des Mundes auf sich habe, konnte allenfalls fabuliert werden.[235] Exemplarisch hierfür stehen die 1803 vom Breslauer Arzt Johann Wendt unternommenen Versuche am rumpflosen Kopf des hingerichteten Martin von Troer.[236] Wie Soemmerring sprach sich Wendt gegen die Guillotine aus, nachdem er infolge experimenteller Reizungen vielfältiger Art Gesichtsbewegungen beobachten konnte. Unter anderem hatte er

---

231 Auf das „allseits zirkulierende Wissen um die Mundbewegungen rumpfloser Köpfe" verweist auch Roland Borgards und zitiert in diesem Zusammenhang Hufeland, der die Fortschreibung der Marter im Tod durch die Guillotine explizit macht: „Es ist möglich, ja sogar wahrscheinlich, daß ein enthaupteter Kopf, wenn er unmittelbar nachher mit starken Reizen behandelt wird, Empfindungen mit Bewußtseyn, und folglich schmerzliche Gefühle, haben kann. Man kann ihn also noch nach dem sogenannten Tode martern." Hufeland, Christoph Weilhelm: Zwei Cabinetsschreiben Sr. Majestät des Königs zu Preußen in Betreff der an Enthaupteten gemachten und etwa noch zu machenden Versuche; nebst Bemerkungen des Herausgebers über diesen Gegenstand, in: *Journal der practischen Heilkunde* 17, 3. Stück, 1803, S. 26 f. Zitiert nach Roland Borgards: *Poetik des Schmerzes. Physiologie und Literatur von Brockes bis Büchner*. München: Fink 2007, S. 388.
232 Ebd., S. 370.
233 Ebd., S. 379.
234 Ebd.
235 Roland Borgards zufolge eröffnete dieses Nichtwissen einen Raum der Fiktion, der sowohl von literarischen als auch von wissenschaftlichen Erzählungen eines potenziellen Nachlebens guillotinierter Köpfe gefüllt wurde. Vgl. ebd., S. 370–392. So vermochten die Experimente mit galvanisch affizierten Köpfen von Enthaupteten, wie sie ab 1803 verstärkt vorgenommen wurden, um deren infrage stehende Lebensdauer wissenschaftlich zu überprüfen, die epistemische Lücke nicht etwa zu schließen. Vielmehr blieben die wissenschaftlichen Imaginationen ebenso wie die literarischen Bearbeitungen des Stoffes auf einen „fiktionalen Urgrund verwiesen." Ebd., S. 385.
236 Siehe hierzu Macho: Untotenköpfe sowie Borgards: *Poetik des Schmerzes*, S. 386–388.

> mit erhabener Stimme zweymal den Nahmen „Troer" in das Ohr des unglücklichen Kopfes [gerufen], und war es Ohngefähr, so ist es unstreitig das merkwürdigste; oder war es Folge der Empfindungen und Vorstellung, so beweist dieser Versuch das meiste: nach jedem Rufe öffnete der Kopf die sich schliessenden Augen, drehte sie sanft nach der Seite, woher der Schall kam und öffnete dabey einigemal den Mund; in dem Mechanismus dieses Oeffnens wollten einige das wirkliche Streben zum Sprechen selbst bemerkt haben.[237]

Schon bei Soemmerring erfolgt die Umgehung des mit den Mundbewegungen verbundenen Nichtwissens imaginativ, d. h. als fabulierende Fiktion im Modus des Konjunktivs: Wie Arasse betont hat, handelt es sich bei Soemmerrings bereits zitierter ‚Überzeugung', „gienge noch Luft gehörig durch die am getrennten Kopf unversehrt gebliebenen Sprachorgane, solche Köpfe würden noch sprechen"[238], um

> eine bemerkenswert phantastische Schlußfolgerung für einen Mediziner und Wissenschaftler: zwei Möglichkeitsformen in einem Irrealis als Grundlage des ‚Überzeugt'seins... Es geht um mehr als bloße Physiologie. Der Gedankengang führt ins Reich des Tabuisierten und Sakralen. Die Aussage nämlich, zu der die Guillotine dem Enthaupteten Anlaß gäbe, wenn er nur sprechen könnte, und die sich sonst stets nur metaphorisch treffen läßt, wäre: „Ich bin tot".[239]

Interessanterweise gewinnt die Unmöglichkeit dieses Sprechakts, wie sie uns schon in Poes *The facts in the case of M. Valdemar* begegnet ist, durch den von Soemmerring gewählten Konjunktiv eine neue Dimension. Während Valdemars Äußerung „I am dead."[240] unmöglich scheint, weil der Sprechende laut Aussageinhalt tot und mithin sowohl bewusstseins- als auch sprachunfähig ist, verhält es sich im Falle der von Soemmerring, Wendt und anderen Physiologen imaginierten Sprechakte guillotinierter Köpfe ein wenig anders. So handelt es sich hier weniger um ein strukturelles Problem der Sprache als um ein physiologisches Problem: Die Abgeschnittenheit von jeglicher Luftzufuhr – eine unabdingbare Voraussetzung von Stimme und Sprache – zieht die Unmöglichkeit des Sprechens nach sich. „Wenn die Hingerichteten ‚alles das, was sie fühlten' [...] nicht mitteilen könnten, so habe dies rein physiologische Gründe: Die Luft der Lungen gelangt nicht mehr zum Kehlkopf."[241]

Entsprechend tönen die Stimmen der Guillotinierten anders als die Stimmen von Scheintoten nicht wirklich; sie verharren vielmehr in Latenz. Nicht eigentlich die Stimme scheint in den Sprechversuchen nachzuleben, sondern deren prinzi-

---

237 Johann Wendt: *Über Enthauptung im Allgemeinen und über die Hinrichtung Troer's insbesondere. Ein Beytrag zur Physiologie und Psychologie.* Breslau: Eigenverlag 1803, S. 26.
238 Soemmerring: Ueber den Tod durch die Guillotine, S. 260.
239 Arasse: *Die Guillotine*, S. 55.
240 Poe: The facts in the case of M. Valdemar, S. 201.
241 Arasse: *Die Guillotine*, S. 55.

pielle Möglichkeit. So versteht Wendt die Mundöffnung von Troer als ein nicht zur Anwendung gelangendes Sprechvermögen: „[I]n dem Mechanismus dieses Oeffnens wollten einige das wirkliche Streben zum Sprechen selbst bemerkt haben."[242] Gerade weil jedoch das Nicht-Sprechen im Falle der guillotinierten Köpfe weniger in einer metaphysischen denn mechanisch-physiologischen Ursache vermutet wird – der Trennung von den Atemwerkzeugen –, wird die Vorstellung eines maschinellen Sprechens plausibel. Mit Soemmerring nimmt Wendt an, „daß ein abgehauener Kopf reden würde, wenn man ihm nur eine künstliche Lunge anpassen könnte."[243] Die postmortalen Bewegungen des Artikulationsapparates, welche durch die guillotinierten „Untotenköpfe" unmittelbar ansichtig wurden, sensibilisierten nicht zuletzt für die Möglichkeit einer Stimme, die nicht essentiell vom Leben abhängt, sondern rein mechanisch funktioniert. Eine Möglichkeit, die auch die zeitgenössische Arbeit an einer sprechenden Maschine grundierte.[244]

1.5 *Têtes parlantes* und magische Maschinen: Die Stimme zwischen epistemischem und technischem Ding

Mit seiner 1791 erschienenen Abhandlung über den *Mechanismus der menschlichen Sprache nebst der Beschreibung seiner sprechenden Maschine* legt Wolfgang von Kempelen ein lang gehütetes Geheimnis offen. Schon seit mehreren Jahren zieht der österreichische Hofmaschinist mit seiner selbst konstruierten Maschine durch Europa, einem kleinen Holzkästchen von ca. 30 cm Kantenlänge (Abb. 3), das eine menschliche Stimme erzeugen konnte, „eine vollkommene Menschenstimme", wie ein Zeitgenosse 1784 versichert:

---

242 Wendt: *Über Enthauptung im Allgemeinen und über die Hinrichtung Troer`s insbesondere*, S. 26.
243 Ebd., S. 26–27.
244 Auf die Frage, inwiefern die Debatte um die Sprechversuche guillotinierter Köpfe auch politisch motiviert war, kann hier nicht näher eingegangen werden. Insbesondere hinsichtlich der Stimme – als dem politischen Medium *par excellence* – scheint eine politische Symbolik der „Untotenköpfe" jedoch naheliegend. Mit der Überlebensfähigkeit eines vom Körper (Volk) getrennten unabhängigen Kopfes (Königs), stand nicht zuletzt auch die Überlebensfähigkeit seiner Stimme zur Debatte. Schon der Umgang mit der letzten Rede des Königs Ludwig vor dessen Hinrichtung stellte nachweislich ein Politikum dar: Interessanterweise „wird in allen republikanischen Versionen die königliche Rede bis zu Ende geführt […] oder, genauer gesagt, bis ans Ende einer ihrer Sätze. Die Royalisten ziehen es hingegen vor, Ludwigs Rede unvermittelt abbrechen zu lassen: Auslassungspunkte zeigen an, daß die Guillotine dem König auch das Wort abschneidet, wodurch ein Rest von Unausgesprochenem bleibt, das seine Suggestionskraft entfalten kann." Arasse: *Die Guillotine*, S. 91.

> Auf der einen Seite ist ein Blasebalg angebracht, der durch ein Gewicht aufgezogen wird. Wenn die Maschine reden soll, so greift der Künstler mit beiden Händen auf zwei verschiedene Seiten, in das Kästchen, berührt die Tangenten, drückt den Blasebalg mit den Ellenbogen nieder; und sie hören [...] artikulierte Töne, Wörter, Rede. Das erste, was wir hörten, war: Mama, Papa, ah ma chere Mama, on m'a fait du mal, und nun konnte jeder in der Gesellschaft ein Wort fordern. Alle sprach die Maschine mit der größten Deutlichkeit aus. [...] Der Ton ist wie bei einem Kinde von drei Jahren.[245]

Dieses von außen nicht einsehbare Kästchen, aus dem eine unerklärliche menschliche Stimme erklang, zog ein an redenden Figuren, Schachautomaten und anderen magischen Spielereien interessiertes Publikum an, das sich von der illusionistischen Vorstellung bezaubern ließ. Dies mag einer der Gründe sein, weshalb Kempelen das Innere seines Kastens acht Jahre lang verborgen hielt. Sein Publikum bezahlte für den Schauder, der sich mit einer körperlosen Stimme verband, die Grenzen zwischen lebendem Menschen und lebloser Maschine auf geheimnisvolle Weise überschreitend.[246]

Sprechende Figuren, die Fragen beantworten, intimste Geheimnisse offenbaren und Zukünfte prognostizieren konnten, waren zu jener Zeit keine Seltenheit. Vielmehr hatten redende Apparaturen wie etwa ‚die kleine Engländerin' oder der ‚sprechende Papagei' ihren festen Platz im Arsenal der magischen Maschinen, welche das 18. Jahrhundert hervorbrachte.[247] Meist waren diese Figuren anthropomorpher bzw. theriomorpher Gestalt über ein verborgenes Sprachrohr mit dem Nebenzimmer verbunden, in dem ein Mensch saß und die vermeintlich übernatürlichen Antworten einsprach.

Was die Sprechmaschine Kempelens diesen sogenannten ‚Pseudosprechmaschinen' gegenüber so besonders machte, war weniger die Sprechkunst als solche als vielmehr deren hörbar mechanischer Ursprung. Gerade weil die Stimme aus Kempelens Maschine zwar menschenähnlich, aber nichtsdestotrotz eigentümlich fremd und unvollkommen klang, beglaubigte sie die ‚Echtheit' ihrer Konstruktion.[248] Skandalös war ihr „offen zur Schau gestellter *mechanischer* Charakter –

---

245 Johann Erich Biester: Schreiben über die Kempelischen Schachspiel- und Redemaschinen. In: *Berlinische Monatsschrift* 4,4 (1784), S. 495–514, hier S. 505.
246 Vgl. Gessinger: *Auge & Ohr*, S. 402.
247 Siehe dazu ebd., S. 400–409.
248 Herrmann: „Wessen grauenvolle Stimme ist das?", S. 83–84. Exemplarisch hierfür steht ein Kommentar des Leipziger Philosophie- und Physikprofessors Carl Friedrich Hindenburg aus dem Jahr 1784, dem zufolge an Kempelens Sprechmaschine „alles gar zu sehr Maschinenton" sei. „So muß hier selbst die Unvollkommenheit des Werkzeuges [...] ein lautes Zeugniß für die Wahrheit ablegen." Carl Friedrich Hindenburg: Ueber den Schachspieler des Herrn von Kempelen; nebst einer Abbildung und Beschreibung seiner Sprachmaschine. In: *Leipziger Ma-*

Abb. 3: Wolfgang von Kempelens Sprechmaschine.

wie indes die menschliche Sprache erzeugt wurde, blieb zunächst verborgen."²⁴⁹ Bevor Kempelen den Funktionsmechanismus seiner Sprechmaschine 1792 offenlegte, bildete ihr Inneres einen Projektionsraum, dem das sensationslustige Publikum mit einer Mischung aus Neugier und Furcht begegnete. Im Unterschied zu den Pseudosprechmaschinen, deren Rede als (illusionistische) Inszenierung eines übernatürlichen Wissens wahrgenommen wurde, faszinierte an der ‚echten' Sprechmaschine ganz im Gegenteil die profanierende Mechanisierung menschlicher Stimme und Sprache. Um es mit den Worten Gessingers auszudrücken, machte sie „das Schwinden jener Grenze [wahrnehmbar], die die tierische Maschine vom Menschen trennte: die Reproduktion von Sprache als Ausdruck eines denkenden Wesens."²⁵⁰

Das Geheimnis, welches diese Reproduktion in Form des Kästchens umgab, ist verwandt mit dem Mysterium, welches die Stimme als Gegenstand der oben beschriebenen experimentalphysiologischen Erkundungen in der zweiten Hälfte des 18. Jahrhunderts darstellte. So findet sich hier eine auffallend ähnliche Konstellation. Im visuell unzugänglichen Kasten der Sprechmaschine scheinen die mysteriösen Stimmen (un)toter Körper, wie sie auch in den zeitgenössischen Debatten um den Scheintod, das Ungeborene und die Guillotine verhandelt wurden, wiederzukehren. Ebenso wie diese löste die maschinelle Stimme unheimliche Ef-

---

gazin zur Naturkunde, Mathematik und Oekonomie. Erstes Stück, S. 268. Zit. nach Herrmann: „Wessen grauenvolle Stimme ist das?", S. 84.
249 Gessinger: *Auge & Ohr*, S. 402.
250 Ebd., S. 404.

fekte aus, „heimlich[e] Schauer"[251], wie sich ein Zeitzeuge erinnert, welche zum einen von der Grenzüberschreitung zwischen Leben und Tod herrühren: Die traditionell im lebenden Körper beheimatete, ja als Indikator des Lebendigen schlechthin geltende Stimme avancierte zum Medium des Leblosen – und dies nicht mehr nur imaginativ, wie etwa in mythischen bzw. literarischen Vorwegnahmen nachlebender Stimmen, sondern ganz realiter: als realakustische Lautwerdung eines leblosen Körpers. Zum anderen wurde die aus der Sprechmaschine erklingende Stimme als schauderhaft wahrgenommen, weil sich ihr Ursprung dem Blick entzog. Dieses „erste Hören einer Menschenstimme und Menschensprache, die augenscheinlich nicht aus einem Menschenmunde kam"[252], sondern aus dem dunklen Loch eines leblosen Maschinenkörpers, gleicht in seiner „sonderbaren Sensation"[253] den zwischen Mythos und Aufklärung angesiedelten Inszenierungen nicht sichtbarer, da inkorporaler und/oder unterirdischer Stimmen toter Körper.

Bemühten sich schon Ferrein, Hufeland, Haller und Camper darum, das mit dem Mysterium der Stimme verbundene Blickhindernis aufzudecken, wurde auch im Falle der Sprechmaschine zunehmend der Wunsch geäußert, „das Innere der Konstruktion kennenzulernen, sie zu öffnen."[254] Insbesondere von Seiten aufklärungswilliger ‚Sachverständiger' wurde Kempelen nachdrücklich zur Offenlegung aufgefordert, auch um den von einigen Skeptikern geäußerten „Verdacht einer Bauchsprache"[255] oder anderer Taschenspielereien zu entkräften. Nach Meinung eines Augenzeugen einer öffentlichen Vorführung der beiden Maschinen Kempelens wäre noch mehr als beim Schachtürken

---

251 Anonym: Über Herrn von Kempelens Schach-Spieler und Sprach-Maschine. Zweeter Brief. In: *Der Teutsche Merkur*. Erstes Stück, S. 180 f. Zit. nach Gessinger: *Auge & Ohr*, S. 397–398.
252 Ebd.
253 Ebd.
254 Ebd., S. 404.
255 So heißt es in einem zeitgenössischen Kommentar zu Kempelen: „Dieser in so mancher Rücksicht alle Achtung verdienende Künstler, beklagt sich, daß man in Frankreich und Engelland seine Kunst bey der letzten Maschine so sehr mißkennt, und ihn auf die ungerechteste Weise in die Klasse der verdienstlosen Bauchredner gesetzt habe. Die Maschine erscheint nicht, wie man mehrmal fälschlich vorgegeben habe, in menschlicher Gestalt, sondern besteht gegenwärtig noch in ein ganz freystehenden Blasebalg, dessen Rohr in einen mit mehreren Klappen und Druckern versehenes Behalter geht. Allerdings bleibt es noch schwer einzusehen, wie eine so sehr einfache und beschränkte Zurichtung hinreichen kann, alle Worte, die man vorsagt, freylich bald mehr bald weniger vernehmlich auszudrücken: indessen, da der Künstler jedem erlaubt, sich die Worte durch die angebrachte Öffnungen in das Ohr lispeln, und auch laut sprechen zu lassen: so fällt doch aller Verdacht einer Bauchsprache weg." Anonym: Vermischte Nachrichten. In: *Magazin für das Neueste aus der Physik und Naturgeschichte* 2,4 (1984), S. 193–220, hier S. 220.

eine nähere Anzeige die Pflicht des Herrn v. Kempelen bei der Redemaschine. Da, wie jeder Vernünftige weiß, alles was man bisher in der Art gezeigt hat, grober Betrug war; und da mehrere Kenner behaupten, daß es unmöglich sei, artikulirte Töne von einer Maschine hervorbringen zu lassen: so müßte Herrn von Kempelen augenscheinlich und handgreiflich zeigen, daß und wie sein Schlagen auf die Tangenten diese artikulirten Töne hervorbringe.[256]

Erst sieben Jahre nach dieser Forderung kommt Kempelen ihr in Form der besagten Abhandlung über den *Mechanismus der menschlichen Sprache nebst der Beschreibung seiner sprechenden Maschine* nach, in der er nicht nur den Kasten seiner Sprechmaschine zeichnerisch ‚öffnete' (Abb. 4) und detailliert seinen inneren Funktionsmechanismus auseinandersetzte, sondern zudem eine elaborierte Theorie der Stimme und Sprache vorlegte. Kempelens mehrere hundert Seiten umfassendes Werk ist in fünf Kapitel unterteilt, wovon die ersten beiden Kapitel allgemeine Überlegungen zum Wesen und zur Entstehung der menschlichen Sprache enthalten. Der dritte Teil widmet sich der Beschreibung der Sprechwerkzeuge wie Lunge, Stimmritze und Nase; im vierten Teil werden die einzelnen Sprachlaute behandelt, das fünfte Kapitel stellt schließlich den Bau und die Funktionsweise der Sprechmaschine vor: Im äußeren Kastengehäuse, der das Innenleben der Maschine Kempelen zufolge nicht etwa dem Blick des Publikums entziehen, sondern lediglich vor Staub schützen und eine Streuung des Klangs vermindern sollte,[257] verbarg sich ein weiteres Kästchen, die eigentliche Sprechmaschine. Wie Kempelen anhand von Zeichnungen darlegte, bestand diese aus mehreren mechanisch zusammenwirkenden Teilen, welche im Wesentlichen den menschlichen Sprechwerkzeugen nachgebildet waren: Als Lunge fungierte ein Blasebalg, der Mund wurde durch einen Gummitrichter ersetzt und zwei Löcher oberhalb des Trichters stellten die Nase vor. Diese Teile waren an einer hölzernen Windlade – dem Korrelat des menschlichen Ansatzrohrs bzw. Vokaltrakts – angebracht. Die im Innenraum der Windlade platzierte Stimmritze schließlich wurde von einem mit weichem Handschuhleder überzogenen Stimmrohr imitiert, dessen Vibration von „einem ganz dünnen, ungefähr bis zur Dicke einer Spielkarte geschabenen Blättchen Elfenbein"[258] bewerkstelligt wurde (Abb. 4). Nachdem Kempelen den Aufbau der Maschine erläutert hat, beschreibt er „die Art wie darauf gespielet wird"[259]: Während der rechte Arm des Spielers so auf der Maschine zu liegen komme, dass er den Blasebalg betätigen und die so erzeugte Luft zugleich durch die Betätigung der Windklap-

---
256 Biester: Schreiben über die Kempelischen Schachspiel- und Redemaschinen, S. 514.
257 Kempelen: *Mechanismus der menschlichen Sprache nebst der Beschreibung seiner sprechenden Maschine*, S. 430.
258 Ebd., S. 411.
259 Ebd., S. 439.

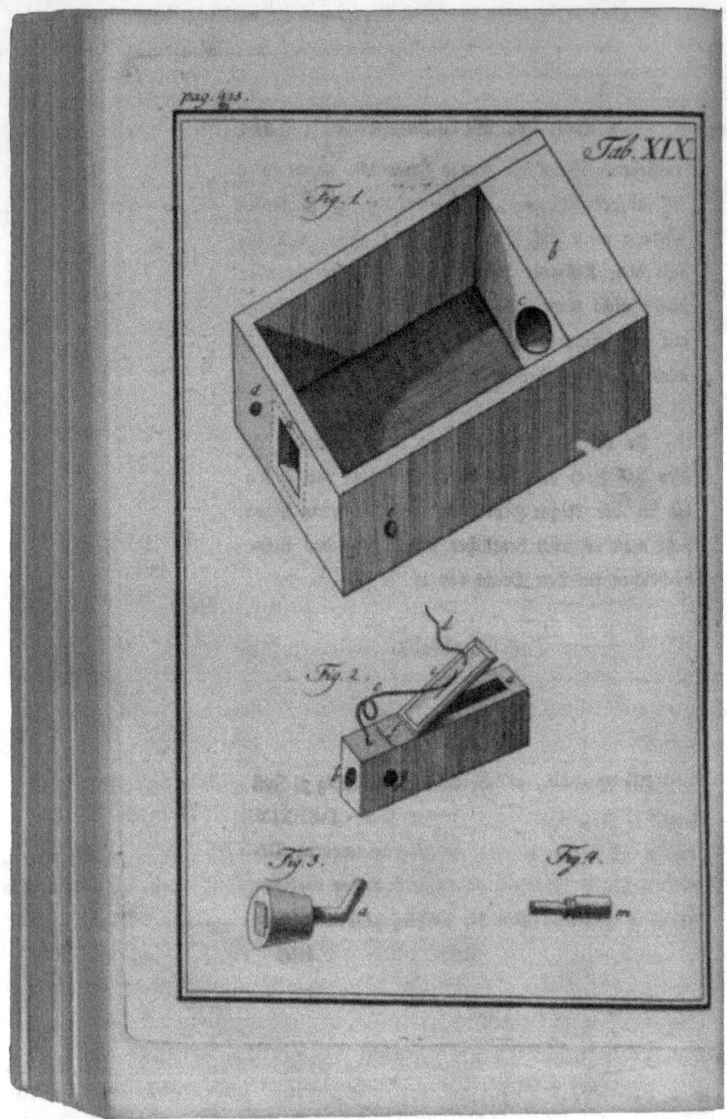

Abb. 4: Zwei Seiten mit Kupferstichen der Kempelen'schen Sprechmaschine (Linke Seite oben: Außenansicht der im Inneren der Sprechmaschine befindlichen Windlade „mit abgenommenen Deckel" und unten: für den Innenraum der Windlade bestimmte Bauteile, u. a. das Stimmrohr. Rechte Seite: Darstellung des der Stimmritze nachempfundenen Stimmrohrs) aus Wolfgang von Kempelens *Mechanismus der menschlichen Sprache nebst der Beschreibung seiner sprechenden Maschine* (1791).

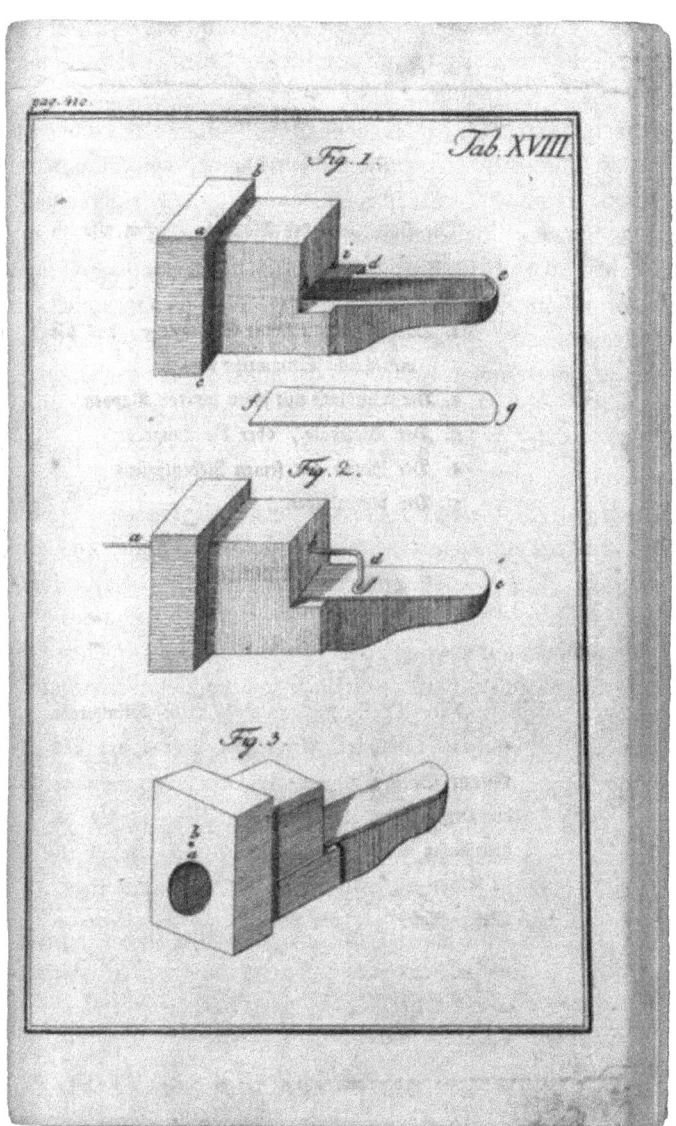

Abb. 4 (fortgesetzt)

pen und -hebel steuern könne, manipuliere seine linke Hand zielgerichtet den Gummitrichter, um ihm differenzierte Laute zu entlocken, wobei selbstredend jeder Sprachlaut einen anderen Handgriff erfordere.[260]

Kempelens Offenlegung des lange geheim gehaltenen Funktionsmechanismus seiner sprechenden Maschine entspricht seine Entmystifizierung von Stimme und Sprache auf theoretischer Ebene. Im Anschluss an Herder, der 1779 einen alleinig göttlichen Ursprung der Sprache problematisiert und für deren natürliche Entwicklungsgeschichte ausgehend vom menschlichen Vermögen der Besonnenheit argumentiert hatte,[261] verortet Kempelen den Ursprung von Stimme und Sprache in der – wenn auch gottgegebenen – Natur des Menschen. Erst Herders Ausführungen hätten die seit dem 17. Jahrhundert kontrovers debattierte Frage nach dem Ursprung der Sprache, in der „noch vieles dunkel, unbestimmt und ganz Hypothese geblieben"[262] war, überzeugend zu erhellen, genauer: „in diese Dunkelheit Licht aufzustecken"[263] vermocht, indem sie bewiesen hätten, „daß der Mensch sich seine Sprache erfunden hat – nothwendig selbst hat erfinden müssen."[264] Zweifelsohne war es nicht zuletzt Kempelens eigene praktische Erfindung – die sprechende Maschine –, welche ihn Herders Theorie einer menschlich erfundenen Sprache für plausibel befinden ließ. Wenn sich eine sprechende Maschine herstellen lässt, die zwar unvollkommen und noch ausbaufähig ist, die aber nichtsdestotrotz ein von Menschenhand geschaffenes Sprachsystem vorstellt, dann ist die These vom menschlichen Ausgang der Sprache nur naheliegend.[265] Dazu passt auch die Ursprungserzählung, die Kempelen hinsichtlich seiner Erfindung entwirft. So wurde der Hofmaschinist – schon seit 1769 vergeblich auf der Suche nach einem der menschlichen Stimme analogen Instrument – völlig unverhofft auf

---

260 Ebd., S. 439–456.
261 Vgl. Johann Gottfried Herders sprachphilosophische Schriften (Johann Gottfried Herder: *Abhandlung über den Ursprung der Sprache. welche den von der Königl. Academie der Wissenschaften für das Jahr 1770 gesetzten Preis erhalten hat*. Berlin: Voß 1772 und Johann Gottfried Herder: *Ideen zur Philosophie der Geschichte der Menschheit*. Bd. 1, 2 Bde. Hrsg. v. Heinz Stolpe. Berlin/Weimar: Aufbau 1965), auf die sich Kempelens Ausführungen beziehen.
262 Kempelen: *Mechanismus der menschlichen Sprache nebst der Beschreibung seiner sprechenden Maschine*, S. 29.
263 Ebd., S. 54.
264 Ebd.
265 Vgl. hierzu auch ebd., S. 17–18, wo Kempelen in Bezug auf die Gebärdensprache schreibt: „Und hierin liegt eben der große Beweiß, daß die Sprache nicht unumgänglich mußte von dem Schöpfer eingegeben werden, sondern daß sie von den Menschen stufenweise erfunden werden konnte. Denn, hat man eine Sprache durch Handzeichen für das Aug erfinden können, so läßt sich kein Grund finden, warum man nicht auch eine Sprache durch Töne für das Ohr hätte erfinden, und eine so wie die andere nach und nach ausbilden können." Siehe auch Abteilung II in ebd., S. 391, die sich der Frage nach dem Ursprung der Sprache widmet.

„einem ländlichen Spaziergang"²⁶⁶ von einem Ton überrascht, den „ich nicht recht unterscheiden konnte."²⁶⁷ Wie er bald herausfand, handelte es sich um den Klang einer gewöhnlichen

> Sackpfeife, oder wie man es hier zu Lande nennet, ein Dudelsack. Meine Freude war ganz ausserordentlich, als ich das, was ich eben so eifrig suchte, so unerwartet hier fand, nämlich den Ton, der nach meinem Ohre, unter allen, die ich bis dato versucht hatte, die Menschenstimme am besten nachahmte. Ich gestehe, daß mir in meinem Leben keine Musik so viel Vergnügen verschafft hat, als dieses jämmerliche Geblöcke eines verachteten Dudelsackes. Nun hab' ich es, dacht ich, bemächtigte mich sogleich des Bockes, und versuchte selbst einige Töne herauszubringen.²⁶⁸

Fast fühlt man sich an die Urszene der Sprachentstehung erinnert, wie sie Herder in seiner wenige Jahre zuvor veröffentlichten *Abhandlung über den Ursprung der menschlichen Sprache* sehr bildhaft imaginiert hat. Während bei Herder der vorsprachliche Mensch in der Begegnung mit einem wiederholt blökenden Lamm zur Sprache findet, indem er erkennend ausruft: „Ha! Du bist das Blökende!"²⁶⁹, beschreibt von Kempelen sein zufälliges Gewahrwerden eines „jämmerlichen Geblöcke" rückblickend als Initialzündung der von ihm entwickelten sprechenden Maschine.

Die Szene veranschaulicht den empirisch-praktischen Zugang, der für Kempelens Konstruktion der Sprechmaschine sowie seine Theorie der Stimme und Sprache maßgeblich war. Anders als es der oben vorgestellte Aufbau seiner Abhandlung suggeriert, stellte die Sprechmaschine nicht etwa den krönenden Abschluss seiner theoretischen Überlegungen zum Wesen und Ursprung der Sprache sowie deren physiologischen Voraussetzungen und phonetischen Besonderheiten dar. Vielmehr stand die praktische Arbeit an der Sprechmaschine im Vordergrund seiner Bemühungen, war das „technische Interesse die treibende Kraft für v. Kempelen."²⁷⁰ Die Sprechmaschine wurde dem Maschinisten zum Modell für seine theoretischen Überlegungen und nicht etwa umgekehrt. Der Bau der Sprechmaschine basierte weniger auf sprachtheoretischem bzw. stimmphysiologischem Vorwissen als auf genauem Hinhören bei gleichzeitiger mechanisch-visueller Beschreibung,

---

266 Ebd.
267 Ebd.
268 Ebd., S. 392. Im Epigraph zu einem Magdalena von Wiesenthal gewidmeten Gedicht hat Kempelen die Sackpfeife auch zeichnerisch verewigt. Siehe Bernd Pompino-Marschall: Von Kempelen et al. – Remarks on the history of articulatory-acoustic modelling. In: *ZAS Papers in Linguistics* 40 (2005), S. 145–159, hier S. 149.
269 Herder: *Abhandlung über den Ursprung der Sprache*, S. 427.
270 Gessinger: *Auge & Ohr*, S. 588.

eine Methode, die Gessinger treffend als „*akustische Beobachtung*"[271] bezeichnet hat. Zur Anwendung kam diese Methode zum einen beim Bau der Sprechmaschine, für die er die menschlichen Sprechwerkzeuge akustisch beobachtete und im Rahmen einer prozessualen Suchbewegung mittels künstlicher Bauteile wie Gummitrichter und lederumzogenem Stimmrohr im ganz wörtlichen Sinne ‚nachempfand'.[272] Zum anderen leitete die ‚akustische Beobachtung' den manuellen Gebrauch der Maschine an, der nicht nur ganzen Körpereinsatz, sondern vor allem auditives Fingerspitzengefühl erforderte: „Kein Gesetz der Akustik, sondern genaues Hinhören steuerte die Handhabung der Maschine."[273] Letztere diente Kempelen als gleichsam präskriptives Modell für seine physiologisch-phonetischen Erkenntnisse.[274]

Trotz oder gerade wegen der nur zweitrangigen Rolle, welche das theoretische Wissen in Kempelens Auseinandersetzung des Sprachmechanismus spielte, lässt sich von einer Fortführung der stimmphysiologischen Erkundungen sprechen, wie sie mit Ferreins 1741 durchgeführten Kehlkopfexperimenten begannen. Abgesehen davon, dass Kempelen sich selbst explizit in die Reihe namhafter Physiologen und Phonetiker stellt, indem er deren Thesen kommentiert, revidiert und als argumentative Stütze für seine eigene, auf praktischem Wege gewonnene Theorie der Stimme und Sprache aufgreift – so plädiert er beispielsweise dafür, hinsichtlich der Funktionsweise der Stimmritze „die Ferreinsche Spannung, und die Dodartsche Oeffnung unzertrennlich beysammen"[275] zu denken –, hat sich die Stimmphysiologie auch auf methodischem Wege in Kempelens Sprechmaschine eingeschrieben. In ihr manifestieren sich die seit Ferreins Experimenten verschie-

---

271 Ebd., S. 604.
272 Demgemäß ist die Rede von *der* Sprechmaschine eigentlich irreführend. Kempelen experimentierte mit mehreren Versionen seiner sprechenden Maschine gleichzeitig. Siehe dazu Jürgen Trouvain / Fabian Brackhane: Zur heutigen Bedeutung der Sprechmaschine von Wolfgang von Kempelen. In: Rüdiger Hoffmann (Hrsg.): *Elektronische Sprachsignalverarbeitung 2009*. Dresden: TUDpress 2010, S. 97–107, o. P.
273 Felderer: Künstliches Leben in Österreich, S. 224.
274 Zur „Erklärungsmächtigkeit der Sprechmaschine [...] für die Bearbeitung der phonetischen Realität" in Kempelens Auseinandersetzungen siehe Gessinger: *Auge & Ohr*, S. 600–609.
275 Kempelen: *Mechanismus der menschlichen Sprache nebst der Beschreibung seiner sprechenden Maschine*, S. 83. Wie oben ausgeführt wurde, hatte Ferrein die Stimmritze mit einem Saiteninstrument verglichen, welches die Laute vor allem durch Spannung der Bänder erzeugt, während Dodart die Stimmritze als Blasinstrument beschrieb und deren Öffnung für die Lauterzeugung verantwortlich machte. Laut Kempelen nun lassen sich „beyde Meinungen vereinbaren, und sie können in verschiedener Betrachtung beyde volles Gewicht für sich haben. Denn es kann an der Stimmritze keine Veränderung vorgehn, das ist, sie kann nicht weiter oder enger werden, ohne daß ihre Ränder auf- oder abgespannt werden, und so umgekehrt, können sich die Ränder nie mehr oder weniger spannen, es seye denn die Stimmritze werde zugleich auch enger oder weiter." Ebd.

dentlich unternommenen Versuche, die Funktionsweise des Stimmorgans durch ein (experimental-)technisches Nacherleben sichtbar zu machen. In Auseinandersetzung mit dem menschlichen Sprachmechanismus macht Kempelen zunächst etwas ganz Ähnliches wie Ferrein: Er bildet die menschliche Stimme nach, indem er die natürlichen Sprechwerkzeuge ‚modelliert'. Anders als Ferrein greift er dafür nicht auf einen Kehlkopf als organisches Originalmaterial zurück, sondern ersetzt dieses durch eine vom menschlichen – gleichwohl nicht ganz vom tierlichen[276] – Körper losgelöste Apparatur. Insofern diese über den Kehlkopf hinaus den Vokaltrakt berücksichtigte und sich darüber hinaus problemlos handhaben und manipulieren ließ, ermöglichte sie umso genauere Einblicke in den Mechanismus der Stimmgebung.

In der zwischen Verbergung und Entbergung oszillierenden Sprechmaschine Kempelens hatten also nicht nur die mysteriösen Stimmen ein Nachleben, wie sie an zeitgenössischen Schauplätzen der Körpergeschichte problematisiert wurden. Auch die von Ferrein und anderen Physiologen unternommenen Versuche, diese aufzuklären, sind in seine sprechende Maschine eingegangen. Imaginäres und Technologisches sind im 18. Jahrhundert, dem ‚goldenen Zeitalter der Maschinen' nicht voneinander zu trennen. Dass die „Fortzeugung des Aberglaubens und die Initiation neuer Technologie [...] oft dicht beieinander"[277] liegen, machen auch andere Stimmmaschinen jener Zeit, etwa die ein Jahr vor Kempelens Maschine entstandenen *Têtes parlantes* von Abbé Mical sehr deutlich.[278] In ihnen tritt die seit Ferrein zwischen Magie und Wissenschaft vorangeschrittene Mechanisierung der Stimme emblematisch in Erscheinung. Ein besonders augenfälliges Nachleben erfährt Ferreins Apparatur in der um 1840, d. h. genau ein Jahrhundert später von Joseph Faber konstruierten Sprechmaschine „Euphonia" (Abb. 5), die im Unterschied zu Kempelens Sprechmaschine vermittels einer Klaviatur von 17 Tasten

---

[276] Wie bereits erwähnt, verwendete Kempelen Tierkadavern entnommene Materialien wie Elfenbein und Leder für die Konstruktion seiner Sprechmaschine. Auf die Rolle des Tierkörpers in der Geschichte der Sprechmaschinentechnologie hat Friedrich Kittler einmal verwiesen. Mit Blick auf die 1830 von Wilhelm Weber als Frequenzschreiber eingesetzte Schweinsborste resümiert er: „Einfach oder tierisch begannen alle unsere Grammophonnadeln." Friedrich A. Kittler: *Grammophon, Film, Typewriter*. Berlin: Brinkmann & Bose 1986, S. 44. Anders als in der Bildwissenschaft, die zunehmend auch den Tierkörper als historisch wie aktuell verwendete Grundlage der Bildenden Kunst (z. B. in Form des Hasenleims als Untergrund der Ölmalerei auf Leinwand) erforscht (siehe dazu vor allem die Arbeiten des Kunstwissenschaftlers Giovanni Aloi), steht eine musik- bzw. medienwissenschaftliche Auseinandersetzung mit Materialien tierlichen Ursprungs, bspw. in der Geschichte der Musikinstrumente, noch aus.
[277] Gessinger: *Auge & Ohr*, S. 397.
[278] Siehe dazu auch Thomas L. Hankins / Robert J. Silverman: *Instruments and the imagination*. Princeton, N.J.: Princeton University Press 1995, S. 178–220.

gesteuert wurde. Am Ansatzrohr brachte Faber eine weibliche Puppe an, deren Mund und Augen sich beim ‚Sprechen' bewegen konnten. Hinsichtlich der originalgetreuen Nachbildung des natürlichen Sprechmechanismus ging Faber weit über Kempelen hinaus: So setzte er seiner „Euphonia" nicht nur einen beweglichen Kiefer, eine variierbare Zunge und Lippen ein, sondern fertigte den künstlichen Mundraum aus einem elastischen Naturgummi.[279]

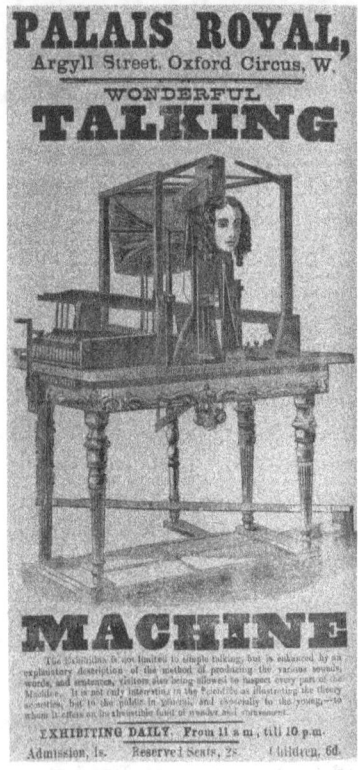

Abb. 5: Werbezettel für die Vorführung der von Joseph Faber konstruierten Sprechmaschine „Euphonia" in London.

Der schon bei Ferrein sich ankündigende Umschlag der Stimmgebung vom epistemischen zum technischen Ding scheint mit den sprechenden Maschinen von Kempelen, aber auch von Faber und anderen Ingenieuren der Stimme an ein vorläufiges Ende gekommen. Die ab Mitte des 18. Jahrhunderts virulent gewordene

---

279 Siehe Gessinger: *Auge & Ohr*, S. 627–629; Felderer: *Phonorama*, S. 277–279 sowie Jens-Peter Köster: *Historische Entwicklung von Syntheseapparaten. Zur Erzeugung statischer und vokalartiger Signale nebst Untersuchungen zur Synthese deutscher Vokale*. Hamburg: Buske 1973, S. 142–148.

Frage, unter welchen physiologischen und phonetischen Voraussetzungen die Stimme im Kehlkopf entsteht, wich nunmehr anderen Fragen, welche vor allem die praktische Anwendbarkeit der Sprechmaschine betrafen. In Anlehnung an die Epistemologie Rheinbergers ließe sich diese Interessensverschiebung als eine „differentielle Reproduktion des Systems"[280] beschreiben: als ein Vorgang nicht vorhersehbarer Innovation im reproduzierten Experimentalsystem Ferreins, wobei „letztlich jede Innovation in einem grundlegenden Sinn ein Resultat – vielleicht eher noch ein Zufall, ein Abfall – solcher Reproduktion"[281] darstellt.

Wenn Ferrein in den 1740er Jahren durch die Kehlköpfe toter Menschen und Tiere bläst, geht es ihm vordergründig um die Visualisierung der Stimme, die Entbergung ihres nicht sichtbaren Mechanismus'. Die maschinelle Reproduktion der kreatürlichen Stimme war dabei eher ein Nebeneffekt. Eine Sprechmaschine, wie von Kempelen sie ein halbes Jahrhundert später entwirft, hatte Ferrein mit Sicherheit nicht im Sinn. Erst um 1800 erfährt die Praxis, tote Körper zum Tönen bzw. Sprechen zu bringen, eine kultur- und wissensgeschichtlich weitreichende Konjunktur. Kempelen und vielen anderen Sprechmaschinentechnikern ging es nun vor allem um die möglichst naturgetreue Simulation der menschlichen Stimme, wobei ein eher praktischer, denn epistemischer Nutzen im Vordergrund stand. Unter anderem sollte die mechanische Visualisierung gesprochener Sprache dem Unterricht von Gehörlosen zugutekommen. Mit der Sprechmaschine, so Kempelens Vision, könnte „Taubstummen" oder Menschen mit „fehlerhafter Aussprache" ein besserer Einblick in das Zusammenspiel der Stimm- und Artikulationsorgane beim Sprechen ermöglicht werden (siehe Kapitel 3).[282]

Gemäß der These Rheinbergers, dass zu technischen Dingen gewordene Leerstellen des Wissens ihrerseits epistemische Dinge hervorbringen können, ging die Mitte des 18. Jahrhunderts initiierte und in der um 1800 mit der Entwicklung der Sprechmaschine manifest gewordene Mechanisierung der Stimme mit neuen Forschungsfragen und -feldern einher. Wie im Folgenden gezeigt werden soll, gehörte dazu auch die zwischen Literatur und Wissenschaft verhandelte Frage, worin der spezifische Unterschied zwischen den Stimmen bzw. der Stimmgebung verschiedener Arten bestehe – eine Frage, die im Übrigen schon Ferrein am Ende seiner Abhandlung perspektivisch andeutete.[283]

---

[280] Rheinberger: *Experimentalsysteme und epistemische Dinge*, S. 77.
[281] Ebd.
[282] Vgl. Kempelen: *Mechanismus der menschlichen Sprache nebst der Beschreibung seiner sprechenden Maschine*, Vorerinnerung.
[283] So kommt Ferrein zum Schluss auf die Stimmapparate von Tieren zu sprechen, die er in einer zweiten, allerdings nie realisierten Abhandlung beschreiben wollte. Vgl. Ferrein: De la formation de la voix de l'homme, S. 430.

2 Die vergleichende Physiologie der Stimmgebung

2.1 Sprechende Katzen, schnurrende Jäger (Ludwig Tieck)

Sechs Jahre, nachdem Wolfgang von Kempelen seine Abhandlung über die sprechende Maschine veröffentlichte, erscheint in Berlin Ludwig Tiecks Drama *Der gestiefelte Kater. Ein Kindermärchen in drei Akten, mit Zwischenspielen, einem Prologe und einem Epiloge*.[1] Viel ist bereits geschrieben worden über diesen kanonischen, wenn nicht prototypischen Text der frühromantischen Komödie, etwa über die poetologischen Implikationen seiner besonderen Rahmenstruktur, die Ironie als sein Gestaltungsprinzip oder die konkreten literaturkritischen und politischen Anspielungen, die das Stück durchziehen.[2] Bislang übersehen wurden dagegen die feinen, aber dezidierten Bezüge, die *Der gestiefelte Kater* zur zeitgenössischen Stimmforschung aufweist und die für den vorliegenden Zusammenhang von besonderem Interesse sind.

Den Stoff seines Stücks hat Tieck dem Perrault'schen Märchen *Le maître chat ou le chat botté* (1697) entnommen, das vom gesellschaftlichen Aufstieg eines armen Müllersohns erzählt. Nach dem Tod seines Vaters erbt dieser nichts weiter als einen Kater und ist zunächst verzweifelt angesichts dieses scheinbar wertlosen Erbstücks. Als der Kater die Verzweiflung des Müllersohns bemerkt, verspricht er ihm seine Unterstützung. Er verkleidet sich als Mensch und gibt sich vor dem König und dessen Tochter listig als Jäger und Gesandter eines reichen und angesehenen Fürsten aus. Der König lässt sich täuschen und vermählt den für eben jenen Fürsten gehaltenen Müllersohn schließlich mit seiner Tochter. Tiecks Adaption übernimmt die Handlung und Figurenkonstellation des Perrault'schen Märchens im Wesentlichen, weicht aber erzähltechnisch in einem entscheidenden Punkt ab: Anders als Perrault inszeniert Tieck das Geschehen als Stück im Stück; ein aus unverständigen Philistern zusammengesetztes Publikum rezipiert und kommentiert das im Binnenstück aufgeführte Märchen *Der gestiefelte Kater*. Diese Kommentare sowie umgekehrt das metaleptische Agieren der Schauspieler:innen des Binnenstücks, die von Zeit zu Zeit ihr Publikum adressieren oder aber die Unglaubwürdigkeit ihres eigenen Spiels reflektieren, brechen die vierte Wand immer wieder auf

---

[1] Ludwig Tieck: Der gestiefelte Kater. Ein Kindermärchen in drei Akten mit Zwischenspielen, einem Prologe und Epiloge. In: Ders.: *Die Märchen aus dem Phantasus. Der gestiefelte Kater*. München: Winkler 1978, S. 203–269.
[2] Einen Forschungsüberblick gibt Thomas Meißner: *Erinnerte Romantik. Ludwig Tiecks „Phantasus"*. Würzburg: Königshausen & Neumann 2007, S. 389.

und machen das Stück zu einer selbstbezüglichen Befragung „des Theater[s] mit seinen Grundgegebenheiten: Bühne, Rolle, Illusion."³ Eine Schlüsselrolle für diese Befragung spielen nicht ohne Grund Sprache und Stimme des Katers. Anhand der verbalen Äußerungen jener Figur – ein Tier, das von einem Menschen gespielt wird, der von einem Menschen gespielt wird, selbst aber wiederum einen Menschen spielt – lassen sich Illusionserwartungen und -behauptungen auf ebenso markante wie komische Weise durchbrechen.

Während sich im Perrault'schen Märchen niemand darüber wundert, dass der Kater spricht, ruft diese Fähigkeit gleich in der ersten Szene der Tieck'schen Komödie Erstaunen hervor – sowohl beim Müllersohn Gottlieb, der seinen Kater bislang nur stumm erlebt hat, als auch beim Theaterpublikum: „Wie Kater, du sprichst?"⁴, fragt Gottlieb seinen Kater, bevor mehrere Stimmen aus dem Publikum dazwischenrufen: „‚Der Kater spricht? – Was ist denn das?' [...] ‚Unmöglich kann ich da in eine vernünftige Illusion hineinkommen.' [...] ‚Eh ich mich so täuschen lasse, will ich lieber zeitlebens kein Stück wieder sehen.'"⁵ Zielen diese Zwischenrufe aus dem Publikum auf die Unglaubwürdigkeit eines menschlichen Schauspielers, der seiner Rolle als Kater nur bedingt gerecht werden könne, wenn er spricht, verhält es sich bei Gottlieb als dem Protagonisten des Binnenstücks ein wenig anders, denn für Gottlieb ist der Kater kein als Katze verkleideter Schauspieler, sondern eine reale Katze, deren Sprechen Verwunderung auslöst: Nachdem sein Kater Hinze ihm entgegnet: „Warum sollte ich nicht sprechen können, Gottlieb?"⁶, antwortet dieser: „Ich hätt es nicht vermutet, ich habe zeitlebens noch keine Katze sprechen hören."⁷ Dieses empirische Argument weiß der Kater umgehend zu entkräften; sei doch das Nicht-Sprechen der Katzen nicht etwa auf deren Unvermögen zurückzuführen, vielmehr handle es sich um eine bewusste, taktisch ausgeklügelte Zurückhaltung: „Wenn wir nicht im Umgange mit den Menschen eine gewisse Verachtung gegen die Sprache bekämen, so könnten wir alle sprechen"⁸, erklärt Hinze. Er und alle anderen Katzen ließen es sich nur nicht anmerken, „um uns keine Verantwortung zuzuziehen; denn wenn uns sogenannten Tieren noch erst die Sprache angeprügelt würde, so wäre gar keine Freude mehr auf der Welt. Was muß der Hund nicht alles tun und lernen! Wie

---

3 Ingrid Strohschneider-Kohrs: *Die romantische Ironie in Theorie und Gestaltung*. Tübingen: Niemeyer 2012, S. 317.
4 Tieck: Der gestiefelte Kater, S. 213.
5 Ebd.
6 Ebd.
7 Ebd.
8 Ebd., S. 214.

wird das Pferd gemartert! Es sind dumme Tiere, daß sie sich ihren Verstand merken lassen [...]."[9]

Inwiefern die abenteuerliche Theorie tierlicher Stummheit, die der Kater hier entwirft, in der zeitgenössischen Naturforschung Bestand hatte, wird noch Thema sein.[10] Wichtiger scheint zunächst, dass Sprache gleich zu Beginn der Komödie als anthropologisches Differenzkriterium eingeführt wird, was jedwede Illusionswirkung der sprechenden Katerfigur sofort zunichtemachen muss. Weil das von Tieck karikierte spießbürgerliche Theaterpublikum keinen Sinn für die Möglichkeiten phantastischer Welten hat und entsprechend Sprache als rein menschliches Ausdrucksmedium beanstandet, wird die Figur des Katers auch für die Rezipient:innen der Tieck'schen Komödie umgehend auf ihre Rolle zurückgeworfen. Umgekehrt markiert die Inszenierung eines sprechenden Tiers die Fingiertheit der anthropologischen Differenz. Ob die Figur des Katers als Tier – vor Gottlieb – oder als Mensch – vor dem Theaterpublikum sowie der königlichen Gesellschaft – wahrgenommen wird, hängt jeweils davon ab, welche Rolle sie gerade spielt. Wichtigste Requisiten sind dabei Stimme und Sprache. Als sprechendes Tier, das sich eloquent über das menschliche Bild von „uns sogenannten Tieren"[11] mokiert – eine sprachreflexive Wendung, die Jacques Derridas Kritik am *animot* leichtfüßig vorwegnimmt[12] – das sich aber zugleich durch ein tierliches Lautverhalten auszeichnet, wenn es etwa „*wider seinen Willen an[fängt] zu spinnen*"[13], ist der Kater Hinze ein Grenzüberschreiter, der gleichsam performativ die diskursiven Praktiken vorführt, über die der Mensch als Mensch und das Tier als Tier konstituiert wird.[14] So gibt er die Stimme als ein Schwellenmedium zu

---

9 Ebd.
10 Die These, dass Tiere ihre Sprache absichtlich zurückhielten, um nicht zur Arbeit gezwungen zu werden, tauchte insbesondere in der frühen Primatologie des 17. und 18. Jahrhunderts vermehrt auf, bevor sie durch den Anatomen Pieter Camper experimentalphonetisch entkräftet wurde. Siehe hierzu Kapitel 2.3.
11 Ebd.
12 Siehe Derrida: *Das Tier, das ich also bin*, der – angesichts seiner ihn anblickenden Katze – eine Kritik am philosophiegeschichtlich weitreichenden Diskurs vom „Tier im Allgemeinen" formuliert, als handle es sich bei der Vielzahl an Tieren um eine „homogene Ganzheit". Um deutlich zu markieren, dass es bei diesem Diskurs vor allem „um ein Wort (*mot*) geht, nur um ein Wort, um das ‚Tier (*animal*)'", ersetzt es Derrida durch einen Neologismus, der „nah verwandt und radikal fremd zugleich ist, ein chimärisches Wort, in einem Verstoß gegen das Gesetz der französischen Sprache: das *animot*." Ebd., S. 70–71.
13 Tieck: Der gestiefelte Kater, S. 217.
14 Benjamin Bühler: Sprechende Tiere, politische Katzen. Vom „Gestiefelten Kater" und seinen Nachkommen. In: *Zeitschrift für deutsche Philologie* 126, Sonderheft: Tiere, Texte, Spuren (2007), S. 143–166.

erkennen, mit dem die Transformationen und Übergänge zwischen Mensch und Tier, Sprachkultur und Naturgeräusch vollzogen werden.[15]

Das Naturgeräusch von Hinze, sein Schnurren oder Spinnen, wie es im ausgehenden 18. Jahrhundert in Anlehnung an das rhythmische Geräusch des Spinnrads noch hieß,[16] wird ihm im zweiten Akt der Komödie beinahe zum Verhängnis: Um den König und seine Tochter um den Finger zu wickeln, gibt sich der Kater während seines Besuchs im königlichen Speisesaal als menschlicher Jäger aus, eine Rolle, die ihm zunächst ohne Zögern abgenommen wird. Doch als zwei Kammerherren auf Befehl des Königs, der sich sehr für die Wissenschaft interessiert und auf eine spontane Eingebung hin sein Mikroskop ausprobieren will, zum vermeintlichen Jäger treten und ihm zu Mikroskopiezwecken zwei seiner Barthaare ausrupfen, ruft dieser: „Au! Miau! Miau! Prrrst!"[17] „Hört", ereifert sich daraufhin der König, „er maut fast wie eine Katze"[18]. Als auch der Hofnarr versichert, vorhin beim Auftischen des Bratens wahrgenommen zu haben, wie sich im Jäger ein „gewisses Orgelwerk in Bewegung zu setzen anfing, das mit lustigen Passagen auf und nieder schnurrte"[19], lässt der König Hinze zu sich kommen und beginnt sich für dessen Stimmapparat zu interessieren:

> KÖNIG: Hier tretet her. – Nun? – *Legt sein Ohr an ihn.* Ich höre nichts, es ist ja mäuschenstill in seinem Leibe. [...] Ich will ihm indes etwas den Kopf und die Ohren streicheln, hoffentlich wirkt diese Gnade auf sein Zufriedenheits-Organ. – Richtig! Hört, hört, Leute, wie es schnurrt, auf und ab, ab und auf, in recht hübschen Läufen! Und in seinem ganzen Körper fühl ich die Erschütterung. – Hm! Hm! Äußerst sonderbar! Wie ein solcher Mensch inwendig muß beschaffen sein! Ob es eine Walze sein mag, die sich umdreht, oder ob es nach Art der Klaviere eingerichtet ist? Wie nur die Dämpfung angebracht wird, daß augenblicklich das ganze Werk stillsteht? – Sagt mal, Jäger: (Euch acht ich und bin wohlwollend gegen Euch gesinnt) aber habt ihr nicht vielleicht in der Familie einen Vetter oder weitläuftigen Anverwandten, an dem nichts ist, an dem die Welt nichts verlöre, und den man so ein wenig aufschneiden könnte, um ein Einsehn in die Maschinerie zu bekommen?
>
> HINZE: Nein, Ihro Majestät, ich bin der einzige meines Geschlechts.
>
> KÖNIG: Schade! – Hofgelehrter, denkt einmal nach, wie der Mensch innerlich gebaut sein mag, und lest es uns alsdann in der Akademie vor.[20]

---

15 Vgl. Weigel: Die Stimme als Medium des Nachlebens: Pathosformel, Nachhall, Phantom, S. 18–19.
16 Vgl. Jacob Grimm / Wilhelm Grimm: *Deutsches Wörterbuch von Jacob und Wilhelm Grimm.* Bd. 16. Leipzig: Hirzel 1854–1961, Sp. 2530.
17 Tieck: Der gestiefelte Kater, S. 238.
18 Ebd.
19 Ebd., S. 238–239.
20 Ebd., S. 239.

Mit der Stück-im-Stück-Inszenierung eines naturkundlichen Interesses an der Stimmgebung rekurriert die Komödie auf eben jene Erkundungen der Stimme im Wissenschaftstheater, wie sie im vorangegangenen Kapitel Thema waren (siehe Kapitel 1). Dabei sind es vor allem deren methodische Schwierigkeiten, die *Der gestiefelte Kater* auf die Bühne bringt. So lässt sich das „Zufriedenheits-Organ" von Hinze zwar auditiv („es schnurrt auf und ab, ab und auf, in recht hübschen Läufen") und auch taktil („in seinem ganzen Körper fühl ich die Erschütterung") erfassen, als inkorporales Organ bleibt es dem forschenden Blick des Königs jedoch unweigerlich entzogen. Dessen Begehren „ein Einsehn in die Maschinerie zu bekommen" – und dies im doppelten Sinne des Wortes – zitiert die seit den 1740er Jahren obsessiv unternommenen Versuche, die Funktionsweise der nicht sichtbaren Stimmgebung durch maschinelle Simulation visuell und epistemisch zu durchschauen: Angefangen mit Antoine Ferreins 1741 entwickelten „machine fort simple"[21] bis hin zu Wolfgang von Kempelens Sprechmaschine, die dieser 1791 in seiner *Abhandlung über den Mechanismus der menschlichen Sprache nebst der Beschreibung seiner sprechenden Maschine* beschrieb.[22] Die profanierende Mechanisierung, die Stimme und Sprache im Zuge jener Frühgeschichte der Stimmsynthese erlebten, deutet sich bereits im doppelsinnigen Titel der Kempelen'schen Abhandlung an: Ob die Rede von der „sprechenden Maschine" sich auf die von Kempelen entwickelte Sprechmaschine bezieht oder darüber hinaus den „Mechanismus der Sprache" selbst meint, lässt das unbestimmte Pronomen „seiner" offen. Die maschinelle Stimmsynthese brach die Metaphysik der Stimme auf und machte Letztere als ein zuallererst mechanisch-akustisches Phänomen erfahrbar – vor der Differenzierung zwischen Mensch, Maschine und Tier. So auch in Tiecks nur wenige Jahre später erschienenen Komödie: Der Stimmapparat von Hinze wird als eine „Maschinerie" beschrieben, deren Äußerungen sich auf der Schwelle zwischen menschlicher und tierlicher Lautsignatur befinden. Genau deshalb ermöglichen sie die mehrfachen Rollenspiele und -brüche der Katerfigur. Vermag Hinze sich vor der königlichen Gesellschaft als Mensch auszugeben – nämlich durch seine Fähigkeit, sich lautsprachlich zu artikulieren –, erinnert das „gewisse Orgelwerk", welches er bei Wohlgefühl unfreiwillig zu hören gibt, sowohl das Publikum als auch die Rezipient:innen von Tiecks Komödie an seine Katerrolle, die indes, wie jede/r außer der königlichen Gesellschaft weiß, von einem menschlichen Schauspieler gespielt wird.

---

21 Ferrein: De la formation de la voix de l'homme, S. 430.
22 Kempelen: *Mechanismus der menschlichen Sprache nebst der Beschreibung seiner sprechenden Maschine.*

Mit diesem Maskenspiel tierlicher und menschlicher Stimmen schlägt *Der gestiefelte Kater* poetisches Kapital aus den schwerwiegenden anthropologischen Irritationen, welche mit der Mechanisierung von Stimme und Sprache einhergingen. Die im Verlauf des 18. Jahrhunderts gewonnene Einsicht, dass die Stimme keineswegs genuin menschlich, sondern maschinell reproduzierbar und von eher profanem denn transzendentem Material ist, rückte unweigerlich Fragen nach der Spezifik des menschlichen Stimmorgans in den Fokus und mit ihnen die verschiedenen Stimmapparate von Tieren. Wie gezeigt werden soll, liefen diese Fragen nicht ins Leere, sondern trafen auf einen größeren theoretischen Diskurs, der die Beziehung zwischen Mensch und Affe und damit zusammenhängend die anthropologische Differenzqualität von Stimme und Sprache betraf. Die Wissensübertragungen, welche sich zwischen der Entwicklung der Experimentalphonetik und Sprechmaschinentechnologie auf der einen Seite und der zeitgenössischen – auch literarisch geführten – Debatte um die Sprachfähigkeit von Tieren, insbesondere von Affen auf der anderen Seite ausmachen lassen, stehen im Zentrum des vorliegenden Kapitels. Den bevorzugten Ort dieser Übertragungen bildete eine Teildisziplin der Naturgeschichte, die auch im *Gestiefelten Kater* implizit Erwähnung findet. Des Königs Idee, einen ungeliebten Verwandten von Hinze zu sezieren, um dessen seltsame Schnurrgeräusche wissenschaftlich zu erkunden und die Ergebnisse sodann „in der Akademie" verlesen zu lassen, verweist auf die vergleichende Physiologie der Stimmgebung, die sich in der zweiten Hälfte des 18. Jahrhunderts als neuer Forschungszweig der Anatomie bzw. Physiologie herausbildete und vornehmlich von Mitgliedern der Pariser *Académie Royale des Sciences* betrieben wurde.

Gegenstand der vergleichenden Stimmphysiologie war die Funktionsweise und Bedeutung der Stimmgebung verschiedener Arten und damit ein Teilgebiet der heutigen Bioakustik. Wie anhand der folgenden wissensgeschichtlichen Nachzeichnung jener noch kaum aufgearbeiteten bioakustischen Forschung *avant la lettre* zu zeigen sein wird, war die vergleichende Stimmphysiologie mit noch größeren methodischen Schwierigkeiten konfrontiert als die Erkundung des menschlichen Stimmorgans. Die kreativen Verfahren, welche angewendet wurden, um mit diesen Schwierigkeiten umzugehen, werden hierbei von besonderem Interesse sein, verdeutlichen sie doch eindrucksvoll das Zusammenspiel von *Science* und *Fiction* in der frühen Tierstimmenforschung.[23] Bevor sich die Bioakustik im 20. Jahrhundert als eine eigenständige Disziplin mit exakt definierter Methodik ausdifferenzierte, wurde die Frage nach der Funktionsweise und Bedeutung

---

23 Siehe dazu Sigrid Weigel: Das Gedankenexperiment: Nagelprobe auf die facultas fingendi in Wissenschaft und Literatur. In: Macho / Wunschel (Hrsg.): *Science & Fiction*, S. 183–205.

von Tierlauten im Austausch von Wissenschaft und Literatur verhandelt. Nicht nur fanden die wissenschaftlichen Experimente und Theorien rund um die tierliche Stimmgebung ihren Niederschlag in der zeitgenössischen Literatur wie etwa in Tiecks *Gestiefeltem Kater*. Auch die Physiologen selbst waren in ihren Forschungen auf die Fiktion und Einbildungskraft als Erkenntnismittel angewiesen. Einen ersten Hinweis auf die *facultas fingendi*[24] der vergleichenden Stimmphysiologie gibt wiederum Tiecks Komödie, in der die kreative Theoriebildung jener Tierstimmenforschung persifliert wird. Auf des Königs Befehl, sich doch einmal Gedanken zu machen, wie der vermeintliche Jäger innerlich gebaut sein mag, um solcherlei Schnurrgeräusche hervorzubringen, antwortet der Hofgelehrte Leander:

> Es wird mir eine Ehre sein, mein König; ich habe auch schon eine Hypothese im Kopf, die mir von der höchsten Wahrscheinlichkeit ist; ich vermute nämlich, daß der Jäger ein unwillkürlicher Bauchredner ist, der wahrscheinlich bei strenger Erziehung sich früh angewöhnt hat, sein Wohlgefallen und seine Freude, die er nicht äußern durfte, in seinem Innern zu verschließen; dorten aber, weil sein starkes Naturell zu mächtig war, hat es in den Eingeweiden für sich selbst den Ausdruck der Freude getrieben, und sich so diese innerliche Sprache gebildet, die wir jetzt als eine seltsame Erscheinung an ihm bewundern [...] und so angesehen muß diese Erscheinung alles Wunderbare verlieren, und ich glaube aus diesen Gründen nicht, daß er eigene Walzen oder ein Orgelwerk in seinem Leibe besitzt.[25]

Es liegt nahe, diese Erklärung des Hofgelehrten als einen wissenspoetologischen Kommentar zur zeitgenössischen Stimmphysiologie zu lesen. Deren Thesen zur Stimmgebung von Katzen und anderen Tieren, so lässt sich diese Szene verstehen, sind ähnlich fiktional entstanden und literarisch verfasst wie Leanders „Hypothesen von der höchsten Wahrscheinlichkeit". Und mehr noch: bei den Tierlauten, welche die Physiologie zu entschlüsseln sucht, handelt es sich um ähnlich künstlich hervorgebrachte Geräusche wie die Schnurrgeräusche des Schauspielers, der versucht, einen Kater darzustellen. Das Wunderbare der Naturlaute wird hier nur scheinbar entzaubert. In Wirklichkeit sind die Naturlaute gar nicht anwesend. Auf welche Problematik dieser Kommentar genau zielt, wie die vergleichende Stimmphysiologie tatsächlich verfuhr, welche Fragen sie umtrieben und mit welchen Techniken sie arbeitete, soll im Folgenden herausgearbeitet werden.

---

24 Vgl. ebd.
25 Tieck: Der gestiefelte Kater, S. 239–240.

2.2 Vergleichende Kehlkopfstudien

2.2.1 Vielstimmigkeit als Ausgang und Methode (François Hérissant)

Schon 1753, rund ein Jahrzehnt nach Ferreins einschlägiger Abhandlung über die menschliche Stimme, veröffentlicht François-David Hérissant, Professor an der medizinischen Fakultät der Pariser Universität und wie Ferrein Mitglied der *Académie des Sciences*, in deren *Mémoires* einen Forschungsbericht über die Stimmorgane von Säugetieren und Vögeln.[26] Darin postuliert Hérissant zunächst ein Desiderat. Im Unterschied zur menschlichen Stimmgebung, die von der Anatomie, namentlich von Dodart und jüngst von Ferrein ausführlich beschrieben worden sei, sei der Untersuchung tierlicher Kehlköpfe bislang nur wenig Aufmerksamkeit zuteil geworden. Gerade der Vergleich von Stimmapparaten verschiedener Arten, so Hérissant, könne jedoch wertvolle Erkenntnisse über die Funktionsweise der Stimme zu Tage fördern. So künde die Diversität an Tierlauten – sei es das Zwitschern und Singen der Vögel, das Röhren des Hirsches, das Grunzen von Schweinen oder das Schreien der Esel – von akustischen Wirkweisen des Stimmapparates, die weit über das Zusammenspiel von Glottis und Stimmbändern hinausreichten. Seine vergleichende Untersuchung werde zeigen, dass der herkömmliche Fokus der Stimmforschung auf die Glottis des Menschen die Komplexität der keineswegs ausschließlich an die Glottis gebundenen Stimmgebung übersehe.[27]

Am Beispiel des Pferdewieherns ließen sich die nichtglottalen Faktoren der Stimmgebung gut verdeutlichen. So habe die Natur das Pferd nicht nur mit einer gewöhnlichen Glottis, sondern darüber hinaus mit einer Membran ausgestattet, die sehnig, hauchdünn und dreiecksförmig sei, sich an den jeweiligen Enden der beiden Stimmlippen befinde und locker hin und her schwingen könne. Zur Veranschaulichung sind der Abhandlung mehrere Kupferstichtafeln

---

[26] François-David Hérissant: Recherches sur les organes de la voix des quadrupèdes, et de celle des oiseaux. In: *Histoire de l'Académie royale des sciences* (1753), S. 279–295. Eine deutsche Übersetzung des Aufsatzes findet sich in der 1802 von Ludwig Friedrich von Froriep herausgegebenen *Bibliothek der vergleichenden Anatomie*: François-David Hérissant: Untersuchungen über die Stimmwerkzeuge der Vierfüßler und Vögel. In: Ludwig Friedrich von Froriep (Hrsg.): *Bibliothek für die vergleichende Anatomie*. Erster Band, Zweytes Stück. Weimar: Verlag des Landes-Industrie-Comptoirs 1802, S. 457–467. Allerdings handelt es sich hierbei um eine stark gekürzte und infolgedessen in entscheidenden Punkten vom französischen Original abweichende Fassung, weshalb sich die folgenden Ausführungen durchweg an den französischen Originaltext halten. Zum Zwecke der besseren Lesbarkeit werden auch hier wörtliche Zitate im Fließtext ins Deutsche übersetzt, wobei die Originalversion in den Fußnoten jeweils aufgeführt ist.

[27] Hérissant: Recherches sur les organes de la voix des quadrupèdes, et de celle des oiseaux, S. 280.

beigefügt, die genauen Aufschluss über die anatomische Position der Membran geben (A in Abb. 6).

Laut Hérissant hat diese Membran an der Stimmgebung des Tieres entscheidenden Anteil:

> Die Vibrationen und Schwingungen der Stimmlippen würden nicht ausreichen, um das Wiehern des Pferdes zu erzeugen. Diese Art des Gesangs, wenn diese Bezeichnung erlaubt ist, beginnt mit mehr oder weniger schrillen Tönen, begleitet von Erzitterungen und Unterbrechungen, & endet mit mehr oder weniger tiefen Tönen, mehr oder weniger heiser und wie ruckartig vollzogen.[28]

Während dieser letzte Teil des Wieherns von den Stimmlippen erzeugt werde, sei der anfängliche Part auf die kleine federnde Membran an den jeweiligen Enden der Stimmlippen zurückzuführen, die – ähnlich der metallenen Zunge einer Orgelpfeife – hin und her schwingen könne. Um sich „dieses Spiel der Membran vor Augen zu führen und sich davon zu überzeugen, dass es die schrillen Töne des Wieherns erzeuge"[29], bedient sich Hérissant der von Ferrein entwickelten Methode (siehe Kapitel 1): Er manipuliert den Kehlkopf eines Pferdes so, dass sich dessen Stimmritze verengt. Anschließend bläst er kräftig durch die Luftröhre des Tieres, woraufhin „sehr deutlich besagter schriller Ton erklingt, der sich am besten imitieren lässt, wenn man die Luft ruckartig einbläst."[30] Einen noch stärkeren Effekt erziele man mithilfe eines daumengroßen Röhrchens. Wenn man dieses im niederen Kehlkopfbereich unterhalb der Membran platziere und durch es hindurchblase, sehe man „auf den ersten Blick, wie dieselbe zu zittern beginnt und hört zugleich den Ton des Wieherns erschallen."[31]

Wie schon Ferrein sieht Hérissant in dieser experimentell erreichten Gleichzeitigkeit der auditiven und visuellen Wahrnehmung des Stimmapparates eine Möglichkeit, die nicht sichtbaren, da inkorporalen Bewegungsabläufe des Kehlkopfes in Aktion in den Blick zu bekommen. Dass es sich hierbei trotz aller Ingeniosität des Verfahrens um einen nur indirekten Einblick handelt, weiß auch

---

28 „Les vibrations, les trémoussemens des lèvres de la glotte n'eussent pas suffi pour produire le hennissement du cheval. Cette espèce de chant, s'il est permis de lui donner ce nom, commence par des tons plus ou moins aigus, accompagnés de tremblottemens & entrecoupés, & finit par des tons plus ou moins gravés, par être plus ou moins rauque, & comme fait par secousses." Ebd., hier S. 283.
29 „On mettra sous ses yeux le jeu de cette membrane, & on se convaincra que c'est son jeu qui produit principalement les sons aigus du hennissement […]." Ebd., hier S. 283–284.
30 „[…] on entendra très-distinctement le son aigu, qu'on imitera plus parfaitement si on lance l'air par petites secousses." Ebd., hier S. 284.
31 „[…] on voit au premier coup d'œil avec quelle promptitude elle trémousse, & on entend le son éclatant du hennissement." Ebd.

Hérissant, weshalb er zusätzlich die Bewegungen des animierten Kehlkopfpräparates mit denen des lebendigen Pferdes vergleicht: Man könne sich eine noch klarere Vorstellung vom Stimmmechanismus des Pferdes machen, schreibt Hérissant, wenn man es aufmerksam beim Wiehern beobachtet.[32] Dann sehe man nämlich, wie das Pferd die eingeatmete Luft anhalte und unterstützt durch zuckende Bewegungen des Zwerchfells stoßweise aus der Glottis entlasse, sodass es den Anschein habe, die sehnige Membran werde ruckartig in Schwingung versetzt und zu den oben beschriebenen schrillen Tönen animiert.[33] Trotz aller Unterschiede, schließt Hérissant seine Ausführungen zur Stimmgebung des Pferdes, erinnerten diese Bewegungen an eine zutiefst menschliche Form des Stimmgebrauchs. „In einem Wort: Der Mechanismus, der die Membran in Bewegung versetzt, ist exakt derselbe wie derjenige, den wir an uns selbst beobachten können, wenn wir in Lachen ausbrechen."[34]

Abgesehen vom Kehlkopf des Pferdes untersucht Hérissant auch die Stimmapparate von Eseln, Maultieren, Schweinen und Vögeln, wobei er stets mehr oder weniger demselben methodischen Procedere folgt: Nach einer anatomischen Beschreibung der tierlichen Kehlkopfpräparate, deren spezifische Membranen, Taschen oder Knorpel jeweils über die bekannte menschliche Glottis hinausreichten, animiert er sie durch Anblasen künstlich zur Stimmgebung, um die physiologische Funktionsweise besagter Spezifika zu ermitteln. Dabei produziert er einen Ton, der „vollkommen den Ton der infrage stehenden Stimme imitiert, obwohl die Stimmbänder keine oder nur wenig Spannung aufweisen."[35] Um diesen visuellen Beweis, dass nicht die Stimmbänder der Glottis, sondern die spezifischen Membranen, Taschen oder Knorpel die artspezifische Stimme hervorbrächten, auch akus-

---

32 „On se fera une juste idée de la méchanique par laquelle un cheval rend des sons semblable à ceux qu'on a formés en soufflant dans une trachée-artère de cet animal, si l'on en observe avec attention un dans le temps qu'il hennit." Ebd.
33 Ebd.
34 „En un mot, le méchanisme par lequel cette membrane est mise en jeu, est précisément le même que celui que nous observons chez nous lorsque nous faisons des éclats de rire." Ebd., hier S. 284–285. Rund anderthalb Jahrhunderte später wird sich Robert Musil dieser physiologischen Beziehung zwischen Lachen und Wiehern literarisch nähern. *Kann ein Pferd lachen?* fragt er in seinem gleichnamigen Essay und gelangt zu dem Schluss, dass es zumindest nur dem Menschen vergönnt sei, „vor Lachen wiehern zu können." Robert Musil: Kann ein Pferd lachen? In: Ders.: *Gesammelte Werke*. Hrsg. v. Adolf Frisé. 9 Bde., Bd. 7: Kleine Prosa, Aphorismen, Autobiographisches. Hamburg: Rowohlt 1978, S. 482–483, hier S. 483. Siehe dazu auch Reimann: Tierstimmen. Literarische Erkundungen einer liminalen Sprache, S. 231.
35 „[...] alors on imitera très-parfaitement le son de la voix dont il est question, quoique les lèvres de la glotte n'aient plus pour lors presque aucune tension." Hérissant: Recherches sur les organes de la voix des quadrupèdes, et de celle des oiseaux, S. 287.

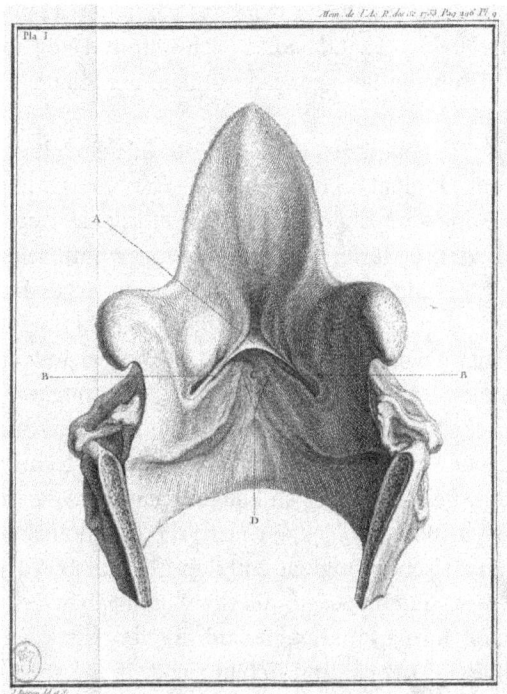

Abb. 6: Abbildung eines Pferdekehlkopfes mit federnder Membran (A), Stimmbändern (B), Schildknorpel (C) und der Stelle, an der die federnde Membran mit dem Kehlkopf verwachsen ist (D). Eine von insgesamt 12 Kupferstichtafeln in Hérissants Abhandlung über die Stimmwerkzeuge von Säugetieren und Vögeln.

tisch zu führen, manipuliert Hérissant das Kehlkopfpräparat des jeweiligen Tieres. Er entfernt bestimmte außerglottale Teile des Präparates und bläst erneut durch es hindurch. Mithilfe dieses Negativverfahrens lasse sich beispielsweise zeigen, dass die Entfernung der Hauttaschen im Kehlkopf des Schweines auch dessen spezifischen Stimmklang nehme: Obwohl die Stimmbänder unverletzt geblieben und nach wie vor funktionstüchtig seien, sei „die zuvor produzierte Stimme nun nicht mehr zu hören."[36] Schließlich nimmt Hérissant den Abgleich des Präparates

---

[36] „Si [...] on a beau alors pousser de l'air comme auparavant, les mêmes sons de voix ne se font plus entendre." Ebd., hier S. 289. Dieses Negativverfahren nimmt eine vielpraktizierte Strategie der experimentellen Physiologie vorweg, die der Physiologe Claude Bernard 1865 als ‚Experiment durch Zerstörung' bezeichnen wird. Von der Reaktion eines lebendigen Organismus auf die Entnahme eines Organs wurde auf dessen spezifische Funktionsweise geschlossen. Siehe hierzu Katrin Solhdju: Überlebende Organe und ihr Milieu. Von der Distinktion zur

mit dem lebendigen Tier vor. Wie im Falle des Pferdes wird das Verhalten der experimentell animierten Stimmapparate von Esel, Maultier, Schwein und Vögeln mit deren lebendigen, von außen sichtbaren Bewegungen während der Stimmgebung verglichen.

Was Hérissant hier betreibt, ist ein komplexes Verfahren der Rückkopplung zwischen Gehörtem und Gesehenem, Original und Modell: Dient ihm der schrille Ton des künstlich animierten Kehlkopfes zur Überprüfung der ‚Natürlichkeit' seiner sichtbar werdenden Bewegungen, bedürfen diese Bewegungen ihrerseits einer visuell-akustischen Rückversicherung anhand des ‚Mechanismus' lebender Tiere. Diese tautologisch scheinende Konstellation ist nicht zuletzt dem besonderen semiotischen Verhältnis zwischen Forschungsobjekt und -modell geschuldet oder – um es in Rheinbergers Terminologie zu formulieren – der Beziehung zwischen epistemischem und technischem Ding.[37] Wie schon bei Ferrein wird der sensorisch und epistemisch entzogene Stimmapparat sich hier selbst zum technischen Modell.[38] Insofern Hérissant die Kehlköpfe von Säugetieren und Vögeln zur Stimmgebung animiert, schafft er Wissensobjekte, welche die traditionellen dichotomischen Unterscheidungen zwischen Original und Repräsentation, Vor- und Abbild, Signifikat und Signifikant durchkreuzen. Als simulationsfähige Präparate ansonsten nicht einsehbarer Körperfunktionen sind die von Hérissant zum Tönen gebrachten Stimmapparate Original und Abbild zugleich. Sie vergegenwärtigen einerseits ein nie zuvor gesehenes „spectacle"[39], eine gleichsam originäre Aufführung des Körpers, welche andererseits ein Phänomen außerhalb ihrer selbst zum Referenzobjekt hat: die Stimmgebung im lebendigen, blickbehindernden Körper des Tieres. Aufgrund dieses besonderen Verhältnisses des animierten Kehlkopfpräparates zum lebendigen Stimmapparat kann Hérissant von einem auf das andere und *vice versa* schließen.

Mit seiner vergleichenden Physiologie der Stimmgebung verfolgt Hérissant mindestens zwei Interessen: Zum einen ist ihm daran gelegen, die tierliche Stimmgebung zum würdigen Forschungsobjekt zu erheben. Die Organe, vermittels derer Tiere verschiedener Arten ihre Stimme einsetzten, um „sich untereinander zu verständigen, ihre Bedürfnisse auszudrücken, & wenn es denn erlaubt ist,

---

Relation. In: *Trajekte. Zeitschrift des Zentrums für Literatur- und Kulturforschung* 9,18 (2009), S. 26–29.
37 Rheinberger: *Experimentalsysteme und epistemische Dinge*, S. 24–30.
38 Siehe Gessinger: *Auge & Ohr*, S. 455.
39 Hérissant: Recherches sur les organes de la voix des quadrupèdes, et de celle des oiseaux, S. 291.

es so zu nennen, ihre Wünsche und Gefühle mitzuteilen"[40], verdienen Hérissant zufolge „mehr Aufmerksamkeit als sie bislang erhalten haben."[41] Im Unterschied zu Ferrein, der die Kehlköpfe verschiedener Säugetiere zur Stimmgebung animiert, um sie als effektvolle Analoga der menschlichen Stimmgebung, seinem eigentlichen Forschungsobjekt, zu installieren, ist Hérissant an den tierlichen Stimmapparaten um ihrer selbst willen interessiert. Insbesondere die Stimmapparate derjenigen Tiere, deren Stimmen stark von der menschlichen Stimme abwichen und – wie etwa die „höchst unangenehmen"[42] Laute der Esel oder das „extrem schrille Gekreische"[43] der Schweine – „nicht gerade Musik in unseren Ohren"[44] seien, verlangten nach einer eingehenden Untersuchung. Die Fragen, welche Hérissant wie auch die nachfolgenden vergleichenden Physiologen der Stimmgebung umtreiben, betreffen weniger die Ähnlichkeiten als die Differenzen zwischen den Kehlköpfen verschiedener Arten sowie den naturgeschichtlichen Sinn und Nutzen hinter dieser morphologischen Diversität. Die gegenüber der wohlklingenden Stimme des Menschen weitaus unvollkommener scheinenden Stimmen der Tiere ließen vermuten, dass sie von einem ganz eigenen, nicht auf die Glottis reduzierbaren Mechanismus hervorgebracht würden, dem es laut Hérissant unbedingt nachzugehen gilt. „Diese Tiere haben eine Glottis, aber haben sie nicht noch mehr? Fungiert die Glottis wie beim Menschen, abgesehen davon, dass sie gröber ausfällt? Ist sie ähnlich essentiell für die Stimmgebung?"[45] lauten nur einige der Fragen, mit denen Hérissant die tierliche Stimmgebung als große Unbekannte umkreist. Mit im Schwange sind auch metaphysische Fragen, beispielsweise nach dem Sinn der Komplexität, welche die Stimmorgane der von Hérissant untersuchten Pferde, Esel, Schweine und Vögel, sämtlich sogenannte Tiere „*à organe composé*"[46] gegenüber dem menschlichen „*organe simple*"[47] auszeichnen. Wenn die Natur nichts ohne Sinn eingerichtet habe, fragt Hérissant, weshalb konfrontierten uns dann ausgerechnet die komplexesten tierlicher Stimm-

---

40 „[...] Les quadrupèdes & les oiseaux de chaque espèce savent rendre des sons qui leur sont particuliers, par lesquels ils se font entendre entr'eux, qui expriment leurs besoins, &, s'il est permis de le dire, leurs desirs & leurs sentimens." Ebd., hier S. 280.
41 „Les organes employés à former celle des animaux de différentes classes, m'ont paru dignes de plus d'attention qu'on ne leur en donne." Ebd.
42 „des sons si desagréables". Ebd., S. 285.
43 „des cris extrêmement perçans & aigus". Ebd., S. 288.
44 „Ce n'est pas pour plaire à nos oreilles par sa voix [...]". Ebd., S. 285.
45 „[...] ces animaux ont une glotte ; mais n'ont-ils rien de plus ? agit-elle chez eux comme dans l'homme, à cela près qu'elle agit plus grossièrement ? est-elle un organe aussi essentiel à la formation de leur voix ?" Ebd., S. 282.
46 Ebd.
47 Ebd.

apparate mit den scheinbar unangenehmsten Stimmen? Haben Letztere wohlmöglich einen verborgenen, bisher noch nicht entschlüsselten Sinn, schwingt hier unterschwellig mit, und worin könnte dieser bestehen?

> Man mag sich kaum vorstellen, dass die Natur gewissermaßen einen größeren Aufwand betrieben hat, das Pferd wiehern, den Esel und das Maultier iahen und das Schwein grunzen zu lassen, als eine menschliche Stimme zu erschaffen, die uns die angenehmsten Töne überhaupt zu hören gibt.[48]

Auf die Frage, inwiefern die vergleichende Stimmphysiologie neue Räume des Nichtwissens produzierte, mit denen nicht zuletzt anthropologische Gewissheiten aufs Spiel gesetzt und Grenzen zwischen Menschen und Tieren neu imaginiert wurden, wird noch zurückzukommen sein. An dieser Stelle sei vorerst der zweite Interessenspunkt genannt, der Hérissants Erkundungen tierlicher Kehlköpfe motivierte. Abgesehen von der Nobilitierung Letzterer als untersuchungswürdige Wissensobjekte um ihrer selbst willen war dem Anatomen daran gelegen, ihr heuristisches Potenzial hinsichtlich einer allgemeinen Theorie der – auch menschlichen – Stimme zu entfalten. Das vergleichende Studium von Kehlköpfen lege offen, „wie unterschiedlich die Organe sind, die der Schöpfer der Natur den verschiedenartigen Tieren zum selben Zwecke eingerichtet hat, um eine ganz ähnliche Wirkung zu erzielen"[49] – die art- und speziesübergreifende Stimme, welche sich nichtsdestotrotz durch eine hohe Diversität und Variabilität auszeichne. Welche morphologischen Strukturen die Produktion und spezifischen Klangcharakteristika der Stimme tatsächlich und *en detail* ermöglichten, kann Hérissant zufolge erst durch den Vergleich erschlossen werden. Insofern das Studium der Kehlköpfe von Säugetieren und Vögeln bisher unbekannte Faktoren der Stimmgebung offenbare, erweise es so manche Gewissheit über die Stimme als revisionsbedürftig. So stellten seine Vergleiche vor allem die allenthalben geteilte Auffassung in Frage, dass die Glottis oder vielmehr die Stimmbänder allein für die menschliche Stimme verantwortlich seien.[50] Weder, argumentiert Hérissant, sei die Glottis ein aus-

---

[48] „On ne s'imagineroit pas que la Nature se fût mise, pour ainsi dire, en plus grands frais pour faire hennir un cheval, pour faire braire un âne & un mulet, pour faire grogner un cochon, que pour rendre la voix humaine capable de nous faire entendre les sons les plus agréables." Ebd.
[49] „[...] combien différent entr'eux les organes que l'Auteur de la Nature a employés dans différens animaux pour parvenir à une même fin, pour produire des effets assez semblable." Ebd., S. 279.
[50] „Les comparaisons que j'aurai à faire d'organes à d'organes, demandent que l'on sache que les Physiciens conviennent unanimement aujourd'hui que la glotte, ou plutôt les lèvres, sont ceux de la voix humaine." Ebd., S. 280.

schließlich menschliches Organ, insofern auch nichtmenschliche Tiere eine Glottis besäßen, noch sei die Stimme allein auf die Glottis zu reduzieren, insofern sich anhand der Kehlköpfe von Pferden, Schweinen, Eseln und Vögeln nachweisen ließe, dass auch die außerglottalen Membranen und Knorpel die Stimme maßgeblich prägten. Mit dieser doppelspurigen Argumentation gegen die nur einseitige Fokussierung der menschlichen Glottis gibt Hérissant der zeitgenössischen Stimmkunde einen entscheidenden Dreh. In der an tierlichen Kehlköpfen vollzogenen Erweiterung des Fokus' auf außerglottale Faktoren der Stimmgebung wie resonanzerzeugendes Gewebe, Muskeln oder Knorpel im und um den Kehlkopf herum, kündigt sich neben der vergleichenden Stimmphysiologie die akustische bzw. artikulatorische Phonetik an: Die Untersuchung der Bedeutung von Nasen-, Mund- und Rachenraum, kurz: des Vokaltrakts für die Modellierung bzw. Artikulation der Stimme.

Interessant an dieser Entwicklung ist, dass die Hinwendung zur artikulatorischen Phonetik, mithin derjenigen Teildisziplin, die sich mit dem Umschlag der Stimme in Sprache befasst, eng an die vergleichende Physiologie der Stimmgebung diverser Tierarten geknüpft ist. Beide Forschungsrichtungen treiben einander wechselseitig voran. So zieht die Anerkennung der stimmbildenden Rolle außerglottaler Vorrichtungen des Vokaltrakts ein wachsendes Interesse für die Stimmapparate von Tieren nach sich. Umgekehrt dient die physiologische Erkundung Letzterer der Phonetik als heuristisches Mittel, innovative Aussagen über die menschliche Artikulation von Stimme zu treffen. Die Frage, welche morphologischen Strukturen des Vokaltrakts welche spezifische Klangwirkung verursachten, bildet den gemeinsamen Fluchtpunkt beider Forschungsrichtungen.

2.2.2 Von der Diversität der Stimme zur akustischen Phonetik (Albrecht von Haller)

Nur wenige Jahre, nachdem Hérissant für die Erforschung nichtmenschlicher und nichtglottaler Formen der Stimmgebung eingetreten war, nahm Albrecht von Haller dessen argumentative Stoßrichtung auf und entwickelte sie weiter. Im 1766 erschienenen dritten Band seiner *Physiologie des menschlichen Körpers* fragt er, wie es denn sein könne, dass – wie die meisten seiner Vorgänger angenommen hätten – ein so unscheinbares und wenig variierendes Organ wie die Glottis die immense Diversität an Stimmen hervorbringe, welche von Menschen und Tieren geäußert würden. Im Unterkapitel: „Die Unterschiede in der Stimme.

Die einem jeden Thier eigene Stimme"[51] bringt Haller seine Bedenken wie folgt zum Ausdruck:

> Es würde sehr schwer zu sagen seyn, wie die Luft, welche aus der Luftröhrenspalte [Glottis, D. R.] des Menschen herauf getrieben wird, eine Stimme erzeugen kann, durch die man den Menschen von allen andern Thieren unterscheiden kann, und warum in einem jeden Thiere bald diese, bald jene Stimme, welche doch jedem Geschlechte besonders angehöret, entstehe, da doch die Unterschiede der Spaltenbänder [Stimmbänder, D. R.] bei einem so einförmigen Baue nicht sehr groß seyn können.[52]

Haller distanziert sich hier von all jenen Zugriffen auf die Stimme, die deren vielgestaltigen Wirkungen auf das mechanische Zusammenspiel von Glottis und Stimmbändern reduzierten. Insbesondere in der experimentellen Animierung isolierter Kehlköpfe, wie Ferrein, aber auch andere Physiologen sie unlängst durchgeführt hätten, sieht Haller einen solchen reduktionistischen Zugriff gegeben. Zwar hätten deren Versuche angeblich gezeigt, „daß blos die Luftröhrenspalte die eigenthümliche Eigenschaft in die Stimme eines jeden Thieres eindrükkt"[53], dass also die Luft, „wenn man sie durch Blasen in die Luftröhre hineinjagt, daß sie aus der Luftröhrenspalte heraus gehen mus, ein Froschgequake, oder die eigene Stimme eines jeden vierfüßigen Thieres vor[stellt]."[54] Haller selbst seien derartige Versuche allerdings nicht gelungen.[55]

Dass das Blasen durch einen vom Körper isolierten, toten Kehlkopf nicht hinreiche, um „die einem jeden Thiere eigene Stimme"[56] hervorzubringen, liege nicht nur daran, dass ein beseelter, durch Muskelspannung in Bewegung versetzter Körper anders klinge als ein toter (siehe zu diesem Argument Kapitel 1). Als einen wichtigen Grund, „warum die Stimme besser, und heller in lebendigen Thieren hervorgebracht wird, als in todten"[57], nennt Haller zudem die Wirkung außerglottaler bzw. jenseits des Kehlkopfs befindlicher körperlicher Vorrichtungen auf die Stimmgebung, die im Falle einer künstlichen Animierung körperloser Kehlköpfe schlichtweg fehlten, für den Stimmklang aber absolut wesentlich seien.[58] Zu diesen Vorrichtungen zählt Haller neben der individuell und artspezifisch differierenden Morphologie der Luftröhre den ebenso variablen Rachen-, Mund- und Nasenraum – sämtlich resonanzerzeugende Faktoren der Stimmge-

---

51 Haller: *Anfangsgründe der Physiologie des menschlichen Körpers*, S. 680.
52 Ebd.
53 Ebd., S. 680–681.
54 Ebd., S. 681.
55 Vgl. ebd., S. 682. Siehe auch ebd., S. 677–678.
56 Ebd., S. 680.
57 Ebd., S. 677.
58 Vgl. ebd.

bung, durch die allein sich „die so große Menge an höchst verschiedenen Tönen, die ein Mensch machen kann, erklären"[59] ließe. Haller geht hier insoweit über Hérissants vergleichende Physiologie der Stimmgebung hinaus, als er nicht nur die Klangwirkung der nichtglottalen Knorpel und Gewebe im Kehlkopf anführt, um Ferreins stimmbandfixierte Theorie der Stimme zu überschreiten. Auch die außerlaryngalen, den gesamten Vokaltrakt betreffenden Membranwände, Muskeln und Knochen sind Haller zufolge maßgeblich für die Stimmgebung. Während Hérissant sich die Ferrein'sche Methode problemlos aneignen konnte, insofern er lediglich an den außerglottalen Bewegungen im und am Kehlkopf selbst interessiert war, ihm das Blasen durch den Kehlkopf mithin als probates Mittel erschien, verhält es sich bei Haller grundsätzlich anders. Wer die über den Kehlkopf hinausreichenden Faktoren der Stimmgebung betont, kann die Methode des Blasens durch einen isolierten Kehlkopf nur als unzureichend betrachten.

Und doch führt Haller Hérissants Argumentation fort, insofern er dessen Plädoyer für eine Ausweitung des stimmwissenschaftlichen Fokus auf nichtglottale Faktoren teilt und genau wie sein Vorgänger an die vergleichende Erkundung tierlicher Stimmapparate knüpft. Stets sind es deren artspezifische Charakteristika, welche Haller Einsichten in die Funktionsweise der Stimme ermöglichen. So hat sich seine akustische bzw. artikulatorische Auffassung von der Stimmgebung des Menschen durchgehend an den Stimmorganen von Vögeln, Säugetieren und Reptilien geschult. Ausgehend von der artspezifischen Lautsignatur eines Tieres sowie der morphologischen und stofflichen Beschaffenheit seines Stimmapparates schließt Haller auf die physiologisch-akustische Wirkweise der am Stimmvorgang beteiligten Organe. Inwieweit etwa der Umfang der Luftröhre entscheidend für die Lautstärke der Stimme sei, erklärt sich der Physiologe wie folgt:

> So scheinet auch dargegen eine weite Luftröhre, die viel Luft in sich fassen kann, zu der Stärke der Stimme vieles beizutragen. So macht der Löwe ein großes, und fürchterliches Gebrülle, es ist aber auch seine Luftröhre viel weiter, als am Ochsen, der doch um ein vieles grösser ist. Der Rohrdommel brüllt aus den Morrästen, wie ein Ochse, und man findet seine Luftröhrenäste sehr weit. So hat auch die Natur dem Seebären eine Luftröhre von großem Inhalte gegeben.[60]

Neben dem Volumen der Luft und der Geschwindigkeit ihres Durchgangs durch die Stimmritze macht Haller die resonanzbildenden Elemente des Stimmapparates für die artspezifisch und individuell variierende Stärke einer Stimme verantwortlich. So gebe es abgesehen von den Stimmbändern „viele Dinge, welche zittern, und den ursprünglich hervorgebrachten Schall durch ihre elastische Schwankun-

---

59 Ebd., S. 705.
60 Ebd., S. 707.

gen bereichern."[61] Haller unterscheidet insgesamt vier „Stelle[n] zum Wiederschalle"[62], aus denen „die Menschenstimme"[63] erwachse und deren akustische Wirkweise abermals über den ein- und ausschließenden Vergleich verschiedener Tierstimmapparate herzuleiten sei. Zunächst

> geräth die Luftröhre selbst in Erzitterungen, daß man sogar, wenn man darauf Acht giebt, das Zittern in der Luftröhre wahrnehmen kann. Und dieses ist wieder die Ursache, warum die Luftröhre in dem Igel, der ein stummes Thier ist, fast aus lauter Haut besteht, ein Kasuar, welches ein Vogel von schlechter Stimme ist, weich, in der Eule, deren Gezische beschwerlich wird, knorpelicher, im Japanischen Pfauen, in der Dole, und dem Hanflinge, völlig knochig ist, da diese Thiere eine starke Stimme haben.[64]

Als weitere Resonatoren nennt Haller den Kehlkopf, der „im Gesange vornamlich zittert"[65], sowie die im Kehlkopf befindlichen Ausbuchtungen oberhalb der Stimmlippen, die sogenannten Morgagnischen Taschen. Dass deren Widerschall die Stimme maßgeblich präge, sei umso wahrscheinlicher als sie „viel deutlicher an Thieren zu finden [sind], welche Stimme haben, und am deutlichsten am Schweine."[66] Auch „der Esel, dieses bis zum Ekel so laute Thier, hat, ausser diesen beiden Kammern, noch am Schildknorpel eine besondere Pauke."[67] An dieser Stelle bezieht sich Haller auf die Experimente von Hérissant, wobei er dessen abwertende Beschreibung der Eselsstimme als „höchst unangenehm"[68] noch verschärft.

Den vierten Resonator verortet Haller schließlich „im Munde, und vornehmlich an dem knochigen, gewölbten und harten Gaumen."[69] Außerdem seien Gestalt und Konsistenz des Nasen- und Rachenraums für den Stimmklang ausschlaggebend. Mit der Erkundung der stimmbildenden Rolle des Vokaltrakts und seiner einzelnen Teile wie Gaumen, Nasenkanal – bei Letzterem handelt es sich um Hallers Promotionsthema[70] – und Rachen ist es nur noch ein kleiner Schritt bis zur artikulatorischen Phonetik. Im weiteren Verlauf seiner

---

61 Ebd., S. 708.
62 Ebd., S. 709.
63 Ebd., S. 708.
64 Ebd. Vgl. auch ebd., S. 678.
65 Ebd., S. 708.
66 Ebd., S. 709.
67 Ebd.
68 „des sons si desagréables", Hérissant: Recherches sur les organes de la voix des quadrupèdes, et de celle des oiseaux, S. 285.
69 Haller: *Anfangsgründe der Physiologie des menschlichen Körpers*, S. 709.
70 Siehe dazu Gessinger: *Auge & Ohr*, S. 473.

Untersuchung wird sich Haller dem Reden widmen, „als eine Bildung der Stimme [...], die aus der Glottis herausgestossen worden, und von der Zunge, dem Munde, und der Nase in solche Elemente verwandelt wird, daß wir dadurch die Empfindungen unserer Seele andern Menschen mittheilen können."[71] Der über lange Strecken so hilfreich gewesene Ansatz des Vergleichs stößt hier an seine Grenzen. Die Frage, wie die Verwandlung von Stimme in Sprache, von einer Tieren und Menschen gemeinsamen Phonation in die menschliche Rede vonstattengehe, konnte mit komparativen Verfahren nur bedingt beantwortet werden. Mit den Funktions- und Gebrauchsweisen der tierlichen Stimmgebung verbanden sich zu viele Unsicherheiten, die eine vergleichende Differenzierung zur sprachlichen Artikulation des Menschen erschwerten. Doch dazu später mehr.

Vorerst bleibt festzuhalten, dass Haller die von Hérissant propagierte Öffnung der Forschung für die Stimmgebung von Tieren weiter vorantrieb. Die vergleichende Untersuchung der morphologischen und funktionalen Charakteristika von Stimmorganen verschiedener Arten wird hier als wesentliche Voraussetzung angesprochen, um den Funktionsmechanismus der Stimme zu verstehen. Die Diversität der untersuchten Stimmapparate bot die Möglichkeit, die verschiedenen Faktoren der Stimme in ihrer spezifischen Klangwirkung zu identifizieren. Insofern diese Identifikation im Zeichen der Physiologie des Menschen steht, ist Hallers Zugang zu den Stimmapparaten von Tieren jedoch noch stark heuristisch geprägt. Die vergleichende Funktionsbestimmung von Luftröhre und Kehlkopf, Mund-, Nasen- und Rachenraum anhand der Stimmapparate verschiedener Arten soll nicht zuletzt Aufschluss über die Produktion und Artikulation der menschlichen Stimme geben. Und doch steht die Stimmgebung von Tieren hier in ihrem eigenen Licht. Nicht nur, weil deren Erkundung völlig neue Einsichten in das Geheimnis der menschlichen Stimme zu geben verspricht, welche sich dem Blick des Forschers bis dahin entzog, und – wie Haller darlegt – auch durch das Ferrein'sche Experiment nicht vollends zu erklären war, rücken die Stimmapparate von Vögeln, Schweinen und anderen Tieren in den wissenschaftlichen Fokus. Auch und gerade weil sie in sich selbst ein Mysterium verkörpern, dessen Diversität, Funktionsmechanismen und Bedeutungen längst nicht ausgemacht waren, wecken tierliche Stimmapparate im ausgehenden 18. Jahrhundert zunehmend das Interesse von Anatomie und Physiologie.

---

71 Haller: *Anfangsgründe der Physiologie des menschlichen Körpers*, S. 721.

2.2.3 Komparative Einblicke ins „grand concert de la Nature" (Félix Vicq d'Azyr)

Als der Mediziner und Anatom Félix Vicq d'Azyr im Jahr 1779 eine Abhandlung über die Organe der Stimmgebung veröffentlicht, *considérés dans l'homme et dans les différentes classes d'animaux, et comparés entr'eux*, wie es im Titel heißt,[72] ist er bereits Mitglied der Pariser *Académie des Sciences* und steht – gerade einmal 31-jährig – nur noch wenige Jahre vor seiner Ernennung zum Nachfolger des angesehenen Naturforschers Georges-Louis Leclerc de Buffon in der renommierten *Académie française*. Zu verdanken hat Vicq d'Azyr diesen frühen Erfolg vor allem seinen außerordentlichen Leistungen auf dem Gebiet der vergleichenden Anatomie, einer trotz vereinzelter Studien wie derjenigen von Hérissant und Haller noch wenig etablierten Disziplin. In den 1770er Jahren wurden komparative Verfahren im Zuge anatomischer Erkundungen verhältnismäßig selten angewandt.[73] Befassten sich Anatomen überhaupt mit tierlichen Organismen, taten sie dies meist ohne die vergleichende Bezugnahme auf zwischen- bzw. innerartliche anatomische Strukturen. Umgekehrt fühlten sich komparativ vorgehende Naturkundler nicht oder zumindest nicht im ausschließlichen Sinne der Anatomie verpflichtet. So spielte der Vergleich zwar auch in Buffons *Histoire Naturelle* eine wesentliche Rolle; die spezifischen anatomischen Strukturen bildeten jedoch nur eines neben anderen Kriterien wie beispielsweise Verhalten und Lebensraum der Tiere, um Letztere in die Naturgeschichte einzuordnen.[74]

Demgegenüber entwickelte Vicq d'Azyr im Anschluss an seinen Lehrer und Freund Louis Jean-Marie Daubenton eine Epistemologie des Vergleichs, welche die vereinzelt vorhandenen komparativen Ansätze von Hérissant, Haller und anderen Anatomen bündelt und im Rahmen der neu entstehenden vergleichenden Anatomie standardisiert. Diese Epistemologie sah weniger die sichtbaren Merkmale tierlicher Körper als maßgebend für deren naturgeschichtliche Stellung an als vielmehr deren ‚versteckte', nur auf komparativ-anatomischem Wege erschließbare Ähnlichkeiten und Differenzen untereinander.[75] Vicq d'Azyr zufolge fördert der Vergleich wertvolle Erkenntnisse über die Funktion einzelner Organe zu Tage, die andernfalls schlichtweg unentdeckt blieben. So könne beispielsweise die Tatsache, dass Vögeln gewisse im menschlichen Körper vorkommende

---

72 Vicq d'Azyr: Premier mémoire sur la voix.
73 Stéphane Schmitt: From Physiology to Classification: Comparative Anatomy and Vicq d'Azyrs Plan of Reform for Life Sciences and Medicine (1774–1794). In: *Science in Context* 22,2 (2009), S. 145–193, hier S. 148.
74 Ebd., hier S. 161.
75 Ebd., hier S. 161–170.

Muskeln fehlten, Aufschluss sowohl über die Funktion dieser Muskeln als auch über den Mechanismus des Fliegens geben.[76] Im Rahmen seiner Theorie von den ‚Gesetzen der Korrelation' argumentiert Vicq d'Azyr darüber hinaus für den Vergleich verschiedener anatomischer Teile ein und derselben Tierart. Ebenso wie Gebiss und Verdauungsapparat der Carnivoren aufeinander abgestimmt seien,[77] ließe sich ein Entsprechungsverhältnis zwischen Gehör und Stimmgebung von Tieren feststellen.[78] Grundsätzlich gelte: „Insofern die Organe miteinander korrespondieren, müsse man sie einander gegenüberstellen und miteinander vergleichen."[79]

Lange bevor der Naturforscher Georges Cuvier diese Theorien ausweitete und die vergleichende Anatomie weiter institutionalisierte, stellt Vicq d'Azyr ihre Weichen, indem er den inneren Teilen eines Organismus unter Anwendung komparativer Verfahren einen ‚Sinn' zuwies, eine weder äußerlich noch isoliert erschließbare, d. h. nur durch Sektion und Vergleich bestimmbare Funktion, welche mittels experimentalphysiologischer Verfahren erprobt werden konnte. Die so sichtbar werdenden Analogien der inneren Strukturen äußerlich differierender Körper machte die vergleichende Anatomie für politische Einschreibungen höchst empfänglich. Für Vicq d'Azyr, der 1789 zum Leibarzt der Königin Marie-Antoinette ernannt wurde, stellte die im selben Jahr um sich greifende Revolution eine reale Bedrohung dar. Wie Stéphane Schmitt gezeigt hat, vermochte der Anatom sich die neuen revolutionären Forderungen nach einer Gleichheit aller jedoch auf anderem Wege anzueignen, nämlich im Rahmen seiner praktischen Tätigkeiten als Medizinreformer, aber auch in Form seiner rhetorischen Darstellung der vergleichenden Anatomie. „Im Versuchsraum des Anatomen", schreibt er 1792/93 in einer Schrift, die sich mit möglichen Methoden der Inventarisierung und Konservierung beschlagnahmter Bestände naturkundlicher Sammlungen befasst, „findet sich die unveränderliche Grundlage unserer Gleichheit."[80]

---

[76] Félix Vicq d'Azyr: Troisième mémoire pour servir à l'anatomie des oiseaux. In: *Histoire de l'Académie royale des sciences* (1774), S. 489–521, hier S. 489.
[77] Félix Vicq d'Azyr: *Traité d'anatomie et de physiologie, avec des planches coloriées représentant au naturel les divers organes de l'homme et des animaux*. Bd. 1. Paris: François Didot l'aîné 1786, S. 29.
[78] Ebd., S. 19.
[79] „[...] comme ses organes se correspondent, il faut les opposer les uns aux autres et les comparer entre eux." Ebd.
[80] „C'est dans le laboratoire de l'anatomiste que reposent les bases immuables de notre égalité." Félix Vicq d'Azyr: *Instructions sur la manière d'inventorier et de conserver, dans toute l'étendue de la République, tous les objets qui peuvent servir aux arts, aux sciences et à l'enseignement, proposée par la Commission temporaire des arts, et adoptée par le Comité d'instruction publique de*

Vor diesem Hintergrund gewinnen nicht zuletzt auch Vicq d'Azyrs vergleichende Kehlkopfstudien eine besondere Brisanz. Insofern der Stimme per se eine politische Dimension eingeschrieben ist – wie sie etwa im Stimmrecht, der Stimmabgabe oder der Mehrstimmigkeit expliziten Ausdruck findet –, birgt der Vergleich zwischen den Stimmorganen verschiedener Arten trotz des vordergründig wissenschaftlichen Erkenntnisinteresses ein politisches Imaginäres. Dieses schlägt sich nicht nur in den aufklärerischen Visionen einer ‚Ermündigung der Unmündlichen' nieder, welche sich mit der Erkundung und Inszenierung von sowohl tierlichen als auch maschinellen Stimmen um 1800 verbanden (siehe Kapitel 3). Es grundiert bereits die Rede von der Stimme als Medium der intellektuellen und emotionalen Verständigung sowie das stark suggestive Bild der Vielstimmigkeit der Natur, mit denen Vicq d'Azyr seine Abhandlung über die Stimmorgane von Menschen und den verschiedenen Tierklassen eröffnet. Erst das Stimmorgan drücke der lebensstiftenden Atemluft

> eine flimmernde Bewegung auf, verschafft den Ideen weithin Ausdruck, verleiht den Affekten mehr Kraft, indem es denselben eine Sprache bereitstellt, ohne welche die stumme Natur zum ewigen Stillschweigen verurteilt wäre, & stellt zwischen den Tieren eine ebenso schnelle wie bequeme Verbindung her, über die sie ihre Bedürfnisse kommunizieren können.[81]

Das Stimmorgan, welches die verschiedensten Lebewesen mit einer Stimme ausstatte, vom Menschen bis hin zum zischenden Reptil,[82] wird unter der Feder Vicq d'Azyrs zum partizipatorischen Medium einer – zweifelsohne idealisierten – mehrstimmigen Welt.[83] Um dessen anatomische Möglichkeitsbedingungen zu erkunden und zu verstehen, wie dieses wunderbare Instrument der Verständigung

---

la Convention nationale. Paris: Imprimerie Nationale An II [1793–1994], S. 36. Siehe dazu Schmitt: From physiology to classification: Comparative anatomy and Vicq d'Azyrs plan of reform for life sciences and medicine (1774–1794), S. 154. Auch andere Naturforscher suchten die neue Programmatik rhetorisch-stilistisch zu adaptieren. So sprach sich beispielsweise Daubenton öffentlich gegen die noch heute verbreitete Vorstellung des Löwen als ‚König der Tiere' aus. Siehe ebd.

81 „[...] en imprimant à l'air un mouvement vibratil, porte au loin l'expression des idées, donne aux passions plus d'énergie, en leur fournissant un langage, & établit entre les animaux une correspondance aussi prompte que commode, pour se communiquer leurs besoins." Vicq d'Azyr: Premier mémoire sur la voix, S. 178.

82 Ebd.

83 Faktisch war diese Welt keinesfalls durch Vielstimmigkeit geprägt, sondern durch eine zwar rechtlich-politisch verbriefte Aufwertung von Mündlichkeit (siehe Kapitel 3.2.2), die indes zwischen männlichen und weiblichen, versklavten und freigeborenen, imperialen und kolonisierten, ästhetischen und politischen Stimmen unterschied.

funktioniere, „dessen Effekte noch keine Kunst zu imitieren geschafft hat"[84], seziert Vicq d'Azyr die Stimmorgane zahlreicher Arten. Mit Metaphern des Theaters, die uns bereits bei Ferrein, aber auch in den Kehlkopfbeschreibungen des Laryngologen Garcia begegnet sind (siehe Kapitel 1), bezeichnet er diesen Vorgang als

> ein schönes Schauspiel, auf einen Blick die unendlich variierenden organischen Vorrichtungen zu sehen, vermittels derer jedes Tier die ihm eigenen Modulationen hervorbringt & sich am großen Konzert der Natur zu beteiligen vermag.[85]

Schon Hérissant, auf dessen Forschungen zum Kehlkopf des Pferdes und Schweines Vicq d'Azyr sich anerkennend bezieht, hatte das Sichtbarwerden der winzigen, seinem Eindruck nach sichelförmigen und stimmbildenden Membranen in den Bronchien von Vögeln als ein bewunderswürdiges Schauspiel beschrieben – „un spectacle qui ne sauroit manquer de paroître admirable à tout Physicien."[86] Auch Vicq d'Azyr nähert sich dem Stimmorgan als einem bisher undurchdrungenen Mysterium der Natur, dessen Vermögen, die „Wunder"[87] von Stimme und Sprache hervorzubringen, es anatomisch zu ergründen gelte. Wie Hérissant ist er dabei insbesondere an jenen Stimmapparaten interessiert, die sich durch eine besondere Morphologie bzw. eine markante akustische Wirkweise auszeichneten. So habe er sich „beim Abschreiten der immensen Kette stimmbildender Tiere an deren bemerkenswertesten Gliedern aufgehalten"[88] und – soweit es ihm möglich war – „Exemplare ausgewählt, die sich am stärksten voneinander unterscheiden, um sie schließlich sämtlich mit dem Menschen zu vergleichen."[89]

Zu diesen Exemplaren zählt Vicq d'Azyr zunächst die Gruppe der Affen, die hinsichtlich ihrer Anatomie menschenähnlichsten Tiere, welche nichtsdestotrotz besondere, vom Menschen abweichende Kehlkopfvorrichtungen aufwiesen. Unter anderem interessieren ihn die Stimmapparate der Alouatten, auch genannt Heul- bzw. Brüllaffen („hurleurs"), die ihren Namen der „sehr starken Stimme"[90] verdanken, mit der sie von sich reden machen. Vicq d'Azyr zufolge

---

84 „[…] quel est c'est instrument dont l'Art n'a point encore imité les effets?" Ebd.
85 „„C'est un bon spectacle que de voir d'un coup d'œil la disposition de ces instrumens variés à l'infini, avec lesquels chaque animal produit des modulations qui lui sont propres & peut contribuer au grand concert de la Nature." Ebd., S. 180.
86 Hérissant: Recherches sur les organes de la voix des quadrupèdes, et de celle des oiseaux, S. 291.
87 Vicq d'Azyr: Premier mémoire sur la voix, S. 178.
88 „[…] la chaîne est immense: en la parcourant, je me suis arrêté sur les anneaux les plus remarquables." Ebd., S. 180.
89 „J'ai choisi, autant qu'il m'a été possible, les individus les plus éloignés les uns des autres, & je les a toujours comparés avec l'homme." Ebd.
90 „[…] leur voix étant très-forte, ils ont reçu le nom de *hurleurs*", ebd., S. 184.

haben die „auf dem neuen Kontinent"[91], genauer: im heutigen Französisch-Guayana beheimateten Brüllaffen „durch die Intensität der Töne, welche sie von sich geben, seit Langem die Aufmerksamkeit von Reisenden auf sich gezogen."[92] Um nun diese Reisebeschreibungen der nie mit eigenen Ohren vernommenen Brülllaute mit den eingeschifften Kehlkopfpräparaten in Einklang zu bringen, bedurfte es neben der anatomischen bzw. physiologischen Expertise durchaus auch spekulativen Geschicks. Einen Eindruck davon vermittelt Vicq d'Azyrs Aufzählung der sehr unterschiedlichen Theorien, welche bislang vorgebracht wurden, um die berüchtigte Stimme des Brüllaffen anatomisch zu erklären. Neben der besonderen Gestalt des Zungenbeins sei etwa ein vermeintlich im Inneren der Kehle befindliches Horn für das Gebrüll verantwortlich gemacht worden. Andere Anatomen wie der Naturforscher Buffon hätten wiederum eine Art Trommel erwähnt, durch welche die Stimme der Affen erstarke und sich per Echo zu Gebrüll formiere. Ganz ähnlich hätte auch Daubenton auf einen konkaven Hohlraum im Rachen der Tiere verwiesen, eine Art resonanzstärkende Tasche, die für die Brülllaute des Affen verantwortlich sein könnte.[93] Vicq d'Azyr zufolge gibt es mehrere Kabinette, die eine solche isolierte Tasche besäßen. Sie scheinen allerdings sehr rar zu sein, da der berühmte Pieter Camper sich bei einem zwei Jahre zurückliegenden Besuch Vicq d'Azyrs in Paris sehr erstaunt gezeigt hätte, zwei solcher Taschen bei ihm zu sehen. Vicq d'Azyr habe ihn gebeten, eine von ihnen als Geschenk zu akzeptieren.[94]

Anatomische Erkundungen der Stimmapparate exotischer Tierarten waren also nicht nur mit der Schwierigkeit konfrontiert, anhand der Morphologie des Kehlkopfes dessen mehr oder weniger unbekannte Klangwirkung imaginativ zu erschließen; im ausgehenden 18. Jahrhundert hatten sie es zudem mit einer nur eingeschränkten Verfügbarkeit entsprechender Exemplare zu tun. So erlaubten koloniale Beziehungen zwar einen leichteren Zugriff auf außereuropäische Tiere, diese konnten aber nur unter schwierigen Bedingungen und in nur verändertem (durch die Reise beeinträchtigtem bzw. leblosem) Zustand nach Europa transportiert werden.[95] Vicq d'Azyrs Präparat stammte aus Cayenne im heutigen Französisch-Guayana und war – wie der Anatom betont – sehr gut erhalten, bestehend aus Zunge, Rachen, einem Teil der Speiseröhre und vollständigem Kehlkopf. Zur

---

91 Ebd.
92 „[...] ont fixé depuis long-temps l'attention du Voyageurs, par l'intensité des sons qu'ils produisent." Ebd.
93 Ebd.
94 Ebd.
95 Siehe dazu unter anderem Eric Baratay / Elisabeth Hardouin-Fugier / Matthias Wolf: *Zoo. Von der Menagerie zum Tierpark*. Berlin: Wagenbach 2000, S. 17–20.

Veranschaulichung hat Vicq d'Azyr einen Kupferstich anfertigen lassen, auf dem die Kehle des Brüllaffen lebensgroß und in verschiedenen Ansichten abgebildet ist (Abb. 7). Abgesehen von der besagten knöchernen Tasche, so erläutert der Anatom, besitze das Tier einen langen häutigen Kanal, welcher die Tasche – ähnlich einer zweiten Luftröhre – mit Schildknorpel und Glottis verbinde und die Atemluft zusätzlich in Schwingung versetze. Die Kehlkopfform des Brüllaffen sei „demnach sehr geeignet, um ein solch beträchtliches Geräusch hervorzubringen, wie es die Reisenden beschrieben haben."[96] Nicht zuletzt weise sie all jene Theorien als falsch aus, welche die Kehlköpfe von Affen mit denjenigen von Menschen gleichsetzten, fügt Vicq d'Azyr hinzu. Schon unter den verschiedenen Affenarten seien erhebliche Unterschiede auszumachen. Gemeinsam scheine jedoch fast allen eine von Art zu Art differierende Tasche oder aber ein anderweitiger Hohlraum zu sein, die zu den schrillen, durchdringenden Schreien, insbesondere aber den jene Schreie unterbrechenden heiseren Trommeltönen beitrügen, welche das Lautverhalten der Affen auszeichneten.[97]

Die sich hier schon andeutenden anthropologischen Implikationen der vergleichenden Anatomie bzw. Physiologie der Stimmgebung werden noch Thema sein. Die Frage, inwieweit sich der tierliche vom menschlichen Kehlkopf unterscheide, stellt sich bei Affen natürlich mit besonderer Brisanz – zumal, wenn deren Stimmen nur imaginiert werden können, insofern sie keinen Ort im Hörgedächtnis der Forschenden besitzen. Weniger prekär, aber durchaus mit ähnlichen methodischen Schwierigkeiten verbunden schien die Untersuchung von heimischen Arten wie Schweinen, Fledermäusen und Katzen zu sein. Zwar hatte es Viqc d'Azyr hier mit Tieren zu tun, deren Lautverhalten ihm vertraut genug war, um Rückschlüsse auf die Funktionsmechanismen der jeweiligen Kehlköpfe zu ziehen. Auch diese Rückschlüsse blieben jedoch zwangsläufig hypothetischer Natur. Die irreduzible Unvereinbarkeit zwischen der Sichtbarkeit und der Hörbarkeit des Kehlkopfes eines Tieres setzen den anatomischen Ambitionen Vicq d'Azyrs immer wieder Grenzen. Auf der Suche nach dem Schnurren der Katzen, wie sie zwanzig Jahre später in der eingangs besprochenen Tieck'schen Komödie *Der gestiefelte Kater* persifliert werden sollte, stößt der Anatom auf zwei winzige Häutchen unter den Stimmbändern, die „vibrieren, wenn man Luft durch die Luftröhre schleust, und eine Art Brummen erzeugen, ähnlich demjenigen, wel-

---

96 „La disposition du larynx dans l'alouate est donc très-propre à produire un bruit considérable, & tel que celui dont les Voyageurs ont parlé." Vicq d'Azyr: Premier mémoire sur la voix, S. 187.
97 Ebd., S. 188.

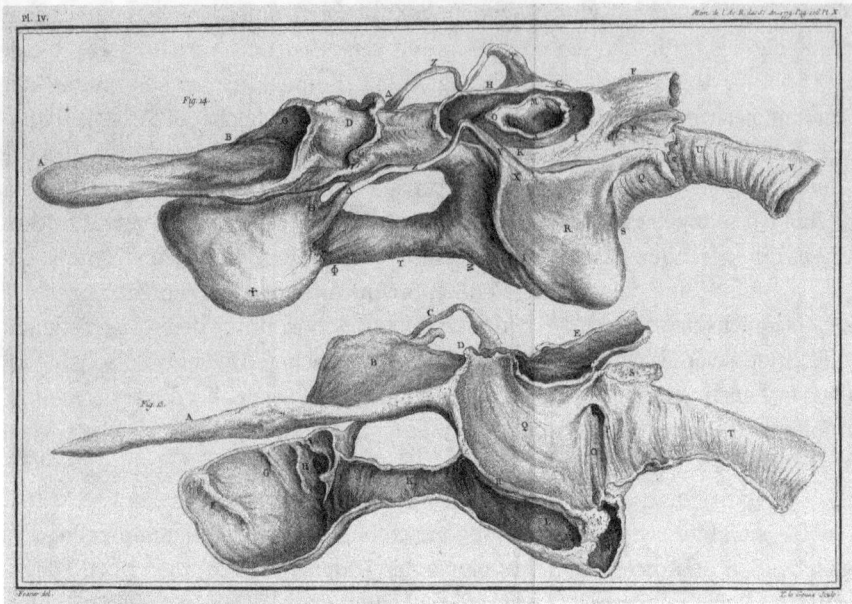

Abb. 7: Abbildung zweier Ansichten des Kehlkopfes eines Brüllaffen mit Zunge und darunter liegender knöcherner Tasche, die durch einen häutigen Kanal mit dem Kehlkopf verbunden ist. Kupferstich von Yves Marie Le Gouaz. Abgedruckt in Vicq d'Azyrs Abhandlung über die Stimme, 1779.

ches die Katzen zu hören geben."[98] Wie bei Tiecks literarischer Katerfigur Hinze, deren Schnurren von einem menschlichen Schauspieler erzeugt wird, handelt es sich hierbei mehr um ein künstliches denn natürliches Geräusch, das letztlich nur bedingt Aufschluss über die tatsächliche Stimmgebung der Katze zu geben vermag. Denn ob es besagte Häutchen allein sind, welche das vertraute Schnurren erzeugen und welcher Zweck mit diesem Schnurren verbunden ist, blieb letztlich ungewiss und – wie man heute weiß – auch nicht durch Simulation erschließbar.[99] Vor ähnliche Rätsel stellte den Entdecker des „Gesetzes der Korrela-

---

98 „[...] elles vibrent lorsqu'on introduit de l'air par la trachée-artère, & elles produisent une sorte de ronflement analogue à celui que les chats font entendre." Ebd.
99 So ist das Schnurren „einer der wenigen bekannten Tetrapoden-Stimmlaute, die aus einer ‚aktiven Phonation' entstehen." Tecumseh Fitch: Die Stimme – aus biologischer Sicht. In: Felderer (Hrsg.): *Phonorama*, S. 85–102, hier S. 94. Während die meisten Formen der Stimmgebung neural passiv sind und deshalb durch die Ferrein'sche Methode der künstlichen Luftzufuhr simuliert werden können, „ist bei der aktiven Phonation der schnurrenden Katze jeder Schallimpuls mit einer jeweiligen Kontraktion der Muskeln im Stimmapparat verbun-

tion" auch die genaue Funktion der Membranen im Stimmapparat der Fledermäuse, einer seinerzeit als wenig stimmaktiv bekannten Art.[100] Angesichts dieser methodischen Hindernisse bei der Erkundung tierlicher Stimmapparate fällt das Resümee des Anatomen eher nüchtern aus:

> Ein Anatom, der sich vornimmt, den Mechanismus der Stimme verschiedener Tierarten zu entschlüsseln, kann mit einem Neugierigen verglichen werden, der, nachdem er in einem Konzert die Wirkung diverser Musikinstrumente erfahren hat, ohne indes die geringste Ahnung von deren Anordnung zu haben, dieselben untersucht, um die Art und Weise ihres Gebrauchs und das Wesen der von ihnen produzierten Töne zu enträtseln.[101]

Mit diesem Vergleich schließt Vicq d'Azyr den Bogen zu seiner einleitenden Beschreibung von Tierstimmen als „grand concert de la Nature."[102] Hatte er sich anfänglich noch optimistisch gezeigt, was die anatomische Aufschlüsselung der einzelnen Instrumente dieses Konzertes betrifft, verweist er nun auf die methodischen und epistemischen Grenzen des Projekts. Ähnlich der Schwierigkeit, Akustik und Bau diverser Musikinstrumente in Einklang zu bringen, gebe die Frage, wie genau die tierlichen Stimmapparate im Einzelnen funktionierten, weiterhin

---

den." Ebd. Laut Fitch funktioniere dies „ähnlich wie bei einem Menschen, der so schnell er kann den Laut ‚u u u u u …' wiederholt – bei der Katze mit einer Frequenz von 30 Hz." Ebd., hier S. 101. Zum latenten „Mysterium", welches das Schurren bis heute für die bioakustische Forschung darstellt, siehe auch Fischer / Cory / Carr: *Animal music*, S. 82.

100 Dass Fledermäuse über ein Echoortungssystem verfügen, welches ihnen erlaubt, hochfrequente, d. h. jenseits der menschlichen Wahrnehmungsschwelle erklingende Schallwellen auszusenden, war im 18. Jahrhundert noch nicht bekannt. In den 1790er Jahren führte der italienische Universalforscher Lazzaro Spallanzani Experimente mit geblendeten Fledermäusen durch, welche eine akustisch-auditive Orientierung vermuten ließen. So konnten sich Fledermäuse auch ohne die Hilfe ihrer Augen problemlos im Dunkeln orientieren. Versiegelte Spallanzani die Ohren der Tiere hingegen mit Wachs, fielen sie zu Boden. Bis zum wissenschaftlichen Nachweis der Echolotung dauerte es jedoch noch viele Jahrzehnte. Erst zu Beginn des 20. Jahrhunderts wurden Schalldetektoren entwickelt, welche Aufschluss über die Art und Weise der ‚Fledermausstimme' gaben. Zur Wissenschaftsgeschichte der Echolotung zwischen Zoologie und Kriegstechnologie siehe Stefan Rieger: Fledermaus. In: Benjamin Bühler / Stefan Rieger (Hrsg.): *Vom Übertier. Ein Bestiarium des Wissens*. Frankfurt am Main: Suhrkamp 2006, S. 89–98.

101 „Un Anatomiste qui se propose de découvrir le mécanisme de la voix dans les différentes classes d'animaux, peut-être comparé à un Curieux qui, après avoir entendu dans un Concert l'effet de plusieurs instrumens de Musique, sans avoir d'ailleurs la moindre connoissance de leur disposition, chercheroit, en les examinant, à découvrir la manière dont on les emploie, & la nature du son qu'ils produisent." Vicq d'Azyr: Premier mémoire sur la voix, S. 197.

102 Ebd., S. 180. Das Bild eines bewundernswürdigen Konzerts taucht in aktuellen Auseinandersetzungen mit Tierlauten wieder auf: In seinem Projekt einer *Soundscape Ecology* beschreibt der Klangforscher Bernie Krause Tierlaute als Teil eines in sich stimmigen und umso schützenswerteren *Great Animal Orchestra*. Krause: *The great animal orchestra*.

Rätsel auf. Ebenso wenig wie ein unwissender Musikliebhaber einen geraden Ton aus den von ihm bewunderten Instrumenten zu bringen vermag, kann Vicq d'Azyr den Lauten trauen, die er experimentell oder imaginativ aus den Kehlkopfpräparaten ableitet. In der vorliegenden Abhandlung, räumt Vicq d'Azyr denn auch ein, sei es ihm lediglich gelungen, den anatomischen Bau der diversen Stimminstrumente zu beschreiben. Es bleibe einer weiteren, in naher Zukunft zu veröffentlichenden Abhandlung vorbehalten, seine Experimente und Forschungen hinsichtlich ihres Mechanismus' und Gebrauchs darzulegen.[103]

Genau wie Ferrein wird Vicq d'Azyr dieses schon im Titel angedeutete Versprechen eines zweiten Teils seiner stimmwissenschaftlichen Forschungen nicht einlösen.[104] Dass er gerade dann abbricht, wenn es darum ginge, den Funktionsmechanismus der diversen Stimmapparate physiologisch zu erproben, d. h. seine anatomischen Beschreibungen mit den akustischen Wirk- und Gebrauchsweisen kurzzuschließen, kommt vielleicht nicht von ungefähr. Zu zahlreich scheinen die methodischen Hürden zu sein, mit denen die vergleichende Stimmkunde konfrontiert ist. Während der zwischen- oder innerartliche Vergleich nichtvitaler Körperteile wie beispielsweise Muskeln oder Knochen relativ problemlos vorgenommen werden kann, hat es die vergleichende Untersuchung von Stimmapparaten mit einer zusätzlichen, um einiges schwierigeren, da die Sinnesphysiologie betreffenden Vergleichsebene zu tun: der Gegenüberstellung von visueller und akustischer Erscheinung. Dieser Problematik ist sich Vicq d'Azyr durchaus bewusst. Sein am Schluss der Abhandlung vorgebrachter Vergleich eines an der Stimmgebung interessierten Anatomen mit einem unwissenden Neugierigen thematisiert die epistemischen Tücken der vergleichenden Stimmphysiologie sowohl inhaltlich als auch performativ. Um die Herausforderungen Letzterer zu veranschaulichen, muss Vicq d'Azyr abermals auf ein Vergleichsbild zurückgreifen, dessen Behelfsmäßigkeit die epistemischen Entzüge der Erkundung des Stimmapparates nur potenziert. Wie diese hinterlässt das Bild mindestens ebenso viele Fragen wie es Antworten bereitstellt. So markiert der abschließende Vergleich eine tendenzielle Unabgeschlossenheit, eine scheinbar unaufhebbare Leerstelle des Wissens, welche für die

---

103 „Les recherches que je viens d'exposer, ne sont relatives qu'à la structure anatomique des organes: il me reste à publier dans un autre Mémoire, les expériences qui concernent leurs usages." Vicq d'Azyr: Premier mémoire sur la voix, S. 197–198. Schon an früherer Stelle seiner Abhandlung kommt Vicq d'Azyr auf dieses Vorhaben zu sprechen: „[...] après avoir dècrit, dans ce premier Mémoire, les organes de la voix des différens animaux, je ferais connoître dans le second, les expériences & les recherches propres à en indiquer le mécanisme." Ebd., hier S. 180.

104 Auch Ferreins Abhandlung zur Stimme endet mit der Ankündigung eines zweiten, nie realisierten Teils, in dem es um die Stimmapparate von Tieren gehen sollte. Ferrein: De la formation de la voix de l'homme, S. 430.

vergleichende Stimmphysiologie insgesamt konstitutiv ist. Als rhetorisches Stilmittel deutet er zugleich auf die ästhetischen und imaginativen Strategien, welche angewandt wurden, um mit dieser Leerstelle umzugehen.

2.2.4 Vergleich, Nichtwissen, Imagination

Nicht nur bei Hérissant, Haller und Vicq d'Azyr gerät der Vergleich zur unverzichtbaren Methode der Stimmforschung, auch die nachfolgenden Anatomen und Physiologen der Stimmgebung gehen komparativ vor, und dies meist in mehrerlei Hinsicht. Wie erwähnt waren abgesehen von der morphologischen Gegenüberstellung diverser Kehlkopfstrukturen, dem zentralen Anliegen aller Forschungsarbeiten, auch andere, die sinnesphysiologische Deutung und mediale Darstellung betreffende Vergleichsoperationen gefordert. So galt es zum einen, die visuelle Erscheinung des tierlichen Stimmapparates mit deren akustischer Wirkung in Beziehung zu setzen, d. h. die Kehlkopfform einer Tierart mit deren charakteristischer Lautsignatur abzugleichen, einer im Rahmen der Untersuchung allenfalls als memorierte Hörempfindung abrufbaren, gleichsam halluzinogenen Stimme. Zum anderen – und diese Vergleichsoperation zielte vor allem auf die Rezeptionsebene der Untersuchungen – mussten die schriftlichen Beschreibungen den tierlichen Stimmapparaten und den von ihnen erzeugten Stimmen genügen. Für die Vermittlung der Stimmapparate wurde etwa häufig auf bildliche Darstellungen zurückgegriffen. Bei diesen handelte es sich um aufwändig nach Präparaten gearbeitete Kupferstiche, welche die schriftlichen Ausführungen illustrieren, bestätigen und/oder komplettieren sollten. Konkrete Blickanweisungen im Text wie „*Voyez les figures* [...]"[105] oder „on peut voir, en comparant les figures [...]"[106] waren darauf angelegt, die Leser:innen zum Abgleich der anatomischen Beschreibungen mit den Bildmaterialien zu ermuntern. Erst dort – dessen waren die Anatomen sich sicher – würden die Ähnlichkeiten und Differenzen der verschiedenen Apparate unmittelbar hervortreten.

Produktive Impulse für die Beschreibung dieser vielschichtigen Vergleichspraktiken in der Anatomie bzw. Physiologie der Stimmgebung finden sich in jüngeren Auseinandersetzungen mit komparativen Verfahren der Kunstgeschichte. Das ‚vergleichende Sehen' wird hier als grundständige Praxis historischer und aktueller Forschung herausgestellt, deren wissenschaftsgeschichtliche Tragweite bisher nur unzureichend ausgelotet worden ist. So hat die vergleichende Bildbe-

---

[105] Vicq d'Azyr: Premier mémoire sur la voix, S. 185.
[106] Ebd., hier S. 183.

trachtung lange Zeit unter dem Verdikt des Konservativismus und Reduktionismus, der bloß illustrativen Bestätigung bereits vorgefertigter Ideen gestanden. Demgegenüber betonen aktuellere Positionen die wissenskonstitutiven Potenziale des vergleichenden Sehens.[107] Der Kunsthistorikerin Lena Bader zufolge setzt die komparative Zusammenschau Wahrnehmungs- und Denkprozesse in Gang, die grundlegend schöpferischer Natur sind. So generiere das vergleichende Sehen einen dritten Ort, „wo Formen *und* Blicke anfangen zu spielen, und sich [...] ein geradezu mysteriös anziehender und in Bewegung versetzender Raum der Bilderfahrung, nicht der schieren Information auftut."[108] Bader beschreibt diesen Prozess als eine improvisierende, intuitive Methode des Erkenntnisgewinns, die ihre innovatorische Kraft gerade aus dem freien Spiel der Verknüpfung verschiedener Erfahrungen oder auch Bilder bezieht. Mit Rheinbergers wissenstheoretischem Ansatz des Experimentalsystems lässt sich das vergleichende Sehen Bader zufolge als „anschauliche[s] Experiment einer immer noch unkontrollierbaren visuellen Erfahrung im Dialog der Bilder"[109] verstehen. Wie dem Experiment sei „dem Konzept eine tastende, spielerische Komponente immanent"[110], eine gleichsam unvoreingenommene Suchbewegung, welche vorhandene Wissensinhalte nicht etwa affirmiere, sondern deren epistemisch unabschließbare, differentielle Struktur freilege. Im vergleichenden Sehen wie im Experiment bleibt etwas in der Schwebe; auf der Suche nach neuen, ungeahnten Zusammenhängen, die sie als epistemische Objekte zuallererst hervorbringen, haben es beide Verfahren ganz grundsätzlich mit dem Nichtwissen zu tun.

Mit Blick auf die vergleichende Anatomie bzw. Physiologie der Stimmgebung erweist sich diese Perspektive als besonders aufschlussreich. Verfahren der versuchsweisen Zusammenführung isolierter Wissensobjekte spielen hier eine zentrale Rolle – sowohl, was den Vergleich zwischen den verschiedenen Stimmapparaten (Bild/Bild) als auch dessen verschiedenen Sinnesmodalitäten betrifft (Bild/Ton). Zunächst einmal ermöglichte erst die anschauliche Gegenüberstellung verschiedenartiger Morphologien desselben Organs eine differentielle

---

107 Siehe hierzu den zuerst 2005 veröffentlichten und 2012 wiederabgedruckten Beitrag von Felix Thürlemann: Bild gegen Bild. Für eine Theorie des vergleichenden Sehens. In: Gerd Blum / Felix Thürlemann (Hrsg.): *Pendant Plus. Praktiken der Bildkombinatorik.* Berlin: Reimer 2012, S. 391–401 sowie den Sammelband Lena Bader / Martin Gaier / Falk Wolf (Hrsg.): *Vergleichendes Sehen.* München: Fink 2010.
108 Lena Bader: „die Form fängt an zu spielen ... " Kleines (wildes) Gedankenexperiment zum vergleichenden Sehen. In: Horst Bredekamp / Karsten Heck (Hrsg.): *Bildendes Sehen,* Bd. 7,1: Bildwelten des Wissens. Berlin: Akademie-Verlag 2009, S. 35–44, hier S. 44.
109 Lena Bader: Bricolage mit Bildern. Motive und Motivationen vergleichenden Sehens. In: Bader / Gaier / Wolf (Hrsg.): *Vergleichendes Sehen,* S. 19–42, hier S. 38.
110 Ebd.

Wahrnehmung artspezifischer Besonderheiten. In der visuellen Zusammenschau der Kehlköpfe verschiedener Arten, wie Vicq d'Azyr sie auf insgesamt sieben Tafeln anfertigen ließ, um die „Verständlichkeit seiner Ausführungen zu erleichtern"[111], treten Differenzen ebenso markant hervor wie umgekehrt artübergreifende Merkmale ins Auge fallen. So sehr sich die Stimmapparate von Schlangen, Lerchen, Schildkröten und Fröschen auch unterscheiden, was deren äußere Form und anatomischen Aufbau betrifft, scheinen sie eines gemeinsam zu haben: Das schwarze Loch der aus Stimmritze und Stimmlippen bestehenden Glottis als physische Quelle der jeweiligen Stimme stellt das unübersehbar wiederkehrende Motiv der Tafel dar (Abb. 8).

Das vergleichende Sehen lässt mithin etwas aufblitzen, was es vorher in dieser Deutlichkeit nicht zu sehen gab. Die grottenförmige Ausbuchtung („une cavité disposée en manière de grotte"[112]), welche Vicq d'Azyr einleitend als Charakteristikum des menschlichen Kehlkopfs beschrieben hat,[113] wird hier zum unmittelbar ansichtigen Verbindungsglied verschiedenster Arten. Anstatt jedoch Aufklärung über dieses Dunkel zu geben, welches der sprechende Mensch mit der zischenden Schlange, der Lerche und zahlreichen anderen Tierarten teilt, scheint die vergleichende Ansicht es als Leerstelle des Wissens nur zu potenzieren. Beim Versuch, komparativ Einsicht in den Funktionsapparat der Stimme, respektive der Glottis zu bieten, gibt sie Letzterer als epistemisches Ding erst Kontur. Was sich hinter den verschiedenen und doch so ähnlichen Glottides verbirgt und welche naturgeschichtliche Rolle sie jeweils spielen, bleibt im wahrsten Sinne des Wortes ausgespart. Im selben Maße jedoch, wie sich die komparativ angeordneten Glottides der Klärung entziehen, schaffen sie Raum für spekulative Deutungen. Gemäß der These, „dass das vergleichende Sehen Unsichtbares sichtbar zu machen in der Lage ist, dass zwischen den Bildern ein Drittes, ein Unsichtbares aufscheint, das sich der Fantasie und Imagination, der Einbildungskraft des Betrachters verdankt"[114], laden die anatomischen Bildtafeln Vicq d'Azyrs zu einem freien Spiel der Assoziationen ein.

Die im anschaulichen Vergleich gewonnene Einsicht, dass es dieselbe, beinahe sämtliche Säugetiere auszeichnende glottale Öffnung ist, die nachweislich weder zur sonoren Stimme der Vögel beitrage, noch die Schlangen über ein bloßes Zischen hinauskommen lasse, verleitet den Anatomen schließlich zur schon von Ferrein, Hérissant und Haller verfolgten These, dass die Glottis allein für die

---

111 „Pour faciliter l'intelligence de mes descriptions, j'ai fait dessiner cet organe sous différens aspects & en grandeur naturelle", Vicq d'Azyr: Premier mémoire sur la voix, S. 185.
112 Ebd., hier S. 180.
113 Ebd.
114 Falk Wolf: Einleitung. In: Bader / Gaier / Wolf (Hrsg.): *Vergleichendes Sehen*, hier S. 267.

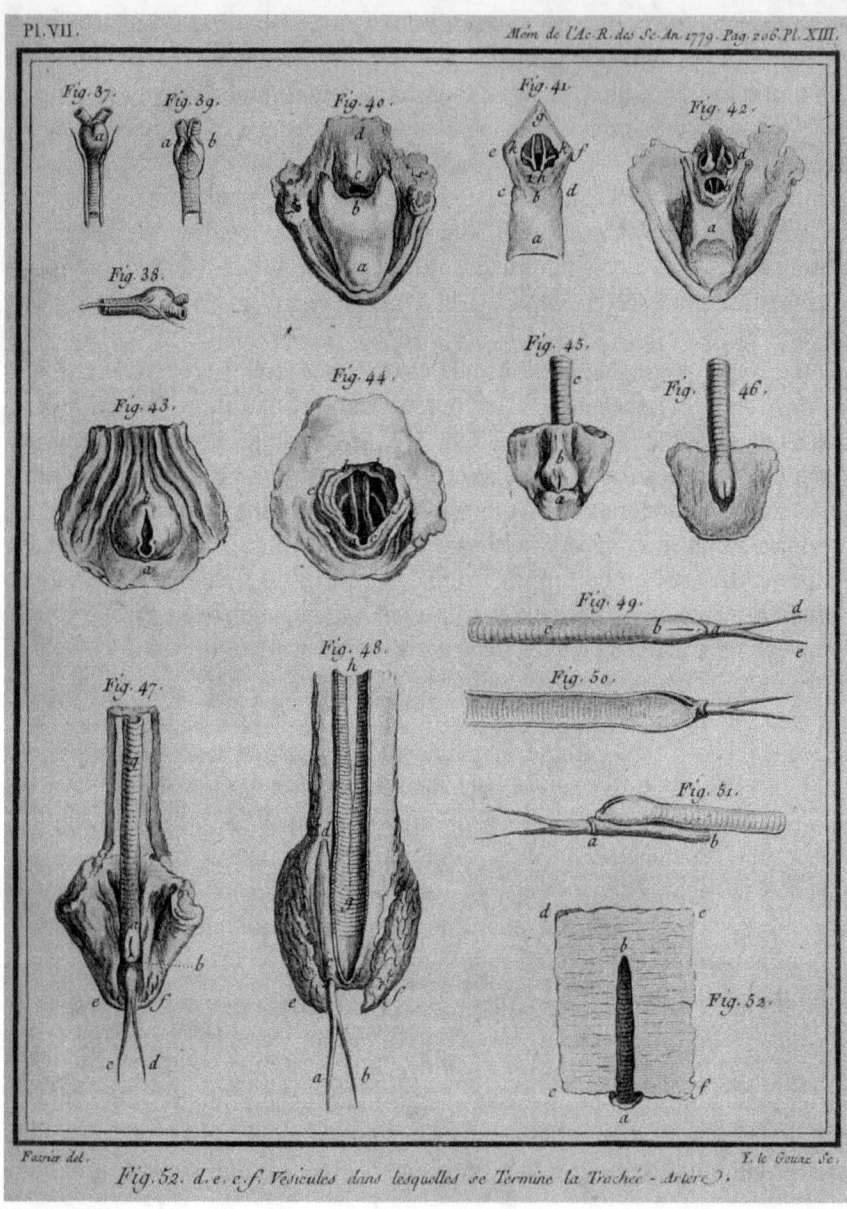

Abb. 8: Kupferstich von Yves Marie Le Gouaz. Abgedruckt in Vicq d'Azyrs Abhandlung über die Stimme, 1779. Zu sehen sind die Stimmapparate der Lerche, Schlange, Schildkröte und des Frosches.

Stimmgebung keinesfalls wesentlich sei. Entscheidend seien vielmehr Stimmbänder und Ansatzrohr des jeweiligen Tieres.[115] Dass es sich hierbei nur um eine – obendrein als Frage formulierte – Vermutung handelt, macht nicht zuletzt Vicq d'Azyrs oben zitierter Vergleich des Stimmanatomen mit einem unwissenden Musikliebhaber deutlich. Das vergleichende Studium der Stimmorgane bleibt angewiesen auf eine weitere, nicht minder hypothetische Vergleichsoperation, welche das Verhältnis zwischen Bild und Bild scheinbar chiastisch durchkreuzt: Wie das Bild eines artspezifischen Kehlkopfes sich zu dessen Stimme verhalte und welche Rückschlüsse wiederum der Vergleich verschiedenartiger Stimmen auf den Mechanismus ihres jeweiligen Entstehungsortes erlaube, durchzieht die vergleichende Physiologie der Stimmgebung als eine mit zahlreichen Ungewissheiten konfrontierte und mithin nur in tentativer, imaginativer Manier zu beantwortende Frage.

Besonders deutlich tritt dieses Zusammenspiel von Nichtwissen und Imagination im Sprachstil hervor, mit dem sich die Vertreter der Stimmphysiologie ihrem Gegenstand nähern. In seinen zwischen 1798 und 1805 veröffentlichten *Leçons d'anatomie comparée* kommt Georges Cuvier in der 28. Vorlesung auf die Organe der Stimme von Säugetieren, Reptilien und Vögeln zu sprechen.[116] Im Unterschied zur Abhandlung von Vicq d'Azyr kommen Cuviers Ausführungen ohne veranschaulichende Bildtafeln aus. Umso größer scheinen die Anforderungen an eine möglichst bildhafte, ihren Forschungsgegenstand adäquat erfassende Sprache zu sein. Zunächst jedoch fallen die vielen Selbstrelativierungen und Eingeständnisse der methodisch-praktischen wie epistemischen Unzulänglichkeiten auf, mit denen Cuvier das mit der Stimmgebung verbundene Nichtwissen zum Ausdruck bringt.

Zum einen verweist der Anatom immer wieder auf das schon angesprochene Problem des oft nur unzureichenden Materialzugangs. „Ich weiß nicht", schreibt er im Anschluss seiner Untersuchungen des Stimmapparates amerikanischer Geier „ob bey unsern europäischen Geyern derselbe Bau vorkommt, denn sie sind in den Sammlungen und Menagerien seltener als die amerikanischen und ich habe daher nie Gelegenheit gehabt, sie zu untersuchen."[117] Auch an anderen Stellen kommt Cuvier auf die materialbedingte Lückenhaftigkeit seiner Untersuchungen zu sprechen; bisweilen habe er auf die Abbildungen und Berichte ande-

---

115 Vicq d'Azyr: Premier mémoire sur la voix, S. 197.
116 Georges Cuvier: *Vorlesungen über vergleichende Anatomie. Mit vier Kupertafeln. Vierter und letzter Theil.* Hrsg. v. George L. Duvernoy. Übersetzt und mit Anmerkungen und Zusätzen vermehrt von Johann Friedrich Meckel. 4 Bde. Leipzig: Paul Gotthelf Kummer, 1810, hier S. 295–387.
117 Ebd., S. 312.

rer Anatomen zurückgreifen müssen: „Den Kehlkopf des *Tapir* habe ich nicht untersucht. Nach einer Zeichnung, die ich vor mir habe, finden sich beym *Nashorn* sehr starke Stimmbänder [...]"[118] Bis jetzt habe Cuvier zudem „noch keine Gelegenheit gehabt, den Kehlkopf des *Kameels* zu untersuchen"[119] und auch „noch keinen *Maulesel* [... .]; allein Hérissant muss unstreitig dieses Thier zum Gegenstande seiner Beobachtungen gehabt haben, indem er sagt, dass sein Kehlkopf mit dem Kehlkopf des Esels überein kommt."[120]

Mehr noch als die Unverfügbarkeit mancher Materialien macht Cuvier jedoch noch etwas anderes zu schaffen. Insofern das Stimmorgan in Aktion sich der direkten Beobachtung entzieht, wären nur analogförmige Instrumente in der Lage, den Funktionsmechanismus der Stimme zu veranschaulichen. Wie jedoch bereits ein Jahrhundert zuvor Dodart angemerkt hatte, ist kein Instrument vorstellbar, welches der prinzipiellen Inkommensurabilität des Stimmapparates, insbesondere aber des Vokaltrakts Rechnung tragen würde (siehe Kapitel 1). Besonders augenfällig muss diese Inkommensurabilität der vergleichenden Stimmphysiologie erscheinen, hat sie es doch mit einer noch größeren Diversität an Formen zu tun. So verwundert es nicht, dass Cuvier gleich zu Beginn seiner Vorlesung auf die Unberechenbarkeit der für die Stimmgebung aller Säugetiere maßgeblichen Mund- und Nasenhöhle verweist. Angesichts der

> beynahe unendliche[n] Menge an Mitteln, die wir zur Abänderung der Länge, der Weite, der Gestalt und der Oeffnungen derselben besitzen, und die wir beynahe durchaus nicht hinlänglich zu berechnen imstande sind, um physikalische Schlüsse abzuleiten, so wird man sich nicht über die Schwürigkeiten wundern, welche die Theorie unsers Stimmorgan darbietet.[121]

Während die Stimmgebung von Vögeln relativ gut beforscht worden sei, könne man bezüglich der Stimme der Säugetiere „bey weitem keine so vollständige Theorie"[122] und „bey Beschreibung der Organe derselben keinen so festen Gang beobachten."[123] Insofern „die meisten Thiere dieser Klasse nur mehr oder weniger abentheuerliche Töne hervor[bringen], welche wir durch unsere Instrumente nicht nachzuahmen im Stande sind"[124], gestalte sich eine anatomisch-physiologische Untersuchung entsprechend schwierig. Anders als die stimmbildende Funktion des Kehlkopfes samt seinen Höhlen, Bändern und Taschen sei

---

118 Ebd., S. 362.
119 Ebd., S. 364.
120 Ebd., S. 366.
121 Ebd., S. 302.
122 Ebd., S. 342.
123 Ebd.
124 Ebd.

die akustische Wirkung des aus Mund- und Nasenhöhle bestehenden Ansatzrohrs bei Säugetieren „unglücklicherweise [...] noch nicht einmal anatomisch angefangen, und alles, was wir jetzt liefern können, ist ein kurzer Abriss"[125] der im bzw. am Kehlkopf befindlichen stimmbildenden Mechanismen.

Die explizite Markierung eines ‚Noch-Nicht-Wissens' hinsichtlich der Stimmgebung im uneinsichtigen, vor allem aber unermesslichen Ansatzrohr geht mit der ‚Erfindung eines möglichen Wissens' einher, was die akustischen Funktionen der einzelnen Kehlkopfstrukturen betrifft.[126] Um diese bestimmen zu können, musste die vergleichende Stimmphysiologie auf stark hypothetische Verfahren zurückgreifen. Wie unter anderem Sigrid Weigel und Michael Gamper hervorgehoben haben, erfreuten sich Methoden zur Erlangung eines ‚möglichen' bzw. ‚wahrscheinlichen' Wissens in den Experimentalwissenschaften des 18. Jahrhunderts zunehmender Anerkennung.[127] Mit der Aufstellung von Hypothesen verband sich das Versprechen, empirisch nicht belegbare bzw. überprüfbare Zusammenhänge durch geistige Tätigkeit, genauer: „durch eine kreative Kombination von Verstandes- und Phantasietätigkeit"[128] zu erschließen und die wissenschaftliche Forschung so voranzutreiben. Das vergleichende Studium von Stimmapparaten erforderte hierbei eine Imaginationsleistung, welche die klassische Hypothesenbildung fast noch überschritt. Impliziert Letztere die Möglichkeit einer zukünftigen Überprüfung, hatten es Hérissant, Haller, Vicq d'Azyr, Cuvier und andere Stimmphysiologen mit Wissensobjekten zu tun, welche sich der empirischen Überprüfbarkeit scheinbar a priori widersetzten. Insofern die Kehlkopfpräparate auf den Labortischen der Wissenschaftler naturgemäß mit Stummheit geschlagen waren, entbehrten sie genau jener Funktion, die zu untersuchen sie eigentlich ermöglichen sollten. Die Stimme des jeweiligen Tieres war zwangsläufig abwesend. Zwar wurde versucht, dieser paradoxen Situation experimentalphysiologisch beizukommen. Verfahren wie die Vivisektion an Stimmapparaten lebendiger Tiere oder das Blasen durch tote, vom Körper isolierte Kehlköpfe sollten eine „akustische Beobachtung"[129] des Stimmapparates in Aktion gewährleisten. Dass hierbei mehr oder weniger ‚künstliche' Stimmen produziert wurden, die den originären Tierstimmen allenfalls nahekamen, war jedoch nicht zu überhören. Zumindest bildeten beide Verfahren nur einen Teil der stimmphysiologischen Methodik. Einen weitaus größeren Raum

---

125 Ebd., S. 343.
126 Siehe zu diesen Termini Michael Gamper: Experimentelles Nicht-Wissen. In: Gamper (Hrsg.): *Experiment und Literatur*, S. 511–545, hier S. 511.
127 Siehe Weigel: Das Gedankenexperiment: Nagelprobe auf die facultas fingendi in Wissenschaft und Literatur sowie Gamper: Experimentelles Nicht-Wissen.
128 Ebd.
129 Gessinger: *Auge & Ohr*, S. 604.

nahm der hypothetisch vollzogene Abgleich zwischen den Kehlkopfstrukturen eines Tieres und dessen vermeintlicher Stimme ein.

Dazu musste die Stimme ins Gedächtnis gerufen und mit der spezifischen Morphologie des Kehlkopfes verglichen werden, wobei ein spielerisches Hin und Her zwischen akustischer und visueller Wahrnehmung der Stimmapparate verschiedener Arten vonnöten war. Weil Cuvier sowohl beim Kuckuck als auch bei der großen Ohreule einen eigentümlichen Muskel am Luftröhrenring entdeckt, „ein Umstand, der aufs genaueste mit der Aenhlichkeit der Stimme beyder Vögel überein kommt"[130], meint er auf die akustische Wirkung des Muskels schließen zu können. „Bekanntlich", fügt der Anatom seinen Überlegungen hinzu, „heißt die *große Ohreule* in mehrern Gegenden Deutschlands *Uhu*, weil sie diesen Laut gewöhnlich hören lässt."[131] An anderer Stelle greift er wiederum den schon von Hérissant und Vicq d'Azyr bedienten Topos der unangenehmen Eselsstimme auf und führt dieselbe auf eine im Stimmapparat des Tieres befindliche Höhle zurück. Diese erinnere „durch ihre Gestalt, aber nicht durch ihre Lage, an die Zungenbeinhöhle der Heulaffen, und unstreitig entsteht durch den Wiederhall in derselben das fürchterliche J – A dieses Thieres."[132] Die tentative Kombination verschiedener Informationen – seien es die spezifischen Stimmen und Kehlköpfe der Tiere oder aber deren zwischenartliches Ähnlichkeitsverhältnis untereinander – ermöglichte der vergleichenden Physiologie die Generierung eines ‚wahrscheinlichen' Wissen hinsichtlich der Klangwirkung einzelner Kehlkopfstrukturen. Vom hypothetischen Status dieses Wissens zeugt nicht zuletzt dessen sprachliche Darstellung; die häufige Verwendung von Modalwörtern wie „unstreitig"[133], „wahrscheinlich"[134], „vermuthlich" und „vielleicht"[135] sowie die durchgängig markierte epistemische Notwendigkeit – „Der Schall [des Dachses] *muss* vorzüglich dadurch *hervorgebracht werden* [Herv. d. Verfass.], dass sich die Luft am hintern Rande des vordern Stimmbandes bricht, wenn sie mit Gewalt in

---

130 Cuvier: *Vorlesungen über vergleichende Anatomie*, hier S. 322.
131 Ebd.
132 Ebd., S. 367.
133 So argumentiert Cuvier z. B.: „Da die Luftröhre [des Hahnes] in ihrem untern Theile seitlich zusammengedrückt ist, so ist diese Stimmritze ehr eng und unstreitig ist hierin der helle Ton der Stimme des *Hahnes* begründet." Ebd., hier S. 319.
134 Siehe z. B. die bereits zitierte Bemerkung Cuviers zur Stimme der Heulaffen: „Wahrscheinlich rührt von dem Zurückprallen des Schalles an den Wänden derselben die ungeheure Stärke der Stimme dieser Affen einher." Ebd., S. 353.
135 Vgl. z. B. „Immer ist sowohl die Stimme der Männchen als der Weibchen dieser Arten [der Enten] äußerst unangenehm. Ein Umstand, der vermuthlich in der Ungleichheit beyder Stimmritzen begründet ist, die vielleicht immer Dissonanzen hervorbringt." Ebd., S. 318.

diese beyden Taschen dringt"[136] – vermitteln unweigerlich die Vorläufigkeit des vorgestellten Wissens.

Noch unsicherer fallen die Deutungen der Kehlkopfstrukturen solcher Arten aus, deren Stimmen den Physiologen nicht vertraut waren; entweder, weil man diese Tiere – wie beispielsweise die von Vicq d'Azyr sezierten Fledermäuse – nur unzureichend zu hören bekam oder aber, weil es sich um exotische Tiere handelte, deren Stimmen allenfalls aus Reiseberichten, d. h. einer auditiv wenig aufschlussreichen Notationsform bekannt waren. Wenn Cuvier den Kehlkopf eines mit aller Wahrscheinlichkeit nie mit eigenen Ohren gehörten Kängurus vor sich hatte, konnte er dessen Lautverhalten nur erahnen. Insofern die Ränder der Stimmritze relativ weit voneinander entfernt seien, argumentiert der Anatom, könne er „in dieser Anordnung kein Stimmwerkzeug entdecken und das *Känguruh* muss, wenn ich mich nicht durchaus irre, beynahe ganz stumm seyn."[137] – Ein Trugschluss.[138] Auch hinsichtlich der Stimme des Brüllaffen vermag Cuvier nur zu fabulieren. Wie Vicq d'Azyr, den Cuvier in diesem Zusammenhang zitiert, waren ihm die berüchtigten Laute des Affen vermutlich nur aus Reiseberichten vertraut. „Wahrscheinlich", mutmaßt Cuvier angesichts einer „elastische[n] und knöcherne[n] Höhle"[139] am Zungenbein des sezierten Stimmapparates, „rührt von dem Zurückprallen des Schalles an den Wänden derselben die ungeheure Stärke der Stimme dieser Affen her."[140]

Die Stimme markiert hier eine epistemische Leerstelle, der nur durch versuchsweise Kombinationen bruchstückhafter Informationen beizukommen ist. Dabei produziert das von der vergleichenden Physiologie bricolageartig zusammengesetzte ‚wahrscheinliche Wissen' letztlich neue Wissenslücken. So setzt sich das Problem der abwesenden, da auditiv entzogenen Stimme in den Darstellungen der Physiologen fort. Mussten Vicq d'Azyr, Cuvier und andere Physiologen entweder auf ihre eigenen memorierten Hörerfahrungen oder aber auf die schriftlich verfassten Beschreibungen der Stimmen in Reiseberichten zurückgreifen, um die de facto abwesende Stimme ihrer Untersuchungsobjekte mental aufleben zu lassen, so stehen sie ihrerseits vor der Schwierigkeit, die solcherart aufgerufenen Stimmen an ihre Leser:innen zu vermitteln. Die Darstellungsmög-

---

136 Ebd., S. 356. Siehe z. B. auch ebd., S. 311.
137 Ebd., S. 357.
138 So produziert das Känguru zwar relativ stimmschwache, aber nichtsdestotrotz kräftige, rasselnde Laute. Vgl. z. B. Karl-Heinz Dingler / Uwe Westphal / Karl-Heinz Frommolt: *Die Stimmen der Säugetiere - Schwerpunkt Europa. 305 Säugetiere*. Germering: Musikverlag Edition AMPLE 2016.
139 Cuvier: *Vorlesungen über vergleichende Anatomie*, S. 353.
140 Ebd.

lichkeiten der Sprache geraten angesichts des tierlichen Lautspektrums an ihre Grenzen. Neben aus der Literatur bekannten Aufschreibeverfahren wie syllabischen Umschreibungen („das fürchterliche J-A"[141] des Esels und das „*Uhu*"[142] der gleichnamigen Eule), wortbildenden Lautmalereien (der „summend[e] Laut"[143] des Opossums oder das „Gezisch"[144] der Reptilien), Vergleichen („der Dompfaffe, der wie eine Säge kreischt"[145]) oder adjektivischen Beschreibungen („der helle Ton der Stimme des Hahnes"[146]), wird auffallend oft auf die individuellen Hörerfahrungen der Leser:innen ausgewichen, um die spezifische Klangqualität der Stimmen zu vermitteln. Vom Schwein würden „verschiedene, ihm eigene Stimmtöne produziert"[147], heißt es etwa bei Hérissant. Lediglich der „Ausdrukk der Schweinsstimme"[148] sei ihm gelungen, schreibt wiederum Haller, als er jene Ferrein'schen Experimente der künstlichen Produktion von „Schall und Stimme" wiederholt hätte, „woran man das Thier erkennen können."[149] Wie genau man sich „die eigenthümliche Eigenschaft"[150] der Stimme vorzustellen habe, „die die Natur einem jeden Thiere eigen gemacht hat"[151], bleibt dabei ebenso unausgesprochen wie die Frage, was Cuvier mit den „abentheuerliche[n] Tönen"[152] meint, welche die meisten Säugetiere von sich gäben.[153] Auch Hallers Göttinger Kollege, der Anatom und Anthropologe Johann Friedrich Blumenbach, greift in seinem *Handbuch der vergleichenden Anatomie* auf solcherart unbestimmt bleibende Kennzeichnungen zurück, um die akustische Wirkung der Stimmwerkzeuge zu beschreiben. Die den „Säugethieren [...] eigenthümliche sich besonders auszeichnende Stimme"[154], heißt es dort, werde abgesehen von Glottis und Stimmbändern

---

141 Ebd., S. 367.
142 Ebd., S. 322.
143 Ebd., S. 358.
144 Ebd., S. 384.
145 Ebd., S. 330.
146 Ebd., S. 319.
147 „les différens sons de voix qui lui sont propres". Hérissant: Recherches sur les organes de la voix des quadrupèdes, et de celle des oiseaux, S. 290. Ähnlich auch Vicq d'Azyr: „Chaque animal produit des modulations qui lui sont propres". Vicq d'Azyr: Premier mémoire sur la voix, S. 180.
148 Haller: *Anfangsgründe der Physiologie des menschlichen Körpers*, S. 682.
149 Ebd.
150 Ebd., S. 680.
151 Ebd.
152 Cuvier: *Vorlesungen über vergleichende Anatomie*, S. 342.
153 Siehe auch Haller: *Anfangsgründe der Physiologie des menschlichen Körpers*, S. 680, 681 und 682.
154 Johann Friedrich Blumenbach: *Handbuch der vergleichenden Anatomie*. Mit Kupfern. Göttingen: Heinrich Dieterich 1805, S. 277.

noch von anderen Organen gebildet. So verursachten etwa – auf diesen Zusammenhang hatte ja schon Vicq d'Azyr verwiesen – ein Paar zarte Membranen unter den Stimmbändern von Katzen „vermuthlich das diesen Thieren eigene Schnurren oder Spinnen"[155]. Das „eigene Geschrey des Esels"[156] wiederum – und hier bezieht sich Blumenbach auf Hérissant – werde unter anderem durch eine besondere Vertiefung im Schildknorpel des Tieres hervorgebracht.

Ist der spezifische Klang einer Stimme generell nur schwer in Worte zu fassen, lässt die Erkundung von Tierstimmen den Beschreibungsnotstand der Stimme innerhalb des Notationssystems Schrift besonders deutlich hervortreten. In ihrer immensen Bandbreite an Tönen und Geräuschen schießen tierliche mehr noch als menschliche Stimmen über jedweden Versuch einer sprachlichen Erfassung hinaus. Während Letztere in einem ständigen Austausch zur Sprache stehen, gehorchen die Stimmen von Tieren allenfalls einer eigenen, ungewissen und mithin nur bedingt beschreibbaren Semantik. Wie die Stimme eines Tieres *de facto* klingt, scheinen auch die Ausführungen der vergleichenden Stimmphysiologie nicht recht vermitteln zu können. Umso mehr wird versucht, die artspezifischen Klangqualitäten in den Leser:innen auf andere Art zu evozieren. Die offenkundig behelfsmäßigen Verweise auf das ‚Eigene' bzw. ‚Eigentümliche' der jeweils untersuchten Tierstimme markieren eine Grenze der sprachlichen Darstellbarkeit, eine Lücke innerhalb des Sagbaren, die zugleich darauf angelegt ist, durch die individuellen Hörerfahrungen der Rezipient:innen imaginativ geschlossen zu werden.

Auf solcherlei Weise werden die Leerstellen des Nichtwissens, wie sie die vergleichende Physiologie der Stimmgebung vielfältig durchziehen, beinahe zwangsläufig zu Einsatzpunkten fiktionaler und – wie noch zu zeigen sein wird – spezifisch literarischer Verfahren der Wissensgenerierung. Die diversen epistemischen Auslassungspunkte der vergleichenden Stimmphysiologie – sei es der nur bedingt vermittelbare, bisweilen sogar unbekannte Stimmklang der untersuchten Tiere, sei es die Unvereinbarkeit der auditiven und visuellen Erkundung ihrer Stimmapparate – machen sie zum Schauplatz der *facultas fingendi* als gemeinsamer Ursprung wissenschaftlicher und literarischer Erkenntnis.[157] Sie eröffnen einen Raum an „produktivem Möglichkeitsdenken"[158], in dem die empi-

---

155 Ebd., S. 279.
156 Ebd., S. 278.
157 Weigel: Das Gedankenexperiment: Nagelprobe auf die facultas fingendi in Wissenschaft und Literatur, S. 187.
158 Michael Gamper: Nicht-Wissen und Literatur. Eine Poetik des Irrtums bei Bacon, Lichtenberg, Novalis und Goethe. In: *Internationales Archiv für Sozialgeschichte der deutschen Literatur* 34,2 (2009), S. 92–120, S. 94.

risch nicht oder nur schwer erschließbaren Zusammenhänge spielerisch, d. h. durch Hypothesenbildung und kreative Metaphorik erprobt werden können.[159] Inwieweit diese Zusammenhänge nicht zuletzt auch metaphysische Fragen wie solche nach der anthropologischen Differenz zwischen tierlicher und menschlicher Stimmgebung betrafen, soll im Folgenden herausgearbeitet werden.

2.2.5 Anthropologische Irritationen

Als Sitz von Stimme und Sprache birgt das Sprechorgan samt Lunge, Kehlkopf und Vokaltrakt eine hohe anthropologische Brisanz. Schafft es einerseits eine Verbindung zwischen Menschen und Tieren, insofern es beide mit einer ausdrucksfähigen Stimme ausstattet, wird das Sprechorgan andererseits zum Bezugspunkt der anthropologischen Differenz. Der Umschlag vom tierlichen Laut in menschliche Sprache, vom ‚Naturgeräusch' in ‚Sprachkultur' hat hier seinen spezifischen Ort. Wenn – wie eine jahrhundertealte Überzeugung lautet – Sprache den Menschen zum Menschen macht,[160] diese Sprache aber einem Organ entspringt, welches Menschen und Tiere gemein haben, so wirft dies unweigerlich Fragen nach der Spezifik des menschlichen Sprechorgans auf. Mit der vergleichenden Stimmphysiologie rücken Antworten auf diese Fragen in greifbare Nähe. So verbindet sich mit dem Vergleich verschiedenartiger Stimmapparate nicht nur die Absicht einer Erkenntnisbeförderung hinsichtlich der menschlichen und tierlichen Stimmgebung. Das Versprechen, darüber hinaus Einsicht in die Gründe zu bekommen, weshalb Menschen im Unterschied zu Tieren zur artikulatorischen Formung der Stimme in Sprache fähig sind, bildet ein hintergründiges Motiv der vergleichenden Stimmphysiologie. Neben den kognitiven Aspekten des menschlichen Sprechvorgangs interessieren sie insbesondere dessen phonetische Voraussetzungen. Lässt sich, so lautet die unterschwellige, aber nichtsdestoweniger bestimmende Frage der vergleichenden Stimmphysiologie, die anthropologische Differenz zwischen sprechfähigem Menschen und nur tönendem Tier als physischer Unterschied in den Sprechorganen nachweisen oder ist sie allein kognitiver Natur? Und: Welche Implikationen hätte eine physische Manifestation des menschlichen Sprechvermögens hinsichtlich der Frage nach der Sprach- und Denkfähigkeit von möglicherweise nur sprechbehinderten Tieren?

---

159 Ebd., S. 101.
160 Zur historischen Anthropologie der Sprache siehe Jürgen Trabant: *Artikulationen. Historische Anthropologie der Sprache*. Frankfurt am Main: Suhrkamp 1998, S. 15.

In seinen Ausführungen über den „Unterschied in der Sprache, hergenommen von der Verschiedenheit der Thiere"[161] nähert sich Haller dem spezifisch ‚Eigenen' der sprachfähigen Stimme des Menschen zunächst phänomenologisch, nämlich über die Diversität an stimmlichen Erscheinungen im Tierreich. „Alle Thiere und Vögel, deren Karakter in allem sonst völlig gleich ist, haben [...] ihre besondere Stimme, woran sich, wenn man sie hört, ihr Geschlecht gleich unterscheiden läßt. Folglich wird auch der Mensch billig seine eigene Sprache haben."[162] Zwar stünden die Stimmen von Menschen und Tieren unzweifelhaft im Austausch miteinander, insofern beispielsweise manche berüchtigte ‚Wolfskinder' nachweislich die Laute ihrer tierlichen Zieheltern angenommen hätten oder umgekehrt: gewisse Tiere die menschliche Stimme imitierten bzw. „in der Stimme des Straußen, und im Krokodill etwas Menschen ähnliches angetroffen"[163] werden könne und sich auch „die Stimmen der Hunde und Hähnen einigermaßen der menschlichen nähern."[164] Trotz jener gegenseitigen stimmlichen Adaptionen und Assonanzen, argumentiert Haller, hätten

> der Papegei, der Star, oder andere Vögel noch ihre besondere Sprache, so wie der Mensch die seinige hat. Es bringen nemlich die verschiedenen Werkzeuge auch ein verschiedenes Bestreben in der Stimme hervor, und es macht der Affe, der doch dem Menschen am nächsten kommt, keinen solchen Laut, als der Mensch.[165]

Mit der ‚besonderen Stimme' bzw. ‚Sprache', den ‚verschiedenen Werkzeugen' ihrer Äußerung und den so ermöglichten ‚verschiedenen Bestreben' sind drei Aspekte angesprochen, welche von der Stimmphysiologie immer wieder herangezogen werden, um zwischen vorartikulatorischer Tierstimme und menschlicher Sprache zu differenzieren. Menschliche und tierliche Stimmen würden sich nicht nur klanglich voneinander unterscheiden, sie basierten auch auf verschiedenen organischen Voraussetzungen, mit denen wiederum unterschiedliche Funktions- und Gebrauchsweisen einhergingen. Wie Haller ausführt, sei das dem Menschen eigene „Reden als eine Bildung der Stimme"[166] zu verstehen, „die aus der Glottis herausgestossen worden, und von der Zunge, dem Munde, und der Nase in solche Elemente verwandelt wird, daß wir dadurch die Empfindungen unserer Seele andern Menschen mittheilen können."[167] Könnten manche Tiere auch zur Artikulation von Buchstaben und Wörtern gebracht wer-

---

161 Haller: *Anfangsgründe der Physiologie des menschlichen Körpers*, S. 715.
162 Ebd., S. 715–716.
163 Ebd., S. 716.
164 Ebd.
165 Ebd.
166 Ebd., S. 721.
167 Ebd.

den, so etwa sprachimitierende Papageien, „und so gar Hunde [...], wenn ihnen ihre Schachmeister den Kinnbakken künstlich in Bewegung sezzen"[168] – eine im Übrigen noch hundert Jahre darauf vom Gehörlosenlehrer und Erfinder des Telefons Alexander Graham Bell angewandte Technik[169] –, so vermöchten sie anders als der Mensch „durch diese Buchstaben niemals ihre Gedanken ausdrükken."[170] Selbst Affen, deren Sprechwerkzeuge denen des Menschen sehr ähnelten, könnten „doch nicht reden."[171] Die organischen Vorrichtungen seien mithin nur bedingt für das Artikulationsvermögen verantwortlich. Weitaus wesentlicher hierfür scheinen vielmehr kognitive oder aber instinktive Fähigkeiten zu sein. Schon die beinahe identisch gebauten, hinsichtlich ihrer akustischen Wirkung aber deutlich differierenden Stimmorgane mancher Vogelarten, betont auch Cuvier, deuteten auf die Rolle solch immaterieller Faktoren für die artspezifischen ‚Eigentümlichkeiten' verschiedener Stimmen hin. Um zu erklären, weshalb Singvögel dieselbe Kehlkopfstruktur wie jene Vögel besitzen, deren Stimme als weitaus weniger oder sogar unangenehm empfunden wird, wie etwa die Laute der krächzenden Elstern und Raben,

> muss man erwägen, dass die sinnlich wahrnehmbaren physischen Eigenschaften nicht die einzigen Bestimmungsgründer der Handlungen der Thiere sind, und dass es andre, von einer feinern Beschaffenheit giebt, deren Ganzes man, ohne ihr Wesen zu kennen, mit dem Nahmen *Instinkt* belegt.[172]

Andererseits wird die artspezifische Morphologie des Stimmapparates samt Nasen- und Mundraum als durchaus wesentlich für den jeweiligen Klang der Stimme erachtet. Hinsichtlich des Umschlags vom bloßen Geräusch in artikulierte Sprache, wie sie den Menschen von allen anderen Tieren unterscheide, weist Cuvier den Lippen eine entscheidende Funktion zu. Sie seien „vielleicht die Organe, durch welche der Mensch sich vor den übrigen Säugethieren am

---

168 Ebd., S. 722.
169 Wie 1910 in diversen Zeitungen zu lesen war, brachte Bell seinen Terrier dazu, „How are you, grandmamma" zu bellen, indem er Kiefer, Zunge und Schnauze des Hundes mit seinen Händen manipulierte. Zu den um 1900 unter anderem auch in Deutschland an Popularität gewinnenden ‚Talking Dogs' siehe Jan Bondeson: *Amazing dogs. A cabinet of canine curiosities.* Ithaca, N.Y.: Cornell University Press 2011, S. 54–68.
170 Haller: *Anfangsgründe der Physiologie des menschlichen Körpers*, S. 722.
171 Ebd.
172 Cuvier: *Vorlesungen über vergleichende Anatomie*, S. 329. Eine ähnliche Beobachtung macht Cuvier bei den Stimmorganen von Enten: „Allein ein schwer zu erklärender Umstand ist der specifische Unterschied in der Stimme dieser Vögelarten, der bisweilen äußerst auffallend ist. Sonderbar ist es dabey, dass gerade die *Pfeifente* sich durch den Bau ihres Kehlkopfes der gewöhnlichen Ente am meisten nähert, ungeachtet ihre Stimme sich am meisten von dem Geschnatter derselben unterscheidet." Ebd., S. 318.

meisten auszeichnet, in deren Bildung z. B. sich zwischen ihm und den Affen der größte Abstand findet."[173] So sei „in den Lippen ganz vorzüglich [...] der Grund enthalten, warum die Vierfüsser unsere Sprache nicht nachzuahmen im Stande sind."[174] Über die Frage, inwieweit nun die verschiedenen Werkzeuge der Stimme oder aber deren unterschiedliche – durch Instinkt oder Verstand geleitete – ‚Bestrebungen' die Differenz zwischen Stimme und Sprache ausmachten, besteht offensichtlich Unklarheit.

Woraus sich diese Unsicherheiten letztlich speisen, ist das Nichtwissen, welches sich mit den Tierstimmen respektive deren Funktionen und kommunikativen Gebrauchsweisen verbindet. Die vergleichende Stimmphysiologie kann zwar Vermutungen über die jeweiligen Mechanismen der Stimmgebung anstellen. Die Bedeutungen der untersuchten Stimmen bleiben ihr jedoch weitgehend verborgen. Wie alle Erkundungen von Tierlauten hat sie es mit einer Sorte von Codes zu tun, zu denen sie keinen Schlüssel besitzt. Wovon die Schwalben zwitschern und warum genau die Katze schnurrt – die vergleichende Stimmphysiologie kann es allenfalls erahnen. Schon Haller verweist auf die epistemischen Entzüge, denen wir angesichts der Bedeutungen von Tierstimmen ausgesetzt sind. So treffe man in den verschiedenen Tierklassen Lautäußerungen an, welche unzweifelhaft Empfindungen wie „Schrekken, den Zorn, die Liebe zu den Jungen, die schmeichlerische Zärtlichkeit der Mutter, die Freude, den Schmerz ausdrükken."[175] Und doch handle es sich um „Empfindungen, die uns undeutlich bleiben"[176], insofern wir die Stimmen der Tiere nur unter Vorbehalt zu dekodieren vermögen.

Eben jene semantische Unbestimmtheit von Tierlauten, wie sie um 1900 die bioakustische Forschung vorantreiben wird (siehe Kapitel 4–6), nährt die Fragen, Debatten und Praktiken der vergleichenden Stimmphysiologie in besonderer Weise. Insofern sich den Physiologen die Bedeutungen hinter den stimmlichen Äußerungen der Tiere weitgehend verschlossen, konnten sie über den naturgeschichtlichen Sinn und Nutzen derer Stimmapparate nur spekulieren. Wie bereits angesprochen befremdete vor allem das eigentümliche Missverhältnis zwischen dem Komplexitätsgrad der verschiedenen Kehlköpfe und dem Wohlklang der von diesen produzierten Stimmen. Die von Hérissant aufgeworfene Frage, weshalb gerade die unangenehmsten aller Tierlaute von den komplexesten aller Stimmapparate hervorgebracht würden, wo doch die Natur bekanntermaßen zur Harmonie tendiere, schien angesichts der Unkenntnis der Semantiken jener Tier-

---

173 Ebd., S. 370.
174 Ebd.
175 Haller: *Anfangsgründe der Physiologie des menschlichen Körpers*, S. 717.
176 Ebd.

laute nicht leicht zu beantworten. Eine Unkenntnis, die nicht zuletzt auch anthropologische Irritationen auslöste: „Man würde nicht glauben", heißt es in einer Replik auf Hérissant, „dass die Stimmorgane des begabtesten Sängers [des Vogels] die Natur weniger kosteten als jene, die einem Esel zum Brüllen oder einem Schwein zum Grunzen dienen."[177] Verbindet sich mit Letzteren möglicherweise ein Sinn, eine unerkannte Sprache, die wir schlichtweg nicht verstehen können? „Fast wäre man versucht, diese kunstvollen Vorrichtungen zu bedauern, welche jene unangenehmen Geräusche verantworten", argumentiert der Autor weiter, „wüsste man nicht, dass nichts in der Natur ohne Nutzen ist, & dass die fürchterlichsten Schreie wahrscheinlich zu etwas dienen, das wir nicht kennen."[178]

Auch Vicq d'Azyrs Vorschlag, das Missverhältnis zwischen Kehlkopfkomplexität und Stimmwohlklang einfach als Zeichen dafür zu verstehen, „dass die Natur selbst gegen die Harmonie tendiere"[179], vermag die aufgekommenen Irritationen nicht wirklich zu beheben. Vielleicht, so eine weitere Idee des Anatomen, ließe sich der relativ einfach gebaute Kehlkopf des Menschen aber auch anthropologisch begründen. Fast fühlt man sich an die erst im 20. Jahrhundert von Arnold Gehlen entwickelte Theorie vom Menschen als Mängelwesen erinnert, wenn Vicq d'Azyr die Schlichtheit des menschlichen Kehlkopfes mit der Notwendigkeit bzw. dem Bedürfnis des Menschen in Zusammenhang bringt, seine Stimme zum Zwecke der Verständigung aktiver zu gestalten.

> Wenn die Mehrheit der Tiere unter Zuhilfenahme vieler Mittel nichts als unangenehme Töne hervorbringt, muss der Vorrang der Stimme des Menschen weniger als physikalischer Effekt seiner Anatomie denn als Frucht seiner Industrie und seines Bedürfnisses gesehen werden, seine Laute zu modifizieren, um eine größere Anzahl an Ideen zum Ausdruck zu bringen.[180]

---

[177] „On ne croiroit pas, [...] que l'organe du plus agréable chanteur coûtât moins de frais à la Nature, que ceux qui sont destinés à faire braire un âne, ou grogner un cochon." Anonym: Éloge de M. Hérissant. In: *Histoire de l'Académie royale des sciences* (1773), S. 118–134, hier S. 127.

[178] „On seroit tenté de regretter l'art employé à produire des sons si désagréables, si l'on ne savoit que rien dans la Nature n'est sans usage, & que ces maussades cris tiennent probablement à quelque chose d'utile que nous ignorons." Ebd.

[179] „N'est-on pas en droit de conclure de cette opposition, que la nature paroît tendre d'elle-même vers l'harmonie, puisqu'il semble lui en moins coûter pour former des sons agréables, que pour produire un grand bruit, à force des contours, de membranes & de cavités." Vicq d'Azyr: Premier mémoire sur la voix, S. 193.

[180] „[...] si la plupart de ces animaux, avec beaucoup de moyens, ne produisent que des sons désagréables, la prééminence de la voix de l'homme ne doit pas être regardée seulement comme l'effet physique de sa constitution, mais encore comme le fruit de son industrie, & du besoin qu'il a de modifier ses sons pour exprimer un plus grand nombre d'idées." Ebd., S. 181.

So stringent sich solcherlei Deutungen einerseits ausnehmen, so zeugen sie andererseits von den immensen anthropologischen Verunsicherungen, welche die vergleichende Stimmphysiologie mit sich brachte. Indem sie der tierlichen Stimmgebung eine nie zuvor dagewesene Aufmerksamkeit zuteilwerden ließ und ihr experimentell nachspürte, hatte sie Anteil an einer – seit Ferreins Kehlkopfexperimenten voranschreitenden – folgenreichen Wahrnehmungsverschiebung: Die Stimme erwies sich mehr denn je als ein materielles Phänomen, das weder zwangsläufig an (menschliche) Sprache gekoppelt noch auf den menschlichen Körper beschränkt sein muss. Wie die zeitgleich betriebenen experimentalphonetischen und technologischen Forschungen zur künstlichen Reproduzierbarkeit der Stimme (siehe Kapitel 1) rückte die vergleichende Stimmphysiologie Erscheinungsweisen der Stimme jenseits menschlicher Artikulationsbedingungen in den Blick. Damit wurden unweigerlich auch Fragen nach den Parallelen und Differenzen zwischen der Tierstimme und der zur lausprachlichen Artikulation fähigen Menschenstimme aufgeworfen. Ihre besondere Brisanz erhielten diese Fragen durch das Nichtwissen, welches sich mit der Funktionsweise und semantischen Rolle von Tierlauten verband und welches durch die vergleichende Stimmphysiologie nicht etwa aufgehoben wurde, sondern nur noch offener zu Tage trat. Ob auch Tiere potenziell in der Lage wären, Stimmen zu äußern, die der menschlichen Sprache nahe kämen, sowohl, was die Bewegung des Stimmapparates (phonetische Artikulation) als auch, was die Formierung von Sinneinheiten (semantische Artikulation) betrifft, widersetzte sich der empirischen Überprüfbarkeit und musste weitgehend hypothetisch erschlossen werden. Dass die Artikulationsfähigkeit nichtmenschlicher Tiere insbesondere anhand der Kehlköpfe anthropoider Affen ausgehandelt wurde, verwundert nicht, handelt es sich doch – wie schon Vicq d'Azyr bemerkte – um die den Menschen anatomisch am ähnlichsten Tiere.[181] Bevor es zu zeigen gilt, wie der niederländische Arzt und Anatom Pieter Camper an die vergleichende Stimmphysiologie anschloss, um die Frage nach der Artikulationsfähigkeit von Affen experimentell zu entscheiden, soll im Folgenden die Debatte nachgezeichnet werden, die dieser Frage – und letztlich auch der Stimmphysiologie – von theoretischer Seite her ihren Auftrieb gab.

---

181 Ebd.

2.3 „Wollen oder können die Affen und Orange nicht reden?" (Pieter Camper)

2.3.1 Der ‚stumme' Affe – eine unbehagliche Figur

Etwa zeitgleich zur Herausbildung der vergleichenden Stimmphysiologie entstand in Europa eine Diskussion darüber, worin sich Menschen von Affen unterschieden und welche Rolle Stimme und Sprache hierbei spielten.[182] Zwar wurde zu dieser Frage schon im 17. Jahrhundert prominent Stellung bezogen: In seiner 1637 verfassten Abhandlung *Discours de la méthode* hatte René Descartes für den prinzipiellen Unterschied zwischen Menschen und Tieren argumentiert, wobei er auch auf die fehlende Sprachkompetenz von Affen zu sprechen kam.[183] Fahrt nahm diese Diskussion aber erst ab der Mitte des 18. Jahrhunderts auf, als koloniale Infrastrukturen die Voraussetzungen für mehr oder weniger direkte Begegnungen europäischer Wissenschaftler mit nichtmenschlichen Primaten schufen.

---

[182] Zum Folgenden siehe auch Denise Reimann: „Wollen oder können die Affen und Orange nicht reden?" Affenphonetische Schwellenkunden um 1800 und 1900. In: Sommer / Reimann (Hrsg.): *Zwitschern, Bellen, Röhren*, S. 41–72.

[183] Siehe René Descartes: *Discours de la méthode (pour bien conduire sa raison, et chercher la verité dans les sciences)*. Französisch/deutsch, übers. u. hrsg. v. Lüder Gäbe. Hamburg: Meiner 1990, Fünfter Teil, 9. bis 12. Abschnitt, 93–95. Bekanntlich erklärt Descartes sämtliche Tiere zu sprach- und denkunfähigen Automaten, deren „natürliche Lebensäußerungen" nicht mit der geistvollen Rede des Menschen zu verwechseln seien. Jeder könne beobachten, dass „Spechte und Papageien ebenso wie wir Worte hervorbringen können und daß sie dennoch nicht reden, d. h. zu erkennen geben können, daß sie denken, was sie sagen, wie wir." Insofern Tiere keinen Geist (*res cogitans*) besäßen, sondern nur mechanisch funktionierende Körper (*res extensa*) seien, produzierten sie allenfalls geistlose Lautäußerungen, „die von Maschinen ebensogut nachgeahmt werden können wie von Tieren." Während selbst „taubstumm" geborene Menschen, denen Organe zum Sprechen fehlen würden, sich durch Zeichen verständig machten, sei weder an Affen noch an Papageien – den geschicktesten und hinsichtlich ihrer Stimmorgane menschenähnlichsten aller Tiere – die geringste Sprachkompetenz zu beobachten. Ihnen fehle erstens die Fähigkeit, kreativ mit Worten und Sätzen umzugehen, d. h. über ein bloßes ‚Nachäffen' hinaus sprachflexibel agieren zu können. Des Weiteren sind sie Descartes zufolge unfähig, selbstständig, d. h., ohne vorher programmiert oder anderweitig von außen stimuliert worden zu sein, „in allen Lebensfällen so [zu] handeln [...], wie uns unsere Vernunft handeln läßt." Genau deshalb könnten wir Descartes zufolge einen Affen nicht von einer als Affe verkleideten Maschine unterscheiden, aber jede oberflächlich menschlich scheinende Maschine von einem Menschen. Ebd., Fünfter Teil, 9. bis 12. Abschnitt, 93. Zu den zeitgenössischen durchaus kritischen Reaktionen auf Descartes' Tier-Maschinen-Theorem siehe Pia Jauch: ‚Les animaux plus que les machines?' Von Maschinentieren, Tierautomaten und anderen bestialischen Träumereien. Einige Anmerkungen aus philosophischer Sicht. In: Hartmut Böhme (Hrsg.): *Tiere. Eine andere Anthropologie*. Köln: Böhlau 2004, S. 237–249.

Forschungs- und Handelsreisende brachten Beschreibungen von in Südostasien und Westafrika gesichteten Wesen in Umlauf, die eine menschenähnliche haarige Gestalt, aber weder Sprache noch Vernunft besäßen.[184] Diese Beschreibungen wurden nicht selten durch Abbildungen in Form von Stichen oder Gemälden ergänzt, welche die Phantasien der in Europa gebliebenen Menschen wiederum beflügelten. Ob und wenn ja welche Laute diese Wesen von sich gaben, blieb dabei entweder unerwähnt, spekulativ oder mit Worten nur schwer beschreib- und vermittelbar.[185] Ab etwa 1750 gelangten nichtmenschliche Primaten dann zunehmend auch leibhaftig nach Europa.[186] Der Import toter und späterhin lebender Exemplare, der die Ähnlichkeit zwischen Menschenaffen und Menschen unmittelbar vor Augen führte, korrelierte mit der sukzessiven Öffnung der Naturforschung für evolutionistische Perspektiven.[187]

So sorgten neben der Entdeckung und Beschreibung von Menschenaffen immer umfangreichere Funde bislang unbekannter Tier- und Pflanzenarten für einen steigenden „Erfahrungsdruck und Empirisierungszwang"[188] naturgeschichtlicher Forschung, welche die Historisierung von Natur nicht nur denkbar werden ließen, sondern wissensökonomisch geradezu erforderten. Die mit der Aufklärung stetig komplexer werdenden Erfahrungs- und Wissensbestände auf Seiten der Naturgeschichte ließen sich nur durch Verzeitlichungstechniken wie chronologische Ordnungen bewältigen.[189] Die traditionsreiche und noch 1737 von Carl von Linné in seiner *Scala naturae* bemühte Vorstellung einer *great chain of being*,[190] welche vom unveränderlichen, da göttlich eingerichteten ‚Neben- bzw. Übereinander' aller Lebewesen ausging, kommt angesichts der Funde neuer sowie längst ausgestorbener Arten zunehmend an ihre Grenzen. Demgegenüber gewinnen ab der

---

184 Vgl. Hans Werner Ingensiep: Der aufgeklärte Affe. Zur Wahrnehmung von Menschenaffen im 18. Jahrhundert im Spannungsfeld zwischen Natur und Kultur. In: Jörn Garber / Heinz Thoma (Hrsg.): *Zwischen Empirisierung und Konstruktionsleistung. Anthropologie im 18. Jahrhundert*. Tübingen: M. Niemeyer 2004, S. 31–57.
185 Vgl. ebd.
186 Vgl. Julika Griem: *Monkey Business. Affen als Figuren anthropologischer und ästhetischer Reflexion 1800–2000*. Berlin: Trafo 2010, S. 52. Zu den Schwierigkeiten und Unglücksfällen, welche sich mit dem Transport lebender Tiere verbanden siehe Baratay / Hardouin-Fugier / Wolf: *Zoo*, S. 17–20. Um 1640 wurde einer der ersten Orang-Utans nach Europa verschifft. Ebd., S. 36.
187 Siehe hierzu Wolf Lepenies: *Das Ende der Naturgeschichte. Wandel kultureller Selbstverständlichkeiten in den Wissenschaften des 18. und 19. Jahrhunderts*. München: C. Hanser 1976.
188 Ebd., S. 18.
189 Ebd., S. 16–20.
190 Siehe dazu Arthur O. Lovejoy: *Die große Kette der Wesen. Geschichte eines Gedankens*. Frankfurt am Main: Suhrkamp 1993.

Mitte des 18. Jahrhunderts Perspektiven an Bedeutung, welche die Entstehung der Arten als ein ‚Nacheinander' konzipieren und deren Beziehungen zueinander – noch lange vor Darwin – als evolutionär beschreiben.[191] Mit der Einführung zeitlicher Parameter in die Ordnungssysteme der Natur gerieten Fragen nach der Verwandtschaft zwischen Mensch und Affe beinahe zwangsläufig in den Blickpunkt. Denn wenn Natur nicht mehr statisch, sondern dynamisch, transitorisch und metamorphisch gedacht wird, gerät auch die Grenze zwischen Menschen und Tieren ins Wanken. Der anthropoide Affe, als ein dem Menschen ohnehin schon unheimlich ähnlich sehendes Tier, rückte nun auch in evolutionärer Hinsicht bedrohlich nah. Als potenzieller ‚missing link' zwischen Mensch und Tier avancierte der Menschenaffe schnell zur zentralen Figur anthropologischer Debatten, die seine unbestimmte Schwellenposition anatomisch, ästhetisch und philosophisch zu fassen suchten.[192] Die wohl brisanteste und zugleich strittigste Frage betraf die Fähigkeit des Menschenaffen zur stimmlichen Artikulation und Sprache, wobei Letztere fast immer als Abwesende angesprochen wurde. Ob Affen nicht sprächen, weil sie organisch nicht dazu in der Lage seien oder ihnen die kognitiven Voraussetzungen fehlten, ob sie Sprache schlichtweg nicht gelernt hätten oder absichtlich zurückhielten, wurde angesichts der weitreichenden Konsequenzen für anthropologische Grenzziehungen breit diskutiert. Die vor allem an Bildern und Texten geschulten Meinungen hierüber bewegten sich grundsätzlich zwischen zwei Polen.

Auf der einen – eher differentialistischen – Seite wird die Möglichkeit einer Tier- bzw. Affensprache rigoros dementiert. In der Tradition von René Descartes beschreibt beispielsweise der Naturforscher Georges Louis Leclerc de Buffon den Affen als ein zwar äußerlich und anatomisch menschenähnliches Tier, das in Anbetracht seines fehlenden Geistes- und Sprachvermögens indes klar vom Menschen unterschieden werden müsse. Wie Descartes nimmt Buffon die sei-

---

191 Vgl. auch Ulrike Zeuch: Die Scala Naturae als Leitmetapher. Für eine statische und hierarchische Ordnungsidee der Naturgeschichte. In: Elena Agazzi (Hrsg.): *Tropen und Metaphern im Gelehrtendiskurs des 18. Jahrhunderts*. Hamburg: Meiner 2011, S. 25–32, die entgegen der oft vertretenen Auffassung, bei der Ablösung der Naturgeschichte durch die Geschichte der Natur handle es sich um einen Paradigmenwechsel bzw. abrupten turn, den prozessualen Übergang zwischen beiden Ordnungsmodellen betont, insofern die Dynamisierung des naturgeschichtlichen Stufenmodells in der Metapher der *Scala naturae* schon angelegt sei.

192 Vgl. Carl Niekerk: Man and orangutan in eighteenth-century thinking: Retracing the early history of dutch and german anthropology. In: *Monatshefte* 96,4 (2004), S. 477–502, hier S. 479–480. Siehe auch Griem: *Monkey Business* und Roland Borgards: Der Affe als Mensch und der Europäer als Ureinwohner. Ethnozoographie um 1800 (Cornelis De Pauw, Wilhelm Hauff, Friedrich Tiedemann). In: David E. Wellbery / Alexander von Bormann (Hrsg.): *Kultur-Schreiben als romantisches Projekt. Romantische Ethnographie im Spannungsfeld zwischen Imagination und Wissenschaft*. Würzburg: Königshausen & Neumann 2012, S. 17–42.

nerzeit noch nicht erfundene Sprechmaschine imaginativ vorweg, wenn er die Lautäußerungen von Tieren als „Echo oder Wiedergabe einer künstlich repetierenden bzw. artikulierenden Maschine" beschreibt. So seien es „nicht das körperliche Vermögen oder die materiellen Organe, sondern das intellektuelle Vermögen, das Denken, das ihnen fehlt."[193] Auch Affen würden reden, wenn sie kognitiv dazu in der Lage wären. „Hätte ihr Geist etwas mit dem unsrigen gemeinsam, würden sie unsere Sprache sprechen, & selbst, wenn sie nur über äffische Gedanken verfügten, würden sie mit anderen Affen sprechen." Man habe jedoch „nie beobachten können, dass sie sich unterhielten oder miteinander schwatzten."[194] Auch Johann Gottfried Herder spricht sich 1771 in seiner preisgekrönten *Abhandlung über den Ursprung der Sprache* gegen die Sprachfähigkeit von Affen aus, wobei er gerade dessen menschenähnlich gebautes Stimmorgan als schlagenden Beweis anführt: „Welcher Orang-Utan aber hat je mit allen menschlichen Sprechwerkzeugen ein einziges menschliches Wort gesprochen?"[195] Jedenfalls werde „durch die Werkzeuge [...] bei ihm das Können nicht aufgehalten!"[196]

Auf der anderen – eher assimilationistischen – Seite steht das Zugeständnis tierlicher Partizipation an (Vor-)Formen der Sprache im Rahmen eines „Stufenmodell[s] naturgeschichtlicher Entwicklung, das den Menschen als Sprachgeschöpf und als höchste Stufe einer Evolution"[197] sprachlichen Vermögens beschreibt. Am prominentesten hat diese Auffassung Jean-Jacques Rousseau vertreten. Anders als Buffon deutet der Aufklärungsphilosoph die Ähnlichkeit des Stimmorgans menschlicher und nichtmenschlicher Primaten nicht als Beweis derer kognitiver Sprachunfähigkeit, sondern ganz im Gegenteil als Indiz ihrer sprachlichen Perfektibilität. Die von Reisenden verschiedentlich beschriebenen Affen, so seine These, könnten „wilde Menschen [...] auf der ersten Stufe des Na-

---

[193] „Ils [les animaux] semblent ne les répéter, & même ne les articuler, que comme un écho ou une machine artificielle les répéteroit ou les articuleroit; ce ne sont pas les puissances méchaniques ou les organes matériels, mais c'est la puissance intellectuelle, c'est la pensée qui leur manque." Georges-Louis Leclerc de Buffon: *Histoire naturelle, générale et particulière avec la déscription du cabinet du Roi*. Bd. 2. Paris: L'Imprimerie Royale 1749, S. 440.

[194] „Si l'ordre de ses pensées avoit quelque chose de commun avec les nôtres, il paleroit notre langue, & en supposant qu'il n'eût que des pensées de singe, il parleroit aux autres singes ; mais on ne les a jamais vûs s'entretenir ou discourir ensemble [...]", ebd., S. 439. Siehe dazu Griem: *Monkey Business*, S. 53–55.

[195] Herder: *Abhandlung über den Ursprung der Sprache*, S. 69–70.

[196] Ebd., S. 70.

[197] Neis: Menschliche Lautsprache (vs. andere Zeichen), S. 189.

turzustandes"[198] sein, die trotz fehlender Sprachverwendung über ein sprachliches Entwicklungspotenzial verfügten. In einem späteren Brief an David Hume versteigt sich Rousseau sogar zu der Annahme, dass die gesichteten Orang-Utans das Sprechen absichtlich verweigerten, um nicht zu Sklaven gemacht zu werden.[199] Diese etwas kurios anmutende, neben anderen Erklärungsansätzen jedoch noch bis ins 19. Jahrhundert kursierende Theorie der bewussten ‚Stummheit' von Affen geht auf den holländischen Mediziner Jacobus Bontius zurück, der sie in einer 1658 posthum erschienenen Schrift zur Naturgeschichte Ostindiens in die Welt gesetzt hatte.[200] In ihrer abenteuerlichen Konstruktion zeugt sie von den imaginativen Kräften, welche die Figur des ‚stummen Affen' freisetzte. Was am ‚Nichtsprechen' dieses so menschenähnlichen Tieres irritierte, war nicht etwa die enttäuschte Erwartung einer wie auch immer gearteten ‚Affensprache'. Vielmehr manifestierte sich im ‚stummen Affen' die Möglichkeit eines absichtlichen Nichtsprechens und damit der Potenz zur Impotenz, welche von manchen Philosoph:innen noch heute als genuin menschlich definiert wird.[201]

---

198 Jean-Jacques Rousseau: *Über den Ursprung und die Grundlagen der Ungleichheit unter den Menschen*. Berlin: Aufbau 1955, S. 148–154, hier S. 149.
199 Am 29. März 1766 schreibt Rousseau an Hume: „C'est à peu près la ruse des singes qui, disent les nègres, ne veulent pas parler quoiqu'ils le puissent, de peur qu'on ne les fasse travailler." Zit. n. Ralph A. Leigh (Hrsg.): *Correspondance complète de Jean Jacques Rousseau*. Band 29. Genf: Banbury 1965, S. 66. Siehe dazu auch Griem: *Monkey Business*, S. 55.
200 Siehe dazu Ingensiep: Der aufgeklärte Affe, S. 41.
201 So fragt etwa Alice Lagaay in einem kurzen Essay zur Stimme: „Kann es nicht sein, dass es weniger die Fähigkeit zu sprechen ist, die einen Menschen von einem blökenden Schaf unterscheidet, als vielmehr die *Fähigkeit, nicht zu sprechen*? [...] Für den Menschen [...] gibt es immer die Möglichkeit, sich im Sprechen zurückzuhalten, still zu bleiben auf eine Weise, die Tieren abgeht." Alice Lagaay: What remains of voice. In: Kolesch / Schrödl (Hrsg.): *Kunst-Stimmen*, S. 112–116, hier S. 115. Lagaay bezieht sich hier auf Giorgio Agamben, der die Potenz zur Impotenz, d. h. die Fähigkeit, etwas nicht zu tun, als eine wesentlich menschliche Eigenschaft definiert hat: „Die anderen Lebewesen können allein ihre spezifische Potenz, sie sind nur zu diesem oder jenem Verhalten fähig, das in ihre biologische Bestimmung eingeschrieben ist; der Mensch aber ist das Tier, das *seine eigene Impotenz kann*." Giorgio Agamben: Über negative Potentialität. In: Emmanuel Alloa (Hrsg.): *Nicht(s) sagen. Strategien der Sprachabwendung im 20. Jahrhundert*. Bielefeld: transcript 2008, S. 285–298, hier S. 293. Sowohl für Agamben als auch für Lagaay konstituiert sich die menschliche Stimme letztlich über ihr Verhältnis zur Negativität. Während die Stimme des Tieres in Präsenz aufgehe, werde die menschliche Rede ganz im Gegenteil durch Abwesenheit, Unterbrechung und Differenz strukturiert. Die im aktiven Entzug der Stimme, d. h. im Schweigen sich offenbarende Potenz zur Impotenz, genauer: zur Nicht-Artikulation, zum Nicht-Sagen gerät hier zur anthropologischen Konstante schlechthin. Siehe auch Giorgio Agamben: *Die Sprache und der Tod. Ein Seminar über den Ort der Negativität*. Frankfurt am Main: Suhrkamp 2007.

Beide hier skizzierten Positionen stecken ein ebenso umstrittenes wie prekäres Wissensfeld ab, da in Ermangelung zuverlässiger Informationsbestände auf spekulative Konstruktionen zurückgegriffen werden musste.[202] So basierten die meisten der im 18. Jahrhundert grassierenden Entwürfe des Menschenaffen weniger auf eigenen Beobachtungen als auf den schon angesprochenen Beschreibungen und Bildern in Reiseberichten, in denen Affen schon naturgemäß nicht zu hören waren. Dass diese zudem oft zu Übertreibungen oder anderweitigen Verfremdungen neigten, wurde vor allem von Empirikern wie dem niederländischen Anatomen Pieter Camper bemängelt. In den 1770er Jahren untersucht Camper das Sprechvermögen von Orang-Utans auf experimentalphysiologischem Wege.

2.3.2 Campers Experiment

In Campers Forschungen treffen die sprachphilosophischen Reflexionen der anthropologischen Differenz, wie sie von Rousseau, Herder und anderen Theoretikern des 18. Jahrhunderts angestoßen wurden, auf die empirischen Erkundungen der vergleichenden Stimmphysiologie. Wie Vicq d'Azyr, den Camper 1777 in Paris besuchte, gehörte Camper zu jenen Naturforschern, welche im anatomischen Vergleich die einzige Möglichkeit sahen, Fragen nach der Beschaffenheit der Natur und den inner- und zwischenartlichen Beziehungen derer Geschöpfe auf eine empirische Grundlage zu stellen. In Abgrenzung zur seinerzeit vorherrschenden Ansicht der Naturgeschichte, die äußerlichen Kennzeichen eines Körpers reichten aus, um dessen Zugehörigkeit zu einer Art zu bestimmen, war Camper daran interessiert, inkorporale Artcharakteristika ausfindig zu machen.[203] „Schon in meinen ersten Jugendjahren", schreibt Camper 1787, „fand ich ein vorzügliches Vergnügen an derjenigen Betrachtung der Natur, welche an den Thieren den Bau der innern Lagen, insbesondere aber der Werkzeuge der Sinne, als der merkwürdigsten vor Augen legt."[204] Es waren die inneren, dem Forscherblick üblicherweise entzoge-

---

[202] Zum Spannungsfeld von Empirie und Spekulation, in dem sich die Debatte um die Differenz zwischen sprachfähigem Menschen und vermeintlich ‚stummem' Affen bewegte, siehe Ingensiep: Der aufgeklärte Affe.
[203] Zur Epistemologie und Methodologie Campers siehe Robert Paul Willem Visser: *The zoological work of Petrus Camper (1722–1789)*. Amsterdam: Rodopi 1985, S. 16–24.
[204] Pieter Camper: Bemerkungen über die Klasse derjenigen Fische, die vom Ritter Linné schwimmende Amphibien genannt werden. In: *Schriften der Gesellschaft Naturforschender Freunde zu Berlin* 7 (1787), S. 197–218, hier S. 197. Das Zitat entstammt einer Abhandlung zur auditiven Wahrnehmung von Fischen, einem bereits in den 1760er Jahren begonnenen Forschungsprojekt, dem er sich im Laufe seiner wissenschaftlichen Karriere immer wieder widmete. Vgl. Visser: *The zoological work of Petrus Camper (1722–1789)*, S. 24–27. Campers

nen, in naturgeschichtlicher Hinsicht jedoch umso weitreichenderen Zusammenhänge, welche Camper durch die vergleichende Anatomie aufzudecken hoffte. Auch seine Studien zu den Stimmwerkzeugen von Affen wurden durch jenes Bestreben motiviert. Um den theoretischen Spekulationen zur Stimm- und Sprachfähigkeit anthropoider Affen ein Ende zu bereiten, untersuchte er ab 1757 die Kehlköpfe mehrerer Orang-Utans.[205] Angesichts der vieldiskutierten Ähnlichkeit zwischen Mensch und Affe, schreibt Camper, wollte er die in dieser Hinsicht „alles entscheiden[de]"[206] Frage, ob Affen „des vortrefflichen Vorzugs, den wir vor allen andern Geschöpfen unwidersprechlich besitzen, der Sprache nämlich, fähig sei[en]"[207], auf empirischem Wege klären. Damit sollten nicht nur die Irrtümer jener Naturkundler beseitigt werden, deren Beschreibungen der Orang-Utans von höchst fragwürdigen Quellen wie den „sich selbst und

---

Auseinandersetzung mit der Hörfähigkeit der traditionell als ‚taubstumm' geltenden Fische ist für den vorliegenden Zusammenhang insofern interessant, als sie einerseits seinen empiristischen Zugang zu bis dato eher spekulativ verhandelten Wissensobjekten verdeutlicht und andererseits seine Faszination für die Erkundung von Sinnesqualitäten offenbart, die sich der auditiven bzw. visuellen Wahrnehmung zunächst entziehen. Wie bei seinen späteren Kehlkopfstudien an Affen ist dieses Interesse letztlich anthropologischer Natur: „Meiner Seits kann ich die Fische um deshalb nicht für stumm halten, weil sie alle mit sehr schönen Gehörswerkzeugen versehen sind. Wozu aber würden diese ihnen nützen, wenn sie nicht sich einer Art von Sprache bedienten. Ich behaupte indessen hiermit nicht, daß sie, wie die Menschen, deutlich oder vernehmlich sprechen sollten; sondern ich will hiemit hauptsächlich nur so viel sagen, daß sie mit ihrem Munde dem Wasser, als einer höchst zarten Flüßigkeit verschiedene Schwingungen mittheilen können, welche die übrigen Fische, besonders die, von eben derselben Gattung, wechselweise hören, das heißt, vernehmen, oder auf eine eben solche ähnliche Art empfinden, wie wir, und andere auf der Erde lebende Thiere die verschiedenen Schwingungen der Luft empfinden und fühlen." Camper: Bemerkungen über die Klasse derjenigen Fische, die vom Ritter Linné schwimmende Amphibien genannt werden, S. 213. Diese Argumentation erinnert an Vicq d'Azyrs oben beschriebene Theorie vom ‚Gesetz der Korrelation'.
205 Insgesamt konnte Camper auf acht Exemplare zurückgreifen. Siehe hierzu Ingensiep: Der aufgeklärte Affe, S. 44. Neben den Orang-Utans war Camper auch im Besitz eines Brüllaffen, den er – wie oben erwähnt – 1777 von Vicq d'Azyr geschenkt bekommen hatte: „Da ich aber 1777 in Paris die Zungenbeine eines Heulaffen (hurleur oder Alouatte) sah, so glaubte ich, auch hierin dem Stimmwerkzeug nachspüren zu müssen. Der berühmte Vicq d'Azyr, Mitglied der Königl. Akademie der Wissenschaften [...] hatte die Güte, mir zu erlauben, daß ich zwey aus seiner Sammlung zeichnen durfte, und gab mir den kleinsten zum Geschenk." Camper: *Naturgeschichte des Orang-Utang, und einiger andern Affenarten, des Africanischen Nashorns und des Rennthiers*, S. 148–149.
206 Pieter Camper: Kurze Nachricht von der Zergliederung verschiedener Orang Utangs und fürnehmlich desjenigen, der im Thiergarten Sr. Durchl. des Prinzen von Oranien 1777 gestorben ist. In: Ders.: *Kleinere Schriften. Die Arzney- und Wundarzneykunst und fürnehmlich die Naturgeschichte betreffend*. Leipzig: Siegfried Lebrecht Crusius 1784, S. 65–94, hier S. 68.
207 Ebd.

2.3 „Wollen oder können die Affen und Orange nicht reden?" (Pieter Camper) — 141

untereinander immer widersprechend[en]"[208] Reisenden abhingen. Auch die diversen Projektionen, welche sich mit der Figur des ‚stummen', wohlmöglich aber nur schweigenden Affen verbanden, gedachte Camper ein für alle Mal zu entkräften. Rückblickend fasst er seine Motivation wie folgt zusammen:

> Da so viele große Reisende und Schriftsteller von Namen die so sehr gepriesenen Orange, sowohl von Afrika als Amerika beynahe für Menschen hielten, und das Stillschweigen oder Nichtreden derselben von vielen eher für einen politischen Grundsatz, um nicht zu Sclaven gemacht und zur Arbeit gezwungen zu werden, als für einen wesentlichen Mangel im Sprachorgan angesehen wurde; so war es nicht allein für die Naturkunde, sondern auch für die Kenntniß des Menschen von großer Wichtigkeit, zu wissen, ob die Affen, und vornemlich der Orang, schwiegen, das ist, nicht sprachen, um die gesitteten Nationen zu täuschen, oder wegen einer Unvollkommenheit in ihrer Bildung und ihrem organischen Baue es nicht konnten?[209]

Mit anderen Worten galt es die anthropologisch schwerwiegende Frage: „Wollen oder können die Affen und Orange nicht reden?"[210] anatomisch zu entscheiden. Wie aber – lautete gleich das nächste Problem – der infrage stehenden Entstehungs- und Funktionsweise einer Stimme auf den Grund gehen, die wenn überhaupt nur dann erklingt, wenn ihr Urheber am Leben und also anatomisch nicht einsehbar ist? Dass „der Orang [...] bisweilen einen jämmerlichen Laut von sich geben [konnte], heischer und unangenehm", hätte Camper zwar „mehr als einmal" gehört, ohne indes „wahrnehmen zu können, was sich am Hals eräugne – und zwar desto weniger, weil er [der Orang] beynahe immer den Kopf niederwärts wider die Brust gedrückt hielt."[211] Auch Camper war sich offenbar der methodischen Herausforderungen bewusst, welche die Erforschung der Stimme mit sich brachte. Der physische Entstehungsort der Stimme ließ sich nur in deren Abwesenheit – nämlich am leblosen Präparat – untersuchen. Abgesehen davon bestand über die Laute des Orang-Utans keinerlei gefestigtes auditives Wissen. Dass Camper das Tier überhaupt zu hören bekam, verdankte er Wilhelm V. von Oranien, der „den wahren Orang-Utang lebendig aus Ost-Indien erhalten"[212] und in seiner Menagerie in Den Haag ausgestellt hatte.[213] Dort habe Camper „das Ver-

---

208 Ebd.
209 Camper: *Naturgeschichte des Orang-Utang, und einiger andern Affenarten, des Africanischen Nashorns und des Rennthiers*, S. 147.
210 Ebd., S. 149.
211 Ebd., S. 161–162.
212 Camper: *Kurze Nachricht von der Zergliederung verschiedener Orang Utangs und fürnehmlich desjenigen, der im Thiergarten Sr. Durchl. des Prinzen von Oranien 1777 gestorben ist*, S. 65.
213 Der Transport lebender Tiere nach Europa war mit den verschiedensten Schwierigkeiten verbunden. Neben logistischen Herausforderungen wie der Frage, wie die Tiere samt der ge-

gnügen gehabt", das Tier „lebendig zu sehen"[214], bevor es nach nur sieben Monaten Gefangenschaft verstarb.[215] Nach seinem Tode wurde das Fell des Orang zu Ausstellungszwecken präpariert und der „verstümmelte" Körper anschließend als Forschungsleihgabe an Camper geschickt. „Die Stimmwerkzeuge wenigstens, worauf es sehr ankam [...] waren ganz und unversehrt."[216] Zusammen mit weiteren präparierten Stimmorganen aus Campers eigenem Besitz bildeten sie die Materialgrundlage seiner experimentalphysiologischen Studien.

Um die nun zwar sichtbaren, aber stummen Präparate zur Stimmgebung zu animieren, behilft sich Camper der seit Ferrein in der Stimmphysiologie gebräuchlichen Methode: Er bläst seinen eigenen Atem in eine kupferne mit dem Stimmorgan des Affen verbundene Röhre, um zu sehen und gleichzeitig zu hören, wie sich der Luftstrom de facto verhalte.[217] Mittels dieser Technik findet Camper heraus, dass die eingeblasene Luft in sogenannte Kehlsäcke entweiche,

---

waltigen Menge an erforderlicher Nahrung auf dem Schiff untergebracht werden konnten, stellte auch der Mangel an Kenntnissen hinsichtlich der Lebensgewohnheiten der Tiere ein Problem dar. Viele Tiere starben entweder während des Seetransports oder – infolge einer gescheiterten Akklimatisierung – bald nach ihrer Ankunft in Europa. Siehe hierzu Baratay / Hardouin-Fugier / Wolf: *Zoo*, S. 17–20. Auch ein 1771 verschiffter und für Camper bestimmter Orang-Utan kam niemals lebend in Europa an. Wie der Anatom berichtet, versank das entsprechende Transportschiff samt Besatzung und Tieren zwischen Java und dem Kap der guten Hoffnung. Vgl. Pieter Camper: *Œuvres*. Bd. 1. Paris: Jansen 1803, S. 48.

214 Camper: Kurze Nachricht von der Zergliederung verschiedener Orang Utangs und fürnehmlich desjenigen, der im Thiergarten Sr. Durchl. des Prinzen von Oranien 1777 gestorben ist, S. 94.

215 Zur Biographie des Tieres siehe Hans Werner Ingensiep: Der Orang-Outang des Herrn Vosmaer. Ein aufgeklärter Menschenaffe. In: Jessica Ullrich / Friedrich Weltzien / Heike Fuhlbrügge (Hrsg.): *Ich, das Tier. Tiere als Persönlichkeiten in der Kulturgeschichte*. Berlin: Reimer 2008, S. 225–238.

216 Camper: Kurze Nachricht von der Zergliederung verschiedener Orang Utangs und fürnehmlich desjenigen, der im Thiergarten Sr. Durchl. des Prinzen von Oranien 1777 gestorben ist, S. 70.

217 Eine ähnliche Technik wandte Camper bereits erfolgreich bei seiner Erkundung der Flugfähigkeit von Vögeln an. Um sich die genaue Wirkungsweise derer hohlen Knochen zu erklären, blies Camper mittels einer Kupferröhre durch ein am Oberarmknochen einer toten Eule eingelassenes Loch und „zu meiner großen Freude sah ich, wie Brustkorb und Unterleib sich aufblähten und die Luft durch die Luftröhre austrat, im selben Maße, wie ich sie durch den Knochen einblies." Übers. n. Pieter Camper: Mémoire sur la structure des os dans les oiseaux, et de leurs diversités dans les différentes espèces. In: *Mémoires de mathématique et de physique, présentés à l'Académie Royale des Sciences* 7 (1776), S. 328–335, hier S. 330. Hierbei handelte es sich um den Beweis, dass die Atemluft den Vögeln indirekt zum Fliegen diente. Siehe hierzu wie auch zu den Kehlkopfstudien Campers auch Visser: *The zoological work of Petrus Camper (1722–1789)*, S. 27–39.

sich dort verbreite und „alle ihre Kraft und ihren Ton verliere"[218], bevor sie den Mundraum schließlich verlasse. Zur Veranschaulichung hat Camper einer seiner Abhandlungen eine Zeichnung beigefügt (Abb. 9).

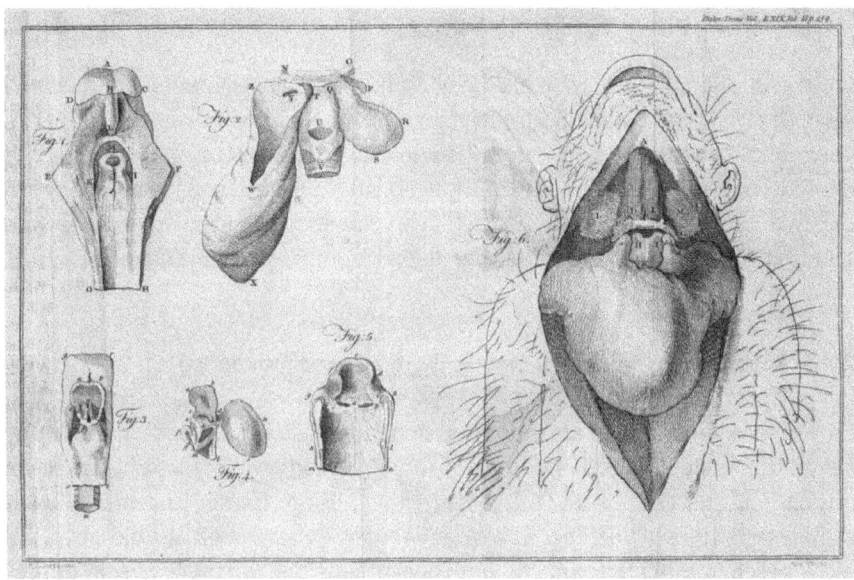

Abb. 9: Zeichnung des Stimmorgans eines Orang-Utans von Pieter Camper. Abgedruckt in Pieter Camper: Account of the organs of speech of the orang outang. In: *Philosophical Transactions of the royal Society of London* 69 (1779).

Zu sehen sind auf der linken Seite die verschiedenen Ansichten des isolierten Stimmorgans samt Rachenhöhle (Fig: 1), Kehlsäcken (Fig: 2 und 4) und Glottis (Fig: 1–5). Demgegenüber zeigt die rechte Seite die Frontalansicht des Orang-Utans, den Camper als Ganzkörperpräparat in seiner Sammlung aufbewahrte (Fig: 6). Wie ein geraffter Theatervorhang gibt die rautenförmige Öffnung am Hals den Blick auf das mythenumwobene Zentrum der anthropologischen Debatten frei: Der aufgedunsene Kehlsack des Orang-Utans erscheint in einer Deutlichkeit, die jedwede Theorie von der Ähnlichkeit menschlicher und äffischer Stimmorgane in die Schranken weist. „Having dissected the whole organ of voice in the Orang, in apes, and several monkies", resümiert Camper,

---

[218] Camper: *Naturgeschichte des Orang-Utang, und einiger andern Affenarten, des Africanischen Nashorns und des Rennthiers*, S. 161.

> I have a right to conclude, that Orangs and apes are not made to modulate the voice like men: for the air passing by the *rima glottides* is immediately lost in the ventricles or ventricle of the neck, as in apes and monkies, and must consequently return from thence without any force and melody within the throat and mouth of these creatures: and this seems to me the most evident proof of the incapacity of Orangs, apes, and monkies, to utter any modulated voice, as indeed they never have been observed to do.[219]

Mit diesem Befund war zwar nachgewiesen, dass Menschenaffen allein schon ihrer Organe wegen zum „Stillschweigen" bzw. „Nichtreden" – wie Camper es ausdrückt – verurteilt sind, ein Stillstand der affenphonetischen Debatte war damit jedoch nicht erreicht. Ganz im Gegenteil – die argumentativen Bezugnahmen auf Campers Entdeckung überschlugen einander förmlich, wobei sie jeweils unterschiedlichen, zum Teil stark divergierenden Auffassungen verpflichtet waren.

2.3.3 Resonanzen (Johann G. Herder, Wolfgang von Kempelen)

So wollten die einen die sprachuntauglichen Kehlsäcke als weise Vorrichtung der Natur verstehen, den unwürdigen Affen die gottgeweihte Rede „gleichsam absichtlich und gewaltsam [zu] versage[n]."[220] Hatte Herder in seiner 1772 erschienenen *Abhandlung über den Ursprung der Sprache* noch auf die physiologisch gesehen durchaus sprachtauglichen Organe der Affen verwiesen, um für deren kognitive Sprachunfähigkeit zu argumentieren – „durch die Werzeuge wird, wie gesagt, bei ihm [dem Affen] das Können nicht aufgehalten!"[221] –, sieht er sich nach Erscheinen von Campers Schrift gezwungen, sein Argument zu revidieren. In einer zweiten Auflage seiner *Abhandlung* (1789) gesteht Herder in einer Fußnote ein, dass Campers Zergliederung des Orang-Utans seine frü-

---

219 Camper: Account of the organs of speech of the orang outang, S. 155–156.
220 Herder: *Ideen zur Philosophie der Geschichte der Menschheit*, hier S. 137. Ganz ähnlich argumentiert auch der französische Anthropologe Julien-Joseph Virey: „Et voyez avec quelle sage prévoyance la nature a distingué l'homme des singes qui lui ressemblent le plus! Elle n'a pas voulu qu'une bête vînt se mêler à la conversation humaine, par cet empêchement artificieux, ou ces sacs membraneux situé au larynx des orangs-outangs, pour engouffrer et assourdir leur voix. Ainsi l'*homme seul parle*." Julien-Joseph Virey: *Histoire naturelle du genre humain*. Bd. 3. Paris: Crochard 1824, S. 91. „Und sehen Sie, mit welch weiser Voraussicht die Natur den Menschen von Affen unterschieden hat, die ihm am meisten ähneln! Sie hat nicht gewollt, dass ein Tier sich in die menschliche Konversation einmischt; deshalb hat sie dieses künstliche Hindernis bzw. diese Hauttaschen hervorgebracht, die sich im Kehlkopf des Orang-Utans befinden, um ihre Stimme zu verschlucken und abzuschwächen. So ist es *allein der Mensch, der spricht*." .
221 Herder: *Abhandlung über den Ursprung der Sprache*, S. 70.

here Behauptung als zu „zu kühn"²²² erwiesen habe, gleichwohl „sie indessen damals, als ich dieses schrieb, der Anatomiker gemeine Meinung"²²³ gewesen sei.²²⁴ Um seine These von der prinzipiellen Sprachunfähigkeit von Tieren aufrecht zu erhalten, muss Herder Campers stimmphysiologischen Nachweis der mangelnden Sprachorgane beim Menschenaffen in seine Argumentation integrieren. In seinen zwischen 1784 und 1791 erschienenen *Ideen zur Philosophie der Geschichte der Menschheit* verweist Herder darauf, dass der Affe auch ungeachtet seiner organischen Unfähigkeit zu sprechen nie versucht hätte, sich durch Gebärden verständlich zu machen.²²⁵ Viel eher als in den mangelnden Sprachorganen sei der Grund für die ‚Stummheit' der Affen also in deren kognitiver Sprachunfähigkeit zu suchen. Herder zufolge ist diese wiederum göttlich motiviert. Wie entwürdigt würde die Rede als „Atem der Gottheit"²²⁶, der den Menschen zur Rede und Ideenkunst und damit zum „Nachhall jener schaffenden Stimmen zur Beherrschung der Erde"²²⁷ befähigte, wie entweiht

> würde sie im Munde des lüsternen, groben, tierischen Affen werden, wenn er menschliche Worte, wie ich nicht zweifle, mit halber Menschenvernunft nachäffen könnte. Ein abscheuliches Gewebe menschenähnlicher Töne und Affengedanken – nein, die göttliche Rede sollte dazu nicht erniedrigt werden, und der Affe ward stumm, stummer als andre Tiere, wo ein jedes bis zum Frosch und zur Eidechse hinunter seinen eignen Schall hat.²²⁸

Demgegenüber sahen andere in den sprachbehindernden Kehlsäcken des Orang-Utans den Beweis, dass Affen wie wir Menschen sprechen würden, wenn sie nur könnten. Denn ob er wollte oder nicht, hatte Camper gezeigt, dass nicht unbedingt kognitive Mängel die ‚Stummheit' der Affen zu verantworten hätten. Sein Nachweis, dass die der Affen-Lunge entströmende Luft vor jeder artikulatorischen Formung in den Hohlräumen der Kehlsäcke buchstäblich ‚versacken' müsse, brachte unweigerlich Vorstellungen einer latent vorhandenen, im Affenkörper gleichsam gefangenen Sprache mit sich. So behauptete beispielsweise der französische Physiologe Anthelme Balthasar Richerand, dass der Affe nur durch seine Kehlsäcke am Sprechen gehindert würde. Diese machten es ihm schlichtweg un-

---
222 Johann Gottfried Herder: *Johann Gottfried Herders zwei Preisschriften, welche die von der königl. Akademie der Wissenschaften für die Jahre 1770 und 1773 gesetzten Preise erhalten haben.* Zweite berichtigte Ausgabe. Berlin: Voß 1789, S. 78.
223 Ebd.
224 Vgl. zu dieser argumentativen Kehrtwende Ingensiep: Der aufgeklärte Affe, S. 46–47.
225 Herder: *Ideen zur Philosophie der Geschichte der Menschheit*, S. 114–115.
226 Ebd., S. 139.
227 Ebd.
228 Ebd., S. 138.

möglich, seine durchaus vorhandenen Artikulationswerkzeuge wie Mund, Zunge und Lippen nach Belieben zu nutzen.[229]

Gegen derartige Phantasien argumentierten wiederum andere, dass „mechanische Hindernisse [...] gewiß nicht daran Schuld [sind], daß die Thiere keine Sprache besitzen."[230] Im Unterschied zu Herder und Richerand, die trotz ihrer entgegengesetzten Argumentationslinien beide auf die Dysfunktionalität der Kehlsäcke abhoben, betonten vergleichende Stimmphysiologen wie Karl Asmund Rudolphi und Vicq d'Azyr, dass es mitnichten die Kehlsäcke seien, welche Affen am Sprechen hinderten. Diese bildeten neben Mund- und Nasenhöhle ganz im Gegenteil nur zusätzliche Resonanzräume, welche die Stimme nicht blockieren, sondern allenfalls formen würden, wäre der Affe tatsächlich kognitiv in der Lage zu sprechen.[231] Wie oben erwähnt, hatte Vicq d'Azyr einen ähnlichen Mechanismus der Soundverstärkung bereits dem Brüllaffen attestiert.[232]

---

229 „L'homme seul peut articuler les sons et jouit du don de la parole. La disposition particulière de la bouche, de la langue et des lèvres, rend chez les quadrupèdes toute prononciation impossible. Le singe, chez lequel ces parties sont conformées comme dans l'homme, parleroit comme lui, si l'air, en sortant du larynx, ne se répandoit dans les sacs hyothyroïdiens, membraneux sur quelques-uns, cartilagineux et même osseux dans l'alouate, dont le cri est si rauque et si lugubre. Chaque fois que l'animal veut crier, ces sacs se gonflent, puis se vident, de manière qu'il ne peut point, à volonté, fournir aux diverses parties de la bouche." Balthasar-Anthelme Richerand: *Nouveaux éléments de physiologie*. Paris: Richard, Caille et Ravier 1801, S. 469–470.

230 Karl Asmund Rudolphi: *Grundriß der Physiologie. Bd. 1*. Berlin: Dümmler 1821, S. 32.

231 „[...] cette disposition ne me paroît pas pouvoir s'opposer à la formation de la voix, comme quelques modernes l'ont avancé; 1° parce que l'ouverture thyro-épiglottique est au-dessus des ligamens de la glotte; 2° parce que le sac thyroïdien n'est pas toujours distendu; 3° parce qu'en le supposant plein d'un air humide et un peu raréfié par la chaleur, comme celui de l'arrière-bouche et des narrines, il vibreroit de la même manière, et ne pourroit tout au plus qu'influer un peu sur la formation des sons. Ce n'est donc pas le sac thyro-hyoïdien qui empêcheroit les singes de parler, s'ils avoient besoin de ce secours pour exprimer leurs idées." Félix Vicq d'Azyr / Moreau de La Sarthe, Jacques Louis: *Oeuvres. Bd. 5*. Paris: L. Duprat-Duverger, de l'Impr. de Baudouin 1805, S. 308. Siehe hierzu auch die Ausführungen des Arztes Jacques Lordat, der im Anschluss an Vicq d'Azyr die Stummheit der Affen auf deren fehlendes Bedürfnis, zu sprechen, zurückführt. Jacques Lordat: *Observations sur quelques points de l'anatomie du singe vert et réflexions physiologiques sur le même sujet*. Paris: Coujon 1804, S. 80. Hierbei handelt es sich um eine schon von Tyson angedeutete Erklärung, die in der aktuellen primatologischen Forschung wieder aufgegriffen wird. Siehe u. a. Julia Fischer: Tierstimmen. In: Kolesch / Krämer (Hrsg.): *Stimme*, S. 172–190, hier S. 186–187.

232 „La disposition du larynx dans l'alouate est donc très-propre à produire un bruit considérable, & tel que celui dont les Voyageurs ont parlé." Vicq d'Azyr: Premier mémoire sur la voix, S. 184.

Auch der Sprechmaschinenbauer Wolfgang von Kempelen ist der Ansicht, dass die von Camper beschriebenen Kehlsäcke die Affenstimme eher fördern denn behindern würden. In seiner Abhandlung über den *Mechanismus der menschlichen Sprache nebst der Beschreibung seiner sprechenden Maschine* kommt er auch auf die zeitgenössische Debatte um die Stimm- und Sprachfähigkeit von Affen zu sprechen. Seine Bemerkungen hierüber verdanken sich weniger der theoretischen Auseinandersetzung als seinen eigenen Erfahrungen als Ingenieur und Tierhalter. Dass einige Gelehrte wie Camper „in dem Wahn sind, als wären die Affen stumm"[233], schreibt Kempelen, liege vermutlich daran, dass sie „nie Gelegenheit gehabt [hatten,] Affen genauer zu beobachten"[234] oder vielmehr: aufmerksam zuzuhören. So sei es kein Wunder, dass die philosophische und anatomische Arbeit am leblosen und also still gestellten Affenkörper zu eher negativen Befunden hinsichtlich der Frage ihrer Stimm- und Artikulationsfähigkeit führe. Er selbst hingegen könne durch eigene Erfahrung „versichern, daß Affen eine Stimme, und zwar eine starke durchdringende Stimme haben."[235] So habe Kempelen „mehrere Jahren eine Aeffinn von mittlerer Größe im Hause gehabt", die – sofern sie von der Kette losgelassen wurde – eine Vielzahl situationsspezifischer Laute hervorbringen konnte.[236] Selbst wenn er jedoch „nicht

---

233 Kempelen: *Mechanismus der menschlichen Sprache nebst der Beschreibung seiner sprechenden Maschine*, S. 96.
234 Ebd., S. 95.
235 Ebd., S. 94–95.
236 „Z. B. wenn man ihr schmeichelte oder sie kratzte, so murmelte sie immer darunter. Sie war von Jugend auf gewohnt unter Menschen zu seyn, und wenn sie allein im Zimmer gelassen wurde, so rufte sie so laut um Gesellschaft, daß man sie durch die geschlossene Thüre hörte. Wenn sie zum Zorn gereizt wurde, hatte sie ihr besonders Geschrey, am lautesten aber schrie sie vor Freude, wenn sie jemanden eintreten sah, den sie vorzüglich gerne hatte, oder wenn eine Speise auf die Tafel kam, die nach ihrem Geschmacke war. Sie liebte meine Schwester vor allen übrigen Menschen. Wenn diese aus dem Hause war, schlich sie ganz traurig herum, und gab ihren Unwillen darüber durch diese deutliche sylbenähnliche Laute u m u m m a m a zu erkennen. Endlich gab sie sich zur Ruhe. Wenn aber der Wagen mit meiner Schwester zum Thore hereinfuhr, sprang sie sogleich aus einem Winkel hervor, eilte mit großem Geschrey durch alle Zimmer der Treppe zu um ihre Frau zu bewillkommnen. Diese ihre lauten Töne kann ich nicht bestimmt beschreiben. Es schien mir, daß sie etwas Aehnlichkeit mit dem Rufe des Rebhuhnes hatten, nur daß sie noch mit einem deutlichen a. oder i. verbunden waren." Ebd., S. 95–96. „Etwan", gibt Kempelen zu Bedenken, „lassen sie ihre Stimme nur hören, wenn sie so zahm geworden sind, daß man sie ohne Kette herumlaufen lassen kann. Meine Aeffinn war wenigstens in dem Falle. Sie lief im ganzen Haus frey herum [...] Da sie ein Weibchen war, und zu gewißen Zeiten dem Hausgeräthe und besonders den Kleidern gefährlich werden konnte, so mußte man sie dennoch zuweilen an der Kette halten. Wenn man sie sodann nach einigen Tagen wieder losließ, da hätte man sehen sollen, wie sie in dem Hause herumlief, und die Freude über ihre wiedererlangte Freyheit jederman mit lau-

durch diese Erfahrungen die volle Überzeugung hätte, daß die Affen auch ihre Stimme haben", fährt Kempelen fort, „so sähe ich dennoch nicht ein, warum", wie Camper behaupte,

> die [Kehl-]Säcke den Affen an der Hervorbringung einer Stimme hindern sollten, da er mit allen übrigen Werkzeugen dazu versehen ist. Vielmehr glaube ich, daß er viel besser sprechen würde als der Papagey, wenn er eben so geneigt, wie dieser wäre alle Töne nachzuahmen. Wenn der Frosch quaken will, so bläßt er, wie ich es oft gesehen habe, an einer jeden Seite des Halses ungefähr zu Ende der Kinnlade eine Blase von der Größe einer Nuß auf, und dennoch hat er in Verhältniß seines Körpers eine der stärksten Stimmen. Man sollte vielmehr vermuthen, daß ihm eben diese Säcke oder Blasen bey seinem Geschrey treflich zu statten kommen, indem er sonst, weil er sehr geschwinde athmet, nicht so anhaltend fortschreien, sondern nur kurze Stimmstöße geben könnte. Etwan ist seine Lunge zu klein, und hat ihm die Natur diese Blasen zu Hülfe gegeben um sie ehe mit Luft anpumpem und sodann mit dem Geschrey länger anhalten zu können.[237]

Mit dem Vergleich des Affenkehlsacks mit der Schallblase von bekanntermaßen alles andere als stummen, sondern lautstark quakenden Fröschen dreht Kempelen das Argument Campers gleichsam um: Hatte dieser den Kehlsack als organisches Hindernis für die stimmliche Artikulation von Affen beschrieben, insofern die aus den Lungen strömende Luft sich im Hohlraum des Kehlsacks verliere, erhebt Kempelen denselben Kehlsack genau umgekehrt zum Garanten für eine besonders starke Stimme. Vielmehr noch würde seine berühmte Erfindung, die sprechende Maschine, ohne einen solchen Luftsack gar nicht funktionieren:

> Wenn hier wieder ein mechanischer Beweis gelten darf, so kann ich ihn von meiner sprechenden Maschine herrühren. Man mag da zwey der größten Ochsenblasen an der Luftröhre wo immer anbringen, sie werden, wenn sie einmal aufgeblasen sind, der Stimme nicht im geringsten hinderlich seyn. Ja, ich habe sogar nöthig gehabt, einen solchen Windsack in der Gestalt eines kleinen Blasebalgs vorsetzlich anzubringen, wie man bey der Beschreibung meiner Sprechmaschine sehen wird.[238]

---

tem Jauchzen verkündigte. Sie verdoppelte sogar ihr Geschrey, wenn man sie in einem kläglichen Tone über ihr ausgestandenes hartes Gefängniß bedauerte." Ebd., S. 96–98. Dass Kempelen die stimmliche Lautwerdung seiner Äffin auf deren Leben in relativer Freiheit zurückführt, welche die als stumm deklarierten Affen wohl nie erfahren hätten, ist mit Blick auf den zeitgenössischen Aufklärungsdiskurs nicht uninteressant. Erst die Loslösung von der Kette der Gefangenschaft habe Kempelens Äffin ihre Stimme erheben lassen; umgekehrt sei es eben jene einmal ‚befreite' Stimme, die sich angesichts erneuter Gefangenschaft umso entschiedener, nämlich ‚doppelt' so laut verwehre. Es scheint fast so, als würde die konkrete, materielle Stimme schon hier von ihrer politischen Metaphorisierung eingeholt. Inwiefern auch Kempelens Arbeit an der Sprechmaschine der aufklärerischen Geste einer Ermündigung der traditionell ‚Unmündlichen' entspringt, wird noch zu erörtern sein (siehe Kapitel 3).
237 Ebd., S. 98–99.
238 Ebd., S. 99–100.

Kempelens Argumentation zeugt zum einen von der engen Verschränkung sprachanthropologischer, tierphysiologischer und technologischer Diskurse in der Wissens- und Mediengeschichte der Stimme: Um die seinerzeit virulente Frage nach der Stimm- und Sprachfähigkeit von Affen ‚mechanisch' zu ‚beweisen', wird die vermeintlich analoge Apparatur der Sprechmaschine herangezogen, die wiederum vom menschlichen Stimmapparat, vielleicht aber auch – so ließe sich mit Blick auf von Kempelens Analogie zumindest vermuten – vom Kehlsack seiner „Aeffinn" inspiriert ist. Zum anderen liest sich seine Argumentation als ein weiterer Beleg für die Variabilität an Spekulationen, welche im ausgehenden 18. Jahrhundert um die Leerstelle der Affenstimme kreisen. Dass es so diverse, teils widersprüchliche Erklärungen zur Figur des ‚stummen' Affen überhaupt geben konnte, lag letztlich an einer produktiven Konfusion verschiedener Semantiken der Stimme, die für die Debatte insgesamt symptomatisch ist. Was unter ‚Stimme' genau zu verstehen sei, ob etwa die Äußerung undifferenzierten Schalls, bedeutungsvoller Laute oder aber eine artikulierte Sprache gemeint sind, variiert zwischen den einzelnen Positionen. Entsprechend meinen Camper, Herder, Kempelen und andere Affenkundler um 1800 nicht immer dasselbe, wenn sie die vermeintliche ‚Stummheit' der Menschenaffen diskutieren. Während es Camper zuvorderst um den Nachweis der organischen Unfähigkeit zur sprachlichen Artikulation, d. h. zur Transformation von Lauten in sprachliche Sequenzen geht, argumentiert Kempelen zunächst einmal gegen die viel grundständigere Behauptung, Affen wären unfähig, eine Stimme hervorzubringen. Konfusionen dieser Art liegen wiederum in der Vielschichtigkeit des Stimmbegriffs begründet. Ähnlich wie die Bedeutung von ‚Stimme' bzw. ‚eine Stimme haben' vom jeweiligen Verwendungskontext definiert wird, kann das Attribut ‚stumm' auf real-akustische, aber auch auf sprachlich-psychische oder ethisch-politische Phänomene bezogen sein.[239] Menschenaffen eine Stimme abzusprechen, hieß in den meisten Fällen weniger, deren offenkundige Fähigkeit zur Lautäußerung zu dementieren, als deren Sprach- und Denkvermögen in Abrede zu stellen. Und doch wurde die letztgenannte Dimension des ‚stummen Affen' fast immer über die Auseinandersetzung der real-akustischen Dimension der Stimme (mit-)verhandelt. Schon Kempelens emphatischer Einsatz für die Lautfähigkeit von Affen geht über den Nachweis einer bloß real-akustisch vorhandenen Stimme hinaus. Seine oben zitierte Behauptung, „dass Affen eine Stimme, und zwar eine starke durchdrin-

---

[239] Schon etymologisch ist ‚stumm' mit den Adjektiven ‚stumpf' bzw. ‚dumm' verwandt und leitet sich vermutlich wie diese von der althochdeutschen Wurzel ‚stam' (stottern, stammeln, im Sprechen gehemmt) ab. Vgl. Jacob Grimm / Wilhelm Grimm: *Deutsches Wörterbuch von Jacob und Wilhelm Grimm*. Bd. 20. Leipzig: Hirzel 1854–1961, Sp. 378. Ein solcher Zusammenhang findet sich auch im Englischen: Das Adjektiv ‚dumb' kann sowohl ‚dumm' als auch ‚stumm' meinen.

gende Stimme haben", kündet mehr oder weniger implizit vom Potenzial zur sprachlichen Artikulation – so meint er in der Stimme seiner Äffin situationsspezifische und „deutliche sylbenähnliche Laute u m u m m a m a zu erkennen"[240] – und ist ganz offensichtlich vom Wunsch motiviert, den kognitiven Leistungen von Affen zur Anerkennung zu verhelfen.

Als produktiv erweisen sich solcherlei Mitverhandlungen und Konfusionen insofern, als sie die Debatte einer Dynamik, Komplexität und transdiskursiven Reichweite zuführen, die sie ohne die Unschärfen des Stimmbegriffs ganz sicher nicht gehabt hätte. Wie Kempelens Ausführungen exemplarisch veranschaulichen, ist die Erkundung der Affenstimme um 1800 nicht von der zeitgleich florierenden Experimentalphonetik und Sprechmaschinentechnologie zu trennen. Die sprachanthropologische Debatte um die Differenz zwischen Mensch und Affe wurde vielmehr von der parallel betriebenen empirischen Erforschung und Mechanisierung der Stimme forciert und infiltriert. Wie die vorangegangenen Ausführungen verdeutlicht haben, brach mit der vergleichenden Physiologie der Stimmgebung das ‚Reale' in jene Diskussionen ein. Umgekehrt wurde mit dem Erscheinen nichtmenschlicher Primaten auf der Bühne anthropologischer Reflexion die Frage nach der Stimme als Differenzkriterium zunehmend dringlich. Neben sprachanthropologischen, technologischen und anatomisch-physiologischen Zugriffen auf das Stimm- und Sprachverhalten von Orang-Utans schaltet sich schließlich auch die Literatur in die Debatte ein.

2.4 Schwellen erzählen (Ludwig Tieck, Edgar A. Poe)

Ab dem letzten Drittel des 18. Jahrhunderts entstanden zahlreiche Erzählungen, die den Affen als Schwellenfigur zwischen Mensch und Tier thematisieren.[241] Zu diesen Erzählungen gehören etwa Nicolas Edme Restif de la Bretonnes 1781 verfasster *Lettre d'un singe aux êtres de son espèce,* in dem ein Affe sich an seine Artgenossen wendet, E. T. A. Hoffmanns 1814 erschienene *Nachricht von einem gebildeten jungen Mann,* die von der Erziehung eines Affen zum Sprechen, Schreiben, Lesen und Singen handelt, oder Wilhelm Hauffs Märchen *Der junge Engländer* (1827), in welchem ein dressierter Orang-Utan in einem fränkischen Dorf zu hohem gesellschaftlichen Ansehen gelangt, bevor seine Maskerade während

---

240 Kempelen: *Mechanismus der menschlichen Sprache nebst der Beschreibung seiner sprechenden Maschine,* S. 96.
241 Siehe unter anderem Patrick Bridgwater: Rotpeters Ahnherren, oder: Der gelehrte Affe in der deutschen Dichtung. In: *Deutsche Vierteljahrsschrift für Literaturwissenschaft und Geistesgeschichte* 56 (1982), S. 447–462 und Griem: *Monkey Business.*

eines Dorfkonzertes auffliegt.[242] Mit Roland Borgards lassen sich diese und weitere um 1800 verfasste Affenerzählungen einem eigenständigen Genre zuordnen: der ‚literarischen Primatographie'.[243] Diese knüpfte an die diversen Unsicherheiten an, welche die sprachanthropologischen und naturkundlichen Forschungen zur Differenz zwischen Mensch und Affe mit sich brachten. Indem sie deren Problemstellungen, aber auch deren hypothetische Lösungsansätze aufgriff und kraft ihrer Fiktionalität in alternative Erklärungsmodelle übersetzte, gab sie die wissenschaftliche Affenforschung letztlich selbst als eine Art *ars fingendi* zu erkennen, als eine Wissenschaft, die eher primato*graphisch*, denn primatologisch verfährt.[244]

Wie im Folgenden anhand zweier Affenerzählungen gezeigt werden soll, ist es insbesondere die strittige Frage der Stimm- und Artikulationsfähigkeit von Affen, an der sich die literarische Primatographie abarbeitet. Die vielen Leerstellen, die um die Stimme des Affen kreisen – handelte es sich doch um ein geographisch-logistisch, sensorisch-epistemisch, semantisch, aber auch medial-sprachlich schwer zugängliches Phänomen –, boten nicht nur auf naturkundlicher Seite Raum für die unterschiedlichsten Besetzungen. Sie leisteten auch literarischen Fiktionen Vorschub. Wie diese mit der wissenschaftlich infrage stehenden Affenstimme umgehen und welche wissenspoetologischen Konsequenzen aus diesem Umgang erwachsen, lässt sich exemplarisch an folgenden Texten untersuchen: Eine von Henrik Steffens niedergeschriebene [*Affenkomödie*], die vermeintlich 1801 von Ludwig Tieck erdacht wurde – wie eingangs ausgeführt, hatte dieser die zeitgenössische Stimmforschung ja schon

---

242 Zu den Anschlussmöglichkeiten, welche die Experimentalwissenschaften des 18. Jahrhunderts literarischen Fiktionen boten, siehe auch noch einmal Weigel: Das Gedankenexperiment: Nagelprobe auf die facultas fingendi in Wissenschaft und Literatur sowie Gamper: Experimentelles Nicht-Wissen.
243 Siehe Roland Borgards: Affenmenschen/Menschenaffen. In: Gamper (Hrsg.): *„Es ist nun einmal zum Versuch gekommen"*. *Experiment und Literatur I 1580–1790*. Göttingen: Wallstein 2009, S. 293–308; Roland Borgards: Affen. Von Aristoteles bis Soemmering. In: Roland Borgards / Christiane Holm / Günter Oesterle / Alexander von Bormann (Hrsg.): *Monster. Zur ästhetischen Verfassung eines Grenzbewohners*. Würzburg: Königshausen & Neumann 2009, S. 239–253; Roland Borgards: Primatographien. Wie Michael Tomasello und Frans de Waal die biologische Vorgeschichte des Menschen erzählen. In: Johannes Friedrich Lehmann / Roland Borgards / Maximilian Bergengruen (Hrsg.): *Die biologische Vorgeschichte des Menschen. Zu einem Schnittpunkt von Erzählordnung und Wissensformation*, Bd. 189. 1. Aufl. Freiburg/Berlin/Wien: Rombach 2012, S. 361–376; Borgards: Der Affe als Mensch und der Europäer als Ureinwohner. Ethnozoographie um 1800 (Cornelis de Pauw, Wilhelm Hauff, Friedrich Tiedemann).
244 Ebd., S. 23.

im vier Jahre zuvor veröffentlichten *Gestiefelten Kater* aufgegriffen – und Edgar Allan Poes 1841 verfasste Kurzgeschichte *The Murders in the Rue Morgue*.

In seinen *Lebenserinnerungen aus dem Kreise der Romantik* berichtet Henrik Steffens, Philosoph und Naturforscher und enger Verbündeter der Jenaer Frühromantik, von einem komödiantischen Schauspiel, das Ludwig Tieck im Jahr 1801 in seiner Jenaer Wohnung vor versammelten Publikum spontan entworfen und sogleich aufgeführt haben soll.[245] Im Zentrum der Komödie steht die fingierte Verwechslung zwischen Mensch und Affe, ein beliebtes Motiv literarischer Primatographien um 1800. Mit einer Intrige will ein weit herumgekommener Kapitän einem befreundeten jungen Mann dabei helfen, vom Vater seiner Angebeteten als Bräutigam akzeptiert zu werden. Um den Vater, einen überschwänglichen Naturfreund und Besitzer eines Naturalienkabinetts, von den Qualitäten seines jungen Freundes zu überzeugen, verfällt der Kapitän auf die Idee, denselben als Orang-Utan auszugeben. Er habe ihn aus Sierra Leone mitgebracht, erzählt er dem Naturfreund, wo schon seit einiger Zeit erfolgreich Versuche angestellt würden, Affen zu Kultur und Sprache zu erziehen. Um seiner Behauptung Glaubwürdigkeit zu verleihen, beruft sich der Kapitän auf den naturkundlichen Befund eines zeitgenössischen Anatomen: „Camper hatte bewiesen", so seine Argumentation, dass die Kehle der Orang-Utans „vollkommen gestaltet wäre, wie die menschliche; also müßte die Sprache gebunden in der Kehle stecken, man dürfe sie nur lösen."[246] Auch dem mitgebrachten Exemplar stecke „zwar die Sprache noch immer etwas in der Kehle, aber wenn man genau hinhört, kommen vortreffliche Gedanken zum Vorschein."[247] Der Plan des Kapitäns geht auf; der Naturfreund zeigt sich mehr als interessiert an den zu erwartenden Aufschlüssen, welche der vermeintliche Orang-Utan – erstmals der Sprache mächtig – über „die sogenannte Tierheit"[248] geben könnte, und gibt ihm schließlich seine Tochter zur Frau.

Zwei Dinge fallen hier ins Auge: Mit dem Verweis auf den Anatomen Pieter Camper schreibt sich der Text zum einen ins Zentrum der zeitgenössischen Debatte um die Stimm- und Sprachfähigkeit von Affen ein, wobei es sich um einen eigentümlich verqueren, wenn nicht falschen Verweis handelt. Wie oben ausgeführt, wurde Camper für seine These bekannt, dass die Kehlkopfvorrichtung des Orang-Utans von derjenigen des Menschen grundlegend verschieden sei und eine verbale Artikulation nicht zulasse. Demgegenüber unterstellt Steffens'/Tiecks [*Affenkomödie*] Camper den Beweis, dass die Kehle der Orang-Utans „vollkommen gestaltet

---

[245] Henrik Steffens: *Lebenserinnerungen aus dem Kreis der Romantik*. In Auswahl herausgegeben von Friedrich Gundelfinger. Jena: Eugen Diederichs 1908, S. 198–203.
[246] Ebd., S. 200.
[247] Ebd.
[248] Ebd., S. 201.

wäre, wie die menschliche"[249], sodass deren Sprache nur gelöst werden müsse. Abgesehen von dieser falschen Wiedergabe eines extradiegetischen Befunds besitzt der Text noch eine weitere Auffälligkeit. Sie betrifft die stark verschachtelte Rahmenstruktur der Erzählung, die aus mindestens vier narrativen Ebenen besteht: Steffens erzählt autobiographisch, wie Tieck eine Komödie entwirft, in der wiederum ein Kapitän erzählt, dass es sprechende Oran-Utans gebe, unter anderem jenen, den er mitgebracht habe und der in „ungelenke[r] Sprache"[250] die „vortrefflichsten Gedanken"[251] äußere. Wie sich im Folgenden herausstellen wird, laufen beide Eigenheiten des Textes auf einen wissenspoetologischen Beitrag zur Frage nach der Affenstimme hinaus.

Zunächst markieren sowohl die falsche Wiedergabe eines naturkundlichen Befundes als auch die verschachtelte Erzählform die Übergänge zwischen Wissen und Fiktion. Dient der Verweis auf Camper dem Kapitän als wissenschaftliche Beglaubigung seiner Erzählung, ist er auf der narrativen Ebene des Komödianten Tieck bzw. des Autobiographen Steffens Ausgangspunkt und Gegenstand der Fiktionalisierung: Ausgangspunkt insofern, als er die zeitgenössische extradiegetische Debatte um die Beziehung zwischen Mensch und Affe zum Anlass der Erzählung werden lässt; Gegenstand insofern, als der Verweis auf Camper mit der besagten Modifikation seines Befundes einhergeht. Zumindest naturkundlich informierte Rezipientinnen und Rezipienten wissen, dass Camper etwas anderes behauptet hat als das, was ihm in der Komödie in den Mund gelegt wird. Haben Tieck bzw. Steffens, der die Tieck'sche Komödie wiedergibt, Camper gar nicht oder wenn nur ungenau gelesen und – nach dem Prinzip der ‚stillen Post' – unabsichtlich verzerrt? Oder handelt es sich hier um eine intendierte Verkehrung des naturkundlichen Befundes, ein „Experiment zweiter Ordnung"[252], wie es nur die Literatur bewerkstelligen kann? Die verschachtelte Form der Erzählung spricht dafür, beide Optionen zusammenzudenken und die für fiktionale Einschreibungen prädestinierte Übermittlung bzw. Erzeugung vermeintlichen Wissens als zentrales Thema des Textes zu lesen. Der falsche Verweis auf Camper wird dann zur poetologischen Schlüsselszene, die sämtliche Übergänge zwischen den Erzählebenen hinsichtlich ihres Wahrheits- bzw. Fiktionalitätsgehaltes verunsichert. Ähnlich wie in der Binnenerzählung der Naturfreund dem Kapitän Glauben schenkt, einen spre-

---

249 Ebd., S. 200.
250 Ebd., S. 201.
251 Ebd.
252 Marcus Krause / Nicolas Pethes: Zwischen Erfahrung und Möglichkeit. Literarische Experimentalkulturen im 19. Jahrhundert. In: Dies. (Hrsg.): *Literarische Experimentalkulturen. Poetologien des Experiments im 19. Jahrhundert*. Würzburg: Königshausen & Neumann 2005, S. 7–18, hier S. 14.

chenden Orang-Utan gesichtet zu haben und wissenschaftlich untermauern zu können, sind die Leser:innen von Steffens *Lebenserinnerungen* zunächst gewillt, seine angeblich faktuale Erzählung der Tieck'schen Komödie zu glauben, d. h. sie als extradiegetisch zu lesen. Erst aus der Perspektive der Binnenerzählung, in welcher ein Autor (Tieck) jemanden auftreten lässt (den Kapitän), der von einer vermeintlichen Tatsache berichtet (dem aus Sierra Leone mitgebrachten Orang-Utan), tatsächlich aber eine Fiktion entwirft, die von ihrem Adressaten (dem Naturfreund) wiederum für wahr gehalten wird, erscheint die Erzählung Steffens' in anderem Licht. Sie steht nun selbst im Verdacht, eine Herausgeberfiktion zu sein, wie sie zudem für das Genre der Affenerzählungen charakteristisch ist.

Schon Restif de la Bretonnes *Lettre d'un singe aux êtres de son espèce*, der gemeinhin als erster Text jenes neuen Genres verstanden wird, nutzt diese Erzählweise.[253] Die Fiktion eines von einem Affen geschrieben Briefes wird durch eine naturkundlich informierte Vorrede eingeleitet, in der sich Bretonne selbst als Herausgeber des Briefes inszeniert. Sie beginnt mit einer direkten Ansprache der Leser:innen: „Verehrter Leser, ich lasse Sie an diesem eigentümlichen Brief teilhaben, der wahrhaftig von einem Pavianaffen geschrieben wurde"[254] und dient als authentifizierende Rahmenerzählung des in der Binnenerzählung fingierten Briefes. Wie Borgards gezeigt hat, ist die Beziehung zwischen Rahmen- und Binnenerzählung jedoch nicht einseitig. Wie bei Steffens wirkt die Fiktionalitätslogik des Briefes unweigerlich auf die Vorrede zurück und stellt deren Wahrheits- und Wissenschaftsanspruch in Frage.[255] In Hoffmanns *Nachricht von einem gebildeten jungen Mann* wird ebenfalls ein vermeintlich von einem Affen geschriebener Brief durch eine Herausgeberfiktion eingeleitet. Im Rahmen einer zufälligen Begegnung, heißt es dort, habe ein junger Mann namens Milo, „seiner

---

253 Nicolas-Edme Restif de La Bretonne: Notes de la lettre d'un singe. In: Ders.: *La découverte australe par un homme-volant ou Le dédale français*, Bd. 4. Genève: Slatkine Reprints 1988, S. 95–138. Literarische Verarbeitungen der Begegnung zwischen Mensch und Affe hat es zwar schon lange vor Bretonne gegeben, jedoch markiert sein Text literaturgeschichtlich einen entscheidenden Wendepunkt: Während Swifts Gulliver (1726) und Holbergs Niels Klim (1741) noch als Menschen ins Reich der Affen reisen, Gulliver begegnet den Yahoos, Niels Klim den Martinianern, reist bei Bretonne erstmals ein Affe ins Menschenland. Horst-Jürgen Gerigk: *Der Mensch als Affe in der deutschen, französischen, russischen, englischen und amerikanischen Literatur des 19. und 20. Jahrhunderts*. Hürtgenwald: G. Pressler 1989, S. 12–13. Dieselbe Zäsur setzt auch Bridgwater: Rotpeters Ahnherren, oder: Der gelehrte Affe in der deutschen Dichtung, S. 449.
254 „Honorable Lecteur: je vous fais part de cette étrange Lettre, qui vient d'être réellement écrite par un Singe-*Babouin*." Nicolas-Edme Restif de La Bretonne: Notes de la lettre d'un singe, Band 3, S. 13.
255 Siehe dazu Borgards: Affenmenschen/Menschenaffen.

Geburt und ursprünglichen Profession nach eigentlich – ein Affe"[256], dem Herausgeber einen Brief anvertraut, in der Hoffnung, er würde ihn an seine nordamerikanische Freundin übermitteln. Bevor er seinem Auftrag nachgekommen sei, habe der Herausgeber nicht umhin können, eine Abschrift des Briefes zu verfertigen, um ihn als Denkmal des außergewöhnlichen Affen „hohen Weisheit und Tugend"[257] zu bewahren und der Öffentlichkeit preiszugeben. Der Verweis auf die Intimität des ursprünglich nicht zur Veröffentlichung vorgesehenen Briefes, der autobiographische Erzählstil des vermeintlichen Herausgebers, verbunden mit einer direkten Ansprache der Leser:innen in Form einer deiktischen Geste: „Hier ist der merkwürdige Brief, in dem sich Milos schöne Seele und herrliche Bildung ganz ausspricht"[258] soll den intradiegetisch im Brief erzählten Ereignissen dokumentarische Gültigkeit und Authentizität verleihen, wobei deren Fiktionalität auch hier auf die Glaubwürdigkeit der Vorrede zurückwirkt. Auch das 1827 von Wilhelm Hauff erzählte Märchen *Der junge Engländer* ist in eine Rahmenerzählung eingebettet.[259] Gustave Flauberts 1837 erschienene Erzählung *Quidquid volueris* wiederum, die von dem stummen, allenfalls lallenden und unerhörte Musik produzierenden Djalioh handelt, gibt in einer Binnenerzählung dessen äffische Vorgeschichte preis.[260] Eingeleitet wird die Rahmenerzählung durch eine Vorrede, die jedoch – anders als bei Bretonne und Hoffmann – nicht etwa der Beglaubigung des intradiegetisch Erzählten dient, sondern zunächst sich selbst zum Thema hat. In der Absicht, sich „ein Vorwort in der Art der Modernen oder eine Anrufung der Muse in der Art der Alten"[261] zu ersparen, fordert der Erzähler demonstrativ die Dämonen seiner Erinnerungen und Träume auf, sämtlich „Kinder meines Hirns"[262], ihm augenblicklich eine ihrer „Torheiten"[263], ihrer „merkwürdigen Gelächter"[264] einzugeben. Mit diesem selbstreferenziellen Verweis auf die notwendige, ja sogar unvermeidliche Einbildungskraft des Erzählers bringt Flaubert die Gratwanderung primatographischer Texte zwischen Fiktion und Wissen bereits in der Vorrede zur Aufführung.

---

256 E.T.A. Hoffmann: Nachricht von einem gebildeten jungen Mann. In: Ders.: *Poetische Werke*. 6 Bde., Bd. 1. Berlin: Aufbau 1958, S. 426–437, hier S. 426.
257 Ebd.
258 Ebd., S. 427.
259 Wilhelm Hauff: Der junge Engländer. In: *Wilhelm Hauff's sämmtliche Werke mit des Dichters Leben*. Hrsg. v. Gustav Schwab. Stuttgart: Brodhag'sche Buchhandlung 1840, S. 209–241.
260 Gustave Flaubert: Quidquid volueris. Psychologische Studien. In: Gustave Flaubert / Traugott König: *Leidenschaft und Tugend. Erste Erzählungen*. Zürich: Diogenes 2005, S. 94–146.
261 Ebd., S. 95.
262 Ebd., S. 94.
263 Ebd., S. 95.
264 Ebd.

Die in literarischen Primatographien um 1800 auffallend oft verwendete verschachtelte Erzählform scheint über eine bloß konventionelle, im Schelmenroman beheimatete Erzählstrategie hinauszugehen. Ihre wissenspoetologische Relevanz erschließt sich mit Blick auf die zentrale Frage der zeitgenössischen wissenschaftlichen Primatographie: Die Frage nach der Sprecherposition, d. h. nach der Stimm- und Sprechfähigkeit von Affen. Nicht umsonst nimmt in nahezu allen Erzählungen die vom Affen produzierte Stimme (oder aber Musik/Lärm) einen narrativ bedeutsamen Raum ein – sei es bei Hoffmann, dessen briefeschreibender Affe Milo sich sprachgewandt erinnert, ehemals nur „unverständliche Laute, [...] das mißtönende, weinerliche: Ae, Ae!"[265] zustande gebracht zu haben, bevor er in Gesellschaft der Menschen deren wenn auch geistlose Sprache erlernte, um sich hiernach als innovativer Musiker und trotz – oder gerade wegen – seiner ungeeigneten Organe als „sublimste[r] Sänger"[266] einen Namen zu machen. Sei es bei Hauff, wo ein als Mensch verkleideter Affe zunächst „in einer ganz unverständlichen Sprache brummt"[267], die von den verblendeten Dorfbewohnern als Landesprache eines feinen Engländers gedeutet wird, der im Laufe der Zeit durch Äußerungen des „törichste[n] Zeug[s] in schlechtem Deutsch"[268] hohen gesellschaftlichen Status erlangt, schließlich jedoch im Rahmen eines öffentlichen Konzertes durch „gräuliche, jämmerliche Töne"[269] und eine „sonderbare Sprache, die Niemand verstand"[270] vom Dorfpublikum als Orang-Utan enttarnt wird. Sei es bei Flaubert, wo der junge Djalioh, eine Kreuzung aus Mensch und Affe, an einer zentralen Stelle der Erzählung aus seiner Stummheit ausbricht, eine Violine ergreift und zu musizieren beginnt, „falsch, wunderlich und unzusammenhängend [...] abgehackt, voll gellender Noten, kreischender Schreie"[271], oder eben bei Tieck, der dem als Affe verkleideten Liebhaber eine zwischen tierlichem Lautverhalten und menschlicher Sprache befangene Ausdruckweise in den Mund legt: „Er sprach wenig, halb brummend, aber seine Rede war voll von der vortrefflichsten Gedanken, durchaus sententiös und sentimental."[272]

Wie in den meisten literarischen Primatographien bildet der Laut- bzw. Sprechakt des Affen hier das Zentrum der durch die Rahmenerzählung(en) eingeleiteten Binnenerzählung. Die Begegnung mit dem vermeintlichen Oran-Utan,

---

[265] Hoffmann: Nachricht von einem gebildeten jungen Mann, S. 427.
[266] Ebd., S. 434.
[267] Hauff: Der junge Engländer, S. 213.
[268] Ebd., S. 222.
[269] Ebd., S. 229.
[270] Ebd.
[271] Flaubert: Quidquid volueris, S. 123.
[272] Steffens: *Lebenserinnerungen aus dem Kreis der Romantik*, S. 201.

vor allem aber sein ungelenker Sprechakt überzeugt den Naturfreund derart von dessen Qualitäten, dass er der Vermählung seiner Tochter mit dem Affen letztendlich zustimmt. Wovon der Orang so ‚sententiös und sentimental' gesprochen und wie seine Stimme abgesehen von der ungenauen Beschreibung eines ‚halben Brummens' tatsächlich geklungen habe, bleibt dabei der Vorstellungskraft der Leser:innen überlassen. Die Aussparung der Affenstimme, was deren Klang und Bedeutung betrifft, kennzeichnet auch die anderen literarischen Primatographien. Oft ist von einer mehr oder minder latenten Unverständlichkeit die Rede (Hoffmann, Hauff, Steffens/Tieck), von einem undefinierbaren Missklang (Hoffmann, Hauff, Flaubert) oder von völlig neuen, alle Erfahrungen übersteigenden Tönen (Hoffmann, Flaubert). In diesen sich selbst zurücknehmenden Beschreibungen artikuliert sich eine grundsätzliche Distanz zur Lautsprache des Affen, welche auf formaler Ebene durch deren narrative Einschachtelung noch verstärkt wird. Gérard Genette definiert das Verhältnis zwischen Rahmen- und Binnenerzählung als „eine Art Schwelle"[273], die zwar einerseits als Authentifizierung des in der Binnenerzählung Erzählten fungiert, andererseits aber oft den gegenteiligen Effekt der Distanzierung bewirkt.[274] Sie markiert die unvermeidbare Differenz bzw. Verschiebung, die sich zwischen dem menschlichen und dem animalischen Sprechen ergibt: Wir haben – wenn überhaupt – nur einen vermittelten Zugang zu einer verständlichen animalischen Stimme.[275]

Indem literarische Primatographien wie die [Affenkomödie] diese Unzugänglichkeit der Affenstimme narrativ in Szene setzen und gleichzeitig aufzeigen, dass es gerade jener Entzug ist, der fiktionale Entwürfe nicht nur ermöglicht, sondern geradezu provoziert, stellen sie einen Zusammenhang aus, der für die wissenschaftliche Primatographie um 1800 maßgebend ist: Die Unverfügbarkeit der Affenstimme wird zum Movens und Agens ihrer kreativen Nachstellung. Ob in den antagonistischen Zugriffen der Sprachphilosophie auf das äffische Laut- und Artikulationsvermögen, welche die Affen mal stumm und mal redend machen, ob in der vergleichenden Physiologie der Stimmgebung, in der die abwesende Affenstimme experimentell und imaginativ (re)produziert wird. In ihrer epistemischen Unzugänglichkeit scheint die Stimme der tierlichen Anderen höchst empfänglich für zum Teil stark divergierende Einschreibungen. Dass dies so ist, kann die Litera-

---

[273] Gérard Genette: *Die Erzählung*. Paderborn: Fink 2010, S. 162.
[274] Siehe Silke Lahn / Jan Christoph Meister / Matthias Aumüller: *Einführung in die Erzähltextanalyse*. Stuttgart: Metzler 2008, S. 87.
[275] Dem Genre der ‚literarischen Autozoographien', in denen tierliches Erzählen mittels verschiedener Beglaubigungsgesten narrativ inszeniert wird, widmet sich Frederike Middelhoff: *Literarische Autozoographien. Figurationen des autobiographischen Tieres im langen 19. Jahrhundert*. Stuttgart: Metzler 2020.

tur auf besondere Weise zeigen. Insofern sie ihren fiktionalen Zugang zur Wirklichkeit stets mitreflektiert, vermag sie die fiktionalen Anteile auch nonfiktionaler Texte offenzulegen. In wissenschaftlichen Primatographien wie unter anderem Camper sie betreibt, so legen es die literarischen Affenerzählungen nahe, wird nicht etwa eine bereits vorhandene Stimme untersucht, sondern eine vornehmlich abwesende Stimme experimentell erzeugt bzw. erschrieben.

Auf die Spitze getrieben wird diese wissenspoetologische Stoßrichtung in Poes 1848 erschienener Erzählung *The Murders in the Rue Morgue*, die ebenfalls mit einer Vorrede beginnt.[276] Der Erzähler stellt zunächst theoretische Überlegungen zum Unterschied zwischen bloßer Klugheit und einer mit „wirklicher Einbildungskraft"[277] ausgestatteten analytischen Intelligenz an, um eine Erzählung aus seinem Leben folgen zu lassen, die er als Kommentar zu diesen Überlegungen verstanden wissen will. Er habe einst die Bekanntschaft eines Detektivs namens C. Auguste Dupin gemacht, der ihn an der Kunst der deduktiven Fallanalyse teilhaben ließ. Der seinerzeit zu lösende Fall betraf den Mord an zwei Frauen, Madame L'Espanaye und ihrer Tochter, die allein und abgeschottet in ihrem Pariser Wohnhaus gelebt hätten, bis sie eines Morgens überfallen und grausam ermordet worden seien. Dem Erzähler zufolge konnten die Umstände der Tat von der Polizei nicht geklärt werden, da das Haus zum Tatzeitpunkt verschlossen und weder der Mord selbst noch ein eindringender bzw. flüchtender Täter gesichtet wurden. Es habe jedoch einige Ohrenzeugen gegeben, deren Aussagen am Tag nach der Tat in der Zeitung erschienen seien. Sie sind der Erzählung als mehrseitiges Zitat eingefügt und bilden die Grundlage für Dupins deduktive Lösung des Falls. Insgesamt sechs Zeugen berichten unabhängig voneinander, zum Tatzeitpunkt durch „entsetzliche Schreie"[278] aus dem Obergeschoss des Hauses der Familie L'Espanaya aufgeschreckt worden zu sein und sich daraufhin mehr oder weniger gewaltsam Zugang zum Haus verschafft zu haben. Im Treppenhaus sei zunächst alles still gewesen, dann seien zwei miteinander streitende Stimmen erklungen, wovon die eine von allen Zeugen einstimmig für die eines Franzosen gehalten worden sei, wohingegen über die Zuordenbarkeit der anderen Uneinigkeit geherrscht habe. Niemand der Zeugen holländischer, englischer, italienischer, spanischer und französischer Herkunft habe in der Stimme eine ihm vertraute Sprache erkennen können; stets sei auf eine Sprache getippt worden, die der jeweilige Zeuge selbst

---

[276] Edgar Allan Poe: Der Doppelmord in der Rue Morgue: *Edgar Allan Poes Werke. Gesamtausgabe der Dichtungen und Erzählungen*. Hrsg. v. Theodor Etzel. Berlin: Propyläen 1922, S. 25–82.
[277] Ebd., S. 32.
[278] Ebd., S. 39.

gerade nicht beherrschte.²⁷⁹ Auch, was den prosodischen Klang der Stimme betraf, gingen die Meinungen auseinander. Ob es sich etwa um eine weibliche oder eine männliche Stimme gehandelt habe und ob sie einen „schrillen, kreischenden Klang"²⁸⁰ gehabt oder „mehr heiser als schrill"²⁸¹ geklungen habe, konnte nicht mit Sicherheit entschieden werden.

Die Stimme des Täters, der ungesehen davongekommen ist, markiert hier eine Leerstelle des Wissens, die auf den gesamten Fall ausstrahlt und diesen „in ein undurchdringliches Dunkel"²⁸² hüllt. Wie in der Stimmphysiologie des 18. Jahrhunderts wird die Unvereinbarkeit von Hör- und Sichtbarkeit der Stimme bei Poe zum Problem. Die nicht identifizierbare Stimme ist für die Zeugen nur aus räumlicher Distanz erfahrbar, einer wohlgemerkt vorläufigen Distanz. So befanden sich alle Zeugen im Schwellenraum des Treppenhauses, als sie jener „sonderbaren schrillen Stimme [...], jener heiseren, kreischenden Stimme"²⁸³ gewahr wurden, über deren Sprache und Klang sie sich nicht einig wurden. Um deren Ursprung aufzuklären, eilen die meisten von ihnen ins Obergeschoss des Hauses, von wo die Stimme des mutmaßlichen Täters erklungen war. Kurz vor der Sichtbarwerdung des Tatortes bricht die Stimme jedoch unvermittelt ab. „Als man oben ankam, sei plötzlich alles ganz stille gewesen – von einem Stöhnen oder sonstigen Geräusch irgendeiner Art war nichts mehr zu hören."²⁸⁴ Unterstrichen wird die Abwesenheit von Stimme durch den Anblick der verstümmelten Leichen: Madame L'Espanaye war die Kehle beinahe ganz durchschnitten, ihrer Tochter der Kehlkopf „vollständig zusammengepreßt"²⁸⁵ worden. Da die Zeugen die Stimme weder einem sichtbaren Körper noch einer ihnen bekannten Sprache zuzuordnen vermögen, beginnen sie, ihren Besitzer zu imaginieren. Während der eine aussagt, es habe sich um die Stimme eines Italieners gehandelt – „Er könne kein Italienisch und hätte daher natürlich kein Wort verstanden, aber nach dem Klang zu schließen, glaube er, daß es wirklich Italienisch gewesen sei"²⁸⁶ – hält der andere – selbst Italiener – besagte Stimme für diejenige eines Russen, wenngleich er „niemals mit

---

279 Eine ähnliche Konstellation findet sich ja auch bei Hauff, dessen als Mensch maskierter Affe ob seiner unverständlich klingenden Sprache für einen Engländer gehalten wird.
280 Ebd., S. 44.
281 Ebd., S. 45.
282 Ebd., S. 66.
283 Ebd., S. 49.
284 Ebd., S. 47.
285 Ebd., S. 49.
286 Ebd., S. 45.

einem geborenen Russen gesprochen"[287] habe. Die visuell verstellte und nicht identifizierbare Stimme wird zum Einsatzpunkt imaginativer Zuschreibungen.

Nicht aus den individuellen Stimmbeschreibungen vermag Dupin die Lösung des Falls schließlich abzuleiten, sondern aus deren Widersprüchlichkeit. Insofern jeder der Zeugen eine andere Sprache in der Stimme zu erkennen glaube, höben deren Aussagen einander gegenseitig auf. Das Einzige, was also mit Sicherheit behauptet werden könne, ist eine radikale Unverständlichkeit der gehörten Stimme. Von dort aus ist der Weg zur Lösung nicht mehr weit. Laut Dupin kann es sich bei der „eigentümlich schrillen"[288] Stimme nur um eine nichtmenschliche, genauer: um die Stimme eines Tieres handeln. Tatsächlich bestätigen seine nachfolgenden Ermittlungen, dass es nicht etwa ein Mensch, sondern ein Orang-Utan gewesen sein müsse, der am Tatmorgen durch ein Fenster ins Zimmer der beiden Frauen eingestiegen sei und in schriller Stimme mit seinem ihm nachstellenden Wärter gestritten habe. Genau wie der Erzähler in Steffens'/ Tiecks [*Affenkomödie*] verweist Poes Dupin auf einen zeitgenössischen Naturforscher, um seine Erzählung von der äffischen Identität des Täters zu beglaubigen. Mit den Worten „'Nun denn, [...] so lesen Sie jetzt diese Stelle von Cuvier'"[289] fordert er den Erzähler auf, sich über die „riesige Gestalt, die wunderbare Kraft und Behendigkeit, die ungebändigte Wildheit und de[n] Nachahmungstrieb dieses Säugethieres"[290] zu informieren und sie mit den „grauenhaften Einzeltaten jener Mordtaten"[291] in Verbindung zu bringen. Ähnlich einer Metalepse, der Überschreitung von Erzählebenen, richtet sich die Leküreaufforderung Dupins nicht zuletzt auch an die Leser:innen von Poes Erzählung. Leisten diese der Aufforderung Folge, werden sie indes mit schwerwiegenden Unstimmigkeiten zwischen der Originalschrift Cuviers und der Wiedergabe Dupins konfrontiert. In der betreffenden Passage aus Cuviers Schrift *Das Thierrreich* wird der Orang-Utan nicht etwa als „ungebändigt" und „wild", sondern ganz im Gegenteil als ein „sehr sanftes, viele Zuneigung beweisendes Thier"[292] beschrieben, „das sich leicht zähmen lässt"[293]. Es ist mit Sicherheit anzunehmen, dass Poe diese Textstelle ge-

---

287 Ebd., S. 48.
288 Ebd., S. 68.
289 Ebd., S. 71.
290 Ebd.
291 Ebd.
292 Georges Cuvier: *Das Thierreich, geordnet nach seiner Organisation. Als Grundlage der Naturgeschichte der Thiere und Einleitung in die vergleichende Anatomie. Erster Band, die Säugethiere und Vögel enthaltend*. Nach der zweiten, vermehrten Auflage übersetzt und durch Zusätze erweitert. Leipzig: Brockhaus 1831, S. 74–75.
293 Ebd., S. 75. Auf diese Unstimmigkeit verweist Shawn Rosenheim: Detective fiction, psychoanalysis, and the analytic sublime. In: Shawn Rosenheim / Stephen Rachman (Hrsg.): The

kannt hat.[294] Dass er sie in ihr genaues Gegenteil verkehrt, dürfte nicht nur der Dramaturgie der Erzählung geschuldet sein, wie Rosenheim annimmt.[295] Um den Orang-Utan besonders unheimlich erscheinen zu lassen, hätte Poes Dupin sich auch auf andere, weniger differenzierte Naturforscher berufen können, zumal sich Cuvier explizit gegen die „Übertreibungen einiger Schriftsteller"[296] ausspricht, welche die äußere Verwechselbarkeit von Mensch und Orang-Utan betonten. Wahrscheinlicher ist, dass der verkehrte Verweis auf Cuvier hier eine ähnliche wissenspoetologische Funktion erfüllt wie der falsche Rekurs auf den Naturforscher Camper in Steffens'/Tiecks [Affenkomödie]. Die fiktionalisierende Weitergabe und Produktion wissenschaftlicher Tatsachen wird sowohl auf inhaltlicher als auch auf formaler Ebene ausgespielt. Ähnlich wie bei Steffens/Tieck kreisen die Erzählungen der Binnenerzähler, in diesem Fall der Zeugen, um die sprachlich und epistemisch uneinholbare Stimme des Affen. Im Unterschied zur [Affenkomödie] besteht die Herausforderung weniger darin, eine menschliche Stimme als diejenige eines Affen zu inszenieren als vielmehr darin, eine Affenstimme als solche zu erkennen und zu beschreiben. Erst Dupin vermag in den Zeugenentwürfen der infrage stehenden Stimme die Laute eines Orang-Utans zu entziffern. Ohne sie je selbst gehört zu haben, identifiziert er deren Unverständlichkeit mit Animalität. Gerade in der „scheinbaren Unlösbarkeit"[297], welche die Frage nach der Identität der Stimme für die Polizei hat, sieht Dupin den Schlüssel zu deren Lösung: Es handelt sich um eine Tierstimme, insofern Tierstimmen sich *qua definitionem* durch Unverständlichkeit auszeichnen.[298] Doch wie überzeugend ist dieser Schluss des fiktiven Kommissars tatsächlich?

Angesichts der Schlüsselrolle, welche die animalische Stimme für Dupins Lösung des Falls spielt, scheint es beinahe seltsam, dass sie in seinem Cuvier-Zitat nicht vorkommt. Diese Aussparung ist umso bemerkenswerter als Cuvier erstens – wie oben ausgeführt – zu den Vorreitern der vergleichenden Physiologie der Stimmgebung gehörte und sich unter anderem auch zur Stimme des Orang-

---

American face of Edgar Allan Poe. Baltimore: Johns Hopkins Univ. Press 1995, S. 153–176, hier S. 161.
294 Gemeinsam mit McMultrie, dem Übersetzer von Cuviers *Das Thierreich*, und Thomas Wyatt gab Poe 1839, d. h. zwei Jahre vor Erscheinen von *The Murders in the Rue Morgue* den naturkundlich orientierten Band *The Conchologist's First Book* heraus, der sich unter anderem Cuviers Tierkunde widmete. Ebd.
295 Ebd.
296 Cuvier: *Das Thierreich, geordnet nach seiner Organisation*, S. 74.
297 Poe: Der Doppelmord in der Rue Morgue, S. 56.
298 Siehe dazu auch Reimann: Tierstimmen. Literarische Erkundungen einer liminalen Sprache.

Utans prominent geäußert hat[299] und zweitens, als er an eben jener von Dupin bemühten Textstelle auf Campers Nachweis der organisch bedingten Stummheit von Orang-Utans eingeht: „Camper hat zwei häutige Säcke, die mit den Höhlungen der Stimmritze communiciren und seine [des Orang-Utans] Stimme schwächen, entdeckt und sehr gut beschrieben."[300] Die hier als schwach beschriebene Stimme des Orang-Utans passt nicht zur schrillen, kreischenden Stimme, wie sie die Zeugen in Poes Erzählung vom Treppenhaus aus vernommen haben. Nehmen die Leser:innen die Lektüreanweisung Dupins, bei Cuvier nachzuschlagen, ernst, werden sie also unvermittelt zu Zeugen seines eher beliebigen, denn deduktiven Vorgehens. Dupin übergeht die Bemerkung Cuviers zur schwachen Stimme, um seine These von der äffischen Identität des Täters nicht zu gefährden. Stattdessen erfindet er Verhaltensmerkmale wie „ungebändigt" und „wild" hinzu, die dieser These eine noch größere Überzeugungskraft verleihen.

Mit der Auslassung und fiktionalen Einschreibung empirischen Wissens in Dupins Falllösung ist der Kohärenz der Erzählung jedoch keinerlei Abbruch getan. Dass letztlich tatsächlich ein Orang-Utan als Täter identifiziert und eingefangen werden kann, steht nicht etwa im Widerspruch zur fiktionalisierenden Methode Dupins. Poes Erzählung legt vielmehr offen, dass die Erzeugung von Tatsachen auf strategische Auslassungen, phantasiereiche Ergänzungen und Verknüpfungen geradezu angewiesen ist. Damit leistet sie einen späten wissenspoetologischen Beitrag zur um 1800 virulenten Frage nach der Stimm- und Sprachfähigkeit nichtmenschlicher Primaten. Wird bei Poe eine nicht zuordenbare, abwesende Stimme zur Projektionsfläche imaginativer Deutungen, bevor sie unter Anwendung wissenschaftlich-fiktionalisierender Methoden als Stimme eines Affen ‚gefasst' wird, handelt die wissenschaftliche Primatographie von einem ganz ähnlichen Problem. So hatte auch sie es mit einem prekären Wissensobjekt zu tun, der in mehrerlei Hinsicht abwesenden Affenstimme, welche sie durch experimentelle, stark hypothetische Methoden

---

299 In seinen *Vorlesungen über vergleichende Anatomie* betont Cuvier im Anschluss an Camper den Mechanismus der Schwächung, wenn nicht gänzlichen „Vernichtung" der Orang-Stimme: „Man sieht sehr deutlich, dass die Luft, welche zwischen den beyden Stimmbändern durchgegangen ist, und nun von der hohlen Fläche des Kehldeckels zurückgeworfen wird, sich, zumahl wenn das Thier den Kehldeckel etwas senkt, eher in den beyden großen Stimmhöhlen und von da aus in den beyden Säcken ausbreiten als in den Mund dringen wird, wodurch der Schall beynahe ganz vernichtet werden muss. [...] Auch sieht man leicht, dass bey den Affenarten, die einen häutigen Sack haben, ein großer Teil der Luft, die zwischen den Stimmritzenbändern hervortritt, von demselben verschluckt werden muss, in der That auch, so oft sie schreyen, ihr Sack anschwillt, und wahrscheinlich liegt hierin der Grund, warum alle diese Thiere eine weit schwächere Stimme haben als man von ihrer Größe und Leibhaftigkeit erwarten könnte." Cuvier: *Vorlesungen über vergleichende Anatomie*, hier S. 349–350.
300 Cuvier: *Das Thierreich, geordnet nach seiner Organisation*, S. 75.

zu erfassen suchte. Insofern die anthropologischen, technologischen, physiologischen und nicht zuletzt auch die literarischen Zugriffe auf die Affenstimme diese als wissenschaftlichen Gegenstand maßgeblich hervorbrachten, handelt es sich bei ihnen eigentlich um Primatophonographien, um differentielle Reproduktionen einer nur vermeintlich ontologischen Stimme. Die epistemischen und ästhetischen Ausmaße dieser primatophonographischen Vermittlungen der Affenstimme sind bei Poe, aber auch in anderen Affenerzählungen jener Zeit anschaulich zur Darstellung gebracht.[301]

Was Poes Erzählung darüber hinaus emblematisch verdeutlicht, ist der in den vorangegangenen beiden Kapiteln nachverfolgte Zusammenhang zwischen der Erfahrung einer vom menschlichen Körper isolierten Stimme einerseits und der Erweiterung des Interessensfokus' auf die Stimmen von Tieren andererseits.

---

301 In diesem Sinne ist auch das Motto zu verstehen, welches Poe seiner Erzählung vorangestellt hat. Es handelt sich um ein Zitat aus Sir Thomas Browne's Essay *Hydriotaphia, or urne-buriall*, das wiederum einen intertextuellen Verweis auf Homers *Odyssee* enthält: „What Song the Syrens sang, or what name Achilles assumed when he hid himself among women, though puzzling Questions are not beyond all conjecture." Sir Thomas Browne: *Hydriotaphia, or urne-buriall: The works of Sir Thomas Browne.* Bd. 1. Hrsg. v. Geoffrey Keynes. London: Faber & Faber Limited 1964, S. 129–171, hier S. 165. [„Was für ein Lied die Sirenen sangen oder unter welchem Namen Achilles sich unter den Weibern versteckte, das sind allerdings verblüffende Fragen – deren Lösung jedoch nicht außerhalb des Bereichs der Möglichkeit liegt." Zit. nach Poe: Der Doppelmord in der Rue Morgue, S. 27]. Auch hier wird die abwesende Stimme zum Motor hypothetischen als fiktionalisierenden Wissens. Als Einziger, der die Stimmen der Sirenen mit eigenen Augen vernommen hat, weiß Odysseus ähnlich wie die Zeugen bei Poe nur zu erzählen, *dass* er sie vernommen hat, nicht aber, wie genau sie geklungen bzw. was sie gesungen haben. Genau jene Leerstelle, die Dupin zum Schlüssel der Falllösung wird, ist für Odysseus Untergrund seiner Erzählung. Im Jahr 2004 wurde tatsächlich versucht, den von Browne als ‚möglich' im Sinne von hypothetisch/fiktional angesprochenen Zugang zu den Sirenenstimmen Wirklichkeit werden zu lassen. So machte sich unter der Federführung von Friedrich Kittler und Wolfgang Ernst eine Forschungsexpedition zum Golf von Salerno auf, um dort klangarchäologisch nach realakustischen Ursachen der einst von Odysseus vernommenen Sirenen-Gesänge zu suchen. Liefen die Ermittlungen vor Ort weitgehend ins Leere, enthüllten die im Anschluss der Expedition ausgewerteten digitalen Video- und Tonaufzeichnungen „ein Phänomen, das möglicherweise den realen Grund für die Sage von der tödlichen Verführung der Sirenenstimmen bildet. Werden nämlich Klänge von Gallo Lungo emittiert, brechen sie sich nicht schlicht an den zwei gegenüberliegenden Felseninseln als Echo, sondern werden von diesen auch untereinander noch hin- und hergeworfen. Insbesondere vor der engen Felsenpassage zur noch unsichtbaren Hauptinsel von Li Galli stellt sich ein akkumulativer Verstärkereffekt ein, der Nah- und Fernsinn eines vorbeisegelnden Seefahrers verwirrt, eine Art akustischer *différance* [...]" Wolfgang Ernst: Lokaltermin Sirenen oder der Anfang eines gewissen Gesangs in Europa. In: Felderer (Hrsg.): *Phonorama*, S. 257–266, hier S. 265. Als akustische oder vokale *différance* ließen sich auch die primatophonographischen Bearbeitungen der Affenstimme lesen.

Die am Tatmorgen erklingende, keinem definiten Körper zuordenbare Stimme leitet eine Suchbewegung ein, die letztlich auch den Körper eines Affen einschließt. Dass die Stimme eines Tieres hier als diejenige eines Menschen wahrgenommen werden kann, ist nur vor dem Hintergrund des zeitgenössischen Stimmwissens verstehbar. Um 1800 werden menschliche und nichtmenschliche Stimmen auf neue Art verwechselbar. Experimentalphysiologische und sprechmaschinentechnische Zugriffe auf die Stimme ließen Letztere in ihrer vorsprachlichen, rein akustischen Dimension hörbar werden und damit als eine Form der Lautäußerung in Erscheinung treten, die nicht nur der Unterscheidung zwischen Mensch und Maschine, sondern auch der Unterscheidung zwischen Mensch und Tier vorgelagert ist. Zwar erkennt Dupin in der radikalen Unverständlichkeit der Stimme des gesuchten Täters das Eigentümliche einer Tierstimme. Um auszuschließen, dass es sich um die Stimme eines Menschen handeln könnte, braucht es aber weitaus signifikantere Körperspuren wie etwa ein gefundenes Haarbüschel („dieses Haar ist kein Menschenhaar"[302]) und einen Handabdruck („diese Eindrücke können unmöglich von einer Menschenhand herrühren"[303]). Als vom menschlichen Körper losgelöste Klangmaterie entzieht sich die Stimme einer eindeutigen Bestimmung; ob sie menschlich oder nichtmenschlich ist, scheint nur schwer zu entscheiden. Dieser Unentscheidbarkeit der Stimme in Poes Erzählung entspricht in der zeitgenössischen Wissenschaft die enge Verwandtschaft zwischen menschlichen und tierlichen Stimmen, wie sie die vergleichende Physiologie der Stimmgebung vorgeführt hat. In ihrer Erkundung der Differenzen und Ähnlichkeiten zwischen den Stimmen verschiedener Arten kristallisierte sich die Stimme als ein Schwellenphänomen heraus, das Menschen und Tiere miteinander verbindet und zugleich voneinander trennt. Nicht zufällig spielen sich die Verwechslungen von Tier- und Menschenstimme sowohl bei Steffens/Tieck als auch bei Poe im Treppenhaus ab.[304] Bei der Er-

---

[302] Poe: Der Doppelmord in der Rue Morgue, S. 70.
[303] Ebd., S. 71.
[304] Klingt die Affenstimme bei Poe für die im Treppenhaus lauschenden Ohrenzeugen wie eine menschliche Stimme, vollzieht sich der Wechsel vom brummenden Affen in einen sprechenden Menschen bei Steffens/Tieck ebenfalls „auf der Treppe, als wir ins Haus traten. [...] Die Erschütterung löste eine Menge Haare vom Pelze los, die auf der Treppe liegen blieben; die Stimme ward heller, die Augen glänzender, das ganze Gesicht verklärter." Steffens: *Lebenserinnerungen aus dem Kreis der Romantik*, S. 202. Selbst Kempelen beschreibt den charakteristischen Stimmwandel seiner Äffin vor dem Hintergrund einer Treppensituation: „Wenn aber der Wagen mit meiner Schwester zum Thore hereinfuhr, sprang sie [die Äffin] sogleich aus einem Winkel hervor, eilte mit großem Geschrey durch alle Zimmer der Treppe zu um ihre Frau zu bewillkommen. Diese ihre lauten Töne kann ich nicht bestimmt beschreiben. Es schien mir, daß sie etwas Aehnlichkeit mit dem Rufe des Rebhuhnes hatten, nur daß sie noch mit

kundung der Stimme – ob nun physiologisch oder literarisch – handelt es sich um eine Schwellenerkundung par excellence. Ebenso wie menschliche als kreatürliche Stimmen erkundet und inszeniert werden können, schreibt der vergleichende Zugriff Tierstimmen die Möglichkeit der Sprache ein. Eine Möglichkeit, die nicht nur in vielfacher Hinsicht vom Nichtwissen zehrte, das sich mit der Stimmgebung von Tieren, insbesondere aber von Affen verband, sondern zudem – wie im Folgenden gezeigt werden soll – von aufklärerischen Visionen der Sprecherziehung.

---

einem deutlichen a. oder i. verbunden waren." Kempelen: *Mechanismus der menschlichen Sprache nebst der Beschreibung seiner sprechenden Maschine*, S. 96.

3 Redende Maschinen, sprechende Natur

3.1 Mechanisch sprechen lernen: Visionen der Sprechmaschine (James Lord Monboddo, Wolfgang von Kempelen)

Um zu sehen, „wie weit die herrliche europäische Aufklärung"[1] reichen könne, heißt es in Steffens/Tiecks [*Affenkomödie*], habe man in Sierra Leone ein „Orang-Outan-Gymnasium"[2] errichtet, in dem Affen zu verständigen Menschen erzogen würden. Zwar handelte es sich hierbei um „ein mühsames Geschäft; man konnte nicht leugnen, daß die meisten Versuche mißlangen, und daß die nichtswürdigen Bestien sich fast benahmen, wie unser Volk, wenn man seine Poesie und Religion ihm rauben will, um es mit der neuesten Aufklärung zu füttern,"[3] erzählt der Kapitän, „aber mit einigen von diesen Zöglingen gelang es doch"[4] und der Orang-Utan, den er aus Sierra Leone mitgebracht habe, sei ein „Musterexemplar"[5] dieser aufklärerischen Erziehung. Wenngleich „ihm die Sprache noch immer etwas in der Kehle"[6] stecke und sich nur selten und wenn, dann eher „ungelenk[]"[7] und „halb brummend"[8] vernehmen lasse, so kämen, „wenn man genau hinhört, [...] die vortrefflichsten Gedanken zum Vorschein: von der menschlichen Glückseligkeit, Akazienpflanzungen, Zichorienzucht und was sonst zur Veredelung des Menschengeschlechts dienen kann."[9]

Die Idee der Erziehbarkeit von Orang-Utans zur (Laut-)Sprache und Kultur, wie sie hier in gewohnt romantischer Ironie persifliert wird, entstammte nicht nur dem Hirngespinst eines spontan fabulierenden Autors. In der zeitgenössischen Debatte um die Sprachfähigkeit nichtmenschlicher Primaten hatte sie vielmehr einen festen Ort. Die Theorie, dass Affen einzig und allein nicht redeten, weil sie sprachlich nicht sozialisiert worden seien, bildete neben der Annahme einer bewussten oder aber kognitiv bzw. organisch begründeten Sprachzurückhaltung ein weiteres Erklärungsmodell für die allseits befragte Stummheit der

---

1 Steffens: *Lebenserinnerungen aus dem Kreis der Romantik*, S. 200.
2 Ebd.
3 Ebd.
4 Ebd.
5 Ebd.
6 Ebd.
7 Ebd., S. 201.
8 Ebd.
9 Ebd., S. 200.

Affen (siehe Kapitel 2). Wenngleich der Affe auch nicht spräche, so die zugrundeliegende Annahme jener Theorie, sei er grundsätzlich sprach*fähig*, man müsse ihn nur richtig erziehen. Schon La Mettrie hatte in seiner 1747 erschienenen Schrift *L'homme machine* versichert, „daß es – wenn man dieses Tier nur vollkommen abrichtet – schließlich gelingt, ihm Sprechen und folglich eine Sprache beherrschen zu lehren."[10] Schließlich hätte auch der Gehörlosenpädagoge Johann Konrad Ammann vermeintlich Taubstummen durch Unterricht zur Lautsprache verholfen. Warum also „sollte die Erziehung der Affen nicht möglich sein? Warum sollte er [der Affe, D. R.] schließlich nicht durch große Bemühungen – nach dem Beispiel der Tauben – die zum Sprechen notwendigen Bewegungen nachahmen können?"[11] Für La Mettrie, der die Artikulation von Sprachlauten vor dem Hintergrund seines Maschinenparadigmas als einen zuallererst mechanischen Vorgang betrachtete, lag es nahe, dass man Tieren wie „Stummen (eine andere Art von Tieren)"[12] das Sprechen beibringen könnte, indem man sie zum geregelten Einsatz ihres Lautapparates bewegte.

In eine ähnliche Richtung argumentiert auch James Burnett, Lord Monboddo, ein schottischer Jurist und Sprachphilosoph, der in den 1770er bis 90er Jahren mit Vehemenz für die Sprachfähigkeit von Orang-Utans eintrat. Den Camper'schen Nachweis einer organisch begründeten Sprachunfähigkeit nichtmenschlicher Primaten ignorierend sah Monboddo in den menschenähnlichen Lautapparaten von Orangen ein Indiz für deren grundsätzliche Sprach*fähigkeit*. Dass sie diese Befähigung (noch) nicht einlösten, liege einzig und allein daran, dass sie es bisher nicht mussten. Anders als Kinder, die – anfänglich ebenfalls sprachlos – frühzeitig lernten, ihren Lautapparat zur Artikulation ihrer Bedürfnisse einzusetzen, hätten Orange kein Sprachbedürfnis und blieben demzufolge stumm. Es sei jedoch einer Untersuchung wert, ob man sie im Rahmen eines gezielten Unterrichts nicht dazu bewegen könnte, ihren Lautapparat wie wir Menschen einzusetzen.[13] Wie bei La Mettrie liegt dieser Idee ein mechanistisches Verständnis von Lautsprache zugrunde. Bevor sie als Ausdrucksmedium für Begriffe eingesetzt werde, sei sie – als phonetische Artikulation – zuallererst eine Frage kontrollierter Bewegungen des Lautapparates.[14] Die Kunst, diese Be-

---

10 Julien Offray de La Mettrie: *L'homme machine / Die Maschine Mensch*. Französisch/deutsch, übersetzt und herausgegeben von Claudia Becker. Hamburg: Meiner 1990, S. 52.
11 Ebd., S. 49.
12 Ebd., S. 55.
13 Vgl. das Kapitel über den Orang-Utan in Lord Monboddo: *On the origin and progress of language*. Bd. 1. 2. Aufl. Edinburgh/London: Balfour and Cadell in the Strand 1774, S. 270–313.
14 Siehe dazu Stefaan Blancke: Lord Monboddo's *Ourang-Outang* and the origin and progress of language. In: Marco Pina / Nathalie Gontier (Hrsg.): *The evolution of social communication*

wegungen zu beherrschen, so Monboddo, sei nicht etwa ein angeborenes Wesensmerkmal des Menschen, sondern müsse und könne mühsam erlernt werden, wie nicht zuletzt der zeitgenössische Gehörlosenunterricht vorführe: „I hold it to be impossible", schreibt Monboddo im 1784 erschienenen dritten Band seiner *Antient Metaphysics*:

> to convince any philosopher, or any man of common sense, who has bestowed any time to consider the mechanism of speech, that such various actions and configurations of the organs of speech, as are necessary for articulation, can be natural to man. Whoever thinks this possible, should go and see, as I have done, Mr Braidwood of Edinburgh, or the Abbe de l'Epee in Paris, teach the dumb to speak; and, when he has observed all the different actions of the organs, which those professors are obliged to mark distinctly to their pupils with a great deals of pain and labour, so far from thinking articulation natural to Man, he will rather wonder how, by any teaching or imitation, he should attain to the ready performance of such various and complicated operations.[15]

Angesichts der immensen Anstrengungen, die Gehörlose darauf verwenden müssten, die Mechanik des Sprechens zu lernen, verwundere es nicht, dass die wenig sprachbedürftigen Orang-Utans nicht gelernt hätten zu sprechen. Schon die Aussprache einzelner Buchstaben, insbesondere der Konsonanten, gestaltet sich Monboddo zufolge als schwierig. Wenn man jedoch bedenke, dass es beim Sprechen darauf ankomme, solcherart produzierte künstliche Laute („artificial sounds"[16]) zu unendlich vielen Kombinationen zu verknüpfen, und diese klar und deutlich zu artikulieren, so sehe man schnell ein, dass das Sprechen nicht nur eine Kunst sei, sondern eine der schwierigsten Künste überhaupt („a most difficult Art"[17]), die nur durch Unterricht, Imitation und gewissenhaftes Üben erlernt werden könne.[18]

Für den vorliegenden Zusammenhang entscheidend an dieser Argumentation La Mettries und Monboddos ist das Zusammentreffen mechanistisch-physiologischer und pädagogischer Perspektiven auf Stimme und Sprache, welches – wie im Folgenden gezeigt werden soll – weitreichende Konsequenzen auch für die Wahrnehmung von und den Umgang mit Tierlauten hatte. Zum einen, insofern die Sicht auf Lautsprache als eine zwar schwierige, aber mechanisch erlernbare „Kunst" die Übergänge und Grenzen zwischen kreatürlicher Stimme und (menschlicher) Sprache neu zur Diskussion stellte; vor allem aber, insofern die Auffassung vom Sprechen als auf mechanischen Prin-

---

in primates. A multidisciplinary approach. Heidelberg [u. a.]: Springer 2014, S. 31–44, hier S. 37–38.
15 Lord Monboddo: *Antient metaphysics*. Bd. 3. London: Cadell in the Strand 1784, S. 42–43.
16 Ebd., S. 43.
17 Ebd.
18 Ebd.

zipen basierende Kunstfertigkeit auf dem Höhepunkt ihrer Ausprägung Gegenstimmen provozierte, die in den Lauten der Natur die wahre Sprache zu erkennen meinten. Zur Verdeutlichung dieser Zusammenhänge ist es nötig, ein wenig auszuholen und zunächst nach den Diskursen, Techniken und Praktiken zu fragen, welche die Zugänge zur Lautsprache in der zweiten Hälfte des 18. Jahrhunderts bestimmten.

Wie Friedrich Kittler in seiner Studie zum Aufschreibesystem um 1800 gezeigt hat, bildete sich an der Wende zum 19. Jahrhundert eine neue Kultur und Praxis der Alphabetisierung heraus.[19] An die ehedem von Männern eingenommene erste Stelle der Sprecherziehung rückten die Mütter. Mithilfe von ABC-Fibeln, die auf der Sprachlernmethode des Lautierens basierten, d. h. auf der Zergliederung von Wörtern nach Lauten und nicht wie zuvor nach Buchstabennamen oder Silben, machten sie Alphabetisierung zu einem sinnlichen und zugleich normierenden Vorgang: Der Muttermund wurde zum Ausgangspunkt der nachfolgenden Literatur- und Hochsprache.[20] Dieser Beschreibung soll im Folgenden eine weitere Perspektive hinzugefügt werden, welche die pädagogische Kultivierung lautsprachlicher Artikulation etwas früher ansetzt und anhand des Gehörlosendiskurses ab der Mitte des 18. Jahrhunderts verfolgt, der weniger von Frauen als von Männern und – wie sich zeigen wird – auch von Maschinen dominiert war.

Sowohl bei La Mettrie als auch bei Monboddo ist es die zeitgenössische Gehörlosenpädagogik, die das Sprechen als einen keineswegs angeborenen oder gar substantiell menschlichen, sondern als einen zutiefst artifiziellen und gerade deshalb erlernbaren Vorgang offenlegt. „If it had not been for this new invented art of teaching deaf persons to speak, hardly any body would have believed that the material or mechanical part of language was learned with so much difficulty"[21], schreibt Monboddo im 14. Kapitel seines ersten Buches *On the origin and progress of language*. Unter der programmatischen Überschrift „That articulation is not natural to man" argumentiert er gegen eine naturalistische Konzeption sprachlicher Artikulation, die übersehe, „that articulation is altogether the work of art, at least of a habit acquired by custom and exercise, and that we are truly by nature the mutum pecus that Horace makes us to be."[22] Sensibilisierte der

---

19 Vgl. Friedrich A. Kittler: *Aufschreibesysteme 1800–1900*. Zugl.: Freiburg (Breisgau), Univ., Habil.-Schr. 3., vollst. überarb. Neuaufl. München: Fink 1995, S. 11–220.
20 Vgl. ebd., S. 35–88.
21 Lord Monboddo: *On the origin and progress of language*, S. 199.
22 Ebd., S. 185. Zu Monboddos „De-Naturalisierung der Artikulation" siehe auch Markus Wilczek: *Das Artikulierte und das Inartikulierte. Eine Archäologie strukturalistischen Denkens*. Berlin/Boston: De Gruyter 2012, S. 88–91.

Gehörlosenunterricht einerseits für den Sprechvorgang als mechanische Kunst, samt den komplexen Bewegungen des Mundes, etwa des Kiefers, der Lippen und Zunge, öffnete umgekehrt die mechanistische Sicht auf das Sprechen den Raum für pädagogische Visionen. Ob bzw. auf welchem Wege die traditionell als ‚stumm' geltenden Mitglieder der Gesellschaft, d. h. Kinder, Gehörlose und eben auch Tiere, in der Lage wären, ihre Stimme zu artikulieren, ist eine Frage, die im ausgehenden 18. Jahrhundert nicht nur Monboddo beschäftigte.

Im Zuge der gesellschaftlichen und epistemischen Umbrüche, die das Bild vom Menschen zur Zeit der Aufklärung erfährt, wurde Erziehung zum Leitparadigma.[23] Der Mensch wurde nunmehr als ein Wesen begriffen, dessen individueller Entwicklungsgang weniger einem göttlichen Heilsplan als vielmehr dessen eigener Verantwortung zuzuschreiben ist. An die Stelle gottgegebener *Perfektion* trat *Perfektibilität*, d. h. die bloße Fähigkeit zur Vervollkommnung.[24] Mit dieser neuen entwicklungsorientierten Sichtweise auf den Menschen rückten Fragen nach dem Ursprung, dem Fortgang und nicht zuletzt der Erziehbarkeit von Lautsprache beinahe zwangsläufig in den Fokus anthropologischer Interessen. Erörtert wurden jene Fragen mit Vorliebe an Affen sowie gehörlosen und/oder spracheingeschränkten Menschen wie den sogenannten Wolfskindern. Als „Zöglinge der Natur"[25], die keinen oder bislang nur wenig Kontakt mit Lautsprache hatten, befanden sich diese in einem vermeintlich vorsprachlichen Zustand und boten damit eine ideale Projektionsfläche für sprachanthropologische Gedankenexperimente. Eine besondere Dynamik erhielten diese Experimente ab der zweiten Hälfte des 18. Jahrhunderts durch die zunehmenden Möglichkeiten, sie an realen Untersuchungsobjekten zu erproben. Wie Joachim Gessinger herausgestellt hat, erreichte die „langwährend zusammengedachte Beziehung zwischen Sprache, Sprachlosigkeit und artifizieller Sprachproduktion", wie sie etwa schon Mitte des 17. Jahrhunderts von Descartes theoretisiert wurde (siehe Kapitel 2), im ausgehenden 18. Jahrhundert „ihren Höhepunkt – die Beziehung wurde materiell"[26], und dies in zweierlei Hinsicht.

Zum einen konsultierten Sprachanthropologie und -pädagogik die bislang als bloße Gedankenfiguren verhandelten ‚Taubstummen' zunehmend als lebende

---

23 Vgl. Nicolas Pethes: *Zöglinge der Natur. Der literarische Menschenversuch des 18. Jahrhunderts*. Göttingen: Wallstein 2007, S. 16.
24 Ebd.
25 Ebd.
26 Joachim Gessinger: Die Grundlegung der empirischen Sprachwissenschaft als ‚Wissenschaft am Menschen'. In: Hans Aarsleff / Hans-Josef Niederehe / Louis G. Kelly (Hrsg.): *Papers in the history of linguistics. Proceedings of the Third International Conference on the History of the Language Sciences (ICHoLS III), Princeton, 19–23 August 1984*. Amsterdam/Philadelphia: J. Benjamins Pub. Co 2010, S. 335–348, hier S. 335.

Exempel. Hatte Étienne Bonnot de Condillac sich in seinem *Traité de Sensations* (1754) noch auf eine imaginäre Statue bezogen, um seine Theorie zur Entstehung der Empfindungen, des Bewusstseins und der Sprache zu entfalten, wenn auch mit Rekursen auf überlieferte empirische Fallgeschichten von Gehörlosen und Wolfskindern,[27] gab man sich nun immer weniger mit spekulativen Gedankenkonstrukten oder überlieferten Berichten zufrieden. Wie anhand der frühen experimentalphysiologischen Erkundung des Stimm- und Sprechvermögens von Affen bereits gezeigt wurde, setzten sich sukzessive empiristische Ansätze durch, die vermeintlich sprachisolierte Gehörlose und Wolfskinder wie den 1797 gefundenen Victor von Aveyron aufsuchten, um sie als lebende Anschauungs- und Experimentalobjekte zu untersuchen.[28] Wenn Monboddo jedem, der das Sprechen für ein angeborenes Wesensmerkmal des Menschen hält und nicht einsieht, dass es sich um eine hohe Kunst der Mechanik handle, dazu rät, dem Unterricht Gehörloser beizuwohnen, wie er es selbst getan habe („go and see, as I have done, Mr Braidwood of Edinburgh, or the Abbe de l'Epee in Paris"[29]), dann vor dem Hintergrund eben jener empiristischen Stoßrichtung der Sprachwissenschaft.

Zum anderen war es die technikgeschichtliche Innovation der Sprechmaschine, die der Beziehung zwischen sprachtheoretischen Überlegungen, Sprachlosigkeit und künstlicher Sprachproduktion qua ihrer Materialität eine besondere Triebkraft gab.[30] Hervorgegangen aus den stimmphysiologischen Versuchen Antoine Ferreins, die *in actu* verborgenen Bewegungsabläufe der Stimmgebung durch künstliche Animation menschlicher und tierlicher Kehlköpfe anschaulich zu machen (siehe Kapitel 1), führten die Ende des 18. Jahrhunderts entwickelten Techniken der Stimm- und Sprachsynthese unmittelbar vor Augen, wie Stimme und Sprache ‚gebildet' werden. Vor allem solche Sprechmaschinen, die dem menschlichen Stimmapparat nachempfunden waren, wie die aus Blasebalg, künstlichem Kehlkopf, „Nasen"-Löchern und Gummitrichter zusammengesetzte Maschine Wolfgang von Kempelens, vermittelten Einblicke in den sonst nur eingeschränkt beobachtbaren Sprechvorgang. Welche Mechanismen die Stimme im Kehlkopf erzeugen und welche Bewegungen des Mundraumes sie zu sprachlichen Phonemen formen, ließ sich am Modell der Sprechmaschine mit eigenen Augen nachvollziehen.

---

27 Siehe dazu Pethes: *Zöglinge der Natur*, S. 62–72.
28 Gessinger: Die Grundlegung der empirischen Sprachwissenschaft als ‚Wissenschaft am Menschen', S. 338.
29 Lord Monboddo: *Antient metaphysics*, S. 42–43.
30 Gessinger: Die Grundlegung der empirischen Sprachwissenschaft als ‚Wissenschaft am Menschen', S. 335–336.

Dieses hohe Maß an Anschaulichkeit im Verbund mit der Möglichkeit, die Bildung von Stimme und Sprache auch manuell, d. h. unmittelbar mit den Händen zu be*greifen*, machte die Sprechmaschine ausgesprochen interessant für pädagogische Absichten. In der Vorrede seiner 1791 veröffentlichten Abhandlung über den *Mechanismus der menschlichen Sprache nebst der Beschreibung seiner sprechenden Maschine* schreibt Kempelen:

> Aller Nutzen – alles Verdienst, das meine gesammelte Entdeckungen haben dürften, mag wohl nur darin besteh, daß dadurch bey einigen Taubstumten der Unterricht im Sprechen erleichtert, und ein Theil derjenigen Menschen, die eine fehlerhafte Aussprache haben, durch meine Anleitungen davon geheilt werden kann.[31]

Damit war nicht etwa gemeint, dass Kempelens Sprechmaschine gehörlosen Menschen ihre Stimme *ersetzen* sollte. Nicht um eine Sprechprothese im engeren Sinne des Wortes ging es hier, wenngleich es solcherlei Prothesen zur selben Zeit durchaus gegeben hat.[32] Worauf Kempelens Bemerkung vielmehr abzielte, war die Verwendung der Sprechmaschine als Anschauungs- und Experimentiermodell im Sprechunterricht gehörloser, aber auch phonetisch ‚fehlerhaft' sprechender Menschen, deren eigenes Sprechen ausgebildet bzw. optimiert werden sollte. Mit der Sprechmaschine verband sich also eine doppelte Vision: Über die maschinell ermöglichte Einsicht in die verborgenen Funktionsmechanismen des Sprechens, so Kempelens Idee, könnten Gehörlose ihre Stimm- und Sprechbewegungen trainieren, zumindest aber die Sprechbewegungen ihrer hörenden Mitmenschen besser verstehen lernen.[33]

Wie Monboddo, auf dessen Werk sich Kempelen anerkennend bezieht,[34] entwickelte Kempelen seine Ideen zur Mechanik des Sprechens vor dem Hintergrund der zeitgenössischen Gehörlosenpädagogik. Während eines Besuches

---

31 Kempelen: *Mechanismus der menschlichen Sprache nebst der Beschreibung seiner sprechenden Maschine*, Vorerinnerung.
32 1793 berichtet der Mediziner Peter Theodor von Leveling *Über eine merkwürdige künstliche Ersetzung mehrerer sowohl zur Sprache als zum Schlucken nothwendiger, aber zerstörter Werkzeuge*. Es geht um den Fall des Johann Beck, der von 1770 bis 1782 durch ganz Europa reiste, um ein „merkwürdiges Beispiel einer seltnen Prothesis" vorzustellen, mit der er seine höchstwahrscheinlich durch Syphilis verlorenen Schluck- und Sprachvorrichtungen ersetzte. Vgl. Leveling: *Ueber eine merkwürdige künstliche Ersetzung mehrerer sowohl zur Sprache als auch zum Schlucken nothwendiger, aber zerstörter Werkzeuge*, der viele Quellen zum Fall zusammenträgt. Auch Pieter Camper hatte sich zum Fall geäußert: Camper: Bemerkung einer bewundernswürdigen Ersetzung der Nase und des Gaums, welche beyde durch den Beinfras verlohren gegangen. Siehe dazu auch Felderer: Stimm-Maschinen, S. 263.
33 Vgl. Gessinger: *Auge & Ohr*, XV.
34 Vgl. Kempelen: *Mechanismus der menschlichen Sprache nebst der Beschreibung seiner sprechenden Maschine*, S. 55.

beim Pariser Gehörlosenlehrer Abbé de L'Épée im Jahr 1783 konnte er sich davon überzeugen, wie wichtig der visuelle Zugang zur Sprache für Gehörlose ist. Ausgehend von der Beobachtung, dass Gehörlose über Gesten miteinander kommunizieren, hatte L'Épée in den 1760er Jahren eine komplexe Gebärdensprache entwickelt, welche auch verabredete Handzeichen mit einschloss.[35] Kempelen zeigte sich sehr begeistert von dieser neuartigen „Handsprache", die ihm „ebenso reich" erschien „als unsere Mundsprache."[36] Insbesondere interessierten ihn die visuellen Kompetenzen der Gehörlosen, gesprochene Sprache zu erfassen. Ihm fiel auf, „daß viele unter ihnen Einem, der langsam zu ihnen spricht, die Worte von der Bewegung des Mundes und der Lage der Zunge absehen."[37] Retrospektiv beschreibt Kempelen diese Beobachtung als Schlüsselmoment seiner Auseinandersetzung mit dem menschlichen Sprechmechanismus. Aus ihr lasse sich etwas ableiten, das „bey dem Gegenstande dieses Buches von Wichtigkeit ist."[38] Dass Gehörlose in der Lage seien, ihr Gegenüber zu verstehen, indem sie ihm seine Worte von den Lippen lesen,

> beweiset, daß unsere Sprachwerkzeuge ihre sich immer gleiche Wirkungsgesetze haben, daß ein jeder Laut durch die Lage dieser Werkzeuge von dem anderen unterschieden wird und daß man durch genaue oft wiederholte Beobachtung seiner selbst und Anderer endlich bestimmen kann, welcher Mittel sich die Natur bedienet die so große Mannigfältigkeit bey einem im Grunde immer nur einfachen Laut hervorzubringen.[39]

Ähnlich wie Thomas A. Edison durch seine Schwerhörigkeit für die Materialität der Stimme sensibilisiert wurde, bevor er 1877 den Phonographen erfand, ist es hundert Jahre zuvor die besondere Stimmwahrnehmung Gehörloser, die Kempelen zur Erfindung der Sprechmaschine führt. Mit Friedrich Kittler lässt sich dieser Zusammenhang zwischen disability und medientechnischen Errungenschaften formalisieren: „Handicaps isolieren und thematisieren Sinnesdatenströme"[40]

---

[35] Vgl. seine 1776 erschienene Schrift: Charles-Michel Abbé de L'Épée: *Institution des sourd et muets par la voie des signes méthodiques*. Paris: Nyon l'Aîné 1776. Zum Gestualismus L'Épées siehe auch Gessinger: *Auge & Ohr*, S. 277–286.
[36] Kempelen: *Mechanismus der menschlichen Sprache nebst der Beschreibung seiner sprechenden Maschine*, S. 20.
[37] Ebd., S. 21.
[38] Ebd.
[39] Ebd., S. 22.
[40] Kittler: *Grammophon, Film, Typewriter*, S. 39. „Denn während es (mit Derrida) den sogenannten Menschen und sein Bewußtsein ausmacht, sich sprechen zu hören oder sich schreiben zu sehen, trennen Menschen solche Rückkopplungsschleifen auf. Sie warten auf Erfinder wie Edison, denen ein Zufall dieselbe Auftrennung angetan hat. Handicaps isolieren und thematisieren Sinnesdatenströme. Der Phonograph hört eben nicht wie Ohren, die darauf dressiert sind, aus Geräuschen immer gleich Stimmen, Wörter, Töne herauszufiltern; er verzeichnet akus-

und schärfen so das Bewusstsein für deren spezifischen – technisch einholbaren – Wirkweisen.[41] Kempelens Beobachtung der Gehörlosenkommunikation sensibilisierte ihn für die visuelle Dimension der Lautsprache, eine Dimension, wie er hiernach bemerkt, die selbst in der alltäglichen Kommunikation zwischen Hörenden eine tragende Rolle spielt. So gehöre die Beobachtung des Mundes beim Sprechen zu einer gewohnheitsmäßigen, meist unbewusst vollzogenen Praxis der Verständigung.[42] In der visuellen Zugänglichkeit gesprochener Sprache durch Gehörlose sieht Kempelen wiederum den Beweis einer allgemeinen Gesetzmäßigkeit des Verhältnisses zwischen der Lage der Sprechwerkzeuge einerseits und den jeweilig geäußerten „Stimmzeichen"[43] andererseits. Von der Aufklärung dieser über alle Sprachen hinweg „immer unveränderlich bleibende[n] Grundgesetze"[44] erhofft er sich Einsichten in „das große Kunstwerk der Sprache"[45], die wiederum Gehörlosen zugutekommen sollten. Seine Sprechmaschine ist zugleich Medium und Produkt dieser Einsichten. An ihr hat Kempelen seine Überlegungen zur Phonetik erprobt und geschult. Wie die jeweiligen Sprechwerkzeuge positioniert sein müssten, um ein bestimmtes Phonem wie ‚st' oder ‚a' hervorzubringen, konnte ihm vor allem der experimentelle Umgang mit der Sprechmaschine vermitteln.[46] Indem er sie hörend und sehend entwickelte, manuell bediente und durch auditive Rückkopplung an die gewünschten Phoneme anpasste, gelang es ihm, „jeden Laut oder Buchstaben ins besondere [zu] betrachten, dabey die Be-

---

tische Ereignisse als solche. Damit wird Artikuliertheit zur zweitrangigen Ausnahme in einem Rauschspektrum."
41 Kempelen entwickelte auch einen Handdruckapparat für die blinde Künstlerin Maria Theresia von Paradis, siehe dazu Alice Reininger: *Wolfgang von Kempelen. Eine Biografie*. Wien: Praesens 2007, S. 311–321.
42 „Auch ohne besondere Aufmerksamkeit und schon durch Gewohnheit allein wird man mit dem Spiele unserer Sprachwerkzeuge so bekannt, daß man oft Einem der zu seinem Nachbarn etwas ins Geheim spricht, an dem Munde ansieht, was er sagt, und das zwar, weil wir gewohnt sind, demjenigen, der zu uns spricht, meist auf den Mund zu sehen so, daß das Auge mit dem Ohre zugleich die Worte auffängt, und was dem letzteren entgangen ist, durch das erstere ergänzt wird. Wir sehen das an denen, die ein schwaches Gehör haben. Sie verschaffen sich eine große Hülfe dadurch, daß sie dem Sprechenden immer auf den Mund sehen." Kempelen: *Mechanismus der menschlichen Sprache nebst der Beschreibung seiner sprechenden Maschine*, S. 22–23.
43 Ebd., S. 21.
44 Ebd., S. 25.
45 Ebd., S. 26.
46 Zur epistemischen Rolle, welche die Sprechmaschine für Kempelens phonetischen Erkenntnisse spielte, siehe Gessinger: *Auge & Ohr*, S. 600–609.

wegung und Lage eines jeden der Haupt-Sprachwerkzeuge genau [zu] untersuchen"[47], um schließlich

> mit Verwunderung [zu] sehen, durch was für einfache Mittel und Wege wir einen Zweck erreichen, auf den sich der größte Theil der menschlichen Glückseligkeit gründet, der allein den Menschen vom Thiere unterscheidet, und ihn bis zu der Stufe der Ausbildung, auf der er heute steht, hinaufgerückt hat.[48]

Lediglich „ein wenig Luft aus der Lunge, durch die enge Spalte des Luftröhrenkopfes [Glottis] gedrückt"[49] und durch ein berechenbares Zusammenspiel von Zunge, Zähnen und Lippen zu verschiedenen Phonemen geformt, gebe die Grundlage dessen, was den Menschen zum „vorzüglichste[n] Geschöpf dieses Erdbodens"[50] macht: die Sprache. Die Emphase, mit der Kempelen diese Entdeckung vorträgt, speist sich aus der Konfrontation des mehr oder weniger schlichten Mechanismus der Lautsprache einerseits mit deren menschheitsgeschichtlich immensen Bedeutung andererseits. Die Sprache sei „das Hauptband der Verbrüderung, die Grundfeste der Gesellschaft."[51] Ihr allein haben wir es zu verdanken, dass Kenntnisse von einer Generation zur nächsten übermittelt, dass „Entdeckungen von Jahrtausenden"[52] bewahrt und so die fortschreitende Entwicklung von Kultur und Wissen ermöglicht würden. „Was erhebt, was erquickt unseren Geist so sehr wie der hinreißende Zauber der Rede [...] O was wäre heute noch unsere Vernunft ohne Sprache – ohne ererbte Kenntniß! Worin wären wir von dem Tiere unterschieden?"[53], fragt Kempelen und kommt sodann auf den bedauernswerten Status sprachunfähiger Gehörloser zu sprechen:

> Man betrachte den Taubgebornen, der keine – auch keine Zeichensprache gelernet hat, wie er in thierischer Wildheit dahin lebt, seine Seelenkräfte bleiben unentwickelt, und er verwelkt wie eine Pflanze, die unter einem ungedeihlichen Himmelsstrich zwar heranwuchs, aber ihre Knospe nicht entwickeln, und ihren schönsten Theil nicht zeigen konnte.[54]

Wenn aber, schwingt hier unterschwellig mit, das Medium der Bildung, die Sprache, so leicht ‚gebildet' werden könne, wie die Sprechmaschine es nahelege, bestehe dann nicht Hoffnung, auch Taubgeborenen das Sprechen beizu-

---

47 Kempelen: *Mechanismus der menschlichen Sprache nebst der Beschreibung seiner sprechenden Maschine*, S. 25.
48 Ebd.
49 Ebd.
50 Ebd., S. 26.
51 Ebd.
52 Ebd.
53 Ebd.
54 Ebd., S. 27.

bringen? Kempelen spricht diese Möglichkeit nicht explizit aus, und auch seine erwähnte Anerkennung der gestualistischen Unterrichtsmethode L'Épées, die im Gegensatz zum noch zu erörternden Oralismus auf die Zeichen- statt Lautsprache setzte, deutet zunächst nicht darauf hin. Und doch wird seine Auseinandersetzung mit dem Sprechmechanismus von der Hoffnung getragen, den sprachlosen Mitgliedern der Gesellschaft zur Lautsprache zu verhelfen. Entscheidend hierfür war das Objektivierungsversprechen, welches die Sprechmaschine barg. In bis dato unerreichter Evidenz gab sie das menschliche Sprechen als einen Mechanismus zu erkennen, der einsehbaren Regeln unterliegt und somit prinzipiell auch von denjenigen ‚künstlich' nachgeahmt bzw. erlernt werden könne, denen vermeintliche natürliche Voraussetzungen wie das Gehör fehlen. Wie genau bzw. durch welche praktische Maßnahmen „bey einigen Taubstummen der Unterricht im Sprechen erleichtert und ein Theil derjenigen Menschen, die eine fehlerhafte Aussprache haben, durch meine Anleitungen davon geheilt werden"[55] könnten, lässt Kempelen jedoch offen. Es scheint, als wolle er die zukünftigen pädagogischen Potenziale seiner Entdeckung nicht vorwegnehmen.[56] Auch die Sprechmaschine selbst versteht er nicht etwa als „schon vollkommenes und alles klar sprechendes Werk"[57], sondern als eine „noch in ihrer Kindheit befindlich[e] Erfindung"[58] auf dem Wege zu einer „vollkommenen Sprachmaschine".[59] Er überlasse es seinen Lesern, ihr „einige Aufmerksamkeit [zu] schenken, und sie durch ihr Nachdenken und Bemühen weiter fort[zu]rücken."[60]

In der von Kempelen angesprochenen Perfektibilität einer noch unvollkommenen, aber den Anlagen nach vielversprechenden Maschine spiegeln sich die zeitgenössischen Erwartungen, welche an die Erziehbarkeit nicht oder nur eingeschränkt sprechender Menschen gestellt wurden. Wie oben angespro-

---

55 Ebd., Vorerinnerung.
56 Die mangelnde Konkretisierung könnte aber auch einem grundlegenden methodischen Problem geschuldet sein, welches mit dem Einsatz der Sprechmaschine im Gehörlosenunterricht verbunden gewesen wäre. Unklar bleibt nämlich, wie die Sprechmaschine den Gehörlosen hätte die Lautsprache begreiflich machen können, wo doch genaues Hinhören für ihre Steuerung so wesentlich war. Die Funktionalität der von Kempelen konstruierten Sprechmaschine blieb angewiesen auf die „Rückkopplung durch das Gehör eines Benutzers, abhängig von der geschickten, aber methodisch nicht festgeschriebenen Bedienung ihrer Hebel, Trichter und Öffnungen. Vgl. Felderer: Künstliches Leben in Österreich, S. 230.
57 Kempelen: *Mechanismus der menschlichen Sprache nebst der Beschreibung seiner sprechenden Maschine*, Vorerinnerung.
58 Ebd., S. 456.
59 Ebd., Vorerinnerung.
60 Ebd., S. 456.

chen, wurde anhand von Gehörlosen sowie anderen vermeintlich Sprachlosen erörtert, ob (Laut-)sprache ein natürliches Vermögen des Menschen sei, unter welchen Bedingungen sie sich entfalte, ob sie erlernt werden könne, ob Lautsprache Denken voraussetze oder umgekehrt Denken ans Sprechen geknüpft sei, und – allgemeiner gefasst – inwieweit Stimme und Sprache als anthropologische Differenzkriterien überhaupt taugten. Die Mechanisierung von Stimme und Sprache spielte – so die These des vorliegenden Kapitels – eine zentrale Rolle für diese Diskussionen. Indem die Sprechmaschine Lautsprache als etwas erfahrbar machte, das Maschinen, d. h. denkunfähige Apparate auszeichnen kann, manchen Menschen sowie Tieren aber fehlt, irritierte sie herkömmliche Differenzierungen zwischen stummer Maschine, Tierstimme und menschlicher Sprache und provozierte grundlegende Neubestimmungen jener Grenzen. Davon künden bereits die konträren ideologischen Besetzungen, die die Sprechmaschine um 1800 erfuhr.

So wurde sie einerseits zum Vorbild einer Ermündigung der Unmündlichen. Als eine Stimm- bzw. Sprechprothese im oben genannten Sinn zielte die Sprechmaschine „auf einen gesellschaftlichen Raum, der jenseits der Repräsentationsordnungen von ,Spiegelsälen' errichtet wurde: den pädagogischen, den therapeutischen Raum der Erziehung ,neuer Menschen'."[61] Kempelens Vision eines maschinellen Unterrichts von Gehörlosen verkörperte „gleichsam das politische Grundinteresse der Aufklärung: den Versuch, den traditionell schweigenden Mitgliedern der Gesellschaft ein Stimmorgan zu verleihen"[62] – und ihnen damit ein Medium gesellschaftlicher Teilhabe an die Hand zu geben oder, um noch einmal Kempelen zu zitieren: den „Hauptbestand der menschlichen Verbrüderung, [...] Grundfeste der Gesellschaft."[63] Aus diesem aufklärerischen Motiv bezog die oralistische Strömung der Gehörlosenpädagogik denn auch tatsächlich ihren Erfolg, wie sich anhand zweier ihrer prominentesten Vertreter, Jacob R. Pereire in Frankreich und Samuel Heinicke in Deutschland, gut demonstrieren lässt. In beiden Fällen kommt der Sprechmaschine eine konstitutive Funktion zu – als Dispositiv und als konkret verwendetes Unterrichtsmittel.

Andererseits – und hier findet sich die für die Wissensgeschichte der Bioakustik aufschlussreiche Kehrseite des aufklärerischen Sprechmaschinendiskurses – erregte die mechanische Kunst des Sprechens auch Misstrauen gegenüber der „künstlichen" Rede und beförderte so indirekt das romantische Interesse an den Stimmen der Natur. So blieb die (Sprech-)Maschine trotz deren Aufwertung in der Gehörlosenpädagogik durch ihre frühere, um einiges kritischere Bedeu-

---

61 Felderer: Stimm-Maschinen, S. 275.
62 Ebd., hier S. 275–276.
63 Kempelen: *Mechanismus der menschlichen Sprache nebst der Beschreibung seiner sprechenden Maschine*, S. 26.

tung besetzt. Für René Descartes war die Sprechmaschine ja Sinnbild eines geistlosen, nur mechanisch reagierenden Körpers, der Sprachlaute ähnlich einem Papageien oder Affen allenfalls nachzuplappern, nicht aber, wie es ausschließlich dem Menschen vergönnt sei, kreativ und selbständig einzusetzen vermöchte (siehe Kapitel 2). Diese pejorative Bedeutung der Sprechmaschine wurde durch deren Materialisierung im ausgehenden 18. Jahrhundert nicht etwa eingeebnet, vielmehr überlagerte sie die neuen konstruktiven Besetzungen der Sprechmaschine durch Kempelen und die oralistisch geprägte Gehörlosenpädagogik. Die realgewordenen Sprechmaschinen weckten neue Ängste vor einer rein mechanischen, geistlosen und nicht zuletzt manipulativen Rede. Insbesondere die Literatur der Romantik setzte sich mit der fortschreitenden Mechanisierung der Stimme auseinander und kontrastierte sie mit einer stimm- und sprechgewaltigen Natur. Die auditive Sensibilisierung für das Singen, Klagen und Rauschen der Natur, wie sie in den Texten von E.T.A. Hoffmann, Ludwig Tieck und anderen Autoren der Romantik zu Tage tritt, ist wichtige Vorläuferin der modernen bioakustischen Forschung und prägt deren audiotechnische Lautanalysen bis heute. Inwiefern sie schon um 1800 mit der Geschichte der Stimm- und Sprechmaschinen korreliert, ist Thema der folgenden Ausführungen.

3.2 Ermündigung der ‚Unmündlichen'? Sprecherziehung um 1800

3.2.1 Szenen der Sprechaktivierung (Jacob R. Pereire)

In Kempelens Rede von einer „thierische[n] Wildheit"[64] der Taubgeborenen manifestiert sich ein Topos, der die sprachanthropologischen Debatten des 18. Jahrhunderts durchzieht. Die Parallelisierung von Gehörlosen und Tieren bzw. ‚Wilden' (Kindern), aber auch bloßen Automaten nimmt in den sprachanthropologischen Reflexionen der Aufklärung einen festen Platz ein.[65] Insbesondere in der Literatur der Frühaufklärung wurden Gehörlose „(Sprech-)Automaten genannt, sprachbegabten Tieren ähnliche Gebilde, [...] deren Äußerungen nur als Produkt organisch-mechanischer Vorgänge betrachtet werden könnten."[66] Dabei ist der Vergleich von Gehörlosen mit anderen vermeintlich

---

64 Ebd., S. 27.
65 Siehe dazu Cordula Neis: *Anthropologie im Sprachdenken des 18. Jahrhunderts. Die Berliner Preisfrage nach dem Ursprung der Sprache (1771)*. Berlin: De Gruyter 2003, S. 228–229 und S. 340–348.
66 Gessinger: *Auge & Ohr*, S. XV–XVI.

Sprachlosen wie ‚Wolfskindern', Tieren und Maschinen keine Erfindung des 18. Jahrhunderts, sondern Teil eines weit in die Geschichte des menschlichen Selbstverständnisses zurückreichenden Ausschlussverfahrens – auch bekannt als Audismus.[67] Laut Baumann basiert dieser auf einer zweistufigen Differenzsetzung. Weil Sprache seit Aristoteles erstens als Kriterium des Menschlichen bewertet und zweitens – gemäß dem von Derrida diagnostizierten Phonozentrismus – meist mit Lautsprache identifiziert werde, sind all jene, die der Lautsprache nicht fähig sind, „so häufig als Tiere beschrieben worden, vor allem von jenen, die sie unterrichtet haben."[68]

So bemerkt beispielsweise Johann Conrad Amman, der 1692 mit *Surdus loquens* (‚der sprechende Taube') eine der ersten Abhandlungen zur Gehörlosenpädagogik vorlegte: „How dull are they in general! How little do they differ from animals!"[69] Erst die ‚tierliche Rohheit' der ‚Taubstummen' lehre uns die Vorzüge der allzu oft als selbstverständlich wahrgenommenen Sprache zu schätzen.[70] Im Laufe des 18. Jahrhunderts wurden solcherlei Vergleiche verstärkt reproduziert, wobei die sich institutionalisierende Gehörlosenpädagogik einen wesentlichen Anteil an der rhetorischen Dehumanisierung Gehörloser hatte. Von manch einem wurden ihre intellektuellen Fähigkeiten noch geringer eingeschätzt als diejenigen von Tieren, so z. B. vom Pädagogen Abbé Roch-Ambroise Sicard, der den Gehörlosen vor seinem Unterricht als „unbedeutendes Wesen in der Gesellschaft" beschreibt, als „lebenden Automaten", der „sich auf physische Bewegungen beschränkt und – bevor man die Hülle zerrissen hat, hinter der sich seine Vernunft verbirgt – nicht einmal den sicheren Instinkt der Tiere besitzt."[71]

---

67 Siehe hierzu Mariacarla Gadebusch Bondio: Zwischen Tier und Mensch. ‚Taubstumme' im medizinischen und forensischen Diskurs des 16. und 17. Jahrhunderts. In: Cordula Nolte (Hrsg.): *Homo Debilis. Behinderte, Kranke, Versehrte in der Gesellschaft des Mittelalters*, Bd. 3: Studien und Texte zur Geistes- und Sozialgeschichte des Mittelalters. Korb: Didymos 2009, S. 129–148 und H-Dirksen L. Bauman: Audism: Exploring the metaphysics of oppression. In: *Journal of Deaf Studies and Deaf Education* 9,2 (2004), S. 239–246.
68 Vgl. ebd., hier S. 242–243.
69 John Conrad Amman: *A dissertation on speech, in which not only the human voice and the art of speaking are traced from their origin, but the means are also described by which those who have been deaf and dumb from their birth may acquire speech, and those who speak imperfectly may learn how to correct their impediments*. London: Sampson Low, Marston, Low, and Searle 1873, S. 2.
70 Ebd.
71 „C'est un être parfaitement nul dans la société, un automate vivant [...] Borné aux seuls mouvemens physiques, il n'a pas même, avant qu'on ait déchiré l'enveloppe sous laquelle sa raison demeure ensevelie, cet instinct sûr qui dirige les animaux destiné à n'avoir que ce guide." Abbé Roch-Ambroise Sicard: *Cours d'instruction d'un sourd-muet de naissance, pour*

Gleichzeitig brachte gerade das 18. Jahrhundert eine entscheidende Wende in der Wahrnehmung Gehörloser mit sich. Wie oben bereits angesprochen, änderte sich das Bild vom Menschen während der Aufklärung grundlegend. Mit der sukzessiven Verabschiedung einer feudalen, teleologisch begründeten Gesellschaft, in der jedes Lebewesen seinen festen, von Gott vorgegebenen Ort hat, wurde der Mensch mehr und mehr als ein Wesen begriffen, das „nicht von einem sicheren externen Standpunkt aus, sondern von sich selbst definiert wird"[72], eine Einschätzung, die selbstreferenziell die „Unfertigkeit" und im Umkehrschluss die grundsätzliche Perfektibilität des Menschen einschließt.[73] Die Frage, was genau einen Menschen zum Menschen macht und ob bzw. welche erzieherischen Maßnahmen zur Vervollkommnung seiner Anlagen nötig sind, trieb auch die Gehörlosenpädagogik an. Wenn Gehörlose von ihren Lehrern nun häufiger denn je mit Tieren, ‚Wilden' (Kindern) und Maschinen verglichen wurden, haben sich Motivik und Dynamik dieses Vergleichs grundlegend gewandelt. Auf die vermeintliche Nichtmenschlichkeit der Taubgeborenen wurde nun rhetorisch abgehoben, um die Sprecherziehung als Möglichkeit und Voraussetzung der Menschwerdung darzustellen.[74] Der Topos von der „thierische[n] Wildheit" der Gehörlosen bot Amman, Sicard und anderen Gehörlosenpädagogen der Aufklärung eine willkommene Negativfolie, vor deren Hintergrund sich die Leistungen der Sprecherziehung ins rechte Licht rücken ließen. Als ‚Taubstumme' wurden Gehörlose neben anderen vermeintlich sprachlosen Außenseitern der Gesellschaft zu Wissensfiguren, an denen die sprachliche Entwicklungsfähigkeit des Menschen erprobt und inszeniert werden konnte. Sie bildeten „gewissermaßen Beispiele für die Möglichkeiten, die Erziehung und Bildung – Paradigmen der Aufklärung – boten."[75] Von den zunächst gedanklich, im Laufe des 18. Jahrhunderts jedoch zunehmend empirisch durchgeführten Experimenten an Gehörlosen und sogenannten Wolfskindern erhoffte man sich nicht nur Antworten auf die Frage, inwiefern

---

servir à l'éducation des sourds-muets et qui peut être utile à celle de ceux qui entendent et qui parlent. Paris: Le Clère 1799–1800, S. vi–ii.
72 Pethes: *Zöglinge der Natur*, S. 16.
73 Vgl. ebd.
74 Bondio datiert den Beginn dieser Wahrnehmungsverschiebung auf das 16. Jahrhundert, als bereits vereinzelt Versuche unternommen wurden, Gehörlosen das Sprechen beizubringen. Mit der unter anderem vom Benediktinermönch Pedro Ponce de Punkt gemachten „‚Entdeckung', dass auch *surdi et muti* Sprachkompetenzen erwerben können, die sie in die Lage versetzen zu kommunizieren, wird ein Prozess der ‚Vermenschlichung' in Gang gesetzt, der den Betroffenen das Erwerben eines bürgerlichen Status ermöglicht." Bondio: Zwischen Tier und Mensch, S. 146.
75 Jonathan Kohlrausch: *Beobachtbare Sprachen. Gehörlose in der französischen Spätaufklärung. Eine Wissensgeschichte*. Bielefeld: transcript 2015, S. 10.

das Vermögen zur (Laut-)Sprache anthropologisch konstant oder aber sozial bedingt sei. Man suchte vor allem auch vorzuführen, unter welchen Voraussetzungen und mit welchen Mitteln Stimme und Sprache ‚erschaffen' werden könnten. Insbesondere die oralistische Methode, die im Unterschied zum Gestualismus des Abbé de L'Épée allein auf die Erziehung zur Lautsprache setzte, lässt dieses Bemühen erkennen. Inwiefern die Sprechmaschine hier als ein mediales Dispositiv fungierte, das die sprachpädagogischen und -anthropologischen Zugänge jener Zeit maßgeblich mitbestimmte, vermag ein genauerer Blick auf den Gehörlosenunterricht zu zeigen.

Wenige Jahre, nachdem Ferrein in den *Mémoires de l'Académie royale des sciences* die erste physiologisch-technische „machine" zur Stimmsynthese präsentiert hatte,[76] fungierte er als Gutachter einer anderen Art von ‚Stimmbildung': Am 11. Juni 1749 hält der Gehörlosenpädagoge Jacob Rodrigues Pereire vor Ferrein und anderen Mitgliedern der Pariser Akademie einen Vortrag über seine „Kunst", „von Geburt an Taubstummen" die Lautsprache beizubringen.[77] Zu Demonstrationszwecken hat er seinen Schüler Azy d'Etavigny mitgebracht, einen neunzehnjährigen, gehörlosen Mann, den er seit drei Jahren im Sprechen unterrichte. Wie Pereire ausführt, habe er seinen Schüler nicht nur gelehrt, über Schrift und Fingeralphabet zu kommunizieren und sich auf diese Weise Kenntnisse der Grammatik und Orthografie sowie der Mathematik, Geografie, Religion und Geschichte anzueignen. Darüber hinaus habe er ihm beigebracht, sich lautsprachlich zu artikulieren: „Dieser junge Taubstumme spricht Buchstaben, Silben und Wörter, die ihm entweder aufgeschrieben oder aber durch Zeichen vermittelt wurden, klar und deutlich aus, wenn auch noch sehr langsam."[78] So könne er beispielsweise die Zehn Gebote und das Vaterunser aufsagen. Er sei außerdem in der Lage, auf schriftlich oder gestisch formulierte Fragen seines Lehrers verbal zu antworten sowie seine eigenen Fragen

---

76 Vgl. Ferrein: De la formation de la voix de l'homme. Zu Ferreins Methode der Stimmsynthese siehe Kapitel 1.
77 Der Vortrag wurde in verschiedenen wissenschaftlichen Zeitschriften veröffentlicht, unter anderen im *Mercure de France*, welcher auch einen Auszug aus dem Gutachten der Akademiemitglieder Ferrein, Georges-Louis Leclerc de Buffon und Jean Jacques d'Ortous de Mairan enthält. Siehe Mémoire lu par M. Pereire dans la Séance de l'Académie Royale des Sciences au sujet d'un sourd & muet, auquel il a appris à parler. In: *Mercure de France: Dédié au Roi* (August 1749), S. 141–152 und Extrait des registres de l'Académie Royale des Sciences du 9 Juillet 1749. In: *Mercure de France: Dédié au Roi* (August 1949), S. 152–159. Zur ausführlichen Editionsgeschichte des Vortrags siehe Kohlrausch: *Beobachtbare Sprachen*, S. 80–81.
78 „Ce jeune Sourd & muet prononce distinctement, quoique très lentement encore, les lettres, les syllabes, les mots, soit qu'on les lui écrive, soit qu'on les lui indique par signes." Mémoire lu par M. Pereire dans la Séance de l'Académie Royale des Sciences au sujet d'un sourd & muet, auquel il a appris à parler, S. 142.

und Bedürfnisse zu artikulieren. Besonders bemerkenswert sei, wie er mit dem Klang seiner Stimme je nach Gesprächssituation die Lautstärke, Betonung und Intonation seiner Äußerung variiere, wenngleich es, wie Pereire einräumt, hier noch Verbesserungspotenzial gebe. Die Schwerfälligkeit, die d'Etavigny's Aussprache noch kennzeichne, sei auf den langen Zeitraum zurückzuführen, in dem seine Stimm- und Sprechwerkzeuge inaktiv gewesen seien. Als Pereire begann, „sie in Bewegung zu setzen" („les faire agir")[79], war sein Schüler bereits sechzehn Jahre alt. Der Pädagoge sei jedoch zuversichtlich, dass die Ungelenkigkeit seiner Organe schwinde, je länger er unter Anleitung seines Lehrers Gebrauch von seiner Lautsprache mache, „denn es besteht kein Zweifel, dass die sie formenden Teile dadurch an Geschmeidigkeit und Agilität gewinnen und dem Schüler so eine leichtere und regelmäßigere Artikulation ermöglichen."[80]

Auch den anwesenden Gutachtern Ferrein, Buffon und Mairan war die „schwerfällige" Aussprache d'Etavignys nicht entgangen. In ihrem Gutachten für die Pariser Akademie beschreiben sie sie als „langsam, schwer, wie aus den Tiefen der Brust gezogen."[81] Die einzelnen Silben würden von d'Etavigny bisweilen noch unzureichend artikuliert.[82] Wie Pereire sind die Gutachter jedoch zuversichtlich, dass diese „Unregelmäßigkeiten" („irrégularités")[83] dank des fortgesetzten Unterrichts nach und nach abnehmen würden. Im Wesentlichen bestätigen sie die Fertigkeiten und Kenntnisse d'Etavignys und zeigen sich fasziniert von Pereires Kunst, einem von Geburt an Taubstummen das Sprechen beizubringen. Sie preisen ihren voraussichtlich großen gesellschaftlichen Nutzen und ermuntern den Pädagogen nachdrücklich, seine Methode weiter zu perfektionieren.[84] Eine Aufforderung, der Pereire Folge leistete.

Rund anderthalb Jahre nach seinem Auftritt in der *Académie des Sciences* präsentierte Pereire ihr einen neuen Schüler: Es handelte sich um den damals 13-jährigen „taubstumm geborenen" Saboureux de Fontenay, der später selbst als

---

79 Ebd., S. 146.
80 „[...] car il n'est point douteux que les parties que la forment, n'acquièrent par ce moyen plus de souplesse & d'agilité, & ne lui rendent par conséquent l'articulation plus facile & plus régulière." Ebd., S. 147.
81 „On observe que la prononciation de M. d'Etavigny est lente, grave, comme tirée du fond de la poitrine [...]". Extrait des registres de l'Académie Royale des Sciences du 9 Juillet 1749, S. 156.
82 Vgl. ebd.
83 Ebd.
84 „Nous jugeons donc que l'art d'apprendre à lire & à parler aux muets, tel que M. Pereire le pratique, est extrêmement ingénieux ; que son usage intéresse beaucoup le bien public, & qu'on ne scauroit trop encourager M. Pereire à le cultiver & à le perfectionner." Ebd., S. 158.

Gehörlosenpädagoge tätig werden sollte.[85] Wie dem Bericht von Ferrein, Buffon und Mairan zu entnehmen ist, konnte de Fontenay bereits nach zweieinhalb Monaten Unterricht „alle Buchstaben, Diphthonge und Silben klar und deutlich aussprechen, selbst die schwierigeren wie *blanc, franc, blond, grand*."[86] Er sagte das Vaterunser auf, sprach die Namen verschiedener Dinge aus, die man ihm zeigte und konnte zwischen den verschiedenen Aussprachen des französischen ‚e' differenzieren. Vor diesem Hintergrund wögen geringe Abweichungen in der Aussprache mancher Silben nicht schwer, so die Gutachter: Zwar spreche de Fontenay etwa *sa, que, qui, qui* wie *ca, se, si, co, cu* aus, alles in allem belege er aber,

> dass M. Pereire eine außergewöhnliche Begabung hat, von Geburt an Taubstummen das Sprechen und Lesen zu lehren; dass die Methode, derer er sich bedient, vortrefflich sein muss; diejenigen Kinder, die mit allen Sinnen ausgestattet sind, machen gemeinhin keine derartigen Fortschritte in so kurzer Zeit.[87]

Worin aber diese vortreffliche Methode bestand, wie genau Pereire es schaffte, die Stimm- und Sprechwerkzeuge seiner Schüler ohne deren auditive Selbstkontrolle adäquat „in Bewegung zu setzen", wird mit keinem Wort erwähnt.[88] Diese Geheimhaltung hatte zum einen ökonomische Gründe.[89] Zum anderen war sie Teil einer großangelegten Inszenierung. Sie verlieh Pereire den Anschein eines Genius, der – wie auch Ferrein, Buffon und Marain betonen – von Geburt an ‚Taubstumme' auf „ausgesprochen geniale" („extrêmement ingénieux")[90] Weise zum Sprechen bringen konnte. Ein anderer Kommentator seiner

---

[85] Zu de Fontenaye und seiner doppelten Rolle als Gegenstand und gelehrter Akteur der Wissenschaft siehe Kohlrausch: *Beobachtbare Sprachen*, S. 143–177.
[86] Nouveau rapport. In: *Mercure de France: Dédié au Roi* (Mai 1951), S. 144–146, hier S. 144. Auch diese Vorführung wurde in verschiedenen wissenschaftlichen Zeitschriften veröffentlicht. Zur Editionsgeschichte siehe Kohlrausch: *Beobachtbare Sprachen*, S. 83.
[87] Remarques sur l'art d'apprendre à parler aux muets. In: *Mercure de France: Dédié au Roi* (Mai 1951), S. 146–149, hier S. 146.
[88] Zur Geheimhaltung der Methode Pereires siehe auch das Kapitel „The Secret" in Harlan Lane: *When the mind hears. A history of the deaf*. New York: Random House 1984, S. 67–111.
[89] Von der wissenschaftlichen Anerkennung seiner Lehrkunst durch die Akademie erhoffte sich Pereire das Interesse potenzieller Neukunden. So schließen der im *Mercure de France* abgedruckte „Nouveau rapport" und die anschließenden Bemerkungen der Gutachter über die Lehrerfolge Pereires mit einer zweiseitigen Werbeannonce, in der die Vertragskonditionen und Kontaktdaten des Lehrers aufgeführt sind. Nouveau rapport, S. 147–149. Angesprochen waren vor allem wohlhabende Eltern gehörloser Kinder wie diejenigen von d'Etavigny und de Fontenaye. Siehe dazu Kohlrausch: *Beobachtbare Sprachen*, S. 77. Um seine Methode als ‚Patentrezept' für den Spracherwerb gehörloser Kinder zu verkaufen, durfte sie nicht preisgegeben werden.
[90] Extrait des registres de l'Académie Royale des Sciences du 9 Juillet 1749, S. 158.

Vorführungen bezeichnet Pereire gar als „Urheber eines Wunders"[91], eine Zuschreibung, die sich bis zu den Anfängen der oralistischen Gehörlosenpädagogik zurückverfolgen lässt. Bereits Amman hatte die Erziehung Gehörloser zur Lautsprache mit den im Neuen Testament beschriebenen Wunderheilungen von ‚Taubstummen' durch Jesus Christus in Verbindung gebracht (Matt. 9 und Mk. 7). Hierbei handelte es sich ihm zufolge um „a double miracle, for he not only make them *to hear*, but to understand others, and to articulate their own thoughts by the organs of speech."[92] Wenngleich Amman zwischen solcherart Wundern und seiner eigenen mühevollen und oft nervenzehrenden Arbeit als Gehörlosenpädagoge differenzierte, hatten derartige Parallelisierungen unweigerlich den Effekt einer Sakralisierung. Vermögen in der biblischen Erzählung die Berührung, das Gebet und der Ausruf „Öffne dich!" die Zunge des ‚Taubstummen' „von ihrer Fessel [zu] befrei[en]" (Mk. 7), steht auch der Sprechunterricht der Oralisten im Zeichen der ‚Erlösung'.[93] Der Unterrichtende figuriert als quasigöttlicher Erretter, der die Zunge des ‚Taubstummen' lösen, ihm Stimme und Sprache verleihen und so – wie es im Gutachten zu Pereire heißt – zu einem gesellschafts-, vernunft- und handlungsfähigen Leben verhelfen kann. Noch deutlicher formuliert es eine Zusammenfassung der Leistungen Pereires in der *Histoire de l'Académie royale des sciences*: „Seine Kunst", wird dort prophezeit,

> kann der Gesellschaft eine große Zahl an Subjekten zurückgeben, die ihr ohne diese Hilfe unnütz blieben: es ist gewissermaßen, als würden sie mittels einer glücklichen Verwandlung aus ihrem Zustand einfacher Tiere gezogen, um zu Menschen gemacht zu werden.[94]

Bevor Gehörlose von ihren Sprachlehrern zu gesellschaftsfähigen Menschen geformt würden, befänden sie sich in einem nichtmenschlichen, weil vorsprachlichen Zustand „einfacher Tiere". Erst durch den Erwerb lautsprachlicher Fähigkeiten, wird hier implizit gesagt, würden Gehörlose menschlich. Diese Haltung entspricht

---

91 Zitiert nach Kohlrausch: *Beobachtbare Sprachen*, S. 104.
92 Amman: *A dissertation on speech*, S. 51.
93 In seiner psychoanalytischen Studie *La voix sourde. La société face à la surdité* widmet Michel Poizat dieser oralistischen Geste der Erlösung ein eigenes Kapitel. Siehe Michel Poizat: *La voix sourde. La société face à la surdité*. Paris: Editions Métailié 1996, S. 232–235.
94 „Son art peut rendre à la société un grand nombre de sujets qui lui seroient demeurés inutiles sans ce secours: c'est en quelque sorte les tirer, par une heureuse métamorphose, de l'état de simples animaux pour en faire des hommes." Machines ou inventions approuvez par l'Académie en MDCCXLIX. In: *Histoire de l'Académie des Sciences, avec les Mémoirs de Mathématique & de Physique, pour la même Année* (1749), S. 182–187, hier S. 184. Siehe dazu auch Kohlrausch: *Beobachtbare Sprachen*, S. 104.

dem oben beschriebenen Paradigma des Audismus. Wer sich nicht lautsprachlich artikulieren könne, beherrsche keine Sprache und stände somit den Tieren näher als den Menschen.[95] Dass die Schüler von Pereire bereits vor Beginn ihres Sprachunterrichts über Sprache verfügten, wird dabei ausgeklammert. Wie biographische Details und Erkenntnisse der heutigen Linguistik nahelegen, müssen sowohl d'Etavigny als auch de Fontenaye sprachliche Vorkenntnisse besessen haben, bevor Pereire sie unterrichtete.[96] Diese werden von Pereire jedoch mit keinem Wort erwähnt. Um sich selbst als alleiniger Urheber der Sprachfähigkeiten seiner Schüler zu inszenieren, beschreibt er Letztere als sprachlose Wesen, die erst durch seine „Kunst" zu denen wurden, die sie heute sind. Alles, was d'Etavigny aktuell wisse und könne, betont Pereire an einer Stelle seines Vortrags, sei das Werk („l'ouvrage") der vergangenen sechzehn Monate.[97]

Pereires Selbstinszenierung als Erzeuger eines wie aus dem Nichts geschaffenen Sprechens erinnert stark an den Sprechmaschinendiskurs, wie er kurz zuvor von einem der Gutachter mit angestoßen wurde. Auch Ferrein hatte sich als Demiurg inszeniert. Während der Anatom behauptete, durch die Manipulation lebloser Kehlköpfe eine scheinbar lebendige Stimme erzeugen zu können, gibt Pereire vor, in seinen vermeintlich passiven und ehemals stummen Schülern die Lautsprache erweckt zu haben – auch hier durch gezielte Manipulation, das In-Bewegung-setzen derer Sprechapparate („les faire agir"[98]). Die Beschreibungen Pereires und seiner Gutachter vermitteln ein eindeutig mechanistisches Bild: Spracherwerb wird als eine von außen angestoßene Sprechaktivierung dargestellt. Das Sprechen der Schüler erscheint als reiner Effekt der „Künste" Pereires, als bloße Ausführung seiner Anweisungen.[99] Wie Jonathan Kohlrausch herausgestellt hat, bezweifelte zwar auch im mechanistisch orientierten 18. Jahrhundert niemand, „dass der *sprechende* Mensch mehr sei als eine reagierende Maschine. Anders aber stellt sich die Auffassung des zum Sprechen *befähigten* Menschen dar, dessen eigener sprachlicher Impuls zwar nicht vollständig verleugnet, aber gegenüber der Reaktion innerhalb des Sprachlernens vernachlässigt und ausgeblendet wurde."[100] So erscheint auch das Sprechen d'Etavignys als im höchsten

---

95 Vgl. Bauman: Audism: Exploring the metaphysics of oppression.
96 Siehe dazu Kohlrausch: *Beobachtbare Sprachen*, S. 102 und 105.
97 Mémoire lu par M. Pereire dans la Séance de l'Académie Royale des Sciences au sujet d'un sourd & muet, auquel il a appris à parler, S. 146.
98 Ebd.
99 Siehe dazu das Kapitel „Pereire als Urheber und Akteur" in Kohlrausch: *Beobachtbare Sprachen*, S. 102–107.
100 Ebd., S. 111–112.

Grade abhängig von den Aktionen Pereires. Nach einer mehrmonatigen Unterrichtspause, berichtet der Gehörlosenlehrer, war die eigentlich schon gut fortgeschrittene Aussprache seines Schülers wieder „verwaschen"; sie hätte sich nicht etwa weiterentwickelt, vielmehr habe Pereire ganz von vorne anfangen und viele Aussprachefehler erst wieder „korrigieren" müssen.[101] Wie eine Maschine, so wird hier suggeriert, rostete d'Etavigny's Sprechapparat ein, wurde „steif"[102], sobald er nicht länger ‚in Bewegung gesetzt' wurde. Wie eine Maschine musste Pereire ihn reaktivieren, um artikulierte Sprachlaute hervorzubringen.[103]

Wenn es hinsichtlich der Leistungen de Fontenayes heißt, er verstehe alles, was man ihn aussprechen lassen will („il comprend tout ce qu'on veut lui faire prononcer"[104]) und d'Etavigny dafür gelobt wird, alle Buchstaben, Silben und Wörter, die man ihm schriftlich oder gebärdensprachlich anzeige, langsam, aber deutlich auszusprechen („ce jeune Sourd & muet prononce distinctement, quoique très lentement encore, les lettres, les syllabes, les mots, soit qu'on les lui écrive, soit qu'on les lui indique par signes"[105]), dann ähneln diese Beschreibungen dem Wortlaut nach Kempelens späteren Preisungen seiner „sprechenden Maschine". Mit dieser habe er schon so weit gebracht, schreibt der Mechanikus 1791,

> daß ich sie alle lateinische, französische, und italienische Wörter ohne Ausnahme, wie man sie mir vorsagt, auf der Stelle nachsprechen mache, freylich manche besser und verständlicher als andere, aber doch immer eine Anzahl von mehrern hundert Wörtern ganz vollkommen und klar, z. B. *Papa, Maman, Marianna, Roma, Maladie, Santé, Astronomie, Anatomie, Chapeau* […].[106]

---

101 Mémoire lu par M. Pereire dans la Séance de l'Académie Royale des Sciences au sujet d'un sourd & muet, auquel il a appris à parler, S. 146.
102 Ebd.
103 Genauso sei die grundsätzliche Schwerfälligkeit, die der Sprechapparat d'Etavignys bisweilen aufweise, darauf zurückzuführen, dass er erst im Alter von 16 Jahren unterrichtet wurde. Seine starr gewordenen Organe müssten erst wieder an Flexibilität gewinnen. Vgl. ebd., S. 146–147 und Extrait des registres de l'Académie Royale des Sciences du 9 Juillet 1749, S. 156.
104 Nouveau rapport, S. 145.
105 Mémoire lu par M. Pereire dans la Séance de l'Académie Royale des Sciences au sujet d'un sourd & muet, auquel il a appris à parler, S. 142.
106 Kempelen: *Mechanismus der menschlichen Sprache nebst der Beschreibung seiner sprechenden Maschine*, Vorerinnerung. Diese einleitende Formulierung nimmt Kempelen im letzten Kapitel seiner Abhandlung noch einmal auf, wenn er in einer irritierenden Verschmelzung von Autor- und Maschinenstimme schreibt: „Ich spreche ein jedes französisches oder italienisches Wort, das man mir vorsagt, auf der Stelle nach, ein deutsches, etwas langes hingegen kostet mich immer Mühe, und geräth mir nur selten ganz deutlich. Ganze Redensarten kann ich nur wenige und kurze sagen, weil der Blasebalg nicht groß genug ist, den erforderlichen Wind dazu herzuge-

Die ersten Wörter der Sprechmaschine decken sich zum Teil mit denjenigen Wörtern, die einige Jahrzehnte zuvor d'Etavigny und de Fontenaye beigebracht wurden. Die ersten Ausdrücke, die sie auszusprechen lernten, waren: *papa, maman, château, Madame, chapeau*"[107] (d'Etavigny) und „*chapeau, habit, bouton, épée*"[108] (de Fontenaye). Die Parallelen zeigen, dass beide Sprechaktivierungen – der Gehörlosenunterricht Pereires und die Kempelen'sche Arbeit an der Sprechmaschine demselben Dispositiv angehörten: Der pädagogischen Engführung von Sprachlosigkeit und artifizieller Sprachproduktion im Zeichen der ‚sprechenden Maschine'. Wie Kempelens Sprechmaschine werden die gehörlosen Schüler Pereires als an und für sich ‚stumme', aber sprechperfektible Automaten angesprochen, deren Instruktion sich folgerichtig zuallererst auf jene Wörter richten müsse, die auch hörende Kinder lernten: *maman, papa, chapeau* etc.

Abgesehen davon gibt es noch einen weiteren Aspekt, der den oralistischen Unterricht mit dem Sprechmaschinendiskurs verbindet. In beiden Fällen wird aktiv von außen in die Stimmgebung eingegriffen – und dies nicht nur im übertragenen Sinn des ‚In-Bewegung-Setzens', sondern auch im buchstäblichen Sinn des Ein*griffs* als manuelle Intervention. Sowohl Pereire als auch Kempelen geht es darum, den stimmgebenden Luftstrom gezielt mit den Händen zu manipulieren, damit er sich zu artikulierten Wörtern forme. Dass „das große Kunstwerk der Sprache" lediglich in „verschiedene[n] Hindernisse[n] [besteht], die dieser Luft bey ihrem Ausgange durch die Zunge, Zähne und Lippen in den Weg gelegt werden" und welche wiederum „verschiedene Schalle, Töne, oder Laute [geben], derer jeder seine bestimmte Bedeutung hat,"[109] ist eine Erkenntnis, die Kempelen der forschenden Handhabung seiner Sprechmaschine verdankt. Pereires Unterricht nimmt diesen mechanistisch-taktilen Zugang zur Artikulation vorweg. Weil gehörlose Schüler:innen verbal schlecht zu erreichen waren und ihre eigene Stimme kaum kontrollieren konnten, glaubte man, sie seien auf visuelle und körperliche Sprecherfahrungen angewiesen. Aus diesem Grund fanden sie sich oft im Kontrollgriff ihrer Lehrer wieder, die ihnen zu Anschauungszwecken mit ihrem eigenen weit offenen Mund zu Leibe rückten oder aber Hand an die Sprechwerkzeuge ihrer Schüler:innen anlegten, indem sie etwa deren Zungen festhielten. Die damit einhergehende „massive Fremdbe-

---

ben. Z. B. vous etes mon ami – je vous aime de tout mon Cœur, oder in der lateinischen Sprache: Leopoldus Secundus – Romanorum Imperator – Semper Augustus. u. d. g." Ebd., S. 455.
107 Extrait des registres de l'Académie Royale des Sciences du 9 Juillet 1749, S. 153.
108 Nouveau rapport, S. 145.
109 Kempelen: *Mechanismus der menschlichen Sprache nebst der Beschreibung seiner sprechenden Maschine*, S. 26.

stimmung und Gewaltförmigkeit"[110], die insbesondere den oralistischen Gehörlosenunterricht auszeichneten, ist mehrfach beschrieben worden.[111] Entscheidend ist, – das machen Pereires Szenen der Sprechaktivierung sehr deutlich – dass Lautsprache nicht nur unter dem Zugriff der Sprechmaschinentechnik, sondern auch der frühen Gehörlosenpädagogik als eine mechanisch erlernbare Kunst in Erscheinung trat, die, wie ja schon Monboddo ableitete, nicht etwa naturgegeben ist, sondern der gesellschaftlichen Formung bedarf.

3.2.2 Die Politisierung der Stimme im Zuge von Aufklärung und Revolution

Auftrieb erhielt diese Auffassung durch die Aufwertung von Mündlichkeit, wie sie während der Aufklärung und Französischen Revolution stattfand. Im Zuge der Abkehr vom *Ancien Régime* und seiner vor allem schriftlich basierten Kommunikations- und Herrschaftsformen geriet das gesprochene Wort zum idealisierten Medium einer aufgeklärten politischen Kommunikationskultur. Unabhängig vom (Bildungs-)Stand sollte es auch jenen die Teilhabe ermöglichen, die aufgrund mangelnder Schreib- bzw. Lesefähigkeiten vom gesellschaftspolitischen Diskurs ausgeschlossen waren.[112] In Clubs, Kaffeehäusern und Sociétés entstand

---

110 Joachim Gessinger: Der Ursprung der Sprache aus der Stummheit. Psychologische und medizinische Aspekte der Sprachursprungsdebatte im 18. Jahrhundert. In: Joachim Gessinger / Wolfert von Rahden (Hrsg.): *Theorien vom Ursprung der Sprache. Band II*. Berlin [u. a.]: De Gruyter 1989, S. 345–387, hier S. 384.
111 Siehe neben Gessinger und Kohlrausch auch Poizat, der dem körperlichen Kontakt zwischen dem Gehörlosenlehrer und seinen Schüler:innen ein eigenes Kapitel widmet und hierzu ausführlich den Bericht eines Schülers zitiert, welcher den Unterricht als grenzüberschreitend und obszön erlebt hat. Vgl. „le contact vocal" in Poizat: *La voix sourde*, S. 236–246. Poizat sieht in der Triebhaftigkeit der oralistischen Stimmarbeit auch ein Motiv für die oben angesprochene Geheimhaltung der spezifischen Unterrichtsmethode gegeben. „Il n'est pas interdit penser que ce contact corporel obligé entre le maître et l'élève dans la pédagogie oraliste, contact en quelque sorte théorisé par Pereire, puisse être à l'origine d'un certain désir de discrétion de la part de ceux qui étaient amenés à le pratiquer. On connaît les tabous qui entourent tout ce qui a trait au contact physique entre maître et élève. On peut comprendre qu'une pédagogie fondée sur ce contact s'attache, sous couvert de secret, à s'épargner les regards et commentaires suspicieux et ce d'autant plus que, compte tenu de ce que tout cela met en jeu de pulsionnel, voire d'érotique, l'élève peut très bien ne pas vivre cette situation dans la parfaite sérénité." Ebd., S. 240.
112 Zum verhältnismäßig geringen Grad der Alphabetisierung der französischen Bevölkerung um 1790 siehe Brigitte Schlieben-Lange: Schriftlichkeit und Mündlichkeit in der Französischen Revolution. In: Aleida Assmann (Hrsg.): *Schrift und Gedächtnis. Beiträge zur Archäologie der literarischen Kommunikation*. München: Fink 1998, S. 194–211, hier S. 200–202.

eine neuartige Diskussionskultur, die auf den mündlichen Austausch setzte, um Meinungs- und Vernunftbildung zu befördern.[113] Das gesprochene Wort, die lebendige Stimme wurde zum wichtigsten Organ sowohl der Legislative (schon etymologisch leitet sich das gesetzgebende ‚Parlament' von französisch *parlement* für ‚Unterredung' bzw. *parler* für ‚reden' ab) als auch der Judikative.[114] Durch die Priorisierung der Stimme gegenüber der Schrift im Gerichtsverfahren sollten auch die größtenteils nicht alphabetisierten Geschworenen erreicht und die Rechtspraxis insgesamt grundlegend demokratisiert werden.[115] Die Bedeutung der Stimme als Ausübung eines Rechts auf Mitsprache und Meinungsäußerung war zwar schon vor der französischen Revolution bekannt; der Begriff des ‚Stimmrechts' als solcher verbreitete sich aber erst seit den 70er Jahren des 18. Jahrhunderts.[116] Auch andere politische Metaphorisierungen der Stimme gelangten im ausgehenden 18. Jahrhundert zu ihrer vollen Blüte. ‚Seine Stimme zu erheben', um seinen Ansichten Ausdruck zu verleihen und für die Rechte derjenigen einzutreten, die im öffentlichen Diskurs bislang unterrepräsentiert waren, bestimmte als Gestus die Reden, welche die Akteure der Französischen Revolution während der Nationalversammlungen hielten. Dabei standen die Redner vor der Herausforderung, ein sehr heterogenes, aus neuen Vertretern der verschiedenen Stände und Wahlkreise zusammengesetztes und wohl auch deshalb nicht leicht zu bändigendes Auditorium zu erreichen.[117]

Eine frühe Idee, dieses Problem zu beheben, wurde 1789 vorgestellt: In der anonym veröffentlichten Abhandlung *Sur les moyens de communiquer sur le champ au peuple* werden drei einander ergänzende „Maschinen" entworfen, welche die Redekunst optimieren sollten:[118] Ein Sprachrohr, welches die Stimme

---

113 Vgl. ebd., hier S. 198.
114 In einer nachrevolutionären Gesetzesverordnung von 1791 heißt es: „Die Zeugenbefragung ist mit lebendiger Stimme [*de vive voix*] vorzunehmen, ohne daß die Zeugenaussagen niedergeschrieben würden." Zitiert nach Mladen Dolar: *His master's voice. Eine Theorie der Stimme*. Aus dem Englischen von Michael Adrian und Bettina Engels. Frankfurt am Main: Suhrkamp 2007, S. 147. Siehe hierzu auch Cornelia Vismann: Action writing: Zur Mündlichkeit im Recht. In: Kittler / Macho / Weigel (Hrsg.): *Zwischen Rauschen und Offenbarung*, S. 133–152, hier S. 141–142, die in ihrem Aufsatz unter anderem der Aufwertung von Mündlichkeit in der nachrevolutionären Rechtspraxis nachgeht.
115 Vgl. Dolar: *His master's voice*, S. 147.
116 So wird das Aufkommen des Begriffes im *Deutschen Wörterbuch von Jacob und Wilhelm Grimm* auf die 70er Jahre des 18. Jahrhunderts datiert. Vgl. Jacob Grimm / Wilhelm Grimm: *Deutsches Wörterbuch von Jacob und Wilhelm Grimm*. Bd. 18. Leipzig: Hirzel 1854–1961, Sp. 3124.
117 Vgl. Karl-Heinz Göttert: *Geschichte der Stimme*. München: Fink 1998, S. 322.
118 Siehe dazu Jacques Guilhaumou: *La langue politique et la Révolution française. De l'événement à la raison linguistique*, Librairie du bicentenaire de la Révolution française. Paris: Klincksieck 1989, S. 151–156 und Göttert: *Geschichte der Stimme*, S. 317–328.

der Männer des Gemeinwohls verstärken und möglichst störungsfrei an die Ohren des Volkes übermitteln sollte, außerdem eine dynamische Schautafel, auf der das schriftliche Abbild der Rede für jedermann zu verfolgen sein sollte und schließlich ein beweglicher Rednerstuhl, um das gesamte Auditorium ansprechen zu können. In dieser Imagination einer Rede- bzw. „Sprechmaschine"[119] spiegelt sich eine Problematik, welche die Stimm- und Sprachpolitik um 1800 insgesamt prägt. Im Sinne der *égalité* sollte zwar jeder die Möglichkeit haben, seine Stimme einzubringen. Damit dies gelingen konnte, waren jedoch neue Kommunikationsmittel erforderlich, die den störungsfreien Austausch zwischen sehr heterogenen Parteien und deren gemeinsame politische Willensbildung ermöglichten.[120] Abgesehen von der nie realisierten Redemaschine wurde eine Uniformierung der französischen Sprache angestrebt, welche nicht nur die Vereinheitlichung der Orthografie und Grammatik betraf, sondern vor allem auch der Aussprache: Es sei dringend notwendig, schreibt der Grammatiker François-Urbain Domergue im Vorwort zu seiner *Orthographie* im Revolutionsjahr V, die Dialekte der Provinzen zu beseitigen und stattdessen „eine einheitliche und klare Aussprache [*une prononciation uniforme et pure*]"[121] durchzusetzen.[122]

War die 1789 imaginierte Redemaschine dazu gedacht, eine solche, allseits verständliche Lautsprache, die ‚Stimme des Volkes' apparativ zu verstärken, folgen die zur selben Zeit im Umlauf befindlichen realen Sprechmaschinen einer ähnlich aufklärerischen Vision. Wie eingangs ausgeführt, sah Kempelen in seiner Maschine die Möglichkeit, Einsicht in die Funktionsweise der Sprechwerkzeuge zu ermöglichen und damit letztlich jenen zu einer Stimme zu verhelfen, die traditionell vom gesellschaftlichen Diskurs ausgeschlossen waren: Gehörlose und spracheingeschränkte Menschen. Einer, der diese Kempelen'sche Vision der Sprechmaschine tatsächlich ein Stück einzulösen gedachte, war der Gehörlosenpädagoge Samuel Heinicke, der, wie einige Jahrzehnte zuvor Pereire in Frankreich, den Oralismus in Deutschland einführte.

---

119 Ebd., S. 327. In ihrer Funktion, die Stimme des Volkes zu Gehör zu bringen, steht diese Maschine gewissermaßen der Guillotine gegenüber, die, wie Daniel Arasse gezeigt hat, dem König das Wort abschnitt. Siehe Arasse: *Die Guillotine*, S. 91 und Kapitel 1 der vorliegenden Arbeit.
120 Göttert: *Geschichte der Stimme*, S. 328.
121 Zitiert nach Brigitte Schlieben-Lange: Die Sprachpolitik der Französischen Revolution – Uniformierung in Raum, Zeit und Gesellschaft (1990). In: Dies.: *Kleine Schriften. Eine Auswahl zum 10. Todestag*. Hrsg. v. Sarah Dessì Schmid, Andrea Fausel und Jochen Hafner. Tübingen: Narr 2010, S. 119–140, hier S. 131.
122 Siehe zu diesem Themenkomplex ebd.

3.2.3 „Denn die Tonsprache ist eine Kunst" (Samuel Heinicke)

Im Prospekt seines *Chursächsischen Instituts für Stumme und andere mit Sprachgebrechen behaftete Personen*, das Heinicke 1778 in Leipzig gründete, wird ein Ausblick auf die zu erwartenden Erfolge seines Unterrichts gegeben:

> Die Lehrlinge lernen deutlich und mit Verstande laut sprechen und lesen. Sie werden in der Religion unterrichtet und zu allerley Künsten und Wissenschaften angehalten. Alles, was ein jeder andrer Mensch sonst zu erlernen im Stande ist, das können sie auch lernen, ausgenommen keine Musik. Mit einem Wort, sie werden zu brauchbaren Mitgliedern der menschlichen Gesellschaft gemacht, und können alsdann in ihrem zukünftigen Lebenswandel selbst überlassen werden.[123]

Heinicke war überzeugt, dass nur das laute Sprechen und Lesen, d. h. die Beherrschung der ‚Tonsprache' seine gehörlosen Schüler:innen zur Teilhabe am gesellschaftlichen Leben befähigen könne. Mit dieser oralistischen Auffassung wandte er sich gegen den zeitgenössischen Verfechter der Gebärdensprache Abbé l'Épée. Beide Pädagogen trugen einen erbitterten Streit miteinander aus.[124] Während l'Épée argumentierte, dass der Gehörsinn problemlos durch den Gesichtssinn ersetzt werden könne, durch den seine Schüler:innen visuell, nämlich über Lippen-, Gebärden- und Schriftzeichen zu sprechen lernten, begriff Heinicke die Lautsprache als unabdingbare Voraussetzung des Sprachenlernens. Die Bildung abstrakter Begriffe und Denkbewegungen sei untrennbar an Tonempfindungen geknüpft. Denn mehr als die Schrift es je vermöchte hinterließen Töne dauerhafte Einprägungen in unserem Sprachgedächtnis. „Wir denken wachend und träumend durch die Tonsprache [...] und unsre Gedankenreihen sind beständig tonhaft."[125] Selbstverständlich bedürfe es einer besonderen Methode, um gehörlosen Schüler:innen die Tonsprache nahezubringen.

Diese Methode, die Heinicke wie Pereire ein Leben lang geheim hielt, fand der Pädagoge zum einen in der lautspezifischen Stimulation der Geschmacksnerven seiner Schüler:innen: Jeder Vokal wurde mit einer bestimmten Geschmacksempfindung verknüpft, sodass er gleichsam an Ort und Stelle der

---

123 Samuel Heinicke: Verordnungen zu dem Churfürstl. Sächs. Institut für Stumme in Leipzig. In: Ders.: *Gesammelte Schriften*. Hrsg. v. Georg und Paul Schumann. Leipzig: Ernst Wiegandt 1912, S. 84–85, hier S. 84–85.
124 Siehe Samuel Heinicke: Briefwechsel Heinickes mit Abbé l'Épée. In: Ders.: *Gesammelte Schriften*, S. 104–155. Zum Briefwechsel siehe auch Gessinger: *Auge & Ohr*, S. 286–300.
125 Heinicke: Briefwechsel Heinickes mit Abbé l'Épée, S. 119. Zu dieser Argumentation siehe auch Samuel Heinicke: Beobachtungen über Stumme, und über die menschliche Sprache, in Briefen von Samuel Heinicke. In: Ders.: *Gesammelte Schriften*, S. 37–84, hier S. 46–54.

Sprechbewegungen „befestigt und dauerhaft eingeprägt werden" konnte.[126] Zum anderen setzte auch Heinecke auf den visuell-taktilen Weg. Um seinen Schüler:innen vor Augen zu führen, wie die Sprechwerkzeuge sich beim Sprechen bewegten, setzte er Artikulationsapparate aus Pappe und Leder ein, die er „Sprachmaschinen" nannte.[127] Es handelt sich um verschiedenartige, aus künstlicher Gurgel und Zunge bestehende „Werkzeuge [...], wodurch sich alle Selbstlauter, so wohl die zischenden, als schmetternden, nach ihren Verschiedenheiten in Wörtern sichtbar und fühlbar erklären und sehr leicht nachamen lassen."[128] Ohne derartige Anschauungsmodelle, argumentiert Heinecke, bleibe die Aussprache von Gehörlosen „rauh, tiefgurgelnd und grässlich."[129] Erst mithilfe der „Sprachmaschinen" ließen sich die Laute seiner Schüler:innen, die den „abscheulichsten Töne[n] mancher Thiere"[130] glichen, durch eine wohlartikulierte Lausprache ersetzen.

Mit dieser Argumentation bedient Heinecke einen Topos der oralistischen Gehörlosenpädagogik. Schon deren Pionier Amman hatte seinen Unterricht als die Austreibung kreatürlicher Laute beschrieben, als Beseitigung des „chicken-cry, common to many deaf and dumb, yet so different from the genuine voice"[131], um an deren Stelle die menschliche Stimme zu setzen: „and I produce in its place the human voice formed by the vibrations of the larynx".[132] Wie Michel Poizat herausgestellt hat, besteht der Kern des oralistischen Projektes in eben jener Geste: „Der Befehl des Lehrers ‚Sprich!' meint eigentlich ‚Schweig!', ‚ein 'Schweig!', das sich an die rohe, animalische Stimme, die Stimme des Taubstummen richtet."[133]

---

[126] Samuel Heinecke: Arkanum zur Gründung der Vokale bei Taubstummen. In: Ders.: *Gesammelte Schriften*, S. 247–250, hier S. 248. Wenn sein Schüler das ‚i' formte, gab Heinecke ihm „scharfen Essig, zu **e**, Wermuthextrakt, zu **a**, reines Wasser, zu **o**, Zuckerwasser und zu **u**, Baumoel." Ebd., S. 249. Die reflexartige Reaktion der Mundstellung auf die Geschmacksreizungen entspreche der ungefähren Position der Sprechwerkzeuge bei der Vokalbildung, die – so die Idee – auf diesem Wege umso nachhaltiger inkorporiert werden könne. Siehe hierzu den kurzen Text „Arkanum zur Gründung der Vokale bei Taubstummen", in ebd.
[127] Siehe hierzu auch Gessinger: *Auge & Ohr*, S. 314–315.
[128] Heinecke: Beobachtungen über Stumme, und über die menschliche Sprache, in Briefen von Samuel Heinecke, S. 70.
[129] Ebd., S. 71.
[130] Ebd.
[131] Amman: *A dissertation on speech*, S. 93.
[132] Ebd.
[133] „Derrière le ‚Parle!' de l'injonction du précepteur, c'est en fait un ‚Tais-toi!' qu'il faut entendre, un ‚Tais-toi!' à la voix brute, animale, au cri du sourd." Poizat: *La voix sourde*, S. 234–235.

An ihrer Stelle soll eine neue, artikulierte Stimme, die gesprochene Sprache installiert werden, die für Heinicke – anders als für Amman – nicht etwa genuin „menschlich [*human*]"[134] ist, sondern zuallererst eine mechanische und eben deshalb erlernbare Kunst. „Durch die Kunst der Kehle"[135] könnten wir Töne höher oder tiefer angeben. Die sie passierende Atemluft modulierten wir mittels unserer Sprachwerkzeuge auf eine „künstliche Art"[136]: Mit Zunge, Nase, Lippen und anderen Werkzeugen, so Heinicke, durchbrechen wir die Vokale und könnten artikulierte Sprache auf diese Weise „künstlich formiren."[137] Gerade weil jedoch „die Kunst der Sprache mechanisch ist", argumentiert der Pädagoge weiter, „lassen sich alle ihre Artikulationen und Modifikationen sehr leicht durch diese Maschinen begreiflich machen und aufs genaueste nachahmen."[138] ‚Begreiflich' ist hier durchaus im doppelten Wortsinn zu verstehen. Wie bei Kempelen ist die Dimension des Taktilen zentral in der Arbeit Heinickes mit der Sprechmaschine. Seine Schüler:innen konnten die Maschinen anfassen und nicht nur sehen, sondern auch erfühlen, welche Wege die Luftstöße jeweils nahmen und welchen Druck sie dabei aufwiesen.[139] Ähnlich wie Hörende beim Bedienen von Sprechmaschinen unweigerlich gezwungen sind, still mitzuartikulieren, denn „offenbar erleichtert es dem Spieler die Tätigkeit der Sprech-Erzeugung *durch die Hände*, wenn die kognitive Steuerung der Sprech-Erzeugung *durch den Sprechapparat* unhörbar simuliert wird"[140], erhoffte sich Heinicke eine Stimulation und Ein-

---

134 Amman: *A dissertation on speech*, S. 93.
135 Heinicke: Beobachtungen über Stumme, und über die menschliche Sprache, in Briefen von Samuel Heinicke, S. 59.
136 Ebd.
137 Ebd., S. 60.
138 Ebd., S. 71.
139 Vgl. ebd.
140 Trouvain / Brackhane: Zur heutigen Bedeutung der Sprechmaschine von Wolfgang von Kempelen, o. P. Von dieser außergewöhnlichen Eignung der Sprechmaschine als multimodales Demonstrationsmodell konnten sich die beiden Sprachwissenschaftler Jürgen Trouvain und Fabian Brackhane im Rahmen heutiger Experimente überzeugen: „Nach etlichen Vorführungen der Saarbrücker Nachbauten vor ganz unterschiedlichem Publikum", könne man feststellen, „dass Repliken der Sprechmaschine sehr gut als Objekt zur Illustration der Erzeugung von Sprachschall dienen können – und dies multi-modal. Denn ein [...] wichtiger pädagogischer Aspekt dieser informellen Beobachtungen ist die Tatsache, dass man die Maschine anfassen und damit nicht nur akustisch und visuell, sondern auch haptisch erfassen kann. Das Erfassen im wortwörtlichen Sinne in Verbindung mit anderen Modalitäten bietet eine hervorragende und eher ungewöhnliche Möglichkeit, den sonst in vielen Punkten unsichtbaren Ablauf der Erzeugung und Übertragung von Sprachschall zu demonstrieren. Dazu gehört auch, dass der Bediener des Instruments sich stetig gezwungen fühlt, beim Spielen still mitzuartikulieren. Offenbar erleichtert es dem Spieler die Tätigkeit der Sprech-Erzeugung *durch die*

übung der Sprechwerkzeuge von Gehörlosen durch deren Umgang mit seinen „Sprachmaschinen". Letztere sollten seinen Schüler:innen gewissermaßen zu ‚Vorbildern' des korrekten Sprechens werden.

Wenn Heinicke, wie oben zitiert, argumentiert, dass seine Auffassung von der Lautsprache als mechanischer Kunst ihn zur Konstruktion und Verwendung von Sprachmaschinen im Unterricht geführt habe, verhält es sich in Wahrheit wohl etwas komplizierter. Wie Kempelen, der seine Sprachtheorie im ständigen Rekurs auf seine Maschine entwickelt hat (siehe Kapitel 1), scheint auch Heinickes mechanistische Sprachauffassung der praktischen Auseinandersetzung mit seinen Sprachmaschinen geschuldet zu sein. Praktischer und theoretischer Zugriff auf die Mechanik des Sprechens bedingten einander wechselseitig. So war die Sprachmaschine nicht einfach nur sekundäres Abbild des menschlichen Sprachmechanismus. Vielmehr bildete sie dessen Dispositiv und kybernetisches Element zugleich. Vor dem Hintergrund einer Medientheorie, die Medien nicht als flexible Erweiterung eines historisch unveränderlichen Körpers versteht, sondern als integrale Variablen dieses Körpers,[141] wird ersichtlich, wie die ‚Künstlichkeit' der Sprachmaschinen die um 1800 verbreitete Auffassung von der Lautsprache als zuvorderst mechanischer Kunst prägen konnte. Im Verbund von Sprechmaschinentechnologie, aufklärerischer Stimm- bzw. Sprachpolitik und oralistischer Gehörlosenpädagogik avancierte Lautsprache zunehmend zu einer form- und erlernbaren Anthropotechnik.

Damit einher gingen Differenzsetzungen, die nicht zuletzt den Unterschied zwischen Tierlauten und Sprache betrafen. Die Annahme, dass Lautsprache kein natürliches Merkmal des Menschen, sondern grundsätzlich perfektibel sei, regte einerseits Vorstellungen sprechender Orange an, wie sie sich etwa in den eingangs erwähnten Texten von Steffens/Tieck, La Mettrie und Monboddo wiederfinden. Dass sich hinter den Stimmen der Tiere die Fähigkeit zur oder aber eine Vorform von Sprache verbirgt, wurde zunehmend vorstellbar. Andererseits machte die diskursive Logik des Oralismus die Tierstimme zum Anderen der Lautsprache

---

Hände, wenn die kognitive Steuerung der Sprech-Erzeugung *durch den Sprechapparat* unhörbar simuliert wird. Möglicherweise kann der Spieler dieses „innere Sprechen" nur unter bewusster Anstrengung unterdrücken. Der Betrachter gewinnt dann den Eindruck, dass der Spieler mit der Stimme der Maschine artikuliert." Ebd.
141 Siehe dazu Stefan Rieger: Organische Konstruktionen. Von der Künstlichkeit des Körpers zur Natürlichkeit der Medien. In: Derrick de Kerckhove / Martina Leeker / Kerstin Schmidt (Hrsg.): *McLuhan neu lesen. Kritische Analysen zu Medien und Kultur im 21. Jahrhundert*. Bielefeld: transcript 2008, S. 252–269.

schlechthin – nicht zuletzt als Reaktion auf die Verunsicherungen, welche das Konzept der Perfektibilität für die Grenzen des Humanen mit sich brachte. Um den Unterricht im Sprechen als Humanisierung und Kultivierung der Gehörlosen darzustellen, wurden deren Stimmen als Tierlaute beschrieben, die erst überwunden werden müssten, bevor die menschliche Stimme und Sprache ihren Platz einnehmen könnten. Auch Kittler hat auf die für die Sprecherziehung um 1800 charakteristische Absetzung von Tierlauten verwiesen.[142] Im Rekurs auf Herder, der in seiner Rede *Von der Ausbildung der Schüler in Rede und Sprache* (1796) mahnt, die Schüler mögen „das Bellen und Belfern, das Gackeln und Krächzen, das Verschlucken und Ineinander Schleppen der Worte und Sylben abdanken und statt der Thierischen die Menschensprache reden"[143], geht er dem Abgrund nach, welche das Aufschreibesystem um 1800 – die neuen ABC-Fibeln – gegenüber den Tierlauten aufriss.[144] Während ältere Fibeln die Laute von Tieren in ihre jeweilige Sprachlernmethode integrierten – etwa, wenn das ‚ss' mit einer zischenden Schlange bebildert wurde – wollte man sie mit der neuen Methode des Lautierens hinter sich lassen. Indem die Vokale und Konsonantenverbindungen über den anschaulich vorsprechenden Muttermund und nicht über die Nachahmung von Tierlauten gelernt wurden, so die Idee, ließen sich die Kinder zu einer wohlartikulierten Lautsprache erziehen, die sich vom Krächzen, Belfern und Gackeln deutlich abhob. Kittler zufolge musste sich ‚die Sprache' von Tierlauten distanzieren, „um Hochsprache und damit Element der Dichtung zu werden [...]. Die Sprache wird im selben Augenblick der Geschichte zum mythischen Wesen, wie ihre anthropologische Fundierung die alteuropäischen Sprachlerntechniken dem Sündenbock Tier aufbürdet und in die Wüste schickt."[145]

Während für Kittler mit dieser Verabschiedung des Tiers zugunsten der Mutter die klassisch-romantische Dichtung anhebt, soll im Folgenden der These nachgegangen werden, dass die von der Sprecherziehung unterdrückten Tierlaute in der Literatur der Romantik wiederkehren. Und zwar nicht nur als Echos der frühkindlich wahrgenommenen Mutterstimme, sondern als Kehrseite der mechanistischen Zugänge zur Lautsprache, die sich – wie die vorangegangenen Ausführungen gezeigt haben – noch vor dem Erscheinen der neuen Sprecherziehungsratgeber an Mütter und ABC-Fibeln im Kontext der männlich dominierten Gehörlosenpädagogik und Sprechmaschinentechnologie abspielten. Im selben

---

142 Vgl. Kittler: *Aufschreibesysteme 1800–1900*, S. 49–53.
143 Herder, Johann Gottfried: *Von der Ausbildung der Schüler in Rede und Sprache*, 1796. Zitiert nach ebd., S. 49.
144 Ebd., S. 50.
145 Ebd.

Maße, in welchem diese Zugänge für Misstrauen gegenüber einer allzu künstlichen Rede sorgten, beförderten sie das für die romantische Dichtung so charakteristische Lauschen auf die ‚Stimmen der Natur'.

3.3 Mechanische Rede versus sprechende Natur: Positionen der Romantik

3.3.1 Maschinenstimmen in Verruf (Immanuel Kant, Jean Paul, E.T.A. Hoffmann)

Fungierte die Sprechmaschine einerseits als Vorbild eines mündigen Sprechens, wurde sie andererseits zum Sinnbild fremdbestimmter Rede. Spätestens seit Descartes' hypothetischer Fiktion einer sprechenden Maschine, die zwar auf Knopfdruck Laute von sich geben, niemals jedoch menschlich sprechen, d. h. geistvoll sprachlich interagieren könne (siehe Kapitel 2), diente die Sprechmaschine als Metapher für ein manipulatorisches Sprechen, das von einer mündigen Diskursteilhabe nicht weiter entfernt sein könnte. Um 1800, als die von Kempelen, Katzenstein und anderen Ingenieuren entwickelten Sprechmaschinen Descartes' Fiktion bedrohlich real werden ließen, hatte diese pejorative Metaphorisierung der Sprechmaschine Konjunktur. Sie trat in den Dienst einer vor allem in Deutschland wachsenden Rhetorik-Verachtung, deren prominentester Vertreter Immanuel Kant war.[146] In seiner 1790 erschienenen *Kritik der Urteilskraft* spricht sich Kant vehement gegen die ‚Rednerkunst (*ars oratoria*)' aus, die von der bloßen ‚Wohlredenheit (Eloquenz und Stil)' insofern zu unterscheiden sei, als sie die Menschen „durch den schönen Schein zu hintergehen"[147] versuche, um sie „zu überreden und zu irgend eines Vorteil einzunehmen."[148] Die Mittel jener Kunst bezeichnet der Philosoph als „Maschinen der Überredung [...], welche, da sie eben sowohl auch zur Beschönigung oder Verdeckung des Lasters und Irrtums gebraucht werden können, den geheimen Verdacht wegen einer künstlichen Überlistung nicht ganz vertilgen können."[149] Insofern in der Überredungskunst die wahren Absich-

---

146 Siehe dazu das Kapitel „Traditionen der Rhetorik-Verachtung in Deutschland" in Joachim Goth: *Nietzsche und die Rhetorik*. Tübingen: Niemeyer 1970, S. 4–12. Siehe auch Reinhart Meyer-Kalkus: *Stimme und Sprechkünste im 20. Jahrhundert*. Berlin: Akademie-Verlag 2001, S. 223–224.
147 Immanuel Kant: *Kritik der Urteilskraft*. Hrsg. v. Museum Ludwig. Hamburg: Meiner 2014, hier S. 220.
148 Ebd., S. 220–221.
149 Ebd., S. 221.

ten des Redners und die zur Erreichung dieser Absichten verwendeten Mittel auseinanderfallen, ist sie in Kants Augen mit der Maschinenkunst vergleichbar. Auch die Sprechmaschine wird von fremder Hand gesteuert; ihr Sprechen täuscht sowohl über ihre Fremdbestimmtheit als auch über die eigentlichen Absichten ihres Steuerers hinweg. Solch maschinelles Sprechen, wie Kant es in den Reden „eines römischen Volks- oder jetzigen Parlaments- oder Kanzelredners"[150] gegeben sieht, habe wiederum zum Zweck, „die Menschen als Maschinen in wichtigen Dingen zu einem Urteile zu bewegen, das im ruhigen Nachdenken alles Gewicht bei ihnen verlieren muß."[151] Selbst die Zuhörer:innen würden vom Redner wie Maschinen gesteuert, die es in die eine oder andere Richtung zu manipulieren gilt.

Noch expliziter wird Kant in seiner einige Jahre später erschienenen *Metaphysik der Sitten* (1797). Im Abschnitt „Von der Lüge" vergleicht der Philosoph den unaufrichtig Sprechenden mit einer „Sprachmaschine" und kommt Descartes' Argumentation dabei recht nahe:

> Der Mensch, als moralisches Wesen (*homo noumenon*), kann sich selbst, als physisches Wesen (*homo phaenomenon*), nicht als bloßes Mittel (Sprachmaschine) brauchen, das an den inneren Zweck (der Gedankenmitteilung) nicht gebunden wäre, sondern ist an die Bedingung der Übereinstimmung mit der Erklärung (*declaratio*) des ersteren gebunden, und gegen sich selbst zur Wahrhaftigkeit verpflichtet.[152]

Ein Sprechen, dem kein vernünftiges Subjekt korrespondiere, sei nicht mehr als ein Maschinensprechen.[153] Als Beispiel nennt Kant den ‚Scheinheiligen', der sich selbst und andere betrüge, insofern er einen Glauben vorgibt, den er in Wahrheit nicht besitzt.[154] Seine oben zitierte Kritik am Kanzelredner, der sich der Kunst der Beredsamkeit wie einer Maschine bediene, zielt in eben jene Richtung. Es ist nicht unwahrscheinlich, dass Kant hier an eine Vision des Mathematikers Leonard Euler dachte, der 1761, also noch vor der Kempelen'schen Erfindung, eine Maschine imaginiert hatte, die ganze Reden und Predigten hersagen kann.[155]

---

150 Ebd.
151 Ebd., S. 221–222.
152 Immanuel Kant: *Metaphysik der Sitten. Zweiter Teil: Metaphysische Anfangsgründe der Tugendlehre.* Neu herausgegeben und eingeleitet von Bernd Ludwig. Hamburg: Meiner 1990, S. 69.
153 Vgl. hierzu Beate Marschall-Bradl: Wahrhaftigkeit und Menschenwürde. In: Stefano Bacin / Alfredo Ferrarin / Claudio La Rocca / Margit Ruffing (Hrsg.): *Kant und die Philosophie in weltbürgerlicher Absicht: Akten des XI. Kant-Kongresses 2010.* Berlin/Boston: De Gruyter 2013, S. 395–406, insb. S. 402–404.
154 Kant: *Metaphysik der Sitten*, S. 69.
155 Im 137. Brief seiner *Briefe an eine deutsche Prinzessin* schreibt Euler: „Ohne Zweifel wäre das eine von den wichtigsten Entdeckungen, wenn man eine Maschine erfünde, die alle Töne unsrer Wörter mit allen ihren Artikulationen aussprechen könnte. Wenn man jemals mit einer

Kant war diese Vision in jedem Fall bekannt[156] und wenn sie bei Euler auch verheißungsvoll gemeint war, so wurde sie in den Augen der Aufklärer zu einer Schreckensvision. Gerade die geistliche, aber auch die höfische Beredsamkeit wurden verdächtigt, auf die Täuschung des Publikums zu zielen.[157]

Um die heuchlerische, mindestens aber fremdbestimmte Rede zu illustrieren, greifen auch andere Denker auf das Bild der Sprechmaschine zurück. In seinem *Beitrag zur Berichtigung der Urtheile des Publicums über die französische Revolution* von 1793, der die Rechtmäßigkeit der Revolution philosophisch zu begründen versucht, mokiert sich etwa Johann Gottlieb Fichte über die seiner Ansicht nach überflüssige absolutistische Institution des Hofamtes, dessen Inhaber „sich zum blossen Zierrath eines glänzenden Hofes herabwürdigt, und sich erniedrigt, etwas zu seyn, das eine künstlich eingerichtete Sprechmaschine vielleicht noch besser wäre."[158] Der wie Fichte von Kant inspirierte Georg Christoph Lichtenberg wiederum prognostiziert in seiner Beschreibung eines Hogarthschen Kupferstiches dem dort abgebildeten Küster, dieser werde in naher Zukunft von einer Maschine ersetzt, „so bald Herr v. Kempelen mit seiner Sprechmaschine zu Stande kommen wird; und schon jetzt, sollte man denken, könnte eine Uhr mit *Amen*, nicht viel schwerer sein, als eine mit *Guckguck*. – Man glaubt, man hörte den Mann sein langweiliges *Amen* blöken."[159]

Diese spätaufklärerischen Charakterisierungen des höfischen und geistlichen Personals als seelenlose, ferngesteuerte Sprachrohre der Obrigkeiten sind bereits Teil des philisterkritischen Diskurses, der sich in der literarischen Romantik voll entfalten wird. Der Philister muss als Gegenfigur all dessen herhalten, wonach

---

solchen Maschine zu Stande käme, und sie durch gewisse Orgel- oder Clavier-Tasten alle Wörter könnte aussprechen lassen; so würde alle Welt mit Recht erstaunt seyn, eine Maschine ganze Reden hersagen zu hören, die man mit der größten Anmuth würde vergesellschaften können. Die Prediger und Redner, deren Stimme nicht stark oder nicht angenehm genug wäre, könnten alsdann ihre Predigten und Reden auf einer solchen Maschine spielen, so wie jetzt die Organisten musikalische Stücke spielen. Die Sache scheint mir nicht unmöglich zu seyn. Den 16. Juni 1761." Leonhard Euler: *Briefe an eine deutsche Prinzessin über verschiedene Gegenstände aus der Physik und Philosophie. Zweyter Theil. Aus dem Französischen übersetzt.* 2. Aufl. Leipzig: Johann Friedrich Junius 1773, S. 236–237.
156 Vgl. Marschall-Bradl: Wahrhaftigkeit und Menschenwürde, S. 403.
157 Vgl. Meyer-Kalkus: *Stimme und Sprechkünste im 20. Jahrhundert*, S. 223–224.
158 Johann Gottlieb Fichte: Beitrag zur Berichtigung der Urtheile des Publicums über die französische Revolution. In: Ders.: *Johann Gottlieb Fichte's sämmtliche Werke.* Hrsg. v. Immanuel Hermann Fichte. Berlin 1845, S. 240.
159 Georg Christoph Lichtenberg: Ausführliche Erklärung der Hogarthischen Kupferstiche. In: Ders.: *Schriften und Briefe,* Bd. 3: Aufsätze, Entwürfe, Gedichte. Hrsg. v. Wolfgang Promies. 6. Aufl. Frankfurt am Main: Zweitausendeins 1998, S. 875.

die romantische Poetik strebt. Er ist die „typisch romantische Spottgeburt"[160], das Produkt einer immer aufs Neue reproduzierten satirischen Abgrenzung vom Monotonen und Alltäglichen, vom Engstirnigen, Seelen- und Geistlosen, vom Fremdbestimmten und Unechten – Attribute, die sämtlich auf die Maschine verweisen. Tatsächlich spielt die Identifizierung des Philisters mit der Maschine und dem Mechanischen in der romantischen Poetik eine tragende Rolle, wobei sie aus zwei Richtungen motiviert wird. Zum einen löst die zunehmende Mechanisierung von Natur und Gesellschaft seit dem 18. Jahrhundert ein tiefgreifendes Unbehagen aus, welches in der satirischen Ausgestaltung philiströser Maschinen-Menschen literarisch verarbeitet wird. „In seiner inneren Anteillosigkeit, in seiner Pedanterie und seinem Gleichmaß" ist der Philister „die leibhaftige Antizipation der maschinisierten Welt"[161], einer vollkommenen durchrationalisierten Welt, in der der Mensch als selbstbestimmtes künstlerisches Subjekt keinen Platz mehr hat. Zum anderen werden die konkret im Umlauf befindlichen Maschinen und Apparaturen – wie unter anderem auch die Kempelen'sche Sprechmaschine – als Sinn- und Schreckensbilder des verhassten Philiströsen inszeniert, wozu die mechanische Gleichförmigkeit des kleinbürgerlichen Lebens ebenso gezählt wird wie der Machtapparat des aufgeklärten Absolutismus.[162]

Dass beide Zugänge nicht eindeutig voneinander zu trennen sind, zeigen zwei der Satiren aus Jean Pauls 1789 erschienener *Auswahl aus des Teufels Papieren*. In „Der Maschinen-Mann nebst seinen Eigenschaften" wird von einem Mann erzählt, der den Maschinen derart verfallen sei, dass er beinahe selbst zu einer werde.[163] Seine kulinarischen Bedürfnisse erfülle er mithilfe einer bezahnten „*Käumaschine*"[164], zum Beten verwende er das „*Beträdlein* der Kalmücken"[165] und zum Musizieren stelle er ein Orchester aus ausschließlich maschinellen Spielern zusammen, die „teils von Vaukanson theils von Jaquet Drotz und Sohn gezimmert worden."[166] Selbst seine Stimme und Sprache ersetze er durch eine

---

160 Dieter Arendt: Der romantische Philister und seine blutleeren Widergänger. In: Dietmar Jacobsen (Hrsg.): *Kontinuität und Wandel, Apokalyptik und Prophetie. Literatur an Jahrhundertschwellen*. Frankfurt am Main: Lang 2001, S. 29–59, hier S. 40. Zur romantischen Konzeption der Philister-Figur siehe auch die Beiträge der Sektion IV in Remigius Bunia / Till Dembeck / Georg Stanitzek (Hrsg.): *Philister. Problemgeschichte einer Sozialfigur der neueren deutschen Literatur*. Berlin/Boston: De Gruyter 2011.
161 Müller-Funk: Die Maschine als Doppelgänger, S. 492.
162 Ebd.
163 Jean Paul: Auswahl aus des Teufels Papieren. In: Ders.: *Sämtliche Werke. Abteilung II: Jugendwerke und vermischte Schriften*, Bd. 2. München: Hanser 1976, S. 111–467, hier S. 446–453.
164 Ebd., S. 448. Hervorhebung im Original.
165 Ebd., S. 450. Hervorhebung im Original.
166 Ebd., S. 449.

Maschine. Da er das Schweigegelübde der Karthäuser abgelegt habe, so der Erzähler, brauche der Maschinenmann einen „Sprecher, der seine Zunge vertrat [...] – er hatte daher bekanntlich eine kempelische *Sprachmaschine* auf dem Bauche hängend."[167] Der Erzähler habe ihn oft dabei beobachtet,

> wie er vor dem Beichtstuhl und vor dieser Maschine stand und seine Beichte abspielte – wie er als Bruder Redner in Freimaurerlogen Reden und Gefühle orgelte, die nachher meines Wissens in den öffentlichen Druck kamen – wie er einmal verflucht anlief, da er vor etlichen hundert Kirchenpatronen nemlich Bauern eine Probepredigt ablegen wollte und die Patronen (er hatte kaum die Worte ‚Geliebte in Christo' und etwas vom Exordio gegriffen) ihn beinahe wegen der Vermuthung erschlugen, er verwahre und führe den Gotseibeiuns im Kasten und der predigte – und überhaupt hab' ich ia das Wichtigste von seiner Biographie [...] nicht aus seinem Munde sondern aus seiner Hand, die mir alles aufrichtig vorspielte.[168]

Auch hier werden religiöse Äußerungen – das Schweigegelübde, die Beichte und die Predigt –, aber auch aufklärerungsnahe Reden und Gefühlsbezeugungen herangezogen, um sie mit der mechanischen Rede zu konfrontieren. Insofern es sich sämtlich um Sprechakte handelt, die im besonderen Maße der Aufrichtigkeit verpflichtet sind, ist der satirische Effekt gleichsam vorprogrammiert. Die Sprechmaschine entstellt nicht nur den Sinn des Schweigegelübdes, ihre im wahrsten Sinne des Wortes ‚manipulierte' Stimme persifliert zudem die Wahrhaftigkeit vortäuschenden Stimm- und Sprechäußerungen des Maschinenmanns. Wie in Diderots Roman *Les Bijoux indiscrets*, in dem die „Kleinode" beredter Hofdamen unkontrolliert beginnen, deren intimsten Geheimnisse und Gedanken auszuplaudern (siehe Kapitel 1), stellt die Loslösung der Stimme von ihrem eigentlichen Ursprung, dem Stimmorgan, das Verhältnis zwischen Stimme und Wahrheit auf die Probe. Nur dass die verselbständigte ‚zweite' Stimme hier gerade nicht eine verborgene Wahrheit enthüllt, sondern vermittels ihrer eigenen Mechanizität die Schablonenhaftigkeit und Korrumpierbarkeit der vorgeblich wahrhaftigen Sprechakte demonstriert. Die so erzeugte Unsicherheit ob der Glaubwürdigkeit des Maschinenmanns greift letztlich auch auf die Erzählung selbst über. Wenn der Erzähler bekundet, „das Wichtigste von seiner Biographie [...] nicht aus seinem Munde, sondern aus seiner Hand, die mir alles aufrichtig vorspielte", zu haben, so wird hier ein metaleptischer Sprung vollzogen, der das Verhältnis zwischen Stimme und Wahrheit bzw. (autobiographischem) Bekenntnis und (Nach-)Erzählung ein weiteres Mal in Zweifel zieht.

---

167 Ebd., S. 450–451. Hervorhebung im Original.
168 Ebd., S. 451.

Auch Jean Pauls Supplik „der sämtlichen Spieler und redenden Damen in Europa entgegen und wider die Einführung der Kempelischen Spiel- und Sprachmaschinen" setzt sich mit Maschinenstimmen bzw. der Mechanizität philiströser Rede auseinander.[169] Wie in „Der Maschinen-Mann" wird die Austauschbarkeit beider Stimm- bzw. Sprechakte parodiert, wobei die Kempelen'sche Sprechmaschine hier unmissverständlich als Bedrohung ganzer Berufssparten in Verruf gebracht wird. Insbesondere die Gerichtspraxis sei durch die Einführung der Sprechmaschinen gefährdet, beklagen die fiktiven Verfasserinnen der Supplik, insofern diese „(wie alle Maschinen) so gut richten würden, daß es mit uns bald aus wäre."[170] Im Unterschied zu menschlichen Richtern, unter denen auch die besten „blos aus Fleisch und Blut"[171] bestünden, sei die Kempelen'sche Sprechmaschine aus Holz geschnitzt und entspräche damit dem zeitgenössischen Ideal der Gerechtigkeit, die doch auch „meistens von Stein oder auch Holz und ohne alles Leben"[172], in jedem Fall aber ganz ohne Seele sei. Während Letztere den jetzigen Richter:innen stetig dazwischenfunke, besäßen die Sprechmaschinen den Vorzug, ihr rein körperliches Reden ohne die Einmischung von Geist und Seele ins Recht zu setzen. Das aristotelische Diktum, wonach die menschliche Sprache sich von der bloßen Stimme abhebe, insofern sie zwischen Recht und Unrecht zu unterscheiden vermag,[173] wird hier gleichsam in sein Gegenteil verkehrt: Je seelen- bzw. geistloser die Stimme, je weiter entfernt von der menschlichen Sprache, desto gerechter deren Urteile.

Dient diese satirische Überhöhung der maschinellen Stimme Jean Paul einerseits dazu, gegen den funktionalen Rationalismus seiner Zeitgenossen zu polemisieren, steht die Sprechmaschine zugleich auch selbst im Zentrum der Kritik. Sie erscheint als unheimliche Vorbotin einer posthumanen Welt, für deren Ermöglichung sich Kempelen – glaubt man den fiktiven Verfasserinnen – eines Tages noch grämen werde: Vielleicht, so fabulieren diese,

> wird ihn sogar in seinen gesunden Tagen, wenn er vor einem Visittenzimmer voll redender Maschinen zufällig vorbeigeht und sie deutlich genug reden höret, der wiederkehrende Gedanke kränken: ‚ach in dieser großen Stube könnte auch auf iedem Krüpelstuhl eine lebendige Dame und auf dem Kanapee noch mehrere sitzen, und ihr gewöhnliches Gericht, wie ich glaube, halten und überhaupt sich untereinander unbeschreiblich laben, hätt' ich dem Satan widerstanden; aber so schnattern iezt 12 äusserst fatale Maschinen drinnen recht munter, und hören weder auf sich noch ihres gleichen. Wahrhaftig sie kön-

---

169 Ebd., S. 167–185.
170 Ebd., S. 173.
171 Ebd., S. 174.
172 Ebd.
173 Vgl. Aristoteles: *Politik*, Buch I, Kapitel 2, 1253a, S. 4–5.

nen zulezt eben so viele lange Nägel zu meinem Sarge werden und die Supplick der Damen sagte das leider voraus.'¹⁷⁴

Abgesehen von Jean Paul haben der Sprechmaschine auch andere zeitgenössische Autoren ein Denkmal gesetzt. Zu nennen ist hier vor allem E.T.A. Hoffmann, dessen Faszination für Automaten in der Forschung schon vielfach besprochen wurde.¹⁷⁵ Hoffmanns Erzählungen sind für den vorliegenden Zusammenhang besonders aufschlussreich, führen sie doch eindrücklich vor, wie sich über die teils neugierige, teils abwehrende Auseinandersetzung mit Maschinenstimmen die charakteristisch romantische Hinwendung zu den Stimmen der Natur vollzieht.

Anders als bei Jean Paul steht bei Hoffmann nicht die Kempelen'sche Sprechmaschine als solche im Fokus. Nicht um einen technischen Hilfsapparat, der den menschlichen Sprechapparat langfristig zu ersetzen droht, geht es hier. Hoffmann interessiert sich vielmehr für vermeintlich selbsttätige, komplexe Androiden, deren Stimm- bzw. Sprachäußerungen eines von mehreren täuschend menschlichen Funktionsmechanismen bilden. Da ist zunächst einmal die Maschinenfrau Olimpia, die in *Der Sandmann* (1816) den jungen Studenten Nathanael in Entzücken versetzt. Nathanael lernt Olimpia auf einem Ball ihres Vaters, dem Professors Spalanzani kennen, wo sie eine „Bravour-Arie mit heller, beinahe schneidender Glasglockenstimme"¹⁷⁶ singt. Der Student ist derart verzaubert von Olimpia und deren Gesang, dass er sich Hals über Kopf in sie verliebt. Nichtsahnend, dass es sich um einen Automaten handelt, gesteht er ihr seine Liebe, „in Worten, die keiner verstand, weder er, noch Olimpia. Doch diese vielleicht; denn sie sah ihm unverrückt ins Auge und seufzte einmal übers andere: Ach – Ach – Ach!"¹⁷⁷ Mehr als dieses „Ach!" wird Olimpia nicht hervorbringen; immer wieder repliziert sie jenen schlichten Seufzer, dessen besondere Wirkung laut Kittler darin besteht, als „einzigartiger Signifikant [...] eine völlige Individualisierung der Rede"¹⁷⁸ zu leisten. Gerade weil das „Ach!" semantisch so offen ist, vermag Nathanael ihm allerhand einzuschreiben. Während sein Freund Siegmund in Olimpias Gesang nur „den unangenehm richtigen geistlosen Takt der singenden Maschine"¹⁷⁹ erkennt und ihn auch sonst ein unheimliches Gefühl beschleicht,

---

174 Jean Paul: Auswahl aus des Teufels Papieren, S. 177.
175 Für einen Überblick über Vorkommen und Bedeutung von Automaten in Hoffmanns Werk siehe Arno Meteling: Automaten. In: Detlef Kremer (Hrsg.): *E.T.A. Hoffmann. Leben, Werk, Wirkung.* 2., erw. Aufl. Berlin: De Gruyter 2012, S. 484–487.
176 E.T.A. Hoffmann: Der Sandmann. In: Ders.: *Poetische Werke.* 6 Bde., Bd. 2. Berlin: Aufbau 1958, S. 371–412, hier S. 399.
177 Ebd., S. 400.
178 Kittler: *Aufschreibesysteme 1800–1900*, S. 55.
179 Hoffmann: Der Sandmann, S. 402.

angesichts der steifen und wortkargen Art von Olimpia, führt Nathanael diese Reaktion auf sein mangelndes poetisches Gemüt zurück, dem allein sich die Tiefsinnigkeit von Olimpias Worten offenbare. Es handle sich eben nicht um die „platte[] Konversation"[180], wie „die andern flachen Gemüter"[181] sie „faseln". Ihm selbst würden die wenigen Wörter von Olimpia vielmehr „als echte Hieroglyphe der innern Welt"[182] erscheinen, „voll Liebe und hoher Erkenntnis des geistigen Lebens in der Anschauung des ewigen Jenseits."[183]

Die Maschinenstimme wird hier in eine originelle Position gerückt, insofern sie sich für höchst diverse, ja sogar gegensätzliche Zuschreibungen öffnet. Zum einen – und Siegmunds Skepsis nimmt diese Perspektive vorweg – parodiert sie natürlich die philiströse Beredsamkeit der „vernünftigen Teezirkel[]", die Olimpia „mit Glück" besuchen konnte. Bis auf „ganz kluge Studenten", gemeint ist unter anderem Siegmund, habe „kein Mensch" gemerkt, dass es sich bei Olimpia um einen Automaten handle. Noch nach Bekanntwerden dieser Tatsache deutet der Professor der Poesie und Beredsamkeit Olimpia als „Allegorie – eine fortgeführte Metapher!"[184], wobei nicht ganz klar ist, ob er den schlichten, aber vielsagenden Signifikanten „Ach!" abermals überinterpretiert oder ob er ihn metasprachlich als Metapher seines Forschungsgebietes, der Beredsamkeit versteht. Gegenüber dieser philistersatirischen Lesart der Maschinenstimme wird sie von Nathanael ausgerechnet als das Andere „platter Konversation" gehandelt. Und tatsächlich artikuliert sich im „Ach!" noch eine gänzlich andere Bedeutungsspur als jene der affektierten, mechanischen Rede des Philisters. Als Interjektion weist Olimpias Seufzer auf die Anfänge der Sprachgeschichte, die laut Herder mit eben solchen „Naturtönen" wie „Oh" oder „Ach" begann.[185] Sie seien Reste einer ursprünglichen „Sprache der Empfindung"[186], die der Mensch mit den Tieren teilte, bevor er sich – in besonnener Distanzierung von jenen Naturlauten – die Sprache erfand (siehe Kapitel 1).[187]

Ging es in der oralistischen Sprecherziehung gerade um die Unterdrückung kreatürlicher Laute zugunsten eines durch und durch kultivierten Sprechens, ist es hier also eine Maschine, die die Naturlaute äußert. Genau darin aber liegt die

---

180 Ebd., S. 403.
181 Ebd.
182 Ebd.
183 Ebd.
184 Ebd., S. 407.
185 Vgl. Herder: *Abhandlung über den Ursprung der Sprache*, S. 3–12.
186 Ebd., S. 6.
187 Auch Kittler verweist in diesem Zusammenhang auf Herder. Vgl. Kittler: *Aufschreibesysteme 1800–1900*, S. 54–55.

eigentliche Unheimlichkeit von Olimpias Stimme. Weniger, dass die Stimme eines Menschen sich als diejenige einer Maschine entpuppen könnte, erzeugt den schauerlichen Effekt, als vielmehr die Möglichkeit, dass eine Maschine menschlich zur Sprache finden, d. h. ein Mensch werden könnte. Denn wenn auch Maschinen menschlich zu sprechen vermöchten, wäre die anthropologische Differenz, wie sie seit Descartes in Abgrenzung zur Maschine konzipiert wurde, ernstlich bedroht. Olimpias „Ach!" wird als ein Schwellenlaut inszeniert, der die klassischen Unterscheidungen zwischen Laut und Sprache, Mensch und Maschine, Natur und Kultur auf unheimliche Weise verunsichert. Eine Verunsicherung, die in der Erzählung konkrete Auswirkungen auf die Kommunikationskultur hat. So „schlich sich in der Tat abscheuliches Mißtrauen gegen menschliche Figuren ein"[188], insbesondere aber gegenüber Frauen. Um nicht mit einem Automaten verwechselt zu werden, vermeiden diese tunlichst zu niesen, denn das auffallend häufige Niesen Olimpias hatte sich als „Selbstaufziehen des verborgenen Triebwerks"[189] herausgestellt. Um aber

> ganz überzeugt zu werden, daß man keine Holzpuppe liebe, wurde von mehrern Liebhabern verlangt, daß die Geliebte etwas taktlos singe und tanze, [...] vor allen Dingen aber, daß sie nicht bloß höre, sondern manchmal auch in *der* Art spreche, daß dies Sprechen wirklich ein Denken und Empfinden voraussetze.[190]

Ironischerweise bewirkt der Versuch, sich von der Maschinensprache Olimpias abzugrenzen, sein genaues Gegenteil: Unter dem männlichen Zugriff ihrer Liebhaber werden die Frauen zu formbaren Sprachautomaten und unterscheiden sich damit nicht viel von Olimpia.[191]

Inwiefern selbst ein Denken und Empfinden voraussetzendes Sprechen um 1800 von einem Automaten ausgehen kann, zeigt Hoffmann in seiner zwei Jahre zuvor entstandenen Erzählung *Die Automate* (1814). Im Mittelpunkt der Erzählung steht „der redende Türke", eine „lebensgroße, wohlgestaltete Figur, in reicher geschmackvoller türkischer Kleidung"[192], die in einer nicht näher benannten Stadt für Aufsehen sorgt. Wird der Figur eine Frage ins Ohr geflüstert,

---

[188] Hoffmann: Der Sandmann, S. 407.
[189] Ebd.
[190] Ebd., S. 407–408.
[191] Zu der hier weitgehend implizit bleibenden geschlechtersensiblen Lektüre der um 1800 inszenierten Maschinenfrauen und deren Stimmen siehe unter anderem Müller-Funk: Die Maschine als Doppelgänger, S. 499 sowie den Sammelband Anke Gilleir / Angelika Schlimmer / Eva Kormann (Hrsg.): *Textmaschinenkörper. Genderorientierte Lektüren des Androiden.* Amsterdam/New York: Rodopi 2006.
[192] E.T.A. Hoffmann: Die Automate. In: Ders.: *Poetische Werke.* 6 Bde., Bd. 3. Berlin: Aufbau 1958, S. 411–445, hier S. 411.

so vermag sie diese auf geistreiche und vor allem höchst individualisierte Weise zu beantworten. Und auch des Türken „mystischer Blick in die Zukunft"[193] zeichnet sich durch eine erstaunliche Passgenauigkeit aus, war er doch „nur von dem Standpunkt möglich [...], wie ihn sich der Fragende selbst tief im Gemüt gestellt hatte."[194] Als Vorbilder dieser mirakulösen Figur dienten Hoffmann wohl mindestens zwei der zeitgenössischen Automaten: Zum einen Wolfgang von Kempelens „Schachtürke", ein orientalisch gekleideter Android und illusionistisches Pendant zu seiner Sprechmaschine, dem Hoffmann in einem seiner Lieblingsbücher, Johann Christian Wieglebs *Die natürliche Magie* begegnet ist.[195] Zum anderen die zahlreichen im Umlauf befindlichen „sprechenden Figuren", die vorgaben, „Navitäten stellen", d. h. mit gleichsam prophetischer Stimme die Zukünfte von beliebigen Fragenden prognostizieren zu können. Bei diesen Figuren handelte es sich um sogenannte Pseudosprechmaschinen, insofern sie nicht etwa mechanisch funktionierten, sondern lediglich – vermittels eines trickreichen Rohrsystems – die Stimme eines im Nebenzimmer versteckten Menschen wiedergaben.[196] Die zwischen Faszination und Unbehagen oszillierenden Wirkungen jener Maschinen sind Gegenstand der Hoffmann'schen Erzählung.

Von besonderer Relevanz hierbei ist die Figur Ludwigs, ein bekennender Musikliebhaber, der dem redenden Türken von Beginn an mit Skepsis begegnet. Während sein Freund Ferdinand sich von den seherischen Fähigkeiten des Türken stark ergriffen zeigt, bildet Ludwig „standhaft gegen die zahlreichen Bewunderer des Kunstwerks die Opposition."[197] Ihm seien „alle solche Figuren, die dem Menschen nicht sowohl nachgebildet sind, als das Menschliche nachäffen, diese wahren Standbilder eines lebendigen Todes oder eines toten Lebens, im höchsten Grade zuwider."[198] Wie auch immer der Automat mechanisch eingerichtet sei, erkläre sich seine vermeintliche Weissagungskunst wohlmöglich durch einen

---

[193] Ebd., S. 413.
[194] Ebd.
[195] Vgl. Werner Keil: Die Automate. In: Kremer (Hrsg.): *E.T.A. Hoffmann*, S. 332–337, hier S. 333. In einem Tagebucheintrag vom 2. Oktober 1803 notierte Hoffmann neben seiner Lektüre Wieglebs den Plan, selbst einmal einen Automaten zu bauen. Vgl. ebd.
[196] Einen zeitgenössischen Überblick zu jenen Pseudosprechmaschinen bietet der kritische Kommentar von Heinrich Maximilian Brunner, der mit dem Anspruch verfasst wurde, über „Betrug und Täuschung" der Maschinen aufzuklären. Heinrich Maximilian Brunner: *Ausführliche Beschreibung der Sprachmaschinen oder sprechenden Figuren mit unterhaltenden Erzählungen und Geschichten erläutert.* Nürnberg: Johann Eberhard Zeh 1798. Vgl. dazu und zur Wirkungsgeschichte der Pseudosprechmaschinen allgemein Gessinger: *Auge & Ohr*, S. 411–419.
[197] Hoffmann: Die Automate, S. 424.
[198] Ebd., S. 413.

schlichten psychologischen Effekt: Nicht etwa eine übernatürliche Macht, sondern niemand anderes als der Fragende selbst verleihe den Antworten des Türken Sinn. Erst er lege aufgrund seiner eigenen Erwartungshaltung „in die zweideutige Antwort des Orakels das Bedeutende"[199]. Auch in der mesmerischen Herstellung eines „psychischen Rapports"[200] zwischen Fragendem und Antwortendem sieht Ludwig einen möglichen Erklärungsansatz. Um sicheren Aufschluss über die Funktionsweise des Automaten zu gewinnen, besuchen die beiden Freunde das „Kunstkabinett"[201] des Professor X, das die bedeutendsten der zeitgenössischen Musik- und Sprachautomaten beherbergt. Angefangen mit dem automatischen Flötenspieler von Jacques de Vaucanson (1737) über diverse Spieluhren bis hin zur Organistin der Brüder Pierre und Henri Jacquet-Droz (ca. 1770) wartet der Professor mit einem Sammelsurium an Automaten auf, deren Künste er sogleich auch vorführt. Die beiden Freunde bekommen ein fulminantes Orchesterspiel geboten, „alles zitterte und bebte, bis der Professor mit seinen Maschinen auf einen Schlag im Schlußakkord endete."[202]

Wenngleich Ferdinand und Ludwig letztlich nicht ermitteln können, was es mit dem redenden Türken auf sich habe, gibt ihr Besuch des Kabinetts den Anstoß zu musik- und klangtheoretischen Überlegungen, die in einer aufschlussreichen Gegenüberstellung zweier verschiedener Zugänge zu Klangerzeugnissen münden. Auf die Frage Ferdinands, ob das Erlebte nicht „alles überaus künstlich und schön?"[203] gewesen sei, antwortet Ludwig in gewohnt oppositionellem Ton, dass die „Maschinenmusik"[204] etwas ganz „Heilloses und Greuliches"[205] für ihn habe. „Das Streben der Mechaniker, immer mehr und mehr die menschlichen Organe zum Hervorbringen musikalischer Töne nachzuahmen, oder durch mechanische Mittel zu ersetzen"[206], sei „der erklärte Krieg gegen das geistige Prinzip"[207]. Keine Maschine, sondern allein ein Gemüt, welches sich physischer Organe bedient, könne den Instrumenten jene Töne entlocken, die „uns mit mächtigem Zauber ergreifen, ja in uns die unbekannten unaussprechlichen Gefühle erregen, welche, mit nichts Irdischem hienieden verwandt, die Ahndungen eines fernen Geister-

---

[199] Ebd., S. 418.
[200] Ebd., S. 441.
[201] Ebd., S. 427.
[202] Ebd., S. 433.
[203] Ebd.
[204] Ebd., S. 434.
[205] Ebd.
[206] Ebd., S. 435.
[207] Ebd.

reichs und unsers höhern Seins in demselben hervorrufen."[208] Ludwigs flammende Rede gegen die Maschinenmusik kulminiert in seinem Plädoyer, sich statt dem Bau immer neuer geistloser Automaten lieber der „Auffindung des vollkommensten Tons"[209] zu widmen, der umso vollkommener sein müsse, „je näher er den geheimnisvollen Lauten der Natur verwandt ist, die noch nicht ganz von der Erde gewichen."[210]

Die Vorstellung, dass es ein Zeitalter gegeben habe, in dem Mensch und Natur harmonisch zusammenklangen, und dass diese einstige Symbiose in manchen akustischen Naturerscheinungen noch heute zum Vorschein komme, entstammt Gotthilf Heinrich Schuberts naturmystischer Abhandlung *Ansichten von der Nachtseite der Naturwissenschaften* (1808). Wie viele andere Romantiker hatte Hoffmann die *Ansichten* mit Begeisterung gelesen und lässt seinen Protagonisten nun aus ihnen zitieren.[211] Schuberts Beispiel der noch heute vernehmlichen „Luftmusik, oder Teufelsstimme auf Ceylon"[212], führt Ludwig aus, spiele auf die sagenumwobene Sphärenmusik an, auf die er schon als Kind gelauscht habe, um zu erfahren, „ob nicht im Säuseln des Windes jene wunderbaren Töne erklingen würden."[213] Während eines früheren Aufenthaltes in Ostpreußen habe er in stillen Nächten tatsächlich einmal solche Naturtöne vernehmen können, Töne „der tiefsten Klage"[214], die sein Gemüt unwiderstehlich ergriffen hätten, insofern sie von einer längst vergangenen allumfassenden Harmonie kündeten.

Ludwigs Faszination für die geheimnisvollen Lautsphären der Natur, von denen er sich einen Zugang zu jener ursprünglichen Harmonie erhofft, geht hier mit einer Sensibilisierung des Hörsinns einher, wie sie für die romantische Wissenspoetik charakteristisch ist: Dem stark demiurgischen Gestus der Sprach- bzw. Stimmsynthese wird die rezeptive Geste des Lauschens, d. h. des Einlassens auf bereits gegebene, wenn auch nicht immer gleich hörbare akustische Phänomene entgegengestellt. Dabei seien Musikinstrumente wie das kürzlich konstruierte Harmonichord oder auch die Äols- bzw. Wetterharfe durchaus dienlich. Anders als selbsttönende Maschinen brächten diese Instrumente Schwingungen zu Gehör, deren Ursprünge im Menschen selbst, bzw. in der ihn umgebenden

---

208 Ebd., S. 434.
209 Ebd., S. 436.
210 Ebd.
211 Vgl. Frank Wittig: *Maschinenmenschen. Zur Geschichte eines literarischen Motivs im Kontext von Philosophie, Naturwissenschaft und Technik.* Zugl.: Mainz, Univ., Diss., 1995. Würzburg: Königshausen & Neumann 1997, S. 77–81 und Keil: Die Automate.
212 Hoffmann: Die Automate, S. 437.
213 Ebd.
214 Ebd.

3.3 Mechanische Rede versus sprechende Natur: Positionen der Romantik — **209**

Natur verortet seien. Solcherlei Versuche, „der Natur Töne zu entlocken"[215] bilden laut Ludwig erst den Anfang eines experimentellen Vordringens „in die tiefsten akustischen Geheimnisse, wie sie überall in der Natur verborgen"[216] seien. Vielversprechender noch muten die neuesten Bestrebungen auf dem Gebiet der Naturwissenschaft an, insbesondere der „höhere[n] musikalischen Mechanik"[217], die nicht nur „die eigentümlichsten Laute der Natur belauscht"[218] und „die in den heterogensten Körpern wohnende Töne erforscht"[219], sondern diese geheimnisvolle Musik „sichtlich und vernehmbar"[220] aufzuzeichnen, mithin

> in irgendein Organon festzubannen strebt, das sich dem Willen des Menschen fügt und in seiner Berührung erklingt. Alle Versuche, aus metallenen, gläsernen Zylindern, Glasfäden, Glas, ja Marmorstreifen Töne zu ziehen oder Saiten auf ganz andere als die gewöhnliche Weise vibrieren und ertönen zu lassen, scheinen mir daher im höchsten Grade beachtenswert.[221]

Worauf Ludwig hier anspielt, sind die Versuche des Wittenberger Juristen und Naturforschers Ernst Florens Friedrich Chladni, der wenige Jahre zuvor ein neuartiges Verfahren zur Sichtbarmachung von Klang entwickelt hatte.

3.3.2 Kultivierung des Lauschens (Ernst F. F. Chladni, Johann G. Herder, Ludwig Tieck)

Chladnis 1787 erschienenes Erstlingswerk *Entdeckungen über die Theorie des Klanges* geht von einem Forschungsdesiderat aus: Während die durch Stäbe und Saiten erzeugten Schwingungen hinlänglich bekannt scheinen, sei die Beschaffenheit des Klanges von mehrdimensionalen flächigen Körpern „noch in die tiefste Dunkelheit eingehüllt"[222]. Um Licht in dieses Dunkel zu bringen, habe er ein Mittel ersonnen, mit dem es möglich sei, jede Art von Klängen solcher Körper „nicht nur hörbar, sondern auch sichtbar darzustellen."[223] Gemeint sind die als Chladnische Klangfi-

---

215 Ebd., S. 439.
216 Ebd., S. 436.
217 Ebd., S. 435.
218 Ebd., S. 436.
219 Ebd.
220 Ebd., S. 439.
221 Ebd., S. 436.
222 Ernst Florens Friedrich Chladni: *Entdeckungen über die Theorie des Klanges*. Mit elf Kupfertafeln. Leipzig: Weidmanns Erben und Reich 1787, S. 1.
223 Ebd.

guren bekannt gewordenen geometrischen Muster, die entstehen, wenn ein mit Sand bestreuter flächiger Körper, etwa eine Glas- oder Metallplatte, von einem Geigenbogen angestrichen wird. Die so erzeugten Schwingungen treten akustisch, aber auch optisch in Erscheinung. Indem der auf die Platte gestreute Sand von deren schwingenden Stellen heruntergeworfen wird, wohingegen er an den unbeweglichen Stellen, den sogenannten Schwingungsknoten, ruhig liegen bleibt, formt er sich zu einer geometrischen Figur. Je nachdem, wo die Platte festgehalten und angestrichen wird, ergeben sich verschiedene Klangfiguren (Abb. 10).

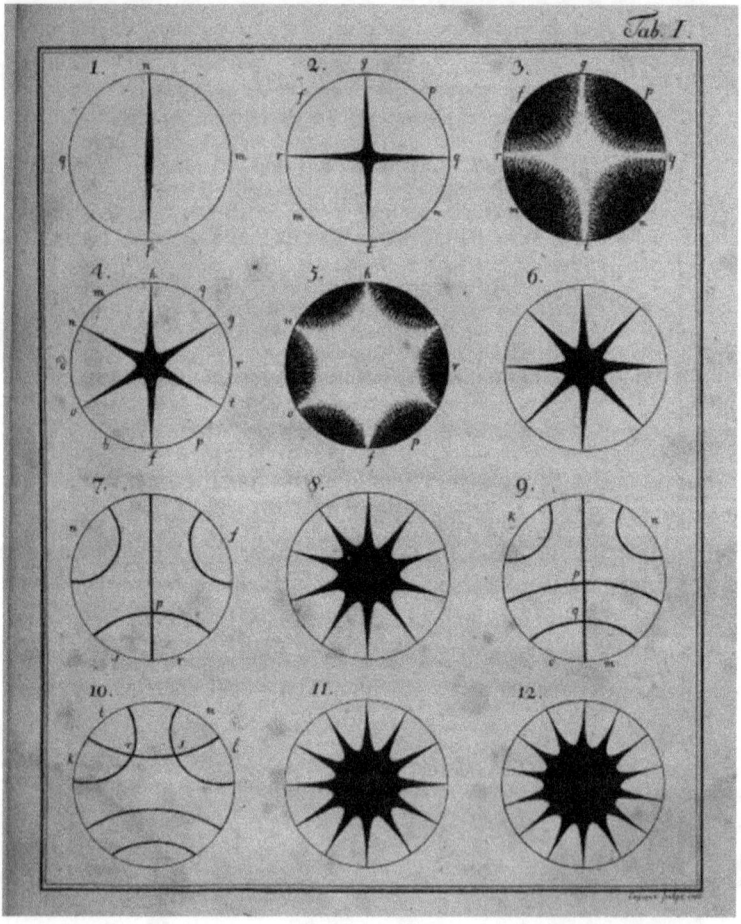

Abb. 10: Tafel I aus Chladnis *Entdeckungen über die Theorie des Klanges* (1787).

Chladnis Klangfiguren sorgten nicht nur unter Akustikern für Furore. Wie Hoffmanns Erzählung zeigt, interessierten sich auch Musiker und Schriftsteller für die unmittelbare Sichtbarwerdung physikalischer Schwingungen. Dies dürfte auch nicht verwundern, gehörte die (kritische) Auseinandersetzung mit Repräsentationsformen wie der (Noten-)Schrift doch zu deren Hauptgeschäft. Gerade die Romantiker zeigten sich fasziniert von der besonderen Abbildungslogik der Chladnischen Klangfiguren, die wie von selbst Ton in Bild zu übersetzen schienen. „Wie waren alle Anwesenden überrascht, ergriffen, entzückt!", schwärmt etwa der Schweizer Komponist Hans Georg Nägeli, nachdem er einer der zahlreichen Vorführungen Chladnis beigewohnt hatte: „Ein Zauberschlag verwandelte ihnen Inneres in Äusseres, Gefühl in Anschauung, Zeit in Raum. Er gab ihnen den Ton zu sehen, gab ihn sogar sichtbar zu erkennen, machte dessen Gesetzmäßigkeit anschaulich."[224] Eine derartige Offenbarwerdung der kosmischen Harmonie hatte sich ja auch Hoffmanns Ludwig von der „höheren musikalischen Mechanik"[225] versprochen. In ihrer verblüffend geometrischen Gestalt wiesen Chladnis Klangfiguren auf eine numerische Ordnung der Welt, die im Erklingen gegenwärtig wird.[226] Die besondere Entstehungsweise der Figuren kündete zudem von der Möglichkeit, einen intimen Zugang zu jener Ordnung zu erlangen. Denn anders als klassische Notationsformen, welche Töne qua Konvention in symbolische Noten- oder Schriftzeichen übersetzen, stand die Klangfigur in einem direkten Abbildungsverhältnis zum von ihr bezeichneten Ton. Die unter dem Eindruck der Schwingungen entstandenen Sandgebilde waren im Grunde nichts anderes als Tonspuren, indexikalische Abdrücke von Schallwellen, welche die erst hundert Jahre darauf von Thomas Edison entwickelte Technik der Phonographie vorwegnahmen.[227] Novalis bemerkte denn auch treffend: „Man zwingt eigentlich den Schall, sich selbst *abzudrucken* – zu *chiffrieren* – auf eine

---

224 Hans Georg Nägeli: *Vorlesungen über Musik, mit Berücksichtigung der Dilettanten*. Stuttgart/Tübingen: Cotta 1826, S. 1. Siehe dazu auch Ernst Lichtenhahn: Sichtbare Sprache der Natur. In: Krings (Hrsg.): *Phono-Graphien*, S. 97–113, hier S. 109.
225 Hoffmann: Die Automate, S. 435.
226 Lichtenhahn: Sichtbare Sprache der Natur, S. 110.
227 Wenngleich sich die Klangfiguren von der phonographischen Spur insofern unterscheiden, als sie weder für die Reproduktion des Tons gedacht waren, noch dazu in der Lage wären, insofern sie den zeitlichen Verlauf des Klangs nicht abzubilden vermögen. Im Unterschied zur phonographischen Walze sind sie zudem nur für periodisch schwingende Töne, nicht aber für Geräusche empfänglich. Vgl. dazu Bettine Menke: Adressiert in der Abwesenheit. Zur romantischen Poetik und Akustik der Töne. In: Stefan Andriopoulos / Gabriele Schabacher / Eckhard Schumacher (Hrsg.): *Die Adresse des Mediums*. Köln: DuMont 2001, S. 100–119.

Kupfertafel zu bringen."²²⁸ Sein Freund wiederum, der romantische Naturforscher Johann Wilhelm Ritter, bewunderte die Klangfigur als eine „von ihm selbst geschriebene Note."²²⁹ Die Selbstaufzeichnung von Klang entsprach der romantischen Vorstellung einer in Chiffren sich mitteilenden Natur, die sich vor allem dem aufmerksam Hörenden erschloss. Die Idee der Sphärenmusik aufgreifend beschreibt Ritter die gesamte Natur als schwingend. „Wir selbst, Thier, Pflanze, alles Leben mag in diesen Thönen begriffen seyn."²³⁰ Eben darum, so argumentiert Ritter, lasse „sich auch mit dem Gehör tausend mal mehr ausrichten, als mit irgend einem andern Sinn. Der Gehörsinn ist unter allen Sinnen des Universums der höchste, größte, umfassendste, ja [...] der einzige allgemeine, der universelle Sinn."²³¹ Nur die akustische Ansicht des Universums sei „ganz und unbedingt"²³², nur das Ohr vermöge sie zu erfassen, es fehle lediglich „noch an irgend einer Anleitung ihm näher zu kommen."²³³

Mit seinen Klangfiguren partizipierte Chladni an einer diskursiven Aufwertung des Gehörsinns, die sich um 1800 disziplinenübergreifend vollzog. Neben der experimentellen Akustik wurde die Nobilitierung des Ohres als wichtiges, wenn nicht primäres Erkenntnisorgan vor allem von sprachanthropologischer Seite vorangetrieben. Ausschlaggebend waren hier die Schriften von Herder, der das Ohr in seiner *Abhandlung über den Ursprung der menschlichen Sprache* (1772) als „erste[n] Lehrmeister der Sprache"²³⁴ beschrieb und das Hören und Einordnen von Naturlauten als deren Voraussetzung auffasste. Wie an anderer Stelle bereits ausgeführt, imaginiert Herder als hypothetische Urszene der Sprachentstehung die Begegnung eines vorsprachlichen Individuums mit einem blökenden Lamm (siehe Kapitel 1). Während der visuelle und auch der taktile Sinn jenes Individuums nicht hingereicht hätten, um das Tier in der unüberschaubaren Fülle seiner Merkmale sprachlich zu erfassen, habe sein Gehör im Blöken ein umso deutlicheres Erkennungszeichen gefunden. „,Ha! sagt der lernende Unmündige, [...] nun werde ich dich wieder kennen – Du blöckst!' Die Turteltaube girrt! der

---

228 Novalis: *Schriften. Die Werke Friedrich von Hardenbergs*. Hrsg. v. Paul Kluckhohn und Richard Samuel. 6 Bde., Bd. 3: Das philosophische Werk II. Hrsg. v. Richard Samuel in Zusammenarbeit mit Hans-Joachim Mähl und Gerhard Schulz. Stuttgart: Kohlhammer 1983, S. 305.
229 Johann Wilhelm Ritter: *Fragmente aus dem Nachlasse eines jungen Physikers*. Faksimiledruck nach der Ausgabe von 1810. Mit einem Nachwort von Heinrich Schipperges. Heidelberg: Lambert Schneider 1969, S. 242.
230 Ebd., S. 225.
231 Ebd., S. 224.
232 Ebd.
233 Ebd., S. 223.
234 Herder: *Abhandlung über den Ursprung der Sprache*, S. 76.

3.3 Mechanische Rede versus sprechende Natur: Positionen der Romantik — 213

Hund bellet!"[235] und so seien die ersten Worte der Sprache entstanden. Auch heute noch, argumentiert Herder, nenne ja das Kind „das Schaaf, als Schaaf nicht: sondern als ein blöckendes Geschöpf, und macht also die Interjektion zu einem Verbo."[236] In den onomatopoetischen Wörtern seien die „ersten Laute des horchenden Ohres"[237] noch enthalten. Sie belegten, dass die Sprache einst unmittelbar aus den Stimmen und Geräuschen der Natur hervorgegangen sei. Der Baum hieß „der Rauscher, der West Säusler, die Quelle Riesler [...], – Da l[ag] ein kleines Wörterbuch fertig, und wartet[e] auf das Gepräge der Sprachorgane."[238] Sensorische Bedingung einer so konzipierten Sprachentstehung ist ein aufgeschlossenes Gehör, das sich auf die klangliche Vielfalt der Natur differenziert einzulassen vermag. Entsprechend wird der Mensch von Herder als ein „horchendes, merkendes Geschöpf"[239] definiert, das seine Welt weniger kraft seines Sehsinns als vielmehr dank seiner ausgeprägten auditiven Auffassungsgabe sprachlich zu begreifen lernt.

Die positive Resonanz, die Herders sprach- und erkenntnistheoretische Privilegierung des Ohres gegenüber dem Auge erfuhr – zunächst bei der Königlichen Akademie der Wissenschaften, die seine Abhandlung 1772 auszeichnete, aber auch breitenwirksamer in der romantischen Theoriebildung um 1800 – hat mit einem gewandelten Selbst- und Weltverständnis zu tun.[240] Entgegen der frühaufklärererischen Rationalitäts- und Handlungslogik erscheint Wirklichkeit „nicht mehr als ein dem Verstand zur Betrachtung vorgehaltenes Bild, sondern als etwas, was den Menschen mit unbekannten Kräften der Natur bedrängt."[241] An die Stelle eines einseitig die Natur illuminierenden Verstandes tritt eine rezeptivhörende, von akustischen Naturerscheinungen mitgestaltete Vernunft. In der

---

235 Ebd.
236 Ebd., S. 82.
237 Ebd., S. 87.
238 Ebd., S. 76. Diese Passagen machen deutlich, dass Herder nicht so bruchlos einer neuen, Tierlauten abschwörenden Alphabetisierungskultur um 1800 zugeordnet werden kann, wie Kittler es tut. Vgl. Kittler: *Aufschreibesysteme 1800–1900*, S. 52–53. Seine These, der Philosoph führe nicht erst in seiner Rede *Von der Ausbildung der Schüler in Rede und Sprache* (1796), sondern schon in seiner Preisschrift von 1772 paradigmatisch vor, wie an die Stelle des Tiers als Diskursanfang die Mutter bzw. Frau trat (das Lamm sei eigentlich eine Schäfin, das Blöken verweise auf die Naturlaute der Frau), scheint mit Blick auf Herders dezidierte Bemerkungen zur onomatopoetischen Benennung von Tier- bzw. Naturlauten als Ursprung der Sprache nicht restlos überzeugend.
239 Herder: *Abhandlung über den Ursprung der Sprache*, S. 77.
240 Vgl. Katja Stopka: *Semantik des Rauschens. Über ein akustisches Phänomen in der deutschsprachigen Literatur*. München: Peter Lang 2005, S. 27.
241 Ebd.

Vorstellung Herders taten „Vernunft und Sprache [...] gemeinschaftlich einen furchtsamen Schritt und die Natur kam ihnen auf halbem Wege entgegen durchs Gehör."[242] Eine solche auditiv begründete Sprach- und Erkenntnistheorie gesteht den Tönen der Natur eine Bedeutung zu, die sie so zuvor nicht gehabt haben. Mit Katja Stopka lässt sich sagen, dass die Natur bei Herder „zur bedeutungsvollen Chiffre erhoben [wird], durch die der Mensch zu ihr in Korrespondenz treten kann und auf diese Weise auch sprachlich zu der Natur seiner selbst kommt."[243] Die unartikulierten Töne der Natur werden dem Menschen zu „Merkzeichen"[244], zu rätselhaften, aber wiedererkennbaren Signa, denen er seine eigene Sprache abgewinnen kann. Die hier zum Tragen kommende Vorstellung einer zum Menschen sprechenden Natur „kann als Wegbereiter einer Auffassung betrachtet werden, derzufolge sich in bzw. hinter den Naturgeräuschen eine Stimme verbirgt, die dem Menschen *etwas* mitzuteilen hat."[245]

In der Theorie und Literatur der Romantik wird diese Zuschreibung besonders deutlich ausgespielt. Die akustischen Erscheinungsweisen der Natur, etwa das Brausen des Windes oder der Gesang von Vögeln, geraten zur Chiffre einer geheimnisvollen Sprache, der es sich zu lauschen lohnt. Gemäß dem romantischen Streben nach allseitiger Verbundenheit – der Menschen untereinander, aber auch mit allen anderen Lebewesen – wird das Hören zum vielbeschworenen Mittel einer universalen Verständigung.[246] „Jedes Thier vernimmt die Stimme seines Geschlechts. Der Mensch die Stimmen aller", heißt es bei Friedrich Schlegel.[247] ‚Vernehmen' ist hier im doppelten Wortsinn gemeint: Indem der Mensch sich hörend auf die Natur einlässt, vermag er ihre Sprache zu verstehen. Nicht ohne Grund sind es oft die unterschwelligen Geräusche, die in den Fokus der gesteigerten auditiven Aufmerksamkeit rücken. Zum einen bedient das Leise und Verborgene die romantische Lust am Geheimnisvollen und Wunderbaren, das gerade an jenen Stellen vermutet wird, die vom totalitären Blick der Aufklärung vermeintlich übersehen bzw. überhört wurden. Zum anderen lässt sich anhand kaum vernehmbarer Töne wie dem leisen Singen, Rauschen oder Flüstern die für die Romantiker so charakteristische Geste des Lauschens vorführen und kultivie-

---

242 Herder: *Abhandlung über den Ursprung der Sprache*, S. 77.
243 Katja Stopka: Verklärung und Verstörung. In: Krings (Hrsg.): *Phono-Graphien*, S. 141–155, hier S. 142.
244 Ebd.
245 Stopka: *Semantik des Rauschens*, S. 26.
246 Vgl. dazu und allgemein zum Konzept des Gehörs in der Theorie der deutschen Romantik Jochen A. Bär: Das Konzept des Gehörs in der Theorie der deutschen Romantik. In: Krings (Hrsg.): *Phono-Graphien*, S. 81–121, hier S. 98.
247 Zitiert nach ebd., hier S. 98.

3.3 Mechanische Rede versus sprechende Natur: Positionen der Romantik — 215

ren. Dass manchmal selbst ein geschultes Ohr nicht ausreicht, um der auch ober- und unterhalb der menschlichen Wahrnehmungsschwelle sprechenden Natur lauschen zu können, zeigt Tieck in seinem Roman *Die Vogelscheuche* (1834). „Recht schön", wird dort sinniert,

> könnten wir nur auch für unser menschliches Ohr etwas Ähnliches, wie das Mikroskop fürs Auge ist, erfinden, um zu erfahren, was Fliegen und Mücken sich erzählen oder ob die Geister in den Blumen niesen –' ‚Oder wie die Sphären singen', [...] ‚denn durch die Verfeinerung des Organs kann oft erst das Gewaltige und ganz Große zu uns dringen.'[248]

An späterer Stelle scheint sich das hier ersehnte und vom Protagonisten als „Hörmikros"[249] bezeichnete Mikrofon *avant la lettre* zu realisieren:

> Ein andres seltsames Instrument hatte er erfunden und verfertigt, welches er oft an das eine Ohr hielt, indes er das andre verstopfte und sich dann aus dem Fenster seines untern Zimmers hinauslehnte, um das Summen und Brummen, das Geflüster der Heimchen, Schmetterlinge, Bienen oder herumwandernden Gewürme zu observieren. Er bildete sich nämlich ein, er könne durch dieses neu erfundene Hörnchen auch die Naturlaute in stiller Einsamkeit vernehmen und unterscheiden, für welche unser Ohr nicht zart genug gebaut worden sei oder die durch das stärkere Geräusch der Bäume oder der Vögel und andere dazwischenbrausende Stimmen überschrien würden.[250]

Wird die Natur hier einerseits als erzählende und singende, als summende und sprechende aufgerufen, um die wahrnehmungsästhetischen Potenziale des aufmerksamen Hörens zur Geltung zu bringen, gilt umgekehrt, dass die Geste des Lauschens den romantischen Topos der ‚Natursprache' verstärkt.[251] Man muss nur genau hinhören, um die Natur als sprechend zu vernehmen oder in den Worten Hans Blumenbergs, der die auditive Epistemologie der Romantik wie folgt zugespitzt hat: „Alles spricht von sich aus, wenn ihm nur das Gehör nicht verweigert wird."[252]

---

[248] Ludwig Tieck: Die Vogelscheuche. Märchennovelle in fünf Aufzügen. In: Ders.: *Tiecks Werke in zwei Bänden*, Bd. 2. Hrsg. v. Nationale Forschungs- und Gedenkstätten der klassischen deutschen Literatur in Weimar. Berlin/Weimar: Aufbau 1985, S. 5–309, hier S. 15.
[249] Ebd., S. 120.
[250] Ebd., S. 114–115.
[251] Vgl. Tobias Leibold: *Enzyklopädische Anthropologien. Formierungen des Wissens vom Menschen im frühen 19. Jahrhundert bei G. H. Schubert, H. Steffens und G. E. Schulze*. Zugl.: Köln, Univ., Diss, Bd. 13: Studien zur Kulturpoetik. Würzburg: Königshausen & Neumann 2009, S. 174–175.
[252] Hans Blumenberg: *Die Lesbarkeit der Welt*. 2. durchgesehene Aufl. Frankfurt am Main: Suhrkamp 1983, S. 234.

3.3.3 Singen, Klagen, Rauschen der Natur

In Hoffmanns Erzählung *Das fremde Kind* (1817) wird diese auditive Sensibilität für die Sprache der Natur dem alles übertönenden Philistertum gegenübergestellt. Die Kinder werden vom Wald und seinen akustischen Regungen, dem Wispern und Lispeln der Birken, dem Säuseln des Windes und dem Gesang der Vögel, wie magisch angezogen, während ihr Lehrer, der Magister Tinte, für all dies keinen Sinn zu haben scheint: Man „‚kann vor dem häßlichen Gekreisch der dummen Vögel gar kein vernünftiges Wort sprechen'"[253], ereifert er sich während eines Spaziergangs durch den Wald, woraufhin sein Schüler entgegnet: „‚Ich merk' es schon, du verstehst dich nicht auf den Gesang und hörst es auch wohl gar nicht einmal, wenn der Morgenwind mit den Büschen plaudert und der alte Waldbach schöne Märchen erzählt."[254] „‚[D]as fehlte noch'", erwidert der Magister Tinte, „‚daß Wälder und Bäche dreist genug wären, sich in vernünftige Gespräche zu mischen, und mit dem Gesange der Vögel ist es auch nichts.'"[255] Als ein Zeisig dicht an ihm vorbeifliegt, glaubt er sich von diesem verspottet und wirft einen Stein nach ihm, sodass der Vogel „zum Tode verstummt, von dem grünen Zweige herabfiel."[256] Diese konträren Einstellungen zu den Stimmen der Natur spiegeln sich in den Klangobjekten wider, welche die Kinder und ihre philiströsen Gegenspieler favorisieren. Vom Vetter ihres Vaters, einem vornehmen selbstgefälligen Grafen, bekommen die Kinder Spielsachen geschenkt, darunter ein „Männchen, das Komplimente zu machen verstand und auf einer Harfe quinkelierte, wenn man an einer Schraube drehte"[257]. Sind sie zunächst erfreut über das Männchen, entpuppt sich sein künstliches Harfenspiel in der Soundkulisse des Waldes als „schlechtes Zeug"[258], das sich mit dem Gesang der Vögel nicht messen kann: „‚Hör' nur,'", meint Christlieb zu ihrem Bruder, „‚wie das hier im Walde häßlich klingt, das ewige Ting-Ting-Ping-Ping, die Vögel gucken so neugierig aus den Büschen, ich glaube, sie halten sich ordentlich auf über den albernen Musikanten, der hier zu ihrem Gesange spielen will."[259] Die synthetischen Klänge des Automaten werden in eine Konkurrenzbeziehung zu den Stimmen der Natur gebracht, wobei Letztere in den Augen der Kinder klar als Sieger her-

---

[253] E.T.A. Hoffmann: Das fremde Kind. In: Ders.: *Poetische Werke*. 6 Bde., Bd. 3. Berlin: Aufbau 1958, S. 593–641, hier S. 626.
[254] Ebd.
[255] Ebd., S. 627.
[256] Ebd.
[257] Ebd., S. 602.
[258] Ebd., S. 604.
[259] Ebd.

vorgehen.²⁶⁰ Noch während seines Spiels fällt das Harfenmännchen auseinander, bevor es am Ende der Erzählung noch einmal wiederkehrt, um sich mit „häßlich knarrende[r]" Stimme als „gehorsame[r] Zögling[]" des Magister Tinte zu erkennen zu ergeben.²⁶¹ Wie schon in *Der Sandmann* und *Die Automate* tritt die sprechende Maschine hier als manipulatorische Agentin unheilvoller Mächte auf, deren seelenlose Stimme den Klängen der Natur *ex negativo* erst Kontur verleiht.²⁶²

Das „süße Getön", welches „durch das Säuseln des Waldes ging", klingt in den Ohren der Kinder, „wie wenn der Wind über Harfen hinstreift und im Liebkosen die schlummernden Akkorde weckt."²⁶³ Auf die Vorzüge jener Instrumente, welche „der Natur Töne zu entlocken" vermögen anstatt diese – wie das künstliche Harfenmännchen – zu imitieren, hatte ja bereits Ludwig in *Die Automate* hingewiesen.²⁶⁴ In den Klängen der Natur entdecken die Kinder eine geheimnisvolle Welt, der es sich zu lauschen lohnt. Umso mehr, als sich diese Welt als verborgene Sprachwelt entpuppt. In Begleitung des fremden Kindes, einer übernatürlichen Figur, welche die Kinder lehrt, sich ganz auf die Natur einzulassen, wird ihnen das Singen und Jubilieren der Vögel, aber auch das Rauschen von Büschen, Bächen und Bäumen mit einem Mal verständlich. Das Plätschern des Waldbachs vernehmen sie etwa als Lockruf: „‚Kommt! setzt euch fein ins Moos und hört mir zu. Von fernen, fernen Landen, aus tiefem Schacht komm' ich her – ich will euch schöne Märchen erzählen und immer was Neues, Well' auf Welle und immerfort und fort.'"²⁶⁵ Dass es sich bei diesem Sprechen der Natur indes um einen höchst unsicheren Sprechakt handelt, macht schon eines der Kinder deutlich, wenn es dem fremden Kind gegenüber einräumt, möglicherweise auch Projektionen zu erliegen: „Recht verstehe ich doch nicht, […] was der dort unten erzählt, und es ist mir so, als wenn du selbst, mein lieber, lieber Junge alles, was er nur so unverständlich murmelt, recht hübsch mir sagen könntest."²⁶⁶ Ob die Klänge der Natur sich zu verständlichen Worten formen, erweist sich als höchst prekär und abhängig von den

---

260 Vgl. Yōko Tawada: Stimme eines Vogels oder das Problem der Fremdheit. In: Dies.: *Verwandlungen.* Tübingen: Konkursbuchverlag 1998, S. 7–22, hier S. 12–14.
261 Hoffmann: Das fremde Kind, S. 634.
262 Tawada verweist in diesem Zusammenhang auf Hans Christian Andersens Märchen *Die Nachtigall* (1843), in dem sich eine ähnliche Konstellation findet: Auch hier konkurriert die Stimme eines Automaten, eines mechanischen Vogels, mit dem Gesang eines lebendigen Singvogels. Vgl. Tawada: Stimme eines Vogels oder das Problem der Fremdheit, S. 14–15.
263 Hoffmann: Das fremde Kind, S. 608.
264 Hoffmann: Die Automate, S. 439.
265 Hoffmann: Das fremde Kind, S. 614.
266 Ebd., S. 615.

Einstellungen ihrer Zuhörer:innen. Eine Abwehrhaltung wie bei Magister Tinte lässt die Natur vollends verstummen. Unter seiner Regie wird schließlich „alles still und wie verödet" im Wald, „kein lustiges Lied von Fink und Zeisig ließ sich hören, und statt des fröhlichen Rauschens der Gebüsche, statt des frohen tönenden Wogens der Waldbäche wehten angstvolle Seufzer durch die Lüfte."[267] Die Natur lässt sich nur noch als klagende vernehmen. Als der Magister einen Strauß Maiblümchen samt Wurzeln aus der Erde reißt und ihn ins Gebüsch wirft, ist es den Kindern „als ginge in dem Augenblick ein wehmütiger Klagelaut durch den Wald"[268].

Mit der wehklagenden Natur greift Hoffmann ein weitverbreitetes Motiv romantischer Naturdarstellung auf, welches uns schon in *Die Automate* begegnet ist, aber auch von anderen Autoren bearbeitet wurde.[269] Um nur zwei Beispiele zu nennen: In Novalis Romanfragment *Lehrlinge zu Sais* aus dem Jahr 1802 scheint der Wind „mit tausend dunkeln, wehmütigen Lauten den stillen Schmerz in einem tiefen melodischen Seufzer der ganzen Natur aufzulösen."[270] In Tiecks 1804 veröffentlichter Erzählung *Der Runenberg* ist es wiederum das Herausziehen einer Wurzel, welche die Natur – ähnlich wie in *Das fremde Kind* – in Klagelaute ausbrechen lässt. Als Christian gedankenlos eine hervorstehende Wurzel aus der Erde zieht, „hörte er erschreckend ein dumpfes Winseln im Boden, das sich unterirdisch in klagenden Tönen fortzog, und erst in der Ferne wehmütig verscholl. Der Ton durchdrang sein innerstes Herz, er ergriff ihn, als wenn er unvermutet die Wunde berührt habe, an der der sterbende Leichnam der Natur in Schmerzen verscheiden wolle."[271] Über das Motiv der wehklagenden Natur lässt sich das romantische Konzept der Natursprache weiter aufschließen. Dafür lohnt ein Blick in Walter Benjamins Aufsatz *Über Sprache überhaupt und über die Sprache des Menschen*, in welchem der Philosoph unter anderem auf die Klage in ihrem Verhältnis zur Natur und zur Sprache zu sprechen kommt.[272] Würde man der Natur

---

267 Ebd., S. 633–634.
268 Ebd., S. 627.
269 Vgl. dazu Burkhard Meyer-Sickendiek: Der narrative Zeigarnik-Effekt. Zu einem Wirkungsprinzip frühromantischer Kunstmärchen. In: Norman Kasper / Jochen Strobel (Hrsg.): *Praxis und Diskurs der Romantik 1800–1900*. Paderborn: Ferdinand Schöningh 2016, S. 61–82, hier S. 76–78.
270 Novalis: Lehrlinge zu Sais. In: Ders.: *Werke*. Hrsg. v. Gerhard Schulz. 4. Aufl. München: Beck 2001, S. 95–128, hier S. 117.
271 Ludwig Tieck: Der Runenberg. In: Ders.: *Die Märchen aus dem Phantasus. Der gestiefelte Kater*, S. 61–82, hier S. 62–63.
272 Vgl. Walter Benjamin: Über Sprache überhaupt und über die Sprache des Menschen. In: Ders.: *Gesammelte Schriften*, Bd. 2.1. Hrsg. v. Tillman Rexroth. 4. Aufl. Frankfurt am Main: Suhrkamp 2006, S. 140–157, hier S. 154–155. Einen Bezug zu Benjamin stellt bereits Meyer-Sickendiek

Sprache verleihen, schreibt Benjamin, so begänne sie zu klagen. Nicht nur, weil sie an ihrer eigenen Sprachlosigkeit leide, sondern vor allem, weil sie in den vielen Sprachen des Menschen „überbenannt" sei. Die Überbenennung aber sei „tiefster sprachlicher Grund aller Traurigkeit und (vom Ding aus betrachtet) allen Verstummens."[273] Die Traurigkeit der Dinge bzw. der Natur, in der menschlichen Sprache nicht aufzugehen, von ihr verkannt zu sein, macht sie verstummen. In der Traurigkeit schwingt ein Verlust mit. Vor dem Sündenfall und der Ausdifferenzierung der menschlichen Sprache habe es eine Ursprache gegeben, in der die Natur und Dinge ihren Eigennamen nur in Gott hatten.[274] Mit dem Ende dieser paradiesischen Ursprache sei auch die Natur verstummt. Allenfalls klagend scheine sie sich zu äußern, „die Klage ist aber, der undifferenzierteste, ohnmächtige Ausdruck der Sprache, sie enthält fast nur den sinnlichen Hauch; und wo auch nur Pflanzen rauschen, klingt immer eine Klage mit."[275]

Auch für die Romantiker gemahnte die wehklagende Natur an ein längst vergangenes Zeitalter, in welchem sie noch nicht als ‚Stumme' benannt, sondern Teil einer universalen Verständigung, einer göttlichen Ursprache war. „Ich hörte einst von alten Zeiten reden", lässt Novalis seinen *Heinrich von Ofterdingen* (1802) sinnieren, „wie da die Thiere und Bäume und Felsen mit den Menschen gesprochen hätten. Mir ist grade so, als wollten sie allaugenblicklich anfangen, und als könnte ich es ihnen ansehen, was sie mir sagen wollten. Es muß noch viel Worte geben, die ich nicht weiß: wüßte ich mehr, so könnte ich viel besser alles begreifen."[276] In der Poesie wurde ein Weg gesehen, die Natur von ihrer Sprachlosigkeit zu erlösen und die Fragmente einer in ihr noch verborgenen Ursprache wiederaufzufinden. In seinem Gedicht *Wünschelrute* (1835) hat Joseph von Eichendorff diese Vorstellung in eine lyrische Form gebracht: „Schläft ein Lied in allen Dingen, // Die da träumen fort und fort, // Und die Welt hebt an zu singen, // Triffst du nur das Zauberwort."[277] Wie eine Wünschelrute, mit deren

---

her. Vgl. Meyer-Sickendiek: Der narrative Zeigarnik-Effekt. Zu einem Wirkungsprinzip frühromantischer Kunstmärchen, S. 77. Zur Klage im Kontext von Benjamins musiktheoretischen Schriften siehe Sigrid Weigel: Die Geburt der Musik aus der Klage. Zum Zusammenhang von Trauer und Musik in Benjamins musiktheoretischen Schriften. In: Tobias Robert Klein (Hrsg.): *Klang und Musik bei Walter Benjamin*. München: Fink 2013, S. 85–93.
273 Benjamin: Über Sprache überhaupt und über die Sprache des Menschen, S. 155.
274 Ebd.
275 Ebd.
276 Novalis: *Heinrich von Ofterdingen. Ein Roman*. Textrevision und Nachwort von Wolfgang Frühwald. Stuttgart: Reclam 1980, S. 9–10.
277 Joseph von Eichendorff: *Sämtliche Werke*. Historisch-kritische Ausgabe. Bd. 1.1: Gedichte. Erster Teil. Text. Hrsg. v. Harry Fröhlich und Ursula Regener. Stuttgart/Berlin/Köln: Kohlhammer 1993, S. 121.

Hilfe unterirdische Rohstoffe bzw. Gegenstände aufgespürt werden sollen, birgt die Dichtung das Versprechen, die Ursprache der Natur aus ihrem Latenzzustand des Traumschlafes zu erwecken. „Die arme, gebundene Natur", schreibt Eichendorff an anderer Stelle, „spricht im Traume in abgebrochenen, wundersamen Lauten, [...] es ist das alte, wundersame Lied, das in allen Dingen schläft."[278] Steckt schon in der Wünschelrute das Wort Wunsch, bleibt auch das romantische Vorhaben, das alte Lied, die einstige paradiesische Ursprache dichtend wiedererklingen zu lassen, mit dem Zweifel verbunden, ob dies überhaupt möglich sei.[279] Zunächst einmal, so wird hier suggeriert, komme es nur darauf an, aufmerksam den „abgebrochenen, wundersamen Lauten" zu lauschen, welche die Natur träumend spricht und hinter denen sich – als Überbleibsel der Ur- bzw. Natursprache[280] – mehr verbirgt als gemeinhin angenommen.

Dass die Erscheinungsweisen der Natur in der Literatur der Romantik zu Chiffren eines verborgenen Sinns wurden, ist in der Forschung hinlänglich bekannt. Wie unter anderem Stopka und Tobias Leibold gezeigt haben, spielten hierbei nicht nur der Modus der Schrift, sondern auch die Dimension der Lautlichkeit eine entscheidende Rolle. Insofern die ursprüngliche Sprache in den wortlosen Stimmen und Geräuschen der Natur nachklinge, so die Vorstellung, ermöglichten Letztere umgekehrt einen Zugang zu jener verlorenen gegangenen Sprache. Der Mensch wurde in diesem Zusammenhang als Resonanzkörper gedacht, dessen innere Saite die in den Naturlauten zu Tage tretenden Schwingungen der Ursprache über ein Mitschwingen, ein Mittönen empfangen könne.[281] Dieses im Laufe der Zeit vergessene Sensorium im Menschen galt es der romantischen Vorstellung zufolge wiederzuentdecken, wollte man sich der einstigen

---

[278] Joseph von Eichendorff: *Sämtliche Werke*. Historisch-kritische Ausgabe. Bd. IX: Geschichte der poetischen Literatur Deutschlands, hrsg. v. Wolfram Mauser. Tübingen: Max Niemeyer 1970, S. 394.
[279] Vgl. Stopka: *Semantik des Rauschens*, S. 81.
[280] Axel Goodbody hat auf die Komplexität und Mehrdeutigkeit des romantischen Natursprachenbegriffs hingewiesen und zwei zentrale Bedeutungsebenen des Begriffs unterschieden. Zum einen bezieht er sich auf die Sprachförmigkeit der Natur selbst: „*die Natur ist eine Sprache*, d. h. die Naturphänomene existieren nicht nur, sie stellen darüber hinaus etwas anderes, Verborgenes und Höheres dar, sie können gedeutet, gelesen und gegebenenfalls verstanden werden." Axel Goodbody: *Natursprache. Ein dichtungstheoretisches Konzept der Romantik und seine Wiederaufnahme in der modernen Naturlyrik (Novalis – Eichendorff – Lehmann – Eich)*. Zugl.: Kiel, Univ., Diss., 1983. Neumünster: Wachholtz 1984, S. 11. Zum anderen wird der Begriff von manchen als Synonym für eine Ursprache verwendet, d. h. umgekehrt, für eine Sprache, die einst „naturförmig" war: „*Es gibt eine Sprache, oder muß eine gegeben haben, in der die Wörter nicht willkürlich gewählt, sondern mit den bezeichneten Dingen wesentlich verbunden waren.*" Ebd., S. 12. Hervorhebung im Original.
[281] Ebd., S. 172–173.

kommunikativen Beziehung zur Natur wieder annähern. Die Bereitschaft, sich lautlich von der Natur affizieren, d. h. in Schwingung versetzen zu lassen wurde als Voraussetzung angesehen, um zum „alten Lied" der allharmonischen Ursprache vorzudringen.

Im Vordergrund dieser romantischen Idee eines auditiven, resonierenden Zugangs zur Natur- bzw. Ursprache stand nicht etwa die Aussicht auf deren vollständige Dechiffrierung. Es ging weniger darum, das Summen, Singen und Rauschen in eine fixe sprachliche Bedeutung zu übersetzen als vielmehr darum, die semantische Offenheit und das damit verbundene Numinose jener Laute zu markieren. Wenn der Wind, die Vögel, Bäume und Bäche in *Das fremde Kind* mit vermeintlich menschlicher Stimme sprechen, so wird diese Figur der Prosopopöie sogleich wieder gebrochen, insofern – wie bereits erwähnt – eines der Kinder Zweifel anmeldet, ob es sich bei dem ‚unverständlichen Gemurmel', dem ‚seltsamen Zeug' tatsächlich um eine verständliche Sprache oder aber um Eingebungen handelt.[282] Stopka zufolge zeichnet sich gerade die Spätromantik dadurch aus, das Rauschen der Natur nicht etwa auflösen zu wollen, sondern es als Zeichen eines geheimen, uns allenfalls bruchstückhaft sich offenbarenden Sinns zu Gehör zu bringen.[283] Das poetisch inszenierte Naturrauschen, ob inhaltlich oder formal durch die Betonung von Rhythmus und Klang, hat einerseits „die Aufgabe, die Sehnsucht nach Entzifferung und Erkenntnis zu erwecken, aber ebenso eindringlich hat das Rauschen an die Notwendigkeit der Aufrechterhaltung des Geheimnisses zu gemahnen."[284] Als vorsprachliche, vieldeutige Klangphänomene kündeten die Stimmen der Natur von einem Sinn jenseits des Sag- und Wissbaren und wiesen damit zugleich auf die Grenzen der menschlichen Sprache und Erkenntnis.

Damit bot die romantische Poetik wichtige Anschlussstellen für die spätere Bioakustik. Viele Aspekte, die den romantischen Zugang zu Naturlauten kennzeichnen, werden in der Tierlautforschung um und nach 1900 wieder auftauchen (siehe Kapitel 4–6). Dazu gehört nicht nur die auditive – und dabei, wie das Beispiel aus Tiecks *Vogelscheuche* zeigt, durchaus technikaffine – Sensibilisierung für die Stimmen der Natur, das gezielte Lauschen auf Klänge jenseits menschlicher Wahrnehmungs- und Aufmerksamkeitsschwellen. Es ist vor allem auch die Faszination an Tierlauten als über sich selbst hinausweisende Bedeutungsträger, welche die Literatur der Romantik mit der Bioakustik teilt. Dass die unartikulierten Stimmen und Geräusche der Natur eine bislang unerkannte, uns epistemisch

---

282 Vgl. Hoffmann: Das fremde Kind, S. 615.
283 Vgl. Stopka: Verklärung und Verstörung, S. 145–149.
284 Ebd., hier S. 146.

größtenteils entzogene Art von Sprache bergen, bildet einen Topos sowohl der romantischen als auch der bioakustischen Stimmenkunde. Im Unterschied zur Literatur und Theorie der Romantik wird die Bioakustik diesem Topos mittels empirischer Forschung nachgehen. Die Naturlaute werden den Bioakustikern dann weniger zu unhintergehbaren Zeichen eines Numinosen, denn zum Anlass, deren (biologische) Bedeutung wissenschaftlich zu entschlüsseln. Nichtsdestotrotz entstand in der Romantik eine neue Sicht- oder besser Hörweise in Bezug auf Tierlaute, die aus der Geschichte der Bioakustik nicht wegzudenken ist. In bislang ungekanntem Ausmaß wurde das Singen, Rauschen und Summen von Tieren zum Gegenstand ästhetischer und epistemischer Befragungen.

Eine ideale Ausgangssituation für die Hörbarwerdung solcher Laute bot die Dunkelheit. In topographischer Hinsicht sind es das Dickicht von Büschen und Sträuchern – etwa, wenn Anselmus in Hoffmanns *Der goldne Topf* unterm Holunderbusch umlispelt wird[285] –, vor allem aber die lichtlose Sphäre des Waldes, aus denen die wunderbaren Stimmen dringen. An keinem anderen Ort wird das romantische Lauschen so häufig inszeniert wie im Wald; erst dort begegnen Hoffmanns Kinder den geheimnisvoll singenden Vögeln. Denn in der visuellen Undurchdringlichkeit des Waldes lässt sich, wie unter anderem Stopka festgehalten hat, der Sinn für das Akustische besonders schärfen.[286] Das zeitliche Komplement zu jener topographisch bedingten Dunkelheit bildet der Abend bzw. die Nacht, welche, indem sie den Sehsinn einschränken und den Lärm des Tages beruhigen, ebenfalls zur auditiven Sensibilisierung beitragen. So lassen sich die Stimmen der Natur, das leise Rauschen, Summen und Flüstern, im abendlichen bzw. nächtlichen Dunkel besonders gut erlauschen.

Die „Nachtbegeisterung"[287] der Frühromantiker, wie sie in Novalis *Hymnen an die Nacht* (1800) und Schuberts *Ansichten von der Nachtseite der Naturwissenschaften* (1808) schon im Titel zu Tage tritt,[288] nimmt von dort aus, von der Lust am Klanglichen ihren Ausgang. Die nächtliche Dunkelheit enthebt das Auge seiner Führungsfunktion und inthronisiert stattdessen das Ohr als primäres Sinnesorgan der Welterschließung. Entsprechend lässt sich der romantische

---

285 Vgl. E.T.A. Hoffmann: Der goldne Topf. In: Ders.: *Poetische Werke*, S. 277–374, hier S. 282.
286 Vgl. Stopka: Verklärung und Verstörung, S. 144.
287 Novalis: Hymnen an die Nacht. In: Ders.: *Schriften. Die Werke Friedrich von Hardenbergs*, Bd. 1: Das dichterische Werk. Hrsg. v. Paul Kluckhohn und Richard Samuel unter Mitarbeit von Heinz Ritter und Gerhard Schulz. Stuttgart: Kohlhammer 1960, S. 131–156, hier S. 134.
288 Siehe ebd. und Gotthilf Heinrich Schubert: *Ansichten von der Nachtseite der Naturwissenschaft. Mit Kupfertafeln*. Dresden: Arnoldische Buchhandlung 1808.

3.3 Mechanische Rede versus sprechende Natur: Positionen der Romantik — 223

Nachtdiskurs als „eine Abwendung von der Ansichtigkeit"[289] beschreiben, als eine Absage an die jahrhundertelange Dominanz des Auges und das mit ihr verbundene „Pathos der Distanz"[290], dem ein Bedürfnis nach Verschmelzung zwischen Innenwelt und Außenwelt entgegengesetzt wird.[291] In der auditiven Einlassung auf Geräusche bei Nacht sehen die Romantiker eine Möglichkeit, dieses Bedürfnis zu stillen. So überschreiten Klänge, die im Dunkeln ans Ohr dringen, die Grenze zwischen Innen und Außen, Phantasie und Wirklichkeit insofern, als sie die Einbildungskraft auf besondere Weise herausfordern. Der Bildausfall wird durch eine kreative Syntheseleistung ersetzt, in der Innen- und Außenwelt ineinander übergehen. Akustische Eindrücke werden mit Erinnerungs- und Vorstellungsbildern abgeglichen, wobei Ähnlichkeiten zwischen beiden Bereichen als „Ahnungen vermutungsweise Gestalt annehmen"[292]. Unbestimmte Klänge werden auf diese Weise zum Lispeln und Flüstern tierlicher, landschaftlicher und/oder überirdischer Gestalten, die von einer noch unentdeckten Sphäre der Wirklichkeit künden, von einer bevorzugt im Verborgenen sich offenbarenden ‚Nachtseite' der Natur.

Während die mangelnde Einsicht in den Ursprung und die Funktionsweise der Stimme für die (vergleichende) Physiologie der Stimmgebung zentrales Problem und Anlass zur Aufklärung war (siehe Kapitel 1 und 2), ist es hier – in der romantischen Poetik – also gerade die Unsichtbarkeit von Stimmen und Geräuschen, von der ein Heilsversprechen ausgeht. Potenziert durch die nächtliche Dunkelheit konfrontieren die unsichtbaren Klänge mit der Begrenztheit eines nur visuellen Zugangs zur Welt und laden gleichzeitig dazu ein, sich auditiv zu ‚öffnen', um nicht zuletzt neue Formen der Naturerfahrung und -darstellung zu ermöglichen. Wie dies im Einzelnen vonstattengehen kann, vermittelt ein kurzer, aber umso eindrücklicherer Text, der für den vorliegenden Zusammenhang auch deshalb von Interesse ist, weil er sich an der Schnittstelle zwischen ästhetischer und wissenschaftlicher Naturforschung bewegt: Alexander von Hum-

---

[289] Heinzgert Friese: Dunkles Wesen: Nacht und Natur um 1800. In: Jörg Zimmermann / Uta Saenger / Götz-Lothar Darsow (Hrsg.): *Ästhetik und Naturerfahrung*. Stuttgart-Bad Cannstatt: Frommann-Holzboog 1996, S. 239–262, hier S. 252.
[290] Ebd.
[291] Ebd. Wenngleich es falsch wäre, die romantische Vorliebe für das Dunkle im Rahmen einer allzu billig erkauften Gegenüberstellung mit der Lichtmetaphorik der Aufklärung zu kontrastieren, denn „die Faszination für Dunkles [...] und die Poesie des Geheimnisvollen gehören untrennbar zur scheinbar so ‚hellen' Aufklärung." Jürgen Joachimsthaler: Romantik als poetische Praxis (in) der Aufklärung. In: Kasper / Strobel (Hrsg.): *Praxis und Diskurs der Romantik 1800–1900*, S. 23–39, hier S. 33. Erinnert sei hier an den Erfolg der magischen (Pseudo-)Sprechmaschinen (siehe dazu auch die Ausführungen in Kapitel 1).
[292] Friese: Dunkles Wesen: Nacht und Natur um 1800, S. 241.

boldts Reisebeschreibungen von Tierlauten im nächtlichen Urwald lassen sich nicht nur als Urszene der auditiven Wissenspoetik um 1800 lesen, sondern als frühe Vorwegnahme der tierphonographischen Bestrebungen, wie sie ein Jahrhundert später in die Herausbildung der Bioakustik mündeten. Als „phonotextuelle"[293] Tierstudie markiert Humboldts Essay die Verbindungsstelle zwischen romantischer Naturerhörung und bioakustischem Forschungsprogramm um 1900.

3.4 Tiergeräusche bei Nacht (Alexander von Humboldt)

Die besondere Hörszene, an der Humboldt seine Leser:innen teilhaben lässt, findet sich in der dritten Auflage seiner *Ansichten der Natur* (1849). In diesem zweibändigen, aus insgesamt sieben Essays bestehenden Werk beschreibt der Naturforscher ausgewählte Landschaften und Naturerscheinungen, etwa die Steppen und Wüsten der verschiedenen Kontinente oder die Wasserfälle des südamerikanischen Orinoco samt Flora und Fauna, die ihm während seiner mehrjährigen Expeditionen nach Lateinamerika (1799–1804) und Russland (1829) begegnet sind. Mit seinen Beschreibungen möchte er das Wissen über diese bisher noch unbekannten Naturgebiete vermehren und, wie es in der Vorrede heißt, „durch lebendige Darstellungen den Naturgenuß [...] erhöhen."[294] Ihm schwebt eine dezidiert „ästhetische Behandlung naturhistorischer Gegenstände"[295] vor. Diese „zwiefache Richtung"[296] seiner Schrift, „die Verbindung eines literarischen und eines rein szientifischen Zweckes"[297], versucht Humboldt darstellungsästhetisch zu erreichen, indem er auf die erlebnisnahen Aufzeichnungen aus seinen Reisetagebüchern zurückgreift. Einzelne Fragmente der *Ansichten der Natur*, betont Humboldt, wurden „an Ort und Stelle niedergeschrieben und nachmals nur in ein Ganzes zusammengeschmolzen."[298] Auf diese Weise hofft er, „dem Leser einen Teil des Genusses [zu] gewäh-

---

[293] Siehe zu dieser Bestimmung Ottmar Ette: Ein Ohr am Dschungel oder das hörbare Leben. Alexander von Humboldts ‚Das nächtliche Thierleben im Urwalde' und der Humboldt-Effekt. In: *Romanistische Zeitschrift für Literaturgeschichte/Cahiers d'Histoire des Littératures Romanes* 33,1/2 (2009), S. 33–47, hier S. 43.
[294] Alexander von Humboldt: Vorrede zur zweiten und dritten Ausgabe. In: Alexander von Humboldt / Adolf Meyer-Abich: *Ansichten der Natur.* [Nachdr.]. Stuttgart: Reclam 2004, S. 7–10, hier S. 7.
[295] Alexander von Humboldt: Vorrede zur ersten Ausgabe. In: Alexander von Humboldt / Adolf Meyer-Abich: *Ansichten der Natur,* S. 5–6, hier S. 5.
[296] Humboldt: Vorrede zur zweiten und dritten Ausgabe, S. 7.
[297] Ebd.
[298] Humboldt: Vorrede zur ersten Ausgabe, S. 5.

ren, welchen ein empfänglicher Sinn in der unmittelbaren Anschauung findet."²⁹⁹ Auch für den dritten Essay der *Ansichten* über *Das nächtliche Thierleben im Urwalde* behilft sich Humboldt dieses Verfahrens und arbeitet seine Tagebuchnotizen ein, die er während seiner Reise von San Fernando de Apure nach Esmeralda im April 1800 angefertigt hat. Sie enthielten, wie der Naturforscher erklärend vorausschickt,

> eine umständliche Schilderung des nächtlichen Thierlebens, ich könnte sagen der nächtlichen Thierstimmen, im Walde der Tropenländer. Ich halte diese Schilderung für vorzugsweise geeignet, einem Buche anzugehören, das den Titel *Ansichten der Natur* führt. Was in Gegenwart der Erscheinung oder bald nach den empfangenen Eindrücken niedergeschrieben ist, kann wenigstens auf mehr Lebensfrische Anspruch machen als der Nachklang späterer Erinnerung.³⁰⁰

Diese Vorbemerkung trägt maßgeblich zur Dramaturgie des Textes bei. Wie ein zweiter Prolog stimmt sie die Leser:innen auf die nachfolgende Hörszene ein, die Humboldt – so die Suggestion – einst in unmittelbarer „Gegenwart der Erscheinung" aufgezeichnet hat. Tatsächlich entsteht beim Lesen der Eindruck, als wären wir vor Ort am Abend des 1. April 1800, als der Naturforscher und seine Reisebegleiter auf einer Sandfläche am Ufer des Apure, unterhalb der Mission von Santa Barbara de Arichuna, ihre Hängematten aufschlagen. „Die Nacht war mondhell"³⁰¹ und „es herrschte tiefe Ruhe"³⁰², leitet Humboldt die Szene ein, „man hörte nur bisweilen das Schnarchen der *Süßwasser-Delphine*"³⁰³. Nach 11 Uhr jedoch

> entstand ein solcher Lärmen im nahen Walde, daß man die übrige Nacht auf jeden Schlaf verzichten mußte. Wildes Tiergeschrei durchtobte die Forst. Unter den vielen Stimmen, die gleichzeitig ertönten, konnten die Indianer nur die erkennen, welche nach kurzer Pause einzeln gehört wurden. Es waren das einförmig jammernde Geheul der Aluaten (Brüllaffen), der winselnde, fein flötende Ton der kleinen Sapajous, das schnarchende Murren des gestreiften Nachtaffen (Nyctipithecus trivirgatus, den ich zuerst beschrieben habe), das abgesetzte Geschrei des großen Tigers, des Cuguars oder ungemähnten amerikanischen Löwen, des Pecari, des Faultiers und einer Schar von Papageien, Parraquas (Ortaliden) und anderer fasanenartiger Vögel. Wenn die Tiger dem Rande des Waldes nahekamen, suchte unser Hund, der vorher ununterbrochen bellte, heulend Schutz unter den Hangematten. Bisweilen kam das Geschrei des Tigers von der Höhe eines Baumes

---

299 Ebd.
300 Alexander von Humboldt: Das nächtliche Tierleben im Urwalde. In: Alexander von Humboldt / Adolf Meyer-Abich: *Ansichten der Natur*, S. 55–65, hier S. 60.
301 Ebd., S. 62.
302 Ebd.
303 Ebd.

herab. Es war dann stets von den klagenden Pfeiftönen der Affen begleitet, die der ungewohnten Nachstellung zu entgehen suchten.[304]

Humboldt konfrontiert uns hier mit einem polyphonen Klangerlebnis, das uns die Tiere des Urwaldes tatsächlich unmittelbar zu Gehör zu bringen scheint. Anders als in der Vorbemerkung angekündigt unterscheidet sich seine Schilderung jedoch vom fünfzig Jahre zuvor erstellten Tagebucheintrag. Vor allem sind die Tierlaute hier deutlich differenzierter beschrieben.[305] Bleiben die artspezifischen Laute der Affen im Tagebuch gänzlich unbenannt, werden sie im Essay zum „einförmig jammernde[n] Geheul der Alouaten", zum „winselnde[n], fein flötende[n] Ton der kleinen Sapajous" und zum „schnarchende[n] Murren des gestreiften Nachtaffen". Vermutlich hat sich Humboldt hier mit eben jenem „Nachklang späterer Erinnerung" beholfen, den er durch den Rekurs auf sein Tagebuch eigentlich vermieden wissen wollte. Auch in einem anderen Punkt weicht der Naturforscher von seinen einstigen Aufzeichnungen ab. Während Letztere über die Schilderung des nächtlichen Tiergeschreis nicht hinausgehen, werden die einzelnen Laute im Essay auf ihre Bedeutung befragt und im Zuge dessen imaginativ bebildert. Mit der Erklärung seiner indigenen Begleiter, die Tiere würden deshalb so lärmen, weil sie sich der schönen Mondhelle freuten und den Vollmond feierten, will Humboldt sich nicht zufrieden geben. Ihm schien die Szene viel eher

> ein zufällig entstandener, lang fortgesetzter, sich steigernd entwickelnder Tierkampf. Der Jaguar verfolgt die Nabelschweine und Tapirs, die dicht aneinandergedrängt das baumartige Strauchwerk durchbrechen, welches ihre Flucht behindert. Davon erschreckt, mischen von dem Gipfel der Bäume herab die Affen ihr Geschrei in das der größeren Tiere. Sie erwecken die gesellig horstenden Vogelgeschlechter, und so kommt allmählich die ganze Tierwelt in Aufregung.[306]

Angesichts der Begrenzung des Sehsinns, die ihm die nächtliche Dunkelheit auferlegt, versucht Humboldt sich die Szene hörend zu erschließen. Wie Stephan Zandt und Ottmar Ette herausgestellt haben, aktiviert und erneuert er dabei das zeitgenössische naturgeschichtliche Wissen. Entgegen der mythischen Vorstellung eines paradiesischen Friedens zwischen den Arten hört Humboldt im Lärm

---

304 Ebd., S. 62–63.
305 Vgl. Stephan Zandt: „Die Thiere feiern den Vollmond"!? Alexander von Humboldt und der Versuch, „das nächtliche Thierleben im Urwalde" zu beschreiben. In: Iris Därmann / Stephan Zandt (Hrsg.): *Andere Ökologien. Transformationen von Mensch und Tier*. Paderborn: Wilhelm Fink 2017, S. 161–180, hier S. 166.
306 Humboldt: Das nächtliche Tierleben im Urwalde, S. 63.

der Tiere einen von Meidung und Prädation geprägten „Tierkampf".[307] Beinahe liest sich seine Beschreibung als „vorwegnehmende Klanginstallation des Darwinschen *survival of the fittest*."[308] Was dem Auge tagsüber verschlossen bleibt – denn „die größeren Tiere verbergen sich dann in das Dickicht der Wälder"[309] – nimmt das Ohr nachts umso deutlicher wahr: Der nächtliche Lärm der Tiere vermittelt wertvolle Erkenntnisse über die konfliktreiche Begegnung zwischen den Arten. Wenn Humboldt im Dunkeln seine Ohren spitzt, geht es ihm also weniger darum, die fehlende Ansichtigkeit durch eine gesteigerte auditive Wahrnehmungstätigkeit einfach zu ersetzen,[310] sondern mit den Ohren neue, über die visuelle Perspektive hinausreichende ‚Ansichten der Natur' zu gewinnen.[311] Entsprechend wird die visuelle Absenz der Tiere im Dunkel der Nacht nicht als hörend zu überwindender Mangel, sondern ganz im Gegenteil als Ermöglichung neuer auditiv funktionierender Wissenserschließung inszeniert.

Dass die Stimmen und Geräusche nachts anders, weil deutlicher ans Ohr dringen als am Tage, hat Humboldt nachhaltig beschäftigt. Immer wieder kommt er in seinen Tagebuchaufzeichnungen darauf zu sprechen, dass man die Tiere des Urwaldes vorzugsweise nachts zu hören bekomme,[312] und auch akustische Naturerscheinungen wie das Getöse der Wasserfälle ließen sich dann besser vernehmen. Es sei sehr „auffallend, wie Schall bei Nacht sich besser fortpflanzt als bei Tage"[313], notiert Humboldt in seinem Tagebuch. „Bei Nacht hört man das Brausen (das Getöse) der Raudale wohl dreimal stärker als bei Tage. Was kann hier [die] Ursach sein?"[314] Im März 1820, viele Jahre nach seiner Rückkehr aus Südamerika, wird er dieser Frage im Rahmen eines Vortrags vor der Pariser Akademie der Wissenschaften nachgehen, der 1853 unter dem Titel *Über die nächt-*

---

307 Vgl. dazu Zandt: „Die Thiere feiern den Vollmond"!?, S. 168–174.
308 Ette: Ein Ohr am Dschungel oder das hörbare Leben, S. 41.
309 Humboldt: Das nächtliche Tierleben im Urwalde, S. 64.
310 Vgl. Friese: Dunkles Wesen: Nacht und Natur um 1800, S. 240–241.
311 Vgl. Ette: Ein Ohr am Dschungel oder das hörbare Leben, S. 38.
312 „Die Tiger hörten wir bis *Pararuma* nur in der Stillen Nacht in weiter Ferne brüllen", hält Humboldt während seiner Reise durch Venezuela fest. Alexander von Humboldt: *Reise durch Venezuela. Auswahl aus den amerikanischen Reisetagebüchern*. Hrsg. v. Margot Faak. Berlin: Akademie-Verlag 2000, S. 271. Wenig später lassen sich die Reisenden nachts von „nahe[m] Tiergeheul" einschüchtern. „Nacht sehr finster. Hund (Türken) wegen Tiergeheul bald bellend, bald ängstlich Hülfe suchend bei uns. In der Nähe das romantische Geräusch der Cataracten!" Ebd., S. 272.
313 Ebd., S. 283.
314 Ebd.

liche Verstärkung des Schalles veröffentlicht wird.[315] Darin kommt er zu dem Ergebnis, dass sich Schallwellen weniger gut durch die wärmere und deshalb von unregelmäßigeren Strömungen durchwachsene Luft am Tage fortpflanzen könnten als durch die kühle und gleichmäßig dichte Nachtluft. Sowohl die Richtung als auch die Intensität der Schallwellen würden tagsüber beeinträchtigt, insofern „ein Theil der Welle, welcher da, wo die Dichtigkeit des Fluidums sich ändert, in sich selbst zurückkehrt"[316] und „bei sehr schwachen Geräuschen für unser Ohr unbemerkbar"[317] bleibt.

Humboldts ästhetisch-wissenschaftliche Auseinandersetzung mit jenen nächtlichen Geräuschen, seine „Sensibilisierung für das, was sonst so leicht überhört, aber auch übersehen werden könnte"[318], mündet in eine „Epistemologie des Ohres"[319], die deutlich romantische Züge trägt.[320] Das andächtige Lauschen auf die verborgenen Geheimnisse der Natur wird dem Forscher zum Programm. Wie tiefgreifend die singulären Hörerfahrungen bei Nacht seinen Zugang zur Natur geprägt haben, verrät der Schluss von *Das nächtliche Thierleben im Urwalde*. Mit den lautstarken nächtlichen „Naturszenen"[321], schreibt Humboldt dort, „kontrastiert wundersam die Stille, welche unter den Tropen an einem ungewöhnlich heißen Tage in der Mittagsstunde herrscht."[322] Kein Lüftchen wehte, die größeren Tiere seien in den Urwald verschwunden und „die Vögel unter dem Laub der Bäume oder in die Klüfte der Felsen"[323]. Doch der Schein trüge, denn

> lauscht man bei dieser scheinbaren Stille der Natur auf die schwächsten Töne, die uns zukommen, so vernimmt man ein dumpfes Geräusch, ein Schwirren und Summen der Insekten, dem Boden nahe und in den unteren Schichten des Luftkreises. Alles verkündigt eine Welt tätiger organischer Kräfte. In jedem Strauche, in der gespaltenen Rinde des Baumes, in der von Hymenoptern bewohnten, aufgelockerten Erde regt sich hörbar

---

315 Alexander von Humboldt: Über die nächtliche Verbreitung des Schalles. In: Ders.: *Kleinere Schriften. Geognostische und physikalische Erinnerungen.* Stuttgart/Tübingen: J. G. Cotta'scher Verlag 1853, S. 371–397.
316 Ebd., S. 377.
317 Ebd. Siehe zu diesem später als „Humboldt-Effekt" bekannt gewordenen Phänomen Ette: Ein Ohr am Dschungel oder das hörbare Leben, S. 43–47.
318 Ebd., S. 47.
319 Ebd.
320 Zu den Verbindungslinien zwischen Humboldt und der romantischen Wissenspoetik siehe Kristian Köchy: Das Ganze der Natur. Alexander von Humboldt und das romantische Forschungsprogramm. In: *International Review for Humboldtian Studies / Internationale Zeitschrift für Humboldt-Studien / Revista Internacional de Estudios Humboldtianos* 3,5 (2002), S. 5–16.
321 Humboldt: Das nächtliche Tierleben im Urwalde, S. 64.
322 Ebd.
323 Ebd.

das Leben. Es ist wie eine der vielen Stimmen der Natur, vernehmbar dem frommen, empfänglichen Gemüte des Menschen.[324]

Die Wahrnehmung des nächtlichen Tierlärms hat Humboldts Ohren nachhaltig sensibilisiert. Die Welt scheint nun auch tagsüber voller akustischer Geheimnisse, man müsse nur aufmerksam hinhören bzw. bereit sein zu ‚vernehmen'.[325] Erst dann würden an den meist übersehenen, weil visuell entlegenen Stellen der Natur, etwa im Strauche, in der Baumrinde oder unter der Erde, die unterschwelligen, aber omnipräsenten Töne und Geräusche hörbar. „Wie eine der vielen Stimmen der Natur" offenbaren sie deren allumfassendes tätiges Wirken.

Ette hat in dieser Schlusspassage des Humboldt'schen Essays zu Recht eine „Akustik des Lebens"[326] ausgemacht. Tatsächlich deutet sich hier, so ließe sich zuspitzen, eine ‚Bioakustik *avant la lettre*' an, eine romantisch geprägte Naturerhörung, deren Fokus gleichwohl ein wissenschaftlicher ist. Wie der Romantiker Tieck interessiert sich Humboldt für die kaum hörbaren Stimmen der Hautflügler (Hymenopter). Im Unterschied zu Tieck tut er dies jedoch weniger, „um zu erfahren, was Fliegen und Mücken sich erzählen oder ob die Geister in den Blumen niesen"[327], sondern, um die vielfältigen Klangerscheinungen des Lebens zu erfassen. Wie oben erläutert verspricht sich Humboldt von den nächtlichen Tierstimmen und dem „Schwirren und Summen der Insekten" neue Erkenntnisse über den inneren Zusammenhang der Natur. Bemerkenswerterweise ist er dabei bereits mit ähnlichen Fragen konfrontiert wie die erst viele Jahrzehnte später sich institutionalisierende Bioakustik: Wie, zu welchen Zeiten und an welchen Orten tönen Tiere und welche Rückschlüsse erlauben ihre Laute hinsichtlich ihres (kommunikativem) Verhaltens? Welche auditiven Techniken sind erforderlich, um Tiere überhaupt zu hören zu bekommen? Wie lässt sich das Gehörte möglichst originalgetreu speichern und vermitteln? Und schließlich: An welche sprachlich-medialen und epistemischen Grenzen stößt die wissenschaftliche Erkundung von Tierlauten?

Dass sich Tiere vorzugsweise dann akustisch bemerkbar machen, wenn sie dem Sichtfeld entschwunden sind, wird bei Humboldt eindrucksvoll inszeniert.

---

324 Ebd., S. 64–65.
325 Der im Zitat gleich zweimal auftauchende Begriff des „Vernehmens" entfaltet hier seine volle romantische Konnotation. Wie Kristian Köchy gezeigt hat, verschiebt sich in der Romantik „die in der Baconschen Metapher vom Experiment als Gerichtsverfahren einer Zeugenvernahme per Folter [...] enthaltene Doppeldeutigkeit des deutschen Terminus „Vernehmen". Statt mit „Vernehmen" ein gerichtliches Zwangsverfahren zu verbinden, versteht die Romantik das „Vernehmen" im Sinne des andächtigen Lauschens einer fremden Sprache." Köchy: Das Ganze der Natur, S. 7.
326 Ette: Ein Ohr am Dschungel oder das hörbare Leben, S. 44.
327 Tieck: Die Vogelscheuche, S. 15.

Akustisch präsent sind Tiere vor allem dann, so scheint es, wenn sie sich visuell entziehen, sei es, weil sie im Dunkel der Nacht zu tönen beginnen oder aber in den Tiefen von Böden, Felsklüften und Sträuchern. Mit diesem paradoxen Verhältnis zwischen Hören und Sehen[328] schließt Humboldt nicht nur an den Diskurs der Romantik an, er greift auch ein altes bis heute existierendes Problem der Stimmforschung auf, das – wie in Kapitel 1 und 2 beschrieben wurde – in der Unvereinbarkeit visueller und akustischer Qualitäten der Stimme bzw. ihres Ursprungs besteht. Die jammernden, winselnden, fein flötenden und schnarrend murrenden Laute von Brüllaffen, Sapajous und Nachtaffen sind nur bei deren gleichzeitiger visueller Absenz zu haben. Umgekehrt hat Humboldt, wie er im Essay auch explizit andeutet, die Kehlköpfe derselben Affen anatomisch untersucht,[329] ohne wiederum zugleich deren Akustik lauschen zu können. Um mit Hilfe seiner indigenen Reisebegleiter die jeweilige Art der nicht sichtbaren Tiere bestimmen und gleichzeitig deren Verhalten schlussfolgern zu können, bedarf es nicht nur zoologischen Vorwissens, sondern vor allem eines geschulten Gehörsinns, mit dem die feinen Nuancen der Laute genauestens aufgezeichnet werden können. Humboldts ‚akusmatisches' Hören'[330] auf die Geräusche der Natur nimmt gewissermaßen das vorweg, was die auditive Technik des Phonographen ein Jahrhundert später so attraktiv für die Bioakustik machen wird: Eine besonders intensive und konzentrierte Klangwahrnehmung, der keinerlei akustische Eigenheiten entgehen.

Mit der Bioakustik um 1900 teilt *Das nächtliche Thierleben im Urwalde* darüber hinaus die Frage nach der medialen Aufzeichnung von Tierlauten. Lange bevor der Phonograph 1877 von Thomas Edison entwickelt wurde, reflektiert Humboldt Möglichkeiten und Herausforderungen der Klangspeicherung. Bereits im eingangs zitierten Prolog differenziert er zwischen den unmittelbaren Aufzeichnungen, die „in Gegenwart der Erscheinung oder bald nach den empfange-

---

328 Siehe dazu auch Ette: Ein Ohr am Dschungel oder das hörbare Leben, S. 36–40.
329 So hat auch Humboldt zu der um 1800 entstehenden vergleichenden Physiologie der Stimmgebung beigetragen, wobei er allerdings mehr anatomisch denn physiologisch verfuhr. In einer gemeinsam mit seinem Reisebegleiter Aimé Bonpland verfassten und 1811 in Paris veröffentlichten Abhandlung beschreibt Humboldt die Stimmapparate von Vögeln, Affen und Krokodilen. Siehe Alexander von Humboldt / Aimé Bonpland: Mémoire sur l'os hyoïde et le larynx des oiseaux, des singes et du crodocile. In: Dies.: *Voyage de Humboldt et Bonpland. Deuxième Partie: Observations de Zoologie et d'Anatomie comparée.* Paris: F. Schoell 1811, S. 1–13.
330 Der Terminus des ‚akusmatischen bzw. reduzierten Hörens' geht auf Pierre Schaeffer zurück. Vgl. Pierre Schaeffer: *Traité des objets musicaux. Essais interdisciplines.* Paris: Editions du Seuil 1966, S. 91–98 und S. 152–156. Siehe auch Michel Chion: *Audio-Vision. Ton und Bild im Kino.* Berlin: Schiele & Schön 2012, S. 34–37.

nen Eindrücken niedergeschrieben"[331] worden sind und dem „Nachklang späterer Erinnerung"[332], der auf weit weniger „Lebensfrische"[333] Anspruch machen könne. Wie unter anderem Claudia Albes gezeigt hat, ist sich Humboldt zugleich bewusst, dass eine solche „lebensfrische" Darstellung nur unter der Voraussetzung eines gestalterischen Eingriffs gelingen kann.[334] Erst die nachträgliche ästhetische Organisation der in freier Natur aufgezeichneten singulären Eindrücke vermag den Effekt eines „Totaleindrucks"[335] der Natur hervorzubringen. Die „großen Schwierigkeiten"[336], die eine solche Komposition „einzelner Bilder"[337] oder – ließe sich hier mit Blick auf das nächtliche Tierleben ergänzen – einzelner Töne laut Humboldt mit sich bringt, „trotz der herrlichen Kraft und Biegsamkeit unserer vaterländischen Sprache"[338], werden letztlich auch in der geschilderten Hörszene deutlich. Unter der Kakophonie der gleichzeitig tönenden Tierschreie hätten selbst „die Indianer nur die erkennen [können], welche nach kurzer Pause einzeln gehört wurden."[339] Das „wilde" Stimmengewirr ist sprachlich nicht recht vermittelbar. Ausschließlich solche Laute, die sich einzeln vom Klangdickicht abheben und den indianischen Reisebegleitern als artspezifische Lautcharakteristika bekannt sind, können identifiziert und sprachlich ‚eingehegt' werden. Doch auch diese Einhegung erweist sich keineswegs als einfach. Wie können die flüchtigen Laute der exotischen Tiere auf den Begriff und einem europäischen Publikum nahegebracht werden? Wie Cuvier, Albrecht von Haller und andere Stimmforscher vor ihm ist Humboldt auf adjektivische Umschreibungen und onomatopoetische Wortkonstruktionen angewiesen, um die Spezifik der Klänge an seine Leser:innen zu vermitteln. Wie oben erwähnt, behilft er sich dabei weniger seinen Aufzeichnungen als vielmehr seines auditiven Gedächtnisses. Nachträglich rekonstruierte Klangattribute wie „winselnd", jammernd", „murrend" oder „flötend" sollen die Tierlaute möglichst präzise be-

---

331 Humboldt: Das nächtliche Tierleben im Urwalde, S. 60.
332 Ebd.
333 Ebd.
334 Claudia Albes: Getreues Abbild oder dichterische Komposition? Zur Darstellung der Natur bei Alexander von Humboldt. In: Claudia Albes / Christiane Frey (Hrsg.): *Darstellbarkeit. Zu einem ästhetisch-philosophischen Problem um 1800*, Bd. 23. Würzburg: Königshausen & Neumann 2003, S. 209–233, hier S. 218.
335 Humboldt: Vorrede zur ersten Ausgabe, S. 5.
336 Ebd.
337 Ebd.
338 Ebd.
339 Humboldt: Das nächtliche Tierleben im Urwalde, S. 63.

schreiben. Ihre tastende, behelfsmäßige Verwendung demonstriert jedoch zugleich die Schwierigkeit, abwesende und darüber hinaus unbekannte Klänge allein durch das Medium der Sprache darzustellen. Auch die unterschiedlichen deutschen, lateinischen und indigenen Eigennamen, mit denen die Tiere jeweils benannt werden, führen unweigerlich den Abstand zwischen Medium und Gegenstand der sprachlichen Beschreibung vor.[340]

So „lebensfrisch", ja fast ‚phonographisch' die Hörszene auch anmutet, so subtil reflektiert sie in Wirklichkeit die (Un-)Möglichkeiten naturgetreuer Klangbeschreibung.[341] Interessant ist in diesem Zusammenhang, dass Humboldt die Idee einer Speicherung von Stimmen und Sprachen noch an anderer Stelle seiner *Ansichten* aufgegriffen hat. Im dem *Nächtlichen Thierleben* vorgelagerten Essay *Über die Wasserfälle des Orinoco bei Atures und Maipures* wird über ein „sonderbares Faktum"[342] berichtet, welches darauf hinweise, dass das Volk der Aturer vermutlich erst spät erloschen sei. Denn in Maipures lebe „noch ein alter Papagei, von dem die Eingeborenen behaupten, daß man ihn darum nicht verstehe, weil er die Sprache der Aturer rede."[343] Dieses zwischen „Faktum" und „Behauptung" oszillierende Tier, welches Humboldts Freund Ernst Curtius zu einem Gedicht inspirieren sollte,[344] nimmt die medientechnische Klangspeicherung gleichsam vorweg. Mechanisch reproduziert der Papagei eine längst verklungene Sprache, von der es keinerlei andere Aufzeichnungen oder Erinnerungsspuren gibt. Gerade deshalb läuft sein Gedächtnis jedoch ins Leere, insofern niemand es zu entschlüsseln weiß: „Einsam ruft er, unverstanden, in die fremde Welt hinein."[345] Was sich hinter den transponierten Lauten verbirgt, entzieht sich ebenso der Kenntnis wie die Tierstimmen im Urwalde und deren Bedeutung.

Das nächtliche Tierleben muss letztlich „im Dunkeln bleiben und wirft doch gleichermaßen Licht auf ein grundlegendes Problem: dasjenige einer adäquaten Übersetzung. Wie soll man auf die Vorgänge innerhalb fremder Umwelten antworten? Wie soll man das übersetzen, was man zu hören meint?"[346] In Humboldts Essay verdichten sich die medialen und epistemischen Herausforderungen, welche

---

340 Vgl. Albes: Getreues Abbild oder dichterische Komposition? Zur Darstellung der Natur bei Alexander von Humboldt, S. 229.
341 Vgl. ebd.
342 Alexander von Humboldt: Über die Wasserfälle des Orinoco. In: Alexander von Humboldt / Adolf Meyer-Abich: *Ansichten der Natur*, S. 33–54, hier S. 52.
343 Ebd.
344 Das Gedicht ist abgedruckt in ebd.
345 Ernst Curtius: „Der Aturen-Papagei", zitiert nach ebd.
346 Zandt: „Die Thiere feiern den Vollmond"!?, S. 180.

schon die vergleichende Physiologie der Stimmgebung umgetrieben haben. Zugleich werden diese auf eine neue reflexive Ebene gehoben. *Das nächtliche Thierleben im Urwalde* markiert den Beginn einer medien- und methodenbewussten Faszination für die Klangerscheinungen des Lebens, wie sie um 1900 die Bioakustik begründen wird.

4 Lauschangriffe auf das Unerhörte

4.1 Lärmdiskurs und Sensibilisierung des Gehörsinns um 1900

Sind es um 1800 die nächtlichen Tierschreie im Urwalde, die den Naturforscher Humboldt um den Schlaf bringen, sorgt ein Jahrhundert später ein ganz anderer Lärm für Aufruhr. In Großstädten wie New York, London, Wien und Berlin regt sich zu Beginn des 20. Jahrhunderts zunehmend Kritik am wachsenden Geräuschpegel. „Der Mangel an gesundem, tiefem Schlaf zerrüttet unsere Nerven"[1], klagt der Philosoph und Publizist Theodor Lessing im Jahr 1908.

> Die Hämmer dröhnen, die Maschinen rasseln. Fleischerwägen und Bäckerkarren rollen früh vor Tag am Hause vorüber. Unaufhörlich läuten zahllose Glocken. Tausend Türen schlagen auf und zu. Tausend hungrige Menschen, rücksichtslos gierig nach Macht, Erfolg, Befriedigung ihrer Eitelkeit oder roher Instinkte, feilschen und schreien, schreien und streiten vor unsern Ohren und erfüllen alle Gassen der Städte mit dem Interesse ihrer Händel und ihres Erwerbs. Nun läutet das Telephon. Nun kündet die Huppe ein Automobil. Nun rasselt ein elektrischer Wagen vorüber. Ein Bahnzug fährt über die eiserne Brücke. Quer über unser schmerzendes Haupt, quer durch unsere besten Gedanken.[2]

Wie eine Litanei liest sich Lessings knapp hundert Seiten umfassende *Kampfschrift gegen die Geräusche unseres Lebens*, deren erklärtes Ziel es ist, ein Zeichen zu setzen gegen die überhandnehmende Lärmkultur in den Großstädten und die „Verwirklichung eines allgemeinen, internationalen Bundes wider den Lärm"[3] anzuregen, „der Einfluss auf Strafgesetz, Zivilgesetz, Verwaltungs- und Polizeigesetzgebung erlangt."[4] Noch im selben Jahr wird der Philosoph diesen Plan in die Tat umsetzen. Nach dem Vorbild der 1906 von Julia Barnett Rice in New York gegründeten *Society for the Suppression of Unnecessary Noise* ruft der Philosoph 1908 den Deutschen Lärmschutzverband ins Leben, der auch als Antilärmverein Bekanntheit erlangte.[5] Innerhalb von zwei Jahren wuchs der Verein auf insgesamt 1085 Mitglieder an, die sich aus Großstädten des deutschen

---

1 Theodor Lessing: Der Lärm. Eine Kampfschrift gegen die Geräusche unseres Lebens. In: *Grenzfragen des Nerven- und Seelenlebens* 9,54 (1908), S. 15.
2 Ebd., S. 14–15.
3 Ebd., S. 2.
4 Ebd.
5 Siehe dazu Matthias Lentz: „Ruhe ist die erste Bürgerpflicht." Lärm, Großstadt und Nervosität im Spiegel von Theodor Lessings „Antilärmverein". In: *Medizin, Gesellschaft und Geschichte*, Bd. 13: Jahrbuch des Instituts für Geschichte der Medizin. Stuttgart: Franz Steiner 1995, S. 81–105. Zum New Yorker Vorbild siehe Emily Ann Thompson: *The soundscape of mo-*

Kaiserreichs bzw. der Donaumonarchie, vor allem aus Berlin, Hannover (dem Geburts- und Wohnort Lessings), München, Frankfurt am Main, Hamburg und Wien rekrutierten.[6]

Diesen Zulauf erhielt der Verein nicht ohne Grund. Tatsächlich erreichte der großstädtische Lärm um die Jahrhundertwende eine neue Größenordnung. Im Zuge der Industrialisierung und Urbanisierung wurden mechanisch dröhnende Fabriken und Betriebe gegründet und dicht an dicht stehende Massenmietshäuser errichtet, die für eine Steigerung und infernalische Vervielfältigung des Lärms sorgten.[7] Hinzu kamen die geräuschvolle Technisierung der Haushalte, die Verbreitung lautstarker innerstädtischer Vergnügungsbetriebe sowie die nicht minder ruhestörende Revolutionierung des Verkehrswesens:[8] Automobile und elektrische Straßenbahnen lösten die ehemals üblichen Pferdekutschen ab und provozierten regelrechte Klangkollisionen zwischen den ratternden Gefährten und den vor diesen wiehernd scheuenden Pferden, die mindestens einmal sogar tödlich endeten.[9]

Überhaupt nehmen die Laute von Tieren neben den monotonen Geräuschen der Maschinen einen festen Platz in der großstädtischen Klanglandschaft um 1900 ein. Wie Thomas Macho gezeigt hat, ließ die fortschreitende Industrialisierung und die mit ihr verbundene zunehmende Ersetzung der Nutztiere durch Maschinen die Zahl der Heimtiere in die Höhe schnellen. „Die neuerdings ‚nutzlosen' Haustiere kehrten in die Metropolen zurück – als Zoo- und Schoßtiere, als ideali-

---

dernity. Architectural acoustics and the culture of listening in America, 1900–1933. Cambridge, Mass.: MIT Press 2004, S. 120–130.
6 Vgl. Lentz: „Ruhe ist die erste Bürgerpflicht." Lärm, Großstadt und Nervosität im Spiegel von Theodor Lessings „Antilärmverein", S. 90.
7 Vgl. Klaus Saul: „Kein Zeitalter seit Erschaffung der Welt hat so viel und so ungeheuerlichen Lärm gemacht ..." – Lärmquellen, Lärmbekämpfung und Antilärmbewegung im Deutschen Kaiserreich. In: Günter Bayerl / Norman Fuchsloch / Torsten Meyer (Hrsg.): *Umweltgeschichte – Methoden, Themen, Potentiale*. New York/Münster: Waxmann 1996, S. 187–217, hier S. 189.
8 Vgl. ebd.
9 So erlag Erzherzog Wilhelm im Jahr 1894 bei Baden in Wien seinen Verletzungen, die er sich infolge eines Zusammenstoßes zwischen seinem Wallach und einer elektrischen Straßenbahn zugezogen hatte. „Als sich die Elektrische näherte, machte der vom Lärm erschreckte Wallach einen kräftigen Sprung vorwärts und warf seinen Reiter ab. Dieser verfing sich im Steigbügel und wurde vom davongaloppierenden Pferd noch einige Meter mitgeschleift, ehe er bewusstlos liegenblieb. [...] [D]ie Zeitungen brachten große Berichte über das so unglückliche Ereignis, das den aktuellen akustischen Umbruch auf den Straßen so drastisch zu Bewusstsein brachte." Peter Payer: *Der Klang der Großstadt. Eine Geschichte des Hörens: Wien 1850–1914*. Wien/Köln/Weimar: Böhlau 2018, S. 90. Payers Monographie gibt einen umfassenden Überblick über die Veränderungen der städtischen Geräuschsphäre um 1900.

sierte ‚pets'."¹⁰ Dass diese die akustische Signatur der Großstädte maßgeblich veränderten, ist wiederum bei Lessing nachzulesen. In seiner *Kampfschrift* kommt er neben dem unter anderem durch Verkehr und Hauswirtschaft verursachten Lärm auf eine Art Geräusch zu sprechen, „die sich von allen bisher namhaft unterscheidet, ich meine die qualvoll störenden Lärmgeräusche, die aus dem Zusammenleben mit Haustieren erwachsen."¹¹ Angesprochen sind das „Bellen und Heulen der Hunde zur Nachtzeit hinter den Verzäunungen der Bauplätze. Der merkwürdige, markerschütternde Schrei, den wir zuweilen vom Pferde hören"¹², nebst dem „Schreien eingekäfigter Tiere in den Zoologischen Gärten und Menagerien. Der nächtliche Schrei der Katze, vor allem aber der Ton gefangener Stubenvögel"¹³. Mehrere Seiten widmet Lessing der Lärmbelästigung durch domestizierte Tiere, deren Laute er vor allem deshalb als qualvoll empfindet, weil sie ihn an die Schuld des Menschen erinnern, solche empfindsamen Wesen einzusperren. Das Lärmen der Haustiere sei

> mehr als der gewöhnliche menschliche Werktagslärm und Feiertagslärm. Denn es zieht uns in das Leben fühlender Wesen ein, die in diesen Lauten ihre einzige Sprache haben. Und dieses ganze Leben ist unserer Verantwortung oder Willkür ausgeliefert. Dieser Lärm ist unerträglich, weil er immer irgendwelches Leiden offenbart, dem man nicht beikommen und helfen kann, unerträglich, weil er uns aufrüttelt und zugleich unsere tatlose Ohnmacht offenbart.¹⁴

Weil wir im Schreien, Bellen und Zwitschern der städtischen Haustiere eine Seele sprechen hörten, sei es so „schwer, sich gegen diese Stimmen abzustumpfen. Hammer und Arbeitslärm belästigt die Ohren; die Tiere aber würden die ganze Seele in Anspruch nehmen, wenn wir nur genug Seele besäßen."¹⁵ So würde der Mensch „das Lärmen und Schreien der Haustiere mit vollkommen anderem Ohre hören, wenn er verstehen könnte, wie viel Geplagtheit dahintersteckt."¹⁶

Lessings Argumentation ist aufschlussreich, führt sie doch vor, dass der Lärmdiskurs um 1900 mit einer auditiven wie moralisch-intellektuellen Sensibilisierung gegenüber Tieren und deren Stimmen korreliert – eine Verbindung, die sich im Übrigen auch literarisch niedergeschlagen hat, etwa bei Franz Kafka und

---

10 Thomas Macho: Der Aufstand der Haustiere. In: Regina Haslinger / Durs Grünbein (Hrsg.): *Herausforderung Tier. Von Beuys bis Kabakov*. Karlsruhe: Städtische Galerie 2000, S. 76–99, hier S. 93.
11 Lessing: Der Lärm, S. 54.
12 Ebd.
13 Ebd.
14 Ebd.
15 Ebd.
16 Ebd., S. 55.

Kurt Tucholsky, in deren lärmkritischer Prosa die Stimmen gekäfigter bzw. geketteter Haustiere eindrücklich zu Gehör gebracht werden. Der schon von Lessing beanstandete Lärm des „meist zum obligatorischen ‚Hausrat'"[17] gehörenden Kanarienvogels, welcher „in irgend einem Winkel [steht] [...] und schreit und schreit, bis dem fühllosen Herrn etwa nicht mehr beliebt, es mit anzuhören und das verschüchterte Tier mit Decken und Tüchern vom Lichte abgesperrt wird"[18], taucht auch in Kafkas Prosaminiatur *Großer Lärm* von 1912 wieder auf. Der Erzähler beschreibt hier die morgendliche Geräuschkulisse seines Elternhauses, deren autoritärer Charakter sich verändert, als der Vater die Wohnung verlässt. „[J]etzt beginnt der zartere, zerstreutere, hoffnungslosere Lärm, von den Stimmen der zwei Kanarienvögel angeführt"[19], die ihn daran erinnern, seine Schwestern um Ruhe zu bitten. In Tucholskys kurzem 1925 veröffentlichten Text *Zwei Lärme* wiederum ist es das „stundenlange, nicht ablassende, immer auf einen Ton gestellte"[20] Gebell des Kettenhundes, von dem der quälende Lärm ausgeht. „Was am dauernden Hundegebell aufreizt, ist das völlig Sinnlose. Wenn die armen Luder, die der Mensch anbindet, bellen, so ist das Hilferuf und Aufschrei eines gequälten Tiers"[21], heißt es dort. Ganz ähnlich hatte bereits Lessing auf das beklagenswerte, aber im Prinzip nur menschlich verschuldete Gebell angebundener Hunde verwiesen: „Wenn man aber diese Tiere an die Kette legt oder in engen Räumen eingesperrt hält, so ist es vollkommen gerecht, dass sie Grausamkeit mit bösartigem, zwecklosem Gebelle vergelten. Die Vergewaltigung gutartiger Tiere hat das ungeheure Schuldkonto des Menschen unsühnbar belastet."[22] Die durch die Industrialisierungsprozesse zunehmend aus dem gesellschaftlichen Zusammenleben verdrängten Nutztiere kehren hier als zweck- und hoffnungslos lärmende Haustiere wieder. Es ist, als würden ihre Stimmen als stumme Anklagen wahrgenommen: gegen die menschliche Unerschrockenheit, mit der die Tiere

---

16 Ebd., S. 55.
17 Ebd.
18 Ebd., hier S. 55–56.
19 Franz Kafka: Großer Lärm. In: Ders.: *Drucke zu Lebzeiten. Kritische Ausgabe*. Hrsg. v. Wolf Kittler, Hans-Gerd Koch und Gerhard Neumann. Frankfurt am Main: Fischer 1994, S. 441–442, hier S. 441.
20 Kurt Tucholsky: Zwei Lärme. In: Ders.: *Gesamtausgabe. Texte und Briefe*, Bd. 7: Texte 1925. Hrsg. v. Bärbel Boldt und Andrea Spingler. 1. Aufl. Reinbek bei Hamburg: Rowohlt 2002, S. 338–341, hier S. 340.
21 Ebd.
22 Lessing: Der Lärm, S. 54.

durch reibungslos ratternde Maschinen ersetzt und zu „nur um des Luxus willen"[23] gehaltenen Schoßtieren degradiert wurden.[24]

Das Aufhorchen gegenüber den Stimmen der Haustiere steht beispielhaft für eine innerhalb des Lärmdiskurses inszenierte Verfeinerung des Gehörsinns. Man könnte auch sagen, dass die Kritik am Großstadtlärm zur Bühne einer allgemeinen – nicht nur Tiere einschließenden – auditiven Empfindsamkeit wird, die von einer grundlegenden Ambivalenz geprägt ist: Mit ihr wird einerseits die Überreizung beschrieben, denen die Großstädter angesichts der akustischen Belastungen ausgesetzt sind. Andererseits wird sie auch positiv besetzt: Als eine gesteigerte auditive Perzeptionsfähigkeit, die laut Lessing vor allem jene auszeichnet, die mit dem Geiste arbeiten. Im selben Maße, wie „geistige Arbeiter [...] vermöge aussergewöhnlicher Empfindlichkeit des Gehörs und abnormer Reizbarkeit für Geräusche mehr als irgendwelche andere Menschen unter dem Lärme zu leiden haben"[25], stehen sie dem Philosophen zufolge durch ihren besonders feinen Hörsinn auf „einer komplizierten, entwickelungsgeschichtlich späteren Stufe"[26] als jene, die sich empfänglicher für visuelle Phänomene zeigen. Denn „die ‚Welt' des Ohrs ist die reichste und subtilste! Die Erlebnisse des Ohrs sind zarter, mannigfaltiger und intensiver als alles, was durch das Auge erlebt werden kann."[27] Für die feingeistigen Hörenden würden die Laute gekäfigter Haustiere deshalb zur Störquelle, weil sie in ihnen mehr und etwas anderes hörten als das natürliche Gebaren von Tieren. Auditive und intellektuelle Empfindsamkeit werden hier miteinander kurzgeschlossen. Dem stumpfsinnig lärmenden „Pöbel"[28] wird der differenziert hörende ‚Geistesarbeiter' gegenübergestellt.

Wie in der Forschung bereits mehrfach herausgestellt wurde, ist diese Gegenüberstellung einem bildungsbürgerlichen Elitismus geschuldet, einem kulturellen Dünkel gegenüber der vermeintlichen Rüpelhaftigkeit der Bevölkerungsmehrheit, der sich nicht zuletzt auch in der sozialen Herkunft der Vereinsmitglieder widerspiegelt.[29] So hat die Mehrzahl einen akademischen bzw. künstlerischen Hinter-

---

23 Ebd., hier S. 55.
24 Zum Zusammenhang zwischen den technischen Innovationen und der Entstehung eines sympathetischen Mitleids für Tiere siehe noch einmal Macho: Der Aufstand der Haustiere, S. 90–95.
25 Lessing: Der Lärm, S. 24.
26 Ebd., S. 29.
27 Ebd.
28 Ebd., S. 15.
29 Vgl. Lentz: „Ruhe ist die erste Bürgerpflicht." Lärm, Großstadt und Nervosität im Spiegel von Theodor Lessings „Antilärmverein", S. 90–96 und Daniel Morat: „Automobile gehen über mich hin." Urbane Dispositive akustischer Innervation um 1900. In: Sylvia Mieszkowski / Sig-

grund.[30] Lessing selbst spricht von „einer Elite unserer gesellschaftlichen und geistigen Kultur"[31], deren Einsatz gegen den Lärm bezeuge, dass unter diesem „gerade die feinsten und wertvollsten Elemente der Kultur am tiefsten zu leiden haben."[32] Dieser Elitismus war es dann auch, an dem der anfänglich erfolgreiche Antilärmverein letzten Endes scheiterte. Mit seiner einseitigen Ansprache des Bildungsbürgertums und seiner entsprechend auf die Ruhebedürfnisse von Büro- bzw. Atelierarbeitern zugeschnittenen Auswahl kritisierter Geräusche wie etwa Hausmusik, Straßen- oder eben Haustierlärm verfehlte er weite Teile der Bevölkerung. Vom enormen Geräuschpegel, dem die Mehrheit der Großstädter in den Fabriken, aber auch an anderen Arbeitsplätzen mit hoher Lärmbelastung ausgesetzt war, ist weder in Lessings *Kampfschrift* noch in den Vereinsmitteilungen die Rede.[33] Angesichts mangelnder finanzieller Unterstützung und der ausbleibenden positiven Resonanz stellte Lessing seine Vereinsarbeit im Jahr 1911 ein. 1914 löste sich auch der Verein auf.[34]

Was blieb, war eine gesteigerte Aufmerksamkeit für akustische Reize – in der oben erwähnten Doppeldeutigkeit: Zum einen ein gesamtgesellschaftliches Leiden am Lärm, das durch die schon von Lessing beklagten neuen akustischen Medien wie Telefon, Phonograph und Grammophon noch potenziert wurde.[35] Zum anderen eine durchaus romantisch gefärbte Faszination für das Ohr als wirklichkeitserschließendes Erkenntnisorgan. So wurden die neuen Hörerfahrungen, welche Industrialisierung und Urbanisierung, die Verbreitung der neuen Klangspeicher- und Klangübertragungsmedien und nicht zuletzt der im selben Jahr der Vereinsauflösung ausbrechende Erste Weltkrieg verursachten,[36] nicht nur als verstörend wahrgenommen. Sie stimulierten darüber hinaus in produktiver Weise

---

rid Nieberle (Hrsg.): *Unlaute. Noise / Geräusch in Kultur, Medien und Wissenschaften seit 1900*. Bielefeld: transcript 2017, S. 127–148, hier S. 132–133.
30 Vgl. Lentz: „Ruhe ist die erste Bürgerpflicht." Lärm, Großstadt und Nervosität im Spiegel von Theodor Lessings „Antilärmverein", S. 91.
31 Korrigiertes Maschinenskript „Erfolge im Lärmschutz" im Stadtarchiv Hannover, Nachlass Lessing. Zitiert nach ebd.
32 Korrigiertes Maschinenskript „Erfolge im Lärmschutz" im Stadtarchiv Hannover, Nachlass Lessing. Zitiert nach ebd.
33 Vgl. ebd., hier S. 103.
34 Morat: „Automobile gehen über mich hin." Urbane Dispositive akustischer Innervation um 1900, S. 133.
35 Insofern spricht Morat von einer um 1900 feststellbaren „doppelte(n) ‚Technisierung des Auditiven': einer primären durch Maschinenlärm und Großstadtverkehr und einer sekundären durch die neuen akustischen Aufzeichnungs-, Speicherungs- und Übertragungsmedien." Ebd.
36 Zur veränderten Klanglandschaft im Zuge des Ersten Weltkrieges siehe Julia Encke: *Augenblicke der Gefahr. Der Krieg und die Sinne (1914–1934)*. München: Wilhelm Fink 2006, S. 113–193.

die wissenschaftliche und literarische Auseinandersetzung mit dem Gehörsinn und seinen Möglichkeiten. Einerseits als Lärmverursacher verurteilt, wurden die neuen auditiven Medientechniken andererseits zu verheißungsvollen Wegbereitern einer „weitere[n] Differenzierung unseres feinsten, geistigsten Sinnes"[37]. Im Folgenden soll gezeigt werden, welche Konsequenzen diese Differenzierung für das gleichzeitig wachsende Interesse an den Stimmen der Tiere hatte.

4.2 Phonographien unerhörter Welten

4.2.1 „Le cri même de la mouche devient perceptible": (Mikro-)phonographische Hörbarwerdung

Die immense Faszinationskraft, welche von den audiotechnischen Medien des ausgehenden 20. Jahrhunderts ausging, wurzelte in der sensationellen Erfahrung, die menschliche Stimme erstmals ohne Körper erklingen zu hören. Sie gründete zudem im Versprechen jener Medien, einen Zugang zu neuen, auch nichtmenschlichen Lautsphären der Wirklichkeit zu erlangen. In Mikrofon, Telefon und Phonograph wurden Phantasien vom Lauschangriff auf das Leise und Verborgene manifest, wie sie schon in der romantischen Literatur anzutreffen sind (siehe Kapitel 3). Erinnert sei hier an das von Tieck imaginierte „Hörmikros"[38], ein auditives Pendant zum Mikroskop, mit dem es möglich sein sollte, das Geflüster und die Sprache der Fliegen und Mücken zu belauschen. Die technische Verfeinerung des Gehörs, so die Vorstellung, könnte diejenigen Naturlaute, „für welche unser Ohr nicht zart genug gebaut worden sei"[39], vernehmbar machen.

Als der Physiker David Edward Hughes 1778 mit dem sogenannten Kohlemikrofon tatsächlich eine Art „Hörmikros" erfand, erlebte auch jene romantische Vorstellung eine Neuauflage. Das Kohlemikrofon basierte auf dem Prinzip der elektroakustischen Schallumwandlung: Eine in Schwingung versetzte Membran regte das mit ihr verbundene Kohlegranulat zu elektrischen Impulsen an, die wiederum in Schallwellen umgewandelt wurden. Im Unterschied zur Tonübertragung beim gewöhnlichen Telefon, so kommentiert ein Zeitgenosse die Erfindung, würden die Töne die Empfangsstation nicht schwächer, sondern ganz im Gegenteil mit einer deutlichen Verstärkung erreichen.[40] Das Mikrofon könne folg-

---

37 Lessing: Der Lärm, S. 50.
38 Tieck: Die Vogelscheuche, S. 120.
39 Ebd., S. 115.
40 Le Comte Theodose Du Moncel,: *Le Téléphone, le microphone et le phonographe*. Paris: Librairie Hachette et Cie 1878, S. 162.

lich eingesetzt werden, „um sehr schwache Töne zu Tage zu fördern"[41]. So seien etwa die Schritte einer über die Membran des Apparates spazierenden Fliege deutlich vernehmbar; mikrofonisch verstärkt würden sie wie Pferdegetrappel klingen. Und selbst der Schrei einer Fliege, besonders im Augenblick ihres Todes, lasse sich wahrnehmen.[42] Der Kommentator beruft sich hier auf eine Behauptung Hughes', er selbst scheint das Experiment nicht durchgeführt zu haben. Unabhängig von der Frage nach dessen Realitätsgehalt verweist das Fliegenbeispiel auf das Imaginäre, welches die audiotechnischen Medien mit sich führten. Indem sie die menschliche Wahrnehmungsschwelle nachweislich überschritten, verhießen sie zugleich ein unbegrenztes Vordringen in bislang verborgene Lautsphären der Natur.

Diese gleichsam spiritistischen Zuschreibungen an die neuen Audiotechniken beerbten nicht nur die romantische Kultur des Lauschens, sie basierten zudem auf einem neuen Verständnis auditiver Wahrnehmung, wie es in der zweiten Hälfte des 19. Jahrhunderts unter anderem von Hermann von Helmholtz eingeläutet wurde. In seiner 1868 erschienenen Schrift *Die Lehre von den Tonempfindungen als physiologische Grundlage für die Theorie der Musik* hatte Helmholtz gezeigt, dass sich die spezifische Klangfarbe eines jeglichen Schallphänomens auf messbare Grundeinheiten zurückführen lässt, die sogenannten Obertöne.[43] Durch das Wissen um Obertöne wurden zum einen verschiedenste Klänge, seien es einzelne Vokale der menschlichen Stimme, der Ton einer Klarinette oder aber das Summen von Insekten prinzipiell synthetisier- und ineinander übersetzbar – eine Erkenntnis, die sowohl für die Entwicklung des Phonographen als auch für die späteren bioakustischen Bestrebungen wesentlich werden sollte.[44] Die Auseinandersetzung mit Obertönen führte Helmholtz zum anderen zu seiner berühmten Resonanztheorie, derzufolge das menschliche Ohr wie ein Klavierinstrument funktioniere. Analog zu den angeschlagenen Saiten eines Klaviers würden die einzelnen Fasern der Basilarmembran des Ohres in Schwingung versetzt, wobei nur diejenigen Fasern ‚angeschlagen' würden, deren Eigenfrequenz mit der Frequenz der in das Ohr dringenden Töne übereinstimmt.[45] Nach dieser Theorie wird das, was auditiv

---

41 „On peut par conséquent l'employer à révéler des sons très-faibles." Ebd.
42 „Ainsi les pas d'une mouche marchant sur ce support s'entendent parfaitement et vous donnent la sensation du piétinement d'un cheval, le cri même de la mouche, surtout son cri de mort devient, suivant M. Hughes, perceptible [...]." Ebd., S. 163.
43 Hermann von Helmholtz: *Die Lehre von den Tonempfindungen als physiologische Grundlage für die Theorie der Musik: mit in den Text eingedruckten Holzschnitten*. Braunschweig: Vieweg 1863.
44 Siehe hierzu John Durham Peters: Helmholtz und Edison. In: Kittler / Macho / Weigel (Hrsg.): *Zwischen Rauschen und Offenbarung*, S. 291–312.
45 Vgl. ebd., hier S. 299–300 und Payer: *Der Klang der Großstadt*, S. 49–50.

wahrgenommen wird, im höchsten Grade von den Kapazitäten des mitschwingenden Ohres bestimmt. Mit anderen Worten stellt Helmholtz fest,

> daß die Sinnesorgane uns zwar von äußeren Einwirkungen benachrichtigen, dieselben aber in ganz veränderter Gestalt zum Bewußtsein bringen, so dass die Art und Weise der sinnlichen Wahrnehmung weniger von den Eigentümlichkeiten des wahrgenommenen Gegenstandes, als von denen des Sinnesorgans abhängt, durch welches wir die Nachricht bekommen.[46]

Indem er zeigte, dass Töne auf die spezifische Resonanz unseres Ohres stoßen müssen, um von uns gehört zu werden, legte Helmholtz implizit die Grenzen der menschlichen Hörfähigkeit offen. Im selben Maße, wie seine sinnesphysiologischen Studien zum Gehör als ‚Resonator' die Entwicklung auditiver Medientechniken stimulierten, lenkten sie also „den Blick auf eine ganz neue Art der Endlichkeit unserer Sinnesorgane."[47] Wie John Durham Peters herausgestellt hat, waren nie zuvor „die Mängel des Ohres so deutlich aufgezeigt worden: der begrenzte Umfang seiner Hörfähigkeit, sein mikroskopischer (und so gar nicht panoramatischer) Fokus auf das Universum des Klanges und die zwar extrem kleinen, aber nicht unterschreitbaren Quanten der Hörfähigkeit."[48]

Die Einsicht, dass unser bloßes Ohr nur einen mikroskopisch kleinen Teil der Klangwelt überhaupt wahrzunehmen vermag, ließ auditive Medientechniken wie das Mikrofon so vielversprechend erscheinen – genau wie die neuen Hörmedien umgekehrt die Grenzen der menschlichen Sinne nur noch deutlicher vorführten. Mit ihrer Hilfe schien es möglich, Klänge und Geräusche jenseits der menschlichen Hörschwelle aufzuspüren und sich so eine bislang überhörte Klangwelt zu erschließen. Mikrofon, Telefon und Phonograph gerieten zu gleichsam magischen Apparaten, die Unhörbares erstmals zu Gehör bringen konnten. Ähnlich wie der Fotografie in ihrer Frühgeschichte das Vermögen zugeschrieben wurde, Unsichtbares sichtbar zu machen, sei es im Kontext der Momentfotografie, der Mikroskopie, der Röntgen- oder der Geisterfotografie,[49] waren auch die auditiven Medientechniken von Beginn an in einen spiritistischen Diskurs der Hörbarmachung eingebettet. Anklänge davon finden sich in den frühen literarischen Bearbeitungen jener Medien, etwa bei Walter Benjamin.

---

46 Hermann von Helmholtz: *Über Goethes naturwissenschaftliche Arbeiten* (1853). Zitiert nach Durham Peters: Helmholtz und Edison, S. 296.
47 Ebd., S. 301.
48 Ebd.
49 Siehe hierzu unter anderem Bernd Stiegler: *Theoriegeschichte der Photographie*. München: Fink 2006, S. 87–136, der der „Photographie des Unsichtbaren" in seinem Buch ein eigenes Kapitel widmet.

In seiner Prosaminiatur über *Das Telephon*, welche als Teil der *Berliner Kindheit um Neunzehnhundert* posthum veröffentlicht wurde, wird das innovatorische Potenzial des Mediums hervorgehoben. Die Geräusche der ersten Telefongespräche, so erinnert sich der Erzähler, waren „Nachtgeräusche. Keine Muse vermeldet sie. Die Nacht aus der sie kamen, war die gleiche, die jeder wahren Neugeburt vorhergeht. Und eine neugeborene war die Stimme, die in den Apparaten schlummerte."[50] Wie in der Hörkultur der Romantik werden auch hier die Nacht, respektive der visuelle Entzug des Stimmproduzenten, zum Ausgangspunkt einer gesteigerten auditiven Wahrnehmung. Die Geräusche, die an des Erzählers Ohr dringen, scheinen aus dem Nichts zu kommen, jedenfalls hat keine Muse sie vermeldet. Sie entstammen keiner dichterischen Vermittlung, sondern allein dem technischen Mysterium des Telefonapparates, aus dem sie ungefiltert hervordringen. Im Vordergrund stehen denn auch weniger Sinn und Bedeutung des Gesprochenen als vielmehr die realakustische Präsenz der Stimme selbst, deren Originarität den Erzähler dazu verleitet, sie als „neugeborene" zu bezeichnen. Das erste Mal, so wird suggeriert, hat sich dem Hörer eine derartige körperlose, aber dafür umso materiellere Stimme offenbart. Niemals zuvor war die Körperlichkeit der Stimme, ihre prosodische, nahezu haptische Qualität vernehmlicher als während der ersten Telefongespräche um 1900.

Mit einer ähnlichen Szene war Benjamin im Rahmen seiner Übersetzung von Marcel Prousts Roman *Guermantes* in Berührung gekommen.[51] Auch dort wird von einer frühen Begegnung mit einer Telefonstimme erzählt. Wie bei Benjamin erfolgt die Erzählung aus der Perspektive zeitlicher Distanz; rekonstruiert wird die einst verspürte Magie, die vom noch jungen Medium ausging. Gleich einem „bewundernswerte[n] Zauberwerk"[52], berichtet der Erzähler, hätten dem Telefon „wenige Augenblicke genügt [], um vor uns unsichtbar aber gegenwärtig das Wesen erscheinen zu lassen, mit dem wir sprechen wollen."[53] Vor allem aber gab das Medium von einem Augenblick zum anderen eine nie zuvor gehörte Stimme zu hören. Am anderen Ende der Leitung spricht die Großmutter des Erzählers, deren Stimme er eigentlich gut zu kennen glaubt. Bisher hatte er, was sie ihm erzählte, „in der offenen Partitur ihres Gesichtes, in dem die Augen viel Platz ein-

---

50 Walter Benjamin: Berliner Kindheit um Neunzehnhundert. In: Ders.: *Gesammelte Schriften*, S. 235–304, hier S. 242.
51 Walter Benjamin: *Gesammelte Schriften. Supplement III. Marcel Proust: Guermantes*. Hrsg. v. Hella Tiedemann-Bartels. Übersetzt von Walter Benjamin und Franz Hessel. Frankfurt am Main: Suhrkamp 1987.
52 Ebd., S. 127.
53 Ebd.

nahmen, verfolgt, ihre Stimme selbst aber hörte ich heute zum erstenmal."[54] Als Telefonstimme ist sie ihm gänzlich neu, „ganz allein und ohne die Begleitung der Gesichtszüge"[55] tritt sie ihm erstmals als „ein Ganzes"[56] gegenüber. Unter diesen veränderten Bedingungen entdeckt der Erzähler, „wie sanft sie war [...] schwach vor lauter Zartheit, schien sie jeden Augenblick in Gefahr zu zerbrechen, zu verhauchen in einen reinen Tränenstrom."[57] Erst in Abwesenheit des großmütterlichen Gesichts bemerkt er „den Kummer, der im Laufe des Lebens Sprünge in sie [ihre Stimme] geschlagen hatte."[58] Das Telefon bringt die ephemere Körperlichkeit der Stimme zu Gehör, vermag die feinsten Spuren ihrer Biographie auf neue Art und Weise offenzulegen.

Stärker noch als Mikrofon und Telefon wurde dem 1877 von Edison entwickelten Phonographen das Potenzial zugeschrieben, bislang unerschlossene Stimm- bzw. Klangwelten hörbar zu machen. In Rainer Maria Rilkes autobiographisch-poetologischem Text *Ur-Geräusch* von 1919 erinnert sich der Erzähler an eine Physikstunde aus seiner Schulzeit, in welcher der Bau eines Phonographen auf dem Programm stand. Aufgrund seines denkbar simplen Funktionsmechanismus war das Medium einfach nachzubauen: Es galt, einen wächsernen Zylinder von einer stimmlich oder anderweitig akustisch in Schwingung versetzten Borste gravieren und sie im Anschluss die eingravierte Spur noch einmal verfolgen zu lassen. „Die Wirkung", heißt es bei Rilke, „war jedesmal die vollkommenste."[59] Es „zitterte, schwankte [...] der eben noch unsrige Klang, unsicher zwar, unbeschreiblich leise und zaghaft und stellenweise versagend, auf uns zurück."[60] Das phonographische Medium überrascht und erschüttert die Schüler:innen auf existentielle Weise: „Man stand gewissermaßen einer neuen, noch unendlich zarten Stelle der Wirklichkeit gegenüber."[61]

Die eigentliche schöpferische Kraft des Phonographen speist sich jedoch aus einem anderen Zusammenhang. Angesichts der Kranznaht eines Schädels, die der Erzähler viele Jahre nach jener eindrücklichen Hörerfahrung während seines Medizinstudiums erblickt, beginnt er sich zu fragen, wie es wohl wäre, diese Naht – als nicht etwa zuvor transkribierte, sondern „an sich und natürlich

---

54 Ebd., S. 129.
55 Ebd.
56 Ebd.
57 Ebd.
58 Ebd.
59 Rainer Maria Rilke: Ur-Geräusch. In: Ders.: *Werke*. Bd. 4: Schriften. Hrsg. v. Horst Nalewski. Frankfurt am Main: Insel 1996, S. 699–704, hier S. 700.
60 Ebd.
61 Ebd.

Bestehende[]"⁶² –, mit der Phonographennadel abzuspielen. Ein ungeheures „Ur-Geräusch" müsste dabei entstehen.⁶³ Auf die im wahrsten Sinne des Wortes bahnbrechenden poetologischen Implikationen jener Idee hat Friedrich Kittler hingewiesen: „Niemand vor Rilke hat je vorgeschlagen, eine Bahnung zu decodieren, die nichts und niemand encodierte. Seitdem es Phonographen gibt, gibt es Schriften ohne Subjekt. Seitdem ist es nicht mehr nötig, jeder Spur einen Autor zu unterstellen"⁶⁴. Mindestens ebenso einschneidend ist Rilkes Gedankenexperiment in epistemologischer Hinsicht. Es erkennt das produktive Potenzial des Phonographen, über die bloße Reproduktion von Klängen hinaus neue akustische Stellen der Wirklichkeit zu schaffen. Durch „Medientransposition ins Akustische"⁶⁵, so die Idee, kann Klangmaterial generiert werden, das vorher nicht oder zumindest nur in Latenz vorhanden war.⁶⁶ Inwieweit durch die neuen Audiotechniken tatsächlich nicht nur neue Aufschreibesysteme entstanden, „sondern auch gänzlich neue, im Wortsinne unerhörte und bis dato ungehörte Materialien"⁶⁷, wird nicht zuletzt mit Blick auf die konstitutive Rolle deutlich, die der Phonograph bei der Herausbildung bioakustischer Interessen spielte.

4.2.2 ...der Anderen

Bereits die frühen Werbebilder des Mediums künden von dessen besonderer Affinität zur tierlichen Akustik. So zieren neben Kindern, Puppen und Engeln auffallend viele Tiere die Firmenlogos, Reklameschilder und Merchandisingprodukte

---

62 Ebd., S. 702.
63 Ebd.
64 Kittler: *Grammophon, Film, Typewriter*, S. 71.
65 Ebd.
66 Die Vision, noch nie zuvor gehörte Geräusche hörbar zu machen, findet sich Anfang des 20. Jahrhunderts auch bei Lázló Moholy-Nagy, der 1922 über eine „Erweiterung des Apparates zu produktiven Zwecken" nachdenkt. Diese „könnte so geschehen, daß die ohne mechanische Außenwirkung durch den Menschen selbst in die Wachsplatte eingezeichneten Ritzen bei der Wiedergabe eine solche Schallwirkung ergeben, welche ohne neue Instrumente und ohne Orchester eine fundamentale Erneuerung in der Tonerzeugung (neue, noch nicht existierende Töne und Tonbeziehungen), in dem Komponieren und der Musikvorstellung bedeuten." Moholy-Nagy: Produktion – Reproduktion (1922). Zit. nach Thomas Y. Levin: „Töne aus dem Nichts". In: Kittler / Macho / Weigel (Hrsg.): *Zwischen Rauschen und Offenbarung*, S. 313–355, hier S. 326. Siehe dazu auch Kittler: *Grammophon, Film, Typewriter*, S. 74–76.
67 Doris Kolesch: Natürlich künstlich. In: Kolesch / Schrödl (Hrsg.): *Kunst-Stimmen*, S. 19–38, hier S. 34.

der Phonographen- und Grammophonhersteller. Am wohl prominentesten ist der aufmerksam der Stimme seines Herrn lauschende Hund Nipper in die Werbegeschichte des Mediums eingegangen (Abb. 11). Als der Erfinder des Grammophons und Gründer der *Grammophone Company* Emile Berliner im Jahr 1899 die Urheberrechte für das von Francis Barraud gemalte Porträt seines vor dem Trichter sitzenden Hundes für nur 100 Pfund erstand, konnte er noch nicht ahnen, welch erstaunliche Karriere der Grammophonhund Nipper als ebenso beliebtes wie werbewirksames Maskottchen diverser Plattenlabel im In- und Ausland machen sollte.[68]

Abb. 11: „His Master's Voice". 1905 im Umlauf gewesene Lithographie der *Victor Talking Machine Company*, welche die Patente und das Markenzeichen der *Grammophone Company*, den His Master's Voice lauschenden Hund Nipper, 1900/1901 übernahm.

Die schon rasch nach deren Einführung sich abzeichnende Erfolgsgeschichte von Nipper und *his master's voice* mag die regelrechte „Menagerie an Tieren" mitverantwortet haben, mit denen Phonograph und Grammophon seither beworben wurden.[69] Sei es der „Je chante haut et clair" krähende Hahn der 1896 gegründeten *Pathé Frères* (Abb. 12), der allerdings kaum vom dazumal noch nicht erfundenen Nipper, sondern vom nationalsymbolischen Adler der amerikanischen *Columbia Phonograph Company* inspiriert gewesen sein dürfte (Abb. 13),[70] seien es die zahlreichen Papageien und sprechenden Vögel, welche unter ande-

---

[68] So war Nipper unter anderem als Stofftier, Postkarten- und Blechdosenmotiv, Porzellanfigur und Abziehbild im Umlauf. Siehe Timothy C. Fabrizio / George F. Paul: *Antique phonograph advertising. An illustrated history*. Atglen, PA: Schiffer Pub. 2002.
[69] Siehe Lynn Bilton: The phonographic menagerie. https://www.intertique.com/The%20phonographic%20menagerie.htm (Abruf am 17.12.2021); Fabrizio / Paul: *Antique phonograph advertising*; Felderer: *Phonorama*, S. 362–365.
[70] Ebd., S. 357–358.

rem für die *Talkophone Company von Toledo* (Abb. 14) warben oder der auf einem „unzerbrechlichen" Zelluloidzylinder balancierende Elefant der *Lambert Company* (Abb. 15): Die Frühgeschichte des Phonographen, so scheint es, wird von einer Sichtbar- und Lautwerdung von Tieren begleitet.

Abb. 12: Die Brüder Emile und Charles Pathé mit Grammophon, Kinematograph und Hahn, dem Markenzeichen der Pathé Frères. 1919 von Adrien Ballere entworfene Werbezeichnung für die Zeitschrift *Fantasio*.

Erklären lässt sich dies mit Blick auf die akustisch-semiotischen Besonderheiten des Mediums. Die hörenden bzw. tönenden Tiere vermitteln anschaulich, worum es bei der phonographischen Klangreproduktion geht: Nicht die sprachliche Bedeutung, sondern die Materialität, der Klang des Aufgenommenen stehen im Vordergrund. Um es mit den Worten von Jonathan Sterne zu

Abb. 13: Der für die Qualität der Aufnahmezylinder von *Columbia* sich aussprechende Adler auf einem Werbeschild des Unternehmens aus dem Jahr 1899.

Abb. 14: Einer von vielen für die Sprechmaschine werbenden Papageien auf einer Werbeschale der *Talkophone Company* von Toledo, ca. 1906.

Abb. 15: „Can't break 'em." Der auf einem Zylinder balancierende Elefant als Logo der *Lambert Company*, 1903.

fassen: „When we see a dog listening to a gramophone, we understand that the important issue is the *sound* of the voice, not what was said, since dogs are known for heeding the voices of their masters more often than their words."[71] Der spezifische Klang einer Stimme, so lautete Nippers implizite Botschaft, lasse sich mithilfe des Phonographen originalgetreu reproduzieren.

Die tierlichen Werbeträger von Phonograph und Grammophon stehen aber nicht nur für die Authentizität der Stimmreproduktion ein. Sie indizieren zudem die besondere Aufgeschlossenheit des Phonographen gegenüber anderen, qualitativ neuen Geräuschen, zu denen insbesondere auch die Laute von Tieren gehörten. Insofern der Phonograph – statt wie andere Notationssysteme zwischen artikulierter Botschaft und unbedeutendem Rauschen zu differenzieren –, sämtliche in den Trichter gelangenden Schallereignisse indexikalisch aufzeichnete und wiederabspielte, rückte er unweigerlich Klangwelten jenseits und unterhalb der menschlichen Sprache in den Fokus. So hört der Phonograph „eben nicht wie Ohren, die darauf dressiert sind, aus Geräuschen immer gleich Stimmen, Wörter, Töne herauszufiltern; er verzeichnet akustische Ereignisse als solche. Damit wird Artikuliertheit zur zweitrangigen Ausnahme in einem Rauschspektrum."[72]

Ein Blick in die zeitgenössischen journalistischen Berichterstattungen über den Phonographen bestätigt diese These. 1878 schreibt ein anonymer Journalist, der sich von Edison persönlich die Fähigkeiten seiner Erfindung hat vorführen lassen,

> [i]t records all sounds and noises. The Professor blew in it at intervals, and the matrix recorded the sound and returned it. He whistled an air from the 'Grande Duchesse,' and back it came clear as a fife, and in perfect time. He rang a small bell in the funnel. The vibrations were recorded, and on resetting the cylinder, the tintinnabulatory sounds poured out soft and mellow. Mr. Edison coughed, sneezed, and laughed at the mouthpiece, and the matrixes returned the noises true as a die.[73]

Was an dieser Stelle sowie auch in vielen anderen frühen Besprechungen des Phonographen auffällt, ist eine unbekümmerte Experimentalfreude am neuen Medium, eine fast kindliche Faszination an der immensen Bandbreite von Geräuschen, welche der Phonograph detailgetreu aufzunehmen und wiederzugeben versprach. Nicht Signifikat, sondern Signifikant, nicht sprachliche Bedeutung, sondern vor allem Klänge und Geräusche jenseits der Artikulation sind es, die

---

[71] Jonathan Sterne: *The audible past. Cultural origins of sound reproduction.* Durham: Duke University Press 2003, S. 303.
[72] Kittler: *Grammophon, Film, Typewriter*, S. 39–40.
[73] Anonym: The speaking phonograph. In: *Scientific American Supplement*, 16.03.1878. http://www.phonozoic.net/primtexts/n0010.htm (Abruf am 17.12.2021).

der Phonograph ins Zentrum der auditiven Aufmerksamkeit rückt. Immer wieder wird die einzigartige Fähigkeit des Mediums hervorgehoben, speziell vorsprachliche bzw. nichtintentionale Geräusche wie Atmen, Gähnen, Husten und Niesen, aber auch Küssen oder Flüstern exakt zu reproduzieren.[74] Sämtlich akustische Phänomene also, welche die grundsätzliche Fragilität, Materialität und letztlich auch die Kreatürlichkeit der Stimme offenlegten.[75]

Vielleicht auch deshalb wurde dem Phonographen eine besondere Vorliebe für die Reproduktion von Tierlauten attestiert. „The phonograph has some odd preferences. It likes what is bizarre and out of the common"[76], konstatiert ein Zeitgenosse 1878. „It will give back imitations of animals, such as the cackling of hens, crowing of roosters, lowing of cows, barking of dogs, and mewing of cats, more faithfully than it will the ordinary utterances that make human speech."[77] Zum Teil mag diese Einschätzung auf die groben technischen Mängel zurückzuführen sein, die der Phonograph in den Anfangsjahren noch aufwies. Anstelle des erst zehn Jahre später zum Einsatz gelangenden Wachszylinders samt flexibler Grammophonnadel bestanden die ersten Phonographen aus Zinnfolie und unelastischen Nadeln, die – anders als es die enthusiastischen Reaktionen jener Zeit oft suggerieren – zu einer eher metallischen, knirschenden und insofern beinahe „parodierenden" Verzerrung menschlicher Sprachlaute führten.[78] Nicht-

---

74 In zahlreichen frühen Zeitungsartikeln über das phonographische Medium wird diese Bandbreite betont: „Any sound, no matter what, is faithfully reproduced. Laughing, whistling, coughing, singing and ordinary speaking. [...] Mr. Edison is confident that he will soon be able to reproduce the slightest whisper as well as the screech of a steam whistle," berichtet etwa ein anonymer Journalist 1878. Anonym: Improving the phonograph. In: *New York Evening Post*, 28.03.1878. http://www.phonozoic.net/primtexts/n0036.htm (Abruf am 17.12.2021). In einem anderen, zehn Jahre später in der *New York Times* erschienenen Artikel heißt es: „Now, the instrument is so sensitive that any gasp or yawn is recorded. It will distinguish between the breathing of a healthy man or a consumptive and record the beating of the heart. One of the little wax cylinders details an interview between two lovers, and persons of experience said yesterday that the kisses were reproduced with tantalizing accuracy and fervor." Anonym: Kisses by phonograph. The limitless possibilities of that recording instrument. In: *New York Times*, 03.12.1888. http://www.phonozoic.net/primtexts/n0007.htm (Abruf am 17.12.2021).
75 Durham Peters: Helmholtz und Edison, S. 312.
76 Anonym: The phonograph and its future. In: *Chicago Tribune*, 31.05.1878. http://www.phonozoic.net/primtexts/n0068.htm (Abruf am 17.12.2021).
77 Ebd.
78 Siehe dazu Roland Gelatt: *The fabulous phonograph, 1877–1977*. New York: Macmillan 1977, S. 17–32. Gelatt zitiert eine der wenigen kritischen Reaktionen auf den anfangs technisch noch unausgegorenen Phonographen. So urteilt der Brite Sir W. H. Preece um 1878 nüchtern: „The instrument has not quite reached that perfection when the tones of a Patti can be faithfully repeated; in fact, to some extent it is a burlesque or parody of the human voice .... There are some consonants that are wanting altogether. The *s* at the beginning and end of a word is

sprachliche Geräusche wie Tierlaute schienen sie dagegen ungleich adäquater zu reproduzieren.

Zugleich weist der Kommentar auf die latente Verunsicherung, die der Phonograph hinsichtlich der Grenzen zwischen Mensch, Tier und Maschine mit sich brachte. „The phonograph is a queer animal"[79], bemerkt derselbe Kommentator an anderer Stelle, ein sonderbares, weil in mehrerlei Hinsicht grenzüberschreitendes Tier. Tatsächlich inaugurierte die Stimme des Phonographen „ein neues Zeitalter von in ihren Eigenarten verschwimmenden Körpern, eine merkwürdige Verschmelzung von Bienen, Hunden, Engeln und Menschen."[80] Bereits auf der Konstruktionsebene des Mediums findet diese Verschmelzung statt. Setzten sich bereits die Stimm- und Sprechmaschinen des 18. Jahrhunderts sowohl aus organischen als auch anorganischen Materialien zusammen,[81] bestanden auch die ersten Apparate zur Klangaufzeichnung teilweise aus tierlichen Stoffen.[82] Noch in Rilkes *Ur-Geräusch* wird eine Borste, vermutlich eine Schweinsborste, als Phonographennadel verwendet.[83] Auch in den publikumswirksamen Inszenierungen des Mediums – man denke neben den tierlichen Werbeträgern an Edisons berüchtigte Tontests, die die Ununterscheidbarkeit von Original- und Phonographenstimme belegen sollten[84] – wird die Verkopplung von Mensch, Tier und Maschine gegenwärtig. Indem der Phonograph vorführte, wie kreatürlich die menschliche Stimme klingen kann und wie menschlich die mechanische, machte er die Stimme eindrücklicher denn je als ein Schwellenphänomen erfahrbar.

---

entirely lost, although it is heard slightly in the middle of a word. The *d* and the *t* are exactly the same; and the same in *m* and *n*. Hence, it is extremely difficult to read what is said upon the instrument; if a person is put out of a room and you speak into it, he can with difficulty translate what it says." Vgl. ebd., S. 31.
79 Anonym: The phonograph and its future.
80 Durham Peters: Helmholtz und Edison, S. 303.
81 1741 spannte Antoine Ferrein die Kehlköpfe von Rindern, Schweinen Hunden und Menschen an einem Holzbrett auf und erschuf damit die erste „machine" zur Stimmsynthese. Vgl. Ferrein: De la formation de la voix de l'homme. Auch die rund vierzig Jahre später von Wolfgang von Kempelen konstruierte Sprechmaschine bediente sich tierlicher Materialien, wie unter anderem Leder und Elfenbein, um die Stimme so menschlich wie möglich erklingen zu lassen (siehe Kapitel 1).
82 So brachte schon 1830, lange bevor der Phonograph erfunden wurde, „Wilhelm Weber in Göttingen eine Stimmgabel dazu, ihre eigenen Schwingungen aufzuzeichnen. An einer der beiden Zinken befestigte er eine Schweinsborste, die jene Frequenzkurven dann auf berußtes Glas ritzte. Einfach oder tierisch begannen alle unsere Grammophonnadeln." Kittler: *Grammophon, Film, Typewriter*, S. 44.
83 Vgl. Rilke: Ur-Geräusch, S. 699.
84 Siehe dazu Macho: Stimmen ohne Körper, S. 138–140 und Durham Peters: Helmholtz und Edison, S. 305–306.

Dazu trugen nicht zuletzt die experimentaltechnischen Möglichkeiten des Mediums bei. Mittels der sogenannten Zeitachsenmanipulation, d. h. der Beschleunigung oder Verzögerung der Abspielgeschwindigkeit einer Aufzeichnung, ließen sich verschiedene Lautsphären einander angleichen bzw. ineinander übersetzen. „Klangwellen, die über dem menschlichen Hörspektrum liegen", erläutert Edison dieses Verfahren, „können mit dem Phonographen aufgezeichnet und dann in einer tieferen Tonart wiedergegeben werden (d. h. indem man die Abspielgeschwindigkeit verringert), bis wir die Aufnahme dieser unhörbaren Vibration schließlich hören."[85] Auf diese Weise machte die „Technik Unerhörtes im Wortsinn möglich."[86] So erlaubte die Zeitachsenmanipulation wie das Mikrofon die Hörbarmachung verborgener Klangwelten, diesmal jedoch nicht durch die Steigerung der Lautstärke, sondern durch die Manipulation der Tonhöhe. Es war nun prinzipiell möglich, „die Sprache der Bienen und Hunde oder die Gesänge der Engel heimlich zu belauschen"[87], wie Durham Peters schreibt. „Nicht länger schränken die Dissipation des Schalls und die Unvollkommenheit der Sinnesorgane den Erfahrungshorizont ein. Wir können nun das Unerhörte hören."[88] Die Zeitachsenmanipulation versprach aber auch eine genauere Analyse des Aufgezeichneten. Schallphänomene, die im Original zu schnell waren, um sie *en detail* hören und untersuchen zu können, ließen sich durch Verlangsamung des Tempos analytisch erschließen.[89] Der Vorstoß in fremde Lautsphären rückte damit in greifbare Nähe und mit ihm der alte Traum, die Stimmen der Tiere zu verstehen. Als vermeintlich Anderes der menschlichen Sprache, das – wie nicht zuletzt der Phonograph eindrucksvoll vorführte – dieser jedoch zugleich vorausgeht, boten Tierstimmen einen reizvollen Gegenstand experimentalphonetischer Analysen. Was sich hinter dem Zwitschern und Summen, dem Bellen und Klopfen, aber auch hinter der scheinbaren Stummheit von Tieren verbirgt, konnte nunmehr, so die Hoffnung, unter völlig veränderten Bedingungen, nämlich jenseits der menschlichen Hörschwelle erkundet werden.

Bevor Biologen wie Richard L. Garner und Johann Regen anfingen, den Phonographen zur Untersuchung tierlicher Lautkommunikation einzusetzen, wobei sie sich auch der besagten Zeitachsenmanipulation bedienten (siehe Kapitel 5 und 6), gibt Edison selbst einen frühen Ausblick auf die bioakustischen Potenziale seiner Erfindung. „Eines Tages kam ein Hund hier vorbei und bellte

---

85 Thomas A. Edison: The perfected phonograph. In: *North American Review*, June 1888, S. 642. http://www.phonozoic.net/primtexts/n0045.htm (Abruf am 17.12.2021).
86 Kittler: *Grammophon, Film, Typewriter*, S. 59.
87 Durham Peters: Helmholtz und Edison, S. 304.
88 Ebd.
89 Vgl. Kittler: *Grammophon, Film, Typewriter*, S. 57–58.

in den Trichter und dieses Bellen wurde in phantastischer Qualität reproduziert"[90], schwärmt er 1878 gegenüber einem Journalisten. „Wir haben die Walze gut aufgehoben und nun können wir ihn jederzeit bellen lassen. Dieser Hund mag von mir aus sterben und in den Hundehimmel kommen, aber wir haben ihn – alles, was Stimme hat, überlebt."[91] Selbst wenn, so ließe sich diesem Apodiktum hinzufügen, die Stimme eines Tieres an den Grenzen des Hör- und Wissbaren erklingt.

4.2.3 Hörschwellen verzeichnen: Kafkas *Bau* und Musils *Amsel*

Wohl kaum ein literarischer Text hat die Sensibilisierung des Hörsinns gegenüber neuen, unbekannten Geräuschen so eindrücklich verarbeitet wie Franz Kafkas im Winter 1923/24 entstandene Erzählung *Der Bau*.[92] Sie wird von der Stimme eines erzählenden Tiers dominiert, das sich in immer paranoischeren Überlegungen über die Sicherheitsvor- und -nachteile seines unterirdischen Baus verliert. Eigentlich scheint dieser „wohlgelungen"[93], heißt es gleich im ersten Satz der Erzählung. Falsche Eingänge, die ins Nirgendwo führen und ein ausgeklügeltes Gängesystem mit Neben- und Fluchtwegen sollen ein potenzielles Eindringen von außen verhindern. Dass es sich beim erzählenden Tier um eine Kreuzung aus Dachs und Maulwurf handelt, legen nicht nur seine Lebens- und Ernährungsweise nahe, sondern auch sein außergewöhnlich „geschärfte[s] Ohr"[94], mit dem es noch die kleinste akustische Veränderung in seinem Bau zu registrieren und dessen Verursacher, meist kleinere Tiere, aber auch feindlich gesinnte Eindringlinge aufzuspüren vermag.[95] Das schönste an seinem Bau sei indes „seine Stille, freilich ist sie trügerisch, plötzlich einmal kann sie unterbrochen werden und alles ist zu ende, vorläufig aber ist sie noch da, stundenlang

---

90 Zit. nach Durham Peters: Helmholtz und Edison, S. 304.
91 Zit. nach ebd.
92 Franz Kafka: Der Bau. In: Ders.: *Nachgelassene Schriften und Fragmente II. Kritische Ausgabe*. Hrsg. v. Jost Schillemeit. Frankfurt am Main: Fischer 1992, S. 576–632. Siehe zum Folgenden auch Denise Reimann: „Ein an sich kaum hörbares Zischen". Kafka und die Tierphonographie um 1900. In: Harald Neumeyer / Wilko Steffens (Hrsg.): *Kafkas narrative Verfahren / Kafkas Tiere*, 3/4: Forschungen der Deutschen Kafka-Gesellschaft. Würzburg: Königshausen & Neumann 2015, S. 421–444.
93 Kafka: Der Bau, S. 576.
94 Ebd., S. 608.
95 Vgl. Paul Heller: *Franz Kafka. Wissenschaft und Wissenschaftskritik*, Bd. 10. Tübingen: Stauffenburg 1989, S. 119, dem zufolge sich Kafka hier – wie auch in seinen anderen Tiergeschichten – an den Tierbeschreibungen in *Brehms Tierleben* (1890–1893/1911–1920) orientierte.

kann ich durch meine Gänge schleichen und höre nichts als manchmal das Rascheln irgendeines Kleintiers, das ich dann gleich zwischen meinen Zähnen zur Ruhe bringe."[96] Weil das erzählende Tier es am liebsten „still und leer"[97] in seinen Gängen hat und sich nur dann entspannt und glücklich fühlt wenn es trotz angestrengtem Lauschen „nichts zu hören"[98] meint, ist es umso beunruhigter, als es unvermittelt durch „ein an sich kaum hörbares Zischen"[99] aus dem Schlaf gerissen wird.

Sofort macht es sich daran, „durch Versuchsgrabungen den Ort der Störung erst fest[zu]stellen"[100], um hiernach „das Geräusch beseitigen [zu] können"[101]. Doch anders als sonst gestalten sich die Bestimmungsversuche des unsichtbaren „Zischer[s]"[102] diesmal als besonders schwierig. Nimmt der Erzähler anfangs noch an, dass es sich um das gewohnte „Kleinzeug"[103] handle, welches sich durch seine vorgefertigten Gänge gräbt, gerät er angesichts der Tatsache, dass das Geräusch bis auf undeutliche „Klangunterschiede"[104] in jedem Winkel seines Baus gleichmäßig laut und nur durch größere Pausen unterbrochen rauscht, in zunehmende Verunsicherung. „Ich komme gar nicht dem Ort des Geräusches näher",[105] klagt er, „immer klingt es unverändert dünn in regelmäßigen Pausen, einmal wie Zischen, einmal eher wie Pfeifen"[106] und „trotzdem ist es mir unbegreiflich und erregt mich und verwirrt mir den für die Arbeit sehr notwendigen Verstand"[107]. Besonders viel zu denken gibt ihm „die Art des Geräusches, das Zischen oder Pfeifen. Wenn ich in meiner Art an der Erde kratze und scharre, ist es doch ganz anders anzuhören. Ich kann mir das Zischen nur so erklären, daß das Hauptwerkzeug des Tieres nicht seine Krallen sind, mit denen es vielleicht nur nachhilft, sondern seine Schnauze oder sein Rüssel"[108]. Handelt es sich also um die Laute eines unbekannten Tiers? Existieren wohlmöglich zwei Geräuschzentren, die das unabhängig von der Position des Hörers gleich laut wahrnehmbare Zischen erklären würden? Geht es am Ende auf akustische Halluzinationen oder

---

96 Kafka: Der Bau, S. 579.
97 Ebd., S. 601.
98 Ebd., S. 612.
99 Ebd., S. 606.
100 Ebd.
101 Ebd.
102 Ebd., S. 622.
103 Ebd., S. 613.
104 Ebd., S. 609.
105 Ebd., S. 607.
106 Ebd.
107 Ebd., S. 610.
108 Ebd., S. 624.

körpereigene Geräusche zurück? „[M]anchmal glaube ich, niemand außer mir würde es hören"[109], manchmal wiederum „überhört man ein solches Zischen, allzu sehr klopft das eigene Blut im Ohr."[110] Mit den verschiedensten Erklärungen versucht das Tier dem Zischen näherzukommen. Seine „Einbildungskraft will nicht stillstehen."[111] Doch weder seine theoretischen Mutmaßungen über die Art und Ursache des Geräuschs, noch die seinen eigenen Bau langfristig zerstörenden „Versuchsgrabungen", mit denen es das Zischen zu identifizieren hofft, täuschen den Lauschenden über die schmerzliche Einsicht hinweg, dass ihm letztlich nichts anderes übrig bleibt, als die Ankunft des geräuschvollen Anderen, des furchterregenden, weil bis zuletzt unbestimmt bleibenden „fremde[n] Tiers"[112] abzuwarten und „in meinen Erdhaufen [...] von allem [zu] träumen, auch von Verständigung"[113]. Ob dieser Traum sich schließlich verwirklicht, ist jedoch ungewiss, denn „alles blieb unverändert, das"[114].

Kafkas mit diesen Worten abrupt endende oder viel eher offen gebliebene Erzählung[115] wurde oft als poetologischer Text über das Erzählen als Bauen gelesen, das tendenziell unabgeschlossen und bedeutungsoffen bleibe.[116] Auch als literarische Verarbeitung seiner zu diesem Zeitpunkt schon weit fortgeschrittenen Kehlkopftuberkulose[117] sowie als Allegorie des Tinnitus, der Zivilisationskrankheit der lärmgeplagten Moderne, wurde das Zischen schon gedeutet.[118] Nicht zu-

---

109 Ebd., S. 608.
110 Ebd., S. 618.
111 Ebd., S. 622.
112 Ebd., S. 630.
113 Ebd.
114 Ebd.
115 In der Handschrift Kafkas lautet der letzte Satz der Erzählung „aber alles blieb unverändert, das". Da die Schlussseiten der Erzählung auch verlorengegangen sein könnten, ist bis heute unklar, „ob und wie die Erzählung endet und ob Kafka sie willentlich als Fragment hinterlassen hat. Obwohl Brod die Aussage Dora Diamants übernahm, dass die Erzählung, [...] ursprünglich mit dem Tod des Tiers im Kampf mit einem unbekanntem Gegner endete, machte er in der von ihm erstellten Erstausgabe – offensichtlich aus dem Bedürfnis heraus, die Erzählung abzurunden – aus dem letzten Satz: ‚Aber alles blieb unverändert.'" Vivian Liska: Der Bau. In: Manfred Engel / Bernd Auerochs (Hrsg.): *Kafka-Handbuch. Leben – Werk – Wirkung*. Stuttgart/Weimar: Metzler 2010, S. 337–343, hier S. 337.
116 Vgl. Bettine Menke: *Prosopopoiia. Stimme und Text bei Brentano, Hoffmann, Kleist und Kafka*. München: W. Fink 2000, S. 29–135 und die Beiträge in Dorit Müller / Julia Weber (Hrsg.): *Die Räume der Literatur. Exemplarische Zugänge zu Kafkas Erzählung „Der Bau"*. Berlin/Boston: De Gruyter 2013.
117 Liska: Der Bau, S. 339.
118 Vgl. Uwe C. Steiner: *Ohrenrausch und Götterstimmen. Eine Kulturgeschichte des Tinnitus*. Paderborn: Fink 2012, S. 154–161.

letzt ist die Erzählung überzeugend vor dem Hintergrund der Grabenkämpfe im Ersten Weltkrieg interpretiert worden, in denen Lauschangriffe auf den ungesehen herannahenden Gegner zur überlebenswichtigen Kriegsstrategie gehörten.[119] Im Folgenden soll eine weitere Lesart vorgeschlagen werden, die an die oben beschriebenen hörkulturellen Umbrüche anknüpft, welche Urbanisierung, Industrialisierung, vor allem aber die audiotechnischen Errungenschaften des beginnenden 20. Jahrhunderts mit sich brachten. *Der Bau* erzählt nicht nur von der zeitgenössischen Sensibilisierung des Hörsinns sowie der Bewusstwerdung von dessen Grenzen, so die These. Er führt zugleich vor, inwiefern beides mit der umwälzenden Erfahrung qualitativ neuer, ‚bioakustischer' Klangphänomene korreliert.

Neben der oft (ver-)störenden Präsenz erzählender, singender und anderweitig tönender Tiere in Kafkas Werk wurde häufig auf ein weiteres Störphänomen verwiesen, das seine Texte in auffälliger Weise durchzieht: Das durch die neuen Audiotechniken evozierte mediale Rauschen.[120] Wie ausgeführt, konfrontierten die um 1900 noch technisch unausgereiften und auch sonst gewöhnungsbedürftigen Telefone, Phonographen und Grammophone die Ohren ihrer Zeitgenossen für ein jenseits artikulierter Botschaften verzeichenbares Klang- und Geräuschspektrum und ermöglichten neue Hörerfahrungen, die sich auch in die Literatur jener Zeit – gleichsam phono*graphisch* – einschrieben.[121] Von den irritierenden Effekten, die von den modernen akustischen Medien ausgingen, legen Kafkas Texte beredtes Zeugnis ab. Telefone, Grammophone und Phonographen gehören hier zum faszinationsgeladenen und „äußerst zwielichtigen Repertoire"[122], das stets mit einer eigentümlichen Mischung aus Abwehr und Neugier aufgerufen wird.[123] So nehmen sie einerseits die Gestalt ohrenbetäubender Apparate an, die

---

119 Vgl. vor allem Encke: *Augenblicke der Gefahr*, S. 111–151 und Wolf Kittler: Grabenkrieg – Nervenkrieg – Medienkrieg. Franz Kafka und der 1. Weltkrieg. In: Jochen Hörisch / Michael Wetzel (Hrsg.): *Armaturen der Sinne. Literarische und technische Medien 1870 bis 1920*. München: Fink 1990, S. 189–309.
120 Siehe hierzu vor allem das Kapitel „Franz Kafka – Mediale Verstörungen" in Stopka: *Semantik des Rauschens*, S. 259–298.
121 Vgl. hierzu unter anderem Jürgen Wertheimer: Hörstürze und Klangbilder. Akustische Wahrnehmung in der Poetik der Moderne. In: Thomas Vogel / Hermann Bausinger (Hrsg.): *Über das Hören. Einem Phänomen auf der Spur*. 2., bearb. Aufl. Tübingen: Attempto 1998, S. 133–144; Harro Segeberg: *Literatur im technischen Zeitalter. Von der Frühzeit der deutschen Aufklärung bis zum Beginn des Ersten Weltkriegs*. Darmstadt: Wiss. Buchges 1997, S. 283–297, S. 311–324 sowie die Beiträge von Katja Stopka, Axel Dunker und Sascha Kiefer in Marcel Krings (Hrsg.): *Phono-Graphien. Akustische Wahrnehmung in der deutschsprachigen Literatur von 1800 bis zur Gegenwart*. Würzburg: Königshausen & Neumann 2011.
122 Stopka: *Semantik des Rauschens*, S. 259.
123 Ebd.

in ihrer unheilvollen Verschaltung von Mensch und Maschine zudem die Auslöschung des Subjekts herbeizuführen drohen.[124] Andererseits erscheinen sie immer wieder als magische Objekte einer unbestimmten Sehnsucht, wobei es hier „vor allem die Dysfunktionen und Defekte der modernen Medien [sind], von denen die zauberische Macht ausgeht."[125] Im audiotechnischen Rauschen, das zwischen Sprache und bloßem Geräusch, zwischen artikulierter Botschaft und bedeutungslosem Zischen oszilliert, entdeckt Kafka einen Zugang zu anderen, noch ungehörten Welten, die es sich zu belauschen lohnt. „Sehr spät Liebste", schreibt er im Januar 2013 an Felice Bauer,

> und doch werde ich schlafen gehn, ohne es zu verdienen. Nun ich werde ja auch nicht schlafen, sondern nur träumen. Wie gestern z. B. wo ich im Traum zu einer Brücke oder

---

124 Vgl. Gerhard Neumann: Der Name, die Sprache und die Ordnung der Dinge. In: Wolf Kittler / Gerhard Neumann (Hrsg.): *Franz Kafka, Schriftverkehr*. Freiburg im Breisgau: Rombach 1990, S. 11–29, hier S. 27. Kafkas Furcht vor diesen Apparaten drückt sich unter anderem in einem Brief vom 27. November 1912 an seine zeitweilige Geliebte Felice Bauer aus, die als Prokuristin bei der *Carl Lindström AG*, dem seinerzeit führenden Unternehmen auf dem Gebiet der deutschen Sprechmaschinenproduktion arbeitete: „Euer Geschäft habe ich mir beiläufig richtig vorgestellt, daß aber von Euch täglich der ganz verfluchte Lärm von 1500 Grammophonen ausgeht, das hätte ich wirklich nicht gedacht. An den Leiden wie vieler Nerven hast Du Mitschuld, liebste Dame, hast Du das schon überlegt? Es gab Zeiten, wo ich die fixe Idee hatte, es werde und müsse irgendwo in der Nähe unserer Wohnung ein Grammophon eingeführt werden und das werde mein Verderben sein. [...] Ich, ich muß gar kein Grammophon hören, schon, daß sie in der Welt sind, empfinde ich als Drohung. Nur in Paris haben sie mir gefallen [...]" In: Franz Kafka: *Briefe, 1900–1912*. Hrsg. v. Hans-Gerd Koch. Frankfurt am Main: Fischer 1999, S. 275. Am wohl eindrücklichsten hat Kafka sein Unbehagen gegenüber Sprechmaschinen in der 1914 entstandenen Erzählung *In der Strafkolonie* verarbeitet: Einem Forschungsreisenden wird ein mit Bett, Kurbel und Nadel ausgestattetes Folterinstrument vorgestellt, das dem Verurteilten das Urteil direkt in den Leib einschreibt. Als Vorbild dieses erbarmungslosen, über zwölf Stunden ununterbrochen rotierenden und beinahe störungsfrei funktionierenden Apparates hat Wolf Kittler den Phonographen identifiziert, genauer: die damals zur Kopie bereits gespeicherter Schallwellen auf andere Tonträger verwendete Dupliziermaschine. In dieser von Kafka imaginierten Verschmelzung von Disziplinar- und Aufzeichnungsapparat, die auf dem „simple[n] Einfall: Sprechmaschinen sind eigentlich Folterinstrumente" beruht, offenbart sich seine besorgte Haltung gegenüber der alles registrierenden und kontrollierenden Sprechmaschine, die dem Menschen ebenso wenig Spielraum für nachträgliche (Selbst-)Korrekturen unbedachter Äußerungen lässt wie das Folterinstrument dem Verurteilten eine Verteidigung erlaubt. „Anklage, Verteidigung, Urteilsspruch und Strafvollzug fallen in ein und demselben technischen Apparat zusammen." Wolf Kittler: Schreibmaschinen, Sprechmaschinen. In: Kittler / Neumann (Hrsg.): *Franz Kafka, Schriftverkehr*, S. 75–163, hier S. 127–130. Zur Rolle der Sprechmaschine in Kafkas *In der Strafkolonie* vgl. auch Stopka: *Semantik des Rauschens*, S. 265–271.
125 Ebd., S. 259.

einem Quaigeländer hinlief, zwei Telephonhörmuscheln, die dort zufällig auf der Brüstung lagen, ergriff und an die Ohren hielt und nun immerfort nichts anderes verlangte, als Nachrichten vom ‚Pontus' zu hören, aber aus dem Telephon nichts und nichts zu hören bekam, als einen traurigen mächtigen wortlosen Gesang und das Rauschen des Meeres. Ich begriff wohl, daß es für Menschenstimmen nicht möglich war, sich durch diese Töne zu drängen, aber ich ließ nicht ab und gieng nicht weg.[126]

Was aber hört Kafka da, als er sein Ohr im Traum an das für Menschenstimmen undurchdringliche Telefon presst? Weshalb lässt er nicht ab und geht nicht weg, sondern widmet sich ganz und gar dem Rauschen, welches aus der Telefonhörmuschel zu ihm dringt? Kündigt sich in diesem 1913 belauschten Störgeräusch, welches er später einmal als „das einzig Richtige und Vertrauenswerte"[127] beschreiben wird, „was uns die hiesigen Telefone übermitteln, alles andere ist trügerisch",[128] schon das Zischen, Pfeifen und Sprechen der Tiere an, welche Kafka in den Folgejahren so zahlreich auftreten lässt? „Wenn es nicht Menschenstimmen sind, die sich durch das Rauschen der technischen Analogmedien drängen können", so hat Bernhard Siegert die Stelle einmal kommentiert, „dann muß Literatur anfangen, mit Tierlauten zu sprechen."[129] In der Tat sind Telefon- und Naturgeräusch hier in besonderer Weise miteinander verschaltet, wobei das hochartifizielle Rauschen des Telefonapparates zur Einzugsschneise für ein altvertrautes Rauschen gerät. Denn mit dem telefonisch übermittelten „traurigen mächtigen, wortlosen Gesang" und dem „Rauschen des Meeres" kehrt nichts anderes als das Summen, Singen und Wehklagen der Natur wieder, wie es in der Literatur der Romantik so eindringlich beschworen wurde (siehe Kapitel 3). Laut Katja Stopka zeigt Kafkas Telefontext „nahezu mustergültig [...], wie in der Pionierzeit der Elektrifizierung über das Rauschen der Kanäle eine vergangen geglaubte Natursehnsucht wiederbelebt wird."[130] Weit davon entfernt, einfach nur sinnfernes Rauschen zu produzieren, werden die modernen Audiotechniken ganz im Gegenteil zu gleichsam spiritistisch aufgeladenen Kanälen einer allenfalls oberflächlich verstummten Natur. Dabei will die Literatur um 1900 wie die Literatur um 1800 „im Rauschen zeitgenössische Erfahrungen und Philosopheme des Unberedten

---

[126] Kafka in seinem Brief an Felice Bauer vom 22./23. Januar 1913. In: Franz Kafka: *Briefe, 1913 – März 1914*. Hrsg. v. Hans-Gerd Koch. Frankfurt am Main: Fischer 1999, hier S. 55.
[127] Franz Kafka: *Das Schloß. Kritische Ausgabe*. Hrsg. v. Malcolm Pasley. Frankfurt am Main: Fischer 1982, hier S. 116.
[128] Ebd.
[129] Bernhard Siegert: Die Geburt der Literatur aus dem Rauschen der Kanäle. Zur Poetik der phatischen Funktion. In: Michael Franz / Wolfgang Schäffner / Bernhard Siegert / Robert Stockhammer (Hrsg.): *Electric Laokoon. Zeichen und Medien, von der Lochkarte zur Grammatologie*. Berlin: Akademie-Verlag 2007, S. 5–41, hier S. 25.
[130] Stopka: *Semantik des Rauschens*, S. 275.

protokollieren wie transzendieren."[131] Anders als um 1800 zielt diese Transzendierung jedoch weniger auf ein in der Natur vermutetes Heilsversprechen als vielmehr auf die Vergegenwärtigung des Fremden und Unbeschreiblichen, das mit Sinnen und Worten nur schwer zu fassen ist. Der traurige mächtige Gesang und das Meeresrauschen bleiben wortlos und künden doch von einem Anderen, das die Grenzen der menschlichen Wahrnehmung und Sprache übersteigt.

Der Frage, inwieweit Kafkas eigenartig anders tönende Tierfiguren sich seiner Auseinandersetzung mit den modernen Audiotechniken verdanken, ob und inwiefern mediales und tierliches Rauschen in seinen Erzählungen interferieren, ist bisher nur in Ansätzen nachgegangen worden.[132] Dabei legen nicht nur der Rekurs auf die Romantik, sondern allein schon die semantische Nähe zwischen beiden Geräuscharten eine solche Verbindung nahe. Ähnlich wie das mediale „Rauschen in seiner wahrnehmbaren Diffusität das Gegenteil alles Konkreten und Distinkten ist und damit gleichsam als das Andere von Sprache und Schrift erscheint",[133] wobei es diesen Dualismus zugleich untergräbt, gelten Tierstimmen bzw. -geräusche als Konterpart zur menschlichen Sprache, welche die Differenz zwischen beiden indes stets zu durchkreuzen und aufzuheben drohen.[134] Nicht zufällig markiert das mediale Rauschen bei Kafka auch andernorts die Schwelle, an der Tier- und Menschenstimmen ineinander diffundieren: Wenn etwa der Affe Rotpeter in seinem *Bericht für eine Akademie* (1917) genau in jenem Augenblick „‚Hallo!' ausrief, in Menschenlaut ausbrach"[135], als ein Grammophon spielte, nur um mit diesem Laut just Edisons erstes in den Phonographen gesprochenes Wort zu zitieren.[136] Lösen sich in Kafkas Traum vom Telefon jegliche Menschenstimmen in Naturrauschen auf, verhält es sich hier also umgekehrt: Im Rauschen des Grammophons mutiert das Tiergeräusch zur Sprache.

In der viele Jahre später entstandenen Erzählung *Der Bau* wiederum ist die Konstellation etwas uneindeutiger. Weder ist hier explizit von einem Medium die Rede, noch wandeln sich Tier- in Menschenstimmen oder umgekehrt. Und doch treffen auch im *Bau* moderne Audiotechnik und tierliches Rauschen aufeinander.

---

131 Stopka: Verklärung und Verstörung, S. 151.
132 Vgl. vor allem Siegert: Die Geburt der Literatur aus dem Rauschen der Kanäle.
133 Stopka: *Semantik des Rauschens*, S. 259.
134 Vgl. hierzu Siegert: parlêtres. Zur kulturtechnischen Gabe und Barre der anthropologischen Differenz, S. 24 sowie den Ausblick zur Stimme des Tieres in Till: *Die Stimme zwischen Immanenz und Transzendenz*, S. 193–206.
135 Franz Kafka: Ein Bericht für eine Akademie. In: Ders.: *Drucke zu Lebzeiten. Kritische Ausgabe*, S. 299–313, hier S. 311.
136 Auf diesen Zusammenhang ist bereits mehrfach verwiesen worden. Siehe dazu und zu Kafkas Erzählung im Kontext der affenphonographischen Studien Garners Kapitel 5.

Beinahe ähnelt das „durch die Übung geschärfte[e] Ohr"[137] des – vorausgesetzt es handelt sich um einen Maulwurf – nahezu blinden Tiers einem Phonographen, insofern es wie dieser das Geräusch einer nicht sichtbaren Quelle „in allen seinen Feinheiten zu unterscheiden die Übung hat, ganz genau, aufzeichenbar"[138]. Ähnlich wie die phonographische Medientechnik die Aufzeichnung und Analysierbarkeit tierlicher Akustik gewährleistete, begreift das erzählende Tier die Bestimmung von Geräuschen und deren Ursache als ein „technische[s] Problem"[139], dem es mithilfe seines feinen Gehörsinns beizukommen sucht. Dieser phonographische Gehörsinn ist es letztlich auch, der das Tier das anfangs kaum hörbare Zischen wahrnehmen lässt, ein bis dato nie vernommenes Geräusch, das ihn das erste Mal in die unangenehme Lage versetzt, nicht selbst bestimmen zu können, sondern zunehmend bestimmt zu werden, insofern ihm das Zischen des anderen Tiers keine Ruhe mehr lässt. Und dies vor allem deshalb, weil das plötzlich laut werdende andere Geräusch

> aller Erfahrung wider[spricht]; was ich nie gehört habe, trotzdem es immer vorhanden war, kann ich doch nicht plötzlich zu hören anfangen. Meine Empfindlichkeit gegen Störungen ist vielleicht im Bau größer geworden mit den Jahren, aber das Gehör ist doch keineswegs schärfer geworden. [...] Aber vielleicht, auch dieser Gedanke schleicht sich mir ein, handelt es sich hier um ein Tier, das ich noch nicht kenne. Möglich wäre es [...].[140]

Machte die phonographische Technik „Unerhörtes im Wortsinn möglich"[141], insofern etwa Geräusche oberhalb der Hörschwelle durch Zeitachsenmanipulation hörbar wurden, verzeichnet auch der feine Hörapparat des lauschenden Tiers ein bislang unerhörtes Geräusch, welches trotz allem schon immer dagewesen sein muss. „Dieses Geräusch ist übrigens ein verhältnismäßig unschuldiges; ich habe es gar nicht gehört, als ich kam, trotzdem es gewiß schon vorhanden war"[142], wundert sich das Tier und schlussfolgert: „Ich mußte erst wieder völlig heimisch werden, um es zu hören, es ist gewissermaßen nur mit dem Ohr des wirklichen sein Amt ausübenden Hausbesitzers hörbar."[143] Dass es in der Tat Klangphänomene gibt, die in Latenz vorhanden, aber nur mit adäquatem Resonator auch zu hören sind, und sei es das spezifisch gestimmte bzw. technisch verfeinerte Ohr des Hausbesitzers, ist ein Befund, der auf die oben beschriebene wissenschaftlich-technische Auseinandersetzung mit dem Hören und seinen Grenzen um

---

137 Kafka: Der Bau, S. 608.
138 Ebd.
139 Ebd.
140 Ebd., S. 613.
141 Kittler: *Grammophon, Film, Typewriter*, S. 59.
142 Kafka: Der Bau, S. 606.
143 Ebd.

1900 zurückgeht. Das audiotechnische Vordringen in unentdeckte tierliche Klangwelten, zu denen diese Auseinandersetzung langfristig anregte, ist auch bei Kafka Thema. Fast scheint es, als nehme das lauschende Tier den szientifisch-technischen Gestus der Bioakustik vorweg, wenn es überlegt, dass man das Zischen des fremden Tiers „ohne vorläufig geradezu etwas dagegen zu unternehmen"[144] eine Zeit lang „beobachten könnte, beobachten, d. h. alle paar Stunden gelegentlich hinhorchen und das Ergebnis geduldig registrieren"[145]. Im selben Atemzug wird diese distanzierte Haltung indes als schwer umsetzbare Idealvorstellung entlarvt. Zu affiziert fühlt sich das Tier, als dass es das Zischen einfach nur verzeichnen und auswerten könnte. Stattdessen schleift es „das Ohr die Wände entlang"[146], um „fast bei jedem Hörbarwerden des Geräusches die Erde auf[zu]reißen."[147] Die „viele[n] Grabungen"[148], mit denen das Tier den „Zischer"[149] zu fassen sucht, führen jedoch ins Leere; sie stiften lediglich Unordnung im wohlangelegten Bau. „Ich durchwühle damit nur die Wände meines Baues, scharre hier und dort in Eile, habe keine Zeit die Löcher zuzuschütten, an vielen Stellen sind schon Erdhaufen, die den Weg und Ausblick verstellen."[150] Auch seinen Plan, anstelle solcher kleinen „Zufallsgrabungen"[151] einen „großen Forschungsgrabe[n]"[152] in Richtung des Zischens zu bauen, um, „unabhängig von allen Theorien, die wirkliche Ursache des Geräusches"[153] festzustellen, verwirft das Tier bald wieder. Als würde das Zischen nicht ganz von selbst immer näher kommen. „Dieser Graben soll mir Gewißheit bringen?"[154], fragt es schließlich, bevor es sich in einem der aufgeworfenen Erdhaufen verkriecht, um seines Schicksals zu harren. „Ich bin so weit, daß ich Gewißheit gar nicht haben will."[155]

Was am Ende bleibt, sind ein ungewisser Forschungsgegenstand, eine ausstehende Begegnung und ein stark durchwühlter Bau. Im Kontext der Frühgeschichte der Bioakustik liest sich dies wie ein Vorausblick auf die Umwälzungen, welche die mikrophonographische Hörbarwerdung der tierlichen Anderen mit

---

144 Ebd., S. 615.
145 Ebd.
146 Ebd.
147 Ebd.
148 Ebd., S. 614.
149 Ebd., S. 622.
150 Ebd., S. 614.
151 Ebd.
152 Ebd., S. 620.
153 Ebd., S. 614.
154 Ebd., S. 630.
155 Ebd.

sich brachte. Ähnlich wie diese zu diversen Neuaushandlungen der Frage nach der Tiersprache und mit ihr der Mensch/Tier-Differenz herausfordern sollte, zwingt das plötzlich hörbar werdende Zischen den Bauherren in Kafkas Erzählung zur Umgrabung seines altbewährten Gängesystems. Vielmehr noch lässt ihn das Geräusch die gesamte Konstruktion seines Baus grundlegend in Zweifel ziehen: „Ich verstehe plötzlich meinen frühern Plan nicht. Ich kann in dem ehemals verständigen nicht den geringsten Verstand finden"[156]. Der grabende Umbau hinterlässt nicht nur „häßliche Buckel, störende Risse"[157] in den einst mit seiner flachen Stirn festgehauenen Wänden, die alte Ordnung scheint zudem unwiederbringlich gestört. So will sich mithilfe gezielter Reparaturversuche „im Ganzen der alte Schwung einer derart geflickten Wand nicht wieder einstellen."[158] Trotz dieser buchstäblichen Untergrabung der vertrauten Denk- und Wissensordnung, welche durch die Hörbarwerdung des Geräusches verursacht wurde, bleibt bis zuletzt offen, um welche Tierstimme es sich handelt, die den Bau und seinen Bewohner so durcheinanderbringt. Das Zischen des Anderen entzieht sich einer abschließenden Bestimmung. Als epistemisches Ding – um Rheinbergers *terminus technicus* für solcherlei irreduzibel vage und unbekannte, aber nichtsdestoweniger handlungsanleitende Wissensobjekte aufzunehmen[159] – widersteht das Geräusch allen Versuchen, es epistemisch einzuhegen. „Es liegt vielmehr ein Plan vor, dessen Sinn ich nicht durchschaue"[160], so lautet das ernüchterte Resümee des erzählenden Tiers. Damit legt es nicht zuletzt das Nichtwissen offen, welche die Erkundung bioakustischer Phänomene prägt und vorantreibt. Solange der Zugang zum Sprachspiel der Anderen eingeschränkt bzw. verwehrt ist, bleiben uns Ursache und Sinn ihrer Äußerungen weitgehend verborgen.

Um die Hörbarwerdung schwer fasslicher (Tier-)Geräusche geht es auch in einem anderen, circa zur selben Zeit wie Kafkas *Bau* entstanden Text. Robert Musils *Die Amsel* (1928), eine schon per definitionem ‚unerhörte Begebenheiten' schildernde Novelle, hat das Unerhörte auch im wörtlichen Sinn zum Thema. Nach langem Wiedersehen erzählt Azwei seinem Jugendfreund Aeins von drei außergewöhnlichen Hörererlebnissen, die ihm im Laufe der vergangenen Jahre in unterschiedlichen Zusammenhängen widerfahren seien. Sie stehen jeweils im Zentrum einer in sich geschlossenen Binnenerzählung. In der ersten bringt der Gesang einer vermeintlichen Nachtigall Azwei dazu, seine Frau und Wohnung zu verlassen. Die zweite Geschichte spielt sich während der Grabenkämpfe im Ers-

---

[156] Ebd., S. 620.
[157] Ebd., S. 617.
[158] Ebd.
[159] Vgl. Rheinberger: *Experimentalsysteme und epistemische Dinge*, S. 24–26.
[160] Kafka: Der Bau, S. 623.

ten Weltkrieg ab, wo Azwei eines Nachts einen Fliegerpfeil näherkommen hört. In der dritten Erzählung wiederum befindet sich Azwei im Haus seiner kürzlich verstorbenen Eltern, als eine Amsel sich am Fenster niedersetzt und zu ihm spricht. Auf die Frage von Aeins, inwiefern diese drei Geschichten zusammenhingen, ob „dies alles einen Sinn gemeinsam hat?"[161], antwortet Azwei zuletzt: „Du lieber Himmel, [...] es hat sich eben alles so ereignet; und wenn ich den Sinn wüßte, so brauchte ich dir wohl nicht erst zu erzählen. Aber es ist, wie wenn du flüstern hörst oder bloß rauschen, ohne das unterscheiden zu können!"[162] Dieses rätselhafte Schlusswort ist zweifellos poetologisch zu verstehen. Es geht Musil um die Frage, wie über das Erzählen in scheinbar unzusammenhängende Ereignisse Sinn hineingetragen wird. Das Interessante daran ist, dass er diese Frage an die von Azwei erzählten Hörerlebnisse rückbindet, die ganz ähnlich zwischen der Wahrnehmung von Rauschen und der Zuschreibung von Sinn oszillieren. Die auditive Signalverarbeitung wird hier zur Grundlage einer „Poetologie des Hörens"[163], weshalb es sich lohnt, die Hörszenen genauer in den Blick zu nehmen.

Wie bei Kafka spielen sich zwei der drei Szenen im Dunkeln ab, wobei es diesmal nicht das unterirdische Setting und die von vornherein eingeschränkte Sehfähigkeit des Hörers sind, welche die Dunkelheit erzeugen, sondern – wie schon in der romantischen Lauschkultur (siehe Kapitel 3) – die Nacht. „Die Geschichte mit der Nachtigall [...] begann mit einem Abend wie viele andere"[164], so leitet Azwei sein erstes Hörerlebnis ein. „Nach ein Uhr fängt die Straße an ruhiger zu werden; Gespräche beginnen als Seltenheit zu wirken; es ist hübsch, mit dem Ohr dem Vorschreiten der Nacht zu folgen."[165] Die nächtlich bedingte Ausschaltung des Sehsinns und die besondere Ruhe, die sich einstellt, wenn der gewöhnliche Lärm des Tages langsam verebbt, bilden die Folie für eine gesteigerte auditive Perzeptionsbereitschaft, die bei Azwei einer Erwartungshaltung gleicht: „Mir wurde bewußt, daß ich auf etwas wartete, aber ich ahnte nicht, worauf."[166] Nachdem er schließlich in einen Dämmerzustand zwischen Schlafen und Wachen gefallen ist, wird er plötzlich

> durch etwas Näherkommendes erweckt; Töne kamen näher. Ein-, zweimal stellte ich das schlaftrunken fest. Dann saßen sie auf dem First des Nachbarhauses und sprangen dort

---

161 Robert Musil: Die Amsel. In: Ders.: *Gesammelte Werke*. Hrsg. v. Adolf Frisé. 9 Bde., Bd. 7: Kleine Prosa, Aphorismen, Autobiographisches. Hamburg: Rowohlt 1978, S. 548–562, hier S. 562.
162 Ebd.
163 Encke: *Augenblicke der Gefahr*, S. 166.
164 Musil: Die Amsel, S. 551.
165 Ebd.
166 Ebd.

in die Luft wie Delphine. Ich hätte auch sagen können, wie Leuchtkugeln beim Feuerwerk; denn der Eindruck von Leuchtkugeln blieb; im Herabfallen zerplatzten sie sanft an die Fensterscheiben und sanken wie große Silbersterne in die Tiefe.[167]

Was Azwei hier hört, schließt an nichts Bekanntes an. Wie das erzählende Tier in *Der Bau*, das ganz ähnlich durch ein noch nie zuvor gehörtes Zischen aus dem Schlaf geweckt wird, nimmt Azwei etwas wahr, „was sonst nie geschieht"[168], Töne, die an keinerlei auditive Vorerfahrungen anknüpfen. Im Versuch, sie zu beschreiben, greift er deshalb auf visuelle Metaphern wie ‚springende Delphine', ‚platzende Leuchtkugeln' und ‚Silbersterne' zurück, wobei diese zugleich akustisch assoziiert sind.[169] Es geht offenbar um sehr hohe, fluide Töne, vergleichbar den hochfrequenten Pfiffen von Delfinen, welche zum Teil oberhalb der menschlichen Hörschwelle erklingen. Die Wahrnehmung dieser überirdisch fremden Töne erfolgt auch hier vor dem Hintergrund eines phonographischen Dispositivs. Zumindest, wenn man den „zauberhaften Zustand"[170] ernst nimmt, den das Hörereignis bei Azwei auslöst. Es ist, als würde er Zugang zu einer Wirklichkeit bekommen, die ihm sonst verschlossen ist. Sein ganzer Körper scheint sich in Richtung der unerhörten Töne zu öffnen, ja, von ihnen beschrieben zu werden: „[I]ch lag in meinem Bett wie eine Figur auf ihrer Grabplatte und wachte, aber ich wachte anders als bei Tage. Es ist sehr schwer zu beschreiben, aber wenn ich daran denke, ist mir, als ob mich etwas umgestülpt hätte; ich war keine Plastik mehr, sondern etwas Eingesenktes."[171] Wie in die Platte eines Phonographen, der – wie Jonathan Sterne gezeigt hat – in seiner Frühzeit als „a resonant tomb"[172], ein wiederhallendes Grab metaphorisiert wurde, senken sich die Töne in den Körper Azweis. Er nimmt sie in ihrer ganzen Materialität wahr, bemerkt, wie sie die stoffliche Zusammensetzung seiner Umgebung und seines Körpers unsichtbar verändern. Erst jetzt fällt ihm auf, dass das Zimmer nicht hohl ist, sondern „aus einem Stoff [bestand], den es unter den Stoffen des Tages nicht gibt, einem schwarz durchsichtigen und schwarz zu durchfühlenden Stoff, aus dem auch ich bestand."[173] Das Gehörte erscheint zudem merkwürdig vergrößert, als wäre die

---

167 Ebd., S. 551–552.
168 Ebd., S. 552.
169 Zur eigentümlichen Verschränkung von akustischen und visuellen Beschreibungsmodi in *Die Amsel* siehe Eva-Maria Thüne: ‚Töne wie Leuchtkugeln'. Zur sprachlichen Repräsentation akustischer und optischer Wahrnehmung in Robert Musils *Die Amsel*. In: Walter Busch (Hrsg.): *Robert Musil, Die Amsel. Kritische Lektüren; Materialien aus dem Nachlaß*, Bd. 2: Incontri veronesi. Innsbruck/Bozen: Studien-Verl; Ed. Sturzflüge 2000, S. 77–93.
170 Musil: Die Amsel, S. 552.
171 Ebd.
172 Siehe das Kapitel „A Resonant Tomb" in Sterne: *The audible past*, S. 287–333.
173 Musil: Die Amsel, S. 552.

Zeitachse der Töne manipuliert und dadurch die Tonhöhe so verändert worden, dass die sehr hohen Schwingungen sich einzeln wahrnehmen ließen, eben wie kleine Leuchtkugeln oder Silbersterne. „Die Zeit rann in fieberkleinen schnellen Pulsschlägen"[174], kommentiert Azwei seine Wahrnehmungsveränderung. Erst nach dieser ‚reduzierten' und gleichsam phonographischen Hörerfahrung identifiziert er das Gehörte als den Gesang eines Vogels: „Es ist eine Nachtigall, was da singt!"[175] Ob er mit dieser Einschätzung richtig liegt oder es nicht eher eine Amsel war, die, „das weiß man, andere Vögel nach[macht]"[176], kann Azwei indes nicht verifizieren, denn ehe er sich versah, „war der Vogel verstummt und offenbar weitergeflogen."[177]

Auch in der zweiten Geschichte Azweis, der Fliegerpfeil-Episode, wird ein unerhörter Ton überdeutlich wahrgenommen, bevor seine mutmaßliche Quelle in der Unsichtbarkeit versinkt. Schau- bzw. ‚Hörplatz' des Ereignisses ist ein Tal im Südtiroler Gebirge unweit des Caldonazzosees, wo Azwei während des Ersten Weltkriegs stationiert ist. Wie eine Tagebuchnotiz Musils aus dem Jahr 1915 belegt, geht die Episode auf eine konkrete Hörerfahrung des Autors zurück, die in verschiedenen Textentwürfen bearbeitet und 1928 als zweite Binnenerzählung der *Amsel* veröffentlicht wurde.[178] Als Offizier hat Musil die besonderen Wahrnehmungsanforderungen, welche die Grabenkämpfe des Ersten Weltkriegs an die Kriegsteilnehmer stellten, unmittelbar miterlebt. Unter den Bedingungen einer wenn überhaupt nur eingeschränkten Sichtbarkeit gewann der Hörsinn oberste Priorität. Das Lauschen auf die gegnerischen Truppen, die Ortung und Identifizierung derer Geräusche geriet im ‚Krieg unter der Erde' zur überlebenswichtigen Fähigkeit.[179] Mit der Fliegepisode hat Musil jener „Ausdifferenzierung des Gehörsinns"[180] ein Denkmal gesetzt. „Über unsere ruhige Stellung kam einmal mitten in der Zeit ein feindlicher Flieger"[181], berichtet Azwei. Wenngleich er und die anderen Soldaten eine ideale Angriffsfläche boten, „hatte offenbar keiner Lust, wie eine Feldmaus in ein Erdloch zu fahren. In diesem Augenblick hörte ich ein leises Klingen, das sich meinem hingerisse-

---

174 Ebd.
175 Ebd.
176 Ebd.
177 Ebd.
178 Zur Textgenese und den wissenschaftsgeschichtlichen Hintergründen der Fliegerepisode siehe Christoph Hoffmann: *Der Dichter am Apparat. Medientechnik, Experimentalpsychologie und Texte Robert Musils 1899–1942*, Bd. 26: Musil-Studien. München: W. Fink 1997, S. 113–138.
179 Zum akustisch geführten Krieg unter der Erde siehe Encke: *Augenblicke der Gefahr*, S. 113–193.
180 Hoffmann: *Der Dichter am Apparat*, S. 118.
181 Musil: Die Amsel, S. 555.

nen emporstarrenden Gesicht näherte. Natürlich kann es auch umgekehrt zugegangen sein, so daß ich zuerst das Klingen hörte und dann erst das Nahen einer Gefahr begriff; aber im gleichen Augenblick wußte ich auch schon: es ist ein Fliegerpfeil!"[182] Für Azwei ist es im Nachhinein ununterscheidbar, was er zuerst wahrgenommen hat: Das Rauschen bzw. Klingen des durch die Luft schnellenden Pfeils oder den damit verbundenen Sinn, die lebensbedrohliche Gefahr, welche von diesem Pfeil ausging. Zu schnell scheint sich das Unerhörte ereignet zu haben. Tatsache ist jedoch, dass Azwei unwillkürlich zur Seite weichen konnte, bevor er vom direkt auf ihn gerichteten Pfeil getroffen wurde. Als hätte die nur vermeintlich augenblickliche Wahrnehmung des Klangereignisses in Wirklichkeit einige Zeit gedauert. Wie in Zeitlupe lässt er seine Wahrnehmung denn auch Revue passieren:

> Ich wunderte mich zuerst darüber, daß bloß ich das Klingen hören sollte, dann dachte ich, daß der Laut wieder verschwinden werde. Aber er verschwand nicht. Er näherte sich mir, wenn auch sehr fern, und wurde perspektivisch größer. [...] Das dauerte eine lange Zeit, während derer nur ich das Geschehen näher kommen hörte. Es war ein dünner, singender, einfacher hoher Laut, wie wenn der Rand eines Glases zum Tönen gebracht wird; aber es war etwas Unwirkliches daran; das hast du noch nie gehört, sagte ich mir.[183]

Das Unerhörte oder „Unwirkliche" scheint hier nicht allein vom noch unbekannten Klang des Fliegerpfeils auszugehen, sondern vor allem auch von der verzerrten Zeitperspektive, in der sich der Klang darbietet. „Man hört es schon lange"[184], heißt es bereits in der Tagebuchnotiz Musils von 1915. „Ein windhaft pfeifendes oder windhaft rauschendes Geräusch. Immer stärker werdend. Die Zeit erscheint einem sehr lange."[185] Mit seiner Rede von der „langen Zeit", während derer sich der Klang näherte, und, „wenn auch sehr fern, [...] perspektivisch größer" wurde, greift Azwei diese Erfahrung auf. Stärker noch als in der ersten Binnenerzählung vom Nachtigallengesang erscheint der Klang des Fliegerpfeils als eine Art zeitachsenmanipulativ erreichte „Tongroßaufnahme"[186]. Minutiös beschreibt Azwei seine existentiellen Empfindungen beim Hören, während der Klang des Fliegerpfeils stetig näherkommt. „Inzwischen war der Laut von oben körperlicher geworden, er schwoll an und drohte."[187] Irgendwann schließlich wurde „das Singen zu einem irdischen Ton [...], zehn Fuß, hundert Fuß über

---

182 Ebd.
183 Ebd., S. 556.
184 Tagebucheintrag vom 22.09.1915. Robert Musil / Adolf Frisé: *Tagebücher*. Bd. 1. Reinbek bei Hamburg: Rowohlt 1976, S. 312.
185 Tagebucheintrag vom 22.09.1915. Ebd.
186 Hoffmann: *Der Dichter am Apparat*, S. 125.
187 Musil: Die Amsel, S. 556.

uns, und erstarb. Er, es war da. Mitten zwischen uns, aber mir zunächst, war etwas verstummt und von der Erde verschluckt worden, war zu einer unwirklichen Lautlosigkeit zerplatzt."[188] Wie die Nachtigall verschwindet der Fliegerpfeil spurlos in der Stille. Auch er lässt sich nicht als Klangquelle identifizieren: „[A]lle wollten ihn suchen, aber er stak metertief in der Erde."[189] Das Verhältnis zwischen subjektivem Höreindruck und tatsächlicher Schallquelle wird dadurch massiv verunsichert, zumal sich die Wahrnehmung Azweis von derjenigen der anderen Soldaten unterscheidet. So vermag am Anfang nur Azwei „den feinen Gesang"[190] zu hören. Erst, als dieser sich in unmittelbarer Nähe befindet, irdisch schon, „hatte nun die Luft auch für die anderen zu klingen begonnen."[191] Diese Bewusstwerdung der Existenz selbst innerartlich verschiedener Hörschwellen erinnert an Kafkas Bautier, das vom plötzlich wahrgenommen Geräusch ganz ähnlich glaubt, „niemand außer mir würde es hören, ich höre es freilich jetzt mit dem durch die Übung geschärften Ohr immer deutlicher, trotzdem es in Wirklichkeit überall ganz genau das gleiche Geräusch ist, wie ich mich durch Vergleichen überzeugen kann."[192] Auch Azwei meint etwas wahrzunehmen, was die anderen so zunächst nicht hören und verweist damit auf die grundsätzliche Subjektivität auditiver Signalverarbeitung.

Wie Christoph Hoffmann herausgearbeitet hat, schließt Musil hier an die experimentalphonetischen Forschungen seines Doktorvaters Carl Stumpf an, der 1908 das Psychologische Institut an der Berliner Friedrich-Wilhelms-Universität gegründet hatte und sich insbesondere für das Feld der Musik- und Tonpsychologie interessierte.[193] Unter anderem ging Stumpf der Frage nach, inwiefern die Wahrnehmung und Verarbeitung von Geräuschen von der jeweiligen psychologischen Einstellung der Hörenden abhängt. So untersuchte er etwa, unter welchen Bedingungen mehrheitlich aufgebaute Klänge als einheitlicher Ton wahrgenommen werden.[194] In psychologischer Hinsicht spielten hier vor allem zwei Faktoren eine konstitutive Rolle: Zum einen sei „das einheitliche Hören nicht ganz

---

188 Ebd., S. 557.
189 Ebd.
190 Ebd., S. 556.
191 Ebd.
192 Kafka: Der Bau, S. 608–609.
193 Siehe Hoffmann: *Der Dichter am Apparat*, S. 187–229. Zum Zusammenhang zwischen den experimentalphonetischen Forschungen am Berliner Psychologischen Institut und Musils literarischen Geräuschverzeichnungen siehe auch Peter Berz: Der Fliegerpfeil. In: Hörisch / Wetzel (Hrsg.): *Armaturen der Sinne*, S. 265–288.
194 Carl Stumpf: *Die Sprachlaute: experimentell-phonetische Untersuchungen nebst einem Anhang über Instrumentalklänge*. Berlin: Julius Springer 1926, S. 280–289.

unabhängig vom Willen."[195] Stumpf zufolge kann ein Hörender sich willentlich „auf einheitliches Hören einstellen, kann dem Vereinheitlichungsprozeß innerlich entgegenkommen."[196] Zum anderen sei der Faktor der Gewöhnung ausschlaggebend für das einheitliche Hören.[197] Wie wir einen Klang wahrnehmen, hänge zutiefst davon ab, wie vertraut er uns ist und ob wir mit ihm eine bestimmte Funktion verbinden. Als Beispiel führt Stumpf das Signal der in Berlin gebräuchlichen Autohupen an, das man zunächst „als ein tiefes, aber zugleich schneidend scharfes U bezeichnen möchte."[198] Erst bei genauerem Hinhören entdecke man, dass sich in dieses vermeintliche U ein I-Formant mischt, es sich also eigentlich um einen zusammengesetzten Klang handelt, der durch die Gewöhnung jedoch vereinheitlicht werde.[199] Aus demselben Grund fällt es uns Stumpf zufolge schwerer, vertraute Klänge wie menschliche Sprachlaute zu analysieren als andere Arten von Schallquellen wie Instrumentalklänge, da wir mit Letzteren weniger vertraut und daher offeneren Ohres für deren spezifische Zusammensetzung seien. Ob Azwei die Töne, die des Nachts vom First des Nachbarhauses zu ihm dringen, als unbestimmten bioakustischen Laut analysiert oder als ‚signalgebenden' Gesang einer Nachtigall,[200] ob er das „windhaft rauschende[] Geräusch"[201] des Fliegerpfeils als militärisch bedeutsames Geräusch qualifiziert oder als überirdische „Stimme"[202], hängt – wie Hoffmann schreibt – „in beiden Fällen letztlich von willkürlicher, subjektiver Einstellung ab oder, medientechnisch gesprochen, von ‚Ohrentuning' auf Sprachlautempfang."[203]

Wie weit der Einfluss der subjektiven Einstellung auf die Geräuscherkennung gehen kann, zeigt die dritte Binnenerzählung der *Amsel*, in der Azwei einen Vogel sprechen hört. Dieses dritte Hörereignis findet im Haus seiner verstorbenen Eltern statt, deren Haushalt aufzulösen Azwei gekommen ist. Wie einst in der Berliner Wohnung weckt ihn eines Nachts „ein wunderbarer herrlicher Gesang"[204], dem er zunächst lange im Schlaf zuhört. Als er schließlich vollends erwacht, sieht er einen Vogel auf seinem Fenstersims sitzen. „Ich bin deine Amsel, – sagte er –

---

195 Ebd., S. 288.
196 Ebd.
197 Ebd.
198 Ebd.
199 Ebd., S. 288–289. Vgl. Hoffmann: *Der Dichter am Apparat*, S. 200.
200 „Es hatte mich von irgendwo ein Signal getroffen – das war mein Eindruck davon", resümiert Azwei das nächtliche Hörereignis. Musil: Die Amsel, S. 553.
201 Tagebucheintrag vom 22.09.1915. Musil / Frisé: *Tagebücher*, S. 312.
202 Musil: Die Amsel, S. 556.
203 Hoffmann: *Der Dichter am Apparat*, S. 201.
204 Musil: Die Amsel, S. 561.

kennst du mich nicht?"[205] Nachdem Azwei entgegnet, sich tatsächlich erinnern zu können, den Vogel schon einmal gesehen zu haben, gibt sich dieser als seine Mutter zu erkennen: „Ich bin deine Mutter – sagte sie."[206] Zwar gesteht Azwei zu, diese Szene möglicherweise nur geträumt zu haben, dennoch bleibt der Eindruck des Phantastischen: Ein Vogel, der spricht, scheint allen naturgesetzlichen Erfahrungen zu widersprechen. Der Eindruck einer unerhörten Hörbegebenheit, den Nachtigallengesang und Fliegerpfeil auf Azwei machten, wird hier auf eine neue Ebene gehoben. Nicht die eigentümliche Qualität des Klangereignisses macht das Unerhörte aus, sondern die Aufhebung der Grenze zwischen Tierstimme und menschlicher Lautsprache.[207] Handelt es sich hierbei nicht um zwei grundverschiedene Klangspezies? Nicht, wenn man wiederum Stumpfs tonpsychologische Forschungsarbeiten heranzieht, die Musil – wie unter anderem seine Tagebücher dokumentieren – interessiert rezipiert hat.[208]

Hintergrund für Stumpfs oben beschriebene Überlegungen zur „psychischen Einstellung"[209] auf verschiedenartige Schallquellen ist sein Wissen um deren prinzipielle ‚Unterschiedslosigkeit' in physikalischer Hinsicht. Im Anschluss an Helmholtz Entdeckung, dass die Klangfarbe eines jeglichen Schallphänomens durch messbare Obertöne bestimmt wird, hat Stumpf aufwändige Versuche zur physikalischen Struktur von Sprachlauten durchgeführt.[210] Hierbei bediente er sich nicht nur der phonographischen Zeitachsenmanipulation, mit der die Vokale gezielt verändert und ineinander verwandelt werden konnten, sodass etwa aus einem dunkleren ‚O' ein helleres ‚A' wurde.[211] Mithilfe eines Apparates zur Schallregulation gelang es ihm zudem, sie in ihre tonalen Grundeinheiten zu zergliedern sowie umgekehrt künstlich zu synthetisieren. Innerhalb kurzer Zeit konnte er alle acht Vokale der deutschen Sprache naturgetreu nachbilden.[212] „In nicht wenigen Fällen urteilten die beigezogenen Betrachter, daß der künstliche den natürlichen Vokal sogar an Charakteristik und Reinheit übertreffe"[213], betont

---

205 Ebd.
206 Ebd.
207 Vgl. Hoffmann: *Der Dichter am Apparat*, S. 202.
208 Vgl. ebd., S. 195.
209 Stumpf: *Die Sprachlaute: experimentell-phonetische Untersuchungen nebst einem Anhang über Instrumentalklänge*, S. 289.
210 Vgl. Carl Stumpf: Die Struktur der Vokale. In: *Sitzungsberichte der Königlich Preussischen Akademie der Wissenschaften* 1 (1918), S. 333–358.
211 Vgl. das Kapitel „Die Veränderung der Vokale bei veränderter Umdrehungsgeschwindigkeit der Phonographenwalze", in: Stumpf: *Die Sprachlaute: experimentell-phonetische Untersuchungen nebst einem Anhang über Instrumentalklänge*, S. 228–233.
212 Stumpf: Die Struktur der Vokale, S. 347.
213 Ebd.

Stumpf. Wenn aber die Laute der menschlichen Sprache sich so leicht aus tonalen Grundeinheiten synthetisieren ließen, aus denen auch nichtsprachliche Klangphänomene wie Instrumentalklänge zusammengesetzt sind und wenn Sprache sich umgekehrt problemlos in diese Grundeinheiten zerlegen lässt, dann hat das Konsequenzen für die Grenzbestimmungen zwischen den verschiedenen Klangspezies. Angesichts deren wechselseitiger Übersetzbarkeit verliert „die Unterscheidung zwischen gesungener, gesprochener oder geflüsterter Sprache und jedem anderen ‚sound', und sei es dem des Krieges, ihren absoluten Charakter."[214] Stumpf zufolge finden sich sowohl in der Kunst als auch in der Natur „Vokalitäten außerhalb der menschlichen Stimme"[215], die bewiesen, „wie wenig berechtigt es ist, für die Vokale der menschlichen Sprache ein ganz singuläres, unvergleichliches Wesen in Anspruch zu nehmen."[216] Beziehe man etwa Tierstimmen mit ein,

> das Tirili der Lerche (anscheinend ein Ultra-I ohne Unterformanten), das Uhu der Eule, das Mäh des Lammes usf., sowie mehr oder minder vokalähnliche Klänge der unbeseelten Natur, so muß man sicher zugeben, daß zwischen den menschlichen Vokalen und den übrigen Klangfarben scharfe Grenzen nicht bestehen.[217]

Vielmehr bildeten die menschlichen Vokale nur einen „Ausschnitt aus der Gesamtheit der möglichen Klangfarben und hängen durch stetige Übergänge mit den übrigen zusammen."[218] Das, was Menschen- und Tierstimmen laut Stumpf voneinander unterscheidet, ist ihr unterschiedlich ausgeprägter „Vertrautheitscharakter"[219]. Weil wir mit der „Muttersprache"[220] und – in geringerem Maße – mit „allen durch ein menschliches Sprachorgan erzeugbaren Klängen"[221] besonders vertraut sind, erscheinen sie uns singulär und unvergleichlich. Dabei habe besagter Vertrautheitscharakter „nichts mit einzigartigen Eigenschaften des Klangmaterials zu tun"[222], sondern wurzele lediglich in der psychischen Disposition des Hörenden.

Dass Azwei im Vogelgesang Sprachlaute, zumal die Laute seiner „Muttersprache" zu erkennen vermag, erscheint vor diesem Hintergrund in neuem Licht. Das Wissen um die prinzipielle Konvertierbarkeit tierlicher in menschliche

---

214 Hoffmann: *Der Dichter am Apparat*, S. 195.
215 Stumpf: *Die Sprachlaute: experimentell-phonetische Untersuchungen nebst einem Anhang über Instrumentalklänge*, S. 267.
216 Ebd.
217 Ebd.
218 Ebd.
219 Ebd.
220 Ebd.
221 Ebd.
222 Ebd.

Vokale und umgekehrt nimmt der Szene ein Stück weit das Phantastische. Oder anders formuliert: Azwei führt lediglich aus, wozu Stumpfs experimentalphonetische Thesen die Steilvorlage bieten: Er vermittelt, dass es nicht zuletzt am Zugang des Hörenden hängt, ob ein Klang als bloßes Rauschen oder Flüstern wahrgenommen wird, als tierliches Geräusch oder menschlicher Sprachlaut.[223] Damit hebt *Die Amsel* nicht nur poetologisch die Bedeutung des Erzählenden bzw. Zuhörenden für den Sinn des Erzählten hervor. (Wie es in der Rahmenerzählung gleich zu Beginn der Novelle heißt, werden Geschichten erzählt, „bei denen es darauf ankommt, wer sie berichtet"[224] und wer bzw. dass jemand zuhört: So erzählt Azwei Aeins die drei Geschichten, „um zu erfahren, ob sie wahr sind."[225]) Über diese poetologische Bedeutung hinaus weist *Die Amsel* zudem auf das Programm der gleichzeitig im Entstehen begriffenen Bioakustik. Wie anhand der Forschungen Garners und Regens zu zeigen sein wird, erkennt diese im vermeintlich sinnfernen Rauschen der Tiere potenzielle, lediglich ‚unvertraute' Sprachlaute, deren Sinn sie mittels medientechnisch erweiterter Hörzugänge zu entschlüsseln sucht. Dieser Zugang zu den Stimmen der Natur ist zwar insofern nicht neu, als sich schon die Romantiker bemühten, ins nichtmenschliche Rauschen eine Botschaft einzutragen (siehe Kapitel 3). Der von Helmholtz und Stumpf erbrachte Nachweis einer physikalischen Vergleichbarkeit von tierlichen und menschlichen (Sprach-)Lauten verlieh diesen Bemühungen aber eine ungekannte naturwissenschaftliche Plausibilität. Im Verbund mit den um 1900 gegebenen medientechnischen Möglichkeiten, bioakustische Klangphänomene auch jenseits menschlicher Hörschwellen aufzuschlüsseln, trieb er die Suche nach sprachlichen Mustern in tierlichen Lauten maßgeblich voran. Dabei war die frühe Bioakustik mit zwei grundlegenden Problemen konfrontiert, die schon bei Kafka und Musil

---

223 In einer Notiz von 1934 hält Musil einen ähnlichen Gedanken zur wechselseitigen Metamorphose von tierlichem und menschlichem Verhalten fest, wobei es hier nicht um den akustischen, sondern um den Bewusstseinsrausch geht: „Der Mensch benimmt sich, wie allgemein zugegeben wird, im Rausch tierisch; sollte sich da nicht vielleicht das Tier im Rausch menschlich benehmen?" Musil / Frisé: *Tagebücher*, S. 830. In seiner Novelle *Grigia* (1924) wiederum hat Musil das grammophonische Rauschen mit der Tierwerdung des Menschen in Verbindung gebracht: „Das Grammophon raderte hindurch wie ein vergoldeter Blechkarren. [...] Wir sprachen nicht miteinander, sondern wir sprachen. Was hätten wir sprechen sollen? Ein Dichter, ein Bauunternehmer, ein Strafanstaltsinspektor, ein Professor des Rechts, ein Forstadjunkt, ein aktiver Major? Trotzdem das auch Worte waren[.] Wir sprachen in Zeichen. Eine Tiersprache[.]" Robert Musil: Grigia. In: Ders.: *Gesammelte Werke*. Hrsg. v. Adolf Frisé. 9 Bde., Bd. 6: Prosa und Stücke. Hamburg: Rowohlt 1978, S. 234–252, hier S. 243. Siehe dazu auch Siegert: Die Geburt der Literatur aus dem Rauschen der Kanäle, S. 25–26.
224 Musil: Die Amsel, S. 548.
225 Ebd., S. 553.

verhandelt werden: Wie lassen sich phonetisch wie semantisch ‚unvertraute' Laute in Schrift und Bedeutung übersetzen?

4.3 Entzug der Tierstimme: Notations- und Übersetzungsprobleme

Immer wieder kommt Azwei auf die Schwierigkeit zu sprechen, seine Hörerlebnisse sprachlich und epistemisch zu erfassen.[226] Beim Versuch, das Gehörte an Aeins zu vermitteln, weicht Azwei notgedrungen auf sprachliche Bilder („Leuchtkugeln beim Feuerwerk"[227]), Vergleiche („wie wenn der Rand eines Glases zum Tönen gebracht wird"[228]), onomatopoetische Substantivierungen („ein leises Klingen"[229]), adjektivische Umschreibungen („es war ein dünner, singender, einfacher hoher Laut"[230]) und Personifikationen („der Laut [...] schwoll an und drohte"[231]) aus. Die sprachliche Kreativität, die der Vermittlungsversuch hier auslöst, weist paradoxerweise zugleich auf die Grenzen der Sprache, wenn es darum geht, akustische Phänomene zu objektivieren. Grenzen, die Azwei auch explizit thematisiert: „Es ist sehr schwer zu beschreiben"[232], kommentiert er seine erste Hörerfahrung. „Ich erfinde das nicht, ich suche es so einfach wie möglich zu beschreiben"[233], fügt er fast entschuldigend der zweiten hinzu. „[I]ch habe die Überzeugung, daß ich mich physikalisch nüchtern ausgedrückt habe; freilich weiß ich, daß das bis zu einem Grad wie im Traum ist, wo man ganz klar zu sprechen wähnt, während die Worte außen wirr sind."[234] Wendungen wie „Ich hätte auch sagen können"[235], es „ist mir, als ob"[236], „[e]s ist, wie wenn"[237] signalisieren die immensen Anstrengungen, die es Azwei bereitet, das Gehörte in Worte zu fassen. Sie durchziehen die Novelle in ähnlich formelhafter Weise wie seine Be-

---

226 Vgl. hierzu Encke: *Augenblicke der Gefahr*, S. 167–170 und Karl Eibl: Die dritte Geschichte. Hinweise zur Struktur von Robert Musils *Die Amsel*. In: *Poetica* 3 (1970), S. 455–471, hier S. 463–467.
227 Musil: Die Amsel, S. 551.
228 Ebd., S. 556.
229 Ebd., S. 555.
230 Ebd., S. 556.
231 Ebd.
232 Ebd., S. 552.
233 Ebd., S. 556.
234 Ebd.
235 Ebd., S. 555.
236 Ebd., S. 556.
237 Ebd., S. 562.

4.3 Entzug der Tierstimme: Notations- und Übersetzungsprobleme — 275

kenntnisse zum Nichtwissen hinsichtlich der Frage, inwiefern „dies alles einen Sinn gemeinsam hat."[238] Azwei „weiß nicht, welches Ende sie [seine Geschichte, D. R.] finden soll"[239], „[d]as alles hing ganz von selbst zusammen, aber ich weiß nicht wie."[240] „Aber ich wußte ganz einfach nicht, was es war. Ich weiß das auch heute nicht."[241] „Ich kann dir nur sagen, wofür ich es hielt, als ich es erlebte"[242], aber „[n]atürlich kann es auch umgekehrt zugegangen sein."[243] So lauten die Einschübe, mit denen Azwei den epistemischen Zugang zu seinen Hörerlebnissen und deren Bedeutung immer wieder einschränkt.[244] Sie setzen eine Bewegung in Gang, die man mit Julia Encke „als ‚supplementär' bezeichnen könnte, als eine von außen kommende Ergänzung, die am Ergänzten etwas Abwesendes, etwas Fehlendes, einen Mangel substituiert."[245] Das Abwesende tritt dadurch als Abwesendes nur deutlicher zu Tage. Was Azwei genau hört und wie sich dieses Gehörte in Sinn übersetzen lässt, bleibt ähnlich uneindeutig wie das Zischen in Kafkas *Bau*.

Beides, die Markierung eines Nichtwissens im Umgang mit (bio-)akustischem Material und das offenkundige „Scheitern der sprachlichen Objektivation"[246], erinnert nicht zuletzt an die Herausforderungen, vor die sich schon hundertfünfzig Jahre zuvor die vergleichende Physiologie der Stimmgebung gestellt sah (siehe Kapitel 2). Hier ging es ganz ähnlich um die Frage, wie die spezifischen Hörerfahrungen, welche die Physiologen im Rahmen ihrer experimentellen Studien an tierlichen Stimmorganen machten, sprachlich zu objektivieren bzw. an ein Lesepublikum zu vermitteln wären. Genauso wie in Musils *Amsel* wurde versucht, die abwesenden tierlichen Stimmen mittels literarischer Verfahren wie Vergleichen, wortbildenden Lautmalereien und Umschreibungen einzuholen. Während die Grenzen der Sprache, welche diese Verfahren implizit suggerieren, dort indes unbedacht blieben, werden sie bei Musil auf eine poetologische Reflexionsebene gehoben. Das Gehörte wird letztlich als ein Produkt von Auf- und Einschreibungen, „von Geschichten und Geschichtenerzählen"[247] verstanden, das sich der objektivierenden Festschreibung radikal entzieht. In den sichtbaren (Schrift-)Zeichen, mit denen die Klangphänomene beschrieben werden, bleibt die Spur von deren

---

238 Ebd.
239 Ebd., S. 552.
240 Ebd., S. 553.
241 Ebd.
242 Ebd.
243 Ebd., S. 555.
244 Vgl. Encke: *Augenblicke der Gefahr*, S. 167.
245 Ebd.
246 Eibl: Die dritte Geschichte, S. 467.
247 Encke: *Augenblicke der Gefahr*, S. 168.

Abwesenheit überdeutlich erhalten, ja, sie tritt als solche erst hervor. Allegorisch bringt dies die dritte Binnengeschichte der Novelle auf den Punkt, in der die Amsel in eben jenem Moment, in dem sie gefangen und festgehalten wird, verstummt. Auf die Frage von Aeins, ob die Amsel noch oft gesprochen habe, nachdem sie von Azwei gezähmt, gekäfigt und in eine absolute Anwesenheit überführt wurde („Ich habe sie seither nicht mehr von mir gelassen"[248]), erwidert Azwei: „Nein, [...] gesprochen hat sie nicht."[249] Auch ihr einstiger „wunderbarer, herrlicher Gesang"[250] scheint dauerhaft verklungen. Mit der Objektivierung, so legt es diese Szene nahe, geht das Spezifische des Gehörten unwiederbringlich verloren. Im Unterschied zur fortgeflogenen Nachtigall und zum im Boden versunkenen Fliegerpfeil der ersten beiden Geschichten steht die Amsel der dritten Geschichte zwar als visuelles Zeichen für deren Laute ein, diese Bezeichnung ist jedoch nur auf Kosten der Absenz des Bezeichneten zu haben.[251]

Nicht allein in der ‚poetischen Ornithologie', auch in der akademischen und außerakademischen Vogelkunde begann man im frühen 20. Jahrhundert, die Darstellungsmöglichkeiten und -grenzen klangvermittelnder Zeichen verstärkt zu reflektieren. Im Austausch zwischen Amateurornithologen, Biologen, Musikethnologen und Komponisten wurde diskutiert, wie sich das akustische Phänomen Vogelgesang adäquat transkribieren, d. h. in den visuellen Bereich der Schrift übertragen ließe.[252] Hintergrund der Diskussionen war der Wunsch, der bislang eher unsystematisch verfolgten Vogelstimmenkunde den Charakter einer Wissenschaft zu verleihen.[253] Dies erforderte die Schaffung einer gemeinsamen Materialbasis und damit verbunden ein möglichst objektives Aufschreibeverfahren: Die Gesänge der verschiedenen Vogelarten sollten so aufgezeichnet werden, dass sie für die Forschung dauerhaft zur Verfügung gestellt, virtuell abrufbar und miteinander vergleichbar sind. Während man Vogelgesang bislang vorwiegend mittels verbaler Beschreibungen und onomatopoetischer Lautzeichen fixierte, wurde nun vermehrt auf die musikalische Notation zurückgegriffen. Als bereits standardisiertes Aufschreibesystem versprach die Notenschrift zunächst ein höheres Maß an Objektivität als die oft erheblich voneinander abweichenden Onomatopoesien, mit denen einzelne Forscher die Vogelstimmen zu fassen suchten. „Dasselbe

---

248 Musil: Die Amsel, S. 562.
249 Ebd.
250 Ebd., S. 561.
251 Vgl. Encke: *Augenblicke der Gefahr*, S. 169.
252 Siehe dazu grundlegend Bruyninckx: *Listening in the field*, S. 23–55.
253 Vgl. ebd.

4.3 Entzug der Tierstimme: Notations- und Übersetzungsprobleme — 277

Motiv schreibt der eine *dahüdl*, der andere *tlowit*"[254], klagt etwa der Musikethnologe Erich Moritz von Hornbostel, der wie Musil bei Carl Stumpf studiert und 1900 gemeinsam mit diesem das Berliner Phonogrammarchiv gegründet hatte. Eigentlich mit der vergleichenden Erkundung europäischer und außereuropäischer Musiken befasst, widmet sich Hornbostel in seinen *Musikpsychologischen Bemerkungen über Vogelgesang* (1909) ausnahmsweise den „ganz besonderen Schwierigkeiten"[255], mit denen die Beobachtung und Aufzeichnung von Vogelgesang zu kämpfen hat. Tatsächlich waren es ganz ähnliche methodische Probleme, welche die Musikethnologie und Vogelstimmenkunde miteinander verbanden. Beide Disziplinen hatten es mit Klangphänomenen zu tun, die das traditionelle westliche Zeichenrepertoire und mit ihm – wie Hornbostel betont – letztlich auch die Notenschrift aufgrund ihrer besonderen Eigenschaften überstiegen. Informationstheoretisch gesprochen sahen sich beide vor das Problem gestellt, dass Klang-Produzent und Empfänger bzw. Analysator über kein bzw. ein sehr eingeschränktes gemeinsames Bezugsfeld musikalischer Konventionen wie Tonsysteme, rhythmische Muster, melodische Figuren und Vortragsweisen verfügten, auf das die Eigenschaften der untersuchten Phänomene bezogen werden können.[256] Ebenso wie „die Eigentümlichkeiten der musikalischen Ausdrucksweise bei verschiedenen Völkern"[257] bezüglich etwa derer Tonhöhenwerte, Dynamik oder Klangfarben mit westlichen Wahrnehmungsgewohnheiten und Schreibweisen kollidierten,[258] führe der Vogelgesang die Begrenztheit des menschlichen Hörens und Notierens vor. Die richtige Auffassung der tierlichen Töne, so Hornbostel, „wird erschwert durch ungewohnte Klangfarben, verhältnismäßig hohe Lage – zwei- und dreigestrichene Oktave –, oft sehr schnelles Tempo und vor allem durch

---

254 Erich Moritz Hornbostel: Musikpsychologische Bemerkungen über Vogelgesang. In: Ders.: *Tonart und Ethos. Aufsätze zur Musikethnologie und Musikpsychologie*. Hrsg. v. Christian Kaden und Erich Stockmann. Leipzig: Reclam 1986, S. 86–103, hier S. 88.
255 Ebd., S. 87.
256 Vgl. Doris Stockmann: Die Transkription in der Musikethnologie. Geschichte, Probleme, Methoden. In: *Acta Musicologica* 51,2 (1979), S. 204–245, hier S. 212, deren Ausführungen zur Transkriptionsproblematik in der Musikethnologie in einigen wesentlichen Aspekten auf die Ornithologie übertragen werden können. Auf die Parallelen zwischen beiden Disziplinen hinsichtlich der methodologischen Herausforderung, ‚exotische' Klänge zu transkribieren und zu analysieren, verweist neben Bruyninckx: *Listening in the field*, S. 46–47 auch Karin Bijsterveld: *Sonic skills. Listening for knowledge in science, medicine and engineering (1920s–present)*. London: Palgrave Macmillan 2019, S. 43–44.
257 Erich Moritz Hornbostel / Otto Abraham: Vorschläge für die Transkription exotischer Melodien. In: Erich Moritz Hornbostel: *Tonart und Ethos*, S. 112–150, hier S. 113.
258 Vgl. ebd. In diesem 1909 gemeinsam mit Otto Abraham verfassten Aufsatz formuliert Hornbostel „Vorschläge für die Transkription exotischer Melodien", wobei er von teilweise ähnlichen Prämissen ausgeht wie in seinem Aufsatz zur Notation von Vogelgesang.

eine sehr starke Geräuschbeimischung. Schon die Geräuschlaute der menschlichen Sprache sind oft schwer genug angemessen aufzuzeichnen, wie jeder weiß, der es einmal mit einer afrikanischen Sprache, oder auch nur mit einem europäischen Dialekt versucht hat."[259] Bei Vogellauten komme erschwerend hinzu, dass sie sich physiologisch nicht leicht nachvollziehen ließen. Während man bei menschlichen Sprachlauten, so fremd sie auch anmuteten, die Möglichkeit habe, deren Erzeugung zu untersuchen und selbst zu erlernen, fallen „alle diese Hilfen [...] bei den Vogellauten weg. Von den physiologischen Bedingungen dieser Geräusche weiß man so gut wie nichts; es gibt eine Menge Laute, die wir nicht nachmachen können (z. B. Frikative mit Vokalfärbung), andere, die unsern Konsonanten (z. B. Labialen) ähnlich klingen, aber offenbar ganz anders hervorgebracht werden."[260] Angesichts dieser schon auf physiologischer Ebene feststellbaren Inkommensurabilität der Vogellaute komme nicht nur die verbale bzw. phonetische, sondern selbst die musikalische Notation an ihre Grenzen. Wie soll man Laute notieren, für die es kein Zeichensystem gibt? „Die wenigsten Vogelmotive vertragen das Einzwängen in unser Fünfliniensystem"[261], schreibt Hornbostel. Es gelte daher, „weniger gewaltsame Schreibweisen"[262] zu finden, „die die Eigentümlichkeiten der Gesänge, wenigstens für ornithologische Zwecke, genau genug wiedergeben, ohne eigentliche Ton- und Intervallbestimmungen zu erfordern."[263] Hornbostel verweist hier auf den Vorschlag des Ornithologen Alwin Voigt, der in seinem *Exkursionsbuch zum Studium der Vogelstimmen* (1894) eine Schreibweise vorgestellt hatte, die auf Notenzeichen weitgehend verzichtet und stattdessen mit grafischen Elementen arbeitet.[264] Als gänzlich zufriedenstellend wurde jedoch auch diese Schreibweise nicht empfunden und es wurden zu Beginn des 20. Jahrhunderts zahlreiche Alternativen erprobt, wobei oft eine Kombination aus musikalischen, phonetischen und grafischen Darstellungsverfahren zur Anwendung kam.[265] Sie belegen eindrücklich, als wie schwierig die Gratwanderung empfunden wurde, einerseits der Eigentümlichkeit und Vielfalt des Vogelgesangs so differenziert wie möglich gerecht zu werden und andererseits einer zu starken Ausdifferenzierung verschiedener Aufschreibeverfahren entgegenzuwirken. Schlussendlich ging es darum, eine

---

259 Hornbostel: Musikpsychologische Bemerkungen über Vogelgesang, S. 87–88.
260 Ebd., S. 88.
261 Ebd.
262 Ebd.
263 Ebd.
264 Vgl. Alwin Voigt: *Exkursionsbuch zum Studium der Vogelstimmen: praktische Anleitung zur Bestimmung der Vögel nach ihrem Gesange*. 4., verm. und verb. Aufl. Dresden: Schultze 1906.
265 Vgl. Susanne Heiter: Als ob die Vögel Noten sängen. In: Sommer / Reimann (Hrsg.): *Zwitschern, Bellen, Röhren*, S. 167–187, hier S. 173–174. Siehe auch das Kapitel „Nachahmung von Tier(laut)en" in Heiter: *Von Admiral bis Zebrafink. Tiere und Tierlaute in der Musik nach 1950*.

Transkriptionsmethode zu finden, die genau und praktikabel zugleich war, das heißt, um es mit den Worten von Hans Stadler und Cornel Schmitt zu formulieren, die eine „Verständigung von Forscher zu Forscher, [...] eine genaue und wissenschaftliche Nachprüfung und Vergleichung möglich"[266] machte.

Eine solche Methode sahen der Entomologe und Amateurornithologe Stadler und sein Mitarbeiter, der Komponist und Pädagoge Schmitt, in einer Erweiterung bzw. Aufbrechung der konventionellen Notenschrift. Bei tonarmen bzw. geräuschartigen Gesängen sollten die Notenlinien weggelassen werden. Sofern die Vogellaute gut nachgepfiffen werden konnten, sollte dagegen das Fünfliniensystem beibehalten werden. Für die Notation darüber hinausgehender sehr feiner Töne wie derjenigen der Meise schlagen Stadler und Schmitt ein dreiliniges Notensystem vor, deren oberste Linie sie als „Meisenlinie"[267] bezeichnen. Außerdem verwenden sie diverse musikalische Zeichen zur Darstellung von Rhythmik, Dynamik und Tempo und plädieren zusätzlich für eine Ergänzung der Notenschrift durch den „sprachlichen Höreindruck (Vokale, Konsonanten, Silben), also die Art der Vogelstimmenbezeichnung, wie sie für sich allein [...] allgemein im Gebrauch ist."[268] (Abb. 16) Dass indes auch mit diesem System einigen Merkmalen des Vogelgesangs wie dessen spezifischen Klangfarben oder stark unregelmäßigen Lautfolgen wie dem „Welschen der Grasmücken und manchem Anderen nicht beizukommen ist"[269], räumen die Autoren immer wieder ein. Selbst „bei solchen Vogelstimmen, die wir selbst leicht nachpfeifen können (Amsel), gelingt das Notieren oft recht schwer, weil sich die Vögel um unser künstliches Tonsystem mit seinen Halb- und Ganztönen nicht kümmern, sondern singen, wie ihnen der Schnabel gewachsen ist', also auch Vierteltön-

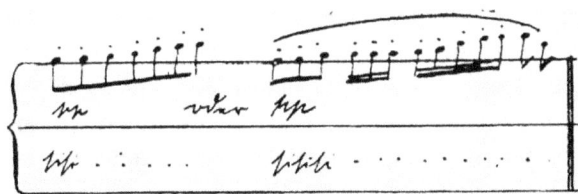

Abb. 16: Der – noch über die „Meisenlinie" hinausgehende – Gesang des feuerköpfigen (Sommer-)Goldhähnchens in der Schreibweise von Stadler und Schmitt.

---

266 Hans Stadler / Cornel Schmitt: Studien über Vogelstimmen. In: *Journal für Ornithologie* 61 (1913), S. 383–394, hier S. 394.
267 Ebd., S. 390.
268 Ebd., S. 387.
269 Ebd.

stufen."[270] Trotz der Mängel, die ihre Methode diesbezüglich aufweise, bahnt sie Stadler und Schmitt zufolge den Weg für eine wissenschaftlich objektive Erfassung von Vogellauten, die nur vom Phonographen noch zu übertreffen wäre. „Aber solang wir den Vogelgesang nicht festhalten können auf der Platte, ist uns kein andres Mittel zugänglich als das der Wiedergabe mit musikalischen Zeichen"[271].

Mit der (Un-)Möglichkeit, die Vogellaute phonographisch aufzuzeichnen, sprechen Stadler und Schmitt einen Aspekt an, der in die Transkriptionsdebatte des frühen 20. Jahrhunderts wesentlich hineinspielt. In deren Beiträgen erscheint der Phonograph als ein zwar vielversprechendes, bislang jedoch noch wenig praktikables Medium der Speicherung und Erforschung von Vogellauten. Anders als die primatologische und entomologische Forschung, die den Phonographen schon bald nach seiner Erfindung für ihre Zwecke einsetzten (siehe Kapitel 5 und 6), zeigte sich die Ornithologie zunächst zurückhaltend im Umgang mit dem neuen Medium. Dies lag vor allem an der fehlenden Mobilität des anfangs noch sehr schweren und sperrigen Phonographen, welche die Aufnahme von Vogelgesang in der freien Natur unmöglich machte. So konnten die freilebenden Vögel schwerlich vor den Trichter gezwungen werden, um dort in aller Ruhe ihr Lied zu singen.[272] Für die der Feldforschung zugeneigte Ornithologie bedeutete dies eine erhebliche Einschränkung. Vereinzelte und – wie Hornbostel schreibt – durchaus zukunftsweisende Versuche, Vogelgesang zu phonographieren, mussten sich „vorderhand auf eingekäfigte Tiere beschränken"[273], die indes „von den meisten Ornithologen für weniger gute ‚Versuchspersonen' gehalten werden, als freilebende, weil sie oft andere Strophen singen als in der Freiheit, auch leicht die Singweise von artfremden Mitgefangenen annehmen."[274] Auch Stadler und Schmitt scheinen auf die Immobilität des Phonographen abzuheben, wenn sie beklagen, dass „wir den Vogelgesang nicht festhalten können auf der Platte"[275] und – wie es an anderer Stelle ihres Aufsatzes heißt – die bisherige phonographische Technik den spezifischen Anforderungen der Vogelstimmenfixierung „ganz offenbar nicht gewachsen"[276] sei, weshalb wohl oder übel auf schriftliche Notationsverfahren zurückgegriffen werden müsse. Ungeachtet dieser expliziten Vorbehalte gegenüber dem Phonographen grundiert er die Debatte um die Transkription

---

270 Ebd.
271 Ebd.
272 Vgl. Bruyninckx: Listening in the field, S. 47.
273 Hornbostel: Musikpsychologische Bemerkungen über Vogelgesang, S. 89.
274 Ebd.
275 Stadler / Schmitt: Studien über Vogelstimmen, S. 387.
276 Ebd., hier S. 388.

4.3 Entzug der Tierstimme: Notations- und Übersetzungsprobleme — 281

von Vogellauten als mediales Dispositiv. Als mechanisches Klangspeichermedium, das jedwedes Schallphänomen originalgetreu aufzuzeichnen versprach, stellte der Phonograph das Ideal einer möglichst objektiven Erfassung von Tierlauten vor, an dessen Vorbild sich die schriftlichen Transkriptionsmethoden zu messen hatten. Erst die Phonographie und Photophonographie (eine von Johann Regen verwendete und Stadler zu Ohren gekommene Technik der mechanischen Speicherung und gleichzeitigen Visualisierung von Klang[277]), würden, wie Stadler und Schmitt betonen, „die völlig objektive und restlose Fixierung der Vogelstimmen ermöglichen"[278], wenngleich aus den oben genannten Gründen leider noch auf sie verzichtet werden musste. Ganz ähnlich kommt auch Hornbostel auf die Potenziale phonographischer Aufnahmen zu sprechen, die zweifellos

> dem Studium des Vogelgesangs zugute kommen [möchten]. Namentlich ist es ein Vorteil, der den Phonographen auch für das Studium exotischer Musik unentbehrlich macht: die Möglichkeit, eine Melodie oder ein Motiv beliebig oft zu wiederholen, und so Einzelheiten festzulegen, die kein Mensch bei der ursprünglichen Aufführung aufzeichnen könnte. Auch unter den Vogelgesängen gibt es ja manche, ‚an denen alle Darstellungskunst scheitert [...]'.[279]

Für die musikethnologische Forschung war der Phonograph in der Tat ein unentbehrliches Medium. Indem er die Reproduzierbarkeit von schriftlos überlieferter Musik gewährleistete, ließ er nicht nur zahlreiche derer Eigenschaften und Details erst hervortreten. Er konfrontierte die Ethnolog:innen zugleich mit den Herausforderungen, die mit der Transkription von flüchtigen Klangphänomenen verbunden sind. So konnten mithilfe des Phonographen erstmals verschiedene Transkripte ein und desselben Klangphänomens überprüft und miteinander verglichen werden. In der ‚vorphonographischen Periode' waren die Aufzeichnun-

---

277 In einem Brief vom 20.06.1913 bittet Stadler Regen darum, ihm doch Genaueres über seine „photographische Registriermethode" mitzuteilen: „die Sache interessiert mich sehr deswegen, weil ich zusammen mit e. musikal. Mitarbeiter Vogelstimmen studire und schon lang, bisher vergeblich, nach einer Methode der Photophonographie suche. Wir haben über Vogelgesang auch publiziert. Falls es sich nun bei Ihren Untersuchungen nicht um ein Geheimnis handelt, würde ich Sie sehr bitten, uns Ihre Methode zur photographischen Fixierung schon jetzt bekannt zu geben." Der Brief befindet sich im Adressbuch von Regen im Archiv der Österreichischen Akademie der Wissenschaften (AÖAW), Nachlass Johann Regen, Nr. 2.2. Scheinbar hat der Insektenforscher Regen seine Methode nicht preisgegeben oder aber deren Anwendbarkeit beim Studium von Vogelgesang bezweifelt, denn in ihrem Aufsatz aus demselben Jahr schreiben Stadler und Schmitt, dass „die Photophonographie vorerst nur in den Händen des sie bearbeitenden Spezialforschers leistungsfähig [scheint]." Ebd. Zu Regens fotografischer Registriermethode siehe Kapitel 6.
278 Ebd.
279 Hornbostel: Musikpsychologische Bemerkungen über Vogelgesang, S. 89.

gen dagegen gar nicht überprüfbar, weil nicht unter genau denselben Bedingungen wiederholbar.[280] Dass es bisweilen gravierende Unterschiede in der Aufzeichnung von Klängen gab, konnte mit dem Phonographen unmittelbar nachgewiesen werden. Damit aber war die methodenkritische „wissenschaftliche Diskussion über Transkriptionsprobleme eröffnet", wie Stockmann für die Musikethnologie festhält.[281] Dass der Phonograph in ähnlicher Weise auch in der ornithologischen Forschung für Fragen und Probleme der Notation sensibilisierte, ist mit Blick auf Stadlers und Hornbostels Ausführungen anzunehmen. Auch wenn er aufgrund der im Vergleich zum Menschen wenig kontrollierbaren Mobilität freilebender Vögel kaum zum Einsatz kam, bildete der Phonograph die diskursive Folie, vor deren Hintergrund die Möglichkeiten und Grenzen schriftsprachlicher Notation von Vogelgesang diskutiert wurden. Deutlicher als je zuvor traten die Unzulänglichkeiten schriftlicher Klangaufzeichnung zu Tage; größer als bisher wurde der Abstand wahrgenommen, der sich zwischen klingendem Ereignis und seiner schriftlichen Übersetzung auftat.[282]

Wie bereits Hornbostel festgestellt hat, scheint dieser Abstand bei Tierlauten wie Vogelgesang besonders groß.[283] Im Unterschied zu menschlichen Stimmen und Musikerzeugnissen, deren physiologischen bzw. instrumentellen Bedingungen bekannt sind oder aber angeeignet werden können und die sich auch deshalb leichter in bestehende Zeichensysteme übersetzen lassen, eignet Tierlauten eine grundsätzliche Inkommensurabilität. In ihrer fremden Physiologie, ihrer immensen Bandbreite an Klangfarben und ihren menschliche Hörgewohnheiten und Wahrnehmungsschwellen oftmals übersteigenden Qualitäten entziehen sie sich mehr als alle anderen Klänge der schriftlichen Notation. Hinzu kommt, dass Tierstimmen nicht von vornherein mit einer dem Menschen vertrauten Semantik in Verbindung stehen. Während menschliche Stimmen und Musikerzeugnisse sich meist problemlos in Bedeutung übersetzen lassen, ist uns der Zugang zur semantischen Funktion von Tierlauten größtenteils versagt. Die sensorische und mediale Schwierigkeit, sie aufzuzeichnen, hängt letztlich eng mit der epistemischen Schwierigkeit zusammen, sie in bedeutungsvolle Sinneinheiten zu übersetzen. Kafkas Bautier und Musils Azwei führen diesen Zusammenhang vor: Nicht zuletzt, weil sie nicht wissen, was das Zischen des fremden Tiers bedeutet und

---

280 Vgl. dazu Stockmann: Die Transkription in der Musikethnologie, S. 207.
281 Ebd.
282 Inwieweit diese Bewusstwerdung über die Begrenztheit der Schriftsprache im Zusammenhang mit der allgemeinen Sprachskepsis steht, welche um 1900 in Literatur, Philosophie und Sprachwissenschaft grassierte, bedürfte einer eigenen, an dieser Stelle nicht zu leistenden Untersuchung.
283 Hornbostel: Musikpsychologische Bemerkungen über Vogelgesang, S. 87–88.

wovon die Nachtigall respektive die Amsel singt, gestaltet sich die Beschreibung der tierlichen Klangerzeugnisse als derartige Herausforderung.

Genau in dieser um 1900 offenbar werdenden Widerständigkeit von Tierstimmen lag aber auch deren Faszinationskraft begründet. In ihnen schien eine verborgene, noch unerhörte Sprache zu lauern, die nur darauf wartete, mittels geeigneter Medientechniken entschlüsselt zu werden. Einer, der sich dieser Herausforderung annahm, war der US-amerikanische Lehrer und autodidaktische Evolutionsbiologe Richard Lynch Garner. Lange bevor die ornithologische Feldforschung in den 1930er und 40er Jahren mit der Verwendung mobiler Klangspeichertechniken Fahrt aufnahm,[284] setzte Garner den Phonographen zur experimentellen Erkundung von Affenlauten ein. Indem er sie aufzeichnete, analysierte und in sprachliche Bedeutung übersetzte, wollte er den diversen Entzügen der Tierstimmen trotzen und die evolutionsgeschichtliche Verwandtschaft zwischen Mensch und Affe nachweisen. Seine teilweise bis heute in der Bioakustik verwendeten Versuchsanordnungen, deren epistemologischen und anthropologischen Implikationen sowie die kolonialideologischen Hintergründe seiner und weiterer tierphonographischer Praktiken um 1900 sind Gegenstand des folgenden Kapitels.

---

284 Vgl. Bruyninckx: *Listening in the field* und Willkomm: Die Technik gibt den Ton an, S. 395–396.

5 Die koloniale (Tier-)phonographie und das Playback-Experiment

5.1 „A Simian Linguist": Richard L. Garners phonographische Affenforschung um 1890

5.1.1 Auf den Spuren Darwins

Als der Grundschullehrer Richard L. Garner im Jahr 1884 den *Cincinnati Zoological Garden* besucht, ist es insbesondere das Affengehege, welches ihn nachhaltig in seinen Bann zieht.[1] Die darin lebenden Affen kommunizieren in einer Weise lautlich miteinander, die ihn grundsätzlich daran zweifeln lässt, dass Sprach- und Sprechbegabung alleinige Merkmale des Menschen seien. Schon lange glaubte Garner, dass die von Tieren geäußerten Laute Bedeutungen transportierten, die von anderen Tieren derselben Art unmittelbar verstanden würden.[2] Als er nun eine Gruppe von Affen dabei beobachtet, wie sie sich gegenüber einem artfremden, scheinbar bedrohlichen Mandrill im selben Gehege verhält, sieht er sich in seinem Glauben bestätigt. Die Affen registrieren nicht nur ängstlich jede Bewegung des Tiers, sie scheinen sie darüber hinaus lautstark an ihre zum Teil außer Sichtweite befindlichen Artgenossen zu „berichten"[3]. Für Garner wird diese Beobachtung zum Schlüsselerlebnis. Sie lässt eine Idee in ihm aufblitzen, die seinem weiteren Leben die Richtung vorgeben wird: Was wäre, fragt der Lehrer sich, wenn er die Lautsprache der Affen – *The simian tongue* – zu imitieren lernte? Wäre es nicht möglich, auf diese Weise einen Zugang zu ihrem Geheimnis, „a key to the secret chamber"[4] ihrer Kommunikation zu bekommen? Und wenn dies tatsächlich gelingen sollte, wäre dann nicht ein gewaltiger Schritt getan, um die rund ein Jahrzehnt zuvor von Charles Darwin formulierte Theorie zur Evolution der menschlichen Sprache empirisch zu belegen?

In seiner 1871 veröffentlichten Abhandlung *The descent of man, and selection in relation to sex* war Darwin der Frage nachgegangen, wie sich „Mental Powers",

---

[1] Vgl. Richard Lynch Garner: The simian tongue [1891/92]. In: Roy Harris (Hrsg.): *The origin of language*. Bristol: Thoemmes 1996, S. 314–332. Zum Folgenden siehe auch Reimann: „Wollen oder können die Affen und Orange nicht reden?" Affenphonetische Schwellenkunden um 1800 und 1900, S. 59–66.
[2] Vgl. Garner: The simian tongue [1891/92], S. 314.
[3] Vgl. ebd., hier S. 315.
[4] Ebd.

zu denen er auch die Sprache zählt, ursprünglich entwickelt haben könnten.[5] Entgegen der differentialistischen Annahme einer unüberwindbaren Kluft zwischen menschlicher Sprache und Tierlauten betont Darwin die Gemeinsamkeiten beider Ausdrucksweisen. Zwar sei der Mensch das einzige Wesen, welches sich artikulierter Sprache bedienen könne. Ähnlich wie Tiere verwende er jedoch auch unartikulierte Töne, unterstützt von Gestik und Mimik, um sich sprachlich auszudrücken. Insbesondere in emotionalen, kognitiv weniger anspruchsvollen Situationen kämen solcherlei Töne zum Einsatz. „[O]ur cries of pain, fear, surprise, anger, [...] and the murmur of a mother to her beloved child"[6] indizierten den gemeinsamen Ursprung von Tierlauten und Sprache. So handle es sich bei jenen Geräuschen um nichts anderes als die rudimentären Überreste der Laute unserer tierlichen Vorfahren – eine These, die ein Jahrhundert zuvor schon Herder vorgebracht hatte.[7] Wie Herder nimmt Darwin an, dass unsere Vorfahren einst gelernt hätten, diverse Naturtöne wie die Laute von anderen Tieren, aber auch die eigenen instinktiv ausgestoßenen Geräusche zum Zwecke der sprachlichen Kommunikation zu imitieren.[8] Wohlmöglich, so der Naturforscher, seien irgendwann einmal besonders verständige affenartige Tiere auf die Idee gekommen, die Laute eines nahenden Raubtieres nachzuahmen, um ihren Gruppenmitgliedern die drohende Gefahr anzuzeigen.[9] Dieser erste Entwicklungsschritt in Richtung Sprache hätte sich wie alle nachfolgenden nicht etwa schlagartig, sondern „slowly and unconsciously"[10] vollzogen. Laute sprachlich einsetzen und so das eigene Leben bzw. dasjenige der Gruppe schützen zu können, bedeutete einen evolutionären Vorteil im ‚Kampf ums Dasein'. Durch natürliche und sexuelle Ausleseprozesse seien die sprachliche Verwendung von Lauten im Laufe der Evolutionsgeschichte

---

5 Vgl. Charles Darwin: *The descent of man, and selection in relation to sex.* Bd. 1. New York: D. Appleton and Company 1871, S. 51–60.
6 Ebd., S. 52.
7 „Schon als Thier, hat der Mensch Sprache", heißt es gleich zu Beginn in Herders Abhandlung über den Ursprung der Sprache (1772). „Alle heftigen, und die heftigsten unter den heftigen, die schmerzhaften Empfindungen seines Körpers, alle starke Leidenschaften seiner Seele äußern sich unmittelbar in Geschrei, in Töne, in wilde, unartikulirte Laute. [...] Diese Seufzer, diese Töne sind Sprache: Es giebt also eine Sprache der Empfindung, die unmittelbares Naturgesetz ist. Daß der Mensch sie ursprünglich mit den Thieren gemein habe, bezeugen jetzt freilich mehr gewisse Reste, als volle Ausbrüche." Herder: *Abhandlung über den Ursprung der Sprache,* S. 3–6. Zu diesen ‚Resten der Naturtöne' zählt Herder Interjektionen wie „O!" oder „Ach!", die unzweifelhaft von der langen Geschichte der Sprachentwicklung zeugten.
8 Erinnert sei an Herders berühmte Urszene der Sprachentstehung, in welcher der Mensch – noch ein sprachloses Tier – einem blökenden Lamm begegnet und so zur Sprache und zum Menschsein findet. Vgl. ebd., S. 54–56. Siehe dazu auch Kapitel 1 und 3.
9 Vgl. Darwin: *The descent of man, and selection in relation to sex,* S. 55.
10 Ebd., S. 53.

zunehmend differenzierter und die immer stärker beanspruchten Stimm- bzw. Sprachorgane sukzessive vollkommener geworden. Schließlich hätte der Sprachgebrauch auch zur Entwicklung der kognitiven Fähigkeiten beigetragen, die wiederum Rückkopplungseffekte auf die Vervollkommnung der Sprache gehabt hätten.[11] Darwin vergleicht die Entstehung der Sprache explizit mit der Entstehung der Arten. Weiter noch als diese ließen sich die Ursprünge einiger Wörter zurückverfolgen. Bei manchen könnten wir noch heute hören, dass sie einst aus der Imitation verschiedener Laute hervorgegangen sind. Wie im Falle der Arten weisen die Homologien zwischen unterschiedlichen Sprachen zudem auf einen gemeinsamen Ursprung hin. Die bemerkenswerteste Parallele finde sich jedoch im bereits erwähnten Vorkommen rudimentärer Überreste. „The letter *m* in the word *am*, means *I*; so that in the expression *I am* a superfluous and useless rudiment has been retained. In the spelling also of words, letters often remain as the rudiments of ancient forms of pronunciation."[12] In ihnen hätten sich vergangene Entwicklungsstufen erhalten.

Diese evolutionstheoretische Sicht auf Sprache hat Garner im Kopf, als er 1884 damit beginnt, sich für die Laute von Affen zu interessieren. Um Darwins spekulative Theorie empirisch zu unterfüttern, so sein Gedanke, gälte es, die Stimmen der Affen phonetisch zu analysieren und als evolutionäre Vorläufer der menschlichen Sprache zu entschlüsseln. Die kommenden Jahre verbrachte der selbsternannte „simian linguist"[13] damit, Paviane, Kapuziner- und Rhesusaffen in zoologischen Gärten, Reisemenagerien und auf Schiffen, aber auch in Privathaushalten aufzusuchen und deren Laute phonetisch zu erforschen.[14] Zu diesem Zweck prägte er sich ein, in welcher Situation die Affen welchen Laut gebrauchten und imitierte denselben Laut versuchsweise zu einem anderen Zeitpunkt bzw. vor anderen Affen, um dann anhand derer Reaktionen Rückschlüsse über die sprachliche Bedeutung der jeweiligen Laute zu ziehen. So experimentierte er beispielsweise mit einem Kapuzineraffen namens Jokes in Charleston, indem er ihn mit einem Laut konfrontierte, den er von einem Artgenossen Jokes' als Warnlaut kennengelernt hatte. Während Jokes ruhig aus seiner Hand aß, gab Garner jenen sonderbaren durchdringenden Laut von sich, der, wie er entschuldigend hinzufügt, nicht recht in Schriftsprache zu fassen

---

[11] Vgl. ebd., S. 55–57. Zur Sprachtheorie Darwins siehe ausführlich Gregory Radick: *The simian tongue. The long debate about animal language.* Chicago: University of Chicago Press 2007, S. 29–39.
[12] Darwin: *The descent of man, and selection in relation to sex*, S. 58.
[13] Richard Lynch Garner: *The speech of monkeys.* London: William Heinemann 1892, S. 9.
[14] Vgl. Garner: The simian tongue [1891/92], S. 315. Siehe zu Garners Forschungen grundlegend Radick: *The simian tongue*, S. 84–198.

sei. Die umgehende Reaktion des Tiers schien die Bedeutung des Lautes jedenfalls zu bestätigen: „He instantly sprang to a perch in the top of his cage, thence in and out of his sleeping apartment with great speed, and almost wild with fear."[15] Ein anderes Mal ist es ein durstiger Kapuzineraffe, den Garner mit dem vermeintlichen Lautzeichen für „Milch" konfrontiert, dessen Verhalten den Zoologen jedoch nach mehreren Versuchen zu dem Schluss bringt, dass es sich bei besagtem Laut viel eher um das Zeichen für „Trinken" im weiteren und „Durst" im engeren Sinne handeln müsse. Denn auch wenn Garner dem Affen nur Wasser anbot, „it evidently expressed his desire for something with which to allay his thirst. The sound is very difficult to imitate, and quite impossible to write exactly."[16]

Schon bald verfügte Garner über ein Vokabular von zunächst neun, später hundert verschiedenen Lauten für beispielsweise „Hunger", „Wetter" oder „Hallo", die sich jedoch alle nur schwer nachahmen, geschweige denn schriftlich fixieren ließen. Immer wieder betont Garner die Schwierigkeit, die Laute der Tiere aufs Papier zu bringen, womit er ein generelles Problem der frühen Tierstimmenkunde ansprach (siehe Kapitel 2 und 4). Es sei im Grunde genommen unmöglich, sie durch irgendwelche Zeichen zu repräsentieren, wobei die Übersetzungsproblematik nicht nur die Notation, sondern auch die Bedeutung der Laute betreffe. Weil ein Wort in der Affensprache (*simian tongue*) oft einen ganzen Satz enthalte und dieses eine Wort sich zudem aus Lauteinheiten zusammensetze, die nicht oder nur unzureichend durch das phonetische Alphabet abgedeckt würden, sei es so schwierig, mündliche und schriftliche Ausdrücke zu finden, welche Klang und Bedeutung der Wörter adäquat vermittelten. Garner zufolge müssten die passenden Buchstaben erst erfunden werden, um die eigentümliche Sprache der Affen zu repräsentieren.[17] Seine wiederholte Klage über die Begrenztheit der Schriftsprache hinsichtlich der Erfassung von Affenlauten – sei es in Form von Noten, Lautmalereien oder Umschreibungen – hinderte ihn zwar nicht daran, sie in seinen Schriften zu verwenden, zeugt aber zugleich von seiner zunehmenden Sensibilisierung für eine Reihe methodischer Schwierigkeiten, mit denen sein Forschungsvorhaben konfrontiert war. Nicht nur hatte Garner Probleme, die Affenlaute so zu memorieren, dass er sie bei der nächsten Gelegenheit adäquat wiedergeben konnte.[18] Deren nur unzulängliche Archivierbarkeit machte ihn darüber

---

15 Garner: *The speech of monkeys*, S. 10.
16 Ebd., S. 19.
17 Vgl. Garner: The simian tongue [1891/92], S. 329.
18 Siehe den Kommentar von Barnet Phillips, der Garner 1891 für Harper's Weekly interviewte: „Desirous of familiarizing himself with monkey speech, Mr. Garner tried to form with letters some of the rudimentary sounds made by the monkey. ‚There is one sound, 'egck,' with a Polish terminal, which no letters will define. I have certainly repeated 'egck' five hundred

hinaus im höchsten Grade abhängig vom Entgegenkommen der Zoowärter, privaten Affenhalter, vor allem aber der Affen selbst, wollte er deren Laute wo, wann und wie es ihm beliebte, studieren.[19] Begegneten schon die Wärter dem als aufdringlich und exzentrisch empfundenen Zoologen mit Zurückweisung, hüllten sich die sonst so geschwätzigen Affen nicht selten in Schweigen, sobald er sich ihnen näherte:

> The monkeys were not always inclined to give utterance to any sound. The most promising subject regarded me as a stranger, and would sulk. Monkeys, unless they know you, are not loquacious. I have at least one talent–unlimited patience.[20]

Diese Geduld sollte sich auszahlen: Schon bald stößt Garner auf den nur wenige Jahre zuvor von Thomas A. Edison entwickelten Phonographen (Abb. 17), der die diversen Unfüglichkeiten der Affenlaute technisch zu überwinden versprach.[21] Zum einen, insofern das Klangspeichermedium die indexikalische Aufzeichnung und Reproduktion der Laute ermöglichte. Auf diese Weise erreichten die affenphonetischen Studien eben jene „mechanische Objektivität", die seit der zweiten Hälfte des 19. Jahrhunderts in vielen Disziplinen als Leitideal wissenschaftlicher Darstellung galt.[22] Über mechanische Verfahren der Reproduktion wie der Fotografie oder der Lithografie sollten die untersuchten Objekte sich nach Möglichkeit selbst zur Darstellung bringen – ohne die als verfälschend wahrgenommene Inter-

---

times consecutively, with varying inflections, so as to get it right. Then there is an o- or a dominant sound monkeys make of õ õ preceded by a wh-, something like in 'whoo.' Now the old Saxon made a distinct w, not a vanishing w as we do. Make it wh-u-w, as an equivalent to a monkey 'oo,'" said Mr. Garner. ‚It was terrible work to fix these sounds when I began. Results were often barely appreciable, even to a trained ear.'" Barnet Phillips: A record of monkey talk. In: *Harper's Weekly* 39,1827 (1891), S. 1050.
19 Siehe ebd.: „The difficulties were immense. The subjects themselves were not ready at hand. The toil was constant. He visited all zoological collections, and, as he expressed himself, ‚I am on speaking acquaintance with every monkey in the United States.' Superintendents of Zoological gardens or keepers were not always courteous. For him to say, ‚I want to hear your monkeys talk,' was sure to be met with a rebuff. Evidently the supposition was entertained that it was not safe to permit a man bent on such an errand in too close proximity with monkeys."
20 Zit. nach ebd.
21 Wenngleich Garner den Phonographen rückblickend als Lösung seiner methodischen Probleme darstellt („At last came the Edison phonograph. I was being shipwrecked, when this wonderful machine saved me." Zit. nach ebd.), ist wie bei der Vogelstimmenkunde um 1900 anzunehmen, dass umgekehrt erst die technischen Möglichkeiten des Phonographen ihn für manche dieser Probleme sensibilisiert haben (siehe Kapitel 4).
22 Siehe Lorraine Daston / Peter Galison: *Objektivität*. aus dem Amerikanischen von Christa Krüger. Frankfurt am Main: Suhrkamp 2007, S. 121–200, hier S. 132.

vention der Forschenden.²³ Im Falle Garners erlaubte die in seinen Augen „wundervolle Maschine"²⁴ des Phonographen, die Affenlaute ohne die zwangsläufig intervenierende Übersetzung zunächst in Schrift und hiernach in imitative Laute unmittelbar mechanisch und somit nach den damals geltenden Maßstäben objektiv zu reproduzieren. Durch die mechanische Reproduzierbarkeit wurden die Laute zudem ihrer natürlichen Zeit- und Ortsgebundenheit enthoben. Die oft unzugänglichen und vor allem unberechenbaren Lautäußerungen konnten nun aufgezeichnet und somit jederzeit und überall wieder abgespielt werden:

> What I do now is to receive the sounds monkeys make on a cylinder. I may use a dozen cylinders and only get one worthy of preservation, but when I do get that one I think a day or a week not wasted. Having a good cylinder record, I take it to my study. Then at night, when all is still and quiet, I listen to its sound. I may have the same cylinder turn for me hours in a stretch. I cannot always isolate one monkey. I have many sounds imparted to the same cylinder. I analyze them all. Having such a collection of monkey talk, I have been able to classify it.²⁵

Mit den bespielten Phonographenwalzen hatte Garner nun wertvolles Material an der Hand, das er unter kontrollierten Bedingungen wieder hören, analysieren und klassifizieren konnte. Als potenzielle Beweismittel, anhand derer seine Untersuchungen gegebenenfalls überprüft werden konnten, standen sie zudem für die wissenschaftliche Qualität seiner Forschungen ein.

Zum anderen vermochte das phonographische Medium die oftmals lautkargen, unkontrolliert und allenfalls unverständlich tönenden Affen auch ganz aktiv zum ‚Sprechen' zu bewegen – und dies in zweierlei Hinsicht: Erstens entwickelte Garner das bis heute in der bioakustischen Forschung angewandte Playback-Experiment: Um eine auswertbare (lautliche) Reaktion zu provozieren, wird ein Affe mit den zuvor phonographisch aufgezeichneten Lauten seines Artgenossen konfrontiert. Zweitens schöpfte er die technischen Möglichkeiten des Mediums wie die Zeitachsenmanipulation aus, um Zugang zu den unterschwelligen, mit bloßem Ohr nicht wahrnehmbaren Eigenschaften der Affenlaute zu erhalten. Beide Verfahrensweisen verdeutlichen den experimentellen Umgang Garners mit dem Phonographen, der über eine reine Indienstnahme als sekundäres Hilfsmittel hinausgeht. Inwiefern das Medium dem Forscher keineswegs nur dazu diente, seine Überzeugungen zur evolutionsgeschichtlichen Kontinuität zwischen Affenlauten und menschlicher Sprache objektiv zu bestätigen, sondern Letztere vielmehr konstitutiv mitgestaltete, wird im Folgenden zu zeigen sein.

---

23 Ebd., S. 127–129.
24 Vgl. Phillips: A record of monkey talk, S. 1050.
25 Zit. nach ebd.

5.1 „A Simian Linguist" — 291

Abb. 17: Richard L. Garner bei phonographischen Aufnahmen von Affen im Central Park, New York City, und – nach der Vorstellung des Zeichners – im kongolesischen Dschungel. Aus: Barnet Phillips: A record of monkey talk. In: *Harper's Weekly* 35,1827 (1891), S. 1036.

5.1.2 Das Playback-Experiment

Seinen Einfall, den diversen methodischen Schwierigkeiten seines Forschungsvorhabens mit dem Phonographen zu begegnen, beschreibt Garner rückblickend als Offenbarung: „[A]t last came a revelation! I [sic!] new idea dawned upon to me; and after wrestling half a night with it I felt assured of ultimate success."[26] Mithilfe des Phonographen, so die Idee, könne er die Laute der Affen nicht nur adäquat reproduzieren, sondern auch „übersetzen"[27]. Mit dem Vorschlag eines „novel experiment of acting as interpreter between, two monkeys"[28] wendet sich Garner unverzüglich an Frank Baker, den Direktor des *National Zoological Garden*. Zunächst etwas amüsiert lässt sich Baker recht schnell vom Plan des Forschers überzeugen und willigt schließlich ein, das Experiment in seinem Zoo durchzuführen. Der Plan, erinnert sich Garner,

> was quite simple. We separated two monkeys which had been caged together, and placed them in separate rooms. I then arranged the phonograph near the cage of the female, and caused her to utter a few sounds, which were recorded on the cylinder. The machine was then placed near the cage containing the male, and the record repeated to him and his conduct closely studied. The surprise and perplexity of the male were evident. He traced the sounds to the horn from which they came, and failing to find his mate he thrust his hand and arm into the horn quite up to his shoulder, withdrew it, and peeped into the horn again and again.[29]

Diese später als Playback-Experiment bekannt gewordene Versuchsanordnung stellte ein absolutes Novum in der Tierstimmenkunde dar, wenngleich ihre Vorläufer weit in die Geschichte zurückreichen. Vor allem im Kontext der Jagd wurden Tierstimmen seit jeher imitiert – mit den Lippen und/oder speziellen Instrumenten –, um das Wild anhand dessen lautlichen Reaktionen aufzuspüren oder anzulocken.[30] Um 1900 kam dabei auch der Phonograph zum Einsatz, wie ein Blick in die zeitgenössischen Berichterstattungen zeigt. So wurden etwa die Laute von Küken und deren Mutter mechanisch reproduziert, um Füchse anzulocken.[31] Ging

---

26 Garner: The simian tongue [1891/92], S. 315.
27 Ebd.
28 Ebd.
29 Ebd.
30 Vgl. J. Bruce Falls: Playback: A historical perspective. In: Peter K. McGregor (Hrsg.): *Playback and studies of animal communication*. New York: Plenum Press 1992, S. 11–33, hier S. 13–14.
31 Siehe Anonym: Traps the sly fox with a phonograph. In: *Phonogram* 4 (1902), S. 61–62. http://www.phonozoic.net/primtexts/n1002.htm (Abruf am 17.12.2021). Zur phonographischen Jagd auf Enten, Gänse und Kaninchen siehe Anonym: Novel duck decoy. Philadelphian goes hunting with a phonograph/bags boat load of birds. Ingenious nimrod makes wounded bird speak into machine, then turns megaphone to the sky, and hordes of honkers answer. In: *Indi-*

es hier darum, die Tiere durch originalgetreue Nachahmung ihrer Laute bzw. der Laute ihrer Beutetiere zu täuschen, um sie leichter fangen und töten zu können, hat das Playback-Verfahren in der frühen Bioakustik eine andere Funktion: Mit ihm wurde versucht, unbemerkt, aber gezielt in die Lautkommunikation von Tieren zu intervenieren, um Schlussfolgerungen über die biologische Bedeutung derer Laute ziehen zu können. Der Phonograph erlaubte gleichsam, mit der Stimme eines Tieres zu sprechen – im Falle Garners mit den Lauten nichtmenschlicher Primaten. Zwar hatte der Zoologe seine Versuchstiere schon vorher mit Imitationen ihrer Laute konfrontiert, um anhand ihrer Reaktion auf die sprachliche Bedeutung zu schließen. Mit dem mechanisch funktionierenden Phonographen schien es jedoch erstmals möglich, den Affen auch wirklich mit ihren eigenen Lauten zu begegnen. Durch die einerseits kontrollierte und andererseits originalgetreue, weil mechanische ‚Äußerung' von Affenlauten erhoffte sich Garner, die scheinbar unhintergehbare Sprachbarriere zwischen Mensch und Affe zu durchbrechen.

Die methodisch-epistemischen Unschärfen des Playback-Experiments blendete der Zoologe dabei aus. Mit welcher Sicherheit kann überhaupt davon ausgegangen werden, dass und wie die Versuchstiere die abgespielten Laute verstehen, zumal der Phonograph in den 1890er Jahren noch in den Kinderschuhen steckte und folglich alles andere als rauschfrei war? Während Edison noch 1925 sogenannte Tontests inszenierte, um die infrage stehende Ununterscheidbarkeit von echten und aufgezeichneten Stimmen vorzuführen und auf diese Weise eventuelle Vorbehalte gegen den technisch noch unausgereiften Phonographen auszuräumen,[32] lässt Garner viele Jahre zuvor einfach offen, inwieweit seine Versuchstiere die technisch reproduzierten Laute als die ihrigen zu erkennen und zu verstehen vermochten. Anders als es seine obige Beschreibung suggeriert, ist bspw. nicht eindeutig zu entscheiden, ob das Affenmännchen angesichts der ihm vorgespielten Affenlaute mit „surprise and perplexity" reagierte, weil es die Laute eines unsichtbaren Artgenossen hörte oder aber weil es vom eigentümlichen Lärm des Phonographen verstört war. Zu verlockend musste Garner die Möglichkeit erschienen sein, im Playback-Experiment als „interpreter between, two monkeys" zu wirken. Wie genau er das Experiment einsetzte, um sich die ‚Affensprache' zu erschließen, sei an folgenden zwei Beispielen erläutert.

---

ana *Evening Gazette*, 06.01.1908. http://www.phonozoic.net/primtexts/n1003.htm (Abruf am 17.12.2021) und Anonym: Hunting rabbits with phonograph. Sportsmen in vicinity of fox lake find talking machines useful. In: *Chicago Tribune*, 13.12.1903. http://www.phonozoic.net/primtexts/n1001.htm (Abruf am 17.12.2021).
32 Siehe dazu Macho: Stimmen ohne Körper, S. 138–140 und Durham Peters: Helmholtz und Edison, S. 305–306.

Zum einen berichtet Garner, wie sich ihm einst im *Zoological Garden* des New Yorker Central Parks eine günstige Gelegenheit für seine Sprachstudien geboten habe: Man erwartete eine Gruppe von Neuzugängen – aus Übersee eingeschiffte Rhesus-Affen, die vorher in keinerlei Kontakt zu den Rhesus-Affen im Zoo standen. Bevor die alteingesessenen und die fremden Affen einander kennenlernten, konfrontierte Garner Letztere mit der phonographischen Reproduktion eines Lautes, den er in vorhergehenden Beobachtungen der Zoo-Affen als Ausdruck einer friedlichen Begrüßung eruiert und aufgezeichnet hatte. Die Reaktion der Neuzugänge bestätigte Garners Vermutung: Sie „antworteten" augenblicklich mit demselben Laut und gaben unzweifelhaft zu erkennen, dass es auch ihr Begrüßungsausdruck war.[33] In einem weiteren Experiment spielte Garner einem Affen dessen eigene Laute vor, um sich von deren Bedeutung zu überzeugen. An einem stürmischen, regnerischen Tag hatte er beobachtet, wie das Tier angesichts einer sehr starken Windböe aufgeregt zum Fenster seines Käfigs eilte, hinausschaute und einen eigentümlichen Laut von sich gab. Für Garner war schnell klar, dass der Laut im Zusammenhang mit dem Wetter stehen müsse, da sich der Vorgang mehrere Male wiederholte. „I observed that each time he went to the window he uttered the same sound, as well as I could detect by ear, and would stand for some time watching out of the window, and occasionally turn his head and repeat this sound to me."[34] Um seine These zu überprüfen, zeichnete Garner den Laut phonographisch auf und spielte ihn bei einem späteren Besuch wieder ab. Obwohl das Wetter schön gewesen sei, hätte die Aufnahme den Affen dazu bewegt, aus dem Fenster zu blicken – für den Forscher ein klarer Beleg, dass der Laut in der Affensprache auf stürmisches bzw. regnerisches Wetter verweise.[35]

Der offensichtlich weite Interpretationsspielraum, den Garners Experimente aufwiesen, änderte nichts an deren Durchschlagskraft. In der bioakustischen Forschung wird die Playback-Methode – freilich in abgewandelter Form – bis heute eingesetzt, um Aussagen über Funktion und Bedeutung tierlicher Laute treffen zu können. Sehr prominent fand sie etwa 1980 Verwendung, als Robert M. Seyfarth, Dorothy L. Cheney und Peter Marler nachwiesen, dass grüne Meerkatzen spezifische Alarmrufe mit unterschiedlichen Raubfeinden verbinden, unabhängig davon, ob diese gegenwärtig sind oder nicht.[36] Bis heute werden allerdings auch

---

33 Vgl. Garner: The simian tongue [1891/92], S. 329.
34 Garner: *The speech of monkeys*, S. 61.
35 Vgl. ebd., S. 61–62.
36 Vgl. Robert M. Seyfarth / Dorothy L. Cheney / Peter Marler: Monkey responses to three different alarm calls: Evidence of predator classification and semantic communication. In: *Science* 210 (1980), S. 801–803. Die Biolog:innen konfrontierten die Affen mit Playback-Aufnahmen ihrer un-

die angesprochenen Unschärfen und Fallstricke der Playback-Methode problematisiert.[37] Was sie seit Garner trotz aller Kritik so attraktiv macht, ist ihr Versprechen, Zutritt zu Kommunikationswelten zu verschaffen, die uns aufgrund nicht ineinander übersetzbarer Systeme normalerweise verschlossen bleiben. „Wenn ein Löwe sprechen könnte", notierte Wittgenstein einmal, „wir könnten ihn nicht verstehen"[38]. Solange Tiere über andere Sprachspiele verfügten als wir, bliebe uns der Sinn ihrer Äußerungen verborgen. Die Playback-Methode stellt diese Unzugänglichkeit infrage. Durch gezielte Einschaltung in die Sprachspiele der Tiere sollen diese aufgeschlüsselt werden. Die scheinbar unhintergehbare Grenze zwischen Tierlauten und menschlicher Sprache gerät dabei zur Schwellenzone, in der Menschen mit Tierlauten „kommunizieren" und Tierlaute in sprachliche Bedeutung übersetzt werden.

---

terschiedlichen Alarmrufe, die zuvor im Rahmen authentischer Bedrohungssituationen durch die drei Raubfeinde Schlange, Leopard und Adler aufgezeichnet worden waren. Die Affen reagierten jeweils so, als seien die Raubtiere tatsächlich vorhanden. Bei Leoparden-Alarmrufen flüchteten sie in den Baum. Als Reaktion auf einen Adler-Alarmruf schauten sie zum Himmel und versteckten sich im Busch. Schlangen-Alarmrufe wiederum brachten die Affen dazu, sich auf die Hinterbeine zu stellen und den Boden abzusuchen. Seyfarth, Cheney und Marler zufolge belegt dieses Verhalten das Vorhandensein semantischer bzw. symbolischer Kommunikation im Tierreich. Siehe dazu Gregory Radick: Primate language and the playback experiment, in 1890 and 1980. In: *Journal of the History of Biology* 38 (2005), S. 461–493 und Fischer: Tierstimmen, S. 181–183.

37 Siehe den Sammelband Peter K. McGregor (Hrsg.): *Playback and studies of animal communication*. New York: Plenum Press 1992, der die in den 1980er Jahren entstandene „pseudoreplication debate" zum Anlass nimmt, um über die Möglichkeiten und Grenzen des Playback-Experiments nachzudenken. Angestoßen wurde die Debatte von Stuart H. Hurlbert, der 1984 auf die ergebnisverfälschenden Effekte hinwies, welche die Nutzung von vermeintlich unabhängigen Daten habe, die in Wahrheit in Abhängigkeit von bestimmten Faktoren entstanden seien. Im Falle des Playback-Experiments entsteht ‚pseudoreplication' etwa dann, wenn bspw. eine Gruppe von Vögeln mit ihrem eigenen und einem fremden Dialekt konfrontiert wird, um zu untersuchen, wie sich die Reaktion der Vögel jeweils unterscheidet. Dabei wird jedoch außer Acht gelassen, dass es zahlreiche andere Eigenschaften der abgespielten Dialekte gibt, welche im Zusammenhang mit bestimmten Faktoren stehen und Einfluss auf die Reaktion der Vögel haben können. Vgl. McGregor, Peter K. et al: Design of playback experiments: the Thornbridge Hall NATO ARW Consensus. In: McGregor (Hrsg.): *Playback and studies of animal communication*, S. 1–9, hier S. 2. Ganz ähnlich lässt auch Garner in seinen Versuchen unberücksichtigt, dass die im Rahmen seiner Playback-Experimente abgespielten Affenlaute kein unabhängiges Material repräsentieren, sondern auf einer Vielzahl spezifischer Faktoren beruhen. Mit den impliziten Vorannahmen und „unhintergehbaren Unschärfen" des Playback-Experiments beschäftigt sich auch Christoph Hoffmann in seinem wissenschaftskritischen Beitrag zur bioakustischen Forschung an Fischen. Siehe Christoph Hoffmann: Sprechen Fische? In: Sommer / Reimann (Hrsg.): *Zwitschern, Bellen, Röhren*, S. 189–208.

38 Ludwig Wittgenstein: Philosophische Untersuchungen. In: Ders.: *Werke*, Bd. 1. Frankfurt am Main: Suhrkamp 1984, hier S. 568.

Garners Forschungen verdeutlichen die Rolle, welche die Entwicklung von Klangspeicher- und Klangreproduktionstechniken für diese Einschaltungen spielten. Erst als der Phonograph ab dem ausgehenden 19. Jahrhundert die vermeintlich originalgetreue Reproduktion von Lauten ermöglichte, war eine scheinbar störungsfreie Intervention in die Sprachwelt von Tieren überhaupt denk- und durchführbar. Umgekehrt verhalfen die technischen Potenziale des Mediums – im Verbund mit Darwins evolutionstheoretischer Sicht auf Sprache – der alten, bereits ein Jahrhundert zuvor virulent gewesenen Frage nach der Affensprache zu einer Neuauflage.

5.1.3 Experimentalphonographische Affenstudien

„Wollen oder können die Affen und Orange nicht reden?"[39], hatte der Anatom Pieter Camper 1791 gefragt und damit eine Debatte zusammengefasst, die sich seit Mitte des 18. Jahrhunderts am ‚stummen' und doch so menschenähnlichen Affen entzündete. „[O]b die Affen, und vornemlich der Orang, schwiegen, das ist, nicht sprachen, um die gesitteten Nationen zu täuschen, oder wegen einer Unvollkommenheit in ihrer Bildung und ihrem organischen Baue es nicht konnten?"[40], wurde im Austausch von Physiologie, Literatur, Sprachtheorie und Medientechnik breit diskutiert (siehe Kapitel 2). Während Camper versuchte, das ‚Nicht-Reden' der Affen anatomisch zu ergründen, nämlich über experimentelle Studien an deren Kehlköpfen, ist der Zugang Garners ein gänzlich anderer. Eine Antwort auf die Frage, ob Affen sprechen könnten, wenn sie nur wollten, vermutet dieser nun weniger in den Stimmorganen der Tiere als vielmehr in der begrenzten Hörfähigkeit des Menschen, die sich laut Garner nur durch auditive Medientechniken wie den Phonographen erweitern ließe. Dieser Perspektivwechsel kam nicht von ungefähr: Abgesehen von Darwin hatte wohl auch Helmholtz einen bleibenden Eindruck bei Garner hinterlassen, zumindest waren ihm seine ton- und musikpsychologischen Schriften vertraut.[41] Der Zoologe wusste also um die Grenzen, die unser auditives Rezeptionsorgan unserer Hörfähigkeit setzt. In seiner *Lehre von den Tonempfindungen als physiologische Grundlage für die Theorie der Musik* hatte Helmholtz nachgewiesen, dass unsere Ohren wie Resonatoren funktionieren und mithin

---

39 Camper: *Naturgeschichte des Orang-Utang, und einiger andern Affenarten, des Africanischen Nashorns und des Rennthiers*, S. 149.
40 Ebd., S. 147.
41 Vgl. Radick: *The simian tongue*, S. 89.

nur diejenigen Klänge zu Gehör brächten, die mit ihren Eigenschwingungen übereinstimmten.[42] Im Umkehrschluss bedeutete dies, dass es eine unendliche Zahl an Schwingungen geben müsste, die unserem Hörsinn verschlossen blieben – solange dieser nicht technisch erweitert würde.

Eine solche Erweiterung versprach sich Garner vom Phonographen. Mit ihm sollte es erstmals möglich sein, die ganze Bandbreite der Affensprache zu hören. Analog zur Mikrofotografie, von der man sich um 1900 versprach, Unsichtbares sichtbar zu machen, sah Garner im Phonographen eine Art akustisches „Mikroskop", das bislang ungehörte, mit bloßem Ohr nicht wahrnehmbare Klangwelten hörbar werden ließ.[43] So konnten live nur schwer zu differenzierende Affenlaute durch die Manipulation der phonographischen Abspielgeschwindigkeit scheinbar „vergrößert" und so die „slightest shades of sound modulation"[44] zu Gehör gebracht werden. Zu diesem Zweck spielte Garner die Aufnahme eines Affenlautes in einem langsameren Tempo ab und zeichnete den so erzeugten Laut mit einem zweiten Phonographen auf. Dieses Prozedere wiederholte er so oft, bis er die gewünschte ‚Großaufnahme' des Lautes erhielt.[45] Garner war überzeugt, auf diesem experimentalphonographischen Wege in die subtile Sprachwelt der Affen vordringen zu können. Als er während eines Besuchs im *Chicago Garden* mit einem jungen Kapuzineraffen und dessen Lautgebärden für ‚food' bzw. ‚hunger' experimentierte, gelangte er zunächst zu der Überzeugung:

> [H]e used the same word for apple, carrot, bread and banana; but a few later experiments have led me to modify this view in a measure, since the phonograph shows me slight variations of the sound, and I now think it probable that these faint inflections may possibly indicate a difference in the kind of food he has in mind.[46]

Erst der Phonograph mache die feinen Unterschiede zwischen oberflächlich gleich klingenden Lauten wahrnehmbar. Mit bloßem Ohr höre sich etwa der ‚u'-Laut des Rhesus-Affen wie derjenige des Kapuzineraffen an, „but on close

---

42 Vgl. Helmholtz: *Die Lehre von den Tonempfindungen als physiologische Grundlage für die Theorie der Musik: mit in den Text eingedruckten Holzschnitten.* Zu Helmholtz Resonanztheorie im Kontext der medientechnischen Vorstöße in unerhörte Klangwelten siehe ausführlicher Kapitel 4.
43 Siehe Garner: *The speech of monkeys*, S. 221: „To magnify the sounds as I have shown it can be done, allows you to inspect them, as it were, under the microscope [...]."
44 Ebd., S. 211.
45 Garner beschreibt dieses Verfahren in ebd., S. 210–212. Siehe dazu auch Radick: *The simian tongue*, S. 100.
46 Garner: *The speech of monkeys*, S. 20.

examination with the phonograph it appears to be uttered in five syllables very slightly separated, while the ear only detects two."[47]

Die zeitachsenmanipulative Zerlegung der Affenlaute erlaubte Garner jedoch nicht nur Rückschlüsse auf den vermeintlichen Sprachgebrauch der Tiere, sie diente ihm auch zur empirischen Unterfütterung seiner von Darwin übernommenen These zur evolutionsgeschichtlichen Kontinuität zwischen Tierlauten und menschlicher Sprache.[48] Indem er die phonographischen Aufnahmen beider Sprachen zum einen extrem verlangsamt und zum anderen rückwärts abspielte, meinte Garner, sie auf ihren „fundamental state"[49] reduzieren und auf diese Weise miteinander vergleichbar machen zu können. „From the various records that I have made of the voices of men and monkeys", resümiert Garner,

> I am prepared to say that the difference is not so great as is commonly supposed, and that I have converted each one into the other. [...] By the aid of the phonograph I have been able to analyse the vowel sounds of human speech, which I find to be compound, and some of them contain as many as three distinct syllables of unlike sounds. From the vowel basis I have succeeded in developing certain consonant elements, both initial and final, from which I have deduced the belief that the most complex sounds of consonants are developed from the simple vowel basis, somewhat like chemical compounds result from the union of simple elements.[50]

Beide Lautsprachen, so Garner, zeigten sich auf mikrophonetischer Ebene ineinander „konvertierbar": Ebenso wie die menschliche Sprache sich aus weniger komplexen, aber nichtsdestoweniger bedeutsamen Lautsequenzen zusammensetze, wie auch die Affen sie äußerten, ließe sich umgekehrt aus den Affenlauten eine menschenähnliche Sprache konfigurieren. Auch dieses Vorgehen des Zoologen folgt dem zeitgenössischen tonpsychologischen Wissen. Dass die Klangfarbe eines jeden Schallereignisses – seien es technische Klänge, Tier- oder Menschenlaute – auf tonale Grundeinheiten reduziert werden könne, die sich als solche prinzipiell synthetisieren und ineinander übersetzen ließen, hatte Helmholtz in seiner oben genannten Schrift beschrieben.[51] Garners experimentalphonographische Übersetzungen von Affen- in Menschenlaute und vice versa sind gewissermaßen konsequente Umsetzungen dieser Idee. Mit ihnen glaubt Garner zeigen zu können, dass der Unterschied zwischen Affen- und Menschenstimmen nicht so

---

47 Ebd., S. 111. Zu Garners phonographischem Experimentalprogramm siehe auch Radick: *The simian tongue*, S. 97–103.
48 Vgl. ebd., S. 101–102.
49 Garner: *The speech of monkeys*, S. 210.
50 Ebd., S. 209–210.
51 Vgl. Helmholtz: *Die Lehre von den Tonempfindungen als physiologische Grundlage für die Theorie der Musik: mit in den Text eingedruckten Holzschnitten*. Siehe hierzu auch Kapitel 4.

groß und prinzipiell sei, wie für gewöhnlich angenommen, dass sich in den Lauten der vermeintlich ‚stummen' – hier verstanden als sprachunfähigen – Affen vielmehr Ansätze der menschlichen Sprache verbergen: Rudimentäre Phoneme, die unserem Hörsinn lediglich entgingen. Garner zufolge holt das phonographische Medium diese Phoneme endlich ans Licht der Tatsachen – und dies, ohne sie zu verzerren, wie der Forscher mehrfach betont. „We change the magnitude without changing the form of the sound"[52], heißt es etwa zur Technik der phonographischen Zeitachsenmanipulation. Die ‚Vergrößerung' der Stimmaufnahmen würde deren grundsätzliche Gestalt, deren „definite geometrical outlines"[53] keineswegs verändern.[54] Um die Wissenschaftlichkeit seiner Methode und die Faktizität der mit ihr erzeugten Daten zu unterstreichen, nimmt sich Garner rhetorisch zurück, wenn es darum geht, sie theoretisch auszuwerten. Die vielen Lautanalysen, die er an Menschen, Affen, aber auch anderen Tieren durchgeführt habe, zeigten zwar,

> that the phonetic basis of human speech more closely resembles that of the Simian than any other sounds, but I wish to be understood distinctly not to offer this in evidence to establish any physical, mental or phonetic affinity between mankind and Simians. I merely state the facts from which all theorists may deduce their own conclusions.[55]

Wenn Garner hier auch vorgibt, lediglich Fakten zu produzieren, so sind diese Fakten natürlich bereits durchdrungen von seiner Theorie. Wie Gregory Radick festhält, begriff der Forscher die phonographisch erzeugten Phänomene als „*evolutionary* phenomena: They revealed the evolutionary continuity between human speech and monkey speech."[56] Indem Garner vorführte, dass beide Sprachen phonographisch ineinander umgewandelt werden können, vermittelte er zugleich, dass sie auch auf evolutionsgeschichtlicher Ebene „konvertierbar" seien.

Ganz explizit beschreibt der Forscher die Lautsprache als „Brücke", welche den vermeintlich tiefen Abgrund („the broad chasm") zwischen Menschen und

---

52 Garner: *The speech of monkeys*, S. 212.
53 Ebd.
54 Auf das eigenwillige Medienverständnis, welches dieser Überzeugung zugrunde liegt, hat Gregory Radick aufmerksam gemacht: Während Garner dem Phonographen einerseits zuschrieb, nie zuvor gehörte Phänomene erzeugen zu können, negierte er andererseits die Möglichkeit, dass der Akt der Erzeugung sich auf das Erzeugnis auswirken könnte. Vgl. Radick: *The simian tongue*, S. 102. In modernen medientheoretischen Termini gefasst argumentierte er sowohl medienengenerativistisch als auch -marginalistisch, um seine Thesen zu stützen. Vgl. zu diesen Termini Sybille Krämer: *Medium, Bote, Übertragung. Kleine Metaphysik der Medialität*. Frankfurt am Main: Suhrkamp 2008, S. 20–25.
55 Garner: *The speech of monkeys*, S. 137.
56 Radick: *The simian tongue*, S. 102.

anderen Primaten miteinander verbinde.⁵⁷ Garner zufolge ist dieser Schwellenposition der Lautsprache bislang nur unzureichend nachgegangen worden. Selbst Darwin, der mit seinen evolutionstheoretischen Schriften unzweifelhaft „the most sublime monuments of thought and truth"⁵⁸ geschaffen habe, hätte die Frage der Sprache nur am Rande behandelt. „Überraschend" sei es für Garner gewesen, „that so careful and observant a man as Mr. Darwin should have so nearly omitted the question of speech from a work of such ample scope, such minute detail, and such infinite care as characterize "Descent of Man", and such like works."⁵⁹ Doch die Wissenschaft werde diesen Fehler verzeihen, fügt der Forscher hinzu.⁶⁰ Vielleicht, so klingt hier implizit an, brauchte es erst ein so innovatorisches Medium wie den Phonographen und einen so experimentierfreudigen Wissenschaftler wie Garner, um den von Darwin gelegten Spuren zur evolutionären Kontinuität von Menschen- und Affensprache mit der nötigen Konsequenz zu folgen. Dass es dem „Simian Linguist" dabei von Anfang an um mehr ging als um eine Relativierung der Mensch/Tier-Grenze, dass seine Affenphonographie in einen evolutionistischen Diskurs eingebettet war, vermag ein genauerer Blick auf die Stoßrichtung seiner Experimente zu verdeutlichen.

5.1.4 Vom Zoo ins Feld (der Fiktion)

Wie Garner öffentlichkeitswirksam kundtat, beabsichtigte er mit seinen experimentalphonographischen Studien nicht nur das Sprach- und Sprechvermögen von Affen zu erkunden, sondern darüber hinaus den vielgesuchten ‚missing link' zwischen der Sprache der ‚lower animals' und der Sprache der „lowest specimens of the human race"⁶¹ aufzudecken: „Granted that I have got to the bottom of monkey talk," äußert er sich schon 1891 gegenüber der *Harper's Weekly*,

> my task would be but half accomplished. I have but forged a single link in the chain. I want another. I propose taking down the speech of the lowest specimens of the human race–the pygmies, the Bushmen. Perhaps men will be less amenable to reason than apes. The phonograph will record the variations of human speech, impossible to obtain otherwise. At least I can get the Hottentot cluck and click. If there be family resemblance, structural relationship, between the Rhesus monkey, the chimpanzee, and the lower

---

57 „I do deny that the broad chasm which separates man from other primates cannot be crossed on the bridge of speech." Garner: *The speech of monkeys*, S. 150–151.
58 Ebd., S. 154.
59 Ebd., S. 154–155.
60 Ebd., S. 155.
61 Zit. nach Phillips: A record of monkey talk, S. 1050.

grades of humanity, there may be correlation of speech, philological kinship, and then–and then–the origin of man's talk might be found.⁶²

Ermutigt durch seine linguistischen Erfolge, die er mit Affen in amerikanischen Zoos erzielt hatte, wollte Garner noch einen Schritt weiter gehen. Er nahm an, dass sich in den „native haunts"⁶³ jener Affen, im westafrikanischen Dschungel, die eigentliche Verbindungsstelle zwischen Tier- und Menschensprache finden ließe. Denn dort lebten zum einen anthropoide Affen wie Gorillas, die aller Wahrscheinlichkeit nach ein mit ihrer anatomischen Höherentwicklung korrespondierendes Sprachniveau besäßen und zum anderen die indigenen Völker Westafrikas, deren Sprachen Garner im Vergleich zu den Sprachen westlicher Kulturen als unterkomplex einschätzte. Die phonographengestützte Zusammenschau der Sprachäußerungen von Menschenaffen und Indigenen, so seine Idee, könnte die Wurzeln der menschlichen Sprache offenlegen.

Garners Vorhaben entsprach dem im späten 19. Jahrhundert um sich greifenden Evolutionismus, einem ethnologischen Paradigma, demzufolge die Unterschiede zwischen den Kulturen auf unterschiedliche Entwicklungsstufen zurückzuführen seien: angefangen von den sogenannten ‚primitiven Naturvölkern' bis hin zu den vermeintlich am weitesten entwickelten ‚Kulturvölkern' der westlichen ‚Zivilisation'. Die Vertreter jener Anschauung, zu denen neben Garners Landsmann Lewis Henry Morgan (1818–1881) vor allem die Ethnologen Edward Burnett Tylor (1832–1917) und James George Frazer (1854–1941) gehörten, betrieben kaum Feldforschung. Als ‚Lehnstuhl-Ethnologen' leiteten sie ihre Theorien aus mehr oder weniger willkürlich zusammengetragenen Materialien ab, etwa aus Reiseberichten, Artefakten und Beobachtungen von anderen. Garner wollte es anders machen. Unter Einsatz seines Lebens plante er, in das damals unter französischer Kolonialherrschaft stehende Gabun zu reisen, um die Sprachkulturen von Menschenaffen und indigenen Völkern an der Schwelle ihrer eigenen Wohnstätte („the threshold of their own abode"⁶⁴) zu studieren.

Bevor der Zoologe am 9. Juli 1892 seine Reise antrat, bewarb er sie auf mehreren Kanälen. Abgesehen von vereinzelten Ankündigungen in seinen wissenschaftlichen Abhandlungen wandte er sich brieflich an potenzielle Unterstützer:innen seines Projekts, die ihm finanzielle Zuwendungen zum Teil zusagten,

---

62 Zit. nach ebd.
63 Richard Lynch Garner: *Gorillas and chimpanzees*. London: Osgood, McIlvaine & Co. 1896, S. 14.
64 Richard Lynch Garner: What I expect to do in Africa. In: *North American Review* 154,427 (1892), S. 713–718, hier S. 717.

zum Teil aber auch verwehrten.⁶⁵ Über diverse Zeitungsartikel versuchte Garner weitere Aufmerksamkeit für sein Projekt zu generieren. Hervorzuheben ist insbesondere ein im Juni 1892 erschienener Artikel in der *North American Review*, der den hohen inszenatorischen Aufwand belegt, welcher Garners Expedition vorausging. Unter dem Titel „What I expect to do in Africa" schildert er mit großer Geste die an sein Projekt geknüpften Zielvorstellungen und Erwartungen, entwirft in schillernden Farben die abenteuerlichen Experimente, die er im Dschungel durchzuführen beabsichtige und kommt zum Schluss auf die persönlichen Opfer zu sprechen, die er zugunsten der Wissenschaft auf sich nehmen werde. „I am willing to forego the comforts of civilized life", betont Garner in pathetischem Ton, „the endearments of home, and the blessings of health and plenty, and take upon myself the hardships, the privations and the toil of such a journey, that I may give to the world the secret with which to pass the gates of speech."⁶⁶

Die theatrale, bildgewaltige und beinahe durchgehend im Futur gehaltene Sprache seines Berichts zeugt von der immensen Kraft des Imaginären, die Garners Forschungen vorantrieb. Weit entfernt von einem nüchternen Forschungsexposé beschreibt der Zoologe sein Vorhaben als ein vielversprechendes, aber unberechenbares wissenschaftliches Abenteuer, das, wie gleich zwei Journalisten jener Zeit assoziieren, es durchaus mit einem Roman von Jules Verne aufnehmen kann.⁶⁷ Science und Fiction reichen einander die Hand. Das wird besonders deutlich an den Technikvisionen, die der Zoologe entwirft, wenn er seine geplanten Experimente vorstellt: Um bestimmte Ergebnisse zu erzielen, werde er das gesamte Arsenal technischer Erfindungen („all the engines of human invention"⁶⁸) auffahren. Neben dem Phonographen zur Aufzeichnung

---

65 Vgl. Radick: *The simian tongue*, S. 108–109.
66 Garner: What I expect to do in Africa, S. 718.
67 „If Jules Verne had put such an idea into a novel it would have excited great interest. As an actual part of scientific experiment in real life it has aroused more interest than anything that has come to the surface in a long time", schreibt ein New Yorker Journalist 1891 über Garners geplante Expedition. Zit. nach Radick: *The simian tongue*, S. 106. Auch Barnet Phillips von *Harper's Review* zieht diesen Vergleich: „It all seems like a Jules Verne excursion into the animal kingdom; but with a man as a directing spirit who will go to Africa, taking with him all those scientific implements which have positive and practical effectiveness, much may be expected. No one can know what Mr. Garner may not accomplish. He may advance only by one footprint into the realm of the long past, where all has been heretofore hazy, confused, indistinct. Certainly he is a brave man who has the courage to try and solve nature's greatest mystery." Phillips: A record of monkey talk. Siehe Radick: *The simian tongue*, S. 106. Dass Garners Expedition zehn Jahre nach jenen Vergleichen tatsächlich die Vorlage für einen Roman von Jules Verne abgeben sollte, wird noch Thema sein.
68 Garner: What I expect to do in Africa, S. 713.

der Sprachen von Affen und Menschen werde er einen Fotoapparat mitnehmen, um deren Mundbewegungen beim Sprechen festzuhalten.[69] Darüber hinaus werde seine Ausrüstung Waffen, Telefone und eine 300 Stunden währende elektrische Batterie beinhalten, mit deren Hilfe er nachts Licht anschalten, falls nötig telefonieren und mit Blitzlicht fotografieren werde.[70] Die Batterie habe zudem noch einen anderen Zweck. Mit ihr wolle Garner seine Forschungsstätte im Dschungel sichern, einen mit Stahldraht vergitterten, etwa zwei Quadratmeter messenden Käfig, der im Falle eines Angriffs oder aber seiner Abwesenheit elektrisch aufgeladen werden könne.

Jener von Garner selbst designte Käfig bildete das Herzstück seiner Expedition und zog als ingeniöse Forschungseinrichtung die meiste öffentliche Aufmerksamkeit auf sich (Abb. 19). Wie der Zoologe ausführt, seien zahlreiche Funktionen mit dem Käfig verbunden. So werde er ihm eine mobile Wohnstätte sein, wenn er herumreise, um die Sprachen der Indigenen zu erforschen und zugleich eine Festung („fortress"[71]), wenn er auf der Suche nach dem Geheimnis des Sprachursprungs längere Zeit im Dschungel verweile. Er werde ihm als kostenfreies und logistisch unkompliziertes Lager dienen, um im Falle seiner Abwesenheit all seine Habseligkeiten sicher zu verwahren, aber auch als Ort der Ruhe, an dem er sich ungestört erholen könne.[72] Ausgestattet mit Dachplane und Vorhängen, Hängematte, Campingstuhl und Gummi- bzw. Teppichboden, mit diversen Waffen, den genannten (medien-)technischen Apparaten und einer Vielzahl weiterer Utensilien wie Chemikalien und Medikamenten sollte der Käfig einen verhältnismäßig komfortablen, sicheren, und höchst modernen Stützpunkt bieten, von dem aus Garner beobachtend und experimentierend in die geheime Welt der ‚primitiven' Sprachen vordringen wollte. Besonders viel versprach er sich dabei von einem „einzigartigen und wunderbaren Experiment"[73], in dessen Zentrum die Medien Phonograph und Telefon standen. Geplant war, auch jene Laute von Affen zu phonographieren, die sich nicht unmittelbar vor dem Käfig,

---

69 Vgl. ebd., hier S. 715. Dieses Vorhaben beschreibt Garner auch in *The speech of monkeys*: „It is a part of my purpose, in my trip to Africa, to try to secure photographs of the mouths of the great apes while they are in the act of talking, and to this end I am having constructed an electric trigger, with which to operate my photo-camera at long range, and I shall try to furnish to the eminent author of "Visible Speech" some new and novel subjects for study." Garner: *The speech of monkeys*, S. 223. Garner bezieht sich hier auf die 1867 von Alexander Melville Bell entwickelte ikonisch-alphabetische Notation, deren phonetischen Zeichen in einer ikonischen Ähnlichkeitsbeziehung zur Stellung des Mundes während der Lautäußerung stehen.
70 Vgl. Garner: What I expect to do in Africa, S. 714.
71 Ebd., hier S. 713.
72 Vgl. ebd., hier S. 713–714.
73 „A unique and marvellous experiment". Ebd., hier S. 714.

sondern in einiger Entfernung zu diesem befanden. Dazu wollte Garner einen Blechtrichter mindestens eine Meile tief im Dschungel aufstellen und diesen via wasserfestem Telefonkabel mit dem im Käfig befindlichen Phonographen verbinden. Trichter und Kabel sollten in der Tarnfarbe Grün getüncht sein, um von den Affen unbemerkt zu bleiben. Garner malte sich aus, wie er diverse Lockmittel, Köder, Bilder, Spiegel und noch weitere Dinge vor dem Trichter platzieren würde, von denen anzunehmen war, dass sie die Tiere zur Lautgebung animierten. Die so erzeugten Laute würden dann unmittelbar telefonisch zum Phonographen übermittelt und dort aufgezeichnet werden.[74]

So fantastisch Garners Technikvisionen hier auch anmuten, so wenig waren sie aus der Luft gegriffen. Vielmehr ging ihnen eine lange und intensive Auseinandersetzung mit dem phonographischen Medium und den Möglichkeiten voraus, dieses an die Forschungsbedarfe der geplanten Dschungel-Expedition anzupassen. Schon ein Jahr zuvor, im Sommer 1891, hatte Garner persönlichen Kontakt zu Thomas A. Edison aufgenommen. In mehreren Briefen informierte er den Erfinder des Phonographen über sein Forschungsvorhaben sowie die dafür nötigen rechtlichen, finanziellen und technischen Voraussetzungen und bat ihn diesbezüglich um seine Unterstützung. Die Entwicklung eines modifizierten, den spezifischen Anforderungen seines Vorhabens genügenden Phonographen sei absolut wesentlich für ihn und möglicherweise auch, wie Garner betont, für die Zukunft des phonographischen Mediums.[75] Ende August 1891 antwortete ihm Edisons persönlicher Sekretär Alfred Ord Tate, dass Edison Garners Arbeit mit großem Interesse verfolgt habe und dass, sofern die *Edison Phonograph Company* (die unter anderem die Rechte für den Vertrieb des Phonographen in Afrika besaß)[76] ihre Zustimmung gebe,

> Mr. Edison thinks that he will be able to fit you out with some good apparatus by the time you are ready to go abroad. He can provide you with a phonograph that will be twenty times more sensitive and accurate than any yet made, and moreover with the machine which Mr. Edison has in mind it will be possible to take a fifteen minute continuous record.[77]

Dieses Versprechen stellte Garner jedoch nicht zufrieden, da er sich vom modifizierten Phonographen nicht nur eine qualitative Verbesserung der Aufnahme-

---

74 Vgl. ebd., hier S. 714–715.
75 Siehe die Briefe Garners an Edison vom 27. Juli 1891 und vom 25. August 1891, online abrufbar über das Portal *The Thomas Edison Papers*, http://edison.rutgers.edu (Abruf am 17.12.2021). Zum Briefwechsel zwischen Garner und Edison siehe auch Radick: *The simian tongue*, S. 108–112.
76 Vgl. ebd., S. 109.
77 Alfred Ord Tate in seinem Brief an Garner vom 31. August 1891, http://edison.rutgers.edu (Abruf am 17.12.2021).

kapazitäten erhoffte, sondern darüber hinaus die technische Erleichterung seiner für den afrikanischen Dschungel vorgesehenen Experimente. Wie der Zoologe in seinem Antwortschreiben an Edison erläuterte, bestand sein größtes Problem in der Unfähigkeit des gegenwärtigen Phonographen, die Affenlaute simultan reproduzieren und aufnehmen zu können.

> Very often when I am repeating the cylinder to [the monkeys], one or more of them will respond at different parts of the cylinder. I have been unable to make records of these responses. Using two phonographs I have to labor under the difficulty of either recording the sounds of the first phonograph or lose entirely the sounds of the monkey.[78]

Um dieses Problem zu lösen, schlug Garner Edison einen „double-spindle Phonograph" vor, einen Phonographen, der aus nur einem Trichter, aber aus zwei Spindeln, einer für die Wiedergabe und einer für die Aufnahme, bestehen und so den simultanen Ablauf von Reproduktion und Speicherung erlauben würde. Zur Veranschaulichung fügte Garner seinem Brief mehrere technische Skizzen bei (Abb. 18).

Dem Zoologen zufolge würden bei einem solchen Phonographen – anders als bei zwei nebeneinander positionierten einfachen Phonographen – die reproduzierten und die aufzunehmenden Wellen nicht miteinander interferieren, was wiederum eine störungsfreie Aufnahme der Affenlaute ermöglichen würde. Außerdem wäre zu überlegen, den Phonographen mit einem aufziehbaren Federantrieb statt Batterien auszustatten, um sein Gewicht zu reduzieren und ihn so für die Feldforschung fit zu machen. „Can you not construct a cylinder similar to those used on the graphophone?", fragt Garner im Postskriptum seines Briefes. „Something to stand rougher usage and be less in weight?"[79]

Damit spricht der Zoologe ein Problem an, welches die bioakustische Forschung noch viele Jahrzehnte später beschäftigen (und aufhalten) wird: Die frühen Phonographen waren zu schwer, zu sperrig und nicht robust genug für Aufnahmen von freilebenden und umso mobileren Tieren im Feld. Erst als Mitte des 20. Jahrhunderts mobile Klangspeichermedien wie das Tonbandgerät entwickelt wurden, nahm die bioakustische Feldforschung Fahrt auf.[80] Vorher musste man sich entweder auf die Aufnahme von gekäfigten Tieren beschränken oder aber auf phonographische Aufnahmen verzichten und das im Feld gewonnene

---

[78] Garner an Edison in seinem Brief vom 21. Dezember 1891, http://edison.rutgers.edu (Abruf am 17.12.2021).
[79] Garner an Edison in seinem Brief vom 21. Dezember 1891, http://edison.rutgers.edu (Abruf am 17.12.2021).
[80] Wie aufwändig es noch in den 1930er Jahren war, die Technik ans Feld anzupassen, beleuchtet das Kapitel „Mobilizing the Studio into the Field" in Bruyninckx: *Listening in the field*, S. 72–79.

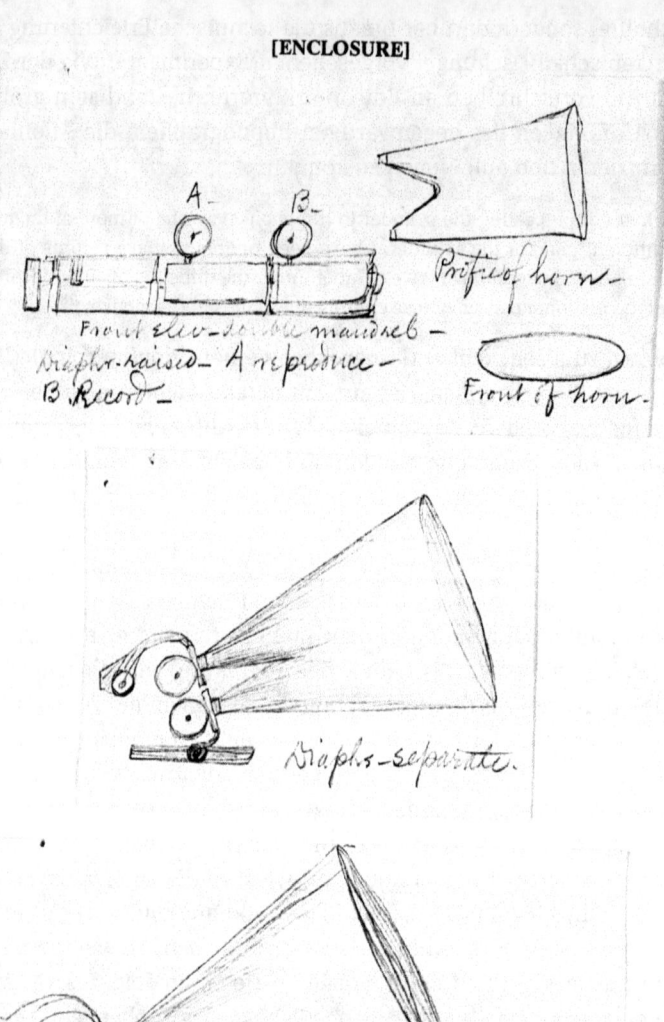

Abb. 18: Richard Lynch Garners Entwurf für einen „double-spindle phonograph". Zeichenskizzen in Garners Brief an Thomas A. Edison vom 21. Dezember 1891.

bioakustische Material via Gehör notieren. Schon Garner war sich dieses Problems bewusst. Noch bevor er in den 1890er Jahren Erfahrungen mit freilebenden Affen sammeln konnte, suchte er nach einem Weg, die technischen Apparate an die Bedingungen im Feld anzupassen. Seine an Edison gerichteten Briefe einschließlich der zeichnerischen Entwürfe eines modifizierten Phonographen demonstrieren eindrücklich die planerisch-imaginativen Anstrengungen des Zoologen, den angenommenen Herausforderungen der Feldforschung zu begegnen. Durch seine Experimente mit Zootieren wusste er, wie schwierig schon die Aufnahme gekäfigter Tiere war: Wann diese welche Laute von sich geben würden und ob sie sich überhaupt akustisch betätigten oder aber schwiegen, war wenig kontrollierbar. Ähnlich wie die oben beschriebenen Playback-Experimente auf diese *agency* der Tiere reagierten, antworteten Garners leichtgewichtiger ‚double spindle phonograph' sowie sein aus Telefonkabel und Phonographentrichter zusammengesetzter Apparat auf die Frage, wie die im Dschungel ungleich stärker entzogenen Tierstimmen bestmöglich eingehegt werden könnten. Hier, so wusste Garner, waren nicht nur die unkontrollierbaren Laute der Affen das Problem, sondern bereits die Unzugänglichkeit der mobilen und darüber hinaus scheuen Tiere selbst. Garners anvisierte technische Ausrüstung sollte die Tierlaute dort einfangen, wo sie seiner Ansicht nach in aller Ursprünglichkeit geäußert wurden: Im Dickicht des Dschungels, das nur mit mobilen oder aber telefonisch verlängerten Phonographen zu erschließen war. Anders als die Playback-Experimente, die Garner in den heimischen Zoos durchführte, wurden die Aufnahmen im Feld jedoch nie realisiert. Sowohl der ‚double spindle phonograph' als auch der Telefon-Phonograph blieben gedankliche bzw. zeichnerische Entwürfe. Zwar reagierte Edison auf Garners briefliche Anfrage mit einer Einladung: Über seinen Sekretär Tate ließ er ihm ausrichten, dass der Zoologe ihn gerne in seinem New Yorker Laboratorium besuchen könne, um – unterstützt von einem Technikexperten – einen für seine geplante Expedition geeigneten Apparat zu entwickeln.[81] Ob und inwieweit Garner dieser Einladung indes Folge leistete, gibt die Korrespondenz zwischen ihm und Edison nicht eindeutig her.[82]

---

[81] Vgl. den Brief von Alfred Ord Tate an Garner vom 24. Dezember 1891, http://edison.rutgers.edu (Abruf am 17.12.2021).
[82] Rund drei Monate, nachdem Edison ihn eingeladen hatte, erkundigte sich Garner kurzfristig nach der Möglichkeit eines Besuchs. Am 27. März 1892 schreibt er an Edison: „Dear Sir, I want to come out to Orange [wo Edison und das Laboratorium inzwischen ansässig waren] tomorrow Thursday, to see you and Mr. Miller about my phonograph for Africa. I want to leave about 16th April if possible. If you will not be home at time mentioned, please wire me at my expense at address below. Yours truly, R. L. Garner". Brief vom 27. März 1892, http://edison.rutgers.edu (Abruf am 17.12.2021).

Als der Zoologe im Juli 1892 nach Europa aufbricht, um von dort aus nach Westafrika weiterzureisen, hat er nicht einmal einen handelsüblichen Phonographen im Gepäck. Sein Plan, einen solchen während seines Zwischenstopps in Großbritannien zu erwerben, scheiterte zum einen an seinen begrenzten finanziellen Mitteln und zum anderen am mangelnden Entgegenkommen der Inhaber der Phonographenrechte in Europa, die sich weigerten, dem Zoologen einen Phonographen zu Forschungszwecken zur Verfügung zu stellen.[83] „The use of the phonograph in England is inhibited for all purposes"[84], echauffiert sich Garner in einem wenig später für die *New York Times* verfassten Artikel. In den strengen Patentregeln, schiebt er an anderer Stelle nach, drücke sich nichts als menschliche Habgier aus, welche den Nutzen des Phonographen für die Forschung und den dadurch erzielten wissenschaftlichen Fortschritt auf unverzeihliche Weise behindere.[85] Enttäuscht und ernüchtert nimmt Garner Mitte September ein Schiff nach Westafrika, bevor er sich am 4. November 1892 brieflich an Edison wendet, um diesen über seine missliche Lage zu informieren und um Unterstützung zu bitten: „Dear Sir, from this letter you can see, that I am in the land of the gorilla"[86], schreibt der Zoologe. Aufgrund des borniertnen Verhaltens der Phonographenleute in England, heißt es weiter, habe er weder Phonograph noch Graphophon beschaffen können, was bedeute, dass er bis dato auf eines der wichtigsten Charakteristika seiner Forschung verzichten müsse. Dabei würden seine Experimente einen neuen und lukrativen Markt für den Phonographen eröffnen, wie Garner versichert. „Every cylinder recorded here would be studied all over the civilized world by philologists, linguists and students of acoustics."[87] Wäre es irgendwie möglich, dringt der Zoologe auf Edison ein, ihm dort, wo er sich nun aufhalte, einen Phonographen zur Verfügung zu stellen? In diesem Fall könnte er die ganze Küste von Westafrika, von Cape Palmas bis zum Kongo aufnehmen," beteuert Garner überschwänglich, „viele der dortigen „native tongues are as interesting and valuable as the speech of apes. [...] I wish you'd write me if there is a chance."[88] Dieser Wunsch lief jedoch ins Leere. Als Garners New Yorker Agent Samuel S. McClure Edison im Januar 1893 anschreibt, um ihn an das Dilemma

---

83 Vgl. Radick: *The simian tongue*, S. 128–129.
84 Richard Lynch Garner: A mission to the monkeys. In: *New York Times*, 25.09.1892.
85 Vgl. Garner: *The speech of monkeys*, S. 208–209.
86 Garner an Edison in seinem Brief vom 4. November 1892, http://edison.rutgers.edu (Abruf am 17.12.2021).
87 Ebd.
88 Ebd.

des Zoologen zu erinnern, kritzelt dieser etwas ungehalten auf den Brief: „Garner is the most impracticable man extant. He never arranged to get a phonograph. He should have spent 2 or 3 days here & got one & learned its peculiarities instead of that he simply talked & did nothing."[89]

Wenngleich Garner nicht die gewünschte Reaktion erzielte und seine Forschungen letztlich ohne Phonographen durchführen musste, zeugt der Briefwechsel zwischen ihm und Edison von den engen Austauschbeziehungen zwischen Wissenschafts- und Medientechnikgeschichte, wie sie für das Forschungsfeld der Bioakustik von Beginn an maßgeblich waren.[90] Anhand von Garners phonographischer Affenforschung lässt sich besonders gut nachvollziehen, wie medientechnologische Innovationen die bioakustische Forschung einerseits voranbrachten und mitgestalteten und andererseits selbst durch diese geprägt wurden. Der von Garner gezeichnete ‚double spindle phonograph' und seine Vision einer telefonischen Phonographen-Anlage wurden so zwar nie realisiert, sind als in Umlauf gebrachte Entwürfe aber unzweifelhaft in die zeitgenössische Auseinandersetzung mit dem Phonographen und dessen Möglichkeiten eingegangen.[91] Nicht zuletzt sind sie Teil der um 1900 auch andernorts einsetzenden Versuche, Klangspeichertechniken an die Anforderungen der Feldforschung anzupassen. Als Beispiel sei hier der sogenannte Archiv-Phonograph von Fritz Hauser genannt, den dieser für das 1899 gegründete Wiener Phonogramm-Archiv konstruierte und – nachdem sich herausstellte, dass der Phonograph für die Anwendung auf Expeditionsreisen zu schwer war – 1903 entsprechend modifizierte.[92] Auf die bioakustischen Studien, die mit-

---

89 Vgl. den Brief von Samuel S. McClure an Edison vom 11. Januar 1893, http://edison.rutgers. edu (Abruf am 17.12.2021). Siehe dazu auch Radick: *The simian tongue*, S. 129.
90 Siehe dazu Willkomm: Die Technik gibt den Ton an, die anhand von verschiedenen Fallbeispielen historischer und gegenwärtiger bioakustischer Forschungen den Wechselbeziehungen zwischen Medientechnik und Wissensproduktion nachgeht.
91 Wie Radick gezeigt hat, arbeitete man zu jener Zeit intensiv an der Kombination von Telefon und Phonograph. Radick: *The simian tongue*, S. 111. In einem 1892 erschienenen Artikel der Zeitschrift *Phonogram*, der die vielfältigen Einsatzmöglichkeiten des Phonographen beleuchtet und in diesem Zusammenhang unter anderem auf Garners geplante Forschungsexpedition eingeht, heißt es: „[T]he phonograph operators are now in the habit of connecting this instrument [this phonograph] with the telephone, and when a telephone operator is absent at a time when a message is sent to him, the phonograph cylinder will take a record of this message and keep it until the absent clerk returns. Its importance as a factor in the work of sending telephonic messages to long distances is explained in another article." Anonym: Mr. Edison's forecast. In: *Phonogram* 2 (1892), S. 1–2, hier S. 2.
92 Siehe Sigmund Exner („II. Bericht über den Stand der Arbeiten der Phonogramm-Archivs-Commission erstattet in der Sitzung der Gesamt-Akademie vom 11. Juli 1902" (Wien o.J. (1902)), der den Archiv-Phonographen vorstellt und unter anderem auf dessen immenses Gewicht hinweist, mit welchem Expeditionsleiter zu kämpfen hätten: Der gesamte Apparat fülle

hilfe eben jenes Archiv-Phonographen zur Lautkommunikation von Feldgrillen durchgeführt wurden – und dies unter anderem unter Anwendung des Garner'schen Playback-Experiments –, wird noch zurückzukommen sein (siehe Kapitel 6).

Vorerst bleibt festzuhalten, dass Garners technikutopische Gedankenexperimente die spätere bioakustische Feldforschung in entscheidenden Punkten vorwegnahmen. Hierzu gehört vor allem der Versuch, die von Tieren geäußerten Laute in ihrem natürlichen Habitat zu erfassen und diese Erfassung möglichst objektiv zu gestalten, indem mechanische Aufzeichnungstechniken verwendet werden. Um die Tierlaute so interventionsarm wie möglich, aber so kontrolliert wie nötig aufzuzeichnen, erdachte Garner eine Reihe von Verfahren, die – wenn auch unter veränderten Bedingungen – bis heute für die Bioakustik relevant sind: Die ferngesteuerte Aufnahme aus der Distanz, welche gerade im Feld notwendig ist, will man die aufzunehmenden Tiere nicht mit der eigenen Anwesenheit verschrecken, suchte Garner mittels des portablen, durch ein Telefonkabel verlängerten Phonographen zu gewährleisten. Durch die Tarnfarbe des Kabels sollte zudem auch die mediale Technik verborgen werden, damit diese das Verhalten der aufzunehmenden Tiere nicht unnötig beeinflusste. Diesen Verfahren zur Interventionsminimierung stehen wiederum Methoden zur gezielten bzw. kontrollierten Intervention gegenüber, welche vor allem im von Garner entwickelten und noch heute verwendeten Playback-Experiment zusammenlaufen. Wie sein Entwurf eines ‚double spindle phonograph' zeigt, beabsichtigte der Forscher, die in den heimischen Zoos erprobte akustische Stimulation der Tiere zur Lautgebung auch im kongolesischen Dschungel durchzuführen. Abgesehen davon sollten vor dem Trichter platzierte nichtakustische Playback-Stimuli („decoys, baits, effigies, mirrors"[93]) die Affen zum Tönen animieren und dafür sorgen, dass sie dies an der richtigen Stelle, nämlich möglichst nahe am Aufnahmegerät taten – eine in der bioakustischen Feldforschung vielproblematisierte Herausforderung.[94] Schließlich ist es die besondere räumliche Experimentalanordnung als Ganze, wel-

---

„zwei Kisten, die zusammen circa 100 kg wiegen, leider eine recht bedeutende Last. Den Hauptantheil an derselben hat der Phonograph selbst (35kg) und an ihm wieder das Uhrwerk. Unser Streben ist stetig dahin gerichtet, dieses Gewicht wenigstens für Reise-Apparate zu vermindern." Ebd. Nur ein Jahr später berichtet der mit dieser Aufgabe betraute Techniker des Archivs, Fritz Hauser „über einige Verbesserungen am Archivphonographen", welche das Gewicht desselben verminderten – „Erstens durch Verwendung eines leichteren Materials und zweitens durch Vereinfachung der Konstruktion." Fritz Hauser: *Über einige Verbesserungen am Archiv-Phonographen. III. Bericht der Phonogrammarchiv-Kommission der kaiserl. Akademie der Wissenschaften in Wien.* Wien: Kaiserlich-Königliche Hof- und Staatsdruckerei 1903, S. 2.
93 Garner: What I expect to do in Africa, S. 714.
94 Ebd., hier S. 714–715. Vgl. zu den technischen Methoden und Herausforderungen der Bioakustik im Feld Willkomm: Die Technik gibt den Ton an und Bruyninckx: *Listening in the field.*

che Garners Vorhaben zum Vorläufer der späteren bioakustischen Feldforschung macht. Mit seiner inszenierten Selbsteinschließung in einem Käfig, von dem aus er die mobilen Tiere der Wildnis erkundet, dreht Garner die Perspektive der Laborforschung gleichsam emblematisch um: Hier sind es nicht die Untersuchungsobjekte, welche der hochartifiziellen Umgebung des Forschers angepasst werden, so vermittelt das Bild, vielmehr ist es genau umgekehrt der Forscher, der sich an die Lebensbedingungen, die „native haunts"[95] der Tiere assimiliert, um diese zu studieren.

Abb. 19: „Preparing for the Night". Garner in seinem eigens für die Expedition im afrikanischen Dschungel konstruierten Käfig, aber ohne Phonograph. Diapositiv, ca. 1892/93.

Edisons oben zitierter Vorwurf an Garner, dass dieser nur geredet, aber nichts getan hätte („He simply talked & did nothing"), stimmt also wissenschaftshistorisch gesehen nur bedingt: Auch wenn Garners Ideen zur phonographischen Feldforschung an Affen letztlich nicht verwirklicht wurden, waren sie erste Schritte in Richtung der späteren Bioakustik, die sich bis heute mal mehr und mal weniger

---

[95] Garner: *Gorillas and chimpanzees*, S. 14.

explizit auf die Methoden und Techniken des Affenforschers beruft.[96] Gerade weil seine im Zoo praktizierten und für den Dschungel fingierten Experimentalanordnungen sich im Grenzbereich zwischen Praxis und Entwurf, Faktizität und Fiktion bewegten, waren sie – so darf vermutet werden – besonders wirkmächtig. Was Garner während seiner Expedition tatsächlich erlebte, ob er einen Phonographen dabei hatte oder nicht und welche Experimente er im Dschungel durchführte, blieb lange Zeit umstritten. Seine Selbstaussagen und die medialen Berichterstattungen hierüber divergierten zum Teil beträchtlich.[97] Garners Expedition bildete eine Leer- bzw. ‚Vagheitsstelle' des Wissens, die als solche beinahe zwangsläufig dazu einlud, sie durch weitere Forschungen und/oder Projektionen zu besetzen. Neben der Wissenschaft folgte auch die Literatur dieser Einladung, indem sie poetisches Kapital aus den Unbestimmtheiten und Möglichkeitsräumen der Garner'schen Expedition schlug.

5.1.5 Fortschreibungen (Jules Verne, Franz Kafka)

Hatten schon 1891 diverse Journalisten Garners Vorhaben mit einem Abenteuerroman von Jules Verne verglichen, macht der französische Romancier die Garner'sche Expedition zehn Jahre später tatsächlich zum Stoff seines neuen Romans. In *Le Village aérien* (1901) unternehmen der Amerikaner John Cort und der Franzose Max Huber eine Expedition in den westafrikanischen Dschungel, wo sie schon bald auf einen verlassenen Käfig stoßen (Abb. 20). Dort finden sie – abgesehen von halbverrotteten Gebrauchsgegenständen – ein Notizbuch, auf dessen Vorderseite der Name ‚Doctor Johausen' geschrieben steht. Für Cort und Huber hat der Name „die Bedeutung einer Offenbarung."[98] Johausen sei jener deutsche Arzt, der sich vor einiger Zeit in den Dschungel begeben hätte, um die berüchtigten,

---

96 Radick hat gezeigt, wie Garners Playback-Experimente in den 1980 von Robert M. Seyfarth, Dorothy L. Cheney und Peter Marler durchgeführten Forschungen zur Lautkommunikation von grünen Meerkatzen ein Nachleben fanden. Neben seiner umfassenden wissenschaftshistorischen Monographie zum Thema (Radick: *The simian tongue*) vgl. auch Radick: Primate language and the playback experiment, in 1890 and 1980. Als Beispiel aus der gegenwärtigen bioakustischen Forschung siehe die Arbeiten der Primatologin Julia Fischer, die seit vielen Jahren zur Lautkommunikation nichtmenschlicher Primaten forscht und sich hierbei sowohl methodisch (u. a. in Form der Durchführung von Playback-Experimenten) als auch wissenschaftshistorisch (Auseinandersetzung mit Garner als „Pionier" ihrer Disziplin) auf Garner beruft. Vgl. Julia Fischer: *Affengesellschaft*. 2. Aufl. Berlin: Suhrkamp 2012.
97 Siehe hierzu Radick: *The simian tongue*, S. 134–158.
98 Jules Verne: *Das Dorf in den Lüften*. Wien: Hartleben 1902, S. 95.

Abb. 20: Johausens leerer Käfig. Illustration von G. Roux, abgedruckt in Jules Vernes Roman *Le village aérien* (1901).

aber wenig erfolgreichen Versuche des Amerikaners Garner zu wiederholen, derer sich der Leser vielleicht noch erinnere. Um Affen „im Naturzustande zu beobachten"[99] und deren Sprache zu erforschen, hätte Garner angeblich drei Monate lang fernab der Zivilisation in einem eigens angefertigten eisernen Käfig gelebt. In Wahrheit aber hätte er diesen in nur zwanzig Gehminuten Entfernung zur Mission aufgestellt. Drei Nächte immerhin habe er sogar dort geschlafen, konnte es „[v]erzehrt von Myriaden von Moskitos, [...] daselbst aber nicht lange aushalten."[100] Statt, wie eigentlich geplant, auf Grundlage seiner Feldforschungen ein Wörterbuch der Affensprache zu verfassen, brach er seinen Käfig wieder ab und kehrte schon nach kurzer Zeit „über England nach Amerika zurück, wobei er als einzige Andenken von seiner Reise zwei kleine Schimpansen zurückbrachte, die sich leider nicht bewegen ließen, mit ihm zu plaudern."[101] Dies, so resümiert der

---

[99] Ebd., S. 98.
[100] Ebd.
[101] Ebd.

Erzähler, „war der ganze Erfolg der Garner'schen Studienreise. Erwiesen war dadurch nur das eine, daß das Patois der Affen, wenn es überhaupt ein solches giebt, noch ebenso zu entdecken war, wie die betreffenden Lebensäußerungen, die in der Gestaltung ihrer Sprache eine Rolle spielten."[102] Die offen gebliebenen Fragen nun hätten den an Zoologie und Botanik interessierten und etwas eigenbrötlerischen Doctor Johausen dazu veranlasst, die Versuche Garners zu wiederholen, wobei er sich anders als dieser „mitten hinein in den Wald und in die Welt der Vierhänder [begeben wollte], auch nicht nur zwanzig Minuten weit von einer Mission, selbst auf die Gefahr hin, eine Beute der Moskitos zu werden, denen die simiologische Leidenschaft Garner's zu trotzen nicht stark genug gewesen war."[103] Wie Garner hätte er auf seine Reise nebst diversen Gebrauchsgegenständen einen transportablen, aber festeren und bequemeren Käfig mitgenommen sowie Equipment für seine geplanten Versuche. Hierzu gehörte etwa eine Drehorgel, „in der Hoffnung, die Affen könnten für die Reize der Musik vielleicht nicht unempfänglich sein."[104] Ob Johausen auch einen Phonographen dabei hatte, wird nicht erwähnt. Überhaupt bleiben weitere Koordinaten sowie der Verlauf seiner Expedition im Unklaren. Seit seinem Aufbruch in den Dschungel und „auch nach zwei Jahren und trotz wiederholten, leider erfolglosen Nachsuchungen, hatte von dem deutschen Arzte und seinem treuen Diener keine Silbe wieder verlautet"[105], so der Erzähler. Es waren also „nur Vermuthungen anzustellen. Warum mochte der Käfig denn leer sein? ... Warum hatten seine beiden Bewohner ihn verlassen? ... Wie viele Monate, Wochen oder Tage war er bewohnt gewesen?"[106] Diese und noch viele weitere Fragen drängen sich Cort und Huber auf, wobei „sie für keine Vermuthung eine annehmbare Erklärung geben" können und sich so „immer mehr in die Dunkelheit des Geheimnisses [verlieren]."[107] Auch aus dem Notizbuch lassen sich die Unternehmungen Johausens nicht eindeutig rekonstruieren. Mit Ausnahme der ersten Seite ist das Buch unbeschrieben. Die erste Seite aber enthält lediglich „einige abgerissene Sätze, auch einige Datumangaben, wahrscheinlich bestimmt, dem Doctor Johausen später bei der Abfassung eines Reiseberichtes zu dienen."[108] In der letzten Eintragung vom 25. August 1896 heißt es: „In der Nacht drängen sich große Affen an die Hütte heran. – Welcher Art sie angehören, habe ich noch nicht zu erkennen vermocht.

---

102 Ebd.
103 Ebd., S. 99.
104 Ebd., S. 100.
105 Ebd., S. 101.
106 Ebd.
107 Ebd., S. 102.
108 Ebd.

[...] Merkwürdig! Diese Affen scheinen zu sprechen, mit einander zusammenhängende Worte zu wechseln! Ein kleiner hat ‚Ngora! Ngora! Ngora!' gerufen, ein Wort, worunter die Eingebornen doch ‚Mutter' verstehen."[109] Den beiden Reisenden Cort und Huber gibt dieser Eintrag zu denken. „Wahrlich", fragt Huber, „sollte der Professor Garner doch recht haben? Es gäbe sprechende Affen? ... "[110]

Interessant an der hier skizzierten Szene aus Vernes Roman ist das narrative Verfahren der Wiederholung: Gleich einer *Mise en cadre*, bei der die Binnenerzählung die Rahmenerzählung spiegelt bzw. vorwegnimmt, wird Garners Expedition zum narrativen Ausgangspunkt einer ganz ähnlichen Erzählung, nämlich der Wiederholung der Expedition durch Johausen, die ihrerseits in der Rahmenerzählung wiederholt wird: Nachdem sie Johausens Notizbuch gefunden haben, folgen Cort und Huber den Spuren des Arztes durch den Dschungel, bis sie – mehr oder weniger unfreiwillig – selbst zu Erforschern von affenartigen „Halbmenschen"[111] und deren Sprache werden. So finden sich die beiden Expeditionsreisenden eines Tages im „Dorf der Lüfte" wieder, einer Plattform in Baumwipfeln, wo eben jene „Halbmenschen", die sogenannten Wagddis leben, welche zwar äffisch erschienen, aber eindeutig menschliche Eigenschaften besäßen, etwa die Fähigkeit zu sprechen. Nach eingehenden Studien identifizieren die beiden Forscher die Wagddis als eine neue, „noch unbekannte[] Rasse"[112], eine „höher stehende Art, als etwa die Orangs auf Borneo, die Schimpansen Guineas und die Gorillas von Gabon"[113], aber auf „auf noch tieferer Stufe"[114] als die indigenen Stämme Afrikas. Am Ende des Romans treffen Cort und Huber auf den Häuptling dieses eigenartigen Volkes und erkennen in ihm Doctor Johausen, der sich allerdings geistig und sprachlich zu einem Affen entwickelt hat: „Mit diesem zum Thier herabgesunkenen Menschenkinde ist nichts anzufangen, erklärte Max Huber. Er ist zum reinen Affen geworden. So mag er auch Affe bleiben und weiterhin über Affen herrschen!"[115]

In Vernes Roman werden die Leerstellen des Garner'schen Forschungsprojekts genutzt, um es mittels eines raffinierten erzähltechnischen Tricks – der *Mise en cadre* – fortzuschreiben. Dabei scheint das historische Vorbild seine fiktionalen Nachahmungen zu antizipieren: Wie Garner wird auch Johausen ein

---

109 Ebd., S. 102–103.
110 Ebd., S. 103.
111 Ebd., S. 176.
112 Ebd., S. 191.
113 Ebd., S. 168.
114 Ebd.
115 Ebd., S. 227.

exzentrischer Charakter nachgesagt, der das phantastische Projekt einer affenlinguistischen Expedition letztlich zu verantworten habe. Wie bei Garner bleiben auch bei Johausen der Verlauf und Ausgang der Expedition lückenhaft und ungewiss, was in beiden Fällen imaginative Energien freisetzt. Cort und Huber verlieren sich in Mutmaßungen über die Bedeutung des leeren Käfigs und den Verbleib des Forschers, Mutmaßungen, welche „die Dunkelheit des Geheimnisses" indes eher vergrößern, statt sie aufzuklären. Auch als sie Johausen schließlich finden, kann dieser aufgrund geistiger Schwäche kein Licht ins Dunkel bringen. Seine Metamorphose in einen Affen und die anthropoiden Wagddis erscheinen wiederum so mysteriös, dass sich letzten Endes auch die Expedition der Rahmenerzählung als ein phantastisches Projekt und der Roman im Ganzen als *Science-Fiction*-Roman entpuppt.

Le Village aérien führt nicht nur vor, wie die Produktion von Wissen funktioniert: Durch Nachahmung und differentielle Wiederholung (*Mise en Cadre*) wird ein tendenziell unabschließbarer Prozess der Suche in Gang gesetzt, die stets an der Grenze zum Nichtwissen und Phantastischen operiert.[116] Der Roman zeigt zudem, was mit Garners Versuchsanordnung auf dem Spiel steht, denkt man sie konsequent weiter: Wenn Huber nach der Lektüre von Johausens Tagebucheintrag fragt, ob „der Professor Garner doch recht haben [sollte]? Es gäbe sprechende Affen? ... "[117], initiiert er damit ein Gedankenexperiment, das den weiteren Verlauf der Erzählung bestimmt und in der Frage kulminiert: Was wäre, wenn Garners Thesen sich als wahr erwiesen und Affen tatsächlich sprechen könnten? Wie alle Gedankenexperimente lassen sich die Konsequenzen dieser kontrafaktischen Annahme nur fiktional überprüfen.[118] Die Begegnung von Huber und Cort mit den sprechenden Wagddis und dem geistig wie sprachlich abwesenden Doctor Johau-

---

[116] Vgl. dazu Hans-Jörg Rheinberger: „Alles, was überhaupt zu einer Inskription führen kann". In: Ders.: *Iterationen*. Berlin: Merve 2005, S. 9–29, hier S. 19.
[117] Verne: *Das Dorf in den Lüften*, S. 103.
[118] „Denn im Gedankenexperiment verschmilzt der Plan, die mentale Versuchsanordnung, mit seiner Durchführung, dem empirischen Experiment. Wir haben nämlich gar keine Möglichkeit, die realen Konsequenzen einer kontrafaktischen Annahme, einer strategischen Verfremdung, anders zu überprüfen als im Kopf; und wir können diese Konsequenzen in keiner anderen Form dokumentieren und überprüfbar machen als durch irgendeine Art von Erzählung. Im Gedankenexperiment werden Literatur und Wissenschaft geradezu gezwungen, sich zu verbinden; nicht umsonst wurden so viele Science-Fiction-Romane aus einem einzigen Gedankenexperiment entwickelt." Thomas Macho / Annette Wunschel: Mentale Versuchsanordnungen. In: Dies. (Hrsg.): *Science & Fiction*, S. 9–14, hier S. 11. Zum Gedankenexperiment als Schauplatz der Begegnung zwischen Wissenschaft und Literatur siehe auch den Beitrag von Sigrid Weigel im selben Band: Das Gedankenexperiment: Nagelprobe auf die facultas fingendi in Wissenschaft und Literatur.

sen ist das Ergebnis einer solchen Überprüfung. Wenn Affen sprechen könnten, so vermittelt diese Begegnung, geriete die anthropologische Differenz zwischen Tier und Mensch gehörig durcheinander. Sprechende Affen wären keine Affen mehr, sondern nicht eindeutig zu identifizierende „Halbmenschen". Umgekehrt würde die äffische Natur des Menschen stärker denn je zum Vorschein kommen, wie der „zum Thier herabgesunkene" Johausen demonstriert. Die gesprochene Sprache würde als ein Schwellenphänomen zu Tage treten, anhand dessen die Grenzen und Übergänge zwischen Menschen und Tieren verhandelt werden.

Auch eine andere zu Beginn des 20. Jahrhunderts erschienene Erzählung ist diesen Übergängen gewidmet. In Kafkas *Ein Bericht für eine Akademie* (1917) wendet sich der „gewesen[e] Affe"[119] Rotpeter an die „hohe[n] Herren von der Akademie!"[120], um über den Prozess seiner Menschwerdung Bericht zu erstatten. Er erzählt, wie er einst in Westafrika von einer Jagdexpedition des Tierhändlers Hagenbeck gefangengenommen wurde und noch während seiner Überfahrt nach Europa ganz unvermittelt zur Sprache fand.[121] Ein Ereignis, welches ihm noch lebhaft im Gedächtnis ist: „Was für ein Sieg", erinnert sich Rotpeter,

> als ich eines Abends vor großem Zuschauerkreis – vielleicht war ein Fest, ein Grammophon spielte, ein Offizier erging sich zwischen den Leuten – als ich an diesem Abend, gerade unbeachtet, eine vor meinem Käfig versehentlich stehengelassene Schnapsflasche ergriff, unter steigender Aufmerksamkeit der Gesellschaft sie schulgerecht entkorkte, an den Mund setzte und ohne Zögern, ohne Mundverziehen, als Trinker von Fach, mit rund gewälzten Augen, schwappender Kehle, wirklich und wahrhaftig leertrank; [...] zwar vergaß den Bauch zu streichen; dafür aber, weil ich nicht anders konnte, weil es mich drängte, weil mir die Sinne rauschten, kurz und gut ‚Hallo!' ausrief, in Menschenlaut ausbrach, mit diesem Ruf in die Menschengemeinschaft sprang und ihr Echo – ‚Hört nur, er spricht!' wie einen Kuß auf meinem ganzen schweißtriefendem Körper fühlte.[122]

In dieser kurzen Szene treffen äffischer Spracherwerb und phonographische Medientechnik in einer Weise aufeinander, die in der Forschung bereits mehrfach Aufmerksamkeit erregt hat. Wie etwa Walter Bauer-Wabnegg betont, scheint es kein Zufall zu sein, dass „ein Grammophon spielt", als Rotpeter seine Tierstimme erstmals zu einem „Menschenlaut" formt, handle es sich bei diesem „kurz und gut" ausgerufenen Laut doch um ein Zitat des ersten Wortes, welches Edison 1877 in den

---

119 Kafka: Ein Bericht für eine Akademie, S. 300.
120 Ebd., S. 299.
121 Siehe zum Folgenden auch Reimann: „Ein an sich kaum hörbares Zischen".
122 Kafka: Ein Bericht für eine Akademie, S. 310–311.

gerade erfundenen Phonographen sprach: „Hallo!".[123] Und selbst die fünf Jahre nach seinem Spracherwerb formulierte Anrede, mit der Rotpeter seinen *Bericht an die Akademie* einleitet, erinnert an den phonographischen Ursprung seiner Sprache: „Hohe Herren von der Akademie!", heißt es da, „Sie erweisen mir die Ehre, mich aufzufordern, der Akademie einen Bericht über mein äffisches Vorleben einzureichen."[124] Fast wortgleich soll sich auch der Phonograph geäußert haben, den Edison, dessen Aktivitäten Kafka mit großem Interesse verfolgte,[125] 1878 der *Académie française* vorführte: „Der Phonograph begrüßt die Herren Mitglieder der Akademie der Wissenschaften. Der Phonograph hat die Ehre, der Akademie der Wissenschaften vorgestellt zu werden."[126] Diese Bezüge zur Phonographiegeschichte legen nahe, dass Rotpeters Sprachlaut nicht nur dem Rausch des Festes und des Alkohols entsprungen ist, sondern auch einem medientechnischen Rauschen. Doch wie lässt sich dieser Kurzschluss von „Spracherwerb mit Grammophongedudel und Alkoholismus"[127] verstehen?

Bauer-Wabneggs These, Kafka lasse Rotpeter „sprechen wie Edison das Grammophon",[128] um das „sprechende Menschentier"[129] an den Platz zurückzubeordern, von dem es durch die Sprechmaschine vertrieben wurde, scheint hier nicht restlos überzeugend. Kafkas Engführung von Phonographen- und Affenstimme als bloße Antwort auf die Bedrohung zu lesen, welche die Sprechmaschine für ihn darstellte, wird dem wissenschafts- und medienhistorischen Hintergrund jener Engführung nicht ganz gerecht. Naheliegender ist, dass Kafka die um den sprechenden Affen sich rankenden Wissensdiskurse und -praktiken seiner Zeit aufgreift, um poetisch mit ihnen zu experimentieren. Maßgeblich für diese Diskurse waren nicht zuletzt Garners phonographische Affenstudien, die um die Jahrhundertwende auch im deutschsprachigen Raum auf Interesse stießen. So wurde *The speech of monkeys* 1900 ins Deutsche übersetzt und innerhalb der deutschen Tier-

---

123 Siehe Walter Bauer-Wabnegg: *Zirkus und Artisten in Franz Kafkas Werk. Ein Beitrag über Körper und Literatur im Zeitalter der Technik*. Erlangen: Palm & Enke 1986, S. 151–155. Siehe auch Kittler: *Grammophon, Film, Typewriter*, S. 383–384; Kittler: *Aufschreibesysteme 1800–1900*, S. 409 und Siegert: Die Geburt der Literatur aus dem Rauschen der Kanäle, S. 25–26.
124 Kafka: Ein Bericht für eine Akademie, S. 299.
125 Vgl. hierzu Bauer-Wabnegg: *Zirkus und Artisten in Franz Kafkas Werk*, S. 153–154.
126 Zit. nach Herbert Jüttemann: *Phonographen und Grammophone*. Herten: Verlag Historischer Techniklitertatur 2000, S. 28. Vgl. hierzu Bauer-Wabnegg: *Zirkus und Artisten in Franz Kafkas Werk*, S. 152–153 und Kittler: Schreibmaschinen, Sprechmaschinen, S. 155–156.
127 Kittler: *Aufschreibesysteme 1800–1900*, S. 409.
128 Bauer-Wabnegg: *Zirkus und Artisten in Franz Kafkas Werk*, S. 154.
129 Ebd.

forschung nachweislich rezipiert.¹³⁰ Auch Kafka könnten die Studien Garners als Inspirationsquelle gedient haben.¹³¹ Spätestens über die seinem *Elberfeld-Fragment*

---

130 Richard Lynch Garner: *Die Sprache der Affen (The speech of monkeys)*. Aus dem Englischen übersetzt und herausgegeben von William Marshall. Autorisierte Ausgabe. 2. Aufl. Dresden: Schultze 1905. Einen unmittelbaren Einfluss nahmen Garners phonographische Experimente mit Affen auf die um 1900 in Deutschland erblühende Neue Tierpsychologie um den ehemaligen Juwelier und autodidaktischen Tierforscher Karl Krall, der sich wie Garner der Hörbarmachung vermeintlich sprechender Tiere verschrieb. Anders als der Primatenforscher Garner interessierte sich Krall vornehmlich für domestizierte Tiere wie Hunde und insbesondere Pferde, denen nicht nur das Lesen und Buchstabieren, sondern sogar das Rechnen und – was die Hunde betrifft – das Bellen von Wörtern und vollständigen Sätzen beigebracht werden sollte. Vgl. Karl Krall: *Denkende Tiere: Beiträge zur Tierseelenkunde auf Grund eigener Versuche. Der kluge Hans und meine Pferde Muhamed und Zarif*. Mit Abbildungen nach eigenen Aufnahmen. Leipzig: Friedrich Engelmann 1912. Abgesehen von einem abgeschrägten Holzbrett, auf dem die Tiere ihre „Antworten" auf die ihnen gestellten Fragen „klopften", indem sie mit ihrem linken oder rechten Huf eine bestimmte ins Alphabet bzw. Ziffernsystem übersetzbare Zahl an Tritten ausübten, kamen unter anderem auch Grammophon und Fernsprecher im Unterricht zum Einsatz. Mithilfe der auditiven Medientechniken sollte zum einen die Musikalität der Pferde getestet werden, zum anderen dienten sie dazu, die Tiere zu befragen, ohne von ihnen gesehen und damit von Seiten der zahlreichen Kritiker Kralls der visuellen Manipulation verdächtigt zu werden. Vgl. Heike Baranzke: Der kluge Hans. Ein Pferd macht Wissenschaftsgeschichte. In: Ullrich / Weltzien / Fuhlbrügge (Hrsg.): *Ich, das Tier*, S. 197–214, hier S. 207. Vgl. auch Krall: *Denkende Tiere: Beiträge zur Tierseelenkunde auf Grund eigener Versuche. Der kluge Hans und meine Pferde Muhamed und Zarif.*, S. 170–172. Über diese konkrete Verwendung hinaus fungierten die neuen auditiven Medientechniken wie schon bei Garner als mediale Dispositive, insofern es auch hier darum ging, die Lautäußerungen der Tiere (als Sprache) hörbar zu machen. So schreibt Krall die orthographisch oft fehlerhaft geklopften Wörter der Pferde – es „wurde Kappe mit *k – p* (spr. kape) wiedergegeben, essen mit *s – n* (spr. es-en), der Name ‚Hess' wird als *s* gegeben, da das *h* anfangs nicht vernommen wurde" – phonetischen Missverständnissen zu und erkennt in ihnen lediglich „die gleichen Schwierigkeiten des Verstehens wie beim Telephonieren." Ebd., S. 214. Im Rahmen seiner Abhandlung *Denkende Tiere* kommt Krall mehrfach auf Garners Experimente zu sprechen, wobei er sich vor allem für die späteren Versuche des Forschers interessiert, Affen die menschliche Sprache beizubringen. Vgl. ebd., S. 228–231 und S. 267–268. Siehe hierzu auch Reimann: „Ein an sich kaum hörbares Zischen".

131 Zur Rekonstruktion der Quellenlage von Kafkas *Ein Bericht für eine Akademie* vgl. Bauer-Wabnegg, der zwar drei wesentliche Vorlagen der Erzählung nennt, nämlich „die *Überlieferung von der ersten Demonstration des Edison-Phonographen vor der Pariser Akademie der Wissenschaften* [...], dann die zum damaligen Zeitpunkt nicht ungewöhnliche Kenntnis des Namens *Carl Hagenbeck*, dessen Autobiographie *Von Tieren und Menschen. Erlebnisse und Erfahrungen* erstmalig 1908 in Berlin aufgelegt wurde, und zuletzt den Artikel *Consul, der viel Bewunderte. Aus dem Tagebuch eines Künstlers*, der am 1. April 1917 in der Kinderbeilage des *Prager Tagblatts* erschienen war und der Kafka direkt zur Niederschrift seines *Berichts* veranlaßt hatte" (Bauer-Wabnegg: *Zirkus und Artisten in Franz Kafkas Werk*, S. 128), dabei aber diejenige historische Konstellation unberücksichtigt lässt, bei dem der Phonograph und sprechende Tiere zum ersten Mal aufeinandertrafen: Die Forschungen Garners. Einzig Paul Heller verweist in seiner wissensge-

zugrunde liegende Lektüre von Karl Kralls *Denkende Tiere* dürfte der Autor auf Garner gestoßen sein.[132]

Doch auch unabhängig von der Frage, ob Kafka Garners Experimente tatsächlich gekannt oder aber indirekt – auf diskursivem Wege – in seinem *Bericht für eine Akademie* verarbeitet hat, sind die Bezüge zu eindeutig, um sie einfach zu ignorieren. Neben Garners Versuchen, einigen seiner Affen die menschliche Sprache beizubringen und seinen Hinweisen auf die auffallende Affinität der Tiere zu alkoholischen Getränken,[133] sind es insbesondere seine oben beschriebenen Bemühungen, Affen mithilfe des Phonographen zum Sprechen zu bringen, die sich in Kafkas Erzählung wiederfinden. Rotpeters Spracherwerb lässt sich vor diesem Hintergrund als fiktionale Auslotung des Möglichkeitsraums lesen, den das phonographische Medium um 1900 hinsichtlich der Affensprache und mit ihr der Frage nach der anthropologischen Differenz eröffnet hat: Im medialen Rauschen von Phonograph und Grammophon – das hatten Garners Experimente gezeigt – vermögen Tiergeräusch und menschliche Sprache zu diffundieren, erscheint die Grenze zwischen sprechendem Menschen und nur tönendem Tier weniger absolut.[134] Rotpeter geht dabei insofern über Garners Affen hinaus, als er seinen Spracherwerb anders als diese zu reflektieren und mitzuteilen weiß. Dass es hier nicht Garner ist, der das Geräusch der Affen

---

schichtlichen Quellenrekonstruktion von Kafkas Erzählung explizit auf Garners phonographengestützte Experimente mit Affen. Vgl. Heller: *Franz Kafka*, S. 134, S. 136. Auch Eckard Schumacher erwähnt Garner in einer Fußnote, vgl. Eckhard Schumacher: Die Kunst der Trunkenheit. Franz Kafkas „Bericht für eine Akademie". In: Thomas Strässle / Simon Zumsteg (Hrsg.): *Trunkenheit. Kulturen des Rausches*, Amsterdam: Rodopi 2008, S. 175–190, hier S. 181.

132 Siehe Franz Kafka: Elberfeld-Fragment. In: Ders.: *Nachgelassene Schriften und Fragmente I. Kritische Ausgabe*. Hrsg. v. Malcolm Pasley. Frankfurt am Main: Fischer 1993, S. 225–228. Im *Elberfeld-Fragment* greift Kafka die tierpsychologischen Versuche Kralls auf (siehe Fußnote 130), indem er sie von einem auf diesem Gebiet höchst ambitionierten Studenten gedanklich fortsetzen und erweitern lässt. Vgl. dazu Reimann: „Ein an sich kaum hörbares Zischen" und Harald Neumeyer: Der „Fall der Pferde von Elberfeld". Wilhelm von Osten, Karl Krall und Franz Kafka. In: Roland Borgards / Nicolas Pethes (Hrsg.): *Tier, Experiment, Literatur. 1880–2010*. Würzburg: Königshausen & Neumann 2013, S. 71–87.

133 Über die Trinkgewohnheiten eines Schimpansen schreibt Garner 1896: „She could pour the beer out with dexterity. She often spilt a portion of it, and sometimes filled the glass too full, but always set the bottle right and end up, lifted the glass with both hands, drained it, and refilled it as long as there was any in the bottle. She could also drink from the bottle, and would resort to this if no glass was given to her. She knew an empty bottle from one that contained beer. [...] I have known at least five or six chimpanzees that were fond of beer, and would drink it until they were drunk whenever they could get it.", Garner: *Gorillas and chimpanzees*, S. 155–156.

134 Siehe hierzu auch Kapitel 4.

als Sprache inszeniert, sondern der Affe selbst, der sich zunächst während eines Festes sprachlich in Szene setzt und späterhin in seinem Bericht an die Akademie, hat eine gewisse Komik. Zumal die sprachlich eloquente Rede Rotpeters im auffälligen Kontrast zu den sprachfernen Geräuschen steht, welche die Menschen auf dem Schiff von sich geben: „Ihr Lachen war immer mit einem gefährlich klingenden aber nichts bedeutenden Husten gemischt"[135], erinnert sich Rotpeter. Sie „schlugen sich aufs Knie"[136], „spuckten einander dann gegenseitig ins Gesicht"[137], „der Klang ihrer schweren Schritte [hallte] in meinem Halbschlaf wider"[138] und sie „sprachen kaum, sondern gurrten einander nur zu"[139]. Die einzige artikulierte und mithin menschliche Äußerung der Besatzung bestand laut Rotpeter im „Echo" auf seine eigene Stimme: „Hört nur, er spricht!"

Wie bei Verne werden Sprache und Stimme hier in eine Schwellenposition gerückt, an der Affen und Menschen ineinander übergehen. Entwickelt sich der „gewesene Affe" Rotpeter über die Sprache zum Menschen, geben umgekehrt die tiernahen Geräusche und allenfalls echoischen Worte der Schiffsbesatzung deren ursprünglich äffische Natur preis. Sowohl Kafkas als auch Vernes Erzählung schöpfen poetisches Potenzial aus der von Darwin vorbereiteten und von Garner radikalisierten Idee, dass die menschliche Sprache sich aus der Affenstimme entwickelt habe, dass beide Äußerungsweisen evolutionsgeschichtlich miteinander verbunden seien. In dieser seit dem ausgehenden 19. Jahrhundert sich zunehmend durchsetzenden Perspektive werden einerseits menschliche Sprachen und Stimmen zu Archiven vergangener, auch tierlicher Entwicklungsstufen. Umgekehrt erhält auch die ehemals geschichtslose Tierstimme Archivcharakter: In ihr scheinen die Anfänge der menschlichen Sprache bewahrt.

5.2 Archive der Stimme: Koloniale (Tier-)Phonographie

Diese Sichtweise auf Tierstimmen war neu, implizierte sie doch deren historische Variabilität und Entwicklungsfähigkeit. Zwar setzte sich schon seit der Mitte des 18. Jahrhunderts, d. h. lange vor der Verbreitung von Darwins Evolutionstheorie ein zunehmend historisches Verständnis von Naturphänomenen durch.[140] Gegenüber der lange Zeit vorherrschenden Vorstellung einer *great chain of being*,

---

135 Kafka: Ein Bericht für eine Akademie, S. 305–306.
136 Ebd., S. 306.
137 Ebd., S. 308.
138 Ebd., S. 305.
139 Ebd., S. 306.
140 Siehe zu diesem Paradigmenwechsel Lepenies: *Das Ende der Naturgeschichte*.

die von einer gottgegebenen und mithin unveränderlichen Ordnung der Natur ausging, beschrieben der späte Buffon und seine Nachfolger Natur als ein historisch veränderliches Archiv, welches Aufschluss über vergangene Zeitalter und Epochen liefern könne.[141] Dass dieser Paradigmenwechsel auch die Frage nach der Tierstimme betraf, insofern diese in den Verdacht geriet, eine Vorläuferin der menschlichen Sprache zu sein, wurde im zweiten Kapitel dieser Arbeit gezeigt. Trotz dieser Historisierungstendenzen gab es jedoch bis ins 20. Jahrhundert hinein starke Vorbehalte gegenüber der Idee, die menschliche Sprache könnte sich einst aus Tierstimmen entwickelt haben. Zu tief saß die Auffassung, Tierstimmen seien zeit- und geschichtslose Naturlaute ohne jegliches Potenzial zur Entwicklung. Nicht selten wurden die Lautäußerungen von Tieren als monotones Tönen – selbst Buffon vergleicht die Tierstimme in Anlehnung an Descartes mit der Äußerung einer Sprechmaschine[142] –, oft aber als phylo- wie ontogenetisch invariabler, da angeborener Kontrapunkt der menschlichen Sprache gefasst. Weil die Stimme des Tieres im Gegensatz zur menschlichen Sprache nicht erlernt, sondern von der Natur vorgegeben werde, schrieb Jacob Grimm noch 1851, „bleibt sie immer einförmig und unveränderlich: ein hund bellt noch heute wie er zu anfang der schöpfung boll, und mit demselben tieriren schwingt die lerche sich auf wie sie vor vielen tausend jahren tat."[143]

Die ‚Geschichte' kehrte erst dann in die Tierstimme ein, als Darwin mit seiner 1871 veröffentlichten Abhandlung *The descent of man, and selection in relation to sex* die Weichen dafür stellte. Im Abschnitt „Mental Powers" geht der Naturforscher nicht nur der Frage nach, wie sich aus den „inarticulate cries" von Tieren „slowly and unconsciously" die menschliche Sprache entwickelt haben könnte.[144] Er interessiert sich zudem für die ontogenetische Variabilität mancher Tierlaute. So sei etwa der Gesang von Vögeln diesen keineswegs angeboren, sondern müsse – ähnlich wie die menschliche Sprache – erst mühsam erlernt werden. Wie bei Menschen gebe es unter den Vögeln derselben Art ver-

---

141 Vgl. Georg Toepfer: Archive der Natur. In: *Trajekte. Zeitschrift des Zentrums für Literatur- und Kulturforschung* 14,27 (2013), S. 3–7, hier S. 4–5.
142 Laut Buffon scheinen Tiere ihre Stimmen nicht anders zu reproduzieren und zu artikulieren „que comme un écho ou une machine artificielle les répéteroit ou les articuleroit; ce ne sont pas les puissances mécaniques ou les organes matériels, mais c'est la puissance intellectuelle, c'est la pensée qui leur manque." Georges-Louis Leclerc de Buffon: *Histoire Naturelle, Générale et Particulière avec la Déscription du Cabinet du Roi*, S. 440. Siehe hierzu auch Kapitel 2.
143 Jacob Grimm: *Über den Ursprung der Sprache. Gelesen in der Preußischen Akademie der Wissenschaften am 9. Januar 1851*. Frankfurt am Main: Insel 1985, S. 16. Vgl. Sommer / Reimann: Tierlaute. Zwischen Animal Studies und Sound Studies, S. 14.
144 Darwin: *The descent of man, and selection in relation to sex*, S. 52–53.

schiedene Dialekte, je nachdem, wo sie beheimatet seien.[145] Darwins Thesen inspirierten um 1900 auch musiktheoretische Auseinandersetzungen. In seinen 1913 erschienenen *Studien zur Entwicklungsgeschichte der ornamentalen Melopöie* geht etwa der österreichische Musikwissenschaftler und Komponist Robert Lach der Frage nach, ob sich in den stimmlichen Äußerungen von Säugetieren und Vögeln „Phonationsgesetze"[146] ausmachen ließen, die auf eine evolutionsgeschichtliche Kontinuität zwischen „Tiermusik"[147] und menschlicher Musik und Sprache deuteten. Im Ergebnis hält Lach es für „möglich, die verschiedenen Typen von Stimmäußerungen je nach ihren formalen Merkmalen in eine aufsteigende Entwickelungsreihe einzuordnen"[148], die dem phylo- und ontogenetischen Evolutionsprozess entspricht. Mit dem wachsenden Bewusstsein für die evolutionäre Geschichte und historische Wandelbarkeit von Tierstimmen entstand um 1900 – begünstigt durch die Möglichkeit der phonographischen Klangspeicherung – ein zunehmendes Interesse an deren Archivierung. Tierstimmen wurden als potenziell vergänglicher Teil der menschlichen Sprachevolution gefasst, den es für zukünftige Forschungen zu bewahren gilt. Zugespitzt formuliert: Die von Darwin, Garner und anderen eingenommene Perspektive auf Stimmen und Sprachen als ‚Archive' vergangener Entwicklungsstufen motivierten ihrerseits ‚Archive der Stimme', wobei nunmehr – im Sinne des objektiven Genitivs – die

---

145 Vgl. ebd., S. 53–54. Darwin bezieht sich hier auf den Naturforscher Daines Barrington, der schon hundert Jahre zuvor in einer umfangreichen Studie zu Vogelstimmen die Beobachtung gemacht hatte, dass „[n]otes in birds are no more innate, than language is in man, and depend entirely upon the master under which they are bred, as far as their organs will enable them to imitate the sounds which they have frequent opportunities of hearing." Daines Barrington: Experiments and observations on the singing of birds in a letter to Matthew Maty, M. D. Sec. R. S. In: *Proceedings of the Royal Society of London. Philosophical Transactions of the Royal Society* 63 (1773), S. 249–291, hier S. 252. Schon Aristoteles wies in seiner zoologischen Schrift *Historia Animalium* auf die innerartliche Diversität des Vogelgesangs hin, die diesen als „eine Art Sprache" ausweise (vgl. dazu auch die Ausführungen in der Einleitung dieser Arbeit): „Die Stimme [...], welche sich zu gliedern anfängt und die man bereits als eine Art Sprache bezeichnen könnte, ist bei jeder Thierart eine eigenthümliche und bei Thieren von ein und derselben Art ändert sie nach den Gegenden ab, wie denn die Steinhühner an einem Ort ‚Kak Kak' an einem andern ‚Tri Tri' rufen. Und manche kleinere Vögel haben einen andern Gesang, als die Alten, wenn sie fern von ihnen aufwachsen und den Gesang anderer Vögel hören. Auch hat man beobachtet, wie eine Nachtigall ihr Junges singen lehrte, woraus hervorgeht, dass die Sprache nicht ebenso von Hause aus gegeben ist, wie die Stimme, sondern dass sie der Ausbildung fähig ist." Aristoteles: *Thierkunde*, S. 435–437.
146 Robert Lach: *Studien zur Entwicklungsgeschichte der ornamentalen Melopöie. Beiträge zur Geschichte der Melodie*. Leipzig: C. F. Kahnt Nachfolger 1913, S. 537.
147 Ebd., S. 524.
148 Ebd., S. 543.

Medien, Praktiken und Institutionen angesprochen waren, mit denen Stimmen und Sprachen konserviert und überliefert werden. „Whatever may be the nature or value of their sounds", schreibt Garner über sein Vorhaben, die Lautäußerungen nichtmenschlicher Primaten im afrikanischen Dschungel aufzunehmen, „I shall at least record them on the phonograph and preserve them for science."[149] Unabhängig von der Frage, welche Bedeutung und welcher Wert sich hinter den Affenlauten verberge, wären sie durch die phonographische Aufzeichnung für die Forschung zumindest „gesichert".

Dieses Sicherungsinteresse Garners entsprang seiner Sorge, die im Dschungel zu hörenden Stimmen könnten eines Tages verklungen sein. Wie viele seiner Zeitgenossen fürchtete der Zoologe, die imperiale Expansion der kolonialen Großmächte – wie etwa Frankreichs in Gabun – könnte die ursprünglichen Lebensformen in den kolonisierten Gebieten gefährden. Zu diesen Lebensformen zählte Garner neben seinem primären Forschungsgegenstand, dem (Laut-)Verhalten von Affen, auch die (Sprach-)Kulturen der indigenen Völker Westafrikas, die er als Ausdrucksweisen der „lowest specimens of the human race"[150] ebenfalls aufzuzeichnen und zu analysieren gedachte. Wie Jeremy Rich gezeigt hat, waren sowohl dieses Forschungsvorhaben als auch Garners Kritik am Kolonialismus genuin rassistisch motiviert: Der Zoologe gehörte zu jenen weißen mittelständischen Amerikanern, die das Vordringen der Kolonialmächte in fremde Gebiete aus Angst vor kultureller Hybridisierung grundsätzlich ablehnten.[151] Wenngleich Garner selbst in ein reges koloniales Netzwerk eingebunden war, mit dem er seine Forschungsexpedition zuallererst finanzieren und durchführen konnte,[152] sprach er sich als überzeugter Anti-Imperialist für eine klare Trennung zwischen Afrikaner:innen und den Westmächten aus.[153] Deren respektvolles Nebeneinander könne seiner Ansicht nach nur gelingen, wenn die „natürlichen" Grenzen zwischen ihnen beibehalten würden.[154]

Auch seine Forschungen zielten letztlich auf jene rassistische Grenzerhaltung. Wie oben angesprochen plante der Zoologe, den ‚missing link' zwischen

---

149 Garner: What I expect to do in Africa, S. 717.
150 Zit. nach Phillips: A record of monkey talk, S. 1050.
151 Vgl. Jeremy Rich: *Missing links. The African and American worlds of R. L. Garner, primate collector*. Athens: University of Georgia Press 2012, S. 9 und S. 88–107.
152 Neben den Spenden, die Garner von berühmten Persönlichkeiten erhielt, ermöglichten ihm vor allem die Sammlung und Vermittlung von Schimpansen, Gorillas und anderen als besonders ‚exotisch' geltenden Tieren an amerikanische Institutionen wie die *New York Zoological Society* und die *Smithsonian Institution* ein regelmäßiges Einkommen. Vgl. dazu das Kapitel „Garner's Animal Business in Africa and America", in ebd., S. 45–66.
153 Vgl. ebd., S. 98–100.
154 Vgl. ebd.

den Lauten der Affen und der Sprache der Menschen zu finden, indem er Erstere mit den Sprachen der Indigenen, „the pygmies, the Bushmen [...] the Hottentot cluck and click"[155] verglich. Der phonographengestützte Vergleich der verschiedenen (Sprach-)Äußerungen sollte endlich Aufschluss über die Sprachevolution des Menschen geben, von deren vermeintlichen ‚primitiven' Anfängen bis hin zu deren angeblich hochkomplexen Ausläufern in den westlichen Gesellschaften. Schon lange hatte sich Garner für die strukturellen Unterschiede zwischen indigenen und westlichen Sprachkulturen interessiert: „If we compare the tongues of civilized races with those of the savage tribes of Africa which are confined to a few score of words", schreibt er ein Jahr vor Antritt seiner Reise nach Westafrika, „we gain some idea of the growth language within the limits of our own genus."[156] Garner macht die geringen Bedürfnisse und einfachen Lebensweisen jener „savage tribes" für deren vermeintlich kleinen Wort- bzw. Lautschatz verantwortlich, der wiederum der weiteren Entwicklung von Stimme und Aussprache im Wege stünde.[157] Genau deshalb, so Garner, falle es ihnen auch nach zweihundert Jahren des Zusammenlebens mit Weißen so schwer, „the tongues of civilised men"[158] zu sprechen. So hätten Afroamerikaner:innen bis heute Schwierigkeiten, das englische ‚th', aber auch andere Phoneme wie ‚v' oder ‚r' korrekt auszusprechen. Sie tendierten zudem dazu, Hilfsverben und Schlusslaute wegzulassen und allgemein in sprachliche Urformen („ancestral forms") zurückzufallen.[159] „I believe", schlussfolgert Garner aus diesen fragwürdigen Beobachtungen, „if we could apply the rule of perspectives and throw our vanishing point far back beyond the chasm that separates man from his simian prototype, that we should find one unbroken outline, tangent to every circle of life from man to protozoa, in language mind and matter."[160]

Diese Bemerkung macht sehr deutlich, wie stark Garners Sprachevolutionismus an Rassismen geknüpft war. Mit seiner Forschungsexpedition nach Westafrika wollte der Zoologe nicht nur den Ursprung der menschlichen Sprache offenlegen. Er wollte vor allem auch ein Verwandtschaftsverhältnis zwischen den Lautäußerungen von Affen und der Aussprache von Afroamerikaner:innen einerseits und die umso größere Differenz Letzterer zu den „tongues of civilised men" andererseits demonstrieren. Die „one unbroken outline", wie Garner die evolutionsgeschichtliche Kontinuität zwischen Tier und Mensch hier nennt,

---

155 Zit. nach Phillips: A record of monkey talk, S. 1050.
156 Garner: The simian tongue [1891/92], S. 320.
157 Vgl. ebd.
158 Vgl. ebd.
159 Vgl. ebd., hier S. 320–321.
160 Ebd., hier S. 321.

ist also irreführend. Denn die aufgeweichte Grenze zwischen Mensch und Tier fällt einer anderen, umso problematischeren Grenzziehung zum Opfer: der kolonialrassistischen Unterscheidung zwischen ‚primitiver' und ‚zivilisierter', ‚Schwarzer' und ‚Weißer', ‚kreatürlicher' und ‚hochentwickelter' Sprache.[161] Mit anderen Worten: Garners Forschungen rückten zwar die Tierstimme in die Nähe der menschlichen Sprache, nicht zuletzt jedoch, um die Sprachen von Indigenen und das Sprechen von Afroamerikaner:innen in die Nähe der Tierstimme zu rücken. Ob Garner sein Vorhaben, die Lautäußerungen von Affen mit indigenen Sprachen zu vergleichen, tatsächlich einlöste, ist seinem 1896 veröffentlichten Reisebericht *Gorillas and chimpanzees* nicht zu entnehmen. In diesem konzentriert sich Garner vornehmlich auf das Sozial- und Sprachverhalten der Affen, auch wenn Letztere – wie er an einer Stelle bemerkt – über ein spezifisches Lautzeichen für ‚Alarm' verfügten, „that the native tribes often use [...] in the same manner and for the same purpose."[162]

In Garners Affenlinguistik, so lässt sich zusammenfassen, treffen Wissenschafts-, Medien-, Literatur- und Kolonialgeschichte in komplexer Weise zusammen. Führten Garner die evolutionistischen Debatten seiner Zeit zum Phonographen und inspirierten ihn seine tierexperimentellen Forschungen zu dessen technischer Umgestaltung, gilt umgekehrt, dass das phonographische Medium eine Neuaushandlung der Grenze zwischen Mensch und Tier anregte und – im Feld der wissenschaftlichen und literarischen Fiktion – auch nach sich zog. So wenig inhaltliche Anerkennung Garners Studien zur Affensprache langfristig auch fanden, so wegweisend waren seine Zugänge und Methoden doch für die spätere bioakustische Forschung. Und sie zeigen, wie tief deren Anfänge in ideologische Zusammenhänge verstrickt waren. Dass die Bioakustik in ihrer Frühgeschichte keineswegs politisch ‚unschuldig' bzw. neutral, sondern zum Teil in kolonialrassistische Interessen und Diskurse eingebunden war, bevor sie sich als Teilgebiet der Biologie ausdifferenzierte und institutionalisierte, machen Garners Affenstudien sehr deutlich.

Abgesehen von der Bioakustik inspirierte Garner zahlreiche Anthropologen und Ethnologen seiner Zeit, unter ihnen John Peabody Harrington, einen Vorreiter

---

161 Zur Frage, inwiefern „the question of historical continuity between humans and animals raises the ancillary question that has been situated at the crossroads of cultural debates over race and gender", siehe auch Walter Putnam: African animals in the west: Can the subaltern growl? In: Mbulamwanza Elisabeth Mudimbe-boyi (Hrsg.): *Remembering Africa*. Portsmouth, N.H.: Heinemann 2002, S. 124–149, hier S. 126.
162 Garner: *Gorillas and chimpanzees*, S. 72–73.

der um 1900 sich etablierenden phonographischen Feldforschung.[163] Wie Garner erkannten die Vertreter jener neuen Methode das Potenzial des Phonographen, Schallerzeugnisse unter objektiven Bedingungen zu erforschen. Insbesondere die gerade im Entstehen begriffenen Disziplinen der Völkerkunde und Vergleichenden Musikwissenschaft nutzten das Medium für die Aufzeichnung, Konservierung und Analyse ihres Forschungsmaterials. Schon bald wurden in Wien, Paris, Berlin und anderen Städten wissenschaftliche Schallarchive gegründet, wo die entstandenen Tonaufnahmen gesammelt, beforscht und bewahrt wurden.[164] Tierlaute bilden in den Beständen dieser Archive eine seltene Ausnahme. Im Fokus standen vielmehr menschliche Schallerzeugnisse, wie etwa europäische und außereuropäische Sprachen und Musiken, Gesänge, Dialekte, Erzählungen, Instrumentalklänge, aber auch die Stimmen berühmter Persönlichkeiten. Mehr noch als bei Garner verband sich mit der phonographischen Konservierung jenes Klangmaterials ein dezidiertes Sicherungsinteresse. Weil man annahm, dass Sprachen und Dialekte sich historisch verändern und mitunter sogar aussterben können, versprach man sich von deren Konservierung *erstens*, in Zukunft den Wandel von Sprachen besser erforschen zu können und *zweitens*, seltene, vermeintlich untergehende Sprachen, Dialekte und Musiken für zukünftige Generationen zu dokumentieren.[165] Gerade Letzteres, die phonographische ‚Rettung' bedrohter Sprach- und Musikerzeugnisse, stellt einen immer wieder aufgerufenen Topos in der frühen Argumentation für Schallarchive dar. Als der Musikpsychologe Carl Stumpf sich 1908 an die Öffentlichkeit wandte, um auf die zukunftsweisende Bedeutung und die

---

163 Zum Einfluss Garners auf John P. Harrington siehe Radick: *The simian tongue*, S. 159–198. Zur Rolle des Phonographen in den anthropologischen und ethnologischen Wissenschaften siehe Erika Brady: *A spiral way. How the phonograph changed ethnography*. Jackson, MS: University Press of Mississippi 1999 und Burkhard Stangl: *Ethnologie im Ohr. Die Wirkungsgeschichte des Phonographen*. Wien: WUV 2000.
164 Die wissenschaftsgeschichtliche Aufarbeitung der kolonialen Phonographie und Schallarchive ist in den letzten Jahren stark vorangetrieben worden. Vgl. für den deutschsprachigen Raum die Forschungsarbeiten von Britta Lange, etwa im Band Margit Berner / Anette Hoffmann / Britta Lange (Hrsg.): *Sensible Sammlungen. Aus dem anthropologischen Depot*. Hamburg: Philo Fine Arts 2011. Siehe auch Britta Lange: *Gefangene Stimmen. Tonaufnahmen von Kriegsgefangenen aus dem Lautarchiv 1915–1918*, inklusive Audio-CD, Berlin: Kadmos 2019; Britta Lange: Archive, collection, museum. On the history of the archiving of voices at the sound archive of the Humboldt University. In: *Journal of Sonic Studies* 13 (2017). https://www.researchcatalogue.net/view/326465/326466 (Abfruf am 17.12.2021). sowie Susanne Ziegler: Die akustischen Sammlungen – Historische Tondokumente im Phonogramm-Archiv und im Lautarchiv. In: Horst Bredekamp / Jochen Brüning / Cornelia Weber (Hrsg.): *Theater der Natur und Kunst*. Berlin: Henschel 2000, S. 197–206 und Katharina Sacken: „Ungern vor Fremden gesungen". In: Felderer (Hrsg.): *Phonorama*, S. 119–131.
165 Vgl. Lange: Archive, Collection, Museum.

Förderungswürdigkeit des kurz zuvor von ihm gegründeten Berliner Phonogramm-Archivs aufmerksam zu machen, mahnte er an, dass nicht mehr viel Zeit bliebe, die „alten, mit dem Untergang bedrohten"[166] Sprachen und Musiken phonographisch zu sichern. Neben manchen „im schnellen Rückgange begriffen[en]"[167] deutschen Mundarten oder der „Zigeunersprache", die „in absehbarer Zeit ausgestorben sein"[168] werde, müsse man sich vor allem um die „Sprachen der Naturvölker"[169] sorgen. Durch die koloniale Expansion schwänden diese „mit ihren Trägern dahin. In manchen Fällen kann es nur noch wenige Jahrzehnte dauern, und merkwürdige Schöpfungen des menschlichen Geistes, die Licht auf seine Jugend- und Kindheitsgeschichte hätten werfen können, sind unwiederbringlich verloren."[170] Umso dringender sei es geboten, jene „primitiveren Erscheinungen"[171] rechtzeitig aufzuzeichnen und für die musik- und sprachhistorische Forschung zu bewahren. „Was an exotischer Musik und Sprache noch zu sammeln ist, muß schleunigst gesammelt werden"[172], betont Stumpf. „Das Aussterben der Naturvölker ebenso wie das Eindringen europäischer Kultur zwingen zur Eile."[173] Um möglichst schnell und effizient zu „retten, was zu retten ist"[174], bevor Afrikas ursprüngliche Sprach- und Musikkultur vollständig von westlichen

---

166 Carl Stumpf: Das Berliner Phonogrammarchiv. In: *Internationale Wochenschrift für Wissenschaft, Kunst und Technik* 2 (1908), S. 225–246, hier S. 228.
167 Ebd., hier S. 239.
168 Ebd.
169 Ebd.
170 Ebd., hier S. 240.
171 Ebd., hier S. 239.
172 Ebd., hier S. 243–244.
173 Ebd., hier S. 244.
174 „Die Gefahr ist groß, daß die rapide Ausbreitung der europäischen Kultur auch die letzten Spuren fremden Singens und Sagens vertilgt. Wir müssen retten, was zu retten ist, noch ehe zum Automobil und zur elektrischen Schnellbahn das lenkbare Luftschiff hinzugekommen ist, und ehe wir in ganz Afrika Tarara-bumdiäh und in der Südsee das schöne Lied vom kleinen Kohn hören." Mit diesen Worten beschließt Hornbostel seinen am 24. März 1905 in der Ortsgruppe Wien der Internationale Musikgesellschaft (IMG) gehaltenen Vortrag über „Die Probleme der vergleichenden Musikwissenschaft". Erich Moritz Hornbostel: Die Probleme der vergleichenden Musikwissenschaft. In: Ders.: *Tonart und Ethos,* S. 40–58, hier S. 57. Eine ähnliche Warnung spricht Felix von Luschan aus, Ethnograph und späteres Mitglied der Königlich-Preußischen Phonographischen Kommission, die während des Ersten Weltkriegs Tonaufnahmen in zahlreichen deutschen Kriegsgefangenenlagern durchführte: „Der moderne Verkehr ist ein furchtbarer und unerbittlicher Feind aller primitiven Verhältnisse; was wir nicht in den nächsten Jahren sichern und für die Nachwelt retten können, das geht dem völligen Untergang entgegen und kann niemals wieder beschafft werden. Verhältnisse und Einrichtungen, die sich im Laufe von Jahrtausenden eigenartig entwickelt haben, ändern sich unter dem Einflusse des weissen Mannes fast von einem Tag zum anderen: da heisst es, rasch zugreifen, ehe es hierzu für immer zu spät

Einflüssen zerstört sei, wie Stumpfs Assistent Erich Moritz von Hornbostel schon 1905 prognostiziert, stattete man neben Expeditionsteilnehmern wie Ethnologen, Ärzten, Linguisten, Archäologen und Missionaren auch Individualreisende mit Phonographen des Berliner Phonogramm-Archivs aus.[175] „Rasch zugreifen, ehe es hierzu für immer zu spät sein wird"[176], lautete die allgemeine Devise der sprach- und musikwissenschaftlichen Phonographie um 1900. Der durch Kolonialismus, Verkehrsausbau und moderne Kommunikationstechnologie beförderte Austausch zwischen den verschiedenen Erdteilen wurde als reale Bedrohung einer vermeintlichen Ursprünglichkeit wahrgenommen, die sich nur durch deren zeitnahe Archivierung bewahren ließe.

Diese Sichtweise erscheint natürlich paradox. Ähnlich wie der Kolonialismuskritiker Garner warnten Stumpf und Hornbostel vor genau jenen kolonialen Infrastrukturen, die sie selbst nutzten und weiter ausbauten, um ihre Forschungen durchzuführen.[177] Stumpf bezeichnet es sogar als eine „Pflicht", die materielle Ausbeutung der Kolonien mit der „wissenschaftliche[n] Ausbeutung"[178], d. h. der phonographengestützten „Erforschung der Natur und der einheimischen Kultur der neuen Länderteile [...] zu verbinden."[179] Tatsächlich partizipierte die phonographische Aufzeichnung, Analyse und Archivierung außereuropäischer Sprach- und Musikerzeugnisse an der kolonialen Ermächtigung über die ‚Anderen'. Mit der Sicherstellung derer als ‚exotisch' und ‚ursprünglich' verhandelten Stimmen sollte nicht zuletzt die eigene ‚westliche' Überlegenheit gesichert werden. Wie Eric Ames gezeigt hat, fürchteten die Wissenschaftler nichts so sehr wie eine kulturelle Hybridisierung, die unwiderrufliche ‚Verwischung' eindeutig voneinander differenzierter Sprach- und Musikkulturen. Denn diese drohte das evolutionistische Projekt, anhand der Sprachen und Musiken der „Naturvölker" die „Jugend- und Kindheitsgeschichte" der westlichen Sprache und Musik zu rekonstruieren, zu verunmöglichen.[180] Für Stumpf und seine Kollegen bestand das Potenzial der jetzt gesammelten indigenen Sprach- und Musiksysteme ja gerade darin, der Forschung künftig als „unentbehrliche Kennzeichen"[181] evolutionsgeschichtlicher

---

sein wird." Felix von Luschan: Anleitung für ethnographische Beobachtungen und Sammlungen in Afrika und Oceanien. In: *Zeitschrift für Ethnologie* 36 (1904), hier S. 1.
175 Vgl. Sacken: „Ungern vor Fremden gesungen", S. 120.
176 Luschan: Anleitung für ethnographische Beobachtungen und Sammlungen in Afrika und Oceanien, S. 1.
177 Vgl. dazu auch Eric Ames: The Sound of Evolution. In: *Modernism/Modernity* 10,2 (2003), S. 297–325, hier S. 310.
178 Stumpf: Das Berliner Phonogrammarchiv, S. 245.
179 Ebd.
180 Vgl. Ames: The Sound of Evolution, S. 308–317.
181 Stumpf: Das Berliner Phonogrammarchiv, S. 236.

Verwandtschafts- bzw. Differenzbeziehungen zu dienen, „vorausgesetzt, daß wir nicht so lange Zeit vergehen lassen, bis durch den wachsenden Weltverkehr alle charakteristischen Unterschiede verwischt sind."[182] Phonographische Tonaufnahmen boten hier die einzigartige Möglichkeit, jener Verwischung entgegenzuarbeiten: Mit ihnen konnte die Alterität der ‚exotischen' Sprachen und Musiken für alle Zeiten konserviert oder besser: diskursiv konstruiert werden.[183] Durch deren gezieltes ‚Othering' sollten die verschiedenen Stadien der Sprach- und Musikevolution unmittelbar zu Ohren geführt werden. So ist etwa Hornbostel der Überzeugung, dass das „Studium musikalischer Kulturen, die sich in anderer Richtung entwickelt haben als die unsrige [...], die Möglichkeit [eröffnet], auch seine geschichtlichen Kenntnisse zu vertiefen und zu verlebendigen. Denn es finden sich in der exotischen Musik frappante Analogien zu früheren Formen unserer eigenen Musik, von denen wir nur durch eine lückenhafte Tradition wissen."[184] Durch das Hören zeitgenössischer außereuropäischer Musik aber erhielten wir einen direkten Zugang zu den einzelnen Etappen unserer eigenen Musikgeschichte. „Wie altgriechische Musik etwa geklungen haben mag, davon können wir uns eine bessere Vorstellung machen, wenn wir etwa japanischen Musikanten lauschen, als wenn wir die klassischen Autoren lesen. Und die Wirkung der Mönchsgesänge aus dem zehnten Jahrhundert mit ihren Quintenparallelen erleben wir deutlicher an einem ostafrikanischen Trägerchor, als beim Studium ehrwürdiger Traktate."[185] Phonographische Aufnahmen außereuropäischer Musik zu hören, so fasst Ames den Evolutionismus der Musikethnologie um 1900 zusammen, versprach eine Zeitreise in die Vergangenheit, „not simply across the generations, as Edison has imagined the use of his device, but across the greater expanse of history and geography."[186]

Dass dabei nicht nur menschliche Stimmen und Musiken, sondern auch Tierlaute in den Fokus der Wissenschaftler gerieten, bezeugt der folgende, unmittelbar zur Nachgeschichte Garners gehörende Schauplatz kolonialer Phonographie im Deutschen Reich. Rund dreißig Jahre, nachdem der Zoologe die ersten Tonaufzeichnungen von Kapuzineraffen machte, erfuhr die phonographische Aufzeichnung von Tierlauten ein denkwürdiges Revival in Berlin.

---

182 Ebd.
183 Ames: The Sound of Evolution, S. 311.
184 Erich Moritz Hornbostel: Die Erhaltung ungeschriebener Musik (1911). In: Artur Simon (Hrsg.): *Das Berliner Phonogramm-Archiv 1900–2000. Sammlungen der Traditionellen Musik der Welt.* Berlin: VWB 2000, S. 90–95, hier S. 93.
185 Ebd.
186 Ames: The Sound of Evolution, S. 325.

5.3 Archivierte Leerstellen: Tierstimmen im Berliner Lautarchiv

Am 11. September 1925 wurden unter der Leitung von Wilhelm Doegen, Sprachwissenschaftler und Gründer der Berliner Lautabteilung an der Preußischen Staatsbibliothek (heute: Berliner Lautarchiv), und Konrad Theodor Preuss, Ethnologe am Berliner Museum für Völkerkunde, in Kooperation mit dem Zirkus Krone die Stimmen der dort zur Schau gestellten Iowa, Cheyenne und Arapaho phonographisch aufgezeichnet.[187] In Personalbögen, die zu jeder im Lautarchiv durchgeführten Aufnahme erstellt wurden, sind Aufnahmekontext, Name, Herkunft, das Stimmprofil der Sprecher, ihre Sprache und der Inhalt des Gesprochenen notiert: Benjamin Kent (Ngú Kiove), Sun Road (Wotan) und Ernst Swallow (Néhe'vats) sprachen an jenem Tag „mit heller (Fistel-)Stimme" Zahlenfolgen und Erzählungen sowie Kriegs-, Häuptlings-, Wolfs- und Liebesgesänge in den Sprachen der Sioux und Algonkin in den Aufnahmetrichter.[188] Dass man die sogenannten ‚Völkerschauen', die in deutschen Zirkussen, Zoos und auf Weltausstellungen veranstaltet wurden, nutzte, um die Stimmen der dort als Vertreter ‚exotischer' Ethnien präsentierten Menschen einzufangen, war in der kolonialen Phonographie um 1900 an sich nicht ungewöhnlich.[189] Auf diese Weise sparte man sich manche aufwendige Reise ins (außer-)europäische Ausland, ohne auf das ethnologische Studium und die phonographische Sicherung der alten „Volksgesänge"[190] und „Sprachen der Naturvölker"[191] verzichten zu müssen.

Schon für den Grundstock der im Berliner Lautarchiv versammelten Bestände – es sind Sprach- und Musikaufnahmen von internierten (Kolonial-)Soldaten in deutschen Gefangenenlagern des Ersten Weltkriegs – profitierte man von der irregulären Anwesenheit fremdsprachiger Menschen im Deutschen Reich. „Kurze Zeit nach Ausbruch des Weltkrieges kam mir der Gedanke, den unfreiwilligen Aufenthalt der in Deutschland untergebrachten Kriegsgefangenen für lautliche

---

[187] Zum Folgenden siehe auch Denise Reimann: „Art der Aufnahme: T". Zu den Tierstimmenaufnahmen im Berliner Lautarchiv / „Recording type: T". On the Recordings of Animal Voices in der Berlin Sound Archive. In: *Trajekte. Zeitschrift des Zentrums für Literatur- und Kulturforschung* 15,29 (2014), S. 55–62 und Reimann: „Wollen oder können die Affen und Orange nicht reden?" Affenphonetische Schwellenkunden um 1800 und 1900, S. 66–69.
[188] Humboldt-Universität zu Berlin, Musikwissenschaftliches Seminar, Lautarchiv, Inventar-Nr.: LA 518 bis LA 520. Vgl. auch die zugehörigen Journaleinträge, Personalbögen und Sprachtexte.
[189] Vgl. Sacken: „Ungern vor Fremden gesungen", S. 125.
[190] Stumpf: Das Berliner Phonogrammarchiv, S. 228.
[191] Ebd., hier S. 239.

Sprachaufnahmen zu benutzen"[192], erinnert sich Doegen. „Mein Lieblingswunsch, ‚die Stimmen, die Sprachen und die Musik aller Völker der Erde auf Platte festzuhalten', war der Erfüllung nah. Ich empfand, daß eine so günstige Gelegenheit nach menschlicher Voraussicht – der Weltgeist möge uns davor bewahren – nie wiederkehren würde."[193] 1915 setzte Doegen seine Idee in die Tat um und initiierte die aus dreißig namhaften Vertretern der Anthropologie, Musik- und Sprachwissenschaft zusammengesetzte *Königlich Preußische Phonographische Kommission*, welche sich unter Vorsitz von Stumpf die phonographische Aufzeichnung und Klassifizierung der insgesamt etwa 205 in den Kriegsgefangenenlagern gesprochenen Sprachen zur Aufgabe machte.[194] Neben diesen Tonaufnahmen von in Deutschland interniert gewesenen (Kolonial-)Soldaten aus Indien, Frankreich, Russland und anderen Ländern, welche den Hauptbestand des Berliner Lautarchivs bilden, wurden ab 1917 zusätzlich Stimmporträts von berühmten Persönlichkeiten, Aufnahmen von diversen Mundarten des Deutschen sowie Sprach- und Musikaufzeichnungen der unterschiedlichsten Länder und Kontinente realisiert. Zur letzteren Bestandsgruppe gehören auch die besagten Tonspuren von Kent, Swallow und Sun Road im September 1925.[195]

Ungewöhnlich an diesen Aufnahmen sind denn auch weniger sie selbst als vielmehr der Kontext, in dem sie entstanden sind. So bilden sie nur den kleineren und letzten Teil der Aufzeichnungen aus der Kooperation mit dem Zirkus Krone; diese hatte bereits zwei Tage zuvor im Elefantenhaus begonnen. Am 9. und 10. September 1925 phonographierten Doegen und seine Mitarbeiter die Stimmen der Zirkustiere, genauer: die „Angstschreie, vermischt mit Trompetenstößen" der drei noch jungen indischen Elefanten Punshi, Purti und Sasha sowie der aus Sumatra stammenden älteren Elefanten Birma, Ratschin und Tiry (Abb. 21). Es folgten Lautporträts vom „Bellen, Beissen u. Schreien" kalifornischer Seelöwen, vom Brummen russischer Braunbären, indischer Lippenbären, Karpaten- und sibirischer Bären, von den „Brunstschreien" sibirischer und bengalischer Tiger sowie vom „Löwengebrüll (wütend)" somalischer, sibirischer und nubischer Löwen. Genau wie bei den Aufnahmen menschlicher Stimmen

---

[192] Wilhelm Doegen: Einleitung. In: Wilhelm Doegen (Hrsg.): *Unter fremden Völkern. Eine neue Völkerkunde*. Berlin: Stollberg 1925, S. 9–18, hier S. 9.
[193] Ebd.
[194] Zur Geschichte der Kommission und des Berliner Lautarchivs siehe Britta Lange: „Denken Sie selbst über diese Sache nach ... ". In: Berner / Hoffmann / Lange (Hrsg.): *Sensible Sammlungen*, S. 89–128, hier S. 89–128; Lange: Archive, Collection, Museum und Kirsten Bayer / Jürgen-K. Mahrenholz: „Stimmen der Völker" – Das Berliner Lautarchiv. In: Bredekamp / Brüning / Weber (Hrsg.): *Theater der Natur und Kunst*, S. 117–128, hier S. 127.
[195] Vgl. ebd.

wurde zu jeder tierischen Tonspur ein Personalbogen erstellt, in dem die Art, die Herkunft, manchmal auch Name und Alter sowie gegebenenfalls besondere Bemerkungen zu Aufnahmekontext und Stimmprofil der phonographierten Tiere vermerkt sind (Abb. 22).

Trotz, vielleicht auch wegen ihrer überraschend detaillierten Dokumentation in Personalbögen und im Journal des Lautarchivs werfen die Tierstimmenaufnahmen eine Reihe von Fragen auf. Welches Ziel verfolgte Doegen, der als Sprachwissenschaftler eigentlich an menschlichen Lautäußerungen interessiert war, mit der phonographischen Aufzeichnung von Tierlauten, zumal von dressierten Zirkustieren?[196] Ging es auch hier um die archivarische ‚Rettung' bedrohter Stimmen, wie sie für die koloniale Phonographie generell leitgebend war? Wurden die Lautäußerungen exotischer Tiere aus Sibirien, Afrika und Indien aufgenommen, um neben den „Sprachen der Naturvölker" eine weitere ‚Sprache der Natur' vor Untergang und Verstummung zu bewahren? Oder sind die Tierstimmenaufnahmen aus dem Zirkus Krone lediglich einer unbekümmerten Experimentalfreude am phonographischen Medium geschuldet, wie sie dessen frühe Anwendungsphase auszeichnete? Wurde also schlicht und einfach

Abb. 21: Fotografie von Wilhelm Doegen bei Tonaufnahmen von Elefanten im Zirkus Krone am 9. September 1925.

---

196 Im Archiv existieren 19 Tierstimmenaufnahmen unter den rund 7500 mit menschlichen Stimmen bespielten Tonträgern.

eine günstige Gelegenheit genutzt, das Lautspektrum des Archivs um unerhörte Geräusche jenseits menschlicher Artikulation, um die spektakulären Klangwelten ‚wilder' Zirkustiere zu erweitern?

Letzteres scheint angesichts der Tatsache, dass Doegens Team den Tierstimmenaufnahmen im Zirkus Krone ganze zwei Arbeitstage opferte und sie zudem ähnlich detailgetreu dokumentierte wie die Aufnahmen menschlicher Stimmen, eher unwahrscheinlich. Zumal Doegen sich knapp anderthalb Jahre später, im Mai 1927, erneut aufmachte, diesmal zum Dresdner Zoo, um die Laute der dort präsentierten Hyänen, Tiger und Affen phonographisch aufzuzeichnen. Bis auf die verloren gegangene Aufnahme vom „Wutlaut des Schimpansen" werden diese Tierstimmenplatten (sowohl die Dresdner als auch die aus dem Zirkus Krone) bis heute im Berliner Lautarchiv aufbewahrt, wo sie in digitalisierter Form wieder angehört werden können.[197]

Neben den imposanten Trompetenstößen der Elefanten, dem monströsen Gebrüll der Löwen, Tiger und Bären und dem lauten Bellen der Seelöwen und Hyänen sind im Hintergrund fast jeder Tonspur menschliche Geräusche und Stimmen des Aufnahmeteams zu hören. Aufforderungen wie „Los! Komm her!", Namensrufe und Lobesbekundungen wie „Genauso! Gut [Rosie?]" zeugen, über das phonographische Rauschen hinaus, vom hohen Grad der Inszenierung dieser Aufnahmen. Unter hörbarer Anstrengung wurden die Tiere vor den Grammophontrichter getrieben und dort zum Brüllen gebracht. Die drängenden Stimmen des Aufnahmeteams, die klappernden Geräusche von hastig verrückten Gegenständen und die derart erzeugte schnelle Abfolge erregter Tierlaute dokumentieren den inszenatorischen Charakter dieser vermeintlich natürlichen ‚Stimmen der Wilden'. Das wird besonders deutlich an der Stimmaufnahme der Karpaten-Bären, in deren Hintergrund die zwei Platten zuvor aufgenommenen Laute anderer Bären zu hören sind; ein Indiz dafür, dass Doegen die auf Garner zurückgehende Playbackmethode zur kontrollierten Hervorrufung von Tierlauten bekannt gewesen ist. Es klingt, als hätte er die Aufnahme eines Bären abgespielt, um – wie einst Garner bei den Kapuzineraffen – dessen Artgenossen zu Lautreaktionen zu bewegen.

Dass sich in den 1925 und 1927 erstellten Tierstimmenaufnahmen ein schon lange zuvor gehegter Plan verwirklichte, offenbart eine Passage aus der 1918 von Doegen verfassten *Denkschrift über die Errichtung eines „Deutschen Lautamtes" in Berlin*, in welcher der wissenschaftliche, kolonialpolitische und pädagogische Nutzen des zwei Jahre später errichteten Lautarchivs erläutert und dessen mögliche

---

[197] Humboldt-Universität zu Berlin, Musikwissenschaftliches Seminar, Lautarchiv, Inventar-Nr.: LA 511 bis LA 517 (Zirkus Krone) und LA 841 bis LA 847 (Dresdner Zoo).

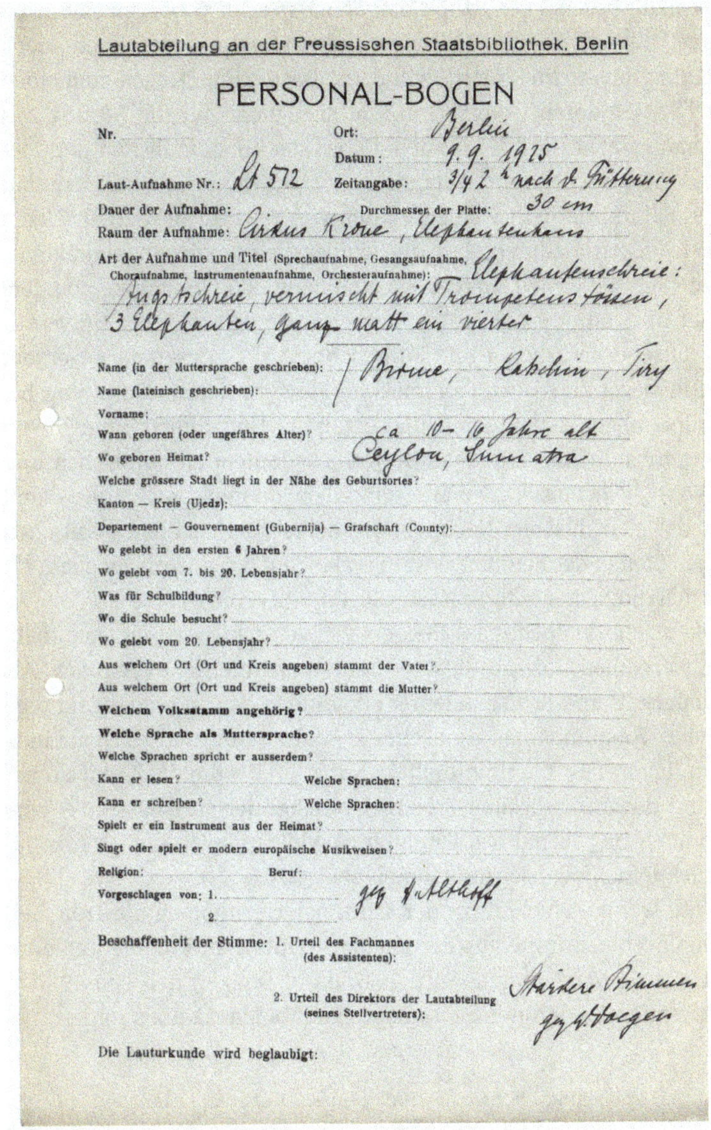

5.3 Archivierte Leerstellen: Tierstimmen im Berliner Lautarchiv — 335

Abb. 22: Von Wilhelm Doegen ausgefüllter und unterzeichneter „Personal-Bogen" der am 9. September 1925 im Zirkus Krone phonographierten Elefanten Birma, Ratschin und Tiry.

Organisationsstruktur beschrieben wird. Unter anderem schlägt Doegen eine „Universal-Abteilung"[198] für all jene Geräusche vor, die sich weder der Sprach-, noch der Musikabteilung des Archivs zuordnen ließen. Dazu zählt Doegen zum einen „Tierstimmen"[199], von deren Untersuchung er sich nicht nur die Lösung von „Probleme[n] mannigfacher Art"[200] auf dem Gebiet der „tierkundlichen und tonpsychologischen Wissenschaften"[201] verspricht. Auch „dem naturkundlichen und geographischen Schulunterricht werden Platten von weniger bekannten Tieren wertvolle Dienste leisten. Dadurch, dass die Schüler die natürlichen, charakteristischen Tierlaute kennen lernen, werden sie eine deutliche Vorstellung von dem lebendigem Tier überhaupt erhalten."[202] Zum anderen sollen in der Universal-Abteilung „Geräusche natürlicher und künstlicher Art"[203] gesammelt werden, wobei Doegen insbesondere der „Trommelsprache d. h. Geräusche[n] von bestimmter Tonhöhe, nach bestimmten Grundsätzen auf Holzschlitztrommeln von farbigen Afrikanern mit Holzstäben getrommelt, bedeutenden politischen und militärischen Wert"[204] beimisst. „Die Erlernung der Trommelsprache und damit die Erkenntnis der afrikanischen Nachrichtensprache", sei „bei den politischen und militärischen Stellen der Kolonialverwaltung erst auf diese Weise möglich"[205]; nämlich durch den direkten auditiven Nachvollzug.

Die Passage macht deutlich, dass Doegen sich von den Tierstimmenaufnahmen vor allem wertvolles Material für Forschung und Unterricht versprach. Als ehemaliger Gymnasial- und Realschullehrer erkannte er das enorme didaktische Potenzial, welches Tonaufnahmen exotischer Tiere für den Unterricht bereithielten. Abgesehen davon fällt die unmittelbare Nähe auf, in die das Studium der Tierstimmen und der afrikanischen Trommelsprache hier gerückt sind – eine Nähe, die sich auch im Journal des Lautarchivs widerspiegelt, das protokollarisch die zeitliche Reihenfolge der Aufnahmen belegt (Abb. 23).

So wurde nur wenige Wochen vor den Dresdner Tierstimmen die Trommelsprache der Duala-Volksgruppe aus der ehemals deutschen Kolonie Kamerun aufgezeichnet. Am 2. März und 1. April 1927 hatte Doegen den seit 1913 in Deutschland lebenden Kameruner Georg Sopó Ékambi Mansá aufgefordert, Be-

---

198 Wilhelm Doegen: *Denkschrift über die Errichtung eines „Deutschen Lautamtes" in Berlin. Als Manuskript Seiner Exzellenz Prof. D. von Harnack in Dankbarkeit ehrerbietigst zugeeignet vom Verfasser*. Manuskript. Berlin 1918, S. 19.
199 Ebd. Unterstreichung so im Text.
200 Ebd.
201 Ebd.
202 Ebd.
203 Ebd. Unterstreichung so im Text.
204 Ebd., S. 19–20. Unterstreichung so im Text.
205 Ebd., S. 20.

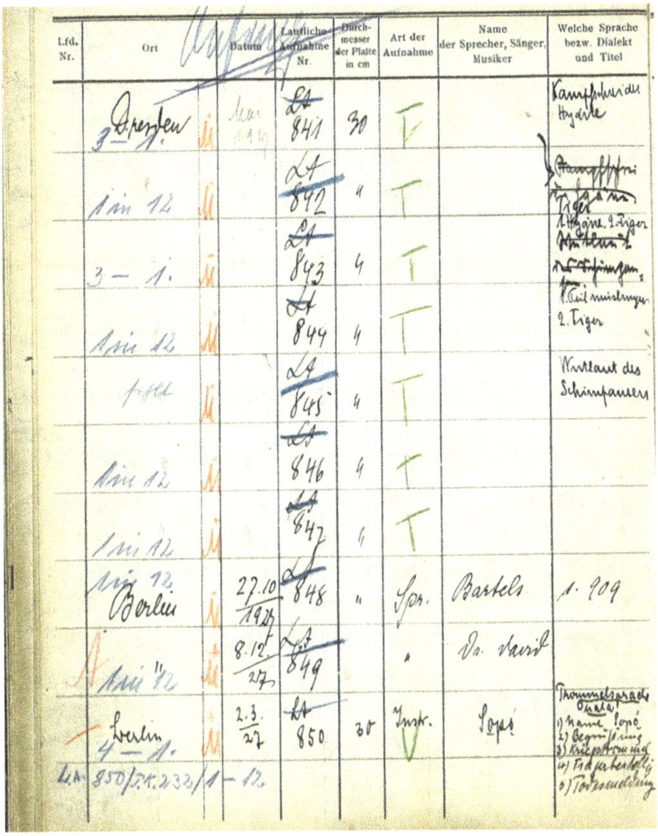

Abb. 23: „Art der Aufnahme: T". Im Mai 1927 im Dresdner Zoo phonographisch aufgezeichnete Tierstimmen. Seite aus dem Aufnahmejournal des Berliner Lautarchivs.

grüßungsformeln, Kriegs- und Todesmeldungen in den Trichter zu trommeln.[206] Wenige Tage nach Doegens Rückkehr aus Dresden wiederum wurden weitere Aufnahmen der Trommelsprache vorbereitet.[207] Diese zeitliche Koinzidenz beider Aufnahmeserien ist umso auffälliger, als sich Doegen der Trommelsprache zum

---

206 Humboldt-Universität zu Berlin, Musikwissenschaftliches Seminar, Lautarchiv, Inventar-Nr.: LA 836/LA 837 und LA 850.
207 Am 31. Mai 1927 erreicht das Berliner Museum für Völkerkunde ein Brief aus der Lautabteilung mit der Nachricht, dass „Herr Prof. Heepe beabsichtigt, in diesen Tagen, mit einem Kameruner Eingeborenen die sonst noch in Dahlem vorhandenen Holztrommeln zu besichtigen und auf ihre Verwendbarkeit für Grammophonaufnahmen zu prüfen." Humboldt-Universität zu Berlin, Universitätsarchiv zu Berlin, Akten des Instituts für Lautforschung, Akten-Nr. 7.

letzten Mal im Jahr 1917 gewidmet hatte.²⁰⁸ Fast könnte man meinen, seine zehn Jahre später für die „Universalabteilung" erstellten Aufnahmeserien von Tierstimmen und Trommelsprache hätten einander gegenseitig auf den Plan gerufen.

Mit Blick auf die Afrika-Diskurse des frühen 20. Jahrhunderts liegt diese Vermutung nahe. So gehört die Identifizierung von Afrika und Afrikaner:innen mit ‚Naturhaftigkeit' zu den prägendsten Topoi innerhalb des deutschsprachigen ‚Afrikanismus'.²⁰⁹ Dem Literaturwissenschaftler Michael Hofmann zufolge zeichnet sich dieser dadurch aus, dass „den Afrikanern eine genuin eigene ‚Kultur' nicht zugesprochen wird, sondern diese vielmehr als mit der Natur verbundene und selbst Natur gebliebene Menschen vorgestellt werden."²¹⁰ Gerade in den kolonialrassistischen Zuschreibungen des frühen 20. Jahrhunderts ging diese Vorstellung mit der ‚Animalisierung' von Afrikaner:innen einher. Auf Bildern, in Texten und im Rahmen von Völkerschauen bzw. Kolonialausstellungen wurden sie als ‚wilde Tiere' dargestellt, die als solche den ‚primitiven' Gegenpart der westlichen Kultur verkörpern sollten.²¹¹ Wie von der Forschung jüngst gezeigt, wurde auch die Ebene des Klangs genutzt, um die ‚Natur'- und ‚Tierhaftigkeit' von Afrikaner:innen zu inszenieren.²¹² So stand etwa das erste „tönende Buch", ein in den 1930er Jahren entwickeltes innovatives Medium, welches neben textuellen Beschreibungen und Fotografien auch Tonbeispiele auf integrierter Schellackplatte enthielt, ganz im Dienste einer solchen Inszenierung. Das 1933 vom Direktor des Zoologischen Gartens Berlin Lutz Heck produzierte Buch *Schrei der Steppe. Tönende Bilder aus dem ostafrikanischen Busch* stellt den „eintönige[n] Gesang der

---

208 Am 25. März 1917 wurde der Kongolese Albert Kudjabo beim Trommeln und Pfeifen aufgenommen. Humboldt-Universität zu Berlin, Musikwissenschaftliches Seminar, Lautarchiv, Inventar-Nr.: PK 797 bis 800.
209 Vgl. Michael Hofmann: Einführung: Deutsch-afrikanische Diskurse in Geschichte und Gegenwart. Literatur- und kulturgeschichtliche Perspektiven. In: Michael Hofmann / Rita Morrien (Hrsg.): *Deutsch-afrikanische Diskurse in Geschichte und Gegenwart. Literatur- und kulturwissenschaftliche Perspektiven*. Amsterdam: Rodopi 2012, S. 7–20, hier S. 9.
210 Ebd.
211 Vgl. unter anderem Pascal Blanchard / Gilles Boetsch / Lilian Thuram (Hrsg.): *Human zoos. The invention of the savage*. Publikation zur Ausstellung "Exhibitions. The invention of the savage"; [Musée Du Quai Branly, 29 November 2011 – 3 Juni 2012]. Arles/Paris: Actes Sud; Musée du Quai Branly 2011.
212 Vgl. Andreas Fischer / Judith Willkomm: Der Wald erschallt nicht wie der Schrei der Steppe. In: Sommer / Reimann (Hrsg.): *Zwitschern, Bellen, Röhren*, S. 73–112. Siehe auch Robert W. Rydell: In sight and sound with the other senses all around. Racial hierarchies at America's world's fairs. In: Nicolas Bancel / Thomas David / Dominic Richard David Thomas (Hrsg.): *The invention of race. Scientific and popular representations*. New York, N.Y.: Routledge 2014, S. 209–221.

Suahelineger" bzw. den „Gesang der Neger" unvermittelt neben die Laute von Affen, Hyänen, Elefanten und anderen afrikanischen Tieren.[213] Tier- und Menschenlaute sind Teil derselben Differenzmarkierung: sie stehen auditiv für das naturhafte, ursprüngliche und dem Westen diametral entgegengesetzte Afrika.[214]

Auch Doegen plante 1927 sogenannte „Querverbindungsplatten" für den Schulunterricht, auf denen nicht nur die Musiken und „Sprachen exotischer Rassen" zu hören sein sollten, sondern auch die Stimmen von Tieren, die als charakteristisch für den jeweiligen Herkunftsort der aufgenommenen Menschen galten.[215] Mit den im selben Jahr entstandenen Aufnahmen von Tierstimmen und der Trommelsprache mag Doegen erste Schritte in diese Richtung gegangen sein. Fest steht, dass sie die zeitgenössischen Zuschreibungen Afrikas unmittelbar widerspiegeln. Tierstimmen und Trommelsprache werden gleich dreifach parallelisiert: (1) zunächst *archivologisch*, insofern beide ‚Geräuschklassen' der für pädagogische, militärische und koloniale Interessen zweckdienlichen „Universalabteilung" zugeordnet wurden; (2) dann *diskursiv*, da beiden Lautäußerungen dieselben Attribute ‚naturhafter' bzw. semantisch ‚fremder' Geräusche zugeschrieben wurden, die aus den Kategorien für Sprachen und Musik „aller Völkerschaften" herausfallen und derer es sich zu bemächtigen galt,[216] – für die naturkundliche Inszenierung des ‚lebendigen Tiers überhaupt' im Schulunter-

---

213 Siehe dazu Fischer / Willkomm: Der Wald erschallt nicht wie der Schrei der Steppe. Zu den „tönenden Büchern" siehe auch die Arbeiten von Marianne Sommer, die die von Julian Huxley und Ludwig Koch in den 1930er Jahren produzierten Soundbooks im Kontext der Tier- und Naturschutzbewegung liest: Marianne Sommer: *History within. The science, culture, and politics of bones, organisms, and molecules.* Chicago: The University of Chicago Press 2016, S. 159–161; Marianne Sommer: Animal sounds against the noise of modernity and war: Julian Huxley (1887–1975) and the preservation of the sonic world heritage. In: *Journal of Sonic Studies* 13 (2017) https://www.researchcatalogue.net/view/325229/325230 (Abruf am 17.12.2021) bzw. Marianne Sommer: Tierstimmen gegen den Lärm von Krieg und Moderne. In: Sommer / Reimann (Hrsg.): *Zwitschern, Bellen, Röhren*, S. 113–143. Auch Joeri Bruyninckx widmet sich in seiner wissenschaftsgeschichtlichen Monografie zur Vogelstimmenaufzeichnung den Soundbooks von Koch, Huxley, Heck und anderen Pionieren des neuen Medienformats. Vgl. Bruyninckx: *Listening in the field*, S. 64–86.
214 Vgl. Fischer / Willkomm: Der Wald erschallt nicht wie der Schrei der Steppe, S. 74.
215 Humboldt-Universität zu Berlin, Universitätsarchiv zu Berlin, Akten des Instituts für Lautforschung, Akten-Nr. 1.
216 Zum zeitgenössischen Interesse an der Trommelsprache siehe Florian Carl: *Was bedeutet uns Afrika? Zur Darstellung afrikanischer Musik im deutschsprachigen Diskurs des 19. und frühen 20. Jahrhunderts.* Zugl.: Köln, Univ., Magisterarbeit. Münster: Lit 2004, S. 31–36. Auf Seiten der Europäer:innen verband sich mit der Trommelsprache ein „Nicht-Verstehen-Können in einem sehr konkreten, semantischen Sinne", weshalb sie als bedrohlich wahrgenommen wurde. Laut Carl wird die sprechende Trommel um 1900 „zur Metapher des Nicht-Verstehens, und der damit verbundene Kontroll- und Machtverlust über die fremde Umgebung verursacht Angst." Ebd., S. 31 und S. 34.

richt oder die ethnographische Beförderung kolonialer Interessen; (3) schließlich *chronologisch*, insofern die Aufnahmen von Tier- und Trommelsprache zur gleichen Zeit erstellt und im Archivjournal in folgender Reihenfolge dokumentiert wurden (Abb. 23): Vom „Kampfschrei" der Hyänen und Tiger (LA 841 bis LA 844) über den „Wutlaut des Schimpansen" (LA 845) und das „Singen" des Menschenaffen (LA 846 bis LA 847) zur „Trommelsprache" (LA 850).

Obwohl auf den beiden letztgenannten Tierstimmenaufnahmen nur rhythmisches Rauschen zu hören ist und auch Journal und Personalbögen keinerlei Aufschluss über Gattung und Art des zuletzt phonographierten Tiers geben, lassen schon die von Doegen beschrifteten Platten: „Goliath, aufgenommen im Zoologischen Garten Dresden (nicht gut)" vermuten, dass es sich bei ihm um den seinerzeit „größten Menschenaffen der Gefangenschaft", den Orang-Utan Goliath handelt, der 1927 als eine der Hauptattraktionen des Dresdner Zoos beworben wurde (Abb. 24).[217]

Abb. 24: „Goliath mit geblähtem Kehlsack". Fotografie von Gustav Brandes.

---

217 Vgl. Mustafa Haikal / Winfried Gensch: *Der Gesang des Orang-Utans. Die Geschichte des Dresdner Zoos*. Dresden: Ed. Sächs. Zeitung 2011, S. 71.

Dass Goliath auf den besagten Aufnahmen schweigt, ist umso verwunderlicher, als sich das Tier, wie sich der Direktor des Dresdner Zoos und Primatologe Gustav Brandes in seinem Nachruf auf Goliath erinnert, durch einen „eigentümlichen, erschütternden Gesang"[218] auszeichnete. Ein sonderbares ‚Geräusch', von dem Doegen offenbar wusste, da er es für seine „Universalabteilung" in Besitz nehmen wollte. Und tatsächlich erreichte ihn zwei Monate vor seiner Reise zum Dresdner Zoo, am 23. Februar 1927, die folgende briefliche Einladung von Brandes:

> Sehr geehrter Herr Kollege! Der Umstand, daß wir einen wunderbar schönen, völlig erwachsenen Orangmann mit mächtigen Backenwülsten alltäglich mehrmals singen hören, gibt uns Veranlassung, mich an Ihre Adresse zu wenden mit der Frage, ob es Sie nicht interessieren würde, diesen Gesang, der ja ganz etwas Neues darstellt, grammophonisch aufzunehmen. Die Lautäußerung beginnt ziemlich leise und es klingt anfänglich wie ein langsam arbeitendes Motorrad, das aus sehr weiter Ferne immer näher kommt, dann nimmt das Poltern oder Rumpeln aber einen anderen Charakter an u. tönt wie ein mächtiges Brüllen. Jedes Singen dauert ca. 2 Min, aber auch länger. Es ist für jeden, der es gehört hat, ein Erlebnis, u. ich bin überzeugt, daß es Ihre Sammlung wesentlich bereichern würde. Unser Goliath lässt sich meist gegen 8 Uhr Mgs zum 1. Mal hören, um die Mittagszeit das 2. Mal, gestern warteten wir allerdings vergeblich bis ¾ 2, als wir gegessen wiederkamen, erfuhren wir, daß er gleich nach unserem Weggange getrommelt hatte, dann verpassten wir's zum 2. Male gegen ½ 5, aber um ¾ 6 hörten wir ihn dann bes. schön. Er sitzt mit den Nilpferden in einem Raum, eine Störung durch diese ist aber sehr selten. Jedenfalls glaube ich Ihnen garantieren zu dürfen, daß sie den Gesang auf die Platte bekommen, wenn Sie sich einen Tag lang hier aufhalten wollen. Ihren Nachrichten hierüber gern entgegensehend bin ich mit vorzügl. Hochachtung Ihr sehr ergebener Brandes.[219]

---

218 Gustav Brandes: Der Tod unseres Riesenorangs „Goliath". In: *Der Zoologische Garten. Zeitschrift für die gesamte Tiergärtnerei. Organ der Zoologischen Gärten Mitteleuropas* 1,10/12 (1929), S. 396–400, hier S. 396.
219 Humboldt-Universität zu Berlin, Universitätsarchiv zu Berlin, Akten des Instituts für Lautforschung, Akten-Nr. 10. Unterstreichung von Doegen. Dass Brandes sich an Doegen wandte, um ihn zu Lautaufnahmen von Goliath zu bewegen, scheint angesichts der Tatsache, dass er seinen Zoo des Öfteren als Laboratorium für medientechnisch gestützte wissenschaftliche Experimente zur Verfügung stellte, nicht verwunderlich. So berichtet auch der Tierphonetiker Bastian Schmid 1930, er habe, bevor er zur oszillografischen Tierstimmenaufzeichnung fand, unter anderem die „Sprachlaute eines Elefanten und des Schimpansen Charlie [...] mittels meines Phonographen im Zoologischen Garten zu Dresden aufgenommen [...]", und damit aller Wahrscheinlichkeit nach denselben Affen, dessen Stimme Doegen 1927 als „Wutlaut des Schimpansen" katalogisierte (Abb. 7). Bastian Schmid: Tierphonetik. In: *Zeitschrift für vergleichende Physiologie* 12,1 (1930), S. 760–773, hier S. 764. Ein anderes Mal nahm Brandes „das Anerbieten des Dresdner Landeskriminalamtes, daktyloskopische Aufnahmen von unseren Menschenaffenkindern zu machen, dankbar an. [...] Das Landeskriminalamt Dresden, das zur Zeit (1938) Abdrücke von 400000 Personen karteimäßig geordnet aufbewahrt, teilt mir mit, daß man versuchsweise eine Anzahl der bei uns angestellten Menschenaffen-Fingerabdrücke unter menschliche Abdrücke gemischt habe und feststellen mußte, daß selbst eingearbeitete Beamte nicht imstande waren, die von Affen

Doegen war offenbar derart interessiert am „ca. 2 Min" andauernden „Singen" von Goliath – das entsprach ungefähr der zeitlichen Aufnahmekapazität einer Grammophonplatte –, dass er nur wenige Wochen später nach Dresden aufbrach. Dass ihm auch an der Aufzeichnung der „Trommel"- Geräusche gelegen war, wie sie den tönenden Gesang des Menschenaffen laut Brandes ankündigten, ist vor dem Hintergrund seiner erwähnten Parallelisierung von Trommel- und Tiersprache nicht auszuschließen. Offen bleibt dabei die Frage, inwieweit das Motiv beider Aufzeichnungen nicht nur demselben kolonialistischen Interesse am ‚Exotischen' geschuldet war, sondern darüber hinaus einem evolutionistisch geprägten Diskurs, der beide Äußerungen als ‚primitive Vorstufe' ‚zivilisierten' Sprechens bestimmt. Es ist in jedem Fall bemerkenswert, dass Doegen mit Elefanten und Bären, Hyäne und Tiger genau diejenigen Tiere aufgezeichnet hat, die der Evolutionist Ernst Haeckel neben dem Nashorn und dem Riesenhirsch als „tierische Zeitgenossen" der ersten „sprachlosen Affenmenschen" im historischen Augenblick der „Umbildung der menschenähnlichsten Affen zu den affenähnlichsten Menschen" bezeichnet hatte.[220] Die These, dass einst eine entsprechende Umbildung von den höheren Säugetieren und Menschenaffen zu den „rohesten Naturmenschen"[221] stattgefunden haben müsse, wird nach Haeckel „durch die merkwürdige Tatsache unterstützt, daß es außer dem Menschen noch ein zweites singendes Säugetier gibt, und daß dieses zur Familie der Menschenaffen gehört."[222]

Bei seinem Versuch, einen solchen „singenden Menschenaffen" auf die grammophonische Platte zu bekommen, sollte Doegen jedoch kläglich scheitern. Obgleich Brandes ihm garantiert hatte, Goliath singe im Laufe eines Tages mehrere Male, brachte der Orang-Utan am 2. und 3. Mai 1927 keinen einzigen Ton heraus. So konsequent muss Goliath sich der Aufnahme verweigert, so stur zu den an seine Stimme gestellten Erwartungen geschwiegen haben, dass man – wie ein Mitarbeiter des Berliner Lautarchivs die „misslungene Goliath-Aufnahme" später beklagt – selbst „mit dem Verstärker das Tier nur atmen hört."[223] Tatsächlich

---

stammenden mit Sicherheit herauszufinden." Gustav Brandes: *Buschi. Vom Orang-Säugling zum Backenwülster.* Leipzig: Quelle und Meyer 1939, S. 83–84.
220 Ernst Haeckel: *Natürliche Schöpfungs-Geschichte. Gemeinverständliche wissenschaftliche Vorträge über die Entwickelungslehre im allgemeinen und diejenige von Darwin, Goethe und Lamarck im besonderen (1868/69).* 11. Aufl. Berlin: Reimer 1911, S. 730. Doegen hatte Haeckel schon 1918 autophonisch gewürdigt. Vgl. Humboldt-Universität zu Berlin, Musikwissenschaftliches Seminar, Lautarchiv, Inventar-Nr. Aut 20/1 und 2.
221 Ebd., S. 807.
222 Ebd., S. 734.
223 So der Vertretungsdirektor der Berliner Lautabteilung H. Hülle in seinem Brief vom 31. Dezember 1930 an Brandes. Humboldt-Universität zu Berlin, Universitätsarchiv zu Berlin, Institut für Lautforschung, Akten-Nr. 7.

geben die jeweils etwa anderthalb Minuten dauernden Aufnahmen LA 846 und LA 847 lediglich die Abwesenheit von Stimme wieder, ein hörbares ‚Schweigen', das sich als Leerstelle visuell auch im Journal des Lautarchivs dokumentiert hat (Abb. 23). Vielleicht brach der enttäuschte Doegen auch deshalb den Kontakt zu Brandes ab. Erst dreieinhalb Jahre später, am 19. Dezember 1930, kommt es zu einem neuerlichen, diesmal jedoch vom Sohn des Dresdner Zoodirektors angestoßenen und etwas weniger herzlich ausfallenden Briefaustausch:

> An das Laut-Institut der Universität Berlin. Vor längerer Zeit wurde von Ihrem Herrn Professor Doegen in unserem Garten eine Anzahl von Tierlaut-Aufnahmen gemacht. Wir hatten uns gewundert, solange nichts darüber gehört zu haben, und hatten bereits geglaubt, dass die Lautaufnahmen mehr oder weniger misslungen seien. Doch vor kurzem fanden wir diese Aufnahmen in dem Katalog einer Grammophonplatten-Firma. Wir sind sehr befremdet, dass diese bei uns mit unserer Hilfe hergestellten Platten in den Handel kommen, ohne dass wir davon verständigt wurden und [...] bitten Sie deshalb hierdurch um je eine Platte der bei uns gemachten Aufnahmen. Außerdem legen wir natürlich Wert darauf, dass der Name unseres Gartens auf den Platten genannt wird. [...] mit der vorzüglichen Hochachtung A.-V. Zoolog. Garten i. V. Rudolf Brandes.[224]

Der Brief zeigt, dass es zu kurz greifen würde, die Tierstimmenaufnahmen im Berliner Lautarchiv auf nur einen Erklärungsansatz zurückzuführen. Neben medienexperimentellen, wissenschaftlichen, pädagogischen und kolonialrassistischen Motiven waren offenbar auch wirtschaftliche Interessen im Spiele. Ging schon Garners Affenphonetik mit dem kolonialen Handel exotischer Tiere Hand in Hand, verbanden sich auch mit den Berliner Tierstimmenaufnahmen finanzielle Gewinnabsichten – nur unter umgekehrten Vorzeichen. Während Garner in Westafrika gefangene Tiere nach Amerika verkaufte, um seine linguistische Erforschung von Affenlauten überhaupt erst finanzieren zu können, gerieten Letztere dreißig Jahre später selbst zu verkaufswürdigen Objekten.[225] Wie die vorangegangenen Ausführungen deutlich gemacht haben, speiste sich deren Faszinationskraft jedoch eher aus der Vermittlung eines ‚exotischen Anderen', „des lebendigen Tiers überhaupt" als aus einer eventuell in ihnen verborgenen Sprache. So bemerkt auch Brandes, dass zwar alle äffischen Lautäußerungen

---

[224] Humboldt-Universität zu Berlin, Universitätsarchiv zu Berlin, Institut für Lautforschung, Akten-Nr. 7.
[225] Von den „Einnahmen aus den Verkäufen von wissenschaftlichen, musikalischen, unterrichtlichen und praktischen Lautplatten für Forschungs- und Bildungsstätten des In- und Auslandes und für Private", zu denen auch die Tierstimmenplatten zählten, erhoffte sich Doegen jährlich „10000 Mk." Doegen: *Denkschrift über die Errichtung eines „Deutschen Lautamtes" in Berlin*, S. 30.

einer gewissen Verständigung im Kreise der heimischen Umgebung [dienen]; aber deshalb kann man noch lange nicht behaupten, die Affen hätten eine Umgangssprache, wie es aufgrund von Studien, die der Amerikaner Garner im brasilianischen Urwald an Kapuzineraffen machte, lange Zeit hindurch vielfach geschehen ist.[226]

Und dennoch: In Goliaths Zurückhaltung der Stimme scheint etwas auf, das die Debatte um die Sprachfähigkeit nichtmenschlicher Primaten einst entfacht und die Erkundung von Tierlauten stets vorangetrieben hat: Gemeint ist das ‚Nicht-Reden' bzw. ‚Nicht-Tönen', die Zurückhaltung bzw. Aussetzung der Tierstimme, die schon um 1800 zum Dreh- und Angelpunkt der tierphonetischen Schwellenerkundungen geriet. So nimmt die seinerzeit breit diskutierte Frage, ob Affen „schwiegen", weil sie es wollten oder aufgrund ihrer Organe bzw. mangelnder kognitiver Fähigkeiten nicht anders konnten,[227] ihren Ausgang dezidiert von der Abwesenheit der Tierstimme bzw. -sprache. Dass die so menschenähnlichen Orang-Utans ihre Stimme und Sprache möglicherweise absichtlich zurückhielten, „um nicht zu Sclaven gemacht und zur Arbeit gezwungen zu werden"[228], bildete einen immer wieder aufgerufenen Topos innerhalb der Debatte um deren Sprachfähigkeit. Wie gezeigt wurde, speiste sich das Faszinosum des ‚stummen Affen' aus eben jener Möglichkeit seines bewussten Schweigens als eine Art „politischen Grundsatz[es]"[229] und damit der Potenz zur Sprache (siehe Kapitel 2). Auch ein Jahrhundert später wurde das ‚Nicht-Reden' bzw. ‚Nicht-Tönen' von Affen auf neue Art thematisch. Garners phonographische Experimente sensibilisierten für die unhörbaren Zwischentöne von Affenlauten, die sich als flüchtige und unberechenbare Äußerungen der Kontrolle des Forschers zudem oft entzogen. Mit dem Verweis auf die Launenhaftigkeit seiner – wie später auch Goliath – beliebig verstummenden Versuchstiere spricht Garner etwas an, das in neuerer Terminologie wohl als tierliche *agency* beschrieben werden kann, als historisch wirksame Handlungsmacht der Tiere – in diesem Fall durch deren aktive Selbstzurücknahme. In beiden Fällen – der Affenphonetik um 1800 und um 1900 – wird die entzogene Affenstimme zum Ausgangspunkt methodischer Innovationen und zum sehr unterschiedlich beschrittenen Möglichkeitsraum tierlicher Sprachpotenz. Als archivierte Leerstelle steht Goliaths Schweigen emblematisch für die methodischen und epistemischen Herausforderungen, die sich mit der wissenschaftlichen Erkundung von Tierstimmen verbanden und die, wie das folgende Kapitel zeigen wird, zur selben Zeit auch andernorts zum Gegenstand und Motor der frühen Bioakustik wurden.

---

226 Brandes: *Buschi*, S. 18.
227 Camper: *Naturgeschichte des Orang-Utang, und einiger andern Affenarten, des Africanischen Nashorns und des Rennthiers*, S. 147. Siehe Kapitel 2.
228 Ebd.
229 Ebd.

6 Wiener Grillen: Auftakte der modernen Bioakustik

6.1 Kaiserstimme und Eselsruf: Frühe Aufnahmen im Wiener Phonogrammarchiv

Auch für das älteste wissenschaftliche Schallarchiv der Welt, das Phonogrammarchiv der Österreichischen Akademie der Wissenschaften in Wien, wurden zu Beginn des 20. Jahrhunderts Tierlaute aufgezeichnet. Dabei stand die Aufnahme nichtmenschlicher Stimmen und Geräusche gar nicht auf der Agenda des 1899 gegründeten Archivs. Im Antrag zur „Gründung einer Art phonographischen Archivs", den eine von Sigmund Exner geleitete Kommission am 27. April bei der Akademie der Wissenschaften einreichte, wurden zunächst folgende drei Bestandsgruppen anvisiert: Neben *erstens* „sämmtlichen europäischen Sprachen in ihrem Zustande am Ende des 19. Jahrhunderts", sukzessive ergänzt um „die europäischen Dialecte, und sodann, im Verlaufe weiterer Jahrzehnte die sämmtlichen Sprachen der Erde" sollten *zweitens* Musik als „die vergänglichste aller Kunstleistungen" sowie *drittens* die Stimmen berühmter Persönlichkeiten „aus Politik, Wissenschaft und Kunst" für die Nachwelt festgehalten werden.[1] Als Movens und Agens dieses Vorhabens wurde die wenige Jahre zuvor von Edison entwickelte Klangspeichermethode der Phonographie angeführt. Es sei im Interesse einer fortschrittlichen Akademie, heißt es im Antrag, diese „neu erschlossene Methode für unsere Nachkommenschaft zu verwerten" und systematisch phonographische Walzen herzustellen, zu sammeln und zu verwahren.[2]

In dieser Vorgängigkeit der Methode gegenüber der archivalischen Materialerschließung unterscheidet sich das Phonogrammarchiv grundlegend von anderen Archiven.[3] Während die meisten Schriftgut-Archive aus dem Interesse hervorgegangen sind, bereits vorhandene Aktendepots in eine Ordnung zu bringen, ist das Phonogrammarchiv gleichsam „aus dem Nichts erschaffen worden"[4]. Statt wie

---

[1] Sigmund Exner: Bericht über die Arbeiten der von der kais. Akademie der Wissenschaften eingesetzten Commission zur Gründung eines Phonogramm-Archives. In: *Almanach der mathematisch-naturwissenschaftlichen Classe d. kaiserl. Akad. d. Wiss. in Wien* 37, Beilage: 1. Mitteilung der Phonogrammarchivs-Kommission (1900), S. 1–6, hier S. 1–3.
[2] Ebd., hier S. 1.
[3] Siehe dazu Christoph Hoffmann: Vor dem Apparat. Das Wiener Phonogramm-Archiv. In: Sven Spieker (Hrsg.): *Bürokratische Leidenschaften. Kultur- und Mediengeschichte im Archiv.* Berlin: Kadmos 2004, S. 281–294.
[4] Ebd., hier S. 289.

üblich „der Erschließung des Aufbewahrten wendet man sich vornehmlich der Aufgabe zu, ein Aufbewahrendes zu erschließen."[5] Hierzu wurde zunächst die Gelegenheit von wissenschaftlichen Expeditionen ins europäische und außereuropäische Ausland genutzt. Im Jahr 1901 stattete man insgesamt drei Expeditionsleiter, zwei Philologen und einen Botaniker der Universität Wien mit dem sogenannten Archiv-Phonographen aus.[6] Abgesehen von der Herstellung ersten Archivmaterials „sollte sich zeigen, ob derselbe reisetüchtig ist und ob er auch in einer mechanisch ungeschulten Hand brauchbare Resultate erzielt"[7], so Exner. Die Meinungen der zurückgekehrten Expeditionsleiter hierüber fielen eher ernüchtert aus: Vor allem wurde das immense Gewicht des Phonographen beklagt (zusammen mit dem Zubehör rund 120 kg), welches eine Benutzung abseits der Eisenbahnroute verunmöglichte und damit die Gruppe der Aufzunehmenden erheblich einschränkte. Seine Sammlung wäre „jedenfalls viel größer und reichhaltiger geworden", urteilte der Philologe Milan Rešetar, wenn er „den Phonographen in die von den Eisenbahnen entlegenen Dörfer, besonders aber in die Bauernhäuser selbst hätte mitnehmen können."[8] Hinzu käme die operative Schwierigkeit, für eine gelungene Aufnahme in höchstem Maße auf die Teilnahmebereitschaft der Aufzunehmenden angewiesen zu sein:

> Denn der Phonograph ist kein photographischer Apparat; man kann mit demselben den einfachen Mann nicht überraschen und ohne sein Wissen, beziehungsweise trotz seinem Willen ihn aufnehmen, vielmehr muss man ihm deutlich sagen, was man von ihm haben will. Nun ist es leicht begreiflich, dass die meisten einen gewissen Argwohn gegen den ihnen völlig unbekannten „Herrn" schöpfen, der ihre Stimme „fangen" wollte![9]

Einfacher gestaltete sich die Aufzeichnung bei der dritten Bestandsgruppe, den Stimmporträts berühmter Persönlichkeiten. Zum einen konnten die Aufnahmen

---

5 Ebd., hier S. 290. Gleiches bemerkt auch Gerda Lechleitner: Der fixierte Schall – Gegenstand wissenschaftlicher Forschung. Zur Ideengeschichte des Phonogrammarchivs. In: Harro Segeberg (Hrsg.): *Sound. Zur Technologie und Ästhetik des Akustischen in den Medien.* Marburg: Schüren 2005, S. 229–240, hier S. 232.
6 Hierbei handelte es sich um einen speziellen, vom Techniker des Phonogrammarchivs Fritz Hauser entwickelten Apparat, der den spezifischen Bedürfnissen des Archivs angepasst war. Um eine Vervielfältigung von Aufnahmen ohne Qualitätseinbußen zu gewährleisten, ersetzte Hauser den schlecht replizierbaren Aufnahmezylinder des Edison-Phonographen unter Beibehaltung der Tiefenschrift durch eine kopierfähige wächserne Platte. Siehe dazu Franz Lechleitner: Die Technik der wissenschaftlichen Schallaufnahme im Vergleich zum kommerziellen Umfeld. In: Segeberg (Hrsg.): *Sound,* S. 241–248.
7 Exner: II. Bericht über den Stand der Arbeiten der Phonogramm-Archivs-Commission erstattet in der Sitzung der Gesamt-Akademie vom 11. Juli 1902, hier S. 15.
8 Reisebereicht von Milan Rešetar, abgedruckt in ebd., hier S. 24.
9 Ebd.

meist in Wien und Umgebung durchgeführt werden, d. h. ohne größeren Transportaufwand. Zum anderen gehörten die aufgenommenen Personen größtenteils zum politischen und intellektuellen Umfeld des Archivgründers Exner;[10] als ausgewählte Stimm-Persönlichkeiten ließen sie sich gerne über Sinn und Ablauf der Aufnahmen instruieren. Wohl am bekanntesten aus dieser Reihe ist das Stimmporträt des damals 72-jährigen Kaisers Franz Joseph I., welches im Jahre 1903 von Exner und seinem Assistenten Fritz Hauser erstellt wurde. Im Rahmen einer halbstündigen Audienz, die der Kaiser den beiden Archivmitarbeitern am zweiten August in seiner Villa in Bad Ischl gewährte, wurden ihm zunächst Beispiele der bisherigen phonographischen Arbeit präsentiert, um anschließend des Kaisers Stimme selbst auf die Platte zu bannen.[11] Der Inhalt dieser kurzen Rede war weitgehend vorgegeben. Es handelte sich um eine von Exner verfasste und vom kaiserlichen Generaladjutanten nur leicht modifizierte Würdigung der technischen Potenziale des Phonographen und der erwarteten Errungenschaften der Phonogrammarchiv-Kommission.[12] Mit wohlartikulierter gesetzter Stimme preist Kaiser Franz Joseph die „Fortschritte [...], welche im Laufe der letzten Jahrzehnte das Ineinandergreifen von Wissenschaft und Technik erzielte." Der Phonograph mache es möglich, „gesprochene Worte bleibend festzuhalten und sie selbst nach vielen Jahren jedweden Geschlechtern wieder vorzuführen." Trotz einiger noch nicht vollständig überwundener „Konstruktionsschwierigkeiten" werde es, so der Kaiser,

> von Interesse sein, auch in dieser nicht ganz vollkommenen Weise die Stimmen hervorragender Persönlichkeiten aus früheren Zeiten zu vernehmen und deren Klang und Tonfall, sowie die Art des Sprechens, gewissermaßen als historisches Dokument, aufbewahrt zu erhalten. Ähnlich wie in anderm Sinne Statuen und Porträte es bisher waren. Und wenn, wie ich höre, die Akademie der Wissenschaften jetzt darangeht, sämtliche Sprachen und

---

10 Gerda Lechleitner: Zu den Stimmporträts. In: Dietrich Schüller (Hrsg.): *Tondokumente aus dem Phonogrammarchiv der Österreichischen Akademie der Wissenschaften. Gesamtausgabe der historischen Bestände 1899 bis 1950 = Sound documents from the Phonogrammarchiv of the Austrian Academy of Sciences. Band 2: Stimmporträts.* Wien: Verlag der Österreichischen Akademie der Wissenschaften 1999, S. 19–23, hier S. 19. Siehe auch Heinz Hiebler: Zur medienhistorischen Standortbestimmung der Stimmporträts des Wiener Phonogrammarchivs. In: Schüller (Hrsg.): *Tondokumente aus dem Phonogrammarchiv der Österreichischen Akademie der Wissenschaften,* S. 219–232, hier S. 230.
11 Zu den Hintergründen dieser und der beiden weiteren kaiserlichen Stimmporträts siehe ausführlich Christian Liebl: K.u.K. – Kaiserliche Stimmportraits und ihre Kontextualisierung. In: *Schall & Rauch* 13 (August 2010), S. 31–34.
12 Ebd., hier S. 31.

> Dialekte unseres Vaterlandes phonographisch zu fixieren, so ist das eine Arbeit, die sich in der Zukunft sicherlich lohnen wird [...].[13]

Wie bei vielen der Stimmporträts macht die Aufnahme sich hier selbst zum Thema.[14] Ein Umstand, der einiges über die damalige Faszination für den Phonographen verrät, aber auch über die Unsicherheiten gegenüber der zukünftigen Rolle der Stimmkonserven. ‚Es wird von Interesse sein' und ‚sich in der Zukunft sicherlich lohnen' – der Quellenwert der phonographierten Stimmen ließ sich nur im Futur ermessen. Mehr noch als andere Archive, die ihr Bestandsmaterial zwar ordnen, aber nicht erst herstellen mussten, war das Phonogrammarchiv mit dem Dilemma konfrontiert, für die Zukunft zu arbeiten, ohne ermessen zu können, was diese wird wissen wollen.[15] Dies betraf insbesondere die Bestandsgruppe der Stimmporträts. Um abzuschätzen, welche Stimmen zukünftig als relevant empfunden würden, war „eine Vorstellung der eigenen Gegenwart als zukünftige Vergangenheit"[16] erforderlich. Wen würden die „jedweden Geschlechter" nach vielen Jahren hören wollen?

Die Stimme des Monarchen gehörte zweifellos zu denjenigen Stimmen, die ein zeitloses Interesse versprachen. Im Rahmen eines performativen Akts vollführt der Kaiser das, worüber er spricht: Er setzt der Stimme einer hervorragenden Persönlichkeit, nämlich seiner eigenen, ein akustisches Denkmal, eben „ähnlich wie in anderm Sinne Statuen und Porträte es bisher waren". „Es hat mich sehr gefreut", schließt der Kaiser seine kurze Rede, „auf Wunsch der Akademie der Wissenschaften meine Stimme in den Apparat hineinzusprechen und

---

[13] Zitiert nach Schüller (Hrsg.): *Tondokumente aus dem Phonogrammarchiv der Österreichischen Akademie der Wissenschaften*, S. 33.
[14] Die medienreflexive Selbstbezugnahme ist ein wiederkehrendes Motiv der Stimmporträts. Politiker wie Ernest von Koerber oder Josef Unger stellten Überlegungen zum Nutzen des Phonographen für sprachwissenschaftliche Studien und das kulturelle Gedächtnis an. Autoren wie Arthur Schnitzler und Hugo von Hofmannsthal sprachen ausgewählte Texte aus ihren Werken ein, die einen inhaltlichen Bezug zur phonographischen Konservierung erkennen lassen. Siehe die Stimmporträts in ebd. sowie auf die Medienreflexivität bezugnehmend Rainer Hubert: Mitglieder des Herrschaftshauses, Politiker und Beamte. In: Schüller (Hrsg.): *Tondokumente aus dem Phonogrammarchiv der Österreichischen Akademie der Wissenschaften*, S. 24–32, hier S. 31–32 und Hiebler: Zur medienhistorischen Standortbestimmung der Stimmporträts des Wiener Phonogrammarchivs, S. 229–230.
[15] Hoffmann: Vor dem Apparat, S. 291.
[16] Ebd., S. 292.

dieselbe dadurch der Sammlung einzuverleiben."[17] Dass seine Worte bis auf diesen letzten Satz von Exner vorgegeben waren und sich inhaltlich ausschließlich auf die Belange des Archivs bezogen, zeigt, worum es bei der Aufnahme ging: Nicht die Speicherung irgendwelcher Ansichten des Kaisers, nicht seine Stimme in ihrer sekundären Funktion als Medium einer politischen Botschaft waren von Interesse, sondern seine Stimme in ihrer akustischen Präsenz – wenngleich ihr politisches Gewicht natürlich ausschlaggebend für die Aufnahme war. Der Repräsentant des Landes sollte mit seiner Stimme zugleich das Phonogrammarchiv repräsentieren; vom Persönlichkeitsstatus des Kaisers erhoffte man sich eine Nobilitierung des Archivs. Entsprechend selbstreferenziell fällt seine Rede aus. Sowohl formal als auch inhaltlich fungiert sie als Werbeträger der Phonogrammarchiv-Kommission und – wenn man so will – als eine Höranleitung. Worauf es ankommt, daran sollen die Hörer:innen der Aufnahme *in actu* erinnert werden, ist vor allem ‚der Klang und Tonfall sowie die Art des Sprechens'. „Nicht der Inhalt der Aufnahme, also das Signifikat, sondern der Signifikant [prägt] den Wert der Aufnahme."[18] Als eines der ersten Stimmporträts der geplanten Reihe gibt die Aufnahme des Kaisers damit vor, wie die folgenden Aufnahmen zu verstehen sind: Als akustische Porträts bekannter Persönlichkeiten, von deren Stimmen man sicher war, dass sie auch in Zukunft erinnerungswürdig seien. Eine starke Bedingung: Nach der Kaiseraufnahme und der rund ein Jahr später erstellten Aufnahme von Erzherzog Rainer von Österreich (1904) wurde erst wieder der Komponist Giacomo Puccini (1920) für prominent genug befunden, die Reihe der Stimmporträts fortzusetzen.[19] Umso interessanter ist, dass die Stimme des Kaisers nicht die einzige war, die es im August 1903 auf eine phonographische Platte schaffte.

Nur wenige Tage vor oder nach seinem Besuch in der Kaiservilla in Bad Ischl, vielleicht auch noch am selben Tag, zeichnete Exner die Rufe eines Esels auf.[20] Wie im Berliner Lautarchiv wurde auch zu jeder Aufnahme für das Wiener Phono-

---

17 Zitiert nach Schüller (Hrsg.): *Tondokumente aus dem Phonogrammarchiv der Österreichischen Akademie der Wissenschaften*, S. 33.
18 Kathrin Dreckmann: Verba Volant, Scripta Manent. Das kulturelle Gedächtnis und die Archivierung des Akustischen. In: Ruth-Elisabeth Mohrmann (Hrsg.): *Audioarchive. Tondokumente digitalisieren, erschließen und auswerten*. Münster: Waxmann 2013, S. 9–23, hier S. 21.
19 Lechleitner: Zu den Stimmporträts, S. 21. Dass hier auch andere Gründe eine Rolle spielten, wie der zwischenzeitliche Fokus auf andere Aufnahmeserien und nicht zuletzt die Unterbrechung durch den Ersten Weltkrieg, ist natürlich anzunehmen.
20 Archivnummer Ph 104. Phonogrammarchiv. Publiziert auf CD in Dietrich Schüller (Hrsg.): *Tondokumente aus dem Phonogrammarchiv der Österreichischen Akademie der Wissenschaften. Gesamtausgabe der historischen Bestände 1899 bis 1950 = Sound documents from the Phonogrammarchiv of the Austrian Academy of Sciences. Band 8: Österreichische Volksmusik (1902–1939)*. Wien: Verlag der Österreichischen Akademie der Wissenschaften 2004 und online abrufbar über

grammarchiv ein Protokollbogen erstellt, auf dem Daten zum Phonographierten und zur jeweiligen Aufnahmesituation – etwa Ort, Zeit, Stimmcharakteristika, Name des Phonographisten, Umdrehungsgeschwindigkeit und Transkription – vermerkt waren. So auch zur Eselsaufnahme: Laut Protokollbogen stammte der im August 1903 in St. Gilgen aufgezeichnete Eselsruf von einem in Smyrna (heute Izmir) geborenen „fast weißen Esel", der bereits „über 20 Jahre" alt war und während der Aufnahme „einstimmig" insgesamt „zweimal" rief.[21] Zu welchem Zweck Exner den Eselsruf aufzeichnete, steht nicht im Protokoll. Auch das Phonogramm selbst, welches außer dem rufenden Esel nur das Rauschen des Phonographen zu hören gibt, liefert diesbezüglich keinerlei Anhaltspunkte. Man vermutet, dass die Aufnahme ebenso wie die ein Jahr zuvor von Exner phonographierten Revolverschüsse „wahrscheinlich aus rein akustischem Interesse"[22] entstanden sei. Akustische Fragen spielten für die Aufzeichnung des Eselsrufes sicherlich eine Rolle. Vermutlich versuchte man mit der Aufzeichnung von mechanischen und tierlichen Geräuschen die technischen Potenziale des Phonographen auszutesten. Dass sich die Eselsaufnahme indes auch noch anders erklären ließe, offenbart ein genauerer Blick auf deren Entstehungsbedingungen.

Für die erwähnte Vermutung, zwischen dem Stimmporträt des Kaisers und der Eselsaufnahme sei nicht viel Zeit verstrichen, spricht nicht nur deren Datierung – es handelt sich um die beiden einzigen im August 1903 für das Phonogrammarchiv aufgezeichneten Stimmen – und deren gemeinsamer Phonographist, sondern auch die geographische Nähe beider Aufnahmeorte. Exner hat den Esel in St. Gilgen, d. h. unweit der kaiserlichen Sommerresidenz in Bad Ischl aufgenommen, an einem Ort, wo Exner selbst seine Sommerfrische verbrachte. Wie den Memoiren seines Neffen, dem Biologen Karl von Frisch zu entnehmen ist, bezog Sigmund Exner („Onkel Schiga") im Jahr 1892 das Seehaus im St. Gilgener Brunnwinkl, wo er bis 1917 regelmäßig residierte.[23] Zusammen mit den auf verschiedene Häuser verteilten Familien Frisch und Exner lebten auch einige tierliche Compagnons in Brunnwinkl. Unter anderem besaß Karl von Frisch mehrere Bienenstöcke; deren je nach Entfernung und Richtung des Futterplatzes unterschiedlich „tanzenden" Bewohnerinnen er viele Jahre später die Entdeckung der „Bienensprache"

---

den Online-Katalog des Phonogrammarchivs: http://catalog.phonogrammarchiv.at. (Abruf am 17.12.2021). Als Aufnahmedatum ist lediglich der Monat August im Jahr 1903 vermerkt, ohne Angabe des Tagesdatums.
21 Archivnummer Ph 104. Phonogrammarchiv.
22 Gerda Lechleitner: Zukunftsvisionen retrospektiv betrachtet: Die Frühzeit des Phonogrammarchivs. In: *Das audiovisuelle Archiv* 45 (1999), S. 7–15, hier S. 12.
23 Karl von Frisch: *Fünf Häuser am See. Der Brunnwinkl, Werden und Wesen eines Sommersitzes*. Mit 42 Abbildungen. Berlin: Springer 1980, S. 33.

verdankte.²⁴ Und auch „der große weiße Esel ‚Hansei' ist, so erinnert sich Frisch, „aus den alten Brunnwinkler Jahren [...] nicht wegzudenken."²⁵ Er sei als ein Geschenk „überraschend am Nikolaustag 1885 im Garten unseres Wiener Hauses in der Josefstädterstraße erschienen."²⁶ Im Wiener Garten „natürlich fehl am Platze", sei er bald nach Brunnwinkl gebracht worden (Abb. 25), wo man einen Teil des Kuhstalles am nur wenige Jahre später von Exner bezogenen Seehaus für ihn herrichtete.²⁷ Frisch zufolge leistete der Esel „durch volle 20 Jahre, bis 1906, [...] treue Dienste."²⁸ Er half im landwirtschaftlichen Betrieb beim Düngen und Heuen, beförderte das Reisegepäck der an- und abreisenden Brunnwinkler und bewies sich sogar als Retter in der Not: So zog er einmal „den Wagen halbwegs auf den Schafberg und holte unsere Mutter herunter, die unterwegs einen Schwächeanfall erlitten hatte. Als er 1906 krank wurde, machte ein Gnadenschuß seinem Leben ein Ende."²⁹

Abb. 25: Der Esel Hansei in Brunnwinkl. Vor ihm von links nach rechts: Otto von Frisch, seine Frau Jenny sowie seine Brüder Karl und Ernst, etwa 1905.

---

24 Zu den in Brunnwinkl durchgeführten Experimenten mit Bienen siehe ebd., S. 123–139. Siehe auch Tania Munz: *The dancing bees. Karl von Frisch and the discovery of the honeybee language.* Chicago/London: The University of Chicago Press 2016. Neben seinen Bienenstudien stellte Frisch auch bioakustische Versuche in Brunnwinkl an. 1937 untersuchte er das Richtungshören von Elritzen im Wolfgangsee. Frisch: *Fünf Häuser am See*, S. 123–139, hier S. 120–122.
25 Ebd., S. 42. Für den Hinweis auf die Erwähnung des Esels in Frischs Memoiren möchte ich Christian Liebl vom Wiener Phonogrammarchiv sehr herzlich danken.
26 Ebd.
27 Ebd.
28 Ebd., S. 43.
29 Ebd.

Frischs Erinnerungen werfen ein neues Licht auf die 1903 entstandene Eselsaufnahme. Sie scheint nun weniger einem „rein akustische[n] Interesse" geschuldet zu sein als der Absicht, dem geschätzten Haustier Hansei ein Denkmal zu setzen. Wie bei der fast zeitgleich entstandenen Kaiseraufnahme handelt es sich um ein Stimmporträt, um das akustische Abbild einer – wenn man so möchte – „hervorragenden Persönlichkeit", derer Stimme man sich bis über den Tod hinaus erinnern wollte. Zweifellos ist die Stimme des Kaisers von historischer Bedeutung, während der Eselsruf allenfalls für die Brunnwinkler Familiengeschichte relevant sein mag. Dennoch ist die Parallelität der beiden Aufnahmen nicht zu übersehen. Verstärkt wird dieser Eindruck durch die Hervorhebung der „fast weißen" Fellfarbe des Esels, wie sie sowohl Exner auf dem Protokollblatt zur Stimmaufnahme als auch Frisch in seinen Memoiren vornehmen. Der heute vom Aussterben bedrohte weiße Esel, auch als österreichisch-ungarischer Albino- oder Barockesel bezeichnet, wurde seit dem 17. Jahrhundert zum Zwecke herrschaftlicher Repräsentation und Erbauung gezüchtet.[30] Genau wie Schimmel, deren Geschichte – man denke an die Lippizaner der Spanischen Hofreitschule in Wien – eng mit der Repräsentationsgeschichte von Monarchien verbunden ist, erfreuten sich weiße Esel großer Beliebtheit am Hof. Diese repräsentationsgeschichtliche Verwandtschaft zwischen Krone und weißem Esel zeigt sich nicht zuletzt an deren gemeinsamem Niedergang: Mit dem Zerfall der österreichisch-ungarischen Monarchie im Jahr 1918 sollte auch die seltene Rasse der weißen Esel zunehmend in Vergessenheit geraten.[31]

Abgesehen vom familiären und vielleicht auch politisch-symbolischen Wert der Aufnahme mag das Stimmporträt eines Esels noch aus anderen Gründen reizvoll gewesen sein. Zum einen dokumentiert sich in ihm die Neutralität des phonographischen Aufnahmemediums gegenüber dem Aufgenommenen in gleichsam reinster Form. Wie gezeigt wurde, bildet die vermeintliche Hässlichkeit der Eselsstimme einen weit verbreiteten Topos in der Wissensgeschichte der Stimme. Erinnert sei hier an die vergleichenden Stimmphysiologen Hérissant, Haller, Vicq d'Azyr und Cuvier, die den Eselsruf im 18. Jahrhundert einstimmig als „fürchterlich"[32] und „höchst unangenehm"[33] beschrieben hatten, als ein „bis zum Ekel lautes"[34] Ge-

---

30 Günter Jaritz / Fritz D. Altmann (Hrsg.): *Rote Listen gefährdeter Tiere Österreichs: Alte Haustierrassen. Schweine, Rinder, Schafe, Ziegen, Pferde, Esel, Hunde, Geflügel, Fische, Bienen.* Wien: Böhlau 2010, S. 98. Siehe auch Martin Haller: *Seltene Haus- & Nutztierrassen.* 2. Aufl. Graz: Stocker 2005, S. 47–48.
31 Jaritz / Altmann: *Rote Listen gefährdeter Tiere Österreichs: Alte Haustierrassen*, S. 98.
32 Cuvier: *Vorlesungen über vergleichende Anatomie*, hier S. 367.
33 Vgl. Hérissant: *Recherches sur les organes de la voix des quadrupèdes, et de celle des oiseaux*, S. 285.
34 Haller: *Anfangsgründe der Physiologie des menschlichen Körpers*, hier S. 709.

räusch, das „nicht gerade Musik in unseren Ohren sei"[35] (siehe Kapitel 2). Angesichts ihrer dissonanten, scheinbar a-signifikanten Klangstruktur wird die Eselsstimme als das Andere der menschlichen Stimme schlechthin konturiert.[36] Genau deshalb scheint sie jedoch prädestiniert dafür, die vorurteilsfreie, weil indexikalische Aufnahmebereitschaft des Phonographen zu demonstrieren. An welcher anderen als der „fürchterlichen" Eselstimme ließe sich besser nachweisen, dass der Phonograph – wie Kittler schreibt – „eben nicht wie Ohren [hört], die darauf dressiert sind, aus Geräuschen immer gleich Stimmen, Wörter, Töne herauszufiltern"[37], sondern „akustische Ereignisse als solche"[38] aufzeichnet. Die Eselaufnahme steht aber nicht nur für die Neutralität des Phonographen ein, sie birgt darüber hinaus ein Authentizitätsversprechen. So lässt sich die film-, theater- und kunstgeschichtliche Rolle des Esels als vermeintlich authentisches, da nur bedingt dressierbares Modell[39] um eine phonographiegeschichtliche Dimension erweitern: Der von Natur aus wenig steuerbare Eselsruf bürgt letztlich für die ‚Unverstellheit' der phonographierten Stimme.

Schließlich kann die Eselaufnahme in Verbindung mit den insgesamt sechs Aufnahmen von volkstümlichen Liedern mit Jodlern gesehen werden, die im Sommer 1902 und im Herbst 1903, d. h. jeweils ein Jahr vor und einen Monat nach der Kaiser- und Eselaufnahme, unter der Ägide Exners in St. Gilgen entstan-

---

35 Vgl. Hérissant: Recherches sur les organes de la voix des quadrupèdes, et de celle des oiseaux.
36 Sehr deutlich wird diese Gegenüberstellung bei François-David Hérissant: „On ne s'imagineroit pas que la Nature se fût mise, pour ainsi dire, en plus grands frais pour faire hennir un cheval, pour faire braire un âne & un mulet, pour faire grogner un cochon, que pour rendre la voix humaine capable de nous faire entendre les sons les plus agréables." Ebd., hier S. 282. „Man mag sich kaum vorstellen, dass die Natur gewissermaßen einen größeren Aufwand betrieben hat, das Pferd wiehern, den Esel und das Maultier iahen und das Schwein grunzen zu lassen, als eine menschliche Stimme zu erschaffen, die uns die angenehmsten Töne überhaupt zu hören gibt."
37 Kittler: *Grammophon, Film, Typewriter*, S. 39.
38 Ebd., S. 39–40.
39 Siehe dazu Macho: Der Eselsschrei in der A-Dur-Sonate, der die Schwierigkeiten beleuchtet, die der Esel in Robert Bressons Films *Au hasard Balthazar* (1966) dem Regisseur bereitete, insofern er nicht auf dessen Anweisungen hören wollte. Gerade jene „kommunikative Unerreichbarkeit", so Macho, machte den Esel in den Augen Bressons jedoch zugleich zu einem „ideale[n] Modell" – ein Modell, das nicht etwa spielt, sondern möglichst unverstellt bleibt. Ebd., hier S. 130–131. Daran schließt auch das von Maximilian Haas und David Krebs konzipierte Theaterprojekt „Balthazar" an, in welchem ein lebendiger, nicht trainierter Esel die Hauptrolle spielt. Siehe dazu die Dissertationsschrift von Maximilian Haas, der anhand des Projekts eine „Ökologie der Performance" entwickelt. Maximilian Haas: *Tiere auf der Bühne*. Berlin: Kadmos 2019. Zur Rolle des Esels als unverstellter Zeuge in der Kunstgeschichte siehe Jasmin Mersmann: Astronom, Märtyrer und Esel. Zeugen des Unsichtbaren um 1600. In: Sibylle Schmidt (Hrsg.): *Politik der Zeugenschaft. Zur Kritik einer Wissenspraxis*. Bielefeld: transcript 2014, S. 183–204.

den sind. Der Eselsruf wäre dann Teil eines akustischen Stimmungsbildes des „schäine[n] Ålmalebm[s]", so der Titel eines der besagten Lieder,[40] die Vervollständigung einer heimatlichen Klanglandschaft, zu der eben auch die dort lebenden Tiere gehörten. Dass Exner sich neben der volkstümlichen Gesangskultur auch für die Tierwelt in Brunnwinkl und Umgebung interessierte, ist wiederum durch Frisch verbürgt. Um „einen Überblick über die gesamte Lebenswelt unserer Umgebung zu gewinnen"[41], versammelte Frisch ab 1903 die Präparate von Bienen, Käfern, Schmetterlingen, aber auch Schlangen, Vögeln, Fischen und Säugetieren in den Räumen des Eselstalls. Auf diese Weise „entstand als reine Lokalsammlung das Brunnwinkler ‚Museum'"[42], welches auch Exner ab und an besuchte (Abb. 26).

Abb. 26: Das Museum war 1904–1924 im „Eselstall" untergebracht. Hier: Karl von Frisch (links) mit seinem Onkel Sigmund Exner (rechts).

Plante Exner, dieses kleine, aus Tierpräparaten zusammengestellte Heimatmuseum Frischs um eine akustische Dimension zu ergänzen? Sollten der Eselsaufnahme andere ‚Tonpräparate' von in Brunnwinkl heimischen Tieren folgen? Über diese Fragen lässt sich rückblickend nur spekulieren. Fest steht jedoch, dass ein solches Projekt der Sammlungsstrategie des Wiener Phonogrammar-

---

40 Archivnummer Ph 187. Phonogrammarchiv. Publiziert auf CD in Schüller: *Tondokumente aus dem Phonogrammarchiv der Österreichischen Akademie der Wissenschaften* und online abrufbar über den Online-Katalog des Phonogrammarchivs: http://catalog.phonogrammarchiv.at. (Abruf am 17.12.2021).
41 Frisch: *Fünf Häuser am See*, S. 61.
42 Ebd., S. 62.

chivs durchaus entsprochen hätte. Wie Kathrin Dreckmann herausgestellt hat, besaß dieses einen stark regionalen Fokus. Im Unterschied zum Berliner Phonogrammarchiv – und dasselbe gilt letztlich auch für das Berliner Lautarchiv – interessierten sich die Wiener

> für die Konservierung der eigenen kulturellen Ausdrucksformen, indem sie nämlich die innerhalb ihrer Staatsgrenzen vorhandenen regionalen und dörflichen Musik- und Sprachformen phonographierten. Für das Wiener Archiv ist also im Gegensatz zu der zentrifugalen Aufnahmeaktivität in Berlin ein eher zentripetal ausgerichtetes Sammlungsinteresse charakteristisch.[43]

Diese unterschiedliche Ausrichtung des Sammlungsinteresses spiegelt sich auch in den jeweiligen Tierstimmenaufnahmen wider. Während in Berlin 1925 und 1927 die Stimmen ‚exotischer' Tierarten phonographiert und in einen kolonial-, zum Teil auch rassenideologischen Zusammenhang gestellt wurden (siehe Kapitel 5), sind die wenigen frühen Tierstimmenaufnahmen im Wiener Phonogrammarchiv ausschließlich heimischen Tieren abgewonnen. So wurden nach der 1903 entstandenen Eselaufnahme im Jahr 1904 die Stridulationslaute von Grillen, auch bekannt als Heimchen, und 1912 die Stimmen von Hunden und Katzen aufgezeichnet.[44]

Beide Aufnahmen hatte Alois Kreidl zu verantworten, der als Universitätsprofessor in Wien vor allem zur Physiologie des Gehörsinns forschte. Die Aufnahme der „Schmerzensschreie eines Hundes und einer Katze" wurde, so hat es Kreidl auf dem zugehörigen Protokollbogen vermerkt, „zum Kurvenstudium am Schreibapparate gemacht."[45] Anders als bei der Eselsaufnahme waren hier also dezidiert methodisch-experimentelle Interessen im Spiele. Wenngleich sich zu dieser Aufnahme keine weiteren Dokumente erhalten haben, legt der Vermerk im Protokollbogen nahe, dass mit ihr die *Methode zur Aufzeichnung phonographischer Wellen* erprobt werden sollte, wie sie ein paar Jahre zuvor von Hauser entwickelt und 1908 posthum publiziert wurde.[46] Hierbei handelte es sich um ein technisches Verfahren, die wäh-

---

43 Dreckmann: Verba volant, scripta manent, S. 17.
44 Nach diesen Aufnahmen wurde der Zoologie-Bestand des Wiener Phonogrammarchivs erst 1955, d. h. ein halbes Jahrhundert später mit den von Charles D. Matthews in Saudi-Arabien aufgenommenen Geräuschen von Vögeln, Hunden, Affen und Hähnen erweitert (Archivnummer B 4535. Phonogrammarchiv). Bis heute wurden insgesamt rund 250 Aufnahmen von Tierlauten für das Phonogrammarchiv erstellt. Siehe http://catalog.phonogrammarchiv.at (Abruf am 17.12.2021).
45 Archivnummer Ph 1631. Phonogrammarchiv. Diese Aufnahmen wurden erst im August 2017 auf Anfrage digitalisiert und sind (noch) nicht über den Online-Katalog des Phonogrammarchivs abrufbar.
46 Fritz Hauser: *Eine Methode zur Aufzeichnung phonographischer Wellen. XIV. Bericht der Phonogramm-Archivs-Kommission der kaiserl. Akademie der Wissenschaften in Wien.* Wien: Kaiserlich-Königliche Hof- und Staatsdruckerei 1908.

rend einer Tonaufnahme auf der phonographischen Wachsplatte entstandenen, mit bloßem Auge jedoch kaum erkennbaren Rillen durch Vergrößerung zu visualisieren: Ein an die Phonographennadel angeschlossener Fühlhebel nahm deren Abspiel-Bewegungen auf und übersetzte sie auf einer Kymographentrommel in nunmehr sichtbare, da tausendfach vergrößerte Kurven. Dieser sogenannte „Schreibapparat" wurde in den Folgejahren technisch weiterentwickelt und von den Wissenschaftlern des Phonogrammarchivs als eine Möglichkeit befunden, nicht nur das Aufgezeichnete präziser zu analysieren, sondern auch umgekehrt „die Mängel, die dem Phonographen noch anhaften, zu studieren und zu verbessern."[47] Da eine mangelhafte phonographische Wiedergabe vor allem beim Studium von „Tönen verschiedener Klangfarben"[48] ins Gewicht falle, „mehr noch als beim Studium sprachlicher Aufzeichnungen"[49], wie es im 1911 veröffentlichten Archivbericht *Zur Darstellung phonographisch aufgenommener Wellen* heißt, schien es naheliegend, Tierlaute, genauer: die „Schmerzensschreie von Hunden und Katzen" aufzuzeichnen und mit den am Schreibapparate entstandenen Kurven zu vergleichen. In ihrer Bandbreite an Klangfarben, deren auditive Wahrnehmung zudem durch keinerlei sprachliche Filter „gestört" wird, boten Tierlaute das ideale Material, um die Wiedergabekapazitäten des Phonographen visuell-akustisch zu erproben und eventuelle Fehlerquellen in der Wiedergabe auszuloten. In der Terminologie Rheinbergers fungierten die Laute von Hunden und Katzen hier als technische und nicht etwa als epistemische Dinge, als Bestandteil der Experimentalbedingungen, die dazu dienten, die infragestehende phonographische Wiedergabe zu erfassen.[50] Dabei ist die spezifische Schmerzfärbung der Laute wohl weniger Interessensgegenstand als notwendiges Übel der Aufnahme. Wie schon Garner beklagte, lassen Tiere ihre Stimme nicht auf Knopfdruck erklingen, sondern müssen zur Stimmgebung animiert werden – eine Herausforderung, die in diesem Fall durch die Zufügung von Schmerzen bewältigt wurde. Aufschlussreicher noch als das Stimmporträt des Esels und die Aufzeichnungen von Hunden und Katzen sind für den vorliegenden Zusammenhang die Aufnahmen von Insekten, die bereits einige Jahre zuvor, im Sommer 1904 entstanden.

---

47 Hans Benndorf / Rudolf Pöch: *Zur Darstellung phonographisch aufgenommener Wellen. XXIV. Mitteilung der Phonogramm-Archivs-Kommission der kaiserl. Akademie der Wissenschaften in Wien*. Wien: Kaiserlich-Königliche Hof- und Staatsdruckerei 1911, S. 4.
48 Ebd.
49 Ebd.
50 Vgl. Rheinberger: *Experimentalsysteme und epistemische Dinge*, S. 24–30.

6.2 Physiologische Untersuchungen über Tierstimmen (1905)

Lange bevor Karl von Frisch sich in Brunnwinkl mit der Sprache der Bienen beschäftigte, geriet die Lautgebung von Grillen in den Fokus der Phonogrammarchiv-Kommission. Deren vierter Bericht, vorgelegt in der Sitzung am 19. Januar 1905, widmet sich unter dem Titel *Physiologische Untersuchungen über Tierstimmen* der Stridulation von *Gryllus campestris*, auch bekannt als gemeine Feldgrille.[51] Als Verfasser zeichnet neben Kreidl der Biologe Johann Regen verantwortlich, ehemaliger Schüler von Exner und seit mehreren Jahren Gymnasiallehrer in Wien. Unter dem Einfluss von Exner, der neben seiner Arbeit am Phonogrammarchiv vergleichende Forschungen zur Wahrnehmungsphysiologie betrieb, unter anderem zur Physiologie des Gehörs, widmete sich Regen schon seit 1896 der Stridulation von Grillen und wurde 1897 zu diesem Thema promoviert.[52]

In den *Physiologischen Untersuchungen* berichten Kreidl und Regen über mehrere im Mai bis Juli 1904 unternommene Experimente an Feldgrillen, die „durch ihre schrillen Laute", wie es einleitend heißt,

> seit jeher die Aufmerksamkeit zahlreicher Naturforscher auf sich gelenkt [haben]. Die Stärke und Reinheit des erzeugten Tones gab Veranlassung zu verschiedenen Ansichten über die Art und Weise, wie das verhältnismäßig kleine Tier solche Lautäußerungen hervorzubringen imstande ist.[53]

Zwar sei man sich einig darüber gewesen, an welcher Körperstelle des Insektes sich dessen Lautapparat befinde. Schon Mitte des 18. Jahrhunderts, als auch die Stimmapparate von Säugetieren und Vögeln von der vergleichenden Stimmphysiologie intensiv beforscht wurden (siehe Kapitel 2), wurde experimentell – nämlich durch Anwendung des Negativbeweises – nachgewiesen, dass Grillen zirpten, indem sie ihre Flügeldecken aneinander rieben.[54] Diese These wurde

---

51 Alois Kreidl / Johann Regen: *Physiologische Untersuchungen über Tierstimmen (1. Mitteilung) Stridulation von Gryllus campestris*. IV. Bericht der Phonogramm-Archiv-Kommission der kais. Akademie der Wissenschaften in Wien. Wien: Akad. d. Wiss. 1905.
52 Mirko Drazen Grmek: Aperçu biographique sur Regen, pionnier de la bioacoustique des insectes. In: *Archives Internationales d'Histoire des Sciences* 18,72–73 (1965), S. 191–206, hier S. 192–193.
53 Kreidl / Regen: *Physiologische Untersuchungen über Tierstimmen (1. Mitteilung) Stridulation von Gryllus campestris*, S. 1.
54 Ebd. Kreidl und Regen beziehen sich hier auf den Naturforscher und Maler August Johann Rösel von Rosenhof, der ab 1740 die *Insecten-Belustigung* herausbrachte. Im 1749 veröffentlichten zweiten Band berichtet Rösel von Versuchen zum Gesang der Feldgrillen. Um zu beweisen, dass deren Zirpen nicht „durch den Mund, oder durch das Zusammen-Reiben derer Füße", sondern durch das Aneinanderreiben derer Flügel hervorgebracht werde, verletzte und entfernte er Letztere versuchsweise, woraufhin das Zirpgeräusch abnahm oder aber gänzlich erstarb. August

Mitte des 19. Jahrhunderts durch mikroskopische Untersuchungen der Flügel bestätigt.[55] Unklar hingegen blieb Kreidl und Regen zufolge, welche Teile der Flügeldecken für die Lautgebung von besonderer Bedeutung sind, wie diese genau funktioniert und „innerhalb welcher Grenzen [...] sich die Schwingungszahl der Stridulationstöne von *Gryllus campestris* [bewegt]"[56].

Um zu einer Antwort in diesen Fragen zu kommen, bedienten sich Kreidl und Regen höchst innovativer Methoden. Das mussten sie auch, denn – so argumentieren die Verfasser – insbesondere der Frage der Schwingungszahl, d. h. der Höhe der Stridulationstöne, sei mit altbewährten Mitteln nicht beizukommen. So ließen sich die mitunter sehr hohen und vor allem flüchtigen Töne der Grille mit bloßem Ohr nicht unterscheiden, geschweige denn bestimmen. Und auch das in solchen Fällen angewandte Hilfsmittel der durch Schwingungen geformten Kundt'schen Staubfiguren, welche eine relativ exakte Bestimmung auch hoher, nur kurz erklingender Töne erlaubten, sei für die Bestimmung der Zirplaute nicht optimal.[57] Denn zum einen setze diese Methode voraus, dass der Experimentator den von ihm zu bestimmenden Ton selbst beliebig hervorbringen und hinsichtlich seiner Intensität variieren könne – er müsste also das Zirpen beherrschen, eine „selbstverständlich"[58] schwer erfüllbare Bedingung. Zum anderen entstünden die Kundt'schen Staubfiguren nur, wenn die Quelle der zu bestimmenden Töne sich „direkt und mitten"[59] vor dem staubenthaltenden Rohr befände. „Da jedoch eine solche Manipulation mit einem Tier wie *Gryllus campestris* aus begreiflichen Gründen schwer durchführbar ist", erläutern die Verfasser, „mußten

---

Johann Rösel von Rosenhof: *Die monatlich herausgegebene Insecten-Belustigung. Bd. 2, welcher acht Classen verschiedener sowohl inländischer, als auch einiger ausländischer Insecte enthält, alle nach ihrem Ursprung, Verwandlung und andern wunderbaren Eigenschafften, gröstentheils aus eigener Erfahrung beschrieben, und in sauber illuminirten Kupfern, nach dem Leben abgebildet.* Nuernberg: Roesel 1749, S. 53–54. Auf Regens eigene Versuche in diese Richtung wird noch zurückzukommen sein.
55 Kreidl / Regen: *Physiologische Untersuchungen über Tierstimmen (1. Mitteilung) Stridulation von Gryllus campestris*, S. 2.
56 Ebd., S. 1.
57 Ebd., S. 5–6. Die Kundt'schen Staubfiguren gehen auf den Physiker August Kundt zurück, der sie 1866 als Verfahren zur Visualisierung stehender Schallwellen beschrieb: August Kundt: Über eine neue Art akustischer Staubfiguren und über die Anwendung derselben zur Bestimmung der Schallgeschwindigkeit in festen Körpern und Gasen. In: *Annalen der Physik und Chemie* 203,4 (1866), S. 497–523. Dazu werden die Schallwellen in ein mit Korkmehl ausgelegtes Glasrohr geleitet. Durch die Wellen gerät das Mehl in Bewegung und bildet an deren Knotenpunkten kleine Häufchen, die Aufschluss über die Schwingungszahl geben.
58 Kreidl / Regen: *Physiologische Untersuchungen über Tierstimmen (1. Mitteilung) Stridulation von Gryllus campestris*, S. 6.
59 Ebd.

wir zur exakten Bestimmung des Stridulationstones der Feldgrille einen anderen Weg einschlagen."⁶⁰

Diesen Weg sahen Kreidl und Regen in neuen akustischen Medientechniken wie dem Phonographen. Mithilfe des von Exners Assistenten Hauser konstruierten Archivphonographen nahmen sie den Zirplaut der Feldgrille auf, um dann „aus genau zu messenden Bestimmungsstücken die Schwingungszahl desselben zu berechnen, ein Versuch, welcher unseres Wissens bis jetzt noch nicht gemacht worden ist"⁶¹, wie die beiden Wissenschaftler betonen. Für die Aufnahme war die Grille zunächst in ein flaches, offenes Glasgefäß in den Phonographentrichter zu setzen und hiernach zum Zirpen zu bringen – eine angesichts der bereits erwähnten unkontrollierbaren Lautgebung des Versuchstiers nicht ganz einfache Aufgabe: „Gar manches Tier, das noch kurz vorher sehr vernehmlich seine Schrilllaute hatte ertönen lassen," klagen Kreidl und Regen, „stellte seinen Gesang ein, sobald es in den Schalltrichter gebracht wurde"⁶², ein Umstand, der die Geduld der Experimentatoren „nicht selten auf eine harte Probe"⁶³ stellte. Abhilfe schaffte schließlich ein „Kunstgriff"⁶⁴, den schon Garner anwandte, um Tiere zur Stimmgebung zu animieren. Kreidl und Regen gesellten einen Artgenossen zum Versuchstier, das nun augenblicklich zu zirpen anfing. Nach einer geglückten Aufnahme nahmen die Physiologen die Wachsplatte ab, grafitierten die mit bloßem Auge nicht erkennbaren eingeritzten Wellenlinien, damit sie sich später besser identifizieren und zählen ließen und versetzten die Platte zu Überprüfungszwecken erneut in Rotation, woraufhin sie „deutlich die Stridulationslaute wahrnehmen [konnten]. Die phonographische Aufnahme des Tones der Feldgrille war somit erfolgt und unser Versuch gelungen."⁶⁵ Laut Abhandlung stellten Kreidl und Regen auf diese Weise insgesamt 21 Wachsplatten her, die im Unterschied zu den Aufnahmen von Esel, Katze und Hund jedoch sämtlich verschollen sind.⁶⁶

---

60 Ebd.
61 Ebd.
62 Ebd., S. 7.
63 Ebd.
64 Ebd.
65 Ebd.
66 Vermutlich sind die von Kreidl und Regen erstellten Aufnahmen von Feldgrillen nie archiviert worden. Wie der Direktor des Wiener Phonogrammarchivs Helmut Kowar mir mitteilte, sind sie weder im Katalog des Archivs verzeichnet, noch anderweitig dokumentiert. Auch im Nachlass von Regen, der im Archiv der Österreichischen Akademie der Wissenschaften in Wien aufbewahrt wird, finden sich keinerlei Phonogramme.

Um schließlich die Tonhöhe des phonographierten Zirpens zu bestimmen, wurden die Wachsplatten mikroskopisch untersucht. In dreißigfacher Vergrößerung zeigten sich in den einzelnen Rillen der grafitierten Platten „zarte, schwarze Querstreifen"[67] oder „Schrillstreifen"[68] – feine, aber gut erkennbare Abdrücke der von den Grillen produzierten Schallwellen, die Kreidl und Regen mittels einer Camera Lucida festhielten (Abb. 27). Aus der Anzahl jener Schrillstreifen konnten sie nun die Höhe der Töne berechnen und kamen zu dem Ergebnis, dass der Zirplaut, den *Gryllus campestris* hervorbringt, zwar von Tier zu Tier und von Ton zu Ton variiere, durchschnittlich aber aus etwa 4190 Schwingungen bestehe und „etwas höher liegt als c^5."[69] Hierbei handelte es sich um ein stark von den Messungen anderer Forscher abweichendes Ergebnis, das durch Kontrollversuche jedoch bestätigt werden konnte.[70]

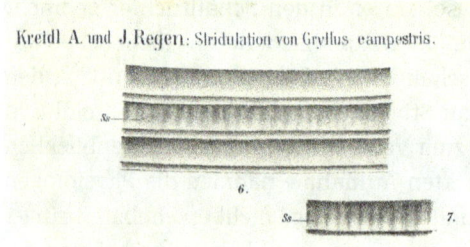

Abb. 27: Mittels Camera Lucida entworfene Abbildung der Schrillstreifen (Ss) auf einer mit Zirplauten bespielten Wachsplatte. Abgedruckt in Kreidls und Regens *Physiologische Untersuchungen über Tierstimmen* (1905).

Wie Kreidl und Regen selbst erklären, stellte dieser experimentelle Einsatz des Phonographen ein Novum in der physiologischen Forschung dar. In Kombination mit der Camera Lucida, einer seit Anfang des 19. Jahrhunderts verwendeten

---

67 Ebd.
68 Ebd.
69 Ebd., S. 11.
70 Für die Kontrollversuche wurde zunächst eine Galtonpfeife „während das Tier seine schrillen Laute erschallen ließ, so lange abgestimmt, bis sie dem Ohr mit dem Schrillton der Feldgrille gleichtönend erschien." Mittels der Eichungstabelle der Galtonpfeife ließ sich der Ton auf c^5 bemessen. Um noch sicherer zu gehen, nahmen Kreidl und Regen den Ton der Galtonpfeife phonographisch auf und verglichen die in die Wachsplatte eingravierten Spuren mit denjenigen des Grillenzirpens. Sie waren „bei der mikroskopischen Untersuchung des Phonogramms [...] kaum zu unterscheiden und mit Hilfe der durch Messung gewonnenen Daten wurden Schwingungszahlen berechnet, die von den in der Eichungstabelle angegebenen nur um ein Geringes abwichen. Ebd., S. 13–14.

Technik zur möglichst naturgetreuen Abbildung mikroskopischer Beobachtungen, ermöglichte die phonographische Aufzeichnung von Zirplauten den Forschern den Vorstoß in eine Welt jenseits der auditiven und visuellen Wahrnehmungsgrenzen des Menschen. Ein Vorstoß, der durchaus Parallelen zu Garners wenige Jahre zuvor durchgeführten Experimenten mit Affen aufweist, ging es doch auch hier um die Erfassung zartester, mit bloßem Ohr nicht wahrnehmbarer Lauteinheiten. Während Garner auf die phonographische Zeitachsenmanipulation setzte, um die unterschwelligen Schalläußerungen von Affen zu erfassen (siehe Kapitel 5), bedienen sich Kreidl und Regen eines akustisch-visuellen Detektionsverfahrens. Was sie in den mikroskopierten Wachsplatten suchen und finden, sind Spuren tierlicher Schalläußerungen, die menschlichen Ohren und Augen bislang verborgen geblieben waren. Über die mikrofotografische Vergrößerung lauterzeugender Organe hinaus, wie sie bereits von anderen Entomologen vorgenommen wurden, gelangten die Insektenlaute durch dieses Aufzeichnungssystem erstmals selbst zur Sichtbarkeit – und dies auf eine Weise, die dem zeitgenössischen Ideal „mechanischer Objektivität" entsprach.[71]

Die im Folgenden genauer in den Blick zu nehmenden phonographischen Experimente mit Grillen, wie sie 1905 im Umfeld des Wiener Phonogrammarchivs begonnen und in den Folgejahren intensiv von Regen fortgeführt und erweitert wurden, markieren – neben Garners Affenphonographie (siehe Kapitel 5) – den Beginn eines neuen Forschungszweiges. Die Bioakustik als eigenständige Disziplin zur Untersuchung tierlicher Lautkommunikation sollte sich zwar erst in den 1950er Jahren institutionalisieren.[72] Regens medienexperimentelle Exploration der Funktionsweise, Wirkung und Bedeutung von Zirplauten stellte jedoch in vielerlei Hinsicht deren methodische Weichen – sowohl, was die Experimentalanordnungen, Fragen und medientechnischen Strategien betrifft, mit denen man sich der tierlichen Akustik näherte, als auch was die Herausforderungen und Ungewissheiten angeht, vor die sich solche Annäherungen gestellt sahen und immer noch sehen.

Die Experimente mit Grillen um 1900 erzählen nicht nur vom Einfluss der Medien auf die Herausbildung bioakustischer Forschungsansätze; sie zeigen auch, welche Rückkopplungseffekte die Erkundung von Tierlauten umgekehrt auf die Medientechnikgeschichte hatte. Und sie machen die Vorgeschichte der Bioakustik als eine höchst tentative Geschichte erfahrbar, die mit zahlreichen

---

71 Zur mechanischen Objektivität als disziplinenübergreifendes „Leitideal wissenschaftlicher Darstellung" im ausgehenden 19. Jahrhundert siehe Daston / Galison: *Objektivität*, S. 121–200, hier S. 132.
72 Erst 1956 wurde anlässlich einer Konferenz an der Pennsylvania State University ein *International Committee on Biological Acoustics* gegründet. Siehe dazu Tembrock: *Tierstimmen*, S. 5.

Unsicherheiten, Kontingenzen und exzentrischen Einfällen behaftet und von kulturellen Einschreibungen und Imaginationen geprägt war; zu deren Protagonisten gehörten neben Affen und Vögeln nicht zufällig auch Grillen. In den Erkundungen der Zirplaute jenes winzigen Insektes, welches Regen einmal als einen „guten Musikus" bezeichnen wird, verbinden sich naturwissenschaftliche Interessen mit der Faszination für einen mythengeschichtlich hoch besetzten Gesang, treffen medientechnische Innovationen der Jahrhundertwende auf die evolutionsgeschichtlich älteste Form tierlicher Akustik, begegnen sich zeitgenössischer Lärmdiskurs und die Lust am Kleinen und Überhörten.

6.3 Mit Grillenstudien gegen den Lärm der Zeit (Theodor Lessing, Hugo von Hofmannsthal, Rainer M. Rilke, Camille Flammarion, Jean-Henri Fabre)

Als Ludwig Tieck 1834 ein „Hörmikros"[73] imaginierte, mit dem es möglich sein sollte, die unterschwelligen Laute von Insekten wie „das Geflüster der Heimchen"[74] zu belauschen und genauestens zu „observieren"[75] (siehe Kapitel 3), konnte er nicht ahnen, dass seine romantische Experimentalanordnung um 1900 wirklich werden sollte. Und doch nimmt Tieck bereits zentrale Deutungsmuster vorweg, die im Zusammenhang des (mikro-)phonographischen Studiums von Grillen entwickelt wurden. Mithilfe des Hörmikros, heißt es bei Tieck, könnte man „die Naturlaute in stiller Einsamkeit vernehmen und unterscheiden, für welche unser Ohr nicht zart genug gebaut worden sei oder die durch das stärkere Geräusch der Bäume oder der Vögel und andere dazwischenbrausende Stimmen überschrien würden."[76] Auf diese Weise gelänge es vielleicht, „zu erfahren, was Fliegen und Mücken sich erzählen oder ob die Geister in den Blumen niesen – ‚Oder wie die Sphären singen', [...] ‚denn durch die Verfeinerung des Organs kann oft erst das Gewaltige und ganz Große zu uns dringen.'"[77] Das still und einsam vernommene Grillengeflüster verspricht hier eine Offenbarung, die im Lärm der Umgebungsgeräusche untergehen muss.

Auch im frühen zwanzigsten Jahrhundert steht das Belauschen des Grillenzirpens im Zeichen der Abwendung vom Lärm zugunsten einer auditiven

---

[73] Tieck: Die Vogelscheuche, S. 120.
[74] Ebd., S. 114.
[75] Ebd.
[76] Ebd., S. 115.
[77] Ebd., S. 15.

Sensibilisierung für die verborgenen, aber umso numinoseren Welten der Natur. Nur wird der Lärm nun weniger den Geräuschen von ‚Bäumen, Vögeln und anderen dazwischenbrausenden Stimmen' zugeschrieben als vielmehr den Folgen der Industrialisierung und Urbanisierung, darunter ironischerweise den Geräuschen genau jener Hörtechnologien, von denen Tieck sich ein Vordringen in die Stille erhofft hatte. Bevor sie als Lauschapparate zur Erschließung unerhörter Klangwelten entdeckt wurden, gehörten Grammophon, Phonograph und Telefon unzweifelhaft zum Arsenal der lärmsteigernden Apparaturen und Maschinen, die neben Straßenbahnen und Fabriken als Ruhestörer und Auslöser von Hektik, Stress und Nervosität problematisiert wurden (siehe Kapitel 4). Im Zuge dieser Problematisierung geriet das Zirpen der Grillen zum Sinnbild für die schützenswerte Klanglandschaft der Natur. In seiner 1908 veröffentlichten *Kampfschrift gegen die Geräusche unseres Lebens* klagt der Antilärm-Aktivist Theodor Lessing:

> Wo vor einigen Jahren noch der schlafende Pan dich schützte, die Luft vor Schweigen und Stille zu zittern schien und nichts zu erlauschen war als Grille und Biene [...], da stellt heute der Berliner Hotelier für ein internationales Publikum den neuesten Phonographen auf, damit für zehn Heller jedes Kind aus Frankfurt oder Liverpool den „Einzug in die Wartburg" höre. Man kann nächstens auf der Jungfrau belauschen, wie „Herr Caruso in New York" den „Hymnus an die Einsamkeit" in den Phonographen singt.[78]

Dass hier ausgerechnet Insektenlaute als Gegengeräusch einer lärmenden Moderne aufgerufen werden, mag zunächst erstaunen. Gerade die Stridulationslaute von Heuschrecken und Grillen sind mehr als alle anderen Laute in der Natur für ihre scheinbar anorganische, gleichförmige Klangstruktur bekannt, Eigenschaften, die sie – wie auch der Klanganthropologe Murray Schafer schreibt – eher in die Nähe der maschinellen Soundscape moderner Industriegesellschaften rücken statt auf deren Gegenseite.[79] Das in seiner rhythmischen Monotonie mechanisch klingende Geräusch, wie es die Insekten produzieren, kommt „in der Natur nur selten vor. Erst wenn mit der Industriellen Revolution die Maschine in den Alltag dringt, begegnen wir diesem auditiven Phänomen wieder."[80]

Vielleicht ist es aber genau jene klangliche Verwandtschaft mit dem zeitgleich ratternden, monotonen Maschinengeräusch, durch die Insektenlaute und insbesondere das Zirpen der Grillen um 1900 an Aufmerksamkeit gewinnen. In

---

78 Lessing: Der Lärm, S. 16.
79 Raymond Murray Schafer: *Die Ordnung der Klänge. Eine Kulturgeschichte des Hörens*. Neu übers., durchges. u. erg. dt. Ausg. Mainz [u. a.]: Schott 2010, S. 82.
80 Ebd. Ähnliches bemerkt auch Ulrich Holbein: *Der belauschte Lärm*. Frankfurt am Main: Suhrkamp 1991, S. 88.

ihnen verkörpert sich das Andere des Maschinenlärms; handelt es sich doch um eine ähnlich mechanische Monotonie, die jedoch nicht die moderne technologische Entfremdung von der Natur markiert, sondern ganz im Gegenteil deren Konstanz und Numinosität. In den literarischen Bearbeitungen des Grillengesangs um 1900 wird dies sehr deutlich. Etwa bei Hugo von Hofmannsthal, der sich in seinem 1902 veröffentlichten fiktiven Brief des Lord Chandos an Francis Bacon an einer Poetologie des Wortlosen und Unscheinbaren versucht und dabei wie Tieck „das Gewaltige und Große"[81] im scheinbar Nichtigen vermutet. Als Beispiele für solche „Nichtigkeiten"[82] führt der Erzähler einen Schwimmkäfer an, der auf dem Wasser einer vergessenen Gießkanne rudert und dessen Anblick ihn „mit einer solchen Gegenwart des Unendlichen durchschauert", dass ihm die Worte fehlen, sie zu beschreiben.[83] Auch die Laute einer sterbenden Grille werden herangezogen, um die wortsprengende Größe des scheinbar Unwesentlichen zu veranschaulichen. „[M]ein unbenanntes seliges Gefühl", schreibt Hofmannsthal,

> wird eher aus einem fernen einsamen Hirtenfeuer mir hervorbrechen als aus dem Anblick des gestirnten Himmels; eher aus dem Zirpen einer letzten, dem Tode nahen Grille, wenn schon der Herbstwind winterliche Wolken über die öden Felder hintreibt, als aus dem majestätischen Dröhnen der Orgel.[84]

Wenige Jahre nach dem Erscheinen des Briefes tritt Hofmannsthal dem 1908 von Lessing gegründeten Anti-Lärmverein bei.[85] Seine Abkehr von großen Worten und Tönen hin zu einem reduzierten Lauschen auf Stimmen und Geräusche unterhalb gewohnter Aufmerksamkeitsschwellen ließe sich bis zu den 1898 entstandenen *Wiener Phonogrammen* zurückverfolgen, in denen Hofmannsthal – gleichsam sprachlich-phonographisch – das Stimmengewirr aufzeichnet, wel-

---

81 Tieck: Die Vogelscheuche, S. 15.
82 Hugo von Hofmannsthal: Ein Brief. In: Ders.: *Sämtliche Werke*. Kritische Ausgabe. Hrsg. v. Rudolf Hirsch, Christoph Perels und Heinz Rölleke u. a. 40 Bde., Bd. 31: Erfundene Gespräche und Briefe. Frankfurt am Main: Fischer 1991, S. 45–55, hier S. 51.
83 Ebd., S. 51–52.
84 Ebd., S. 53.
85 In der Zeitschrift *Antirüpel*, dem von Theodor Lessing herausgegebenen „Organ des deutschen Lärmschutzverbandes („Antilärmverein")", wird Hofmannsthal als ordentliches Mitglied des Vereins genannt und auszugsweise aus seinem Bekennerschreiben zitiert: „Ihren Feldzug halte ich für notwendig und nützlich im höchsten Grade ... Ich leide aufs peinlichste unter Geräuschen und in einer Weise, die meine Arbeit oft gefährdet, obwohl ich auf dem Lande lebe, um Ruhe zu finden. Am peinlichsten unter dem Klopfen zu Reinigungszwecken, unter Drehorgeln und in Hotels unter überflüssigem und unbescheidenem Geschwätz der Zimmernachbarn. Ich bin mit Ihrem Programme durchaus einverstanden. Eine Adresse an den Reichstag würde ich mit Vergnügen unterschreiben." Anonym: ‚Antilärmiten', S. 53.

ches sich seinen Ohren in Wiener Straßen und Kunsthäusern unmittelbar darbietet.[86] Im Jahr 1907, drei Jahre nach Kreidls und Regens Grillenphonogrammen, wird er seine eigene Stimme im Wiener Phonogrammarchiv verewigen – in Form eines Stimmporträts, für welches Hofmannsthal sein frühes Gedicht *Manche freilich* rezitiert.[87] Diese Auseinandersetzung mit Insektenakustik im Spannungsfeld von kulturkritischem Lärmdiskurs und einer – durchaus phonographisch geschulten – Aufwertung des Hörens findet sich auch bei Rainer Maria Rilke.

Drei Jahre, nachdem sein halb autobiographischer, halb poetologischer Text *Ur-Geräusch* erschien, in dem Rilke von der „neuen, noch unendlich zarten Stelle der Wirklichkeit"[88] schreibt, die der Phonograph ihm und seinen einstigen Klassenkameraden eröffnete, nachdem er diese zunächst in andächtiges Schweigen versetzt hatte (siehe Kapitel 4), schrieb er im Februar 1922 die *Sonette an Orpheus* nieder, einen aus 55 Sonetten bestehenden Gedichtzyklus, der mit einer Anbetung des schweigenden Hörens beginnt, denn „in der Verschweigung / ging neuer Anfang, Wink und Wandel hervor", wie es in der ersten Strophe heißt.[89] Seiner hier entwickelten Poetologie des Hörens präludiert bereits das Auftaktgedicht:[90]

> Wenn dir, zwischen zwei Büchern, schweigender Himmel erscheint: frohlocke ...,
> oder ein Ausschnitt einfacher Erde im Abend.
> Mehr als die Stürme, mehr als die Meere haben
> die Menschen geschrieen ... Welche Übergewichte von Stille
> müssen im Weltraum wohnen, da uns die Grille
> hörbar blieb, uns schreienden Menschen. Da uns die Sterne
> schweigende scheinen, im angeschrieenen Äther!
> Redeten uns die fernsten, die alten und ältesten Väter!
> Und wir: Hörend endlich! Die ersten hörenden Menschen.[91]

---

86 Hugo von Hofmannsthal: Im Vorübergehen. Wiener Phonogramme. In: Ders.: *Sämtliche Werke*. Kritische Ausgabe. Hrsg. v. Rudolf Hirsch, Christoph Perels und Heinz Rölleke u. a. 40 Bde., Bd. 31: Erfundene Gespräche und Briefe. Frankfurt am Main: Fischer 1991, S. 8–12.
87 Siehe und höre Schüller (Hrsg.): *Tondokumente aus dem Phonogrammarchiv der Österreichischen Akademie der Wissenschaften*, S. 152. Zu phonographischen Bezügen in Hofmannsthals Leben und Werk siehe Heinz Hiebler: *Hugo von Hofmannsthal und die Medienkultur der Moderne*. Zugl.: Graz, Univ., Diss., 2001. Würzburg: Königshausen & Neumann 2003, S. 361–426 und Heinz Hiebler: Phonogramme der Wiener Moderne. In: Krings (Hrsg.): *Phono-Graphien*, S. 189–208.
88 Rilke: Ur-Geräusch, S. 700.
89 Rainer Maria Rilke: Die Sonette an Orpheus. In: Ders.: *Werke*. Bd. 2: Gedichte (1910–1926). Hrsg. v. Manfred Engel und Ulrich Fülleborn. Frankfurt am Main: Insel 1996, S. 237–272, hier S. 241.
90 Siehe dazu Thomas Pittrof: Vom Hörbaren lesen. In: Krings (Hrsg.): *Phono-Graphien*, S. 157–177, hier S. 169.
91 Rainer Maria Rilke: Die Gedichte 1922 bis 1926. In: Ders.: *Werke*, S. 273–326, hier S. 276.

Wie bei Hofmannsthal wird das Hören der Grille hier zum Ausgangspunkt einer kosmologischen Offenbarung. Inmitten des irdischen, menschengemachten Lärms weist die Hörbarwerdung des winzigen, schwerelosen Insekts auf die „Übergewichte der Stille", welche den Weltraum bewohnen und die ‚unendlich zarten' akustischen Erscheinungsweisen des Lebens ermöglichen. Formal verstärkt wird diese Bezogenheit von kosmischer ‚Stille' und zirpender ‚Grille' durch einen reinen klingenden Reim, der dergestalt ausschließlich im Reimpaar ‚Äther' – ‚Väter' wiederkehrt. Im Zirpen der Grillen, so ließe sich Rilkes Gedicht verstehen, reden die „fernsten, der alten und ältesten Väter", deren Reden wiederum uns, würden wir sie vernehmen, zu den ersten wirklich hörenden Menschen machten.

In der Deutung des Grillenzirpens als Stimme unserer „Väter" verbinden sich mythengeschichtliche und evolutionstheoretische Narrative. Seit Platons im *Phaidros* (259b-d) vorgebrachtem Bericht von der Entstehung der Zikaden, einer oft mit Grillen verwechselten Art, markiert das Zirpen die Übergänge zwischen Leben und Tod, göttlicher, menschlicher und tierlicher Stimme. So seien die Zikaden einst Menschen gewesen, die, als die Musen geboren wurden und zu singen begannen, so vernarrt in deren Gesangskunst wurden, dass sie selbst zu singen anfingen und darüber vergaßen, sich zu ernähren, bis sie schließlich dahinstarben und zu nahezu körperlosen, bis an ihr Lebensende singenden Zikaden wurden. Nach ihrem erneuten Ableben würden jene Zikaden zu den Musen kommen, um ihnen zu berichten, wer von den Menschen philosophisch lebe und sie dabei verehre. Wie Sigrid Weigel herausgestellt hat, zeigt dieser antike Gründungsmythos des Gesangs und der Musik, inwiefern deren Entstehung „regelförmig mit einem vorausgegangenen Tod verbunden ist"[92]: So wie die Menschen sterben mussten, um den reinen, körper- und bewusstlosen Gesang der Zikaden in die Welt zu setzen, bedurfte es wiederum deren Todes, um eine neue Form des Gesangs zu etablieren, die sich vom ursprünglichen Musen- und nachfolgenden Zikadengesang insofern unterschied, als es sich bei ihr um eine bewusste, mit einem philosophischen Leben zusammenstimmende Form des Gesangs handelte.[93] Damit aber ist die Stimme der Zikaden, das Zirpen der Grillen in die Stimme der Künste eingegangen – wenn auch in Form ihrer Überwindung im Tode. Mit Rilke gesprochen hallen im Zirpen der Grillen die Stimmen unserer Väter nach, die einst den bewussten Gesang ermöglichten.

In den literarischen und wissenschaftlichen Grillendarstellungen um 1900 wird diese mythologische Auslegung des Zirpens vor dem Hintergrund

---

[92] Weigel: Die Stimme der Toten. Schnittpunkte zwischen Mythos, Literatur und Kulturwissenschaft, S. 80.
[93] Vgl. ebd., S. 85.

der Evolutionstheorie wiederbelebt und gegen den Lärm der Zeit in Anschlag gebracht. Als evolutionsgeschichtlich älteste Lautäußerung gerät das Zirpen zur Metapher evolutionärer Kontinuität, zur Stimme einer Natur, die Vergangenheit, Gegenwart und Zukunft miteinander verbindet und die historischen Umbrüche der Zivilisationsgeschichte überdauert. Die Geschichte der Grille und ihres bescheidenen Gesangs reiche bis ins erste Erdzeitalter zurück, so die Auffassung des Astronomen Camille Flammarion in seinem 1894 erschienenen Essay *Les voix de la nature*.[94] Zu jener Zeit vor mehr als zehn Millionen Jahren sei es unvorstellbar still gewesen auf der Welt. Fossilienfunde legten nahe, dass die Grille zu den ersten Lebewesen gehörte, welche diese Stille durchbrachen, indem sie sich hörbar machten.[95] Statt eine Stimme zu erheben, die seinerzeit noch nicht existierte, habe die Grille ihre sonoren Flügel aneinandergerieben und „zu den ersten Lebewesen, die sie hören konnten, gesagt: Ich bin da!"[96]

Wenn er heute eine Grille höre, so Flammarion, erinnere er sich an die alten Märchen, mit denen unsere Großmütter uns die Vergangenheit in die Gegenwart holten, während hinter dem warmen Herd die Grillen zirpten. Noch immer lasse ihn das Zirpen an jene denken, die nicht mehr sind, die längst unter der Erde ruhen, während die Grillen weiterhin singen.[97] Dabei würden nicht nur biographische, sondern auch erdgeschichtliche Erinnerungen wach. Angesichts seines hohen evolutionären Alters klinge das Zirpen der Grille für Flammarion

> wie ein Echo vergangener Zeitalter, eine vage Erinnerung an die Vergangenheit. Dieses urweltliche Insekt erzählt uns die ganze Geschichte der Natur. Es war bei allen Epochen der Entwicklungsgeschichte dabei. Es war Zeuge der Entstehung der Kontinente […] Über die Jahrhunderte hinweg hat es gesehen, wie sich das Erscheinungsbild der Erde durch wundersame Metamorphosen verwandelt hat.[98]

---

94 Camille Flammarion: *Clairs de lune*. Hrsg. v. Ernest Flammarion. Paris 1924, S. 15.
95 1891 hatte der US-amerikanische Entomologe und Begründer der Insekten-Paläontologie Samuel Hubbard Scudder einen Index beschriebener Insektenfossilien, unter anderem Fossilienfunde der Grille, zusammengestellt und veröffentlicht: Samuel Hubbard Scudder: *Index to the known fossil insects of the world, including myriapods and arachnids*. Washington: Government Printing Office 1891.
96 „Le grillon paraît être le premier vivant qui se soit fait entendre. A défaut de la voix, qui n'existait pas encore, il frotta ses élytres, et, pour la première fois, dit aux premiers êtres qui pouvaient l'entendre: ‚Je suis là!'" Flammarion: *Clairs de lune*, S. 17–18.
97 Vgl. ebd., S. 15–16.
98 „C'est comme un écho des âges évanouis, un lointain souvenir du passé. L'insecte primitif nous raconte toute l'histoire de la nature. Il a assisté successivement à toutes les époques de l'évolution progressive du monde. Il a été témoin de la formation des continents […] Il a vu de siècle en siècle l'aspect du monde se transformer par d'étranges métamorphoses." Ebd., S. 18–19.

Im Zirpen der Grille hört Flammarion die gesamte Entwicklungsgeschichte tönenden Lebens – von den Lauten der Insekten und Reptilien, über die mannigfaltigen Stimmen von Vögeln und Säugetieren bis hin zur menschlichen Stimme –, sowie die „ewige Natur"[99], die auch im Menschen wirke: Denn „wir leben noch immer in ihr und durch sie, und in unserer Freude und Traurigkeit, unserem Streben und unserer Hoffnungslosigkeit, ist es noch immer sie, die in uns spricht."[100] Seine durch den Grillengesang ausgelöste Epiphanie einer gleichsam kosmischen, allumfassenden Natur verbindet Flammarion wiederum mit einer kulturpessimistischen Rede gegen den Lärm der Moderne, die er – in der Tradition der Prosopopöie – der Nachtigall als „Vorläuferin der menschlichen Stimme"[101] in den Mund legt:

> [S]eid nicht undankbar; vergesst nicht eure beste Freundin, die Natur, diese junge, noch immer bezaubernde Mutter; verbringt euer Leben nicht zwischen Mauern aus Steinen, atmet nicht immer den Staub eurer Fabriken ein, verkümmert nicht im faden Lärm der Städte. [...] All die Stimmen der Natur laden euch ein, die Schönheit des Universums zu erfahren, die euch umgibt."[102]

Eine solche beim Hören des Zirpens erfahrene Epiphanie ist auch in anderen populärwissenschaftlichen Grillenstudien um 1900 spürbar. So zum Beispiel im kurzen Text *Das erste Ständchen*, den der Biologe und Schriftsteller Ernst Krause unter dem Pseudonym Carus Sterne 1875 in der *Gartenlaube* veröffentlichte.[103] Der Grillengesang figuriert hier als „älteste[s] Concertstück der Erde, eine vorweltliche Symphonie"[104], die selbst die Naturkundigen „in vorsündfluthliche Träumereien einlull[t]"[105]. Zu diesen „Naturkundigen" zählte auch der Entomologe Jean-Henri Fabre, der sich 1879 in ein abgeschiedenes Haus in der Provence zurückzog, die sogenannte Harmas (provenzalisch für Brachland),[106] um sich dort in aller Ruhe dem Studium von Insekten zu widmen. Seine zwischen Garten

---

99 Ebd., S. 22.
100 „Enfants de l'éternelle nature, nous vivons toujours en elle et par elle, et dans nos joies comme dans nos tristesses, dans nos fières aspirations comme dans nos désespérances, c'est encore elle qui parle en nous [...]." Ebd., S. 22–23.
101 Ebd., S. 31.
102 „[N]e soyez pas ingrats; n'oubliez pas trop votre meilleure amie, la Nature, cette jeune mère toujours charmante; ne passez pas votre vie entre des murs de pierre, ne respirez pas toujours la poussières de vos industries, ne vous atrophiez pas dans l'insipide bruit des villes. [...] Toutes les voix de la nature vous invitent à apprécier la beauté de l'univers qui vous environne." Ebd.
103 Carus Sterne: Das erste Ständchen. In: *Die Gartenlaube. Illustriertes Familienblatt* 47 (1875), S. 787–789.
104 Ebd., S. 788.
105 Ebd., S. 789.
106 Hugh Raffles: *Insectopedia*. New York: Vintage 2011, S. 46–47.

und Laboratorium gemachten Beobachtungen ihrer Lebens- und Verhaltensweisen hielt Fabre in seinen *Souvenirs entomologiques* fest, einer mehrbändigen zoologisch gesättigten und dabei unvergleichlich poetischen Abhandlung, die dem Naturwissenschaftler zu Recht den Ruf eines „Insekten-Dichters"[107] eingetragen hat. Neben Käfern, Wespen, Raupen und anderen Insekten, deren unscheinbare Welt Fabre wie durch ein Vergrößerungsglas als Mikrouniversen unzähliger eigener Dramen erkenntlich macht, studierte er auch Grillen. „Ich kenne keinen Insektengesang", schreibt er über deren Zirpen,

> der anmutiger und klarer die tiefe Stille der Augustabende durchdringt. Wie oft habe ich mich *per amica silentia Lunae* auf dem Erdboden unter den Rosmarinbüschen ausgestreckt, um dem entzückenden Konzert meines Harmas zu lauschen. […] Und mit ihrer hübschen hellen Stimme unterhält sich die ganze kleine Welt, sie fragt und antwortet von einem Strauch zum anderen; oder vielmehr feiert jeder sein Jubelfest; gleichgültig gegen die Kantilenen des anderen. Dort oben, über meinem Kopf, streckt das Sternbild des Schwans sein großes Kreuz in die Milchstraße; hier unten, rings um mich herum, wogt die Symphonie der Insekten. […] In eurer Gesellschaft, meine lieben Grillen, fühle ich das Leben beben, die Seele unseres Schlammklumpens.[108]

Wie Flammarion hört Fabre im Grillenzirpen das Geheimnis des Lebens sich offenbaren. Seine Beschreibungen des Zirpens als „Hosianna der Erweckung"[109], als „heilige[s] Halleluja"[110] über das alljährlich wiedererwachende Leben scheinen romantisch überformt, sind aber Teil eines epistemologischen Zugangs, der quer zur scheinbar alternativlosen Dichotomie zwischen positivistischer und romantischer Naturerkenntnis steht. Mit Kristian Köchy lässt sich Fabres Zugang als ein „biophiles" Forschungsprogramm verstehen, das seinen Ausgang von beobachtbaren Tatsachen nimmt, aber dort, wo diese nicht mehr hinreichen, um den empathisch nachempfundenen Lebenswelten von Insekten angemessen Geltung zu verschaffen, auf poetische Mittel setzt.[111] Mittels akribischer Beobachtung, aber „jenseits der positivistischen Beschränkung auf beobachtbare Fakten"[112] versucht Fabre in die „ganze kleine Welt"[113] der Grillen vorzudringen und deren

---
107 Siehe ebd., S. 46.
108 Jean-Henri Fabre: *Erinnerungen eines Insektenforschers*. Bd. 6. Aus dem Französischen von Friedrich Koch. Mit Essays von Hans Thill und Jürgen Goldstein. Berlin: Matthes & Seitz 2015, S. 236–237.
109 Ebd., S. 236–221.
110 Ebd.
111 Kristian Köchy: ‚Scientist in Action': Jean-Henri Fabres Insektenforschung zwischen Feld und Labor. In: Martin Böhnert / Kristian Köchy / Matthias Wunsch (Hrsg.): *Philosophie der Tierforschung. Band 1: Methoden und Programme*. Freiburg: Alber 2017, S. 81–148.
112 Ebd., hier S. 147.
113 Fabre: *Erinnerungen eines Insektenforschers*, S. 236.

mit „hübsche[r] helle[r] Stimme"[114] geführte Unterhaltungen, deren geheimnisvollen Frage- und Antwortspiele „von einem Strauch zum anderen"[115] zu belauschen. Dieser Wortlaut erinnert einerseits stark an die fünfzig Jahre zuvor von Tieck beschriebene Szene einer imaginären Insektenbelauschung („könnten wir nur auch für unser menschliches Ohr etwas Ähnliches, wie das Mikroskop fürs Auge ist, erfinden, um zu erfahren, was Fliegen und Mücken sich erzählen"[116]), ist es doch auch hier ein zutiefst romantisches Motiv, welches sich mit Fabres in aller Einsamkeit vollzogenen Hinwendung zur kleinen und umso numinoseren Insektenwelt verknüpft. Anders als bei Tieck steht diese Hinwendung jedoch zugleich im Zeichen einer empirischen Spurensuche nach der biologischen Funktion und den physiologischen Voraussetzungen des Grillengesangs. Um diese zu entschlüsseln, begibt Fabre sich buchstäblich und leibhaftig auf Augenhöhe des Insekts, eine Position, die wenige Jahre nach ihm auch Regen einnehmen wird. „Auf dem Erdboden unter den Rosmarinbüschen ausgestreckt"[117] beobachtet Fabre die Tiere oft stundenlang, bevor er von der Mittagssonne „halb gekocht und braun wie eine Grille heim[kehrt]"[118]. Seine obsessiven Beobachtungen im Feld führen den Entomologen schließlich zu experimentellen Untersuchungen im Labor. Um herauszufinden, warum die Grille stets mit dem rechten auf dem linken Flügel striduliere, obwohl doch beide ihrer Flügel sowohl mit Schrillkante als auch mit Schrillader ausgestattet sind, bringt er mit den „Spitzen einer Pinzette, [...] selbstverständlich ohne Gewalt, ohne Verdrehung, die Deckflügel in umgekehrte Deckungslage; mit ein wenig Geschick und Geduld [...] Wird die Grille mit ihrem umgedrehten Instrument musizieren?"[119] Dass das Tier diesen künstlichen Manipulationen trotzt und sofort versucht, seine Flügel in die Ausgangslage zu bringen, ganz gleich, an wie vielen Grillen unterschiedlicher Wachstumsstadien Fabre seinen Versuch durchführt, bleibe ein nicht zu ergründendes Geheimnis. Warum die Grille anders als andere Heuschreckentiere symmetrische Flügel besitze, ohne diese gleichberechtigt einzusetzen? „Bekennen wir unser Nichtwis-

---

114 Ebd.
115 Ebd.
116 Tieck: Die Vogelscheuche, S. 15.
117 Fabre: *Erinnerungen eines Insektenforschers*, S. 236.
118 Jean-Henri Fabre: *Erinnerungen eines Insektenforschers*. Bd. 3. Aus dem Französischen von Friedrich Koch. Berlin: Matthes & Seitz 2011, S. 143. Siehe hierzu Köchy: ‚Scientist in Action': Jean-Henri Fabres Insektenforschung zwischen Feld und Labor, S. 104.
119 Fabre: *Erinnerungen eines Insektenforschers*, S. 224.

sen und sagen wir demütig: ‚Ich weiß es nicht.' Um den Hochmut unserer Theorien in Verlegenheit zu bringen, genügt der Flügel einer kleinen Schrecke."[120]

Die mit der Lautgebung von Grillen verbundenen Leerstellen des Wissens, wie Fabre sie hier ehrfürchtig beschwört, werden andernorts zu Einsatzpunkten weiterer, neuartiger Versuche. Ob dem Wiener Biologen und Lehrer Johann Regen die Studien von Fabre bekannt waren, als er 1896 ebenfalls damit begann, die Lautapparate von Grillen zu untersuchen, lässt sich nicht feststellen. Die vorangegangenen Ausführungen haben jedoch zeigen können, dass sein Interesse an der Akustik jener Tiere zu einer Zeit geboren wurde, als das Zirpen in den Fokus von Literatur und Wissenschaft rückte: als eine leise, aber vielsagende Stimme der Natur, die es sich in Zeiten des Aufruhrs zu belauschen lohnt.

6.4 Johann Regens Forschungsprogramm

6.4.1 Registrieren: Beobachten, Zuhören, Notieren

Wie bei Fabre sind auch Regens Forscherleben und -programm romantisch konnotiert. Bereits in seiner frühesten Jugend, so schreibt Regen in einem unveröffentlichten autobiografischen Manuskript von 1936, habe er sich für die Natur begeistern können, insbesondere für den Gesang der Grillen.[121] Er habe die kleinen Tiere eingefangen und in künstlichen Behausungen gehalten, um ihr Verhalten genauestens studieren zu können.[122] Sein Schlüsselerlebnis auf dem Weg zum Grillen- bzw. Heuschreckenforscher habe jedoch in der freien Natur stattgefunden. Während eines Familienbesuchs im Sommer 1896 in seiner Heimat Jugoslawien – Regen studierte damals schon mehrere Semester zunächst Theologie, dann Biologie an der Universität Wien – machte Regen eine Hörerfahrung, die den Auftakt zu jahrelangen Forschungen bildete. „In der Dämmerstunde eines Augustabends" bemerkte er in einem Gebüsch zwei männliche Laubheuschrecken, deren Gesang ihm „außerordentlich interessant" erschien, weil sie gemeinsam zirpten – Auf jeden Zirplaut des einen folgte ein Zirplaut des anderen

---
120 Ebd., S. 227. Fabre spielt hier unter anderem auf die Evolutionstheorie an, der er skeptisch gegenüberstand. Siehe hierzu Köchy: ‚Scientist in Action': Jean-Henri Fabres Insektenforschung zwischen Feld und Labor.
121 Vgl. Grmek: Aperçu biographique sur Regen, pionnier de la bioacoustique des insectes, S. 192. Siehe auch Jovan Hadži: Regen. In: *Bulletin scientifique du Conseil des académies de la RPF de Yougoslavie* 1,2 (1953), S. 36–37, hier S. 36.
122 Vgl. Grmek: Aperçu biographique sur Regen, pionnier de la bioacoustique des insectes, S. 192.

Tiers. „Sie antworteten einander in einem sehr klaren Rhythmus bis zu zehn oder zwanzig Mal, dann schwiegen sie, um nach einer kurzen Erholungspause von Neuem zu beginnen."[123] Regen deutet diesen rhythmischen Wechselgesang als klares Indiz dafür, dass Heuschrecken nicht nur auf akustische Reize reagieren, also hören konnten – eine lange Zeit umstrittene Frage[124] –, sondern auch auf akustischem Wege miteinander kommunizierten.

Dass der Wechselgesang, das sogenannte Alternieren der Heuschrecken in der entomologischen Forschung bislang überhört wurde, so Regen in einem wenige Jahre später veröffentlichten Aufsatz zum Thema, liege schlicht und einfach daran, dass die einzelnen Zirplaute unter normalen Bedingungen nur schwer zu differenzieren seien. „Da in einem Gebüsch in der Regel zahlreiche Individuen vorkommen, so ist es in der freien Natur nicht so leicht möglich, eine Regelmässigkeit in ihrem Musicieren wahrzunehmen."[125] Wenn man die Tiere hingegen isoliere, indem man einzelne Exemplare nah beieinander beobachte und belausche, was nur in Gefangenschaft problemlos gelinge, werde man feststellen können, dass sie miteinander alternierten.[126] Regen muss an jenem Augustabend im Jahr 1896 also ganz genau hingehört haben, um das aus den Büschen dringende Zirpen als wechselseitiges Zirpen zweier Heuschrecken wahrnehmen zu können – ein erstes ‚Feintuning' seiner Ohren, welches für seine weiteren Forschungen bestimmend bleiben sollte.

Nach seiner 1897 an der Universität Wien eingereichten Dissertation zur vergleichenden Morphologie der Stridulationsorgane tritt Regen eine Stelle als Gymnasiallehrer an und widmet sich in seiner Freizeit dem Studium der Heuschrecken, insbesondere der Feldgrillen. Dabei erforscht er deren Lebensraum und -weise, interessiert sich aber vor allem für die Stridulations- und Hörorgane der Tiere, deren Funktionsweise und biologische Bedeutung er experimentell zu entschlüsseln sucht. Um etwa nachzuweisen, dass die Schrecken über das in ihren Vorderbeinen befindliche Tympanalorgan hören können, wendet Regen das klassische Negativverfahren an, das der Vorreiter der experimentellen Physiologie Claude Bernard einmal als „Experiment durch Zerstörung"[127] bezeichnet hat und das bereits in der vergleichenden Physiologie der Stimmgebung um 1800 häufig eingesetzt wurde

---

123 Zitiert nach der Übersetzung von ebd., hier S. 194.
124 Vgl. Bernard Dumortier: La stridulation et l'audition chez les insectes orthoptères. Aperçu historique sur les idées et les découvertes jusqu'au début du XXe siècle. In: *Revue d'histoire des sciences et de leurs applications* 19,1 (1966), S. 1–28.
125 Johann Regen: Neue Beobachtungen über die Stridulationsorgane der saltatoren Orthopteren. In: *Arbeiten der Zoolog. Institute in Wien* 14,3 (1902), S. 359–422, hier S. 401–402.
126 Vgl. ebd., S. 44.
127 Siehe dazu Solhdju: Überlebende Organe und ihr Milieu.

(siehe Kapitel 2): Er entfernt bei einigen seiner Versuchstiere die Vorderbeine, um deren Zirpverhalten mit demjenigen der unversehrt gebliebenen Tiere zu vergleichen. Es zeigte sich, dass die ihrer Vorderbeine und damit ihres Tympanalorgans beraubten Tiere zwar problemlos zirpen, aber nicht mehr miteinander alternieren, d. h. sich nicht mehr auf den Gesang ihrer Artgenossen einstellen konnten. Sie sind, wie Regen schlussfolgert, „taub", was im Umkehrschluss die auditive Funktion des Tympanalorgans beweise.[128]

Um auszuschließen, dass die Tiere das Zirpen ihrer Artgenossen anders als über das Gehör wahrnehmen können, etwa über den Seh-, Geruchs- oder Tastsinn, ließ Regen sich eine Reihe höchst innovativer Experimente einfallen. Darin kamen sowohl die neuesten Medientechniken wie Telefon, Phonograph und Fotografie als auch selbst erdachte und entwickelte Apparaturen zum Einsatz, mit denen er das Lautverhalten seiner Versuchstiere gezielt manipulierte. So ließ Regen beispielsweise zwei außer Sichtweite gebrachte Feldgrillen über eine Telefonverbindung miteinander kommunizieren. Dass dies klappte, nahm der Forscher als Beweis, dass der Seh- und auch der Geruchssinn für die akustische Kommunikation nicht entscheidend waren.[129] In einem anderen Experiment ließ er die Grillen mit kleinen, eigens angefertigten Ballons in die Luft aufsteigen. Es stellte sich heraus, dass die Tiere auch ohne Bodenkontakt in einen Wechselgesang einstimmten. Auch die taktile Wahrnehmung des Zirpens über Bodenvibration schien also keine Rolle für das Alternieren zu spielen.[130] Darüber hinaus stellte Regen phonographengestützte Experimente zu den physikalischen Eigenschaften von Zirplauten an, zu denen auch die oben beschriebenen *Physiologischen Untersuchungen über Tierstimmen* gehörten[131] und konstruierte einen „künstlichen Zirpapparat", mit dem er sich in den Alternationsgesang zweier Grillenmännchen einklinkte und nach eigenen Angaben „oft die ganze Nacht hindurch" mit ihnen zu alternieren

---

128 Vgl. Johann Regen: *Das tympanale Sinnesorgan von Thamnotrizon apterus Fab. ♂ als Gehörapparat experimentell nachgewiesen*. Aus den Sitzungsberichten der Akademie der Wissenschaften in Wien. Mathem.-naturwiss. Klasse. Bd. 117. Abt. 3. Wien: Akad. d. Wiss. 1908.
129 Vgl. Johann Regen: Über die Anlockung des Weibchens von Gryllus campestris L. durch telephonisch übertragene Stridulationslaute des Männchens. Ein Beitrag zur Frage der Orientierung bei den Insekten. In: *Pflüger's Archiv für die gesamte Physiologie des Menschen und der Tiere* 155,1 (1913), S. 193–200.
130 Vgl. Johann Regen: *Untersuchungen über die Stridulation und das Gehör von Thamnotrizon apterus Fab. ♂*. Mit 35 Notenbeispielen und 5 Textfiguren. Aus den Sitzungsberichten der Akademie der Wissenschaften in Wien. Mathem.-naturwiss. Klasse. Bd. 123. Abt. 1. Wien: Akad. d. Wiss. 1914.
131 Kreidl / Regen: *Physiologische Untersuchungen über Tierstimmen (1. Mitteilung) Stridulation von Gryllus campestris*.

versuchte – zunächst mit wenig Erfolg. Schon bald darauf gelang der Versuch jedoch, was Regen zu weiteren Versuchen der akustischen Mensch-Tier-Interaktion motivierte.[132]

Charakteristisch für seine in den folgenden Kapiteln noch genauer in den Blick zu nehmenden Experimente ist ihr hohes Maß an Originalität. Schon Regens Wissenschaftskollegen bescheinigen dem Forscher einen besonderen Einfallsreichtum, gepaart mit einer bewundernswerten methodischen Eleganz. So schreibt etwa der Bienenforscher Karl von Frisch in einem Gutachten von 1927, dass Regen seine Arbeiten „mit einer Sorgfalt und Umsicht, ja mit einer Genialität der Methoden durchgeführt hat, die wahrhaft und mustergültig ist."[133] Auch andere Kollegen weisen Regen als „originelle[n] Forscher" aus und heben „seine hervorragende Experimentierkunst" hervor.[134] Seine „ideenreichen Untersuchungen" führe Regen „mit eiserner Konsequenz und feinsinnig durchdachter Methodik" durch, heißt es im Gutachten des Berliner Physiologen Ernst Mangold.[135] Mit seinen „ausserordentlich schönen und strengen Versuchen", schreibt wiederum der in Göttingen lehrende Zoologe Alfred Kühn, sei es Regen gelungen, „auf diesem bisher noch ganz dunklen Gebiet" der Lautkommunikation von Heuschrecken und Grillen Klarheit zu schaffen.[136]

Dass die Gutachter neben der Ingeniosität seiner Methoden immer wieder die Sorgfalt und Umsicht, die Konsequenz und Strenge betonen, mit der Regen seinen Forschungen nachging, kommt nicht von ungefähr. Tatsächlich zeichnete sich der Biologe durch einen überaus gewissenhaften, ja fast akribischen Forschungsstil aus, den es vielleicht auch brauchte, um sich der minutiösen Welt der Insekten anzunähern. Ganze Nächte verbrachte er damit, deren Zirpen

---

132 Vgl. Johann Regen: *Über die Beeinflussung der Stridulation von Thamnotrizon apterus Fab. ♂ durch künstlich erzeugte Töne und verschiedenartige Geräusche*. Aus den Sitzungsberichten der Akademie der Wissenschaften in Wien. Mathem.-naturwiss. Klasse. Bd. 135. Abt. 1. Wien: Akad. d. Wiss. 1926.

133 Um sein 1911 durch Mittel der Österreichischen Akademie der Wissenschaften (ÖAW) in Korneuburg bei Wien errichtetes Freilandlaboratorium, das während des Ersten Weltkrieges und in der Nachkriegszeit stark gelitten hatte, vor dem Abriss zu bewahren, bat Regen 1927 mehrere einflussreiche Kollegen um ein Gutachten seiner Forschungsarbeit, unter anderem Karl von Frisch. Vgl. das von Frisch an den Sektionschef der ÖAW, Franz Dafert von Sensel-Timmer gerichtete Gutachten vom 22. Juni 1927. Archiv der Österreichischen Akademie der Wissenschaften (AÖAW), Nachlass Johann Regen, Nr. 1.2. 1928 konnte das Laboratorium dank finanzieller Unterstützung seitens der ÖAW wiederaufgebaut werden. Vgl. Grmek: Aperçu biographique sur Regen, pionnier de la bioacoustique des insectes, S. 204.

134 Vgl. das Gutachten des Zoologen Wolfgang von Buddenbrock-Hettersdorff vom 2. Juli 1927. AÖAW, Nachlass Johann Regen, Nr. 1.2.

135 Gutachten vom 22. Juni 1927. AÖAW, Nachlass Johann Regen, Nr. 1.2.

136 Gutachten vom 29. Juni 1927. AÖAW, Nachlass Johann Regen, Nr. 1.2.

zu lauschen und seine Beobachtungen genauestens zu dokumentieren. Jede freie Minute, die Regen neben seinem Lehrerberuf aufopfern konnte, widmete er dem Grillenstudium, das sich über die Jahre zu einer wahren Obsession entwickelte. „Meine Lebensphilosophie ist Arbeit, die die Geheimnisse der Natur an den Tag bringt", zitiert Regen die „Worte von Thomas Alva Edison" in einem seiner Notizhefte. „Es gibt nichts, was harte Arbeit ersetzen könnte. Genie ist zu 1 Prozent Imagination und zu 99 Prozent Transpiration!"[137] Regens Arbeitsethos ließ kaum Platz für anderes. Die Grillen und deren Zirpen waren seine ganze Leidenschaft. Bis an sein Lebensende sollten die Tiere seine volle Aufmerksamkeit in Anspruch nehmen. Es scheint, schreibt der Historiker Mirko D. Grmek in seinem kurzen *Aperçu biographique sur Regen*, als hätte er keine andere wahre Passion gekannt als – nach dem Vorbild der alten Chinesen – dem Gesang der Insekten zu lauschen.[138]

Wo aber das Zirpen von Grillen hörbar werden soll, das wussten schon Tieck, Lessing und Rilke, dort muss es still sein. „Die Naturlaute in stiller Einsamkeit vernehmen"[139], das ging entweder im 576 m^2 großen Freilandlaboratorium, welches Regen 1911 mit Mitteln der Österreichischen Akademie der Wissenschaften in Korneuburg bei Wien errichtete,[140] noch besser aber im heimischen Wohnzimmer, wo der Biologe die meisten seiner Experimente durchführte. Regen lebte allein und zurückgezogen in einem Wiener Appartement, welches eher einem kleinen wissenschaftlichen Institut als einer Privatwohnung glich. In einem seiner Zimmer hatte er sein Labor eingerichtet, ein weiteres diente als Terrarium zur Beherbergung der Grillen.[141] Für seine Forschungen musste Regen seine Wohnung also nicht zwangsläufig verlassen. Abgesehen von den Kontakten, die der Biologe zu wissenschaftlichen Institutionen und Kollegen sowie – bis zu seiner Pensionierung im Jahr 1918 – zu seinen Schüler:innen pflegte, begnügte er sich mit der Gesellschaft seiner Versuchstiere. Deren Zirpen – und später die Stimmen aus dem Radio[142] – waren oft die einzigen Laute, mit denen Regen sich umgab.

---

137 AÖAW, Nachlass Johann Regen, Nr. 6. Außerdem notiert sich Regen über Edison: „Auf die Frage, wann er sich von der Arbeit zurückzuziehen gedenke, antwortete er: ‚Am Tage von meinem Begräbnis.' (N.W.T. 27. III. 1932)". Ebd.
138 Vgl. ebd., hier S. 191.
139 Tieck: Die Vogelscheuche, S. 115.
140 Siehe Fußnote 133.
141 Vgl. Grmek: Aperçu biographique sur Regen, pionnier de la bioacoustique des insectes, S. 199.
142 Regen war ein leidenschaftlicher Radiohörer. 1935 beginnt er damit, ausgewählte Sendungen in einem Notizheft zu protokollieren. Die Themen der notierten Sendungen reichen von Architektur wie dem Schiefen Turm von Pisa, über Medientechnologie wie der Fotografie des Unsichtbaren, Ernährungstipps, Naturwissenschaft bis hin zu Hinweisen auf Theateraufführun-

Dass der Biologe sich nach dem Ersten Weltkrieg mehr und mehr zurückzog, lag auch an seinem stetig sich verschlechternden Gesundheitszustand. Regen litt seit den 1920er Jahren an Arteriosklerose, die seine Mobilität stark einschränkte und seine Forschungen zunehmend überschattete.[143] Hinzu kamen Migräne, depressive Verstimmungen und Angstzustände. Nach vielen einsamen Jahren stirbt Regen am 27. Juli 1947 in einer städtischen Einrichtung für Geisteskranke in Wien.[144] Mit Grmek kann davon ausgegangen werden, dass der Biologe dort „in dieser strengen Atmosphäre, sicher unter der Abwesenheit seiner Freunde litt: jener kleinen Sänger der Felder, die er so gut kannte. Als die Einzigen, die während der langen Jahre seine Junggesellenwohnung teilten, waren die Grillen und Heuschrecken nicht nur Gegenstand seiner Forschungen, sondern zugleich auch die Weggefährten seines Lebens."[145]

Die Sympathie, die Regen für seine Versuchstiere hegte, zeigt sich auch an seinem Bemühen, sie vor Schmerzen möglichst zu bewahren. Im Zuge seiner Untersuchungen zum Winterschlaf der Feldgrille kam er schon 1903 auf die Idee, die Tiere künstlich in den Schlaf zu versetzen, indem er sie mit reinem Kohlendioxid umgab. Tatsächlich wurden die so behandelten Grillen „innerhalb 15 Sekunden bewußtlos und, da die Atembewegungen vollkommen aufhören, scheinbar tot", erholen sich nach einiger Zeit jedoch wieder vollständig.[146] Damit hatte Regen ein Verfahren zur Narkotisierung von Insekten entwickelt, das für die entomologische Forschung insofern von Interesse sei, „als man nun imstande ist, operative Eingriffe zum Zweck physiologischer Untersuchungen auch an so kleinen Tieren, während sie sich in narkotischem Zustande befinden, auszuführen."[147] In seinem autobiographischen Manuskript wird ersichtlich, dass Regen

---

gen und Literatur. Auch im Radio vernommene Zitate und Sprüche notiert sich Regen in sein Heft. AÖAW, Nachlass Johann Regen, Nr. 10.
143 In seinen späten Notizbüchern aus den 1930er Jahren notiert Regen immer öfter die Adressen von Ärzten, die Namen von Medikamenten wie nervenstärkende Mittel, Ernährungstipps und andere Dinge, die auf seinen fragilen Gesundheitszustand weisen. Der Körper des Forschers schreibt sich zunehmend in seine Forschungen ein. Bemerkungen zur Gallenblase, zum Blutdruck und zur Medikamentendosierung vermischen sich mit Schaltkreisen, technischen Zeichnungen und physikalischen Berechnungen. AÖAW, Nachlass Johann Regen, Nr. 10.
144 Vgl. Grmek: Aperçu biographique sur Regen, pionnier de la bioacoustique des insectes, S. 205. Wobei, wie Grmek betont, Regen nicht wegen einer psychischen Erkrankung in jener Einrichtung lebte, sondern wegen allgemeiner Altersschwäche.
145 Ebd., S. 206.
146 Vgl. Johann Regen: Untersuchungen über den Winterschlaf der Larven von Gryllus campestris L. Ein Beitrag zur Physiologie der Atmung und Pigmentbildung bei den Insekten. In: *Zoologischer Anzeiger* 30,5 (1906), S. 131–135, hier S. 135.
147 Ebd.

nicht nur an einer Arbeitserleichterung für Forschende gelegen war, sondern auch an der Befindlichkeit der Versuchstiere. Einzig und allein diesem Narkotisierungsverfahren sei es zu verdanken, betont der Biologe, dass er sich „als empfindsamer Forscher" dazu habe entschließen können, operative Eingriffe an den Tieren durchzuführen.[148] Die für seine Forschungen so wesentlichen ‚Experimente durch Zerstörung', wie etwa den oben beschriebenen Versuch zur auditiven Funktion des Tympanalorgans, konnte er nun ohne größere Skrupel durchführen.

Für die Eingriffe an seinen Versuchstieren verwendete Regen, der, wie es in einem Nachruf auf ihn heißt – „ein sehr geschickter Feinmechaniker und Konstrukteur war"[149], neue Operationstechniken und winzige Instrumente.[150] Mit Nadel, Pinsel und eigens entwickelten Hilfsmitteln dringt er in die kleine Welt der Insektenkörper vor und entfernt beispielsweise die Schrillkante eines Flügels, um der schon von Fabre gestellten Frage nach dem Sinn der symmetrisch aufgebauten, aber nur einseitig zum Zirpen benutzten Flügel experimentell nachzugehen.[151] In einem anderen Versuch will Regen die akustische Funktion der nur 0,01 bis 0,03 mm großen membranösen Fortsätze der „Zirpzähnchen" ermitteln, die sich mehr als zweihundertfach an der selbst nur millimetergroßen Schrillader der Feldgrille befinden – eine Herausforderung, die selbst mithilfe des Mikroskops nur schwer zu bewältigen ist, von der sich der Biologe aber nicht entmutigen lässt.[152] Zu stark ist sein Begehren, die Geheimnisse des Stridulationsapparates samt seiner verschwindend kleinen Teile zu entschlüsseln. Dabei ist Regen wie Fabre fasziniert vom Mikrokosmischen der Grillenwelt, dem er sprachlich durch minutiöse Beschreibungen gerecht zu werden versucht.[153]

---

148 Zitiert und übersetzt nach Grmek: Aperçu biographique sur Regen, pionnier de la bioacoustique des insectes, S. 198.
149 Hadži: Regen, S. 36.
150 Vgl. Grmek: Aperçu biographique sur Regen, pionnier de la bioacoustique des insectes, S. 199.
151 Vgl. Regen: Neue Beobachtungen über die Stridulationsorgane der saltatoren Orthopteren, S. 370–373.
152 Vgl. ebd., S. 17–20.
153 Dies betrifft sowohl die auf äußerste Präzision bedachten anatomischen Beschreibungen als auch die scheinbar mikroskopischen und dabei oft anthropomorphisierenden Beobachtungen des Grillenverhaltens. Einen Eindruck von Letzteren mag folgende Passage vermitteln: „Nach einiger Zeit versuchte das operierte Männchen zu zirpen. Ein paar Mal bewegte es die Elytren gegen einander, und sofort bemerkte es, dass etwas an seinem Musikinstrument verändert war; denn es bekam jetzt keinen Ton, sondern nur ein schwaches Geräusch zu hören. Es hielt einige Zeit inne, dann versuchte es von neuem. Da die Arbeit noch immer von keinem Erfolg gekrönt war, wurde das Tier unruhig und presste die Elytren mit Gewalt gegen einander, sodann probierte es leise, später schneller zu zirpen, und indem es die Flügel weit auseinanderbeugte, machte es Bewegungen mit dem ganzen Körper, namentlich mit dem Abdomen,

Auch seine Höreindrücke während des Experimentierens protokolliert der Biologe aufs Genaueste. In seinen zahlreichen Notizbüchern finden sich seitenlange Eintragungen zum Zirpverhalten der Versuchstiere. Für die schriftliche Fixierung der Laute verwendet Regen dabei musiktheoretisch informierte Beschreibungen,[154] onomatopoetische Wörter und Notenzeichen. Wie die Ornithologen und Musikethnologen seiner Zeit (siehe Kapitel 4) und wie der Affenforscher Garner (siehe Kapitel 5) besaß auch Regen ein Problembewusstsein für die Unzulänglichkeiten konventioneller Sprachzeichen für die Notation von Tierlauten. Bereits recht früh, im Jahr 1909, hatte er damit begonnen, eigene, dem Zirpen der Insekten bzw. seinen spezifischen Forschungsinteressen angepasste Zeichen zu entwickeln (Abb. 28). Ein einzelner senkrechter Strich steht dabei beispielsweise für ein einzeln zirpendes Tier, zwei Striche nebeneinander für zwei miteinander alternierende Tiere. Zwei zu einem X überkreuzte Striche bezeichnen durcheinander zirpende Tiere. Auch für kurz aufeinanderfolgende Veränderungen des Zirpverhaltens zweier Tiere, etwa zunächst durcheinander, dann alternierend, findet Regen den Vorgang komprimierende Zeichen. Mit schier unermüdlicher Geduld notierte er stundenlang und oft nächtens das Zirpen seiner Versuchstiere, um herauszufinden, wie sie unter den unterschiedlichsten Experimentalbedingungen akustisch agieren, und für diese feinen Variationen des Zirpverhaltens präzise Notationssysteme zu erfinden, die zudem durch schnelle und unkomplizierte Aufzeichnung geeignet sind, die Flüchtigkeit der Zirplaute zu erfassen.

Unkompliziert ist Regens Aufzeichnungssystem insofern, als es auf der Verwendung von Zeichen basiert, die aufgrund ihrer „Materialförmigkeit" besonders eingängig sind. Anders als jede konventionelle (Noten-)Schrift weisen die Zeichen eine beinahe indexikalische Ähnlichkeitsbeziehung zum Bezeichneten auf – wie Inskriptionen, Abdrücke oder Spuren, die durch die akustischen Phänomene

---

schritt nach rückwärts, streckte den Kopf bald vorwärts; der volle schrille Ton kam nicht zustande. Diese Bemühungen bemerkte das zweite Männchen, dem die Flügeldecken unbeschädigt gelassen waren, und näherte sich langsam dem ersten, welches dem wahrgenommenen Ankömmling entgegenschritt. In Fühlerlänge blieben sie vor einander stehen, betasteten sich gegenseitig und ein jedes begann wie auf ein gegebenes Zeichen die Elytren gegen einander zu schlagen, um auf einen Schlag wieder aufzuhören. [...]" Ebd., S. 12.

154 Vgl. bspw. folgendes Notat: „22. Juli 1926 2 Uhr 30 Minuten nachmittags zirpte in langen Intervallen einen Einzelgesang. Periode etwa 6. Zirplaute ziemlich langsam, sehr gleichmäßig. Temperatur 21.5 °C. Zirpte 3 Perioden." AÖAW, Nachlass Johann Regen, Nr. 10. Wie im Textbeispiel der vorhergehenden Fußnote schon deutlich wird, nutzte Regen auch der Musik entliehene Metaphern und Fachtermini wie ‚ritardando', ‚Solo' etc., um das Zirpen der Tiere zu beschreiben. Vgl. etwa ebd., hier S. 42. Inwieweit solche Metaphorisierungen zur Poetik seiner Forschungen beitragen, wird weiter unten erörtert.

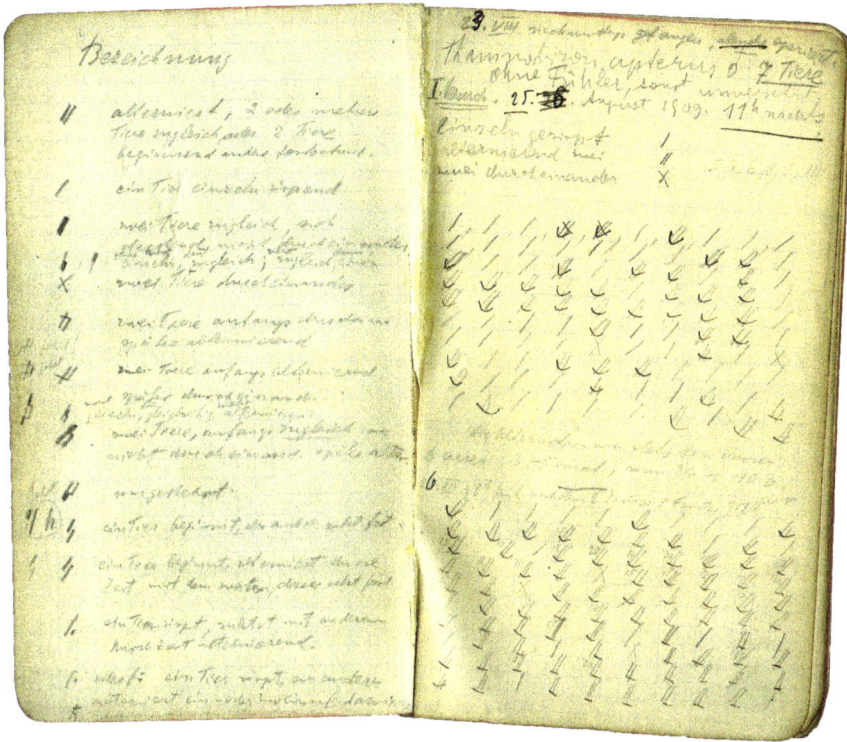

Abb. 28: Notizbuch von Regen zum Zirpverhalten der Alpen-Strauchschrecke (*Thamnotrizon apterus*). Auf der linken Seite ist eine Legende zu den verwendeten Notationszeichen zu sehen. Auf der rechten Seite wird unter Anwendung jener Zeichen das Zirpen mehrerer ihrer Fühler beraubten Schrecken am 25. und 26. August 1909 dokumentiert.

selbst hervorgebracht werden. Tatsächlich aber sind Regens Zeichen die „Ergebnisse einer wechselseitigen Instruktion"[155]: So wie die Zirplaute der Tiere ihre Spuren in den von Regen notierten Zeichen hinterlassen haben, erzählen Letztere wiederum von den Versuchen des Forschers, sich dem Zirpen und seinen spezifischen Eigenschaften gleichsam anzuschmiegen. Um es mit den Worten Rheinbergers zu formulieren, ist

---

[155] Hans-Jörg Rheinberger: Acht Miszellen zur Notation in den Wissenschaften. In: Hubertus von Amelunxen / Dieter Appelt / Peter Weibel (Hrsg.): *Notation. Kalkül und Form in den Künsten*. Berlin/Karlsruhe: Akademie der Künste; Zentrum für Kunst und Medientechnologie Karlsruhe 2008, S. 279–288, hier S. 280.

> [d]er Zwischenraum des Protokolls [...] für den Forscher nicht einfach der Raum einer passiven Aufzeichnung des im Experiment für ihn Gegebenen; er ist vielmehr der Raum der produktiven Auseinandersetzung mit dem Stoff. Hier werden Anordnungen von Spuren ausprobiert. Hier wird, was zunächst disparat erscheint, versuchsweise in Muster übersetzt.[156]

Auch Regen ist mit seinen Zirpprotokollen auf der Suche nach Mustern. Indem er die Zirplaute in visuelle Zeichen übersetzt, kann er beispielsweise auf einen Blick sehen, dass die ihrer Fühler beraubten Schrecken „1) einzeln, 2) alternierend, 3) hie und da zugleich, 4) sehr selten, fast nie durcheinander"[157] zirpten – und dies als klaren Beweis für seine These deuten, dass die Fühler keine auditive Funktion besitzen. Das Zirpprotokoll offenbart aber noch ein anderes, gänzlich unvorhergesehenes Muster: Die akustische Interaktion der Tiere verläuft tageszeitabhängig. Während die Schrecken tagsüber meist einzeln zirpen, überwiegt abends und morgens zwischen vier und sechs Uhr das alternierende Zirpen.[158]

Es sind solche Entdeckungen, die Regen zu immer neuen Versuchen motivieren, sich der winzigen Welt seiner Versuchstiere beobachtend, zuhörend und notierend weiter anzunähern. Wie Fabre begibt er sich dabei auf Augenhöhe der Insekten, forscht sogar auf dem Fußboden seines Zimmers,[159] mit Augen und Ohren ganz nah dran am Kleinen. Dort, im oft übersehenen Mikrokosmos der Grillen und Schrecken, vor allem aber in deren Lautverhalten vermutet Regen Erkenntnisse von großer Relevanz. Darauf deutet nicht zuletzt eine Zitatsammlung hin, die der Biologe in einem seiner Versuchsprotokollbücher angelegt hat. „Willst du ins Unendliche schreiten, so geh' nur im Endlichen – nach allen Seiten!"[160], heißt es dort an oberster Stelle – ein leicht abgewandelter Vers aus Goethes Gedicht *Gott, Gemüt und Welt*, der gefolgt wird von: „Willst du dich am Ganzen erquicken / so mußt du das Ganze im Kleinsten erblicken."[161] Aus dem Neuen Wiener Tagblatt vom 12.2.1925 notiert sich Regen wiederum folgendes Bonmot: „Die kleinen Wunder, die nur klein scheinen, weil wir nicht gelernt haben, sie zu beachten und die großen, die wir nicht bemerken können, weil sie

---

156 Ebd., hier S. 281.
157 AÖAW, Nachlass Johann Regen, Nr. 7.
158 AÖAW, Nachlass Johann Regen, Nr. 7.
159 Vgl. etwa Regen: Über die Anlockung des Weibchens von Gryllus campestris L. durch telephonisch übertragene Stridulationslaute des Männchens, S. 195, wo der Biologe die Anordnung eines heimischen Versuches zum Hörsinn der Feldgrillen beschreibt: Es „wurde auf dem Fußboden meines Wohnzimmers eine Fläche von etwa 4 qm durch vertikal gestellte Glasplatten abgegrenzt und so ein Versuchsfeld hergestellt."
160 AÖAW, Nachlass Johann Regen, Nr. 6.
161 Johann Wolfgang von Goethe: Gott, Gemüt und Welt. In: Ders.: *Poetische Werke*. Hrsg. v. Siegfried Seidel. Berlin: Aufbau 1960 ff., S. 423–431.

für unser geistiges Auge zu groß sind."[162] Aus diesen Zitaten spricht nicht nur der Glaube an die Bedeutung des Kleinen und Überhörten, sondern auch ein gewisses Bedürfnis, sich für deren Erkundung zu rechtfertigen. „Newton blies Seifenblasen, Leibniz spielte mit dem Grillenspiel, Wallis beschäftigte sich mit dem Nürnberger Tand, Franklin tändelte mit den magischen Quadraten, das alles hat ihrer Größe nicht geschadet"[163], schreibt Regen in sein Buch und: „Wer Hang zum Nachdenken und Forschen, und Sinn für wissenschaftliche Untersuchungen hat, findet den Stoff hierzu öfters, dem Anscheine nach, in den allerunbedeutendsten Gegenständen."[164] Es scheint fast so, als wollte sich der Biologe mit solchen Sinnsprüchen gegen die Kritik wappnen, bei seinen Grillenstudien handle es sich um nichts weiter als „Grillen" im übertragenen Sinne: um einfältige und dazu noch eskapistische Ideen oder Marotten.[165]

---

162 AÖAW, Nachlass Johann Regen, Nr. 6.
163 AÖAW, Nachlass Johann Regen, Nr. 6. Auch dieses Zitat stammt aus dem *Neuen Wiener Tagblatt*, allerdings vom 7.3.1925.
164 AÖAW, Nachlass Johann Regen, Nr. 6. Regen hat diese Worte des Herzogs von Sachsen, Ernst II. dem *Kaiserlich privilegirten Reichsanzeiger* vom 18.9.1798 entnommen. Das Zitat lautet im Ganzen: „Wer Hang zum Nachdenken und Forschen, und Sinn für wissenschaftliche Untersuchungen hat, findet den Stoff hierzu öfters, dem Anscheine nach, in den allerunbedeutendsten Gegenständen. Verschiedene gelehrte Männer, deren Namen man nicht anders als mit Achtung und Verehrung nennt, haben sich nicht geschämt, ihre Geisteskräfte auf Untersuchungen zu lenken, welche im Grunde mehr Übungen für den Verstande als sonst von unmittelbarem Nutzen waren; ja von vielen derselben waren die Veranlassungen öfters nichts mehr als bloße Tändeleyen und Spielwerke. Wollte man solche achtungswürdigen Männer deswegen tadeln, dass sie ihre kostbare Zeit auf die Ergründung solcher Dinge verwendet haben, so würde dies nicht so sehr die Ungerechtigkeit als die Unwissenheit eines solchen Splitterrichters beweisen."
165 Die Zitatsammlung erschließt sich nicht zuletzt vor dem Hintergrund des Drucks, dem Regen in den 20er Jahren ausgesetzt war. Wie oben erwähnt, sollte sein 1911 errichtetes und während des Ersten Weltkrieges stark mitgenommenes Freilandlaboratorium in Korneuburg bei Wien abgerissen werden. Dass im Zuge der Diskussionen hierüber auch der Vorwurf der geringen Bedeutung von Regens Grillenstudien im Raum stand, legt eine Passage im Gutachten von Frisch nahe, welches Regen 1927 in Auftrag gab. Frisch insistiert dort auf der Relevanz von Regens Forschungen: „Dem Fernerstehenden mag es ziemlich belanglos erscheinen, ob Grillen und Heuschrecken hören können oder nicht und in welcher Weise Männchen und Weibchen sich finden, aber wer mit diesen Dingen einigermaßen vertraut ist, der weiss, dass es sich hier um Fragen von hohem, theoretischem Interesse handelt, die mit vielen anderen Problemen der Biologie und auch der menschlichen Physiologie aufs engste verquickt sind. Es handelt sich also nicht um nebensächliche, sondern um wichtige wissenschaftliche Untersuchungen. [...]" Gutachten von Karl von Frisch vom 22. Juni 1927. AÖAW, Nachlass Johann Regen, Nr. 1.2.

6.4.2 Experimentieren: Anrufen, Antworten

Dabei ist es genau dieser eigenwilligen, von seinen Kollegen vielfach gepriesenen Herangehensweise Regens zu verdanken, dass er sich den Ruf eines „Pionier[s] der Insektenakustik"[166], aber auch der Bioakustik im Allgemeinen erwerben konnte. Regen ist der erste Entomologe in dieser bis auf Plinius zurückreichenden Forschungstradition, der verschiedenste Medientechniken und Apparate einsetzte, um die Lautkommunikation von Heuschrecken experimentell auszuloten.[167] Damit stehen seine Studien am Beginn eines neuen Forschungszweiges der Biologie, welcher die Tontechnik zum epistemischen Werkzeug erhebt, denn Medientechniken der Speicherung, Übertragung und Reproduktion von Schallwellen gehören inzwischen zur unabdingbaren Ausrüstung der Tierstimmenforschung.[168]

Regens innovativer Einsatz dieser ursprünglich vor allem in nichtwissenschaftlichen Kontexten der Unterhaltungs- und Kommunikationskultur verwendeten auditiven Medientechniken wie Phonograph, Telefon und Mikrofon geht nicht zuletzt auf die oben geschilderte zufällige Beobachtung zurück, dass Grillen und andere Schrecken miteinander alternieren, d. h. akustisch kommunizieren können. Für seine Versuche, sich in diese Kommunikation einzuschalten, passte der Biologe diese Hilfsmittel seinen jeweiligen Forschungsfragen an. Die umfunktionierten Apparate wurden dabei zu zentralen Akteuren der Wissensproduktion, etwa im telefongestützten Experiment, das Regen zwischen 1909 und 1913 zur Frage der Orientierung weiblicher Feldgrillen vornahm.[169] Um herauszufinden,

---

166 So bezeichnet Grmek den Biologen im Titel seines biographischen Aufsatzes über Regen, vgl. Grmek: Aperçu biographique sur Regen, pionnier de la bioacoustique des insectes.
167 Vgl. Bernard Dumortier: La stridulation et l'audition chez les insectes orthoptères: Aperçu historique sur les idées et les découvertes jusqu'au début du XXe siècle. Schon Aristoteles hatte sich mit der Frage befasst, mittels welcher Organe die Tiere zirpen und ob bzw. wie sie hören können. Lange Zeit wurden Schrecken für taub gehalten, schon allein, weil sie kein „Ohr" besitzen, ein anthropomorphistischer Fehlschluss, wie der Wissenschaftshistoriker Dumortier anmerkt. Ebd., hier S. 9. Die spezifischen Verhaltensweisen der Insekten, wie deren offenbare Reaktion auf Glockengebimmel und Händeklatschen (Plinius) sowie ihr lautstarkes Gezirpe in Verbindung mit ihrem Sexualverhalten legten aber immer wieder die Vermutung nahe, dass die Tiere über ein auditives Sinnesorgan verfügten. Schließlich machte 1773 der schwedische Entomologe Charles de Geer auf ein bis dato unbekanntes Organ an den Schenkeln von Heuschrecken aufmerksam, das Tympanalorgan. In diesem Organ vermutete de Geer die auditive Sinneswahrnehmung, eine These, die auch von den meisten nachfolgenden Entomologen vertreten wurde. Bemerkenswerterweise wurde jedoch bis zu Beginn des 20. Jahrhunderts nie versucht, sie experimentell zu validieren. Vgl. ebd., S. 21.
168 Vgl. Willkomm: Die Technik gibt den Ton an, S. 395.
169 Vgl. Regen: Über die Anlockung des Weibchens von Gryllus campestris L. durch telephonisch übertragene Stridulationslaute des Männchens.

über welche Sinne paarungsbereite Weibchen zu ihren männlichen Artgenossen finden, nutzte er die Möglichkeiten von herkömmlichen, „allerdings etwas geänderten Apparaten [...] Es waren dies: a) ein Kugelmikrophon, in Verbindung mit einem sehr empfindlichen Dosentelephon; b) ein Starktontelephon mit dem dazugehörigen Mikrophon."[170] Zur Durchführung seines Versuchs setzte Regen ein paarungsbereites Weibchen in ein gläsernes Terrarium, das er nach Belieben telefonisch mit einem im entfernten Nebenzimmer zirpenden männlichen Versuchstier verbinden konnte (Abb. 29).

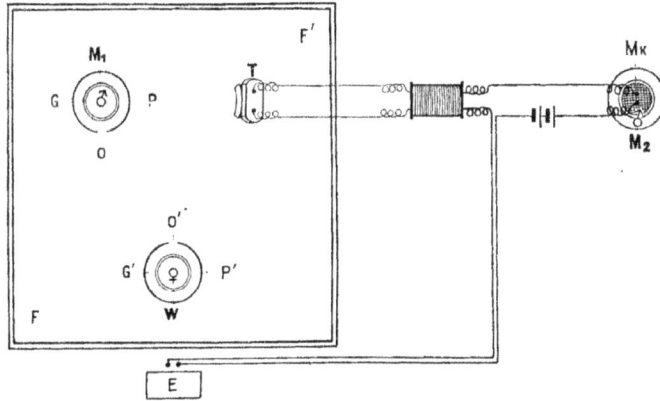

Abb. 29: Versuchsanordnung des Telefon-Experiments: Untersucht wird, wie das Weibchen W auf die über das Telefon T übertragenen Zirplaute eines Männchens M_2 reagiert. Der Experimentator E kann die Verbindung nach Belieben aufbauen bzw. unterbrechen.

In gewohnt präziser, in ihrer mikroskopischen Fassungskraft geradezu poetischen Sprache beschreibt der Biologe, was geschah, als er das Telefon einschaltete: Das Weibchen gelangte

> äußerst vorsichtig und ungemein langsam vorschreitend, gleichsam jeden Schritt überlegend, vor das Telephon, und zwar so, daß es dieses zu seiner rechten Seite hatte. Da blieb das Tier stehen, wendete sowohl den rechten als auch den linken Fühler in einem rechten Winkel zur Hauptachse seines Körpers wagrecht zum Telephon hin, drehte überdies noch seinen Kopf, soweit es nur der kurze Hals erlaubte, nach rechts, so daß sogar die zarte rötliche Verbindungshaut zwischen Kopf und Vorderbrust deutlich sichtbar wurde, und lauschte nun in dieser merkwürdigen Stellung ziemlich lange regungslos den vom Telephon übertragenen Zirplauten anscheinend mit größter Aufmerksamkeit, die Phasen jedes Zirplautes gleichsam analysierend.[171]

---

170 Ebd., S. 194.
171 Ebd., S. 198–199.

Für Regen war damit nicht nur bewiesen, dass die Zirplaute vom Weibchen wahrgenommen und als Lockrufe erkannt wurden. Die problemlose Orientierung des Tieres zum Telefon hin, wo das männliche Tier ausschließlich auditiv, nicht aber visuell bzw. olfaktorisch wahrgenommen werden konnte, zeigte zudem, dass weder der Gesichtssinn (etwa über die Wahrnehmung der Flügelbewegungen beim Zirpen) noch der Geruchssinn eine Rolle für die Anlockung spielten. Allein der Hörsinn und – wie Regen einräumt – der Tastsinn kämen als orientierende Sinne in Frage.[172]

In einem späteren Experiment konnte Regen dann auch den Tastsinn für die Wahrnehmung des Zirpens ausschließen. Er reagierte mit diesem Experiment auf die Kritik seines Kollegen Ernst Mangold, der zu bedenken gegeben hatte, dass die Tiere das Zirpen ihrer Artgenossen nicht zwangsläufig auditiv über die Luft, sondern womöglich über die Vibration des Bodens und folglich taktil wahrnähmen.[173] Um diesen Einwurf experimentell zu entkräften, entzog Regen seinen Versuchstieren buchstäblich den Boden unter den Füßen: Nachdem er zunächst eruiert hatte, dass die Schrecken auch dann miteinander alternierten, wenn sie auf zwei verschiedene Tische, d. h. nicht auf denselben Boden gesetzt wurden, wohingegen sie zu alternieren aufhörten, wenn sich ein Schallhindernis zwischen ihnen befand, schickte er sie in einem zweiten Versuch in die Luft. Es sollte nunmehr jegliche materielle Verbindungsstelle gekappt werden. Dafür platzierte er seine Versuchstiere in kleine, fünf cm^2 große Papierbehälter und brachte zwei dieser Behälter mithilfe einer selbstkonstruierten Ballonvorrichtung zum Schweben (Abb. 30).

Es stellte sich heraus, dass die Tiere auch ohne verbindende Unterlage miteinander alternierten, was Regen zufolge eindeutig bewies, dass sie die Zirplaute nicht über den vibrierenden Boden, sondern über die Luft wahrnehmen. Sie verfügen also, so der Biologe, über ein menschenähnliches „Gehörorgan im wahren Sinne des Wortes."[174]

Aber auch ein methodologisches Ergebnis hält Regen nach Durchführung dieser Experimente fest: „Die Stridulation zweier Männchen von *Thamnotrizon*

---

172 Vgl. ebd., S. 199–200.
173 Vgl. Regen: *Untersuchungen über die Stridulation und das Gehör von Thamnotrizon apterus Fab. ♂*. Zur Kontroverse zwischen Mangold und Regen siehe Matija Gogola: Sound or vibration, an old question of insect communication. In: Reginald B. Cocroft / Matija Gogola / Peggy S.M. Hill / Andreas Wessel (Hrsg.): *Studying vibrational communication*, Bd. 3: Animal Signals and Communication. Berlin: Springer 2014, S. 31–46.
174 Vgl. Regen: *Untersuchungen über die Stridulation und das Gehör von Thamnotrizon apterus Fab. ♂*, S. 889.

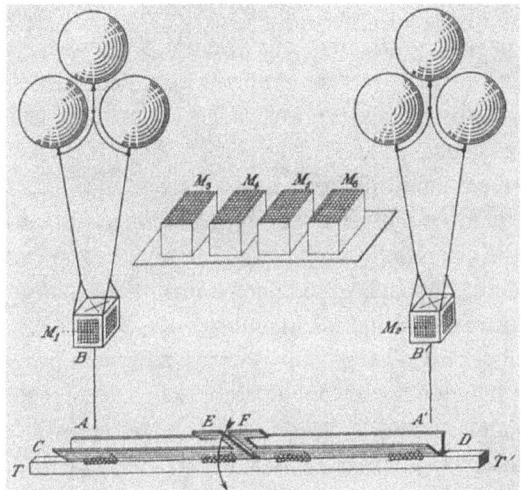

Abb. 30: Versuchsanordnung des Ballon-Experiments: Zwei männliche Versuchstiere (M_1 und M_2) alternieren selbst dann mit ihren am Boden befindlichen Artgenossen (M_3, M_4, M_5 und M_6) sowie miteinander, wenn sie den Kontakt zum Boden verloren haben.

apterus Fab. lässt sich experimentell beeinflussen."[175] Mag die Erkenntnis, das Lautverhalten seiner Versuchstiere durch den experimentellen Eingriff manipulieren zu können, auf den ersten Blick recht banal erscheinen, so markiert sie doch tatsächlich eine bemerkenswerte Zäsur im wissenschaftlichen Umgang mit tierlichem Lautverhalten. Anstatt Tieren nur zuzuhören, die Laute zu notieren und als Forscher gewissermaßen „außen vor" zu bleiben, versucht Regen nun, sich einen intimen Zugang zur Lautwelt der Tiere zu verschaffen, indem er die Bedingungen ihrer Kommunikation gezielt verändert. Abgesehen von Schalltrichtern, Ballonkonstruktionen und anderen apparativen Vorrichtungen erwiesen sich auditive Speicher- und Übertragungsmedien dabei als besonders geeignet, weil sie Interventionen ermöglichen, die von den Versuchstieren als solche unbemerkt bleiben. Durch vermeintlich originalgetreue Reproduktion (Phonograph), Übertragung (Telefon) oder aber Verstärkung (Mikrofon) der Tierlaute verhelfen diese Apparaturen Regen und Forschenden in seiner Nachfolge dazu, die Versuchstiere mit deren vermeintlich eigenen „Stimmen" bzw. Lauten zu konfrontieren – der erste Schritt zum sogenannten Playback-Verfahren. Schon vor Regen gab es – bis zur Antike zurückreichende – Versuche, mithilfe von Musikinstrumenten, der menschlichen Stimme oder anderen Tierlaute imitierenden Schall-

---

[175] Ebd., S. 891.

quellen mit Tieren zu kommunizieren. Nicht nur aus der Geschichte der Ornithologie, sondern auch der Entomologie sind solche Versuche bekannt.[176] Diese litten aber an der methodischen Schwierigkeit, dass nicht eindeutig zu unterscheiden war, ob das Versuchstier darauf akustisch reagierte, weil es das künstlich produzierte Lautsignal tatsächlich als das seinige erkannte oder weil es sich ganz einfach gestört bzw. anderweitig akustisch animiert fühlte.[177] Umso vielversprechender schien es, nunmehr mit medientechnisch reproduzierten bzw. übertragenen Lauten experimentieren zu können, die einerseits – so war man überzeugt – von den Versuchstieren als authentisch wahrgenommen wurden und andererseits kontrolliert einsetzbar waren. Phonograph, Telefon und Mikrofon boten die Möglichkeit, die Tierlaute von ihrer ursprünglichen Schallquelle abzukoppeln und nach Belieben erklingen zu lassen. Dabei fungierten sie sowohl als technische Dinge, insofern sie innerhalb der Experimentalanordnungen dazu dienten, Erkenntnisse über das (Laut-)Verhalten der Versuchstiere zu Tage zu fördern, als auch als epistemische Dinge, insofern sie selbst immer noch Gegenstand des Erkenntnisinteresses blieben.[178] Hatte schon Garner im Rahmen seines Playback-Experiments versucht, die Laute der Affen epistemisch zu entschlüsseln, indem er sie vor anderen Affen phonographisch abspielte (siehe Kapitel 5), d. h. als ‚technische Dinge' einsetzte, schwanken auch die von Regen verwendeten Tierlaute zwischen epistemischem und technischem Ding, zwischen unerschlossenem Gegenstand und technisiertem Mittel des Erkenntnisinteresses.

Deutlich wird dies im oben beschriebenen telefongestützten Experiment zur Orientierung eines paarungsbereiten Weibchens. Vorausgegangen waren ihm Versuche zum Aufbau des Zirplautes einer lockenden männlichen Feldgrille,

---

176 Vgl. Dumortier: La stridulation et l'audition chez les insectes orthoptères: Aperçu historique sur les idées et les découvertes jusqu'au début du XXe siècle, S. 10, der auf Plinius Bemühungen verweist, Grillen mittels Händeklatschen und Glockengebimmel zur Reaktion zu bewegen (siehe hierzu die Fußnote 167). Auch der Zoologe Hermann Landois berichtet von derartigen Versuchen: Zur Todtenuhr (gescheckter Nagekäfer bzw. bunter Pochkäfer), einer Käferart, deren Name sich dem Ticken verdankt, welches dieses Tier typischerweise äußert, schreibt Landois: „Man kann die Käferchen leicht beim Ticken selbst beobachten. Man braucht nur mehrere Thierchen in ein Holzdöschen einzusperren. Klopft man in deren Nähe mehrere Male hintereinander mit dem Nagel des Zeigefingers auf den Tisch, so beantworten die Käferchen diesen Lockton sofort." Hermann Landois: *Thierstimmen*. Freiburg im Breisgau: Herder 1874, S. 103. Zu weiteren ähnlichen Versuchen im 19. und frühen 20. Jahrhundert siehe Dumortier: L'œuvre d'Ivan Regen, précurseur de la bioacoustique des insectes, S. 216.
177 Wie Christoph Hoffmann am Beispiel der bioakustischen Forschung an Fischen gezeigt hat, muss sich die Bioakustik auch heute noch dieser Schwierigkeit stellen. Siehe Hoffmann: Sprechen Fische?.
178 Siehe zu diesen Begriffen Rheinberger: *Experimentalsysteme und epistemische Dinge*.

deren vorläufige Ergebnisse Regen nur wenige Wochen zuvor veröffentlicht hatte.[179] Mittels der ‚photographischen Registriermethode', mit der die beim Zirpen entstehenden Schwingungen auf lichtempfindliches Papier übertragen wurden, hatte Regen herausgefunden, dass „das Gezirpe des lockenden Männchens von *Gryllus campestris* L. [...] sich bis in die letzten Phasen hinein mit überraschender Regelmäßigkeit, ja beinahe mit mathematischer Präzision ab[spielt]."[180] Damit war nicht zuletzt die biologische Bedeutung des Lautes als spezifischer, weil bestimmten physikalischen Gesetzmäßigkeiten gehorchender Lockruf um ein Vielfaches gesichert. Im darauffolgenden Telefon-Experiment nutzt Regen denselben – soeben noch epistemisch erkundeten – Lockruf sodann als technisches Mittel, um die Art der Orientierung weiblicher Feldgrillen zu ermitteln. Dass das Versuchstier sich „mit größter Aufmerksamkeit" auf die telefonisch übertragenen Laute seines männlichen Artgenossen zubewegt, „die Phasen jedes Zirplautes gleichsam analysierend", beweist dabei nicht nur, dass sich Feldgrillen primär über ihren Gehörsinn orientieren. Das Verhalten des Weibchens hat zudem wiederum Rückkopplungseffekte auf den Lockruf des Männchens als epistemisches Ding: So sieht Regen seine vorhergehenden Untersuchungen über die physikalische Beschaffenheit des Lockrufs bestätigt, insofern das Weibchen diesen in all seinen spezifischen Einzelheiten zu erkennen scheint. Wie vor ihr der Biologe wird die weibliche Grille hier zur Decodiererin des männlichen Zirplautes, vermag sie diesen – glaubt man Regen – doch ganz genau zu „analysieren". Interessant an dieser anthropomorphisierenden Zuschreibung ist, dass Regen hier sein experimentell erworbenes Wissen über die Bioakustik der Feldgrille auf die Tiere selbst überträgt: Weil er weiß, dass sich der Lockruf der männlichen Feldgrille aus sehr regelmäßigen Schwingungsphasen zusammensetzt, nimmt er an, dass weibliche Grillen kognitiv in der Lage sind, diese Phasen zu analysieren und als Charakteristika des männlichen Lockrufs zu erkennen. Darauf deute nicht zuletzt die entsprechende Reaktion des weiblichen Versuchstiers: „Nachdem es sich anscheinend vollends überzeugt hatte, daß eine Täuschung ausgeschlossen sei, ging es ganz zum Telephon hin und umkreiste dasselbe, wie wenn es das Männchen suchte."[181]

---

[179] Vgl. Johann Regen: Untersuchungen über die Stridulation von Gryllus campestris L. unter Anwendung der photographischen Registriermethode. In: *Zoologischer Anzeiger* 42 (1913), S. 143–144. Siehe auch das dazugehörige Manuskript „Photographische Registrierung der Tierstimmen", in welchem Regen die Methode beschreibt. AÖAW, Nachlass Johann Regen, Nr. 2.3.
[180] Regen: Untersuchungen über die Stridulation von Gryllus campestris L. unter Anwendung der photographischen Registriermethode, S. 144.
[181] Regen: Über die Anlockung des Weibchens von Gryllus campestris L. durch telephonisch übertragene Stridulationslaute des Männchens, S. 199.

Die signalerkennenden Fähigkeiten gesteht Regen der Grille auch in anderen Schriften zu, die Aufschluss geben über seine Versuche, sich in die Lautkommunikation der Insekten einzuklinken. Im Zuge seiner Untersuchungen zur Hörgrenze der Tiere bemühte sich Regen etwa darum, die Alternation zweier männlicher Feldgrillen mittels künstlich erzeugter Töne und verschiedenartiger Geräusche zu „stören".[182] Hintergrund ist seine Forschungsfrage, wo die Hörgrenze der Tiere liege bzw. auf welche künstlich erzeugten Töne und Geräusche außerhalb ihres natürlichen Lautspektrums sie akustisch reagierten. Die Hörgrenze der Tiere versuchte er mittels einer sogenannten Galtonpfeife zu ermitteln, die für den Menschen nicht mehr wahrnehmbare Töne im Ultraschallbereich erzeugen kann. Dass die Grillen sie zirpend „beantworten", nahm Regen als Beweis für ihr überdurchschnittlich sensibles Hörorgan.[183] Außerdem entwickelte er einen „künstlichen Zirpapparat", um eine noch authentischere Einstimmung in den Alternationsgesang zu erreichen und herauszufinden, wie die Tiere auf diese künstliche Quelle vertrauter Töne reagieren würden.[184] Weil die zunächst eingesetzten älteren Versuchstiere nicht gewillt waren, mit dem Zirpapparat zu alternieren, ersetzte Regen sie durch zwei sehr junge Tiere, in der Annahme, diese könnten sich noch in der Einübungsphase des Alternierens befinden und sich mit der Zeit an den „fremden Ton" des Apparates gewöhnen.[185] Doch auch unter den so geänderten Bedingungen und trotz tagelanger Versuche wollte sich „nicht der geringste Erfolg"[186] einstellen. So „begann meine Zuversicht zu schwinden und ich experimentierte bereits seltener", erinnert sich Regen. Bis eines Tages

---

182 Vgl. Johann Regen: Experimentelle Untersuchungen über das Gehör von Liogryllus campestris L. In: *Zoologischer Anzeiger* 40 (1913), S. 305–316 und Regen: *Über die Beeinflussung der Stridulation von Thamnotrizon apterus Fab. ♂ durch künstlich erzeugte Töne und verschiedenartige Geräusche.*
183 Vgl. ebd., S. 352–368, hier S. 368.
184 Vgl. ebd., S. 335–342. Bei der Konstruktion des Zirpapparates orientierte sich Regen an den Eigenschaften des Stridulationsschalles seines Versuchstiers, die er mit der fotografischen Registriermethode (siehe oben) ermittelt hatte. Die Kurve deutete darauf hin, dass ein Zirplaut etwa 1/5 einer Sekunde dauert und aus vier Maxima besteht, die laut Regen jeweils durch das Aneinanderreihen von Schrillkante und Schrillader der Flügel zustande kommen und den spezifisch intermittierenden Ton des Zirplautes ergeben. Dieses Intermittierende versuchte der Biologe nun apparativ zu imitieren, indem er die Saite eines kleinen Monochords mittels einer Kurbelvorrichtung von vier an einem Rad befestigten Plektren sehr schnell hintereinander anschlagen ließ. „Bei jeder mit der Hand entsprechend rasch ausgeführten vollen Umdrehung dieses Plektrenrades entstand also ein intermittierender Ton, der bei richtigen Dimensionen der wesentlichen Bestandteile des Apparates wenigstens in einigen Beziehungen dem Zirplaut meines Versuchstiers nahe kam." Ebd., S. 338.
185 Vgl. ebd., S. 339–340.
186 Ebd., S. 341.

der 31. August 1925 heran[kam]. Es war gegen 11 Uhr nachts. [...] Als nun die beiden Männchen wieder zu alternieren begannen und sich das Alternieren nach und nach immer lebhafter gestaltete [...] ließ ich neuerdings die Saite meines Apparates zugleich mit den Zirplauten des Nachsängers erklingen. Ich näherte mich nun dem Nachsänger. Als ich in seine Nähe gelangte, gerieten meine Saitenschläge und seine Zirplaute durcheinander. In diesem Augenblick aber glaubte ich zu hören, der Vorsänger entscheide sich für meinen Saitenklang. Der Nachsänger verstummte und – welche Überraschung! – der Vorsänger alternierte mit mir weiter fort. [...] Bald nachher war dieses denkwürdige akustische Spiel zwischen einem Menschen und einem Insekte zu Ende.[187]

Wenig später gelingt es Regen sogar, ganz ohne Zirpapparat, d. h. nur mittels seiner eigenen Stimme, mit den Grillen in lautliche Interaktion zu treten, sobald er den richtigen Ton trifft, um die Grillen zum „[A]ntworten" zu bewegen.[188] Während Regen im Telefonexperiment die Fähigkeit seiner Versuchstiere, das Zirpen ihrer Artgenossen in Aufbau und Bedeutung genauestens verstehen und sich entsprechend verhalten zu können, unter Beweis gestellt hatte, untersucht er nun, inwiefern sie auf arteigene und -fremde Laute auch akustisch angemessen reagieren können. Dass Regen ihre Reaktion als „Antworten" bezeichnet, ist bemerkenswert, handelt es sich doch – wie unter anderem Derrida gezeigt hat – um einen den Tieren traditionell abgesprochenen Sprechakt.[189] Für das von der westlichen Philosophie seit jeher reproduzierte anthropozentrische „Notenliniensystem"[190] der Mensch-Tier-Differenz sei das Unvermögen des Tieres zu antworten sogar absolut wesentlich, so Derrida. Denn in diesem System seien „die Menschen zuallererst jene Lebenden, die sich das Wort gegeben haben, um mit einer einzigen Stimme vom Tier zu sprechen und um in ihm denjenigen zu bezeichnen, der, als einziger, ohne Antwort geblieben wäre, ohne Wort, um zu antworten."[191]

Mit seinen medienexperimentellen Vorstößen in die Lautwelt der Grillen und Schrecken bringt Regen dieses anthropozentrische „Notenliniensystem" in Unordnung, und zwar in doppelter Hinsicht: In seiner Sprache, die die Tiere als antwortend, musizierend, verstehend und sogar als entscheidungs- und handlungsfähig beschreibt; und im spielerischen Akt des Experimentierens, indem er sich, beinahe selbst zum Insekt mutierend, zirpend auf Augen- bzw. Ohrenhöhe

---

187 Ebd., S. 341–342.
188 Ebd., S. 341.
189 Siehe den Vortrag *L'Animal que donc je suis* (*Das Tier, das ich also bin/dem ich also folge*), den Derrida 1997 im Schloss von Cerisy-la-Salle gehalten hat, bevor er 2006 veröffentlicht wurde: Derrida: *Das Tier, das ich also bin*, S. 100.
190 Ebd.
191 Ebd., S. 59.

seiner Versuchstiere begibt, um akustisch mit ihnen zu interagieren.[192] Dieses versuchsweise „Grillewerden" – sei es mittels des Telefons, der Galtonpfeife, des Zirpapparates oder der eigenen Stimme – bricht die Grenze zwischen sprech- und sprachbegabtem Menschen und stummem, allenfalls akustisch reagierendem Tier für einen kurzen Moment auf und macht sie als eine Schwelle erkennbar, auf der Menschen zu Zirpenden und Insekten zu Sprachverständigen werden können.

6.4.3 Messen: Aufzeichnen, Visualisieren, Vergrößern

Abgesehen vom Laut*verhalten* seiner Versuchstiere interessierte sich Regen auch für die physikalische *Beschaffenheit* der Laute selbst, um diese schließlich – wie im Folgenden zu zeigen sein wird – ganz ähnlich als Schwellenlaute, als zwischen Geräusch und Sprache angesiedelte Laute zu entdecken. Erste Vorstöße auf dem Gebiet der akustischen Insektenphonetik bildeten die oben beschriebenen phonographischen Experimente zur Schwingungszahl der Zirplaute von Feldgrillen, die Regen 1904 in Zusammenarbeit mit dem Physiologen Alois Kreidl durchführte. Über die mikroskopisch auslesbaren Rillen, die das Zirpen der Tiere in den Wachsplatten des Phonographen hinterließ, ermittelten die beiden Forscher die Anzahl der Schwingungen und damit die Tonhöhe der Zirplaute.[193] Eine weitere Technik, um den physikalischen Eigenschaften des Zirpens auf den Grund zu gehen, entwickelte Regen 1913 mit der ebenfalls bereits erwähnten „fotografischen Registriermethode": Hierbei wurden die beim Zirpen entstehenden Schwingungen mithilfe eines Saitengalvanometers so umgeleitet, dass sie in Form eines Lichtstrahls auf rotierendes Fotopapier trafen und dort eine Kurve hinterließen.[194]

---

192 Ein interessantes Nachleben findet diese Interaktion in den musikalischen Stücken von David Rothenberg, der nicht nur mit Walen und Vögeln, sondern auch mit Insekten, genauer: Zikaden, gemeinsam musiziert. Siehe hierzu seine 2014 veröffentlichte Monographie *Bug music*, in der Rothenberg seine musikalischen Experimente in einen wissenschaftlichen Kontext stellt und unter anderem den Einflüssen nachgeht, die das Zirpen der Grillen und Zikaden auf die klassische und moderne Musik hatte. David Rothenberg: *Bug music. How insects gave us rhythm and noise*. New York: Picador 2014.
193 Vgl. Kreidl / Regen: *Physiologische Untersuchungen über Tierstimmen (1. Mitteilung) Stridulation von Gryllus campestris*.
194 Vgl. Regen: Untersuchungen über die Stridulation von Gryllus campestris L. unter Anwendung der photographischen Registriermethode. Regen beschreibt diese Technik im unveröffentlicht gebliebenen Manuskript „Photographische Registrierung der Tierstimmen", AÖAW, Nachlass Johann Regen, Nr. 2.3. Er verwendete den von Theodor Edelmann entwickelten Saitengalvanometer, der üblicherweise zur Messung von elektrischen Körperströmen verwendet wurde.

Beide Techniken – die phonographisch-mikroskopische und die galvanometrisch-fotografische – stellten den Versuch dar, die flüchtigen Zirplaute zu visualisieren und dadurch einen Zugang zu deren physikalischer Beschaffenheit zu bekommen. Damit stehen sie in einer langen Tradition: Zwar hatten Bestrebungen, Schallwellen durch automatische Selbstabbildung sichtbar zu machen, um 1900 Konjunktur. Sie reichen aber mindestens bis zu Ferreins 1741 durchgeführten Experimenten zurück, für die der Physiologe die Kehlköpfe von Menschen und Tieren in einer „einfachen Maschine" aufspannte, um nicht nur hören, sondern erstmals auch sehen zu können, wie sich der durchgeblasene Luftstrom – die Stimme – verhalte (siehe Kapitel 1).[195] Auch Chladnis Klangfiguren (siehe Kapitel 3), Édouard-Léon Scotts Phonoautograph und Victor Hensens Sprachzeichner – um nur einige der zahl- und variantenreich hervorgebrachten Techniken zur Schallaufzeichnung zu nennen – verdanken sich solchen Visualisierungsbestrebungen.[196] Sie reagierten auf ein wachsendes Problembewusstsein für die Grenzen und Tücken der menschlichen Wahrnehmung und Aufzeichnung. Dass unsere Sinne wie auch unsere Sprache ephemere Phänomene wie Schall in ihrer Gänze nicht zu erfassen vermögen, war eine zentrale Erfahrung der Moderne, die mit der Entwicklung immer neuer technischer Verfahren zur möglichst umfassenden Registrierung jener Phänomene noch potenziert wurde. So führten die visuellen Abdrücke, die der Schall in Form von Klangfiguren oder Kurven hinterließ, zuallererst vor, was den Sinnen normalerweise entzogen blieb und was sich auch mit der Sprache nur defizitär erfassen lässt.

Neben der Erweiterung der Wahrnehmungsgrenzen galten die genannten Technologien zudem der Ausschaltung des Subjektivitätsfaktors menschlicher Wahrnehmung und Aufzeichnung. Insbesondere tierliche Laute lenkten den Blick auf die kulturellen und individuellen Voreinstellungen beim Hören. Während etwa das Krähen des Hahns im deutschsprachigen Raum als „,Kikeriki', ,Kükerükü', ,Kükelikü' (ostfr.) und Gigkerigki (tirolisch)" wahrgenommen werde, schreibt der Biologe Bastian Schmid 1930, höre man denselben Laut in anderen Ländern als ,Coquericot' (frz.), ,Cockadiddle dow' (engl.) oder dänisch ,Kykkiliky'.[197] Aufgrund der „Fremdheit des Klanges" tierlicher Laute im Vergleich zu

---

195 Zwar ging es hier eher um die Sichtbarmachung der Bewegungen des Stimmapparates während der Stimmgebung. Damit verband sich aber nicht zuletzt auch das Interesse, den akustischen Eigenschaften der Stimme selbst visuell auf die Spur zu kommen.
196 Siehe zu diesen Bestrebungen und den verschiedenen Techniken, die sie hervorgebracht haben unter anderem Stefan Rieger: *Schall und Rauch. Eine Mediengeschichte der Kurve.* Frankfurt am Main: Suhrkamp 2009, S. 73–100 sowie Patrick Feaster (Hrsg.): *Pictures of sound. One thousand years of educed audio: 980–1980.* Atlanta: Dust-to-Digital 2012.
197 Schmid: Tierphonetik, S. 762.

den vertrauten Idiomen der Muttersprache belege man sie schon beim Hören allzu schnell mit solch tradierten, höchst suggestiven Lautmalereien.[198] Umso schwieriger sei es, den authentischen Klang der Tierlaute später aus dem Gedächtnis zu rekonstruieren und aufzuschreiben.[199] Hinzu kämen akustische Täuschungen über die Klanggestalt mancher Laute, die schon von zwei Personen mit derselben Muttersprache ganz verschieden wahrgenommen werden könnten.[200] Um solche vielfach problematisierten Fehlerquellen beim Hören und Niederschreiben der Schallwellen auszuschließen, wollte man diese möglichst unvermittelt, d. h. ohne die subjektive Übersetzungsleistung des Forschers zur Anschauung bringen.

Eine solche Unmittelbarkeit versprachen nun Apparate, die den Schall mechanisch aufzeichneten und damit der zeitgenössischen Vorstellung von Objektivität entsprachen.[201] Mehr noch als auf den Phonographen, mit dem sich die Tierlaute zwar mechanisch speichern und jederzeit wiederabspielen ließen, aber nicht, wie Schmid ausführt, die Schwierigkeit der „Übermittlung subjektiver Gehörswahrnehmungen"[202] ausräumen ließ, wurde dabei auf mechanische Apparate zur Schallsichtbarmachung gesetzt. In denen von diesen hervorgebrachten „visuellen Inskriptionen"[203] – seien es die Klangfiguren Chladnis oder die mikroskopisch sichtbar werdenden Phonographenrillen bzw. die galvanometrisch auf Papier sich abbildenden Schwingungskurven bei Regen – gelangten die Schallwellen vermeintlich selbst zur Aufzeichnung. Eine schriftliche Übermittlung des Gehörten an das wissenschaftliche Lesepublikum schien damit nicht mehr nötig. Im Unterschied zu Tonaufnahmen konnten die visuellen Schallinskriptionen vielmehr problemlos vervielfältigt und direkt in die Abhandlung eingefügt werden, um sie so ins Forschernetzwerk einzuspeisen. Als zweidimensionale papierne Dokumente boten sie zudem den Vorteil, ohne größeren Aufwand bearbeitet, d. h. zerschnitten, vergrößert, wieder zusammengefügt oder übereinander geblendet zu werden.[204] Verschiedene Schallerzeugnisse konnten direkt nebeneinander ge-

---

198 Siehe zu dieser Problematisierung der subjektiven Hörwahrnehmungen von Tierlauten, die in der Musikpsychologie und Ornithologie des beginnenden 20. Jahrhunderts ihren Höhepunkt erreichte, auch die Kapitel 4.2.3. und 4.3.
199 Vgl. ebd.
200 Vgl. ebd., hier S. 762–763.
201 Vgl. Daston / Galison: *Objektivität*, S. 121–200.
202 Schmid: Tierphonetik, S. 763.
203 So fasst Joeri Bruyninckx in Anlehnung an Bruno Latour die Spektogramme, welche seit den 1940er Jahren von Ornithologen verwendet wurden, um Vogelgesang zu untersuchen. Vgl. Bruyninckx: *Listening in the field*, S. 154–160.
204 Vgl. ebd., S. 155.

stellt und auf einen Blick miteinander verglichen werden, etwas, das bei Tonaufnahmen nur im zeitlichen Modus des Nacheinander möglich war.[205]

Wie Joeri Bruyninckx anhand der Vogelstimmenaufzeichnung gezeigt hat, waren es gerade diese handlungsbezogenen Möglichkeiten, welche die visuelle Schallaufzeichnung für die frühe Bioakustik so attraktiv werden ließen.[206] Auch Regen machte sie sich gegen Ende seines Lebens obsessiv zu Nutze. Ab 1927, viele Jahre nach seinen Experimenten mit Phonograph und Saitengalvanometer, entdeckte der Biologe den Oszillografen für seine Forschungen.[207] Dieser funktionierte ähnlich wie ein Galvanometer, konnte im Gegensatz zu diesem aber auch höherfrequente Schwingungen registrieren und über einen gespiegelten Lichtstrahl als Kurven zu Papier bringen. Die entstehenden Oszillogramme eröffneten Regen nebeneinandergestellt die feinen, mit dem Ohr allein kaum wahrnehmbaren Unterschiede zwischen den Zirplauten verschiedener Arten und Individuen. Seinen Notizbüchern lässt sich entnehmen, welchen Eindruck die sichtbar werdenden Kurven anfangs auf ihn machten: „Ich hörte die Zirplaute (nebensächlich, da das menschliche Ohr alle gleich hört). Ich sah die Formen der Zirplaute im rotierenden Spiegel und erkannte so die Form des Gesanges mit dem Auge. Der Mensch kann die Formen nur mit seinem Auge, nicht mit seinem Ohr unterscheiden."[208]

Fasziniert von den neuen Einblicken in die akustische Welt der Schrecken, welche die oszillografische Methode versprach, machte Regen sie zum Dreh- und Angelpunkt seines neuen und letzten großen Forschungsprojektes: Er wollte den akustischen Eigenarten der Zirplaute verschiedener Schreckenarten auf den Grund gehen, indem er sie oszillografisch aufzeichnete und untersuchte. Die Ergebnisse sollten in einer umfassenden Monographie über die Bioakustik der Insekten veröffentlicht werden, mit der Regen seine wissenschaftliche Karriere gleichzeitig würdig zum Abschluss bringen wollte. Die Akademie der Wissenschaften hatte ihm zugesichert, die Kosten der Publikation zu übernehmen, was angesichts der zahlreichen Bildtafeln, die der Biologe vorgesehen hatte, keine Selbstverständlichkeit war.[209] Obwohl Regen jahrelang an diesem Projekt arbeitete, kam es jedoch nie zu einer Veröffentlichung. Schuld war nicht allein sein schlechter Gesundheitszustand, der ihn immer wieder zwang, mit der Arbeit zu pausieren. Als Regen 1938

---
205 Vgl. ebd., S. 155–157.
206 Vgl. ebd., S. 157.
207 Vgl. Grmek: Aperçu biographique sur Regen, pionnier de la bioacoustique des insectes, S. 204–205.
208 AÖAW, Nachlass Johann Regen, Nr. 10. Unterstreichungen so im Original.
209 Vgl. Grmek: Aperçu biographique sur Regen, pionnier de la bioacoustique des insectes, hier S. 204.

sein Material langsam, aber stetig soweit zusammengetragen und ausgewertet hatte, dass er mit der schriftlichen Ausarbeitung beginnen konnte, setzte der Zweite Weltkrieges seinem Vorhaben ein jähes Ende.[210] Geblieben sind neben wenigen Notizen und einem in slowenischer Sprache verfassten Brief vor allem mehrere Tausend Oszillogramme, die der Biologe im Laufe der Jahre mit der gewohnten Akribie und Beharrlichkeit angefertigt hatte.[211]

Auf ihnen sind die Schwingungskurven ganz unterschiedlicher Zirplaute zu sehen. In ihrer schieren Masse zeugen sie von der immensen Zeit und Energie, die Regen auf dieses Projekt verwandt hat. Einige der Oszillogramme hat der Biologe bearbeitet, um sie für die geplante Veröffentlichung aufzubereiten. So stellte er ausgewählte Kurven nebeneinander (Abb. 31) und beauftragte professionelle Grafiker mit der Vergrößerung mancher Kurven – „[d]amit man die Schwingungen mit freiem Auge sieht", wie es in einem seiner Notizbücher heißt.[212] Was genau die Oszillogramme evident machen sollten, bleibt jedoch weitgehend unklar. Die wenigen Notizen, mit denen sich Regen auf sie bezieht, fallen zu knapp aus, um die Kurven und die mit ihnen verbundene Aussageabsicht verständlich werden zu lassen.[213]

Aus einer vorläufigen und der einzigen diesbezüglichen Publikation von 1930 lässt sich zumindest die (frühe) Stoßrichtung seines Projektes erkennen: In der kurzen Schrift *Über den Aufbau der Stridulationslaute der saltatoren Orthopteren* stellt Regen erste Ergebnisse seiner oszillografischen Untersuchungen vor. Diese hätten ganz allgemein ergeben, dass Zirplaute „akustische Gebilde" seien, die sich aus mehreren rasch aufeinanderfolgenden Perioden zusammensetzten und in dieser Hinsicht dem menschlichen r-Laut ähnelten.[214] Anhand der Oszillogramme kann der Biologe Systematisierungen der Zirplaute vornehmen und diese in verschiedene Typen unterteilen. So lasse sich beispielsweise zeigen, dass nahezu jede Periode entweder aus einer großen Schwingungsgruppe (Schwingungen mit großen Amplituden) und einer nachfolgenden kleinen Schwingungsgruppe (Schwingungen mit kleinen Amplituden) bestehe oder aber aus einer großen

---

210 Vgl. ebd.
211 Vgl. ebd., S. 205.
212 AÖAW, Nachlass Johann Regen, Nr. 10.
213 Vgl. auch Grmek: Aperçu biographique sur Regen, pionnier de la bioacoustique des insectes, S. 204–205.
214 Vgl. Johann Regen: *Über den Aufbau der Stridulationslaute der saltatoren Orthopteren*. Aus den Sitzungsberichten der Akademie der Wissenschaften in Wien. Mathem.-naturwiss. Klasse. Bd. 139. Abt. 1. 8. bis 10. Heft. Wien: Akad. d. Wiss. 1930, S. 539.

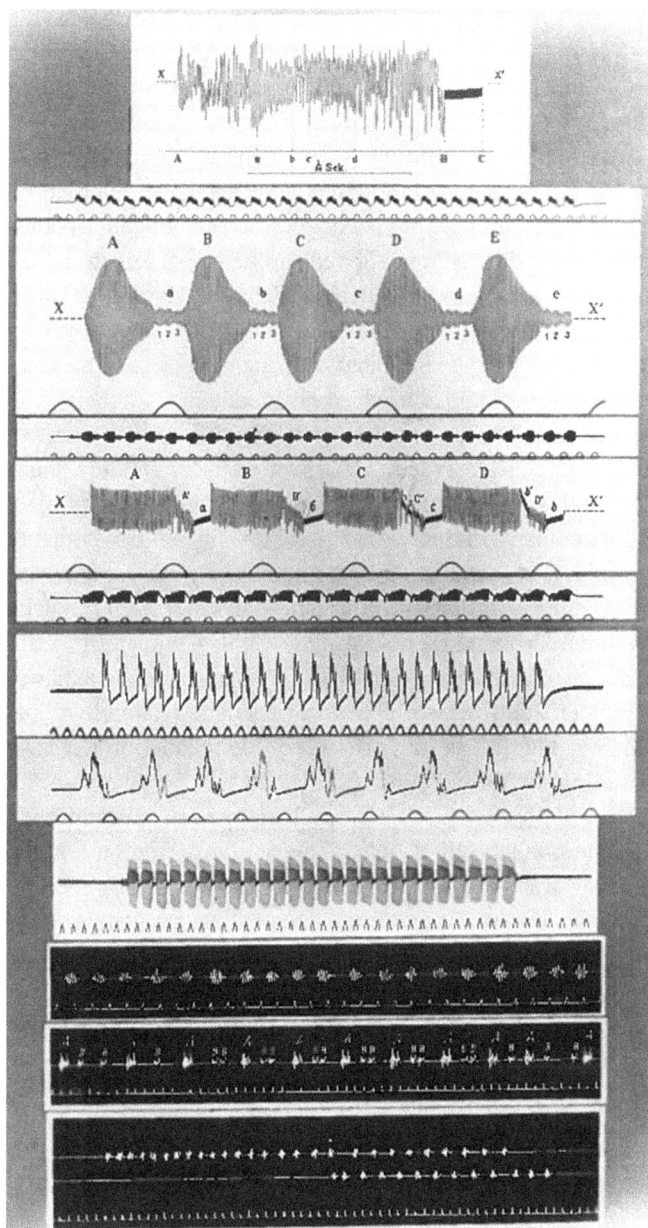

Abb. 31: Oszillogramme verschiedener Schreckenarten (laut Grmek *Gryllus campestris* und *Oecanthus pellucens*), die Regen 1934 angefertigt und neben anderen Oszillogrammen für seine geplante, aber nie veröffentlichte Monographie zur Bioakustik der Insekten zusammengestellt hat.

Schwingungsgruppe mit anschließender Pause. Ersteren Fall bezeichnet Regen als Typus I, letzteren als Typus II.[215] Abgesehen davon führten die Oszillogramme noch zahlreiche weitere Ähnlichkeits-, aber auch Differenzmerkmale der Zirplaute vor Augen. So verhielten sich die Schwingungsgruppen entweder symmetrisch (*S*) oder asymmetrisch (*T* bzw. *W*) zur Nulllinie.[216] Sie würden meist einheitlich aus entweder großen oder kleinen Amplituden bestehen, manchmal aber auch durch plötzlich dazwischengeschaltete, auffallend andersartige Schwingungen „zerklüftet".[217] In welcher Kombination die Merkmale jeweils auftreten, so Regen, hänge von der spezifischen Schreckenart ab. So verwenden etwa Feldgrillen (*Gryllus campestris*) die Perioden des Typs I *S* und II *S* – d. h. aus großer Schwingungsgruppe und kleiner Schwingungsgruppe bzw. Pause zusammengesetzte Perioden, die symmetrisch ausgerichtet sind. Im Unterschied dazu baue die Laubheuschrecke (*Thamnotizon apterus*) ihre Zirplaute nur aus Perioden des Typs I *S* auf, bei denen die Schwingungsgruppen außerdem nicht symmetrisch, sondern mehr oder weniger zerklüftet sind. Zusammen mit anderen Charakteristika entpuppen sich die auf den Oszillogrammen sichtbar werdenden Kurventypen der Zirplaute so als „Arterkennungszeichen"[218], als taxonomisch relevante Merkmale. Zwar verwendeten verschiedene Schreckenarten mitunter denselben Periodentyp (siehe oben), trotzdem seien deren Zirplaute niemals gleich, wie Regen ausführt, insofern „sowohl der zeitliche Verlauf dieser beiden Gruppen als auch die Wellenlänge und Amplitude der einzelnen Schwingungen [...] sogar bei nahe verwandten Spezies so verschieden voneinander [sind], daß man sofort zu erkennen in der Lage ist, von welcher Spezies die betreffende Periode [...] stammt."[219]

Unter dem Zugriff des Biologen wurden die Oszillogramme zu epistemischen Bildern, mit denen die menschliche Hörschwelle überschritten werden konnte. Sie machten etwas sichtbar, was vorher in dieser Deutlichkeit nicht zu hören und noch weniger zu sehen war: Die in Kurven übersetzten Schwingungen der Zirplaute traten in einer nie gekannten Komplexität und Spezifik hervor. Sie ließen sich nicht nur typologisieren, messen und miteinander vergleichen, sondern auch vergrößern, um noch detailliertere Messungen vornehmen zu können. Wie

---

215 Vgl. ebd.
216 Vgl. ebd., S. 541.
217 Ebd.
218 So Regen in seinem Notizbuch. AÖAW, Nachlass Johann Regen, Nr. 10.
219 Regen: *Über den Aufbau der Stridulationslaute der saltatoren Orthopteren*, S. 543.

bei seinen 1904 mit Mikroskop und Camera Lucida erreichten Sichtbarmachungen phonographisch entstandener „Schrillstreifen" vergrößert Regen die auf Fotopapier registrierten Schwingungen auch diesmal so, dass er sie zählen kann (Abb. 32).[220]

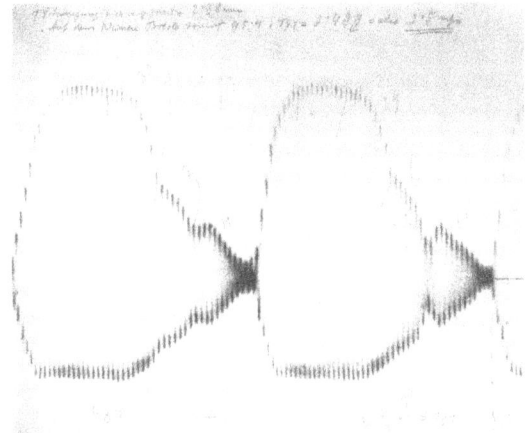

Abb. 32: „Eine Schwingung hier vergrößert". Zwei oszillografisch aufgezeichnete Perioden der Zirplaute des Weinhähnchens (*Oecanthus pellucens*) in vergrößerter Form. Regen hat die einzelnen Schwingungen gezählt (siehe Bleistift-Eintragungen), auch, um sie für die nochmalige Vergrößerung durch einen Grafiker aufzubereiten.

Wenngleich uns über die spezifischen Forschungshintergründe der meisten seiner Oszillogramme nichts bekannt ist, zeugen die auf ihnen hinterlassenen Spuren der Vergrößerung und Vermessung abermals von dem Bestreben des Biologen, so weit wie möglich in den Mikrokosmos der Insekten vorzudringen und die kleinsten Bestandteile derer Laute genauestens zu erfassen. Es scheint beinahe so, als wäre Regen auf der Suche nach einer geheimen „Syntax" des Zirpens gewesen, nach Regelmäßigkeiten, aber auch Unregelmäßigkeiten der Schwingungen, die jede Rede von den bloß mechanisch tönenden Tieren in die Schranken verwiesen. Neben den regelförmigen Verläufen der Schwingungskurven sind es vor allem die „seltenen Ausnahmen"[221] sowie Fälle besonderer Komplexität, die den Biologen interessieren. Im besagten Aufsatz von 1930 betont er beispielsweise, dass sich der Aufbau der Stridulationslaute beim Wein-

---

220 Wie genau er dabei vorging, ob er sich auch hier der Camera Lucida bediente, ist unklar. Fest steht aber, dass die von Regen bereits vergrößerten Kurven für das geplante Buch nochmals grafisch vergrößert werden sollten.
221 Ebd., S. 542.

hähnchen (*Oecanthus pellucens* Scop.) „außerordentlich prächtig gestaltet."[222] Anders als andere Schreckenarten verfügten die Männchen dieser Spezies nämlich „über eine große Anzahl scharf ausgeprägter Perioden. Sie formen ihre zumeist auffallend rein tönenden Zirplaute aus den einfach zusammengesetzten Perioden I *S*, I *W*, II *S*, II *T*, II *W*, ferner aus den mehrfach zusammengesetzten Perioden von I *S* und endlich aus verschiedenen Übergangsperioden."[223] Während die Vertreter anderer Arten je Zirplaut immer denselben Periodentyp verwenden, auch wenn sie beim folgenden Zirplaut zu einem anderen Typ wechseln könnten, macht das Männchen von *Oecanthus pellucens* von seinem großen Repertoire an unterschiedlichen Periodentypen auch in ein und demselben Zirplaut Gebrauch. So macht es nach mehreren gleichförmigen Lauten „mitunter plötzlich eine Ausnahme"[224] und beginnt zum Beispiel „einen Zirplaut mit einer Periode von der Form I *S*, setzt ihn aber nicht mit Perioden derselben Form I *S* weiter fort, sondern etwa mit solchen von der Form I *W*."[225]

Regen ist fasziniert von solchen oszillografisch sichtbar werdenden Strukturen, könne das menschliche Ohr – wie er in einer Fußnote vermerkt – von all dem doch „beinahe nichts wahrnehmen."[226] Für den Biologen offenbart sich hier eine Welt, in der sich hinter dem Zirpen der Schrecken mehr verbirgt als bislang angenommen: Die Laute scheinen nicht nur auf verhaltensbiologischer, sondern auch auf phonetischer Ebene ‚System' zu haben – ein komplexes, bestimmten Regeln folgendes und zugleich flexibles System, welches sie letztlich in die Nähe der Sprache rückt. „Die Untersuchungen werden fortgesetzt"[227], kündigt Regen in der Schlussbemerkung seines Aufsatzes an. In der geplanten abschließenden Monographie wolle er die Ergebnisse seiner Forschungen samt Versuchsanordnungen und „mannigfaltigen Stridulationskurven" präsentieren.[228]

6.4.4 Poetisieren: Beschreiben, Imaginieren

Weil es dazu nie kam, bleiben die unzähligen Schwingungskurven, die Regen in den letzten Jahren seines Lebens erstellt, vergrößert und vermessen hat, heute

---

222 Ebd.
223 Ebd.
224 Ebd.
225 Ebd.
226 Ebd., S. 543.
227 Ebd., S. 544.
228 Ebd.

zwangsläufig stumm. Ohne kontextualisierende Beschreibungen bzw. Anleitungen des Biologen, wie die Kurven jeweils gelesen werden sollen, haben sie wenig bis gar keine Aussagekraft. Damit führen sie eindrucksvoll vor, dass die durch apparative Selbstaufzeichnung entstehenden visuellen Inskriptionen akustischer Phänomene keineswegs so selbstevident sind wie vielfach beschworen. Zu ihrem Verständnis bedarf es vielmehr einer Reihe von Rahmungen – neben der Anleitung zum und/oder einer gewissen Übung im Lesen solcher Grafen sind genaue Kenntnisse der Aufzeichnungsbedingungen einschließlich der jeweils verwendeten Geräte und derer Einstellungen erforderlich.[229] Vor allem aber müssen die spezifischen Forschungsinteressen bekannt sein, die den Kurven vorausgingen und diese gleichsam „mitgeformt" haben. Fehlen diese Rahmungen wie im Falle Regens, wird schnell ersichtlich, wie offen die auf Oszillogrammen sichtbar werdenden Kurven in semantischer Hinsicht sind.[230] Gleichzeitig wird der Blick auf den ästhetischen Überschuss gelenkt, der den Schwingungskurven zu eigen ist. Die unterschiedlichen wellenartigen Formen der Kurven entfalten eine ästhetische Kraft, die schon in Regens Forschungen Spuren hinterlassen hat.

So beschriftete der Biologe die Kuverts, in denen er manche der Oszillogramme von *Oecanthus pellucens* aufbewahrte, je nach Erscheinung mit „Wirbel und Schleier", „Trauben", „Linsen", „steile", „zylindrische" und „ovale Formen".[231] Über die quantitative Messung der Schwingungskurven hinaus betrachtete und typologisierte er sie offenbar auch nach ästhetischen Gesichtspunkten. Für Regen bildeten sich auf den Oszillogrammen nicht nur visuell auslesbare Daten ab, sondern Formen und Gestalten, welche den Rhythmus und die Symmetrie, die Regelmäßigkeiten und Besonderheiten, kurz: das oben genannte

---

229 Siehe dazu Soraya de Chadarevian: Die ‚Methode der Kurven' in der Physiologie zwischen 1850 und 1900. In: Hans-Jörg Rheinberger / Michael Hagner (Hrsg.): *Experimentalisierung des Lebens. Experimentalsysteme in den biologischen Wissenschaften 1850/1950*. Berlin: Akademie-Verlag 2018, S. 28–49, die in ihrer Untersuchung der grafischen Methode in der Physiologie des 19. Jahrhunderts gezeigt hat, dass es sich bei den Grafen der Kurvenschreiber nicht um eine aus sich selbst heraus verständliche Sprache der Natur handelte, sondern um eine konventionelle Sprache, die „an die Registrierpraxis selbst gebunden ist. Nur ein internationales Gremium vermag die Konventionen einer gemeinsamen Praxis auszuhandeln. Und nur soweit die Forscher auf diese gemeinsame Praxis rekurrieren, werden die Graphen lesbar. Das Lesen der Graphen braucht darüber hinaus Übung – ich muß wissen, wie ein ‚normaler' Pulsverlauf aussieht, um Abweichungen zu erkennen und mit anderen Beobachtungen korrelieren zu können – und Vertrautheit im Umgang mit den Geräten." Ebd., hier S. 45.
230 Siehe dazu Rieger: *Schall und Rauch*, S. 33–41.
231 Vgl. AÖAW, Nachlass Johann Regen, Nr. 4.

„System" der Zirplaute auf eindrucksvolle Weise ansichtig werden ließen. In Regens Vokabular handelt es sich um „Ausgestaltung[en]"[232], um Lautformen, die von den Schrecken „verschieden gestaltet"[233] würden, wie er in seinem Aufsatz von 1930 schreibt. Unter dem Eindruck der oszillografisch sichtbar werdenden Kurven macht Regen ihre Produzenten zu genuinen ‚Gestaltern'. Die Tiere zirpen nicht mehr einfach nur, sie „formen" ihre Zirplaute, sie „verwenden" dabei verschiedene Perioden, sie „bauen" ihre Laute aus ihnen auf, sie „reihen sie aneinander" oder „trennen" sie.[234] Durch solcherlei schöpferische, dem Bereich der (Musik-)Komposition entliehene Verben erscheinen die Schrecken als wahre Akteure ihrer Lautfolgen, als Sprach- oder Musikkünstler, die ihrem Zirpen nicht etwa passiv ausgeliefert sind, sondern dieses aktiv gestalten. Diese poetisierende Darstellung hilft Regen dabei, das nicht oder nur vorläufig erschließbare oszillografische Datenmaterial in Sinn zu übersetzen – ein Verfahren, welches sich auch in seinen früheren Texten ausmachen lässt.

Seit seinen ersten Aufsätzen um die Jahrhundertwende bedient sich der Biologe mit Vorliebe der Musikmetaphorik, um sich dem Lautverhalten seiner Forschungsobjekte beschreibend anzunähern. Die Schrecken werden „Sänger"[235] genannt, ihr Stridulationsapparat wird als „Musikinstrument"[236], das Zirpen selbst als „Musik"[237] bzw. „Musikstück"[238] bezeichnet. Entsprechend beschreibt Regen es mithilfe musiktheoretischer Termini. Das Alternieren von *Thamnotrizon apterus* gehe „in einem bestimmten Tempo vor sich", schreibt er etwa 1903, ganz zu Beginn seiner Schreckenbeobachtungen.

> Sollte jedoch das erste Männchen schneller beginnen, dann folgen die Abwechslungen anfangs ebenfalls im betreffenden Zeitmass; durch beiderseitiges Ritardando hingegen wird bald das übliche Tempo erreicht, mit welchem sie dann, ihr Gezirpe in der Regel bis zu Ende führen. Nur selten hören sie ritardando auf. Und wie der Anfang des monotonen Musikstückes mit einem Solo beginnt, so fügt auch am Ende desselben das eine oder das andere Männchen allein einige Laute als Nachspiel hinzu. Fangen jedoch zufällig beide Thiere auf einmal mit ihrer Musik an, so accommodieren sie sich bald, indem ein Individuum

---

232 Regen: *Über den Aufbau der Stridulationslaute der saltatoren Orthopteren*, S. 541.
233 Ebd., S. 540.
234 Ebd., S. 542–543.
235 Regen: *Über die Beeinflussung der Stridulation von Thamnotrizon apterus Fab. ♂ durch künstlich erzeugte Töne und verschiedenartige Geräusche*, S. 341–342.
236 Regen: Neue Beobachtungen über die Stridulationsorgane der saltatoren Orthopteren, S. 370.
237 Ebd., S. 42.
238 Ebd.

etwas innehält und dann an passender Stelle einstimmt. Hören jedoch beide Männchen zu gleicher Zeit auf, um die übliche Alternation im Zirpen zu ermöglichen, so glückt es ihnen oft erst nach vieler Mühe oder sie verzichten überhaupt auf Erfolg.[239]

Auch hier dient Regen die musiktheoretische Perspektive dazu, einen bioakustischen Vorgang zu erfassen, der sich dem bisherigen Wissen weitgehend entzieht und für den es (noch) keine spezifischen Beschreibungsmittel gibt. Um die unbekannte Welt des Alternierens sprachlich und epistemisch zu erschließen, greift Regen auf das bekannte Begriffsrepertoire der Musik zurück. Interessanterweise rekurriert er damit gleichzeitig auf ein Beschreibungsmuster, welches weit in die Kulturgeschichte der Grillen- bzw. Schreckendarstellung zurückreicht. Aufgrund ihres fortwährenden und durchdringenden Zirpens standen die Tiere schon in der griechischen Antike symbolisch „für den Gesang, die musikalische Virtuosität, die Dichtkunst und Eloquenz."[240] Der von Platon im *Phaidros* vorgetragene Bericht über die Zikaden, welche einst Menschen gewesen seien, die über ihre Begeisterung am Gesang vergaßen, sich zu ernähren, bis sie starben und von den Musen in singende Zikaden verwandelt wurden, gehört, wie oben bereits ausgeführt, zu den Gründungsmythen des Gesangs und der Musik.[241] Im Eunomusmythos wiederum wird die Zikade bzw. Grille kraft ihres Gesangs zur Helferin in der Not. Als Eunomus während eines Wettkampfs im Musizieren die Saite seiner Kithara riss, so erzählte man sich, sei das Insekt herbeigesprungen und hätte den fehlenden Ton durch ihr Zirpen ergänzt.[242] „Wenn klingend sie sang", heißt es dazu in einem antiken Epigramm zum Mythos, „dann ganz wie die leblosen Saiten, bracht sie im Wechsel des Spiels wechselnd den eigenen Ton."[243] Der später von Regen erprobte Wechselgesang der Insekten mit Instrumenten wie dem „künstlichen Zirpapparat", scheint hier schon vorweggenommen.[244] Auch zu späterer Zeit ist die Grille immer wieder als Verbündete von Musikern und

---

239 Ebd.
240 Roland Achtziger / Ursula Nigmann: Zikaden in Mythologie, Kunst und Folklore. In: *Denisia* 4 (2002), S. 1–16, S. 3. Zur Verehrung der Zikaden als Sänger in der mythisch-religiösen Vorstellungswelt der griechischen Antike siehe auch Reinhold Hammerstein: *Von gerissenen Saiten und singenden Zikaden. Studien zur Emblematik der Musik*. Tübingen: Francke 1994, S. 91–94.
241 Siehe dazu Weigel: Die Stimme der Toten. Schnittpunkte zwischen Mythos, Literatur und Kulturwissenschaft, S. 84–86.
242 Siehe dazu Hammerstein: *Von gerissenen Saiten und singenden Zikaden*, S. 94–130.
243 Aus einem anonym überlieferten und nicht näher datierten Epigramm. Zitiert nach ebd., S. 98.
244 Vgl. Regen: *Über die Beeinflussung der Stridulation von Thamnotrizon apterus Fab. ♂ durch künstlich erzeugte Töne und verschiedenartige Geräusche*.

Dichtern aufgerufen worden.[245] Ein bekanntes Beispiel hierfür ist Goethes 1781 „nach dem Anakreon" übersetztes Gedicht *An die Zikade*, in dem das Insekt als göttergleiche „Dichterfreundin" mit „Silberstimme" verehrt wird.[246] Die oben besprochenen Grillenszenen bei Lessing, Hofmannsthal und Rilke stehen in einem ähnlichen Zusammenhang; auch hier wird die in der Stille hörbar werdende Grille zur Voraussetzung von Einkehr und Dichtung.

Wenn Regen seine Versuchstiere als Musiker und Sänger bezeichnet, die ihre Musikstücke solo und ritardando aufführten und sie bis in die kleinsten Perioden hinein gestalteten und formten, dann schreibt er ihnen diese mythisch-poetischen Bedeutungsebenen der Grille ein. Mehr noch: Die kulturgeschichtlichen Zuschreibungen an die Grille bilden die Folie, vor deren Hintergrund der Biologe das Lautverhalten der Insekten beschreibt und experimentell untersucht. Bioakustische Phänomene wie das „Alternieren" – selbst schon ein aus Musik bzw. Verslehre übernommener Terminus – oder aber die wechselseitige Angleichung der Tiere beim Zirpen werden so zuallererst fass- und verstehbar. Durch den Rückgriff auf das Deutungsmuster der gesangs- und musikbegabten Grille lassen sie sich sprachlich konturieren und epistemisch erschließen. Auch die Oszillogramme liest Regen auf dieses Deutungsmuster hin. Seine oben beschriebene Suche nach „Themen" in den Kurvengestalten, nach Regelmäßigkeiten, die auf eine Nähe des Grillenzirpens zu Sprache, Musik und Gesang hinwiesen, erweckt den Eindruck, als wolle er Jahrtausende alte Grillenmythologie und Wissenschaft kurzschließen, Erstere durch Letztere empirisch belegen. In einem seiner Notizbücher zur „Analyse der photographisch registrierten Stridulation von Gryllus campestris" schreibt der Biologe zu einem Oszillogramm, welches er vom Zirpen einer Feldgrille angefertigt hat:

> Bekanntlich fordert (verlangt) die Kompositionslehre, das [sic!] bei jedem Kunststück, das mit einem Vortakt begint [sic!], dieser Vortakt mit dem Nachtakt am Schluss des Stückes zusammen einen Takt ausmachen. Unser kleiner Musikant befolgt [Wort nicht lesbar] bei seinem monotonen Liedchen diese Vorschrift sehr genau, ist somit ein ‚guter Musikus'. Bei ihm gilt eine ganze Periode als voller Takt. [...] Ein Zirplaut ist ein kurzes Liedchen.[247]

---

245 Zu nennen ist in diesem Zusammenhang auch Äsops Fabel „Die Ameise und die Heuschrecke", die Jean de La Fontaine 1668 zur Vorlage seiner Fabel „La Cigale et la Fourmi" („Die Grille und die Ameise") wurde. Die den gesamten Sommer über zirpende Grille steht hier für die/den unbeschwerten Künstler:in, deren/dessen brotlose Kunst sie/ihn letztlich nicht über den Winter zu bringen vermag. Vgl. Jean de La Fontaine: *Fabeln*. Deutsch von Martin Remané. Leipzig: Reclam 1984, S. 5.
246 Johann Wolfgang von Goethe: An die Zikade. In: Ders.: *Poetische Werke*, S. 349–351.
247 AÖAW, Nachlass Johann Regen, Nr. 4.4.i.

Diese scheinbar hastig und in großer Erregung notierte Entdeckung zeigt, wie stark sich Regen in seinen Forschungen vom kulturellen Vorwissen über die Grille hat leiten lassen. Dort, wo die Oszillogramme nur regelmäßige, aber mehr oder weniger ‚stumme' Kurven zu sehen geben, die den Biologen in ihrer Unzugänglichkeit genauso ratlos zurücklassen wie die in ihrer biologischen Bedeutung unklaren Tierlaute selbst,[248] vermag die Poetik der Grille Wissenslücken schließen und Zusammenhänge stiften. Die mit großer Regelmäßigkeit aus großer und kleiner Schwingungsgruppe zusammengesetzten Perioden werden als Takte lesbar, der aus mehreren Perioden bestehende Zirplaut als „kurzes Liedchen". Was es mit dieser allen „Vorschriften" der Kompositionslehre gehorchenden Systematik des Zirpens letztlich auf sich hat, lässt Regen zwar offen – zumindest geben seine Notizbücher nichts darüber her. Seine oszillografische Entdeckung der Grille als „guter Musikus" lässt aber erahnen, mit welcher Verve und Neugier der Biologe den Geheimnissen des Zirpens auf der Spur war.

Regens Grillenstudien veranschaulichen paradigmatisch, wie in der Vor- und Frühgeschichte der Bioakustik empirische Forschung mit medientechnischen Innovationen und poetischen Betrachtungs- und Verfahrensweisen zusammenfielen. Phonograph, Telefon und Oszillograf wurden zu epistemischen Werkzeugen, mithilfe derer sich die alte, romantisch aufgeladene Frage nach den Stimmen der Natur in neue, naturwissenschaftliche Bahnen lenken ließ. Die innovative Nutzung der auditiven Medientechniken schien möglich zu machen, was Tieck rund ein Jahrhundert zuvor nur auf fiktionalem Wege gelang: „Das Geflüster der Heimchen"[249] genauestens zu „observieren"[250] und dabei zu erfahren, was diese sich „erzählen"[251]. Inwiefern solcherlei Fiktionen dem bioakustischen Forschungsprogramm ein Stück weit eingeschrieben blieben und sei es, weil die medienexperimentell gewonnenen Daten zur Tierakustik sich nicht von selbst erschlossen, sondern der Imagination und Sprache bedurften, um gelesen, beschrieben und in spezifische Sinnhorizonte gestellt zu werden, machen Regens Forschungen sehr deutlich.

---

248 Tieck: Die Vogelscheuche, S. 114.
249 Ebd.
250 Ebd., S. 15.
251 Ebd.

6.5 Nachgeschichten (Gustav Meyrink, Albrecht Faber, Günter Tembrock)

In ihrer Originalität und ihrem Erfindungsreichtum bei gleichzeitiger methodischer Stringenz boten sie attraktive Anschlussstellen für sowohl wissenschaftliche als auch literarische Auseinandersetzungen, von denen einige hier kurz genannt sein sollen. Auf Seiten der Literatur finden sich Bezüge zu Regens Forschungen etwa in der Novelle *Das Grillenspiel*, die der in Wien geborene Autor Gustav Meyrink 1915 veröffentlichte: Entomologen eines nicht näher benannten europäischen Wissenschaftsinstituts empfangen einen Brief von ihrem Kollegen Johannes Skoper. In dem auf den 1. Juli 1914, also vier Wochen vor Ausbruch des Ersten Weltkriegs, datierten Schreiben, das die Wissenschaftler mit einem Jahr Verspätung erhalten, berichtet Skoper von einer seltsamen Begebenheit auf seiner Forschungsreise im Bhutan: Eines Nachts sei er zu einem Dugpa, einem tibetischen Magier geführt und von diesem gebeten worden, an einer „tischähnliche[n] Bodenerhebung"[252] Platz zu nehmen und dort eine Unterlage auszubreiten (es handelte sich um eine Europakarte). Die Frage des Magiers, ob er „den Grillenzauber zu sehen wünschte"[253], habe er aus Neugier und ohne ahnen zu können, was ihn erwarte, bejaht. Auf „ein leises metallenes Zirpen"[254], welches der Dugpa mithilfe eines silbernen Glöckchens erklingen ließ, seien dann unzählige weiße Grillen ihm unbekannter Art erschienen, die sich „höchst absonderlich"[255] benommen hätten. Sie seien zunächst wirr und scheinbar planlos auf der Karte durcheinandergelaufen, bevor sie sich zu Gruppen formierten, die einander misstrauisch beäugten und schließlich gegenseitig zerfleischten. „Der Anblick war zu ekelhaft, als daß ich ihn schildern möchte", schreibt Skoper. „Das Schwirren der tausend und abertausend Flügel gab einen hohen, singenden Ton, der mir durch Mark und Bein ging, ein Schrillen, gemischt aus so höllischem Haß und grauenvoller Todesqual, daß ich es nie werde vergessen können."[256] Einen Monat vor Kriegsbeginn erkennt Skoper, dessen Name sich aus dem altgriechischen σκοπεῖν/*skopein* ableitet (deutsch: betrachten) und sowohl auf den Akt der wissenschaftlichen Beobachtung als auch auf die prophetische Vision referiert, in diesem „zuckende[n] Grillenhaufen [...] Millionen sterbender Soldaten."[257] Das beobachtete

---

252 Gustav Meyrink: Das Grillenspiel. In: Ders.: *Die Fledermäuse. Neun Novellen*. Furth im Wald/Prag: Vitalis 2003, S. 52–65, hier S. 61.
253 Ebd.
254 Ebd.
255 Ebd., S. 62.
256 Ebd.
257 Ebd., S. 64.

Grillengemetzel auf der Europakarte lässt sich als Vorbote der bevorstehenden Kämpfe in den Schützengräben deuten. Der „hohe[], singende[] Ton", den die Grillen dabei von sich geben, nimmt einen Teil der Geräuschkulisse vorweg, die den von klingenden Fliegerpfeilen und unterirdischer Akustik geprägten Ersten Weltkrieg auszeichnen sollten,[258] wie unter anderem bei Musil und Kafka nachzulesen ist (siehe Kapitel 4). Weil er selbst es ist, der den „Grillenzauber" zu sehen gewünscht hat, fühlt Skoper „den Alp eines rätselhaften, ungeheuerlichen Verantwortungsgefühls"[259] angesichts der nahenden Katastrophe. Aufhalten vermag er sie aber ebenso wenig wie seine Kollegen in Europa, die die Lektüre des Briefes abrupt beenden, als die scheinbar tote Grille, die Johannes Skoper seinem Schreiben beigefügt hat, plötzlich wieder zum Leben erwacht und aus dem Fenster fliegt. In ihrem eifrigen Bemühen, das exotische Insekt einzufangen, haben sie keine Augen mehr für ein Wolkengebilde, das sich am Himmel zusammenbraut und dem von Skoper beschriebenen Gesicht des Dugpas gleicht. Anstatt den Schreckgespenstern des Krieges ins Auge zu blicken, so ließe sich diese Szene verstehen, jagen die Entomologen lieber einer Grille hinterher – und dies im doppelten Wortsinne. Denn die Grille bezeichnet nicht nur ein Tier, sondern auch eine Laune, eine fixe Idee oder wunderliche Marotte, von der die Naturwissenschaftler in Meyrinks Novelle derart eingenommen zu sein scheinen, dass sie sich wie blind gegenüber dem Krieg verhalten, der 1915 bereits längst vor den Türen ihres Instituts wütet.

Um einiges besser kamen Regens Grillenstudien bei seinen Wissenschaftskollegen weg. Schon zu Lebzeiten stießen seine Forschungen auf große Resonanz innerhalb der deutschsprachigen Entomologie.[260] So auch beim Biologen Albrecht Faber, der sich seit Ende der 1920er Jahre mit Schrecken und deren Lautäußerungen befasste und dabei in die Fußstapfen von Regen trat. Faber interessierte sich insbesondere für die „Abwandlungen der Laute"[261], d. h. für die unterschiedlichen „Singweisen"[262] einer Art, die dem Biologen zufolge „Ausdruck besonderer Zustände des Tieres"[263] seien. So ließen sich die Lautäußerungen von Schrecken bei-

---

258 Zu Veränderungen der Klanglandschaft im Zuge des Ersten Weltkrieges siehe Julia Encke: *Augenblicke der Gefahr*, S. 113–193.
259 Meyrink: Das Grillenspiel, S. 64.
260 Vgl. Grmek: Aperçu biographique sur Regen, pionnier de la bioacoustique des insectes, S. 204.
261 Albrecht Faber: Die Lautäußerungen der Orthopteren I. In: *Zeitschrift für Morphologie und Ökologie der Tiere* 13,3/4 (1929), S. 745–803, hier S. 747.
262 Ebd.
263 Ebd.

spielsweise in gewöhnlicher Gesang oder Werbegesang, in Paarungs- oder Rivalenlaute unterteilen.

Nachdem er die Laute in seinen früheren Schriften noch mithilfe von Notenzeichen, Onomatopoetika und (syllabischen) Beschreibungen dargestellt hatte – Regens letzte Arbeit zur oszillografischen Methode aus dem Jahr 1930 war ihm zu diesem Zeitpunkt vermutlich noch nicht bekannt – griff er in seinen späteren Arbeiten auf auditive, aber auch visuelle Medientechniken der Tonregistrierung und -darstellung zurück. Neben Oszillogrammen bzw. Sonagrammen, eine in den 1940er Jahren entwickelte Technik zur Schallvisualisierung,[264] setzt Faber auf Tonbandaufnahmen, denen er großes epistemisches Potenzial zuspricht. Unter anderem hätten er und seine Mitarbeiter das „Verfahren der Zeitstreckendehnung"[265] entwickelt „und während der letzten sieben Jahre als rasch arbeitendes Hilfsmittel zur Untersuchung von Lautstrukturen im ganzen Bereich der Tierstimmenkunde anwendbar gefunden."[266] Indem die Tonbandaufnahmen von Tierlauten verlangsamt wiederabgespielt würden, könnten sie – wie der Biologe hervorhebt – „aufs Fünffache vergrößert werden"[267] und eigneten sich damit vor allem für vergleichende Analysen. Dass dieses zeitachsenmanipulatorische Verfahren der Tierstimmenanalyse nicht so neu ist wie von Faber suggeriert, sondern eine mindestens fünfzigjährige Geschichte hat, belegen die affenphonographischen Forschungen von Garner (siehe Kapitel 5).

Nichtsdestotrotz war Faber an der Etablierung der Bioakustik als eigenständiges Forschungsfeld maßgeblich beteiligt. Schon 1942 soll er den Begriff der ‚Bioakustik' in einem Vortrag in Tübingen erstmals erwähnt und in der Wissenschaftscommunity eingeführt haben.[268] 1951, kurz bevor sein Hauptwerk *Laut- und Gebärdensprache bei Insekten* erschien, gründete Faber an seiner damaligen Arbeitsstelle, dem heutigen Staatlichen Museum für Naturkunde, eine „Forschungsstelle für Vergleichende Tierstimmen- und Ausdruckskunde", die von der Deutschen Forschungsgemeinschaft unterstützt wurde und ihren Sitz in Tübingen hatte.[269] 1957 wurde Faber Mitglied des Max-Planck-Instituts für Verhaltensphysiologie, wo er die „Arbeitsgruppe Faber" leitete. 1962 wurde

---

264 Siehe dazu Bruyninckx: *Listening in the field*, S. 123–162.
265 Albrecht Faber: Zur Homologisierung von Stimmäußerungen bei Vögeln. In: *Vogelwarte – Zeitschrift für Vogelkunde* 18 (1955), S. 77–84, hier S. 79.
266 Ebd.
267 Ebd.
268 Vgl. Schütz: Albrecht Faber. Bahnbrecher in der Bioakustik, S. 327, der im Nachruf auf seinen Kollegen Faber zwei Vorträge (1942 und 1946) nennt, in denen der Biologe das Forschungsfeld der Bioakustik vorgestellt und näher umrissen habe. Der Vortrag von 1946 ist auszugsweise im Nachruf abgedruckt worden.
269 Vgl. ebd., S. 326.

die Arbeitsgruppe schließlich als Tübinger „Forschungsstelle für Bioakustik in der Max-Planck-Gesellschaft" verselbständigt.[270] Aus den Studien an Schrecken und deren Lautäußerungen, wie schon Regen sie vorgenommen hatte, ist die Institutionalisierung der Bioakustik hervorgegangen.

Im Antrag zur Verselbständigung der Forschungsstelle wurden die Richtungen definiert, in welche Faber und seine zehn Mitarbeiter forschen wollten. Im Vordergrund standen die „vergleichende Erfassung kommunikativer Ausdrucksvorgänge"[271] bei Tieren, die Probleme derer Entstehung sowie genetische, akustisch-physikalische und kinetische Analysen. Daneben – und dies scheint für den vorliegenden Zusammenhang besonders interessant – planten Faber und seine Kollegen eine Verbindung der bioakustischen Fragestellungen „mit Disziplinen der Geistes- und Kunstwissenschaft"[272]. Es sollten „[v]ergleichende Untersuchungen zu Problemen der Entstehung von Sprache und Musik, besonders auch zu Fragen der Ethnomusikologie"[273] vorgenommen werden. In seinem Nachruf auf Faber schreibt der Entomologe Kurt Harz über seinen Kollegen: „Er war auch eine Art Philosoph und hatte die Idee, die Tierstimmen mit den Urgründen der Musik in Verbindung zu bringen. Selbst war er ein feinsinniger Musiker."[274] Was bei Regen mehr oder weniger implizit begonnen wurde, nämlich die Suche nach rudimentären Formen von Musik und Sprache im Zirpen der Schrecken, wird bei Faber zum expliziten Programm. Ob sein Plan einer interdisziplinären Arbeit an Tierstimmen je umgesetzt wurde, ist zumindest seinen Veröffentlichungen nicht zu entnehmen und bleibt als Frage einer noch ausstehenden Aufarbeitung der Forschungen Fabers und der von ihm geleiteten Forschungsstelle für Bioakustik vorbehalten. Er zeigt aber, dass Faber sich der Schwellenartigkeit seines

---

270 Vgl. Eckart Henning / Marion Kazemi: *100 Jahre Kaiser-Wilhelm- / Max-Planck-Gesellschaft zur Förderung der Wissenschaften. Teil II: Handbuch zur Institutsgeschichte der Kaiser-Wilhelm- / Max-Planck-Gesellschaft zur Förderung der Wissenschaften, 1911-2011 – Daten und Quellen.* 2016, S. 180.
271 Aus dem Jahresbericht der Max-Planck-Gesellschaft von 1963, S. 190 und 1972, S. 222. Zit. nach ebd., S. 179.
272 Ebd.
273 Ebd.
274 Kurt Harz: In Memoriam Albrecht FABER. In: *Articulata – Zeitschrift der Deutschen Gesellschaft für Orthopterologie e.V. DGfO* 3,1 (1987), S. 65.

Forschungsfeldes bewusst war und methodische Konsequenzen daraus ziehen wollte.[275] Anlässlich der Emeritierung des Biologen im Jahr 1973 wurde die Forschungsstelle geschlossen und 1975 endgültig aufgelöst.[276]

Auch der Verhaltensbiologe Günter Tembrock, der neben Faber bis heute als Pionier der Bioakustik im deutschsprachigen Raum gilt und sich in seinen Studien ebenfalls auf Regen bezieht, zeigte ein besonderes Interesse für Musik und Sprache. Bevor er 1937 in Berlin ein Studium der Biologie aufnahm, schloss Tembrock eine Gesangsausbildung ab. Das Singen und seine Musikalität im Allgemeinen, aber auch frühe akustische Erfahrungen mit Vögeln im Elternhaus und in freier Natur waren wohl mitverantwortlich für seine späteren Ambitionen auf dem Gebiet der Tierstimmenkunde.[277] Nachdem er 1941 mit einer entomologischen Arbeit über die Evolution des Höckerstreifen-Laufkäfers promoviert wurde, initiierte Tembrock 1947 die Gründung einer „Forschungsstätte für Tierpsychologie" an der Humboldt-Universität zu Berlin. Von Beginn an war geplant, die dort durchgeführten verhaltensbiologischen Untersuchungen um eine akustische Dimension zu erweitern, d. h. auch die Lautkommunikation von Tieren zu studieren.[278] Ab 1951 verfügte die Forschungsstätte über ein Tonbandgerät. Mit der Tonaufnahme eines im Innenhof des Instituts frei fliegenden Waldkautzes im selben Jahr wurde der Grundstein des heute drittgrößten Tierstimmenarchivs der Welt gelegt.[279] Von da an fanden Tausende Tonaufnahmen von Insekten, Säugetieren, Reptilien, Amphibien und Fischen Eingang ins Archiv, die Tembrock und seine Mitarbeiter im Freiland, in den zoologischen Gärten Berlins oder aber im Rahmen verhaltensbiologischer Experimente anfertigten. Mithilfe oszillografischer bzw. sonagrafischer Analysen konnten die Aufnahmen epistemisch ausgewertet und für die verhaltensbiologischen Untersuchungen zur Lautkommunikation von Tieren fruchtbar gemacht werden.

---

275 Siehe dazu auch Schütz: Albrecht Faber. Bahnbrecher in der Bioakustik, S. 328–329.
276 Vgl. Henning / Kazemi: *100 Jahre Kaiser-Wilhelm- / Max-Planck-Gesellschaft zur Förderung der Wissenschaften*, S. 180.
277 Vgl. Jens Schley / Rüdiger vom Bruch: Ein Fossil finden Sie hier nicht! Interview mit Professor Günter Tembrock über 61 Jahre Humboldt-Universität und die Zukunft der Biologie. In: *UnAufgefordert* (1998), S. 24–26.
278 Vgl. Andreas Wessel: Die Laute der Tiere. Günter Tembrock – Verhaltensforscher und Fernsehstar. In: *Zoon* 6 (2011), S. 70–73, hier S. 72.
279 Vgl. ebd. Siehe auch Karl-Heinz Frommolt: Das Tierstimmenarchiv der Humboldt-Universität. In: Andreas Wessel (Hrsg.): „*Ohne Bekenntnis keine Erkenntnis*". *Günter Tembrock zu Ehren*. Bielefeld: Kleine 2008, S. 95–103, der 2008 eine Übersicht über die größten Tierstimmenarchive der Welt erstellt hat. An erster Stelle steht die Macaulay Library in Ithaca mit über 130.000 Aufnahmen, gefolgt vom National Sound Archive der British Library in London mit ca. 130.000 Aufnahmen und dem Berliner Tierstimmenarchiv, welches ca. 100.000 Aufnahmen beherbergt. Vgl. ebd., hier S. 96.

6.5 Nachgeschichten (Gustav Meyrink, Albrecht Faber, Günter Tembrock) — 409

Im Jahr 1956 nahm Tembrock an einer internationalen Konferenz der State University of Pennsylvania teil, um mit insgesamt etwa 40 Wissenschaftler:innen – unter ihnen auch Faber – „Gedanken und Erfahrungen" zum gemeinsamen Forschungsfeld der Tierstimmen auszutauschen.[280] In diesem Rahmen wurde das „International Committee on Biological Acoustics" gegründet, eine Interessensgemeinschaft, so erinnert sich Tembrock, „mit dem Bestreben, die gemeinsamen Belange zu koordinieren und zentrale Archive und Austauschmöglichkeiten für die Veröffentlichungen und die Tonaufnahmen zu schaffen. Dies war gewissermaßen die offizielle Geburtsstunde der Bio-Akustik."[281] Tembrocks 1959 erschienenes Lehrbuch *Tierstimmen. Eine Einführung in die Bioakustik*, in dem der Neologismus erstmals schriftliche Erwähnung findet, versteht sich entsprechend als ein Versuch, dem bisher nur in Ansätzen bzw. tendenziell unsystematisch verfolgten Forschungsgebiet der Bioakustik ein System zu geben.[282] Unter anderem wird in die Physiologie des Hörens und in die verschiedenen „Methoden der Lauterzeugung" bei Tieren eingeführt, die, wie Tembrock in einem recht groben wissenschaftshistorischen Abriss von einer Seite einräumt, zwar schon im 19. Jahrhundert Gegenstand anatomischer und physiologischer Untersuchungen waren, aber aufgrund mangelnder pysikalischer Kenntnisse letztlich an der Frage scheiterten, wie die Lauterzeugung beim lebenden Tier vonstattenginge.[283] Wie anhand der (Vergleichenden) Physiologie der Stimmgebung gezeigt wurde (siehe Kapitel 1 und 2), motivierte aber gerade diese intensiv beforschte Leerstelle des Wissens eingehende Versuche zur Stimmreproduktion, aus denen wiederum jene auditiven Medientechniken hervorgingen, mit denen laut Tembrock eine „neue Epoche" der Tierstimmenforschung eingeleitet wurde.[284] Erst als im ausgehenden 20. Jahrhundert Phonograph bzw. Grammophon die Konservierung und Reproduktion von Tierstimmen möglich machten und später Tonband, Oszillograf und Sonagraf deren genaue akustische bzw. visuelle Analyse erlaubten, hätten „planmäßige Forschungen" einsetzen können.[285] Im Lehrbuch werden diese Forschungen zusammengetragen und von Tembrock ergänzt, wobei – neben der schon erwähnten Lautwahrnehmung und -erzeugung – die spezifischen Eigenschaften und Funktionen der Tierlaute selbst im Vordergrund stehen, unter anderem die schon bei Regen angeklungene und auch in Fabers Schreckenforschungen untersuchte verhaltensbiologische Frage,

---

[280] Tembrock: *Tierstimmen*, S. 5.
[281] Ebd.
[282] Vgl. ebd., S. 7.
[283] Ebd., S. 5.
[284] Ebd., S. 6.
[285] Ebd.

welche biologische Bedeutung tierliche Lautäußerungen jeweils haben – ob sie etwa der Distanzregelung dienen wie im Zuge der Fortpflanzung bzw. der Territoriumsmarkierung oder ob sie beispielsweise als Warnrufe oder Verteidigungslaute fungieren. Diese und weitere Fragen nach der Funktion und Bedeutung der Tierstimmen, die laut Tembrock „so alt [sind] wie die Menschen die Natur beobachten"[286], für die „exakte Naturforschung"[287] jedoch lange Zeit „faktisch unzugänglich"[288] blieben, seien nunmehr, dank der oben genannten Medientechniken, „einer wissenschaftlich einwandfreien Lösung"[289] zuführbar, womit sich der Forschung „völliges Neuland" erschließe: „Eine lebendige, junge Wissenschaft steht damit vor uns, die fast täglich mit neuen Entdeckungen aufwartet."[290]

Dass der hier in fast prophetischem Ton ausgerufenen Geburtsstunde der Bioakustik eine lange, von wissenschaftlichen und literarischen Versuchen, methodischen und epistemischen Widerständen, von medientechnischen Innovationen und bisweilen exzentrischen Ideen geprägte Geschichte vorausging, mag der Blick zurück deutlich gemacht haben. Er zeigt zudem, inwiefern das Feld der Tierstimmenkunde in besonderem Maße vom Austausch zwischen Wissenschaft und Ästhetik profitiert hat, ein Austausch, der sich noch in Tembrocks Forschungen bemerkbar macht. So hat Tembrock sich nicht nur im Gesang betätigt, sondern auch literarisch. Er hat Gedichte verfasst, oft mit romantischen Landschaftsbeschreibungen und hat sich – gemeinsam mit seinem Bruder – eine fiktive Welt erschaffen, in der sogar einige seiner wissenschaftlichen Aufsätze zur Bioakustik vorbereitet wurden.[291] Auch in der modernen Bioakustik bestehen demnach Verbindungslinien zwischen der Tierstimmenforschung als der Auseinandersetzung mit – wenn man so möchte – fremden Sprachen einerseits und der Lust am Schreiben, der Auseinandersetzung mit Sprache, der Freude an Sprachspielen, an Imagination andererseits. Und genau hier aktualisieren sich auch Aspekte romantischer Naturforschung, die nicht nur Tembrock, sondern auch andere Bioakustiker, wie

---

286 Ebd., S. 5.
287 Ebd.
288 Ebd.
289 Ebd.
290 Ebd., S. 7.
291 Diese Nebenschauplätze von Tembrocks Forschungen werden aktuell von der Medien- und Kulturwissenschaftlerin Sophia Gräfe im Rahmen ihres Promotionsprojekts „Verhaltenswissen. Schreib- und Beobachtungsszenen des Verhaltens am Zoologischen Institut der Humboldt-Universität zu Berlin (1948–1968)" untersucht.

etwa Regen oder – aktueller – Bernie Krause immer wieder einholen.[292] Sie betreffen neben dem auditiven Zugang zur Natur und dem Interesse, diese zu bewahren, vor allem den Transfer zwischen Wissenschaft und den Künsten sowie die Rückzugsmöglichkeiten, die eine solche Naturforschung erlaubt. Es ist nicht nur die gleichsam nüchterne Beschreibung des tierlichen Lautverhaltens, die Tembrock bei seinen Forschungen antreibt, es ist noch etwas anderes, etwas, das Tembrock mit seinen Vorläufern, insbesondere mit Regen, teilt und das man vielleicht als einen romantischen Zugang zu den akustischen Sphären der Natur beschreiben könnte, zu biologischen Kommunikationswelten, die sich einer einfachen Decodierung in mehrerlei Hinsicht entziehen, die aber gerade deshalb eine so große, ein Leben lang anhaltende Faszinationskraft ausüben. In der Einleitung seines Lehrbuchs wird dieses romantische Erbe der Bioakustik noch einmal sehr gegenwärtig: „Tierstimmen", schreibt der Biologe dort,

> gehören in das Landschaftsbild wie das Rauschen des Windes, das Klingen der Bäche oder das Rollen der Brandung. Wer noch ohne Kofferradio im Freien leben kann, wer noch offene Sinne für die hundertfachen Stimmen besitzt, der wird nicht nur beglückt, sondern auch bereichert heimkehren. Und er kann auch tausend Fragen mitnehmen, die ihm die Natur zugerufen hat durch ihren buntstimmigen Chor, Fragen, die durch die Natur hindurch zu uns selbst führen.[293]

---

292 Der Bioakustiker und Klangkünstler Bernie Krause bereist seit über 45 Jahren Naturklanglandschaften weltweit. Um diese Soundscapes, in denen seiner Ansicht nach die Ursprünge der Musik zu finden sind, vor dem Aussterben zu bewahren, hat er für sein Tonarchiv *Wild Sanctuary* bereits über 15.000 Tonaufnahmen gesammelt. Insektenlaute spielen eine bedeutende Rolle in Krauses Klangforschungen. Er bezeichnet einige von ihnen als „akustische Fossilien", insofern sie seit Millionen von Jahren erklingen und uns demnach vergangene akustische Zeitalter der Evolution vergegenwärtigen. Siehe Krause: *The great animal orchestra*.
293 Tembrock: *Tierstimmen*, S. 6.

Schluss: Für eine kulturwissenschaftliche Bioakustik

Ihren Ausgangspunkt nahm diese Arbeit von einer einfachen Beobachtung: Einerseits wird die Stimme – in ihrer Bedeutung als Vernunft-, Sprach- und politisches Handlungsmedium – seit je mit dem Menschen identifiziert, andererseits ist sie offenkundig kein nur menschliches Ausdrucksmittel. Tagtäglich sind wir vom Singen, Bellen, Zirpen oder Schnattern der Tiere umgeben, aber auch medientechnisch reproduzierte oder synthetisch erzeugte Stimmen führen uns vor, wie wenig die Stimme als anthropologisches Differenzkriterium taugt. Die Konflikte und Fragen, welche aus dieser spannungsreichen Konstellation hervorgehen, gaben Anlass zu einer historisch-systematischen Spurensuche: Zu welchen Zeiten und in welcher Hinsicht wurde sie besonders virulent? Die Arbeit konnte zeigen, dass nichtmenschliche Stimmen vor allem in den Zeiträumen um 1800 und 1900 zum Gegenstand anthropologischer Debatten wurden, als jeweils einerseits neue Techniken der Stimm(re-)produktion entwickelt wurden und andererseits die Frage der Verwandtschaft zwischen Tier und Mensch neu ins Blickfeld geriet. Im Zuge dessen wurden in Wissenschaft, Technik und Literatur vermehrt Stimmen jenseits des menschlichen Körpers inszeniert und befragt, welche die Grenzen zwischen Mensch, Tier und Maschine nachhaltig verunsicherten. Die sechs Schauplätze bzw. Hörszenen, anhand derer das Konfliktpotenzial jener Stimmen genauer untersucht wurde, kristallisierten sich als Etappen einer Vorgeschichte der Bioakustik heraus, jenes Forschungszweiges der Biologie, der seit den 1950er Jahren die organischen Voraussetzungen, akustischen Eigenschaften und Bedeutungen von Tierlauten erforscht.

Zu diesen Etappen gehörte etwa die Herausbildung der vergleichenden Physiologie der Stimmgebung, welche um 1800 die artspezifische Lauterzeugung von Menschen und Tieren untersuchte und dabei viele der Fragen und Verfahren vorwegnahm, auf denen die bioakustische Forschung des 20. Jahrhunderts fußte. Zu diesen Etappen gehörte ebenfalls die romantische Kultur des Hörens, die ihr ‚Ohrenmerk' insbesondere auf die ober- und unterhalb der menschlichen Aufmerksamkeitsschwelle erklingenden Töne der Natur richtete und damit eine Wahrnehmungshaltung kultivierte, die für die Erkundungen von Tierlauten um und nach 1900 prägend werden sollte. Ausgestattet mit modernen Klangspeichermedien und auf der Suche nach neuen Forschungsmethoden untersuchten einzelne Naturforscher ein breites Spektrum tierlicher Akustik, wobei die Laute von Vögeln, Affen und Grillen im Vordergrund standen. Und dies nicht ohne Grund – handelte es sich doch um Tiere, von deren Lauten eine besondere

Faszination ausging, insofern sie auch in kultur- bzw. mythengeschichtlicher Hinsicht eine spezifische Nähe zur Stimme und Sprache des Menschen aufweisen.

Wie diese Arbeit herausgestellt hat, war die Bioakustik *avant la lettre* um 1800 und um 1900 denn auch kein gegenüber kulturellen und ästhetischen Fragestellungen abgeschlossenes Forschungsfeld der Naturgeschichte bzw. Biologie. Ganz im Gegenteil bildete sie ein nach vielen Seiten hin offenes Konflikt- und Experimentierfeld, auf dem Wissenschaft, Medientechnik und Literatur zusammenkamen, um über Art und Bedeutung von Tierstimmen zu verhandeln. Dabei waren es gerade die mit der Stimme verbundenen begrifflichen Unschärfen und die damit einhergehenden Missverständnisse, welche die Debatten nährten. So etwa in der im ausgehenden 18. Jahrhundert zwischen Anthropologen, Sprechmaschinenbauern, Literaten und Anatomen ausgetragenen Auseinandersetzung über die Frage der Affenstimme, mit der für manche die Potenz zur Sprache zur Diskussion stand, während es anderen lediglich um die physische Fähigkeit zur Stimmgebung ging. Die Schwellenposition der Stimme zwischen Naturgeräusch und Sprachkultur provozierte Aushandlungen jenseits disziplinärer Grenzen, die ihren Gegenstand wiederum in produktiver Weise verunklarten. Diese Verunklarung eröffnete einen Raum, in dem die Stimmen von Tieren mit ganz unterschiedlichen Bedeutungen besetzt und für diverse Zwecke instrumentalisiert werden konnten. Immer ging es dabei auch um die Grenzen des Humanen, die von den wissenschaftlichen und ästhetischen Inszenierungen tierlicher Akustik höchst verschieden tangiert wurden. Wie etwa die Untersuchung der vergleichenden Stimmphysiologie ergeben hat, ließ sich anhand des Vergleichs zwischen den Stimmapparaten von Pfauen, Krokodilen, Affen, Vögeln und Menschen sowohl für als auch gegen eine prinzipielle Differenz zwischen Menschen und Tieren argumentieren. So wurden Unterschiede zwischen den Stimmapparaten entweder als Beweis der schon organisch manifestierten anthropologischen Differenz gewertet oder aber ganz im Gegenteil als Indiz einer latenten, nur organisch behinderten Sprachfähigkeit. Umgekehrt wiesen augenfällige Ähnlichkeiten für die einen auf Kontinuitäten zwischen Menschen und Tieren hin, für die anderen hingegen belegten sie die Tatsache, dass nur der Mensch kognitiv in der Lage sei, von seinem Stimmorgan auch sprachlich Gebrauch zu machen. Im Rekurs auf Tierlaute wurden aber auch Grenzen innerhalb des Humanen neu gezogen – so etwa im Gehörlosendiskurs des späten 18. Jahrhunderts, als die Lautäußerungen von Gehörlosen als sprechpädagogisch zu überwindende ‚Tiersprache' einer wohlartikulierten Lautsprache gegenübergestellt wurden, mit deren Einübung nach Auffassung der Pädagogen auch eine Menschwerdung einhergehe. Oder in der kolonialen (Tier-)Phonographie ein Jahrhundert darauf, als die Tonaufzeichnungen exotischer Tiere unter anderem kolonialrassistischen Grenzziehungen zuarbeiteten. Gleichzeitig stand das Studium von Tierlauten, etwa von Vogel- und Grillengesang, im Zeichen der

Kennzeichnung, Auslotung und Überschreitung menschlicher Wahrnehmungs- und Sprachgrenzen. So unterschiedlich diese Indienstnahmen von Tierlauten auch jeweils waren, so deutlich gaben sie die Grenze zwischen Menschen und Tieren sämtlich als eine Schwelle zu erkennen, die auch stimmlich-akustisch in Erscheinung tritt.

Als Schwellenszenen erwiesen sich diese Aushandlungen aber nicht nur, weil sie ein grenzüberschreitendes Phänomen zum Gegenstand hatten, welches mehreren Wissensordnungen zugleich angehört und deshalb ganz unterschiedlichen Zugriffen ausgesetzt war oder weil es in ihnen darüber hinaus um die Grenzen des Humanen ging. Schwellenszenen waren sie auch insofern, als sie – das haben die Analysen gezeigt – stets an der Schwelle zum sensorisch, darstellungsästhetisch oder epistemisch nicht Einholbaren operierten.

Da ist *erstens* die sensorische Schwierigkeit, die Stimme in ihrer Gänze wahrzunehmen. Zum einen, insofern sie sich nur eingeschränkt mit Auge und Ohr zugleich erfassen lässt. Auf dieses Problem reagierte die aus angeblasenen Tier- und Menschenkehlköpfen bestehende „machine fort simple"[1], welche Antoine Ferrein Mitte des 18. Jahrhunderts konstruierte, um eine „akustische Beobachtung"[2] der Stimmgebung zu ermöglichen. In eine ähnliche Richtung zielten auch die knapp zweihundert Jahre später von Johann Regen angefertigten Oszillogramme von zirpenden Grillen. Zwar ging es hier nicht um die Sichtbarmachung der lautgebenden Apparate in Aktion, sondern um die Visualisierung der von ihnen produzierten Laute selbst. Die Schwierigkeit, die Stimme mitsamt ihren physikalischen Eigenschaften ‚in den Blick' zu bekommen, setzte sich aber fort.

Zum anderen betraf der sensorische Entzug, mit dem die Stimmenkunden sich jeweils konfrontiert sahen, die menschliche Hörschwelle, deren Wahrnehmungsbeschränkungen nicht erst mit Regens Oszillogrammen offen zutage traten. Vor allem der Phonograph brachte mit seiner Möglichkeit der Zeitachsenmanipulation akustische Welten zu Gehör, die sich dem bloßen Ohr entzogen, und sensibilisierte damit zugleich für die Begrenztheit des menschlichen Hörsinns. Damit reaktivierte er wiederum romantische Vorstellungen einer in der Natur verborgenen, unserem Zugriff lediglich versagten Sprache, die um 1900 mit evolutionsbiologischen Fragestellungen korrelierten. Richard Garner machte sich den Phonographen zunutze, um Mikrosentenzen der von ihm untersuchten Affenlaute akustisch zu erschließen und als rudimentäre Formen einer menschenähnlichen Sprache zu deuten. Auch in den späteren verhaltensbiologischen Forschungen Regens wurden Phonograph und Oszillograf als epistemische Instrumente der Lauterschließung eingesetzt,

---
1 Ferrein: De la formation de la voix de l'homme, S. 430.
2 Gessinger: *Auge & Ohr*, S. 604.

wobei hier weniger der Nachweis einer evolutionsgeschichtlichen Verwandtschaft zwischen Tierstimmen und Menschensprache im Vordergrund stand als die Suche nach besonderen Eigenschaften und Mustern der Laute, die Aufschluss über deren biologische Bedeutung geben sollten. In beiden Fällen wurden der sensorische Entzug von Tierlauten und die Hoffnung, diesen medientechnisch zu überwinden, zu entscheidenden Triebfedern weiterer Experimente und Forschungen. Noch in der gegenwärtigen Bioakustik hat der medientechnische Vorstoß in tierliche Lautsphären unter- oder oberhalb der menschlichen Wahrnehmungsschwelle ein reges Nachleben.[3]

Neben den sensorischen waren es *zweitens* die darstellungsästhetischen Herausforderungen, die von den frühen Bioakustikern immer wieder problematisiert wurden. Selbst wenn etwa die Stimmphysiologen um 1800 den leblosen Kehlkopfpräparaten auf ihren Labortischen durch Anblasen einen Ton entlocken konnten, so blieb die Schwierigkeit, diesen Ton für weitere Forschungen bzw. die Leserschaft schriftlich zu fixieren. Die untersuchten Tierlaute verdeutlichten nicht nur die Grenzen der menschlichen Wahrnehmung. Auch die Darstellungsmöglichkeiten der Sprache gerieten an ihre Grenzen, wenn es darum ging, Tierlaute angemessen zu erfassen. In ihrer Vielfalt an Klangfarben, die nicht zuletzt von der Diversität tierlicher Lautgebung herrührt, widersetzen sie sich mehr noch als menschliche Stimmen der sprachlichen Repräsentation. Wie sich herausgestellt hat, lag aber gerade darin eine poetische Kraft. Wenn die Stimmphysiologen um 1800 onomatopoetische Wortkonstruktionen, Umschreibungen, Vergleiche und Metaphern (er-)fanden, um sich ihrem Gegenstand sprachlich zu nähern, so trafen sie sich darin mit literarischen Verhandlungen von Tierlauten, die den sprachlichen Entzug tierlicher Akustik und das damit verbundene poetische Potenzial indes ungleich stärker reflektierten. Erinnert sei hier an den romantischen Topos einer wehklagenden, weil überbenannten Natur, welche zugleich eine poetische Suche nach dem „Zauberwort" in Gang setzt, um sie zum „Singen" zu bringen.[4] Auch um 1900 entstandene Erzählungen wie Kafkas *Der Bau* und Musils *Die Amsel* nehmen ihren Ausgang von sprachlich schwer einholbaren und eben deshalb sprachproduktiv wirksamen Tierlauten. Allerdings setzten sich nun mindestens ebenso intensiv auch die Naturforscher mit dem Darstellungsproblem auseinander. In den ornithologischen und musikpsychologischen Debatten um eine möglichst naturgetreue Notation von Tierlauten wurde das Problem auf eine neue Reflexionsebene gehoben. Einen Anteil daran hatte nicht zuletzt das phonographische Me-

---

3 So etwa im *Elephant Listening Project*, welches die Infralaute von Elefanten mittels Zeitachsenmanipulation hörbar macht, um herauszufinden, welche Rolle sie im Zusammenleben der Tiere spielen. Siehe http://elephantlisteningproject.org (Abruf am 17.12.2021).
4 Eichendorff: *Sämtliche Werke*, S. 121.

dium, das die Grenzen der Sprache hinsichtlich der Konservierung von Tierlauten überdeutlich zu Gehör brachte. Dass gerade bioakustische Phänomene je nach kultureller Tradition und individueller Hörerfahrung höchst unterschiedlich transkribiert werden, war eine Erfahrung, die auch den Affenforscher Garner umtrieb. Den Phonographen beschrieb er entsprechend als Retter in der Not; mit ihm konnten die Tierlaute unter vermeintlich objektiven Bedingungen aufgezeichnet und für weitere Forschungen verfügbar gemacht werden. Auch der Entomologe Regen setzte den Phonographen ein, allerdings eher für experimentelle Zwecke. Für die Aufzeichnung des Grillenzirpens entwickelte er zum einen ein eigenes grafisches Notationssystem, das sich an die flüchtigen, hohen und dabei rhythmischen Laute seiner Versuchstiere anpasste. Zum anderen versuchte er sich an mechanisch-visuellen Transkriptionsverfahren wie der oszillografischen Methode. Aus beidem spricht nicht nur ein wachsendes Bewusstsein für die Beschränkungen auch der rein mechanisch-auditiven Aufzeichnung, die erstens nicht alle Laute zu erfassen vermochte und zweitens das Problem der subjektiven Hörwahrnehmung nur verschob. Vielmehr kündigt sich gerade in Regens Verwendung von Oszillogrammen darüber hinaus auch das für die spätere Institutionalisierung der Bioakustik maßgebliche Interesse an, die Forschungsgegenstände so aufzubereiten, dass sie möglichst interventionsarm konserviert, miteinander verglichen, gedruckt, vervielfältigt und distribuiert werden konnten. Dass indes auch die noch heute in der Bioakustik verwendeten Visualisierungen von Tierlauten an bestimmte Voraussetzungen gebunden sind, um gelesen und verstanden werden zu können, wurde anhand von Regens Oszillogrammen sehr deutlich.

Schließlich seien *drittens* die epistemischen Grenzen angesprochen, mit denen es die frühe Tierstimmenforschung durchgängig zu tun hatte und die sie gleichzeitig maßgeblich vorantrieben. Um 1800 entzog sich vor allem die Frage der tierlichen Stimm- bzw. Lautbildung der Erkenntnis. Aufgrund der oben erwähnten sensorisch-methodischen Herausforderungen konnten die Lautorgane der Tiere nicht in Aktion beobachtet und untersucht werden. Wie der Esel sein spezifisches „Iah" hervorbringt und welche Teile des hündischen Stimmapparates das charakteristische Bellen erzeugen, blieb zwangsläufig im Unklaren. Noch weniger ließen sich die Lautorgane von Tieren erschließen, die – wie etwa Menschenaffen – nicht in Europa beheimatet waren und deren Stimmen den Physiologen deshalb oftmals nicht bekannt oder zumindest nicht vertraut waren. Als methodische Strategie, mit dieser Wissenslücke umzugehen, hat diese Arbeit neben der Ferrein'schen Methode vor allem ein komplexes visuell-akustisches Vergleichsverfahren ausmachen können. Anhand der Untersuchung dieses Verfahrens wurden nicht zuletzt die imaginativen Anteile der frühen Tierstimmenforschung deutlich. Brachte die Komplexität mancher Stimmorgane schon seinerzeit die Frage nach der Funktion und Bedeutung der Laute selbst auf, wurde diese hundert Jahre später selbst zum

Gegenstand medienexperimenteller Forschungen. Was an Tierlauten faszinierte, war das schwer zu hintergehende Nichtwissen, welches sich mit ihrem Sinn verband. Ob und inwiefern Tiere bedeutungsvolle Laute von sich geben, bildete gewissermaßen eine ‚black box', eine „secret chamber"[5], wie Garner es ausdrückte, der nur durch Interventionen von außen beizukommen war. Die Untersuchung seiner und Regens Studien hat gezeigt, dass die Faszination für Tierlaute als eine Art Sprache, zu der es keinen Schlüssel gibt, zur treibenden Kraft hinter den bioakustischen Unternehmungen wurde. Der Versuch, einen Zugang zur potenziellen Sprachwelt von Tieren zu bekommen, brachte Techniken und Methoden wie das Playback-Verfahren hervor, die wiederum zu neuen Fragestellungen, Visionen und Verfahren der Tierstimmenforschung anregten. Trotz aller Verschiebungen und ‚Bereinigungen', welche das bioakustische Forschungsfeld im Laufe seiner Geschichte als Teilgebiet der Biologie zu verzeichnen hatte, blieb die Faszination für Tierlaute als unergründete Sprachpotenz erhalten. Davon zeugen nicht zuletzt die einleitend erwähnten *CHAT*-Versuche mit Delfinen, welche die Bioakustikerin Denise Herzing seit einigen Jahren im Atlantischen Ozean durchführt,[6] aber auch andere aktuelle Forschungsprojekte, die sich die Dekodierung von Tierlauten zum Ziel setzen.[7]

Es wäre sehr lohnenswert, im Rahmen eines detaillierten Blicks auf gegenwärtige bioakustische Forschungen zu untersuchen, inwieweit die hier vorgestellten Problemstellungen und Herausforderungen, aber auch die damit einhergehenden Visionen und Imaginationen der frühen Tierstimmenkunde, eine Fortsetzung finden. Abgesehen von einem solchen kultur- und wissensgeschichtlich ausgerichteten Blick auf die aktuelle Bioakustik wären auch weitere Forschungsperspektiven denkbar, die ich im Folgenden als ‚kulturwissenschaftliche Bioakustik' benennen und in aller Kürze umreißen möchte.[8] Aus den untersuchten Schwellenszenen der Stimme um 1800 und um 1900 wurde deutlich, dass Tierlaute nicht nur Naturkundlern ein reiches Forschungsfeld boten, sondern auch Philosophen, Literaten, Musikpsychologen, Akustikern und Maschinenbauern bzw. Medientechnikern. Dabei war es oft gerade die oben zusammengefasste Widerständigkeit tierlicher

---

5 Garner: The simian tongue [1891/92], S. 315.
6 Siehe Kohlsdorf / Gilliland / Presti / Starner / Herzing: An underwater wearable computer for two way human-dolphin communication experimentation und Hodson: Decoding Dolphin. Siehe auch http://www.wilddolphinproject.org/ (Abruf am 17.12.2021).
7 Siehe z. B. das Projekt CETI (Cetacean Translation Initiative), in dem ein interdisziplinäres Team aus Informatiker:innen, Biolog:innen und Linguist:innen mithilfe künstlicher Intelligenz die Lautkommunikation von Pottwalen untersucht. https://www.projectceti.org/ (Abruf am 17.12.2021).
8 Erste Überlegungen dazu wurden bereits in Sommer / Reimann: Tierlaute. Zwischen Animal Studies und Sound Studies angestellt.

Akustik gegenüber der sensorischen, sprachlich-medialen und epistemischen Erfassung, welche dazu führte, dass die verschiedenen Zugriffe auf die Stimme in einen Austausch kamen. Dort, wo die Sinne, die Sprache und das Wissen an ihre Grenzen gerieten, kamen poetische Verfahren zum Einsatz, wurden kulturelle Deutungsmuster aktualisiert, entstanden literarische Fortschreibungen und medientechnische Innovationen. Umgekehrt wurden die kulturgeschichtlich weitreichenden Narrative und Vorstellungen, welche sich mit Tierlauten verbanden, zu Impulsgebern oder produktiven Begleitern der wissenschaftlichen Auseinandersetzung. Diese Austauschbeziehungen, wie sie in dieser Arbeit im Rahmen einer Wissensgeschichte der Bioakustik *avant la lettre* untersucht wurden, machen Tierlaute so interessant für die kulturwissenschaftliche Forschung. In einer kulturwissenschaftlichen Bioakustik würde es darum gehen, das Feld der Tierlaute nicht den Biowissenschaften zu überlassen, sondern es als einen Gegenstandsbereich ernst zu nehmen, der sich an der Schnittstelle heterogener Wissensordnungen befindet, wo er mit ganz unterschiedlichen, einander überlagernden, ergänzenden oder zuwiderlaufenden Bedeutungen besetzt wurde und wird. Anstatt – wie die biowissenschaftliche Bioakustik – die biologische Bedeutung von Tierlauten zu untersuchen, wäre nach diesen historisch veränderlichen Bedeutungen tierlicher Akustik in der Kultur- und Wissensgeschichte zu fragen. Über welche Diskurse und Praktiken konstituierte sich das Wissen über Tierlaute jeweils? Welche Wahrnehmungsschemata und Deutungsmuster kamen dabei zum Tragen? In welche religiösen bzw. kulturellen Vorstellungen waren Tierlaute eingebunden? Welche Bedeutungen kamen ihnen in lebensweltlichen Zusammenhängen zu und wie bzw. mit welcher Wirkung wurden sie politisch metaphorisiert? Welche Rolle spielten die Stimmen von Tieren für Aushandlungen ihres rechtlichen Status und welche Funktion hatten und haben sie innerhalb wissenschaftlicher und ästhetischer Selbstvergewisserungen und/oder Entgrenzungen des Menschen? Dies wären nur einige der Fragen, die eine Tierlauten gegenüber aufgeschlossene Kulturwissenschaft gewinnbringend stellen könnte. Mit ihnen ließe sich nicht zuletzt der Vielstimmigkeit der Geschichte und Gegenwart Rechnung tragen, die eben nicht nur von der menschlichen Stimme geprägt wird. Wie anhand der Schwellenszenen der Stimme um 1800 und 1900 vorgeführt wurde, haben sich in die Geschichte der menschlichen Stimme vielmehr die Stimmen von Tieren eingeschrieben und umgekehrt. Vor dem Hintergrund eines inklusiven, auch Tierlaute einschließenden Verständnisses der Stimme (gemäß einem „inklusiven Humanismus"[9]) gälte es, dieser gemeinsamen Geschichte weiter nachzugehen.

---

9 Thomas Macho: Tiere, Menschen, Maschinen. Für einen inklusiven Humanismus. In: Konrad Paul Liessmann (Hrsg.): *Tiere. Der Mensch und seine Natur.* Wien: Zsolnay 2013, S. 153–173.

Literaturverzeichnis

Abbé de L'Épée, Charles-Michel: *Institution des sourd et muets par la voie des signes méthodiques*. Paris: Nyon l'Aîné 1776.
Achtziger, Roland / Ursula Nigmann: Zikaden in Mythologie, Kunst und Folklore. In: *Denisia* 4 (2002), S. 1–16.
Agamben, Giorgio: *Die Sprache und der Tod. Ein Seminar über den Ort der Negativität*. Frankfurt am Main: Suhrkamp 2007.
Agamben, Giorgio: Über negative Potentialität. In: Emmanuel Alloa (Hrsg.): *Nicht(s) sagen. Strategien der Sprachabwendung im 20. Jahrhundert*. Bielefeld: transcript 2008, S. 285–298.
Albes, Claudia: Getreues Abbild oder dichterische Komposition? Zur Darstellung der Natur bei Alexander von Humboldt. In: Claudia Albes / Christiane Frey (Hrsg.): *Darstellbarkeit. Zu einem ästhetisch-philosophischen Problem um 1800*. Würzburg: Königshausen & Neumann 2003, S. 209–233.
Almog, Yael / Caroline Sauter / Sigrid Weigel: Ursprung/Urszene. In: *Trajekte. Zeitschrift des Zentrums für Literatur- und Kulturforschung* 15,30 (2015), S. 4–15.
Ames, Eric: The Sound of Evolution. In: *Modernism/Modernity* 10,2 (2003), S. 297–325.
Amman, John Conrad: *A dissertation on speech, in which not only the human voice and the art of speaking are traced from their origin, but the means are also described by which those who have been deaf and dumb from their birth may acquire speech, and those who speak imperfectly may learn how to correct their impediments*. London: Sampson Low, Marston, Low, and Searle 1873.
Anonym: Éloge de M. Hérissant. In: *Histoire de l'Académie royale des sciences* (1773), S. 118–134.
Anonym: The speaking phonograph. In: *Scientific American Supplement*, 16.03.1878, S. 1828. http://www.phonozoic.net/primtexts/n0010.htm (Abruf am 17.12.2021).
Anonym: Improving the phonograph. In: *New York Evening Post*, 28.03.1878. http://www.phonozoic.net/primtexts/n0036.htm (Abruf am 17.12.2021).
Anonym: The phonograph and its future. In: *Chicago Tribune*, 31.05.1878. http://www.phonozoic.net/primtexts/n0068.htm (Abruf am 17.12.2021).
Anonym: Kisses by phonograph. The limitless possibilities of that recording instrument. In: *New York Times*, 03.12.1888, S. 8. http://www.phonozoic.net/primtexts/n0007.htm (Abruf am 17.12.2021).
Anonym: Mr. Edison's forecast. In: *Phonogram* 2 (1892), S. 1–2.
Anonym: Traps the sly fox with a phonograph. In: *Phonogram* 4 (1902), S. 61–62. http://www.phonozoic.net/primtexts/n1002.htm (Abruf am 17.12.2021).
Anonym: Hunting rabbits with phonograph. Sportsmen in vicinity of fox lake find talking machines useful. In: *Chicago Tribune*, 13.12.1903, S. 42. http://www.phonozoic.net/primtexts/n1001.htm (Abruf am 17.12.2021).
Anonym: The evolution of laryngology. In: *The British Medical Journal* 1,2308 (1905), S. 667–668.
Anonym: Novel duck decoy. Philadelphian goes hunting with a phonograph/bags boat load of birds. Ingenious nimrod makes wounded bird speak into machine, then turns megaphone to the sky, and hordes of honkers answer. In: *Indiana Evening Gazette*, 06.01.1908, S. 3. http://www.phonozoic.net/primtexts/n1003.htm (Abruf am 17.12.2021).

Anonym: ‚Antilärmiten'. In: *Recht auf Stille. Der Antirüpel. Monatsblätter zum Kampf gegen Lärm, Rohheit und Unkultur im deutschen Wirtschafts-, Handels- und Verkehrsleben.* Organ des deutschen Lärmschutzverbandes („Antilärmverein") 1 (1909), S. 53–57.

Anonym: Vermischte Nachrichten. In: *Magazin für das Neueste aus der Physik und Naturgeschichte* 2,4 (1984), S. 193–220.

Arasse, Daniel: *Die Guillotine. Die Macht der Maschine und das Schauspiel der Gerechtigkeit.* Reinbek bei Hamburg: Rowohlt 1988.

Arendt, Dieter: Der romantische Philister und seine blutleeren Widergänger. In: Dietmar Jacobsen (Hrsg.): *Kontinuität und Wandel, Apokalyptik und Prophetie. Literatur an Jahrhundertschwellen.* Frankfurt am Main: Lang 2001, S. 29–59.

Ariès, Philippe / Hans-Horst Henschen: *Geschichte des Todes.* München: Hanser 1980.

Aristoteles: *Thierkunde.* Bd. 1. Kritisch berichtigter Text, mit deutscher Übersetzung, sachlicher und sprachlicher Erklärung und vollständigem Index von H. Aubert und Fr. Wimmer. Leipzig: Engelmann 1868.

Aristoteles: *Politik.* Übersetzt und mit erklärenden Anmerkungen versehen von Eugen Rolfes, mit einer Einleitung von Günther Bien. Hamburg: Meiner 1981.

Aristoteles: *Über die Seele.* griechisch/deutsch, mit Einleitung, Übersetzung (nach W. Theiler) und Kommentar hrsg. v. Horst Seidl. Griechischer Text in der Version von Wilhelm Biehl und Otto Apelt. Hamburg: Meiner 1995.

Aristoteles: *Opuscula II und III. Mirabilia. De Audibilibus.* Übersetzt von Hellmut Flashar und Ulrich Klein. München: Oldenbourg Akademieverlag 2009.

Bader, Lena: „die Form fängt an zu spielen ..." Kleines (wildes) Gedankenexperiment zum vergleichenden Sehen. In: Horst Bredekamp / Karsten Heck (Hrsg.): *Bildendes Sehen*, Bd. 7.1: Bildwelten des Wissens. Berlin: Akademie-Verlag 2009, S. 35–44.

Bader, Lena: Bricolage mit Bildern. Motive und Motivationen vergleichenden Sehens. In: Lena Bader / Martin Gaier / Falk Wolf (Hrsg.): *Vergleichendes Sehen.* München: Fink 2010, S. 19–42.

Bader, Lena / Martin Gaier / Falk Wolf (Hrsg.): *Vergleichendes Sehen.* München: Fink 2010.

Bär, Jochen A.: Das Konzept des Gehörs in der Theorie der deutschen Romantik. In: Marcel Krings (Hrsg.): *Phono-Graphien. Akustische Wahrnehmung in der deutschsprachigen Literatur von 1800 bis zur Gegenwart.* Würzburg: Königshausen & Neumann 2011, S. 81–121.

Baranzke, Heike: Der kluge Hans. Ein Pferd macht Wissenschaftsgeschichte. In: Jessica Ullrich / Friedrich Weltzien / Heike Fuhlbrügge (Hrsg.): *Ich, das Tier. Tiere als Persönlichkeiten in der Kulturgeschichte.* Berlin: Reimer 2008, S. 197–214.

Baratay, Eric / Elisabeth Hardouin-Fugier / Matthias Wolf: *Zoo. Von der Menagerie zum Tierpark.* Berlin: Wagenbach 2000.

Barrington, Daines: Experiments and observations on the singing of birds in a letter to Matthew Maty, M. D. Sec. R. S. In: *Proceedings of the Royal Society of London. Philosophical Transactions of the Royal Society* 63 (1773), S. 249–291.

Barthes, Roland: Textanalyse einer Erzählung von Adgar Allan Poe. In: Ders.: *Das semiologische Abenteuer.* Frankfurt am Main: Suhrkamp 2007, S. 266–298.

Bataille, Georges / Rainer Maria Kiesow (Hrsg.): *Kritisches Wörterbuch.* Berlin: Merve 2005.

Bauer-Wabnegg, Walter: *Zirkus und Artisten in Franz Kafkas Werk. Ein Beitrag über Körper und Literatur im Zeitalter der Technik.* Erlangen: Palm & Enke 1986.

Bauman, H-Dirksen L.: Audism: Exploring the metaphysics of oppression. In: *Journal of Deaf Studies and Deaf Education* 9,2 (2004), S. 239–246.

Bayer, Kirsten / Jürgen-K. Mahrenholz: „Stimmen der Völker" – Das Berliner Lautarchiv. In: Horst Bredekamp / Jochen Brüning / Cornelia Weber (Hrsg.): *Theater der Natur und Kunst*. Berlin: Henschel 2000, S. 117–128.

Benjamin, Walter, *Gesammelte Schriften*. Supplement III. Marcel Proust: Guermantes. Hrsg. v. Hella Tiedemann-Bartels. Übersetzt von Walter Benjamin und Franz Hessel. Frankfurt am Main: Suhrkamp 1987.

Benjamin, Walter: Berliner Kindheit um Neunzehnhundert. In: Ders.: *Gesammelte Schriften*. 7 Bde., Bd. 4.1. Hrsg. v. Tillman Rexroth. 4. Aufl. Frankfurt am Main: Suhrkamp 2006, S. 235–304.

Benjamin, Walter: Über Sprache überhaupt und über die Sprache des Menschen. In: Ders.: *Gesammelte Schriften*. 7 Bde., Bd. 2.1. Hrsg. v. Tillman Rexroth. 4. Aufl. Frankfurt am Main: Suhrkamp 2006, S. 140–157.

Benndorf, Hans / Rudolf Pöch: *Zur Darstellung phonographisch aufgenommener Wellen. XXIV. Mitteilung der Phonogramm-Archivs-Kommission der kaiserl. Akademie der Wissenschaften in Wien*. Wien: Kaiserlich-Königliche Hof- und Staatsdruckerei 1911.

Berner, Margit / Anette Hoffmann / Britta Lange (Hrsg.): *Sensible Sammlungen. Aus dem anthropologischen Depot*. Hamburg: Philo Fine Arts 2011.

Bertin, Exupere Josephe: *Lettres sur le nouveau système de la voix*. Den Haag: La Haye 1745.

Berz, Peter: Der Fliegerpfeil. Ein Kriegsexperiment Musils an den Grenzen des Hörraums. In: Jochen Hörisch / Michael Wetzel (Hrsg.): *Armaturen der Sinne. Literarische und technische Medien 1870 bis 1920*. München: Fink 1990, S. 265–288.

Biester, Johann Erich: Schreiben über die Kempelischen Schachspiel- und Redemaschinen. In: *Berlinische Monatsschrift* 4,4 (1784), S. 495–514.

Bijsterveld, Karin: *Sonic skills. Listening for knowledge in science, medicine and engineering (1920s–present)*. London: Palgrave Macmillan 2019.

Bilton, Lynn: *The phonographic menagerie*. https://www.intertique.com/The%20phonogra phic%20menagerie.htm (Abruf am 17.12.2021).

Blanchard, Pascal / Gilles Boetsch / Lilian Thuram (Hrsg.): *Human zoos. The invention of the savage*. Publikation zur Ausstellung "Exhibitions. The invention of the savage"; [Musée Du Quai Branly, 29 November 2011 to 3 Juni 2012]. Arles/Paris: Actes Sud; Musée du Quai Branly 2011.

Blancke, Stefaan: Lord Monboddo's *Ourang-Outang* and the origin and progress of language. In: Marco Pina / Nathalie Gontier (Hrsg.): *The evolution of social communication in primates. A multidisciplinary approach*. Heidelberg [u. a.]: Springer 2014, S. 31–44.

Blumenbach, Johann Friedrich: *Handbuch der vergleichenden Anatomie*. Mit Kupfern. Göttingen: Heinrich Dieterich 1805.

Blumenberg, Hans: *Die Lesbarkeit der Welt*. 2. durchgesehene Aufl. Frankfurt am Main: Suhrkamp 1983.

Bolte-Picker, Petra: *Die Stimme des Körpers. Vokalität im Theater der Physiologie des 19. Jahrhunderts*. Frankfurt am Main: Peter Lang 2012.

Bondeson, Jan: *Lebendig begraben. Geschichte einer Urangst*. Hamburg: Hoffmann und Campe 2002.

Bondeson, Jan: *Amazing dogs. A cabinet of canine curiosities*. Ithaca, N.Y.: Cornell University Press 2011.

Bondio, Mariacarla Gadebusch: Zwischen Tier und Mensch. ‚Taubstumme' im medizinischen und forensischen Diskurs des 16. und 17. Jahrhunderts. In: Cordula Nolte (Hrsg.): *Homo Debilis. Behinderte, Kranke, Versehrte in der Gesellschaft des Mittelalters*. Korb: Didymos 2009, S. 129–148.

Borgards, Roland: *Poetik des Schmerzes. Physiologie und Literatur von Brockes bis Büchner.* München: Fink 2007.
Borgards, Roland: Affen. Von Aristoteles bis Soemmering. In: Roland Borgards / Christiane Holm / Günter Oesterle / Alexander von Bormann (Hrsg.): *Monster. Zur ästhetischen Verfassung eines Grenzbewohners.* Würzburg: Königshausen & Neumann 2009, S. 239–253.
Borgards, Roland: Affenmenschen/Menschenaffen. Kreuzungsversuche bei Rousseau und Bretonne. In: Michael Gamper (Hrsg.): *„Es ist nun einmal zum Versuch gekommen". Experiment und Literatur I 1580 – 1790.* Göttingen: Wallstein 2009, S. 293–308.
Borgards, Roland: Geheul und Gebrüll. Ästhetische Tiere in Kleists „Empfindungen vor Friedrichs Seenlandschaft" und „Die heilige Cäcilie oder die Gewalt der Musik". In: Nicolas Pethes (Hrsg.): *Ausnahmezustand der Literatur. Neue Lektüren zu Heinrich von Kleist.* Göttingen: Wallstein 2011, S. 307–324.
Borgards, Roland: Der Affe als Mensch und der Europäer als Ureinwohner. Ethnozoographie um 1800 (Cornelis De Pauw, Wilhelm Hauff, Friedrich Tiedemann). In: David E. Wellbery / Alexander von Bormann (Hrsg.): *Kultur-Schreiben als romantisches Projekt. Romantische Ethnographie im Spannungsfeld zwischen Imagination und Wissenschaft.* Würzburg: Königshausen & Neumann 2012, S. 17–42.
Borgards, Roland: Primatographien. Wie Michael Tomasello und Frans de Waal die biologische Vorgeschichte des Menschen erzählen. In: Johannes Friedrich Lehmann / Roland Borgards / Maximilian Bergengruen (Hrsg.): *Die biologische Vorgeschichte des Menschen. Zu einem Schnittpunkt von Erzählordnung und Wissensformation.* Freiburg/Berlin/Wien: Rombach 2012, S. 361–376.
Borgards, Roland (Hrsg.): *Literatur und Wissen. Ein interdisziplinäres Handbuch.* Stuttgart: Metzler 2013.
Brady, Erika: *A spiral way. How the phonograph changed ethnography.* Jackson, Miss.: University Press of Mississippi 1999.
Brandes, Gustav: Der Tod unseres Riesenorangs „Goliath". In: *Der Zoologische Garten. Zeitschrift für die gesamte Tiergärtnerei. Organ der Zoologischen Gärten Mitteleuropas* 1,10/12 (1929), S. 396–400.
Brandes, Gustav: *Buschi. Vom Orang-Säugling zum Backenwülster.* Leipzig: Quelle und Meyer 1939.
Bredekamp, Horst / Jochen Brüning / Cornelia Weber (Hrsg.): *Theater der Natur und Kunst.* Berlin: Henschel 2000.
Bridgwater, Patrick: Rotpeters Ahnherren, oder: Der gelehrte Affe in der deutschen Dichtung. In: *Deutsche Vierteljahrsschrift für Literaturwissenschaft und Geistesgeschichte* 56 (1982), S. 447–462.
Bruhier d'Alaincourt, Jean Jacques: *Dissertation sur l'incertitudes des signes de la mort et l'abus des enterrements & embaumemens précipités.* Paris: Debure 1749.
Brunner, Heinrich Maximilian: *Ausführliche Beschreibung der Sprachmaschinen oder sprechenden Figuren mit unterhaltenden Erzählungen und Geschichten erläutert.* Nürnberg: Johann Eberhard Zeh 1798.
Bruyninckx, Joeri: *Listening in the field. Recording and the science of birdsong.* Cambridge, Mass.: MIT Press 2018.
Buffon, Georges-Louis Leclerc de: *Histoire naturelle, générale et particulière avec la déscription du Cabinet du roi.* Bd. 2. Paris: L'Imprimerie Royale 1749.

Bühler, Benjamin: Sprechende Tiere, politische Katzen. Vom „Gestiefelten Kater" und seinen Nachkommen. In: *Zeitschrift für deutsche Philologie* 126, Sonderheft: Tiere, Texte, Spuren (2007), S. 143–166.

Bunia, Remigius / Till Dembeck / Georg Stanitzek (Hrsg.): *Philister. Problemgeschichte einer Sozialfigur der neueren deutschen Literatur*. Berlin/Boston: De Gruyter 2011.

Camper, Peter: Mémoire sur la structure des os dans les oiseaux, et de leurs diversités dans les différentes espèces. In: *Mémoires de mathématique et de physique, présentés à l'Académie Royale des Sciences* 7 (1776), S. 328–335.

Camper, Peter: *Abhandlung von den Kennzeichen des Lebens und des Todes bey neugebornen Kindern nebst einigen Gedanken über die Strafen des Kindermords*. Aus dem Holländischen übersetzt und mit neuen Zusätzen des Verfassers, wie auch einigen Anmerkungen vermehret von J. F. M. Herbell. Frankfurt/Leipzig: Heinrich Ludwig Brönner 1777.

Camper, Peter: Account of the organs of speech of the orang outang. In: *Philosophical Transactions of the royal Society of London* 69 (1779), S. 129–159.

Camper, Peter: Kurze Nachricht von der Zergliederung verschiedener Orang Utangs und fürnehmlich desjenigen, der im Thiergarten Sr. Durchl. des Prinzen von Oranien 1777 gestorben ist. In: Ders.: *Kleinere Schriften. Die Arzney- und Wundarzneykunst und fürnehmlich die Naturgeschichte betreffend*. Leipzig: Siegfried Lebrecht Crusius 1784, S. 65–94.

Camper, Peter: Bemerkung einer bewundernswürdigen Ersetzung der Nase und des Gaums, welche beyde durch den Beinfras verlohren gegangen. In: Johann Christoph Sommer (Hrsg.): *Sammlung der auserlesensten und neuesten Abhandlungen für Wundärzte*. Leipzig: Weygandsche Buchhandlung 1778, S. 201–204.

Camper, Peter: Bemerkungen über die Klasse derjenigen Fische, die vom Ritter Linné schwimmende Amphibien genannt werden. In: *Schriften der Gesellschaft Naturforschender Freunde zu Berlin* 7 (1787), S. 197–218.

Camper, Peter: *Naturgeschichte des Orang-Utang, und einiger andern Affenarten, des Africanischen Nashorns und des Rennthiers*. Mit Kupfern. Übersetzt von Johannes F. Herbell. Düsseldorf: Dänzer 1791.

Camper, Peter: *Œuvres*. Bd. 1. Paris: Jansen 1803.

Carl, Florian: *Was bedeutet uns Afrika? Zur Darstellung afrikanischer Musik im deutschsprachigen Diskurs des 19. und frühen 20. Jahrhunderts*. Zugl.: Köln, Univ., Magisterarbeit. Münster: Lit 2004.

Casserius, Julius: *The larynx, organ of voice*. Translated from the Latin with preface and anatomical notes by Malcolm H. Hast, Ph.D. and Erling B. Holtsmark, Ph.D. Uppsala: Almqvist & Wiksells 1969.

Chadarevian, Soraya de: Die ‚Methode der Kurven' in der Physiologie zwischen 1850 und 1900. In: Hans-Jörg Rheinberger / Michael Hagner (Hrsg.): *Experimentalisierung des Lebens. Experimentalsysteme in den biologischen Wissenschaften 1850/1950*. Berlin: Akademie-Verlag 2018, S. 28–49.

Chion, Michel: *Audio-Vision. Ton und Bild im Kino*. Berlin: Schiele & Schön 2012.

Chladni, Ernst Florens Friedrich: *Entdeckungen über die Theorie des Klanges*. Mit elf Kupfertafeln. Leipzig: Weidmanns Erben und Reich 1787.

Cuvier, Georges: *Vorlesungen über vergleichende Anatomie*. Mit vier Kupertafeln. Vierter und letzter Theil. Hrsg. v. George L. Duvernoy. Übersetzt und mit Anmerkungen und Zusätzen vermehrt von Johann Friedrich Meckel. 4 Bde. Leipzig: Paul Gotthelf Kummer 1810.

Cuvier, Georges: *Das Thierreich, geordnet nach seiner Organisation. Als Grundlage der Naturgeschichte der Thiere und Einleitung in die vergleichende Anatomie*. Erster Band, die Säugethiere und Vögel enthaltend. Nach der zweiten, vermehrten Auflage übersetzt und durch Zusätze erweitert. Leipzig: Brockhaus 1831.

Darwin, Charles: *The descent of man, and selection in relation to sex*. Bd. 1. New York: D. Appleton and Company 1871.

Daston, Lorraine / Peter Galison: *Objektivität*. Aus dem Amerikanischen von Christa Krüger. Frankfurt am Main: Suhrkamp 2007.

De Fontenelle, Bernard Le Bouyer: Éloge de M. Dodart. In: *Histoire de l'Académie royale des sciences* (1707), S. 182–192.

Deleuze, Gilles / Félix Guattari: *Kafka. Für eine kleine Literatur*. Frankfurt am Main: Suhrkamp 1976.

DeMello, Margo: *Animals and society. An introduction to Human-Animal Studies*. New York: Columbia University Press 2012.

DeMello, Margo (Hrsg.): *Speaking for animals. Animal autobiographical writing*. New York, N.Y.: Routledge 2013.

Derrida, Jacques: *Grammatologie*. Frankfurt am Main: Suhrkamp 1983.

Derrida, Jacques: *Das Tier, das ich also bin*. Wien: Passagen 2010.

Descartes, René: *Discours de la méthode (pour bien conduire sa raison, et chercher la verité dans les sciences)*. Französisch/deutsch, übers. u. hrsg. v. Lüder Gäbe. Hamburg: Meiner 1990.

Deutsche Encyclopädie oder Allgemeines Real-Wörterbuch aller Künste und Wissenschaften von einer Gesellschaft Gelehrten. Band XIX, Höpfner, Ludwig Julius Friedrich. Frankfurt am Main: Varrentrapp und Wenner 1796.

Diderot, Denis: *Die geschwätzigen Kleinode*. Aus dem Französischen neu übersetzt von Christel Gersch. Berlin: Rütten & Loening 1978.

Diderot, Denis / Jean-Baptiste le Rond d'Alembert (Hrsg.): *Encyclopédie ou Dictionnaire raisonné des sciences, des arts et des métiers, par une société de gens de lettres*. Bd. 1. Paris: Briasson 1751.

Dingler, Karl-Heinz / Uwe Westphal / Karl-Heinz Frommolt: *Die Stimmen der Säugetiere – Schwerpunkt Europa. 305 Säugetiere*. Germering: Musikverlag Edition AMPLE 2016.

Dodart, Denis: Mémoire sur les causes de la voix de l'homme, & et de ses différens tons. In: *Histoire de l'Académie royale des sciences* (1700), S. 244–293.

Dodart, Denis: Supplement au mémoire sur la voix et les tons. In: *Histoire de l'Académie royale des sciences* (1707), S. 66–81.

Doegen, Wilhelm: *Denkschrift über die Errichtung eines „Deutschen Lautamtes" in Berlin. Als Manuskript Seiner Exzellenz* Prof. *D. von Harnack in Dankbarkeit ehrerbietigst zugeeignet vom Verfasser*. Manuskript. Berlin 1918.

Doegen, Wilhelm: Einleitung. In: Wilhelm Doegen (Hrsg.): *Unter fremden Völkern. Eine neue Völkerkunde*. Berlin: Stollberg 1925, S. 9–18.

Dolar, Mladen: *His master's voice. Eine Theorie der Stimme*. Aus dem Englischen von Michael Adrian und Bettina Engels. Frankfurt am Main: Suhrkamp 2007.

Doyon, André / Lucien Liaigre: *Jacques Vaucanson. Mécanicien de génie*. Paris: Presses Universitaires de France 1966.

Dr. Billing: Proceedings of societies. Huntarian societies. In: *London Medical Gazette* 3 (1829), S. 555–556.

Dreckmann, Kathrin: Verba Volant, Scripta Manent. Das kulturelle Gedächtnis und die Archivierung des Akustischen. In: Ruth-Elisabeth Mohrmann (Hrsg.): *Audioarchive. Tondokumente digitalisieren, erschließen und auswerten*. Münster: Waxmann 2013, S. 9–23.

Du Moncel, Le Comte Theodose: *Le Téléphone, le microphone et le phonographe*. Paris: Librairie Hachette et Cie 1878.

Duden, Barbara: *Geschichte unter der Haut. Ein Eisenacher Arzt und seine Patientinnen um 1730*, Stuttgart: Klett-Cotta 1991.

Duden, Barbara: „Ein falsch Gewächs, ein unzeitig Wesen, gestocktes Blut". Zur Geschichte von Wahrnehmung und Sichtweise der Leibesfrucht. In: Gisela Staupe / Lisa Vieth (Hrsg.): *Unter anderen Umständen. Zur Geschichte der Abtreibung*. Dresden/Berlin: Deutsches Hygiene-Museum; Argon 1993, S. 27–35.

Dumortier, Bernard: L'œuvre d'Ivan Regen, précurseur de la bioacoustique des insectes. In: *Archives Internationales d'Histoire des Sciences* 18,72–73 (1965), S. 207–242.

Dumortier, Bernard: La stridulation et l'audition chez les insectes orthoptères: Aperçu historique sur les idées et les découvertes jusqu'au début du XXe siècle. In: *Revue d'histoire des sciences et de leurs applications* 19,1 (1966), S. 1–28.

Durham Peters, John: Helmholtz und Edison. Zur Endlichkeit der Stimme. In: Friedrich A. Kittler / Thomas Macho / Sigrid Weigel (Hrsg.): *Zwischen Rauschen und Offenbarung. Zur Kultur- und Mediengeschichte der Stimme*. Berlin: Akademie-Verlag 2008, S. 291–312.

Edison, Thomas A.: The perfected phonograph. In: *North American Review*, June 1888, S. 641. http://www.phonozoic.net/primtexts/n0045.htm (Abruf am 17.12.2021).

Eggers, Michael: „Ein eigentlich menschliches Ausdrucksmittel". Der Gesang der Nachtigall in Literatur- und Naturgeschichte. In: Marcel Krings (Hrsg.): *Phono-Graphien. Akustische Wahrnehmung in der deutschsprachigen Literatur von 1800 bis zur Gegenwart*. Würzburg: Königshausen & Neumann 2011, S. 295–316.

Eibl, Karl: Die dritte Geschichte. Hinweise zur Struktur von Robert Musils Die Amsel. In: *Poetica* 3 (1970), S. 455–471.

Eichberg, Stephanie: Ambivalente Analogien: Die Auslotung der Mensch-Tier-Grenze im neurophysiologischen Experiment des 18. Jahrhunderts. In: *Traverse* 15,3 (2008), S. 17–28.

Eichendorff, Joseph von: *Sämtliche Werke*. Historisch-kritische Ausgabe. Bd. IX: Geschichte der poetischen Literatur Deutschlands. Hrsg. v. Wolfram Mauser. Tübingen: Max Niemeyer 1970.

Eichendorff, Joseph von: *Sämtliche Werke*. Historisch-kritische Ausgabe. Bd. I.1: Gedichte. Erster Teil. Text. Hrsg. v. Harry Fröhlich und Ursula Regener. Stuttgart/Berlin/Köln: Kohlhammer 1993.

Encke, Julia: *Augenblicke der Gefahr. Der Krieg und die Sinne (1914–1934)*. München: Wilhelm Fink 2006.

Epping-Jäger, Cornelia / Erika Linz (Hrsg.): *Medien, Stimmen*. Köln: DuMont 2003.

Ernst, Wolfgang: Lokaltermin Sirenen oder der Anfang eines gewissen Gesangs in Europa. In: Brigitte Felderer (Hrsg.): *Phonorama. Eine Kulturgeschichte der Stimme als Medium*. Zentrum für Kunst und Medientechnologie Karlsruhe, Museum für Neue Kunst, [Ausstellung, 18. September 2004–30. Januar 2005]. Berlin: Matthes & Seitz 2004, S. 257–266.

Ette, Ottmar: Ein Ohr am Dschungel oder das hörbare Leben. Alexander von Humboldts ‚Das nächtliche Thierleben im Urwalde' und der Humboldt-Effekt. In: *Romanistische Zeitschrift* für Literaturgeschichte/Cahiers d'Histoire des Littératures Romanes 33,1/2 (2009), S. 33–47.

Euler, Leonhard: *Briefe an eine deutsche Prinzessin über verschiedene Gegenstände aus der Physik und Philosophie. Zweyter Theil.* Aus dem Französischen übersetzt. 2. Aufl. Leipzig: Johann Friedrich Junius 1773.

Exner, Sigmund: Bericht über die Arbeiten der von der kais. Akademie der Wissenschaften eingesetzten Commission zur Gründung eines Phonogramm-Archives. In: *Almanach der mathematisch-naturwissenschaftlichen Classe d. kaiserl. Akad. d. Wiss. in Wien* 37, Beilage: 1. Mitteilung der Phonogrammarchivs-Kommission (1900), S. 1–6.

Exner, Sigmund: *II. Bericht über den Stand der Arbeiten der Phonogramm-Archivs-Commission erstattet in der Sitzung der Gesamt-Akademie vom 11. Juli 1902*, Wien o.J. (1902), Wien o.J. (1902).

Extrait des registres de l'Académie Royale des Sciences du 9 Juillet 1749. In: *Mercure de France: Dédié au Roi* (August 1949), S. 152–159.

Faber, Albrecht: Die Lautäußerungen der Orthopteren I. In: *Zeitschrift für Morphologie und Ökologie der Tiere* 13,3/4 (1929), S. 745–803.

Faber, Albrecht: Zur Homologisierung von Stimmäußerungen bei Vögeln. In: *Vogelwarte – Zeitschrift für Vogelkunde* 18 (1955), S. 77–84.

Fabre, Jean-Henri: *Erinnerungen eines Insektenforschers*. Bd. 3. Aus dem Französischen von Friedrich Koch. Berlin: Matthes & Seitz 2011.

Fabre, Jean-Henri: *Erinnerungen eines Insektenforschers*. Bd. 6. Aus dem Französischen von Friedrich Koch. Mit Essays von Hans Thill und Jürgen Goldstein. Berlin: Matthes & Seitz 2015.

Fabrizio, Timothy C. / George F. Paul.: *Antique phonograph advertising. An illustrated history.* Atglen, Pa.: Schiffer Pub. 2002.

Falls, J. Bruce: Playback: A historical perspective. In: Peter K. McGregor (Hrsg.): *Playback and studies of animal communication*. New York: Plenum Press 1992, S. 11–33.

Feaster, Patrick (Hrsg.): *Pictures of sound. One thousand years of educed audio: 980–1980.* Atlanta: Dust-to-Digital 2012.

Felderer, Brigitte (Hrsg.): *Wunschmaschine Welterfindung. Eine Geschichte der Technikvisionen seit dem 18. Jahrhundert.* Ein Katalogbuch zur gleichnamigen Ausstellung; [Kunsthalle Wien, 5. Juni – 4. August 1996]. Wien [u. a.]: Springer [u. a.] 1996.

Felderer, Brigitte: Künstliches Leben in Österreich. Die Automaten und Maschinen des Freiherrn von Kempelen. Ein Zwischenbericht. In: Manfred Faßler (Hrsg.): *Ohne Spiegel leben. Sichtbarkeiten und posthumane Menschenbilder*. München: Fink 2000, S. 213–233.

Felderer, Brigitte (Hrsg.): *Phonorama. Eine Kulturgeschichte der Stimme als Medium*. Zentrum für Kunst und Medientechnologie Karlsruhe, Museum für Neue Kunst, [Ausstellung, 18. September 2004–30. Januar 2005]. Berlin: Matthes & Seitz 2004.

Felderer, Brigitte: Stimm-Maschinen. Zur Konstruktion und Sichtbarmachung menschlicher Sprache im 18. Jahrhundert. In: Friedrich A. Kittler / Thomas Macho / Sigrid Weigel (Hrsg.): *Zwischen Rauschen und Offenbarung. Zur Kultur- und Mediengeschichte der Stimme*. Berlin: Akademie-Verlag 2008, S. 257–278.

Ferrein, Antoine: De la formation de la voix de l'homme. In: *Histoire de l'Académie royale des sciences* (1741), S. 409–432.

Fichte, Johann Gottlieb: Beitrag zur Berichtigung der Urtheile des Publicums über die französische Revolution. In: Ders.: *Johann Gottlieb Fichte's sämmtliche Werke*. Hrsg. v. Immanuel Hermann Fichte. Berlin 1845.

Fischer, Andreas / Judith Willkomm: Der Wald erschallt nicht wie der Schrei der Steppe. Tierlaute im NS-ideologischen Kontext in Lutz Hecks tönenden Büchern. In: Marianne Sommer / Denise Reimann (Hrsg.): *Zwitschern, Bellen, Röhren. Tierlaute in der Wissens-, Medientechnik- und Musikgeschichte*. Berlin: Neofelis 2018, S. 73–112.
Fischer, Julia: Tierstimmen. In: Doris Kolesch / Sybille Krämer (Hrsg.): *Stimme. Annäherung an ein Phänomen*. Frankfurt am Main: Suhrkamp 2006, S. 172–190.
Fischer, Julia: *Affengesellschaft*. 2. Aufl. Berlin: Suhrkamp 2012.
Fischer, Tobias / Lara Cory / Kate Carr: *Animal music. Sound and song in the natural world*. London: Strange Attractor Press 2015.
Fischer-Homberger, Esther: *Medizin vor Gericht. Gerichtsmedizin von der Renaissance bis zur Aufklärung*. Mit 70 illustrierenden Fallbeispielen zusammengestellt von Cécile Ernst. Bern: Huber 1983.
Fitch, Tecumseh: Die Stimme – aus biologischer Sicht. In: Brigitte Felderer (Hrsg.): *Phonorama. Eine Kulturgeschichte der Stimme als Medium*. Zentrum für Kunst und Medientechnologie Karlsruhe, Museum für Neue Kunst, [Ausstellung, 18. September 2004–30. Januar 2005]. Berlin: Matthes & Seitz 2004, S. 85–102.
Flammarion, Camille: *Clairs de lune*. Hrsg. v. Ernest Flammarion. Paris: 1924.
Flaubert, Gustave: Quidquid volueris. Psychologische Studien. In: Gustave Flaubert / Traugott König: *Leidenschaft und Tugend. Erste Erzählungen*. Zürich: Diogenes 2005, S. 94–146.
Foucault, Michel: *Überwachen und Strafen. Die Geburt des Gefängnisses*. Frankfurt am Main: Suhrkamp 1976.
Friese, Heinzgert: Dunkles Wesen: Nacht und Natur um 1800. In: Jörg Zimmermann / Uta Saenger / Götz-Lothar Darsow (Hrsg.): *Ästhetik und Naturerfahrung*. Stuttgart-Bad Cannstatt: Frommann-Holzboog 1996, S. 239–262.
Frisch, Karl von: *Fünf Häuser am See. Der Brunnwinkl, Werden und Wesen eines Sommersitzes*. Mit 42 Abbildungen. Berlin: Springer 1980.
Frommolt, Karl-Heinz: Das Tierstimmenarchiv der Humboldt-Universität. In: Andreas Wessel (Hrsg.): *„Ohne Bekenntnis keine Erkenntnis". Günter Tembrock zu Ehren*. Bielefeld: Kleine 2008, S. 95–103.
Füssmann, Anja-Katharina: *Die Entwicklung der Endoskopie in der Tiermedizin*. Dissertationsschrift. München: Eigenverlag 1996.
Gamper, Michael (Hrsg.): *„Es ist nun einmal zum Versuch gekommen". Experiment und Literatur I 1580 – 1790*. Göttingen: Wallstein 2009.
Gamper, Michael (Hrsg.): *Experiment und Literatur. Themen, Methoden, Theorien*. Göttingen: Wallstein 2010.
Gamper, Michael: Experimentelles Nicht-Wissen. Zur poetologischen und epistemologischen Produktivität unsicherer Erkenntnis. In: Michael Gamper (Hrsg.): *Experiment und Literatur. Themen, Methoden, Theorien*. Göttingen: Wallstein 2010, S. 511–545.
Gamper, Michael: Nicht-Wissen und Literatur. Eine Poetik des Irrtums bei Bacon, Lichtenberg, Novalis und Goethe. In: *Internationales Archiv für Sozialgeschichte der deutschen Literatur* 34,2 (2009), S. 92–120.
Garcia, Maxim / Christian Herbst: Excised larynx experimentation: History, current developments, and prospects for bioacoustic research. In: *Anthropological Science* 126, 1 (2018), S. 9–17.
Garner, Richard Lynch: *The speech of monkeys*. London: William Heinemann 1892.
Garner, Richard Lynch: What I expect to do in Africa. In: *North American Review* 154,427 (1892), S. 713–718.

Garner, Richard Lynch: A mission to the monkeys. In: *New York Times*, 25.09.1892.
Garner, Richard Lynch: *Gorillas and chimpanzees*. London: Osgood, McIlvaine & Co. 1896.
Garner, Richard Lynch: *Die Sprache der Affen (The speech of monkeys)*. Aus dem Englischen übersetzt und herausgegeben von William Marshall. Autorisierte Ausgabe. 2. Aufl. Dresden: Schultze 1905.
Garner, Richard Lynch: The simian tongue [1891/92]. In: Roy Harris (Hrsg.): *The origin of language*. Bristol: Thoemmes 1996, S. 314–332.
Gelatt, Roland: *The fabulous phonograph, 1877–1977*. New York: Macmillan 1977.
Genette, Gérard: *Die Erzählung*. Paderborn: Fink 2010.
Gerigk, Horst-Jürgen: *Der Mensch als Affe in der deutschen, französischen, russischen, englischen und amerikanischen Literatur des 19. und 20. Jahrhunderts*. Hürtgenwald: G. Pressler 1989.
Gessinger, Joachim: Der Ursprung der Sprache aus der Stummheit. Psychologische und medizinische Aspekte der Sprachursprungsdebatte im 18. Jahrhundert. In: Joachim Gessinger / Wolfert von Rahden (Hrsg.): *Theorien vom Ursprung der Sprache*. Band II. Berlin [u. a.]: De Gruyter 1989, S. 345–387.
Gessinger, Joachim: *Auge & Ohr. Studien zur Erforschung der Sprache am Menschen 1700–1850*. Berlin/New York: De Gruyter 1994.
Gessinger, Joachim: Die Grundlegung der empirischen Sprachwissenschaft als ‚Wissenschaft am Menschen'. In: Hans Aarsleff / Hans-Josef Niederehe / Louis G. Kelly (Hrsg.): *Papers in the history of linguistics. Proceedings of the Third International Conference on the History of the Language Sciences (ICHoLS III), Princeton, 19–23 August 1984*. Amsterdam/ Philadelphia: J. Benjamins Pub. Co 2010, S. 335–348.
Gilleir, Anke / Angelika Schlimmer / Eva Kormann (Hrsg.): *Textmaschinenkörper. Genderorientierte Lektüren des Androiden*. Amsterdam/New York, N.Y.: Rodopi 2006.
Gingras, J. L. / E. A. Mitchell / K. E. Grattan: Fetal homologue of infant crying. In: *Arch Dis Child Fetal Neonatal Ed 90 (2005)*, S. F415–F418.
Goethe, Johann Wolfgang von: *Poetische Werke*. Hrsg. v. Siegfried Seidel. 16 Bde. Berlin: Aufbau 1960ff.
Gogola, Matija: Sound or vibration, an old question of insect communication. In: Reginald B. Cocroft / Matija Gogola / Peggy S.M. Hill / Andreas Wessel (Hrsg.): *Studying vibrational communication*, Bd. 3: Animal Signals and Communication. Berlin: Springer 2014, S. 31–46.
Goodbody, Axel: *Natursprache. Ein dichtungstheoretisches Konzept der Romantik und seine Wiederaufnahme in der modernen Naturlyrik (Novalis – Eichendorff – Lehmann – Eich)*. Zugl.: Kiel, Univ., Diss., 1983. Neumünster: Wachholtz 1984.
Goth, Joachim: *Nietzsche und die Rhetorik*. Tübingen: Niemeyer 1970.
Göttert, Karl-Heinz: *Geschichte der Stimme*. München: Fink 1998.
Gredig, Mathias: *Tiermusik*. Würzburg: Königshausen & Neumann 2017.
Griem, Julika: *Monkey Business. Affen als Figuren anthropologischer und ästhetischer Reflexion 1800–2000*. Berlin: Trafo 2010.
Grimm, Jacob: *Über den Ursprung der Sprache. Gelesen in der Preußischen Akademie der Wissenschaften am 9. Januar 1851*. Frankfurt am Main: Insel 1985.
Grimm, Jacob / Wilhelm Grimm: *Deutsches Wörterbuch von Jacob und Wilhelm Grimm*. 32 Bde. Leipzig: Hirzel 1854–1961.
Grmek, Mirko Drazen: Aperçu biographique sur Regen, pionnier de la bioacoustique des insectes. In: *Archives Internationales d'Histoire des Sciences* 18,72–73 (1965), S. 191–206.

Gross, Charles G.: Galen and the squealing pig. In: *History of Neuroscience* 4,3 (1998), S. 216–221.
Guilhaumou, Jacques: *La langue politique et la Révolution française. De l'événement à la raison linguistique, Librairie du bicentenaire de la Révolution française.* Paris: Klincksieck 1989.
Haas, Maximilian: *Tiere auf der Bühne.* Berlin: Kadmos 2019.
Hadži, Jovan: Regen. In: *Bulletin scientifique du Conseil des académies de la RPF de Yougoslavie* 1,2 (1953), S. 36–37.
Haeckel, Ernst: *Natürliche Schöpfungs-Geschichte. Gemeinverständliche wissenschaftliche Vorträge über die Entwickelungslehre im allgemeinen und diejenige von Darwin, Goethe und Lamarck im besonderen (1868/69).* 11. Aufl. Berlin: Reimer 1911.
Haikal, Mustafa / Winfried Gensch: *Der Gesang des Orang-Utans. Die Geschichte des Dresdner Zoos.* Dresden: Ed. Sächs. Zeitung 2011.
Haller, Albrecht von: *Abhandlung des Herrn von Haller von den empfindlichen und reizbaren Theilen des menschlichen Leibes.* Hrsg. v. Carl C. Krause. Leipzig: Jacobi 1756.
Haller, Albrecht von: *Anfangsgründe der Physiologie des menschlichen Körpers.* Aus dem Lateinischen übersetzt von Johann Samuel Hallen. Dritter Band: Das Atemholen. Die Stimme. Berlin: Christian Friedrich Voß 1766.
Haller, Albrecht von: *Anfangsgründe der Physiologie des menschlichen Körpers.* Aus dem Lateinischen übersetzt von Johann Samuel Hallen. Achter und letzter Band: Von der menschlichen Frucht. Dem Leben und dem Tode der Menschen. Berlin: Christian Friedrich Voß 1776.
Haller, Martin: *Seltene Haus- & Nutztierrassen.* 2. Aufl. Graz: Stocker 2005.
Hammerstein, Reinhold: *Von gerissenen Saiten und singenden Zikaden. Studien zur Emblematik der Musik.* Tübingen: Francke 1994.
Hankins, Thomas L. / Robert J. Silverman: *Instruments and the imagination.* Princeton, N.J.: Princeton University Press 1995.
Harz, Kurt: In Memoriam Albrecht FABER. In: *Articulata – Zeitschrift der Deutschen Gesellschaft für Orthopterologie e.V. DGfO* 3,1 (1987), S. 65.
Hauff, Wilhelm: Der junge Engländer. In: *Wilhelm Hauff's sämmtliche Werke mit des Dichters Leben.* Hrsg. v. Gustav Schwab. Stuttgart: Brodhag'sche Buchhandlung 1840, S. 209–241.
Hauser, Fritz: *Über einige Verbesserungen am Archiv-Phonographen. III. Bericht der Phonogrammarchiv-Kommission der kaiserl. Akademie der Wissenschaften in Wien.* Wien: Kaiserlich-Königliche Hof- und Staatsdruckerei 1903.
Hauser, Fritz: *Eine Methode zur Aufzeichnung phonographischer Wellen. XIV. Bericht der Phonogramm-Archivs-Kommission der kaiserl. Akademie der Wissenschaften in Wien.* Wien: Kaiserlich-Königliche Hof- und Staatsdruckerei 1908.
Heinicke, Samuel: Arkanum zur Gründung der Vokale bei Taubstummen. In: Ders.: *Gesammelte Schriften.* Hrsg. v. Georg und Paul Schumann. Leipzig: Ernst Wiegandt 1912, S. 247–250.
Heinicke, Samuel: Beobachtungen über Stumme, und über die menschliche Sprache, in Briefen von Samuel Heinicke. In: Ders.: *Gesammelte Schriften.* Hrsg. v. Georg und Paul Schumann. Leipzig: Ernst Wiegandt 1912, S. 37–84.
Heinicke, Samuel: Briefwechsel Heinickes mit Abbé l'Épée. In: Ders.: *Gesammelte Schriften.* Hrsg. v. Georg und Paul Schumann. Leipzig: Ernst Wiegandt 1912, S. 104–155.

Heinicke, Samuel: Verordnungen zu dem Churfürstl. Sächs. Institut für Stumme in Leipzig. In: Ders.: *Gesammelte Schriften*. Hrsg. v. Georg und Paul Schumann. Leipzig: Ernst Wiegandt 1912, S. 84–85.

Heiter, Susanne: Mind the gap! Musicians challenging limits of birdsong knowledge. In: *Relations. Beyond Anthropocentrism* 2,1 (2014), S. 79–89.

Heiter, Susanne: Als ob die Vögel Noten sängen. Transkription von Tierlauten bei Olivier Messiaen und Hollis Taylor. In: Marianne Sommer / Denise Reimann (Hrsg.): *Zwitschern, Bellen, Röhren. Tierlaute in der Wissens-, Medientechnik- und Musikgeschichte*. Berlin: Neofelis 2018, S. 167–187.

Heiter, Susanne: *Von Admiral bis Zebrafink. Tiere und Tierlaute in der Musik nach 1950*. Schliengen: Argus 2021.

Heller, Paul: *Franz Kafka. Wissenschaft und Wissenschaftskritik*. Tübingen: Stauffenburg 1989.

Helmholtz, Hermann von: *Die Lehre von den Tonempfindungen als physiologische Grundlage für die Theorie der Musik: mit in den Text eingedruckten Holzschnitten*. Braunschweig: Vieweg 1863.

Henning, Eckart / Marion Kazemi: *100 Jahre Kaiser-Wilhelm- / Max-Planck-Gesellschaft zur Förderung der Wissenschaften. Teil II: Handbuch zur Institutsgeschichte der Kaiser-Wilhelm- / Max-Planck-Gesellschaft zur Förderung der Wissenschaften, 1911–2011 – Daten und Quellen*. 2016.

Herder, Johann Gottfried: *Ideen zur Philosophie der Geschichte der Menschheit*. Bd. 1. Hrsg. v. Heinz Stolpe. 2 Bde. Berlin/Weimar: Aufbau 1965.

Herder, Johann Gottfried: *Johann Gottfried Herders zwei Preisschriften, welche die von der köngl. Akademie der Wissenschaften für die Jahre 1770 und 1773 gesetzten Preise erhalten haben*. Zweite berichtigte Ausgabe. Berlin: Voß 1789.

Herder, Johann Gottfried: *Abhandlung über den Ursprung der Sprache. Welche den von der Königl. Academie der Wissenschaften für das Jahr 1770 gesezten Preis erhalten hat*. Berlin: Voß 1772.

Hérissant, François-David: Recherches sur les organes de la voix des quadrupèdes, et de celle des oiseaux. In: *Histoire de l'Académie royale des sciences* (1753), S. 279–295.

Hérissant, François-David: Untersuchungen über die Stimmwerkzeuge der Vierfüßler und Vögel. In: Ludwig Friedrich von Froriep (Hrsg.): *Bibliothek für die vergleichende Anatomie. Erster Band, Zweytes Stück*. Weimar: Verlag des Landes-Industrie-Comptoirs 1802, S. 457–467.

Herrmann, Britta: „Wessen grauenvolle Stimme ist das?". Wolfgang von Kempelens Sprechapparat oder: Maschinen, Medien und romantische Textproduktion. In: Roland Borgards / Günter Oesterle (Hrsg.): *Kalender kleiner Innovationen. 50 Anfänge einer Moderne zwischen 1775 und 1856; für Günter Oesterle*. Würzburg: Königshausen & Neumann 2006, S. 77–86.

Hiebler, Heinz: Zur medienhistorischen Standortbestimmung der Stimmporträts des Wiener Phonogrammarchivs. In: Dietrich Schüller (Hrsg.): *Tondokumente aus dem Phonogrammarchiv der Österreichischen Akademie der Wissenschaften. Gesamtausgabe der historischen Bestände 1899 bis 1950 = Sound documents from the Phonogrammarchiv of the Austrian Academy of Sciences. Band 2: Stimmporträts*. Wien: Verlag der Österreichischen Akademie der Wissenschaften 1999a, S. 219–232.

Hiebler, Heinz: *Hugo von Hofmannsthal und die Medienkultur der Moderne*. Zugl.: Graz, Univ., Diss., 2001. Würzburg: Königshausen & Neumann 2003.

Hiebler, Heinz: Phonogramme der Wiener Moderne. In: Marcel Krings (Hrsg.): *Phono-Graphien. Akustische Wahrnehmung in der deutschsprachigen Literatur von 1800 bis zur Gegenwart*. Würzburg: Königshausen & Neumann 2011, S. 189–208.
Hodson, Hal: Decoding Dolphin. In: *New Scientist*, 29.03.2014.
Hoffmann, Christoph: *Der Dichter am Apparat. Medientechnik, Experimentalpsychologie und Texte Robert Musils 1899–1942*, Bd. 26: Musil-Studien. München: W. Fink 1997.
Hoffmann, Christoph: Vor dem Apparat. Das Wiener Phonogramm-Archiv. In: Sven Spieker (Hrsg.): *Bürokratische Leidenschaften. Kultur- und Mediengeschichte im Archiv*. Berlin: Kadmos 2004, S. 281–294.
Hoffmann, Christoph: Sprechen Fische? In: Marianne Sommer / Denise Reimann (Hrsg.): *Zwitschern, Bellen, Röhren. Tierlaute in der Wissens-, Medientechnik- und Musikgeschichte*. Berlin: Neofelis 2018, S. 189–208.
Hoffmann, E.T.A.: Der goldne Topf. In: Ders.: *Poetische Werke*. 6 Bde., Bd. 1. Berlin: Aufbau 1958, S. 277–374.
Hoffmann, E.T.A.: Nachricht von einem gebildeten jungen Mann. In: Ders.: *Poetische Werke*. 6 Bde., Bd. 1. Berlin: Aufbau 1958, S. 426–437.
Hoffmann, E.T.A.: Das fremde Kind. In: Ders.: *Poetische Werke*. 6 Bde., Bd. 3. Berlin: Aufbau 1958, S. 593–641.
Hoffmann, E.T.A.: Der Sandmann. In: Ders.: *Poetische Werke*. 6 Bde., Bd. 2. Berlin: Aufbau 1958, S. 371–412.
Hoffmann, E.T.A.: Die Automate. In: Ders.: *Poetische Werke*. 6 Bde., Bd. 3. Berlin: Aufbau 1958, S. 411–445.
Hofmann, Michael: Einführung: Deutsch-afrikanische Diskurse in Geschichte und Gegenwart. Literatur- und kulturgeschichtliche Perspektiven. In: Michael Hofmann / Rita Morrien (Hrsg.): *Deutsch-afrikanische Diskurse in Geschichte und Gegenwart. Literatur- und kulturwissenschaftliche Perspektiven*. Amsterdam: Rodopi 2012, S. 7–20.
Hofmannsthal, Hugo von: Ein Brief. In: Ders.: *Sämtliche Werke*. Kritische Ausgabe. Hrsg. v. Rudolf Hirsch, Christoph Perels und Heinz Rölleke u. a. 40 Bde., Bd. 31: Erfundene Gespräche und Briefe. Frankfurt am Main: Fischer 1991, S. 45–55.
Hofmannsthal, Hugo von: Im Vorübergehen. Wiener Phonogramme. In: Ders.: *Sämtliche Werke*. Kritische Ausgabe. Hrsg. v. Rudolf Hirsch, Christoph Perels und Heinz Rölleke u. a. 40 Bde., Bd. 31: Erfundene Gespräche und Briefe. Frankfurt am Main: Fischer 1991, S. 8–12.
Holbein, Ulrich: *Der belauschte Lärm*. Frankfurt am Main: Suhrkamp 1991.
Holl, Ute: Medien der Bioakustik. Tiere wiederholt zur Sprache bringen. In: Sabine Nessel (Hrsg.): *Der Film und das Tier // Animals and the cinema. Klassifizierungen, Cinephilien, Philosophien // Classifications, cinephilias, philosophies*. Berlin: Bertz + Fischer 2012, S. 97–114.
Hörisch, Jochen / Michael Wetzel (Hrsg.): *Armaturen der Sinne. Literarische und technische Medien 1870 bis 1920*. München: Fink 1990.
Hornbostel, Erich Moritz: Die Probleme der vergleichenden Musikwissenschaft. In: Ders.: *Tonart und Ethos. Aufsätze zur Musikethnologie und Musikpsychologie*. Hrsg. v. Christian Kaden und Erich Stockmann. Leipzig: Reclam 1986, S. 40–58.

Hornbostel, Erich Moritz: Musikpsychologische Bemerkungen über Vogelgesang. In: Ders.: *Tonart und Ethos. Aufsätze zur Musikethnologie und Musikpsychologie*. Hrsg. v. Christian Kaden / Erich Stockmann. Leipzig: Reclam 1986, S. 86–103.

Hornbostel, Erich Moritz: *Tonart und Ethos. Aufsätze zur Musikethnologie und Musikpsychologie*. Hrsg. v. Christian Kaden und Erich Stockmann. Leipzig: Reclam 1986.

Hornbostel, Erich Moritz: Die Erhaltung ungeschriebener Musik (1911). In: Artur Simon (Hrsg.): *Das Berliner Phonogramm-Archiv 1900 – 2000. Sammlungen der Traditionellen Musik der Welt*. Berlin: VWB 2000, S. 90–95.

Hornbostel, Erich Moritz / Otto Abraham: Vorschläge für die Transkription exotischer Melodien. In: Erich Moritz Hornbostel: *Tonart und Ethos. Aufsätze zur Musikethnologie und Musikpsychologie*. Hrsg. v. Christian Kaden und Erich Stockmann. Leipzig: Reclam 1986, S. 112–150.

Hubert, Rainer: Mitglieder des Herrschaftshauses, Politiker und Beamte. In: Dietrich Schüller (Hrsg.): *Tondokumente aus dem Phonogrammarchiv der Österreichischen Akademie der Wissenschaften. Gesamtausgabe der historischen Bestände 1899 bis 1950 = Sound documents from the Phonogrammarchiv of the Austrian Academy of Sciences. Band 2: Stimmporträts*. Wien: Verlag der Österreichischen Akademie der Wissenschaften 1999a, S. 24–32.

Hufeland, Christoph Wilhelm: *Ueber die Ungewißheit des Todes und das einzige untrügliche Mittel sich von seiner Wirklichkeit zu überzeugen, und das Lebendigbegraben unmöglich zu machen nebst der Nachricht von der Errichtung eines Leichenhauses in Weimar*. Weimar: Glüsing 1791.

Hufeland, Christoph Wilhelm: *Der Scheintod, oder Sammlung der wichtigsten Thatsachen und Bemerkungen darüber, in alphabetischer Ordnung*. Berlin: Buchhandlung des Commerzien-Raths Matzdorff 1808.

Humboldt, Alexander von: Über die nächtliche Verbreitung des Schalles. In: Ders.: *Kleinere Schriften. Geognostische und physikalische Erinnerungen*. Stuttgart/Tübingen: J. G. Cotta'scher Verlag 1853, S. 371–397.

Humboldt, Alexander von: *Reise durch Venezuela. Auswahl aus den amerikanischen Reisetagebüchern*. Hrsg. v. Margot Faak. Berlin: Akademie-Verlag 2000.

Humboldt, Alexander von: Das nächtliche Tierleben im Urwalde. In: Alexander von Humboldt / Adolf Meyer-Abich: *Ansichten der Natur*. [Nachdr.]. Stuttgart: Reclam 2004, S. 55–65.

Humboldt, Alexander von: Über die Wasserfälle des Orinoco. In: Alexander von Humboldt / Adolf Meyer-Abich: *Ansichten der Natur*. [Nachdr.]. Stuttgart: Reclam 2004, S. 33–54.

Humboldt, Alexander von: Vorrede zur ersten Ausgabe. In: Alexander von Humboldt / Adolf Meyer-Abich: *Ansichten der Natur*. [Nachdr.]. Stuttgart: Reclam 2004, S. 5–6.

Humboldt, Alexander von: Vorrede zur zweiten und dritten Ausgabe. In: Alexander von Humboldt / Adolf Meyer-Abich: *Ansichten der Natur*. [Nachdr.]. Stuttgart: Reclam 2004, S. 7–10.

Humboldt, Alexander von / Aimé Bonpland: Mémoire sur l'os hyoïde et le larynx des oiseaux, des singes et du crodocile. In: Dies.: *Voyage de Humboldt et Bonpland. Deuxième Partie: Observations de Zoologie et d'Anatomie comparée*. Paris: F. Schoell 1811, S. 1–13.

Ingensiep, Hans Werner: Der aufgeklärte Affe. Zur Wahrnehmung von Menschenaffen im 18. Jahrhundert im Spannungsfeld zwischen Natur und Kultur. In: Jörn Garber / Heinz Thoma (Hrsg.): *Zwischen Empirisierung und Konstruktionsleistung. Anthropologie im 18. Jahrhundert*. Tübingen: M. Niemeyer 2004, S. 31–57.

Ingensiep, Hans Werner: Der Orang-Outang des Herrn Vosmaer. Ein aufgeklärter Menschenaffe. In: Jessica Ullrich / Friedrich Weltzien / Heike Fuhlbrügge (Hrsg.): *Ich, das Tier. Tiere als Persönlichkeiten in der Kulturgeschichte*. Berlin: Reimer 2008, S. 225-238.

Jahn, Anthony / Andrew Blitzer: A short history of laryngoscopy. In: *Log Phon Vocol* 21 (1996), S. 181-185.

Jaritz, Günter / Fritz Dietrich Altmann (Hrsg.): *Rote Listen gefährdeter Tiere Österreichs: Alte Haustierrassen. Schweine, Rinder, Schafe, Ziegen, Pferde, Esel, Hunde, Geflügel, Fische, Bienen*. Wien: Böhlau 2010.

Jauch, Pia: ‚Les animaux plus que les machines?' Von Maschinentieren, Tierautomaten und anderen bestialischen Träumereien. Einige Anmerkungen aus philosophischer Sicht. In: Hartmut Böhme (Hrsg.): *Tiere. Eine andere Anthropologie*. Köln: Böhlau 2004, S. 237-249.

Jean Paul: Auswahl aus des Teufels Papieren. In: Ders.: *Sämtliche Werke. Abteilung II: Jugendwerke und vermischte Schriften*, Bd. 2. München: Hanser 1976, S. 111-467.

Joachimsthaler, Jürgen: Romantik als poetische Praxis (in) der Aufklärung. In: Norman Kasper / Jochen Strobel (Hrsg.): *Praxis und Diskurs der Romantik 1800-1900*. Paderborn: Ferdinand Schöningh 2016, S. 23-39.

Jüttemann, Herbert: *Phonographen und Grammophone*. Herten: Verlag Historischer Technikliteratur 2000.

Kafka, Franz: *Das Schloß. Kritische Ausgabe*. Hrsg. v. Malcolm Pasley. Frankfurt am Main: Fischer 1982.

Kafka, Franz: Der Bau. In: Ders.: *Nachgelassene Schriften und Fragmente II. Kritische Ausgabe*. Hrsg. v. Jost Schillemeit. Frankfurt am Main: Fischer 1992, S. 576-632.

Kafka, Franz: Elberfeld-Fragment. In: Ders.: *Nachgelassene Schriften und Fragmente I. Kritische Ausgabe*. Hrsg. v. Malcolm Pasley. Frankfurt am Main: Fischer 1993, S. 225-228.

Kafka, Franz: *Drucke zu Lebzeiten. Kritische Ausgabe*. Hrsg. v. Wolf Kittler, Hans-Gerd Koch und Gerhard Neumann. Frankfurt am Main: Fischer 1994.

Kafka, Franz: Ein Bericht für eine Akademie. In: Ders.: *Drucke zu Lebzeiten. Kritische Ausgabe*. Hrsg. v. Wolf Kittler, Hans-Gerd Koch und Gerhard Neumann. Frankfurt am Main: Fischer 1994, S. 299-313.

Kafka, Franz: Großer Lärm. In: Ders.: *Drucke zu Lebzeiten. Kritische Ausgabe*. Hrsg. v. Wolf Kittler, Hans-Gerd Koch und Gerhard Neumann. Frankfurt am Main: Fischer 1994, S. 441-442.

Kafka, Franz: *Briefe, 1900-1912*. Hrsg. v. Hans-Gerd Koch. Frankfurt am Main: Fischer 1999.

Kafka, Franz: *Briefe, 1913 - März 1914*. Hrsg. v. Hans-Gerd Koch. Frankfurt am Main: Fischer 1999.

Kant, Immanuel: *Metaphysik der Sitten. Zweiter Teil: Metaphysische Anfangsgründe der Tugendlehre*. Neu herausgegeben und eingeleitet von Bernd Ludwig. Hamburg: Meiner 1990.

Kant, Immanuel: *Kritik der Urteilskraft*. Hrsg. v. Museum Ludwig. Hamburg: Meiner 2014.

Kasper, Norman / Jochen Strobel (Hrsg.): *Praxis und Diskurs der Romantik 1800-1900*. Paderborn: Ferdinand Schöningh 2016.

Keil, Werner: Die Automate. In: Detlef Kremer (Hrsg.): *E.T.A. Hoffmann. Leben, Werk, Wirkung*. 2., erw. Aufl. Berlin: De Gruyter 2012, S. 332-337.

Keilin, David: The problem of anabiosis or latent life. History and current concept. In: *Proceedings of the Royal Society of London* 150,939 (1959), S. 149-191.

Kempelen, Wolfgang von: *Mechanismus der menschlichen Sprache nebst der Beschreibung seiner sprechenden Maschine*. Mit XXVII Kupfertafeln. Wien: J. V. Degen 1791.

Kessel, Martina: Die Angst vor dem Scheintod im 18. Jahrhundert. Körper und Seele zwischen Religion, Magie und Wissenschaft. In: Thomas Schlich / Claudia Wiesemann (Hrsg.): *Hirntod. Zur Kulturgeschichte der Todesfeststellung*. Frankfurt am Main: Suhrkamp 2001, S. 133–166.

Kittler, Friedrich A.: *Grammophon, Film, Typewriter*. Berlin: Brinkmann & Bose 1986.

Kittler, Friedrich A.: *Aufschreibesysteme 1800 – 1900*. Zugl.: Freiburg (Breisgau), Univ., Habil.-Schr. 3., vollst. überarb. Neuaufl. München: Fink 1995.

Kittler, Friedrich A. / Thomas Macho / Sigrid Weigel (Hrsg.): *Zwischen Rauschen und Offenbarung. Zur Kultur- und Mediengeschichte der Stimme*. Berlin: Akademie-Verlag 2008.

Kittler, Wolf: Grabenkrieg – Nervenkrieg – Medienkrieg. Franz Kafka und der 1. Weltkrieg. In: Jochen Hörisch / Michael Wetzel (Hrsg.): *Armaturen der Sinne. Literarische und technische Medien 1870 bis 1920*. München: Fink 1990, S. 189–309.

Kittler, Wolf: Schreibmaschinen, Sprechmaschinen. Effekte technischer Medien im Werk Franz Kafkas. In: Wolf Kittler / Gerhard Neumann (Hrsg.): *Franz Kafka, Schriftverkehr*. Freiburg im Breisgau: Rombach 1990, S. 75–163.

Kittler, Wolf / Gerhard Neumann (Hrsg.): *Franz Kafka, Schriftverkehr*. Freiburg im Breisgau: Rombach 1990.

Klein, Tobias Robert: Maplesons Kopf-Hörer. Auditive Imagination und das Timbre toter Stimmen. In: *Trajekte. Zeitschrift des Zentrums für Literatur- und Kulturforschung* 15,29 (2014), S. 48–54.

Köchy, Kristian: Das Ganze der Natur. Alexander von Humboldt und das romantische Forschungsprogramm. In: *International Review for Humboldtian Studies / Internationale Zeitschrift für Humboldt-Studien / Revista Internacional de Estudios Humboldtianos* 3,5 (2002), S. 5–16.

Köchy, Kristian: ‚Scientist in Action': Jean-Henri Fabres Insektenforschung zwischen Feld und Labor. In: Martin Böhnert / Kristian Köchy / Matthias Wunsch (Hrsg.): *Philosophie der Tierforschung. Band 1: Methoden und Programme*. Freiburg: Karl Alber 2017, S. 81–148.

Köhler-Zülch, Ines: Scheintod. In: Rolf Wilhelm Brednich (Hrsg.): *Prüfung – Schimärenmärchen, Enzyklopädie des Märchens. Handwörterbuch zur hist. und vergl. Erzählforschung*. 15 Bände mit je 5 Lfgn. Berlin/New York: De Gruyter 2004, S. 1324–1331.

Kohlrausch, Jonathan: *Beobachtbare Sprachen. Gehörlose in der französischen Spätaufklärung. Eine Wissensgeschichte*. Bielefeld: transcript 2015.

Kohlsdorf, D. / S. Gilliland / P. Presti / T. Starner / D. Herzing: An underwater wearable computer for two way human-dolphin communication experimentation. In: *Proceedings of the 2013 International Symposium on Wearable Computers* (September 2013), S. 147–148.

Kolesch, Doris: Die Spur der Stimme. Überlegungen zu einer performativen Ästhetik. In: Cornelia Epping-Jäger / Erika Linz (Hrsg.): *Medien, Stimmen*. Köln: DuMont 2003, S. 267–281.

Kolesch, Doris: Einleitung. In: Doris Kolesch / Jenny Schrödl (Hrsg.): *Kunst-Stimmen*. Berlin: Theater der Zeit 2004, S. 9–11.

Kolesch, Doris: Natürlich künstlich. Über die Stimme im Medienzeitalter. In: Doris Kolesch / Jenny Schrödl (Hrsg.): *Kunst-Stimmen*. Berlin: Theater der Zeit 2004, S. 19–38.

Kolesch, Doris / Sybille Krämer (Hrsg.): *Stimme. Annäherung an ein Phänomen*. Frankfurt am Main: Suhrkamp 2006.

Kolesch, Doris / Jenny Schrödl (Hrsg.): *Kunst-Stimmen*. Berlin: Theater der Zeit 2004.

Köster, Jens-Peter: *Historische Entwicklung von Syntheseapparaten. Zur Erzeugung statischer und vokalartiger Signale nebst Untersuchungen zur Synthese deutscher Vokale*. Hamburg: Buske 1973.
Krall, Karl: *Denkende Tiere: Beiträge zur Tierseelenkunde auf Grund eigener Versuche. Der kluge Hans und meine Pferde Muhamed und Zarif.* Mit Abbildungen nach eigenen Aufnahmen. Leipzig: Friedrich Engelmann 1912.
Krämer, Sybille: Die ‚Rehabilitierung der Stimme'. Über die Oralität hinaus. In: Doris Kolesch / Sybille Krämer (Hrsg.): *Stimme. Annäherung an ein Phänomen*. Frankfurt am Main: Suhrkamp 2006, S. 269–295.
Krämer, Sybille: *Medium, Bote, Übertragung. Kleine Metaphysik der Medialität*. Frankfurt am Main: Suhrkamp 2008.
Krause, Bernard L.: *The great animal orchestra. Finding the origins of music in the world's wild places*. New York: Little, Brown 2012.
Krause, Marcus / Nicolas Pethes: Zwischen Erfahrung und Möglichkeit. Literarische Experimentalkulturen im 19. Jahrhundert. In: Dies. (Hrsg.): *Literarische Experimentalkulturen. Poetologien des Experiments im 19. Jahrhundert*. Würzburg: Königshausen & Neumann 2005, S. 7–18.
Kreidl, Alois / Johann Regen: *Physiologische Untersuchungen über Tierstimmen (1. Mitteilung) Stridulation von Gryllus campestris. IV. Bericht der Phonogramm-Archiv-Kommission der kais. Akademie der Wissenschaften in Wien*. Wien: Akad. d. Wiss. 1905.
Kremer, Detlef (Hrsg.): *E.T.A. Hoffmann. Leben, Werk, Wirkung*. 2., erw. Aufl. Berlin: De Gruyter 2012.
Krings, Marcel (Hrsg.): *Phono-Graphien. Akustische Wahrnehmung in der deutschsprachigen Literatur von 1800 bis zur Gegenwart*. Würzburg: Königshausen & Neumann 2011.
Kundt, August: Über eine neue Art akustischer Staubfiguren und über die Anwendung derselben zur Bestimmung der Schallgeschwindigkeit in festen Körpern und Gasen. In: *Annalen der Physik und Chemie* 203,4 (1866), S. 497–523.
La Fontaine, Jean de: *Fabeln*. Deutsch von Martin Remané. Leipzig: Reclam 1984.
La Mettrie, Julien Offray de: *L'homme machine / Die Maschine Mensch*. Französisch/deutsch, übersetzt und herausgegeben von Claudia Becker. Hamburg: Meiner 1990.
Lach, Robert: *Studien zur Entwicklungsgeschichte der ornamentalen Melopöie. Beiträge zur Geschichte der Melodie*. Leipzig: C. F. Kahnt Nachfolger 1913.
Lagaay, Alice: What remains of voice. Thought-play arising from the conference Kunst-Stimmen. In: Doris Kolesch / Jenny Schrödl (Hrsg.): *Kunst-Stimmen*. Berlin: Theater der Zeit 2004, S. 112–116.
Lahn, Silke / Jan Christoph Meister / Matthias Aumüller: *Einführung in die Erzähltextanalyse*. Stuttgart: Metzler 2008.
Landois, Hermann: *Thierstimmen*. Freiburg im Breisgau: Herder 1874.
Lane, Harlan: *When the mind hears. A history of the deaf*. New York: Random House 1984.
Lange, Britta: „Denken Sie selbst über diese Sache nach …". Tonaufnahmen in deutschen Gefangenenlagern des Ersten Weltkriegs. In: Margit Berner / Anette Hoffmann / Britta Lange (Hrsg.): *Sensible Sammlungen. Aus dem anthropologischen Depot*. Hamburg: Philo Fine Arts 2011, S. 89–128.
Lange, Britta: *Gefangene Stimmen. Tonaufnahmen von Kriegsgefangenen aus dem Lautarchiv 1915 – 1918*, inklusive Audio-CD, Berlin: Kadmos 2019.

Lange, Britta: Archive, collection, museum. On the history of the archiving of voices at the sound archive of the Humboldt University. In: *Journal of Sonic Studies* 13 (2017). https://www.researchcatalogue.net/view/326465/326466 (Abfruf am 17.12.2021).

Lange-Berndt, Petra: Von der Gestaltung untoter Körper. Techniken zur Animation des Leblosen in Präparationsanleitungen um 1900. In: Peter Geimer (Hrsg.): *UnTot. Existenzen zwischen Leben und Leblosigkeit*. Berlin: Kadmos 2014, S. 83–104.

Lechleitner, Franz: Die Technik der wissenschaftlichen Schallaufnahme im Vergleich zum kommerziellen Umfeld. In: Harro Segeberg (Hrsg.): *Sound. Zur Technologie und Ästhetik des Akustischen in den Medien*. Marburg: Schüren 2005, S. 241–248.

Lechleitner, Gerda: Zu den Stimmporträts. In: Dietrich Schüller (Hrsg.): *Tondokumente aus dem Phonogrammarchiv der Österreichischen Akademie der Wissenschaften. Gesamtausgabe der historischen Bestände 1899 bis 1950 = Sound documents from the Phonogrammarchiv of the Austrian Academy of Sciences. Band 2: Stimmporträts*. Wien: Verlag der Österreichischen Akademie der Wissenschaften 1999, S. 19–23.

Lechleitner, Gerda: Zukunftsvisionen retrospektiv betrachtet: Die Frühzeit des Phonogrammarchivs. In: *Das audiovisuelle Archiv* 45 (1999), S. 7–15.

Lechleitner, Gerda: Der fixierte Schall – Gegenstand wissenschaftlicher Forschung. Zur Ideengeschichte des Phonogrammarchivs. In: Harro Segeberg (Hrsg.): *Sound. Zur Technologie und Ästhetik des Akustischen in den Medien*. Marburg: Schüren 2005, S. 229–240.

Leibold, Tobias: *Enzyklopädische Anthropologien. Formierungen des Wissens vom Menschen im frühen 19. Jahrhundert bei G. H. Schubert, H. Steffens und G. E. Schulze*. Zugl.: Köln, Univ., Diss, Bd. 13: Studien zur Kulturpoetik. Würzburg: Königshausen & Neumann 2009.

Leigh, Ralph Alexander (Hrsg.): *Correspondance complète de Jean Jacques Rousseau*. Band 29. Genf: Banbury 1965.

Lentz, Matthias: „Ruhe ist die erste Bürgerpflicht." Lärm, Großstadt und Nervosität im Spiegel von Theodor Lessings „Antilärmverein". In: *Medizin, Gesellschaft und Geschichte*, Bd. 13: Jahrbuch des Instituts für Geschichte der Medizin. Stuttgart: Franz Steiner 1995, S. 81–105.

Lepenies, Wolf: *Das Ende der Naturgeschichte. Wandel kultureller Selbstverständlichkeiten in den Wissenschaften des 18. und 19. Jahrhunderts*. München: C. Hanser 1976.

Lesch, John Emmett: *Science and medicine in France. The emergence of experimental physiology, 1790–1855*. Cambridge, Mass.: Harvard Univ. Press 1984.

Lessing, Theodor: Der Lärm. Eine Kampfschrift gegen die Geräusche unseres Lebens. In: *Grenzfragen des Nerven- und Seelenlebens* 9,54 (1908).

Leveling, Theodor von: *Ueber eine merkwürdige künstliche Ersetzung mehrerer sowohl zur Sprache als auch zum Schlucken nothwendiger, aber zerstörter Werkzeuge. Mit zwei Kupfertafeln*. Heidelberg: Wiesens Schriften 1793.

Levin, Thomas Y.: „Töne aus dem Nichts". Rudolf Pfenninger und die Archäologie des synthetischen Tons. In: Friedrich A. Kittler / Thomas Macho / Sigrid Weigel (Hrsg.): *Zwischen Rauschen und Offenbarung. Zur Kultur- und Mediengeschichte der Stimme*. Berlin: Akademie-Verlag 2008, S. 313–355.

Lichtenberg, Georg Christoph: Ausführliche Erklärung der Hogarthischen Kupferstiche. In: Ders.: *Schriften und Briefe*, Bd. 3: Aufsätze, Entwürfe, Gedichte. Hrsg. v. Wolfgang Promies. 6. Aufl. Frankfurt am Main: Zweitausendeins 1998.

Lichtenhahn, Ernst: Sichtbare Sprache der Natur. Zur romantischen Deutung musikalischer Chiffrenschriften. In: Marcel Krings (Hrsg.): *Phono-Graphien. Akustische Wahrnehmung in der deutschsprachigen Literatur von 1800 bis zur Gegenwart.* Würzburg: Königshausen & Neumann 2011, S. 97–113.

Liebl, Christian: K.u.K. – Kaiserliche Stimmportraits und ihre Kontextualisierung. In: *Schall & Rauch* 13 (August 2010), S. 31–34.

Liska, Vivian: Der Bau. In: Manfred Engel / Bernd Auerochs (Hrsg.): *Kafka-Handbuch. Leben – Werk – Wirkung.* Stuttgart/Weimar: Metzler 2010, S. 337–343.

Lord Monboddo: *On the origin and progress of language.* Bd. 1. 2. Aufl. Edinburgh/London: Balfour and Cadell in the Strand 1774.

Lord Monboddo: *Antient metaphysics.* Bd. 3. London: Cadell in the Strand 1784.

Lordat, Jacques: *Observations sur quelques points de l'anatomie du singe vert et réflexions physiologiques sur le même sujet.* Paris: Coujon 1804.

Lovejoy, Arthur O.: *Die große Kette der Wesen. Geschichte eines Gedankens.* Frankfurt am Main: Suhrkamp 1993.

Luschan, Felix von: Anleitung für ethnographische Beobachtungen und Sammlungen in Afrika und Oceanien. In: *Zeitschrift für Ethnologie* 36 (1904).

Machines ou inventions approuvez par l'Académie en MDCCXLIX. In: *Histoire de l'Académie des Sciences, avec les Mémoirs de Mathématique & de Physique, pour la même Année* (1749), S. 182–187.

Macho, Thomas: *Todesmetaphern. Zur Logik der Grenzerfahrung.* Frankfurt am Main: Suhrkamp 1987.

Macho, Thomas: Die Träume sind älter als die Erfindungen. Am Beispiel der Hofkammermaschinisten Johann Nepomuk und Leonhard Maelzel. In: Brigitte Felderer (Hrsg.): *Wunschmaschine Welterfindung. Eine Geschichte der Technikvisionen seit dem 18. Jahrhundert.* Ein Katalogbuch zur gleichnamigen Ausstellung; [Kunsthalle Wien, 5. Juni – 4. August 1996]. Wien [u. a.]: Springer [u. a.] 1996, S. 45–55.

Macho, Thomas: Der Aufstand der Haustiere. In: Regina Haslinger / Durs Grünbein (Hrsg.): *Herausforderung Tier. Von Beuys bis Kabakov.* Karlsruhe: Städtische Galerie 2000, S. 76–99.

Macho, Thomas: Stimmen ohne Körper. Anmerkungen zur Technikgeschichte der Stimme. In: Doris Kolesch / Sybille Krämer (Hrsg.): *Stimme. Annäherung an ein Phänomen.* Frankfurt am Main: Suhrkamp 2006, S. 130–146.

Macho, Thomas: Der Eselsschrei in der A-Dur-Sonate. Robert Bresson zu Film und Musik. In: Thomas Becker (Hrsg.): *Ästhetische Erfahrung der Intermedialität. Zum Transfer künstlerischer Avantgarden und „illegitimer" Kunst im Zeitalter von Massenkommunikation und Internet.* Bielefeld: transcript 2011, S. 123–138.

Macho, Thomas: Untotenköpfe. In: *Trajekte. Zeitschrift des Zentrums für Literatur- und Kulturforschung* 13,25 (2012), S. 32–33.

Macho, Thomas: Tiere, Menschen, Maschinen. Für einen inklusiven Humanismus. In: Konrad Paul Liessmann (Hrsg.): *Tiere. Der Mensch und seine Natur.* Wien: Zsolnay 2013, S. 153–173.

Macho, Thomas / Annette Wunschel (Hrsg.): *Science & Fiction. Über Gedankenexperimente in Wissenschaft, Philosophie und Literatur.* Frankfurt am Main: Fischer 2004.

Macho, Thomas / Annette Wunschel: Mentale Versuchsanordnungen. In: Dies. (Hrsg.): *Science & Fiction. Über Gedankenexperimente in Wissenschaft, Philosophie und Literatur.* Frankfurt am Main: Fischer 2004, S. 9–14.

Mackenzie, Morell: *The use of the laryngoscope in diseases of the throat. With an appendix on rhinoscopy.* London: Robert Hardwicke 1865.

Mackinlay, Malcom Sterling: *Garcia the centenarian and his times. Being a memoir of Manuel Garcia's life and labours for the advancement of music and science.* Edinburgh/London: W. Blackwood and sons 1908.

Magendie, François: *Précis élémentaire de physiologie.* Bd. 1. Paris: Méquignon-Marvi 1816–1817.

Magendie, François: *Lehrbuch der Physiologie.* Aus dem Französischen übersetzt mit Anmerkungen und Zusätzen von Karl Ludwig Elsäßer, Bd. 1. 3. vermehrte und verbesserte Aufl. Tübingen: Osiander 1834.

Marboutin, J.-R.: Frespech. In: *Revue de l'Agenais* (1934), S. 285–311.

Marschall-Bradl, Beate: Wahrhaftigkeit und Menschenwürde. In: Stefano Bacin / Alfredo Ferrarin / Claudio La Rocca / Margit Ruffing (Hrsg.): *Kant und die Philosophie in weltbürgerlicher Absicht: Akten des XI. Kant-Kongresses 2010.* Berlin/Boston: De Gruyter 2013, S. 395–406.

Marty, Daniel: *The illustrated history of phonographs.* New York: Dorset Press 1989.

Mayo, Herbert: *Outlines of human physiology.* 3. Aufl. London: Burgess and Hill 1833.

McGregor, Peter K. (Hrsg.): *Playback and studies of animal communication.* New York: Plenum Press 1992.

McGregor, Peter K. et al: Design of playback experiments: the Thornbridge Hall NATO ARW Consensus. In: Peter K. McGregor (Hrsg.): *Playback and studies of animal communication.* New York: Plenum Press 1992, S. 1–9.

Meijer, Eva: *Die Sprachen der Tiere.* Aus dem Niederländischen von Christian Welzbacher. Mit Collagen von Pauline Altmann. 2. Aufl. Berlin: Matthes & Seitz 2018.

Meißner, Thomas: *Erinnerte Romantik. Ludwig Tiecks „Phantasus".* Würzburg: Königshausen & Neumann 2007.

Mémoire lu par M. Pereire dans la Séance de l'Académie Royale des Sciences au sujet d'un sourd & muet, auquel il a appris à parler. In: *Mercure de France: Dédié au Roi* (August 1749), S. 141–152.

Mende, Ludwig Julius Caspar: *Von der Bewegung der Stimmritze beym Athemholen, eine neue Entdeckung: mit beygefügten Bemerkungen über den Nutzen und die Verrichtung des Kehldeckel.* Greifswald: Eigenverlag 1816.

Menke, Bettine: *Prosopopoiia. Stimme und Text bei Brentano, Hoffmann, Kleist und Kafka.* München: W. Fink 2000.

Menke, Bettine: Adressiert in der Abwesenheit. Zur romantischen Poetik und Akustik der Töne. In: Stefan Andriopoulos / Gabriele Schabacher / Eckhard Schumacher (Hrsg.): *Die Adresse des Mediums.* Köln: DuMont 2001, S. 100–119.

Mersenne, Marin: *Harmonie universelle contenant la théorie et la pratique de la musique.* Bd. 5: Traitez de la voix et des chants. Paris: Sebastien Cramoisy 1636.

Mersmann, Jasmin: Astronom, Märtyrer und Esel. Zeugen des Unsichtbaren um 1600. In: Sibylle Schmidt (Hrsg.): *Politik der Zeugenschaft. Zur Kritik einer Wissenspraxis.* Bielefeld: transcript 2014, S. 183–204.

Meteling, Arno: Automaten. In: Detlef Kremer (Hrsg.): *E.T.A. Hoffmann. Leben, Werk, Wirkung.* 2., erw. Aufl. Berlin: De Gruyter 2012, S. 484–487.

Meyer-Kalkus, Reinhart: *Stimme und Sprechkünste im 20. Jahrhundert.* Berlin: Akademie-Verlag 2001.

Meyer-Sickendiek, Burkhard: Der narrative Zeigarnik-Effekt. Zu einem Wirkungsprinzip frühromantischer Kunstmärchen. In: Norman Kasper / Jochen Strobel (Hrsg.): *Praxis und Diskurs der Romantik 1800–1900.* Paderborn: Ferdinand Schöningh 2016, S. 61–82.

Meyrink, Gustav: Das Grillenspiel. In: Ders.: *Die Fledermäuse. Neun Novellen.* Furth im Wald/ Prag: Vitalis 2003, S. 52–65.
Middelhoff, Frederike: *Literarische Autozoographien. Figurationen des autobiographischen Tieres im langen 19. Jahrhundert.* Stuttgart: Metzler 2020.
Montagnat, Henri-Joseph-Bernard: *Eclaircissement en forme de lettre à M. Bertin, Médicin, sur la découverte que M. Ferrein a faite du mécanisme de la voix de l'homme par M. Montagnat, médicin.* 1746.
Morat, Daniel: „Automobile gehen über mich hin." Urbane Dispositive akustischer Innervation um 1900. In: Sylvia Mieszkowski / Sigrid Nieberle (Hrsg.): *Unlaute. Noise / Geräusch in Kultur, Medien und Wissenschaften seit 1900.* Bielefeld: transcript 2017, S. 127–148.
Müller, Dorit / Julia Weber (Hrsg.): *Die Räume der Literatur. Exemplarische Zugänge zu Kafkas Erzählung „Der Bau".* Berlin/Boston: De Gruyter 2013.
Müller, Johannes: *Handbuch der Physiologie des Menschen für Vorlesungen.* Bd. 2,1. Coblenz: Hölscher 1837.
Müller, Johannes: *Über die Compensation der physischen Kräfte am menschlichen Stimmorgan: Mit Bemerkungen über die Stimme der Säugethiere, Vögel und Amphibien. Fortsetzung und Supplement der Untersuchungen über die Physiologie der Stimme.* Berlin: A. Hirschwald 1839.
Müller-Funk, Wolfgang: Die Maschine als Doppelgänger. Romantische Ansichten von Apparaturen, Automaten und Mechaniken. In: Brigitte Felderer (Hrsg.): *Wunschmaschine Welterfindung. Eine Geschichte der Technikvisionen seit dem 18. Jahrhundert.* Ein Katalogbuch zur gleichnamigen Ausstellung; [Kunsthalle Wien, 5. Juni – 4. August 1996]. Wien [u. a.]: Springer [u. a.] 1996, S. 486–506.
Munz, Tania: *The dancing bees. Karl von Frisch and the discovery of the honeybee language.* Chicago/London: The University of Chicago Press 2016.
Musil, Robert: Die Amsel. In: Ders.: *Gesammelte Werke.* Hrsg. v. Adolf Frisé. 9 Bde., Bd. 7: Kleine Prosa, Aphorismen, Autobiographisches. Hamburg: Rowohlt 1978, S. 548–562.
Musil, Robert: Grigia. In: Ders.: *Gesammelte Werke.* Hrsg. v. Adolf Frisé. 9 Bde., Bd. 6: Prosa und Stücke. Hamburg: Rowohlt 1978, S. 234–252.
Musil, Robert: Kann ein Pferd lachen? In: Ders.: *Gesammelte Werke.* Hrsg. v. Adolf Frisé. 9 Bde., Bd. 7: Kleine Prosa, Aphorismen, Autobiographisches. Hamburg: Rowohlt 1978, S. 482–483.
Musil, Robert / Adolf Frisé: *Tagebücher.* Bd. 1. Reinbek bei Hamburg: Rowohlt 1976.
Nägeli, Hans Georg: *Vorlesungen über Musik, mit Berücksichtigung der Dilettanten.* Stuttgart/ Tübingen: Cotta 1826.
Neis, Cordula: *Anthropologie im Sprachdenken des 18. Jahrhunderts. Die Berliner Preisfrage nach dem Ursprung der Sprache (1771).* Berlin: De Gruyter 2003.
Neis, Cordula: Menschliche Lautsprache (vs. andere Zeichen). In: Gerda Hassler / Cordula Neis (Hrsg.): *Lexikon sprachtheoretischer Grundbegriffe des 17. und 18. Jahrhunderts.* Berlin: De Gruyter 2009, S. 160–206.
Nessel, Sabine: Animal images, human voices. Die Stimmen der Tiere in Zoo und Kino. In: Oksana Bulgakowa (Hrsg.): *Resonanz-Räume. Die Stimme und die Medien.* Berlin: Bertz und Fischer 2011, S. 226–236.
Nessel, Sabine: Die akusmatische Tierstimme in Luis Buñuels „The Adventures of Robinson Crusoe". In: Roland Borgards / Marc Klesse / Alexander Kling (Hrsg.): *Robinsons Tiere.* Freiburg: Rombach 2016, S. 251–267.

Neumann, Gerhard: Der Name, die Sprache und die Ordnung der Dinge. In: Wolf Kittler / Gerhard Neumann (Hrsg.): *Franz Kafka, Schriftverkehr*. Freiburg im Breisgau: Rombach 1990, S. 11–29.

Neumark, Norie / Ross Gibson / Theo van Leeuwen (Hrsg.): *Voice. Vocal aesthetics in digital arts and media*. Cambridge, Mass: MIT Press 2010.

Neumeyer, Harald: Der „Fall der Pferde von Elberfeld". Wilhelm von Osten, Karl Krall und Franz Kafka. In: Roland Borgards / Nicolas Pethes (Hrsg.): *Tier, Experiment, Literatur. 1880–2010*. Würzburg: Königshausen & Neumann 2013, S. 71–87.

Niekerk, Carl: Man and orangutan in eighteenth-century thinking: Retracing the early history of dutch and german anthropology. In: *Monatshefte* 96,4 (2004), S. 477–502.

Nouveau rapport. In: *Mercure de France: Dédié au Roi* (Mai 1951), S. 144–146.

Novalis: Hymnen an die Nacht. In: Ders.: *Schriften. Die Werke Friedrich von Hardenbergs*. Hrsg. v. Paul Kluckhohn und Richard Samuel. 6 Bde., Bd. 1: Das dichterische Werk. Hrsg. v. Paul Kluckhohn und Richard Samuel unter Mitarbeit von Heinz Ritter und Gerhard Schulz. Stuttgart: Kohlhammer 1960, S. 131–156.

Novalis: *Schriften. Die Werke Friedrich von Hardenbergs*. Hrsg. v. Paul Kluckhohn und Richard Samuel. 6 Bde., Bd. 3: Das philosophische Werk II. Hrsg. v. Richard Samuel in Zusammenarbeit mit Hans-Joachim Mähl und Gerhard Schulz. Stuttgart: Kohlhammer 1983.

Novalis: *Heinrich von Ofterdingen. Ein Roman*. Textrevision und Nachwort von Wolfgang Frühwald. Stuttgart: Reclam 1980.

Novalis: Lehrlinge zu Sais. In: Ders.: *Werke*. Hrsg. v. Gerhard Schulz. 4. Aufl. München: Beck 2001, S. 95–128.

Panconcelli-Calzia, Giulio: Der erste Kehlkopfspiegel: Babingtons „Glottiskop" (1829–1835). In: *Die Medizinische Welt* 9,48 (1935), S. 1752–1757.

Panconcelli-Calzia, Giulio: *Leonardo als Phonetiker*. Hamburg: Hansischer Gildenverlag 1943.

Panconcelli-Calzia, Giulio: Leonardo da Vinci und die Frage vom sprechenden oder weinenden Fötus. In: *Münchener Medizinische Wochenschrift* 49 (1954), S. 1456–1458.

Panconcelli-Calzia, Giulio: *3000 Jahre Stimmforschung. Die Wiederkehr des Gleichen*. Mit 76 Abbildungen. Marburg: Elwert 1961.

Payer, Peter: *Der Klang der Großstadt. Eine Geschichte des Hörens: Wien 1850–1914*. Wien/Köln/Weimar: Böhlau 2018.

Pethes, Nicolas: *Zöglinge der Natur. Der literarische Menschenversuch des 18. Jahrhunderts*. Göttingen: Wallstein 2007.

Phillips, Barnet: A record of monkey talk. In: *Harper's Weekly* 39,1827 (1891), S. 1050.

Pittrof, Thomas: Vom Hörbaren lesen. Phänomenologie der Literatur und Kulturpoetik der Moderne: Rainer Maria Rilke. In: Marcel Krings (Hrsg.): *Phono-Graphien. Akustische Wahrnehmung in der deutschsprachigen Literatur von 1800 bis zur Gegenwart*. Würzburg: Königshausen & Neumann 2011, S. 157–177.

Poe, Edgar Allan: Der Doppelmord in der Rue Morgue: *Edgar Allan Poes Werke. Gesamtausgabe der Dichtungen und Erzählungen*. Hrsg. v. Theodor Etzel. Berlin: Propyläen 1922, S. 25–82.

Poe, Edgar Allan: The facts in the case of M. Valdemar. In: Ders.: *The science fiction of Edgar Allan Poe*. Harmondsworth/New York: Penguin 1976, S. 194–203.

Poizat, Michel: *La voix sourde. La société face à la surdité*. Paris: Editions Métailié 1996.

Pompino-Marschall, Bernd: Von Kempelen et al. – Remarks on the history of articulatory-acoustic modelling. In: *ZAS Papers in Linguistics* 40 (2005), S. 145–159.

Price, David: *Magic. A pictorial history of conjurers in the theater*. New York: Cornwall Books 1985.
Putnam, Walter: African animals in the west: Can the subaltern growl? In: Mbulamwanza Elisabeth Mudimbe-boyi (Hrsg.): *Remembering Africa*. Portsmouth, NH: Heinemann 2002, S. 124–149.
Putscher, Marielene: *Pneuma, Spiritus, Geist. Vorstellungen vom Lebensantrieb in ihren geschichtlichen Wandlungen*. Wiesbaden: Franz Steiner 1973.
Radick, Gregory: Primate language and the playback experiment, in 1890 and 1980. In: *Journal of the History of Biology* 38 (2005), S. 461–493.
Radick, Gregory: *The simian tongue. The long debate about animal language*. Chicago: University of Chicago Press 2007.
Raffles, Hugh: *Insectopedia*. New York: Vintage 2011.
Rancière, Jacques: *Die Wörter der Geschichte. Versuch einer Poetik des Wissens* [1992]. Mit einem Vorwort zur Neuausgabe von Jacques Rancière, überarbeitete und erweiterte Übersetzung aus dem Französischen Eva Moldenhauer. Berlin: August 2015.
Ratcliff, Marc J.: Wonder, logic, and microscopy in the eighteenth century. A history of the rotifer. In: *Science in Context* 13,1 (2000), S. 93–119.
Regen, Johann: Neue Beobachtungen über die Stridulationsorgane der saltatoren Orthopteren. In: *Arbeiten der Zoolog. Institute in Wien* 14,3 (1902), S. 359–422.
Regen, Johann: Untersuchungen über den Winterschlaf der Larven von Gryllus campestris L. Ein Beitrag zur Physiologie der Atmung und Pigmentbildung bei den Insekten. In: *Zoologischer Anzeiger* 30,5 (1906), S. 131–135.
Regen, Johann: *Das tympanale Sinnesorgan von Thamnotrizon apterus Fab. ♂ als Gehörapparat experimentell nachgewiesen*. Aus den Sitzungsberichten der Akademie der Wissenschaften in Wien. Mathem.-naturwiss. Klasse. Bd. 117. Abt. 3. Wien: Akad. d. Wiss. 1908.
Regen, Johann: Experimentelle Untersuchungen über das Gehör von Liogryllus campestris L. In: *Zoologischer Anzeiger* 40 (1913), S. 305–316.
Regen, Johann: Über die Anlockung des Weibchens von Gryllus campestris L. durch telephonisch übertragene Stridulationslaute des Männchens. Ein Beitrag zur Frage der Orientierung bei den Insekten. In: *Pflüger's Archiv für die gesamte Physiologie des Menschen und der Tiere* 155,1 (1913), S. 193–200.
Regen, Johann: Untersuchungen über die Stridulation von Gryllus campestris L. unter Anwendung der photographischen Registriermethode. In: *Zoologischer Anzeiger* 42 (1913), S. 143–144.
Regen, Johann: *Untersuchungen über die Stridulation und das Gehör von Thamnotrizon apterus Fab. ♂. Mit 35 Notenbeispielen und 5 Textfiguren*. Aus den Sitzungsberichten der Akademie der Wissenschaften in Wien. Mathem.-naturwiss. Klasse. Bd. 123. Abt. 1. Wien: Akad. d. Wiss. 1914.
Regen, Johann: *Über die Beeinflussung der Stridulation von Thamnotrizon apterus Fab. ♂ durch künstlich erzeugte Töne und verschiedenartige Geräusche*. Aus den Sitzungsberichten der Akademie der Wissenschaften in Wien. Mathem.-naturwiss. Klasse. Bd. 135. Abt. 1. Wien: Akad. d. Wiss. 1926.
Regen, Johann: *Über den Aufbau der Stridulationslaute der saltatoren Orthopteren*. Aus den Sitzungsberichten der Akademie der Wissenschaften in Wien. Mathem.-naturwiss. Klasse. Bd. 139. Abt. 1. 8. bis 10. Heft. Wien: Akad. d. Wiss. 1930.

Rehwinkel, Kerstin: Kopflos, aber lebendig? Konkurrierende Körperkonzepte in der Debatte um den Tod durch Enthauptung im ausgehenden 18. Jahrhundert. In: Clemens Wischermann / Stefan Haas (Hrsg.): *Körper mit Geschichte. Der menschliche Körper als Ort der Selbst- und Weltdeutung*. Stuttgart: Franz Steiner 2000, S. 151–171.

Reiber, Cornelius: Natürliche Auferstehungen. Wiederbelebung unter dem Mikroskop. In: Katrin Solhdju / Ulrike Vedder (Hrsg.): *Das Leben vom Tode her betrachtet*. Paderborn: Fink 2014, S. 139–150.

Reimann, Denise: „Art der Aufnahme: T". Zu den Tierstimmenaufnahmen im Berliner Lautarchiv / „Recording type: T". On the Recordings of Animal Voices in der Berlin Sound Archive. In: *Trajekte. Zeitschrift des Zentrums für Literatur- und Kulturforschung* 15,29 (2014), S. 55–62.

Reimann, Denise: „Ein an sich kaum hörbares Zischen". Kafka und die Tierphonographie um 1900. In: Harald Neumeyer / Wilko Steffens (Hrsg.): *Kafkas narrative Verfahren / Kafkas Tiere*, 3/4: Forschungen der Deutschen Kafka-Gesellschaft. Würzburg: Königshausen & Neumann 2015, S. 421–444.

Reimann, Denise: Tierstimmen. Literarische Erkundungen einer liminalen Sprache. In: Colleen M. Schmitz / Judith Weiss / Deutsches Hygiene-Museum Dresden (Hrsg.): *Sprache. Ein Lesebuch von A bis Z*. Göttingen: Wallstein 2016, S. 230–233.

Reimann, Denise: „Wollen oder können die Affen und Orange nicht reden?" Affenphonetische Schwellenkunden um 1800 und 1900. In: Marianne Sommer / Denise Reimann (Hrsg.): *Zwitschern, Bellen, Röhren. Tierlaute in der Wissens-, Medientechnik- und Musikgeschichte*. Berlin: Neofelis 2018, S. 41–72.

Reininger, Alice: *Wolfgang von Kempelen. Eine Biografie*. Wien: Praesens 2007.

Remarques sur l'art d'apprendre à parler aux muets. In: *Mercure de France: Dédié au Roi* (Mai 1951), S. 146–149.

Restif de La Bretonne, Nicolas-Edme: Notes de la lettre d'un singe. In: Ders.: *La découverte australe par un homme-volant ou Le dédale français*, Bd. 4. Genf: Slatkine Reprints 1988, S. 95–138.

Reuter, Matthias A.: *Geschichte der Endoskopie. Handbuch und Atlas*. Bd. I: Geschichte der Endoskopie in der Antike, im Mittelalter und im 19. Jahrhundert. Stuttgart: Krämer 1998.

Rheinberger, Hans-Jörg: *Experiment, Differenz, Schrift. Zur Geschichte epistemischer Dinge*. Marburg an der Lahn: Basilisken-Presse 1992.

Rheinberger, Hans-Jörg: *Experimentalsysteme und epistemische Dinge. Eine Geschichte der Proteinsynthese im Reagenzglas*. Göttingen: Wallstein 2001.

Rheinberger, Hans-Jörg: „Alles, was überhaupt zu einer Inskription führen kann". In: Ders.: *Iterationen*. Berlin: Merve 2005, S. 9–29.

Rheinberger, Hans-Jörg: Acht Miszellen zur Notation in den Wissenschaften. In: Hubertus von Amelunxen / Dieter Appelt / Peter Weibel (Hrsg.): *Notation. Kalkül und Form in den Künsten*. Berlin/Karlsruhe: Akademie der Künste; Zentrum für Kunst und Medientechnologie Karlsruhe 2008, S. 279–288.

Rheinberger, Hans-Jörg: Die Evidenz des Präparates. In: Helmar Schramm / Ludger Schwarte / Jan Lazardzig (Hrsg.): *Spektakuläre Experimente. Praktiken der Evidenzproduktion im 17. Jahrhundert*. Berlin/New York: De Gruyter 2008, S. 1–17.

Rheinberger, Hans-Jörg: Experimentalsysteme und epistemische Dinge. In: Gerhard Gamm / Petra Gehring / Christoph Hubig / Andreas Kaminski / Alfred Nordmann (Hrsg.): *Jahrbuch Technikphilosophie 2015. Ding und System*. Zürich: Diaphanes 2014, S. 71–79.

Rich, Jeremy: *Missing links. The African and American worlds of R. L. Garner, primate collector.* Athens: University of Georgia Press 2012.
Richerand, Balthasar-Anthelme: *Nouveaux éléments de physiologie.* Paris: Richard, Caille et Ravier 1801.
Rieger, Stefan: Fledermaus. In: Benjamin Bühler / Stefan Rieger (Hrsg.): *Vom Übertier. Ein Bestiarium des Wissens.* Frankfurt am Main: Suhrkamp 2006, S. 89–98.
Rieger, Stefan: Organische Konstruktionen. Von der Künstlichkeit des Körpers zur Natürlichkeit der Medien. In: Derrick de Kerckhove / Martina Leeker / Kerstin Schmidt (Hrsg.): *McLuhan neu lesen. Kritische Analysen zu Medien und Kultur im 21. Jahrhundert.* Bielefeld: transcript 2008, S. 252–269.
Rieger, Stefan: *Schall und Rauch. Eine Mediengeschichte der Kurve.* Frankfurt am Main: Suhrkamp 2009.
Rilke, Rainer Maria: Die Gedichte 1922 bis 1926. In: Ders.: *Werke.* Bd. 2: Gedichte (1910–1926). Hrsg. v. Manfred Engel und Ulrich Fülleborn. Frankfurt am Main: Insel 1996, S. 273–326.
Rilke, Rainer Maria: Die Sonette an Orpheus. In: Ders.: *Werke.* Bd. 2: Gedichte (1910–1926). Hrsg. v. Manfred Engel und Ulrich Fülleborn. Frankfurt am Main: Insel 1996, S. 237–272.
Rilke, Rainer Maria: Ur-Geräusch. In: Ders.: *Werke.* Bd. 4: Schriften. Hrsg. v. Horst Nalewski. Frankfurt am Main: Insel 1996, S. 699–704.
Ritter, Johann Wilhelm: Fragmente aus dem Nachlasse eines jungen Physikers. Faksimiledruck nach der Ausgabe von 1810. Mit einem Nachwort von Heinrich Schipperges. Heidelberg: Lambert Schneider 1969.
Rösel von Rosenhof, August Johann: *Die monatlich herausgegebene Insecten-Belustigung. Bd. 2, welcher acht Classen verschiedener sowohl inländischer, als auch einiger ausländischer Insecte enthält, alle nach ihrem Ursprung, Verwandlung und andern wunderbaren Eigenschafften, gröstentheils aus eigener Erfahrung beschrieben, und in sauber illuminirten Kupfern, nach dem Leben abgebildet.* Nürnberg: Roesel 1749.
Rosenheim, Shawn: Detective fiction, psychoanalysis, and the analytic sublime. In: Shawn Rosenheim / Stephen Rachman (Hrsg.): *The American face of Edgar Allan Poe.* Baltimore: Johns Hopkins Univ. Press 1995, S. 153–176.
Rothenberg, David: *Bug music. How insects gave us rhythm and noise.* New York: Picador 2014.
Rothschuh, Karl E.: *Physiologie. Der Wandel ihrer Konzepte, Probleme und Methoden vom 16. bis 19. Jahrhundert.* Freiburg/München: Karl Alber 1968.
Rousseau, Jean-Jacques: *Über den Ursprung und die Grundlagen der Ungleichheit unter den Menschen.* Berlin: Aufbau 1955.
Rudolphi, Karl Asmund: *Grundriß der Physiologie.* Bd. 1. Berlin: Dümmler 1821.
Rudolphi, Karl Asmund: *Grundriß der Physiologie.* Bd. 2,1. Berlin: Dümmler 1823.
Rüsche, Franz: *Das Seelenpneuma. Seine Entwicklung von der Hauchseele zur Geistseele. Ein Beitrag zur antiken Pneumalehre.* Paderborn: Schöningh 1933.
Rüve, Gerlind: *Scheintod. Zur kulturellen Bedeutung der Schwelle zwischen Leben und Tod um 1800.* Bielefeld: transcript 2008.
Rydell, Robert W.: In sight and sound with the other senses all around. Racial hierarchies at America's world's fairs. In: Nicolas Bancel / Thomas David / Dominic Richard David Thomas (Hrsg.): *The invention of race. Scientific and popular representations.* New York, N.Y.: Routledge 2014, S. 209–221.

Sacken, Katharina: "Ungern vor Fremden gesungen". Koloniale Phonographie um 1900. In: Brigitte Felderer (Hrsg.): *Phonorama. Eine Kulturgeschichte der Stimme als Medium*. Zentrum für Kunst und Medientechnologie Karlsruhe, Museum für Neue Kunst, [Ausstellung, 18. September 2004–30. Januar 2005]. Berlin: Matthes & Seitz 2004, S. 119–131.

Sarasin, Philipp: *Reizbare Maschinen. Eine Geschichte des Körpers 1765–1914*. Frankfurt am Main: Suhrkamp 2001.

Sarasin, Philipp / Jakob Tanner (Hrsg.): *Physiologie und industrielle Gesellschaft. Studien zur Verwissenschaftlichung des Körpers im 19. und 20. Jahrhundert*. Frankfurt am Main: Suhrkamp 1998.

Saul, Klaus: „Kein Zeitalter seit Erschaffung der Welt hat so viel und so ungeheuerlichen Lärm gemacht ..." – Lärmquellen, Lärmbekämpfung und Antilärmbewegung im Deutschen Kaiserreich. In: Günter Bayerl / Norman Fuchsloch / Torsten Meyer (Hrsg.): *Umweltgeschichte – Methoden, Themen, Potentiale*. New York/Münster: Waxmann 1996, S. 187–217.

Schaeffer, Pierre: *Traité des objets musicaux. Essais interdisciplines*. Paris: Editions du Seuil 1966.

Schafer, Raymond Murray: *Die Ordnung der Klänge. Eine Kulturgeschichte des Hörens*. Neu übers., durchges. u. erg. dt. Ausg. Mainz [u. a.]: Schott 2010.

Scherb, Hans: *Das Motiv vom starken Knaben in den Märchen der Weltliteratur. Seine religionsgeschichtliche Bedeutung und Entwicklung*. Stuttgart: Kohlhammer 1930.

Schleiden, Matthias Jacob: *Studien*. Leipzig: Wilhelm Engelmann 1855.

Schley, Jens / Rüdiger vom Bruch: Ein Fossil finden Sie hier nicht! Interview mit Professor Günter Tembrock über 61 Jahre Humboldt-Universität und die Zukunft der Biologie. In: *UnAufgefordert* (1998), S. 24–26.

Schlieben-Lange, Brigitte: Schriftlichkeit und Mündlichkeit in der Französischen Revolution. In: Aleida Assmann (Hrsg.): *Schrift und Gedächtnis. Beiträge zur Ärchäologie der literarischen Kommunikation*. München: Fink 1998, S. 194–211.

Schlieben-Lange, Brigitte: Die Sprachpolitik der Französischen Revolution – Uniformierung in Raum, Zeit und Gesellschaft (1990). In: Dies.: *Kleine Schriften. Eine Auswahl zum 10. Todestag*. Hrsg. v. Sarah Dessì Schmid, Andrea Fausel und Jochen Hafner. Tübingen: Narr 2010, S. 119–140.

Schmid, Bastian: Tierphonetik. In: *Zeitschrift für vergleichende Physiologie* 12,1 (1930), S. 760–773.

Schmitt, Stéphane: From physiology to classification: Comparative anatomy and Vicq d'Azyrs plan of reform for life sciences and medicine (1774–1794). In: *Science in Context* 22,2 (2009), S. 145–193.

Schmitz-Emans, Monika: „Wer mit fremder Stimme spricht, ist ein Ornithologe und ein Vogel in einer Person" (Yōko Tawada). Vogelstimmen in Literatur und Musik der Moderne. In: Joachim Grage (Hrsg.): *Literatur und Musik in der klassischen Moderne. Mediale Konzeptionen und intermediale Poetologien*. Würzburg: Ergon 2006, S. 61–86.

Scholz, Leander: Tierstimme/Menschenstimme: Medien der Kognition. In: Cornelia Epping-Jäger / Erika Linz (Hrsg.): *Medien, Stimmen*. Köln: DuMont 2003, S. 36–49.

Schramm, Helmar / Ludger Schwarte / Jan Lazardzig (Hrsg.): *Spektakuläre Experimente. Praktiken der Evidenzproduktion im 17. Jahrhundert*. Berlin/New York: De Gruyter 2008.

Schubert, Gotthilf Heinrich: *Ansichten von der Nachtseite der Naturwissenschaft. Mit Kupfertafeln*. Dresden: Arnoldische Buchhandlung 1808.

Schüller, Dietrich (Hrsg.): *Tondokumente aus dem Phonogrammarchiv der Österreichischen Akademie der Wissenschaften. Gesamtausgabe der historischen Bestände 1899 bis 1950 = Sound documents from the Phonogrammarchiv of the Austrian Academy of Sciences. Band 2: Stimmporträts*. Wien: Verlag der Österreichischen Akademie der Wissenschaften 1999.

Schüller, Dietrich (Hrsg.): *Tondokumente aus dem Phonogrammarchiv der Österreichischen Akademie der Wissenschaften. Gesamtausgabe der historischen Bestände 1899 bis 1950 = Sound documents from the Phonogrammarchiv of the Austrian Academy of Sciences. Band 8: Österreichische Volksmusik (1902–1939)*. Wien: Verlag der Österreichischen Akademie der Wissenschaften 2004.

Schumacher, Eckhard: Die Kunst der Trunkenheit. Franz Kafkas „Bericht für eine Akademie". In: Thomas Strässle / Simon Zumsteg (Hrsg.): *Trunkenheit. Kulturen des Rausches*. Amsterdam: Rodopi 2008, S. 175–190.

Schütz, Ernst: Albrecht Faber. Bahnbrecher in der Bioakustik. In: *Pflanzensoziologie. Jahreshefte der Gesellschaft für Naturkunde in Württemberg* 142 (1987), S. 325–335.

Scudder, Samuel Hubbard: *Index to the known fossil insects of the world, including myriapods and arachnids*. Washington: Government Printing Office 1891.

Segeberg, Harro: *Literatur im technischen Zeitalter. Von der Frühzeit der deutschen Aufklärung bis zum Beginn des Ersten Weltkriegs*. Darmstadt: Wiss. Buchges 1997.

Segeberg, Harro (Hrsg.): *Sound. Zur Technologie und Ästhetik des Akustischen in den Medien*. Marburg: Schüren 2005.

Serexhe, Bernhard / Peter Weibel (Hrsg.): *Wolfgang von Kempelen. Mensch – [in der] – Maschine*. Berlin: Matthes & Seitz 2007.

Seyfarth, Robert M. / Dorothy L. Cheney / Peter Marler: Monkey responses to three different alarm calls: Evidence of predator classification and semantic communication. In: *Science* 210 (1980), S. 801–803.

Sicard, Abbé Roch-Ambroise: *Cours d'instruction d'un sourd-muet de naissance, pour servir à l'éducation des sourds-muets et qui peut être utile à celle de ceux qui entendent et qui parlent*. Paris: Le Clère 1799–1800.

Siegert, Bernhard: Die Geburt der Literatur aus dem Rauschen der Kanäle. Zur Poetik der phatischen Funktion. In: Michael Franz / Wolfgang Schäffner / Bernhard Siegert / Robert Stockhammer (Hrsg.): *Electric Laokoon. Zeichen und Medien, von der Lochkarte zur Grammatologie*. Berlin: Akademie-Verlag 2007, S. 5–41.

Siegert, Bernhard: parlêtres. Zur kulturtechnischen Gabe und Barre der anthropologischen Differenz. In: Heiden, Anne von der / Joseph Vogl (Hrsg.): *Politische Zoologie*. Zürich/ Berlin: Diaphanes 2007, S. 23–37.

Sir Thomas Browne: *Hydriotaphia, or urne-burial: The works of Sir Thomas Browne*. Bd. 1. Hrsg. v. Geoffrey Keynes. London: Faber & Faber Limited 1964, S. 129–171.

Soemmerring, Samuel Thomas: Über das Organ der Seele. In: Ders.: *Werke*. Begründet von Gunter Mann. Hrsg. v. Jost Benedum und Werner Friedrich Kümmerl. 20 Bde. Bd. 9. Basel: Schwabe 1999, S. 155–252.

Soemmerring, Samuel Thomas: Ueber den Tod durch die Guillotine. In: Ders.: *Werke*. Begründet von Gunter Mann. Hrsg. v. Jost Benedum und Werner Friedrich Kümmerl. 20 Bde. Bd. 9. Basel: Schwabe 1999, S. 255–266.

Solhdju, Katrin: Überlebende Organe und ihr Milieu. Von der Distinktion zur Relation. In: *Trajekte. Zeitschrift des Zentrums für Literatur- und Kulturforschung* 9,18 (2009), S. 26–29.

Sommer, Marianne: *History within. The science, culture, and politics of bones, organisms, and molecules*. Chicago: The University of Chicago Press 2016.

Sommer, Marianne: Animal sounds against the noise of modernity and war: Julian Huxley (1887–1975) and the preservation of the sonic world heritage. In: *Journal of Sonic Studies* 13 (2017). https://www.researchcatalogue.net/view/325229/325230 (Abfruf am 17.12.2021).
Sommer, Marianne: Tierstimmen gegen den Lärm von Krieg und Moderne. Julian Huxley und das akustische Erbe in Soundbook, Film und Comic. In: Marianne Sommer / Denise Reimann (Hrsg.): *Zwitschern, Bellen, Röhren. Tierlaute in der Wissens-, Medientechnik- und Musikgeschichte*. Berlin: Neofelis 2018, S. 113–143.
Sommer, Marianne / Denise Reimann: Tierlaute. Zwischen Animal Studies und Sound Studies. In: Marianne Sommer / Denise Reimann (Hrsg.): *Zwitschern, Bellen, Röhren. Tierlaute in der Wissens-, Medientechnik- und Musikgeschichte*. Berlin: Neofelis 2018, S. 7–20.
Sommer, Marianne / Denise Reimann (Hrsg.): *Zwitschern, Bellen, Röhren. Tierlaute in der Wissens-, Medientechnik- und Musikgeschichte*. Berlin: Neofelis 2018.
Stadler, Hans / Cornel Schmitt: Studien über Vogelstimmen. In: *Journal für Ornithologie* 61 (1913), S. 383–394.
Stangl, Burkhard: *Ethnologie im Ohr. Die Wirkungsgeschichte des Phonographen*. Wien: WUV 2000.
Steffens, Henrik: *Lebenserinnerungen aus dem Kreis der Romantik*. In Auswahl herausgegeben von Friedrich Gundelfinger. Jena: Eugen Diederichs 1908.
Steiner, Uwe C.: *Ohrenrausch und Götterstimmen. Eine Kulturgeschichte des Tinnitus*. Paderborn: Fink 2012.
Steizinger, Johannes / Sigrid Weigel: Schwellenkunde/Threshold Knowledge. In: *Trajekte. Zeitschrift des Zentrums für Literatur- und Kulturforschung* 15,30 (2015), S. 26–37.
Sterne, Carus: Das erste Ständchen. In: *Die Gartenlaube. Illustriertes Familienblatt* 47 (1875), S. 787–789.
Sterne, Jonathan: *The audible past. Cultural origins of sound reproduction*. Durham: Duke University Press 2003.
Stiegler, Bernd: *Theoriegeschichte der Photographie*. München: Fink 2006.
Stockmann, Doris: Die Transkription in der Musikethnologie. Geschichte, Probleme, Methoden. In: *Acta Musicologica* 51,2 (1979), S. 204–245.
Stopka, Katja: *Semantik des Rauschens. Über ein akustisches Phänomen in der deutschsprachigen Literatur*. München: Peter Lang 2005.
Stopka, Katja: Verklärung und Verstörung. In: Marcel Krings (Hrsg.): *Phono-Graphien. Akustische Wahrnehmung in der deutschsprachigen Literatur von 1800 bis zur Gegenwart*. Würzburg: Königshausen & Neumann 2011, S. 141–155.
Strohschneider-Kohrs, Ingrid: *Die romantische Ironie in Theorie und Gestaltung*. Tübingen: Niemeyer 2012.
Stumpf, Carl: Das Berliner Phonogrammarchiv. In: *Internationale Wochenschrift für Wissenschaft, Kunst und Technik* 2 (1908), S. 225–246.
Stumpf, Carl: Die Struktur der Vokale. In: *Sitzungsberichte der Königlich Preussischen Akademie der Wissenschaften* 1 (1918), S. 333–358.
Stumpf, Carl: *Die Sprachlaute: experimentell-phonetische Untersuchungen nebst einem Anhang über Instrumentalklänge*. Berlin: Julius Springer 1926.
Tawada, Yōko: Stimme eines Vogels oder das Problem der Fremdheit. In: Dies.: *Verwandlungen*. Tübingen: Konkursbuchverlag 1998, S. 7–22.
Tembrock, Günter: *Tierstimmen. Eine Einführung in die Bioakustik*. Mit 28 Figuren im Text und 56 Abbildungen. Lutherstadt Wittenberg: Ziemsen 1959.

The Garcia centenary. In: *The British Medical Journal* 1,2308 (1905), S. 681–689.
Thompson, Emily Ann: *The soundscape of modernity. Architectural acoustics and the culture of listening in America, 1900–1933*. Cambridge, Mass.: MIT Press 2004.
Thüne, Eva-Maria: ‚Töne wie Leuchtkugeln'. Zur sprachlichen Repräsentation akustischer und optischer Wahrnehmung in Robert Musils *Die Amsel*. In: Walter Busch (Hrsg.): *Robert Musil, Die Amsel. Kritische Lektüren; Materialien aus dem Nachlaß*, Bd. 2: Incontri veronesi. Innsbruck/Bozen: Studien-Verl; Ed. Sturzflüge 2000, S. 77–93.
Thürlemann, Felix: Bild gegen Bild. Für eine Theorie des vergleichenden Sehens. In: Gerd Blum / Felix Thürlemann (Hrsg.): *Pendant Plus. Praktiken der Bildkombinatorik*. Berlin: Reimer 2012, S. 391–401.
Tieck, Ludwig: Der gestiefelte Kater. Ein Kindermärchen in drei Akten mit Zwischenspielen, einem Prologe und Epiloge. In: Ders.: *Die Märchen aus dem Phantasus. Der gestiefelte Kater*. München: Winkler 1978, S. 203–269.
Tieck, Ludwig: Der Runenberg. In: Ders.: *Die Märchen aus dem Phantasus. Der gestiefelte Kater*. München: Winkler 1978, S. 61–82.
Tieck, Ludwig: Die Vogelscheuche. Märchennovelle in fünf Aufzügen. In: Ders.: *Tiecks Werke in zwei Bänden*, Bd. 2. Hrsg. v. Nationale Forschungs- und Gedenkstätten der klassischen deutschen Literatur in Weimar. Berlin/Weimar: Aufbau 1985, S. 5–309.
Till, Sabine: *Die Stimme zwischen Immanenz und Transzendenz. Zu einer Denkfigur bei Emmanuel Lévinas, Jacques Lacan, Jacques Derrida und Gilles Deleuze*. Bielefeld: transcript 2013.
Toepfer, Georg: Archive der Natur. In: *Trajekte. Zeitschrift des Zentrums für Literatur- und Kulturforschung* 14,27 (2013), S. 3–7.
Trabant, Jürgen: *Artikulationen. Historische Anthropologie der Sprache*. Frankfurt am Main: Suhrkamp 1998.
Trouvain, Jürgen / Fabian Brackhane: Zur heutigen Bedeutung der Sprechmaschine von Wolfgang von Kempelen. In: Rüdiger Hoffmann (Hrsg.): *Elektronische Sprachsignalverarbeitung 2009*. Dresden: TUDpress 2010, S. 97–107.
Tucholsky, Kurt: Zwei Lärme. In: Ders.: *Gesamtausgabe. Texte und Briefe*, Bd. 7: Texte 1925. Hrsg. v. Bärbel Boldt und Andrea Spingler. 1. Aufl. Reinbek bei Hamburg: Rowohlt 2002, S. 338–341.
Ullrich, Jessica / Alexandra Böhm: *Tierstudien* 15 (2019).
Ullrich, Jessica / Friedrich Weltzien / Heike Fuhlbrügge (Hrsg.): *Ich, das Tier. Tiere als Persönlichkeiten in der Kulturgeschichte*. Berlin: Reimer 2008.
Ullrich, Martin: Tiere und Musik. In: Roland Borgards (Hrsg.): *Tiere. Kulturwissenschaftliches Handbuch*. Stuttgart: Metzler 2015, S. 216–224.
Vedder, Ulrike: Scheintod, Koma, Testament. Wissenschaftliche und literarische Fiktionen an der Grenze des Todes. In: Claudia Breger / Jörn Ahrens (Hrsg.): *Engineering life. Narrationen vom Menschen in Biomedizin, Kultur und Literatur*. Berlin: Kadmos 2008, S. 53–69.
Verne, Jules: *Das Dorf in den Lüften*. Wien: Hartleben 1902.
Verne, Jules: *Le village aérien*. Mit Illustrationen von G. Roux. Paris: Hetzel 1901.
Vicq d'Azyr, Félix: Troisième mémoire pour servir à l'anatomie des oiseaux. In: *Histoire de l'Académie royale des sciences* (1774), S. 489–521.
Vicq d'Azyr, Félix: Premier mémoire sur la voix. De la structure des organes qui servent à la formation de la voix, considérés dans l'homme et dans les différentes classes d'animaux, et comparés entr'eux. In: *Histoire de l'Académie royale des sciences* (1779), S. 178–206.

Vicq d'Azyr, Félix: *Traité d'anatomie et de physiologie, avec des planches coloriées représentant au naturel les divers organes de l'homme et des animaux.* Bd. 1. Paris: François Didot l'aîné 1786.

Vicq d'Azyr, Félix: *Instructions sur la manière d'inventorier et de conserver, dans toute l'étendue de la République, tous les objets qui peuvent servir aux arts, aux sciences et à l'enseignement, proposée par la Commission temporaire des arts, et adoptée par le Comité d'instruction publique de la Convention nationale.* Paris: Imprimerie Nationale An II [1793–1994].

Vicq d'Azyr, Félix / Moreau de La Sarthe, Jacques Louis: *Oeuvres.* Bd. 5. Paris: L. Duprat-Duverger, de l'Impr. de Baudouin 1805.

Virey, Julien-Joseph: *Histoire naturelle du genre humain.* Bd. 3. Paris: Crochard 1824.

Vismann, Cornelia: Action writing: Zur Mündlichkeit im Recht. In: Friedrich A. Kittler / Thomas Macho / Sigrid Weigel (Hrsg.): *Zwischen Rauschen und Offenbarung. Zur Kultur- und Mediengeschichte der Stimme.* Berlin: Akademie-Verlag 2008, S. 133–152.

Visser, Robert Paul Willem: *The zoological work of Petrus Camper (1722–1789).* Amsterdam: Rodopi 1985.

Vogl, Joseph: Einleitung. In: Ders. (Hrsg.): *Poetologien des Wissens um 1800.* München: Fink 1999, S. 7–16.

Vöhringer, Margarete: Sprache röntgen, Schädel sehen. In: *Trajekte. Zeitschrift des Zentrums für Literatur- und Kulturforschung* 13,25 (2012), S. 41–44.

Voigt, Alwin: *Exkursionsbuch zum Studium der Vogelstimmen: praktische Anleitung zur Bestimmung der Vögel nach ihrem Gesange.* 4., verm. und verb. Aufl. Dresden: Schultze 1906.

Weigel, Sigrid: Thesen zur Forschungsperspektive einer Philologie wissenschaftlicher Konzepte. In: Christoph König (Hrsg.): *Geschichte der Germanistik. Mitteilungen.* Doppelheft 34/24. Göttingen: Wallstein 2003, S. 14–17.

Weigel, Sigrid: Das Gedankenexperiment: Nagelprobe auf die facultas fingendi in Wissenschaft und Literatur. In: Thomas Macho / Annette Wunschel (Hrsg.): *Science & Fiction. Über Gedankenexperimente in Wissenschaft, Philosophie und Literatur.* Frankfurt am Main: Fischer 2004, S. 183–205.

Weigel, Sigrid: Die Stimme als Medium des Nachlebens: Pathosformel, Nachhall, Phantom. Kulturwissenschaftliche Perspektiven. In: Doris Kolesch / Sybille Krämer (Hrsg.): *Stimme. Annäherung an ein Phänomen.* Frankfurt am Main: Suhrkamp 2006, S. 16–39.

Weigel, Sigrid: Die Stimme der Toten. Schnittpunkte zwischen Mythos, Literatur und Kulturwissenschaft. In: Friedrich A. Kittler / Thomas Macho / Sigrid Weigel (Hrsg.): *Zwischen Rauschen und Offenbarung. Zur Kultur- und Mediengeschichte der Stimme.* Berlin: Akademie-Verlag 2008, S. 73–92.

Weigel, Sigrid: Die Geburt der Musik aus der Klage. Zum Zusammenhang von Trauer und Musik in Benjamins musiktheoretischen Schriften. In: Tobias Robert Klein (Hrsg.): *Klang und Musik bei Walter Benjamin.* München: Fink 2013, S. 85–93.

Weikard, Melchior Adam: *Der philosophische Arzt.* Bd. 1. Frankfurt am Main: Andreäische Buchhandlung 1790.

Wendt, Johann: *Über Enthauptung im Allgemeinen und über die Hinrichtung Troer's insbesondere. Ein Beytrag zur Physiologie und Psychologie.* Breslau: Eigenverlag 1803.

Wertheimer, Jürgen: Hörstürze und Klangbilder. Akustische Wahrnehmung in der Poetik der Moderne. In: Thomas Vogel / Hermann Bausinger (Hrsg.): *Über das Hören. Einem Phänomen auf der Spur.* 2., bearb. Aufl. Tübingen: Attempto 1998, S. 133–144.

Wessel, Andreas: Die Laute der Tiere. Günter Tembrock – Verhaltensforscher und Fernsehstar. In: *Zoon* 6 (2011), S. 70–73.
Wilczek, Markus: *Das Artikulierte und das Inartikulierte. Eine Archäologie strukturalistischen Denkens*. Berlin/Boston: De Gruyter 2012.
Willkomm, Judith: Die Technik gibt den Ton an. Zur auditiven Medienkultur der Bioakustik. In: Axel Volmar / Jens Schröter (Hrsg.): *Auditive Medienkulturen. Techniken des Hörens und Praktiken der Klanggestaltung*. Bielefeld: transcript 2013, S. 393–417.
Willkomm, Judith: ‚skilled listening': Zur Bedeutung von Hörpraktiken in naturwissenschaftlichen Erkenntnisprozessen. In: Anna Symanczyk / Daniela Wagner / Miriam Wendling (Hrsg.): *Klang – Kontakte. Kommunikation, Konstruktion und Kultur von Klängen*. Berlin: Reimer 2016, S. 35–56.
Willkomm, Judith: *Tiere – Medien – Sinne. Eine Ethnographie bioakustischer Feldforschung*. Stuttgart: Metzler 2022.
Wittgenstein, Ludwig: Philosophische Untersuchungen. In: Ders.: *Werke*, Bd. 1. Frankfurt am Main: Suhrkamp 1984.
Wittig, Frank: *Maschinenmenschen. Zur Geschichte eines literarischen Motivs im Kontext von Philosophie, Naturwissenschaft und Technik*. Zugl.: Mainz, Univ., Diss., 1995. Würzburg: Königshausen & Neumann 1997.
Wolf, Falk: Einleitung. In: Lena Bader / Martin Gaier / Falk Wolf (Hrsg.): *Vergleichendes Sehen*. München: Fink 2010.
Zandt, Stephan: „Die Thiere feiern den Vollmond"!? Alexander von Humboldt und der Versuch, „das nächtliche Thierleben im Urwalde" zu beschreiben. In: Iris Därmann / Stephan Zandt (Hrsg.): *Andere Ökologien. Transformationen von Mensch und Tier*. Paderborn: Wilhelm Fink 2017, S. 161–180.
Zeitels, Steven M.: Universal modular glottiscope system: The evolution of a century of design and technique for direct laryngoscopy. In: *Annals of Otology, Rhinology & Laryngology* 108,9 (1999), S. 2–24.
Zeuch, Ulrike: Die Scala Naturae als Leitmetapher für eine statische und hierarchische Ordnungsidee der Naturgeschichte. In: Elena Agazzi (Hrsg.): *Tropen und Metaphern im Gelehrtendiskurs des 18. Jahrhunderts*. Hamburg: Meiner 2011, S. 25–32.
Ziegler, Susanne: Die akustischen Sammlungen – Historische Tondokumente im Phonogramm-Archiv und im Lautarchiv. In: Horst Bredekamp / Jochen Brüning / Cornelia Weber (Hrsg.): *Theater der Natur und Kunst*. Berlin: Henschel 2000, S. 197–206.

Bildnachweise

Abb. 1   Abbildungen verschiedener Ansichten des menschlichen Kehlkopfes. Kupferstich aus Giulio Cesare Casseris (1561–1616) Abhandlung über die Anatomie des Stimmorgans *De vocis auditusque organis historia anatomica* (1601). Aus: Julius Casserius: *The larynx, organ of voice.* Translated from the latin with preface and anatomical notes by Malcolm H. Hast, Ph.D. and Erling B. Holtsmark, Ph.D. Uppsala: Almqvist & Wiksells 1969 —— **25**

Abb. 2   Rekonstruktion des Ferrein'schen Experiments durch den Physiologen Johannes Müller, der die ursprüngliche Versuchsanordnung im Jahr 1839 dahingehend veränderte, dass er den für die Stimmgebung wesentlichen Mundraum beibehielt. Aus: Johannes Müller: *Über die Compensation der physischen Kräfte am menschlichen Stimmorgan: Mit Bemerkungen über die Stimme der Säugethiere, Vögel und Amphibien. Fortsetzung und Supplement der Untersuchungen über die Physiologie der Stimme.* Berlin: A. Hirschwald 1839, S. 54, Tafel 1 —— **48**

Abb. 3   Wolfgang von Kempelens Sprechmaschine. © Deutsches Museum, München, Archiv, BN37403 —— **77**

Abb. 4   Zwei Seiten mit Kupferstichen der Kempelen'schen Sprechmaschine (Linke Seite oben: Außenansicht der im Inneren der Sprechmaschine befindlichen Windlade „mit abgenommenen Deckel" und unten: für den Innenraum der Windlade bestimmte Bauteile, u. a. das Stimmrohr. Rechte Seite: Darstellung des der Stimmritze nachempfundenen Stimmrohrs) aus Wolfgang von Kempelens *Mechanismus der menschlichen Sprache nebst der Beschreibung seiner sprechenden Maschine* (1791). Mit XXVII Kupfertafeln. Wien: J. V. Degen 1791, S. 410 und S. 415 —— **80**

Abb. 5   Werbezettel für die Vorführung der von Joseph Faber konstruierten Sprechmaschine „Euphonia" in London. Aus: David Price: *Magic. A pictorial history of conjurers in the theater.* New York: Cornwall Books 1985, S. 36 —— **86**

Abb. 6   Abbildung eines Pferdekehlkopfes mit federnder Membran (A), Stimmbändern (B), Schildknorpel (C) und der Stelle, an der die federnde Membran mit dem Kehlkopf verwachsen ist (D). Eine von insgesamt 12 Kupferstichtafeln in Hérissants Abhandlung über die Stimmwerkzeuge von Säugetieren und Vögeln. David-François Hérissant: Recherches sur les organes de la voix des quadrupèdes, et de celle des oiseaux. In: *Histoire de l'Académie royale des sciences* (1753), S. 279–295. © Bibliothèque nationale de France —— **99**

Abb. 7   Abbildung zweier Ansichten des Kehlkopfes eines Brüllaffen mit Zunge und darunter liegender knöcherner Tasche, die durch einen häutigen Kanal mit dem Kehlkopf verbunden ist. Kupferstich von Yves Marie Le Gouaz. Abgedruckt in Vicq d'Azyrs Abhandlung über die Stimme, 1779. Félix Vicq d'Azyr: Premier mémoire sur la voix. De la structure des organes qui servent à la formation de la voix, considérés dans l'homme et dans les différentes classes d'animaux, et comparés entr'eux. In: *Histoire de l'Académie royale des sciences* (1779), S. 178–206. © Bibliothèque nationale de France —— **114**

https://doi.org/10.1515/9783110727654-010

Abb. 8   Kupferstich von Yves Marie Le Gouaz. Abgedruckt in Vicq d'Azyrs Abhandlung über die Stimme, 1779. Zu sehen sind die Stimmapparate der Lerche, Schlange, Schildkröte und des Frosches. Félix Vicq d'Azyr: Premier mémoire sur la voix. De la structure des organes qui servent à la formation de la voix, considérés dans l'homme et dans les différentes classes d'animaux, et comparés entr'eux. In: *Histoire de l'Académie royale des sciences* (1779), S. 178–206. © Bibliothèque nationale de France —— **120**

Abb. 9   Zeichnung des Stimmorgans eines Orang-Utans von Pieter Camper. Abgedruckt in Pieter Camper: Account of the organs of speech of the orang outang. In: *Philosophical Transactions of the royal Society of London* 69 (1779), S. 129–159 —— **143**

Abb. 10   Tafel I aus Chladnis *Entdeckungen über die Theorie des Klanges* (1787). Ernst Florens Friedrich Chladni: *Entdeckungen über die Theorie des Klanges*. Mit elf Kupfertafeln. Leipzig: Weidmanns Erben und Reich 1787 —— **210**

Abb. 11   „His Master's Voice". 1905 im Umlauf gewesene Lithographie der *Victor Talking Machine Company*, welche die Patente und das Markenzeichen der *Grammophone Company*, den His Master's Voice lauschenden Hund Nipper, 1900/1901 übernahm. Aus: Timothy C. Fabrizio / George F. Paul: *Antique phonograph advertising. An illustrated history*. Atglen, PA: Schiffer Pub. 2002, S. 52. Verwendung mit freundlicher Genehmigung der Autoren —— **247**

Abb. 12   Die Brüder Emile und Charles Pathé mit Grammophon, Kinematograph und Hahn, dem Markenzeichen der Pathé Frères. 1919 von Adrien Ballere entworfene Werbezeichnung für die Zeitschrift *Fantasio*. © Imago / Kharbine-Tapabor —— **248**

Abb. 13   Der für die Qualität der Aufnahmezylinder von *Columbia* sich aussprechende Adler auf einem Werbeschild des Unternehmens aus dem Jahr 1899. Aus: Timothy C. Fabrizio / George F. Paul: *Antique phonograph advertising. An illustrated history*. Atglen, PA: Schiffer Pub. 2002, S. 46. Verwendung mit freundlicher Genehmigung der Autoren —— **249**

Abb. 14   Einer von vielen für die Sprechmaschine werbenden Papageien auf einer Werbeschale der *Talkophone Company* von Toledo, ca. 1906. Aus: Timothy C. Fabrizio / George F. Paul: *Antique phonograph advertising. An illustrated history*. Atglen, PA: Schiffer Pub. 2002, S. 87. Verwendung mit freundlicher Genehmigung der Autoren —— **249**

Abb. 15   „Can't break 'em." Der auf einem Zylinder balancierende Elefant als Logo der *Lambert Company*, 1903. Aus: *Country Life in America*. New York: Doubleday, Page & Co. 1901–1917, Bd. 5, Dezember 1903, S. 182 —— **250**

Abb. 16   Der – noch über die „Meisenlinie" hinausgehende – Gesang des feuerköpfigen (Sommer-)Goldhähnchens in der Schreibweise von Stadler und Schmitt. Aus: Hans Stadler / Cornel Schmitt: Studien über Vogelstimmen. In: Journal für Ornithologie 61 (1913), S. 383–394, S. 390 —— **279**

Abb. 17   Richard L. Garner bei phonographischen Aufnahmen von Affen im Central Park, New York City, und – nach der Vorstellung des Zeichners – im kongolesischen Dschungel. Aus: Barnet Phillips: A record of monkey talk. In: *Harper's Weekly* 35,1827 (1891), S. 1036. http://www.phonozoic.net/prim texts/n0129.htm (Abruf am 17.12.2021) —— **291**

Bildnachweise — 455

Abb. 18 Richard Lynch Garners Entwurf für einen „double-spindle phonograph".
Zeichenskizzen in Garners Brief an Thomas A. Edison vom 21. Dezember 1891.
© Thomas A. Edison Papers, Rutgers University — 306

Abb. 19 „Preparing for the Night". Garner in seinem eigens für die Expedition im afrikanischen Dschungel konstruierten Käfig, aber ohne Phonograph. Diapositiv, ca. 1892/93. © National Anthropological Archives, Smithsonian Institution, NMNH-81-58a_x06, Photo Lot 81-58A — 311

Abb. 20 Johausens leerer Käfig. Illustration von G. Roux, abgedruckt in Jules Vernes Roman *Le village aérien* (1901). Jules Verne: *Le village aérien*. Paris: Hetzel 1901, S. 93. © Bibliothèque nationale de France — 313

Abb. 21 Fotografie von Wilhelm Doegen bei Tonaufnahmen von Elefanten im Zirkus Krone am 9. September 1925. © Lautarchiv, Humboldt-Universität zu Berlin — 333

Abb. 22 Von Wilhelm Doegen ausgefüllter und unterzeichneter „Personal-Bogen" der am 9. September 1925 im Zirkus Krone phonographierten Elefanten Birma, Ratschin und Tiry. © Lautarchiv, Humboldt-Universität zu Berlin, LA 512 — 335

Abb. 23 „Art der Aufnahme: T". Im Mai 1927 im Dresdner Zoo phonographisch aufgezeichnete Tierstimmen. Seite aus dem Aufnahmejournal des Berliner Lautarchivs. © Lautarchiv, Humboldt-Universität zu Berlin, LA 841–LA 860 — 337

Abb. 24 „Goliath mit geblähtem Kehlsack". Fotografie von Gustav Brandes. Aus: Gustav Brandes: *Buschi. Vom Orang-Säugling zum Backenwülster*. Leipzig: Quelle und Meyer 1939, S. 14 — 340

Abb. 25 Der Esel Hansei in Brunnwinkl. Vor ihm von links nach rechts: Otto von Frisch, seine Frau Jenny sowie seine Brüder Karl und Ernst, etwa 1905. Aus: Karl von Frisch: *Fünf Häuser am See. Der Brunnwinkl, Werden und Wesen eines Sommersitzes*. Mit 42 Abbildungen. Berlin: Springer 1980, S. 43. © Barbara und Julian von Frisch — 351

Abb. 26 Das Museum war 1904–1924 im „Eselstall" untergebracht. Hier: Karl von Frisch (links) mit seinem Onkel Sigmund Exner (rechts). Aus: Karl von Frisch: *Fünf Häuser am See. Der Brunnwinkl, Werden und Wesen eines Sommersitzes*. Mit 42 Abbildungen. Berlin: Springer 1980, S. 62. © Barbara und Julian von Frisch — 354

Abb. 27 Mittels Camera Lucida entworfene Abbildung der Schrillstreifen (Ss) auf einer mit Zirplauten bespielten Wachsplatte. Abgedruckt in Kreidls und Regens *Physiologische Untersuchungen über Tierstimmen* (1905). Alois Kreidl / Johann Regen: *Physiologische Untersuchungen über Tierstimmen (1. Mitteilung) Stridulation von Gryllus campestris*. IV. Bericht der Phonogramm-Archiv-Kommission der kais. Akademie der Wissenschaften in Wien. Wien: Akad. d. Wiss. 1905 — 360

Abb. 28 Notizbuch von Regen zum Zirpverhalten der Alpen-Strauchschrecke (*Thamnotrizon apterus*). Auf der linken Seite ist eine Legende zu den verwendeten Notationszeichen zu sehen. Auf der rechten Seite wird unter Anwendung jener Zeichen das Zirpen mehrerer ihrer Fühler beraubten Schrecken am 25. und 26. August 1909 dokumentiert. © Archiv der Österreichischen Akademie der Wissenschaften (AÖAW), Nachlass Johann Regen, Nr. 7 — 379

Abb. 29 Versuchsanordnung des Telefon-Experiments: Untersucht wird, wie das Weibchen W auf die über das Telefon T übertragenen Zirplaute eines Männchens M_2 reagiert. Der Experimentator E kann die Verbindung nach Belieben aufbauen bzw. unterbrechen. Aus: Johann Regen: Über die Anlockung des Weibchens von Gryllus campestris L. durch telephonisch übertragene Stridulationslaute des Männchens. Ein Beitrag zur Frage der Orientierung bei den Insekten. In: Pflüger's Archiv für die gesamte Physiologie des Menschen und der Tiere 155,1 (1913), S. 193–200, S. 196 —— **383**

Abb. 30 Versuchsanordnung des Ballon-Experiments: Zwei männliche Versuchstiere (M_1 und $M_{2)}$ alternieren selbst dann mit ihren am Boden befindlichen Artgenossen (M_3, M_4, M_5 und M_6) sowie miteinander, wenn sie den Kontakt zum Boden verloren haben. Aus: Johann Regen: *Untersuchungen über die Stridulation und das Gehör von Thamnotrizon apterus Fab ♂*. Mit 35 Notenbeispielen und 5 Textfiguren. Aus den Sitzungsberichten der Akademie der Wissenschaften in Wien. Mathem.-naturwiss. Klasse. Bd. 123. Abt. 1. Wien: Akad. d. Wiss. 1914, S. 887 —— **385**

Abb. 31 Oszillogramme verschiedener Schreckenarten (laut Grmek *Gryllus campestris* und *Oecanthus pellucens*), die Regen 1934 angefertigt und neben anderen Oszillogrammen für seine geplante, aber nie veröffentlichte Monographie zur Bioakustik der Insekten zusammengestellt hat. © Archiv der Österreichischen Akademie der Wissenschaften (AÖAW), Nachlass Johann Regen, Nr. 4.4 —— **395**

Abb. 32 „Eine Schwingung hier vergrößert". Zwei oszillografisch aufgezeichnete Perioden der Zirplaute des Weinhähnchens (*Oecanthus pellucens*) in vergrößerter Form. Regen hat die einzelnen Schwingungen gezählt (siehe Bleistift-Eintragungen), auch, um sie für die nochmalige Vergrößerung durch einen Grafiker aufzubereiten. © Archiv der Österreichischen Akademie der Wissenschaften (AÖAW), Nachlass Johann Regen, Nr. 4.4 —— **397**

Danksagung

Ein wissensgeschichtliches Buch über die Stimme zu schreiben heißt, sich im genauen „Hinhören" zu üben und dabei unweigerlich der Vielstimmigkeit gewahr zu werden, welche die Entstehung von Wissen kennzeichnet. Dies gilt nicht nur für die Gegenstandsebene. Ohne die unzähligen Stimmen derer, die die Arbeit an diesem Buch mit Interesse und Neugier, mit kritischen Fragen und wertvollen Hinweisen begleitet haben, hätte es nicht die vorliegende Gestalt annehmen und 2019 als Dissertation an der Humboldt-Universität zu Berlin eingereicht werden können. Mein besonderer Dank gilt Thomas Macho, der dem Projekt von Anfang an mit großem Wohlwollen und Engagement begegnet ist und mich über all die Jahre hinweg bestmöglich unterstützt und gefördert hat. Seine Forschungen zur Kulturgeschichte nichtmenschlicher Tiere waren für meine eigenen Auseinandersetzungen wegweisend. Für seinen Weitblick, seine klugen, immer wertschätzenden Kommentare, das Vertrauen in meine Forschungstätigkeit und den Arbeitsplatz im Internationalen Forschungszentrum Kulturwissenschaften (IFK) während eines Archivaufenthaltes in Wien bedanke ich mich von ganzem Herzen. Großer Dank gebührt auch meiner Zweitbetreuerin Sigrid Weigel, die meine Arbeit mit großem Einsatz begleitet hat. Ihre genauen, kritischen und dabei stets konstruktiven Lektüren einzelner Kapitel und die sich anschließenden Gespräche waren von unschätzbarem Wert. Von ihren kultur- und literaturwissenschaftlichen Arbeiten zur Stimme als Schwellenmedium gingen entscheidende Impulse für die vorliegende Untersuchung aus.

Ein dreijähriges Doktorandenstipendium am Berliner Leibniz-Zentrum für Literatur- und Kulturforschung (ZfL) ermöglichte mir die konzentrierte Arbeit in einer inspirierten und im besten Sinne ‚undisziplinierten' Umgebung, wie sie für die Durchführung meines Projekts nicht vorteilhafter hätte sein können. Der freundschaftliche Austausch im Doktorandenzimmer und dessen Umkreis half über manche Phasen des Zweifelns hinweg. Für gemeinsame Lektüren, Anregungen und Gespräche sowie die vielfach erfahrene Unterstützung am ZfL danke ich neben Sigrid Weigel insbesondere Stefan Willer, der mir in inhaltlichen und praktischen Fragen mit Rat zur Seite stand sowie Eva Geulen, Daniel Weidner, Hannah Wiemer, Stephanie Burkhardt, Lukas Pallitsch, Lisa Schreiber, Hannes Becker, Maria Kuberg, Insa Braun, Matthew Vollgraff, Elena Fabietti, Heike Schlie, Aurélia Kalisky, Judith Weiss, Stephanie Eichberg, Novina Göhlsdorf, Dirk Naguschewski und Japhet Johnstone. Engagierte Hilfestellung bei der Beschaffung von Büchern hat das Bibliotheksteam des ZfL geleistet, mein Dank gilt insbesondere Jana Lubasch, Halina Hackert und Ruth Hübner. Danken möchte ich dem ZfL nicht nur für die finanzielle und ideelle Förderung über drei Jahre hinweg, sondern auch für den großzügigen Druckkostenzuschuss, mit dem es die Herstellung dieses Buches abschließend unterstützt hat.

Iris Därmann hat mein Projekt von Beginn an mit großem Interesse verfolgt und mir sehr wertvolle Hinweise mit auf den Weg gegeben. Ihr danke ich auch für die Verfassung des dritten Gutachtens. Die Treffen des Forschungskolloquiums von Iris Därmann und Thomas Macho waren für mich unverzichtbare Einübungen kulturwissenschaftlichen Denkens; hier durfte ich mein Projekt in kollegialer Atmosphäre mehrfach vorstellen und mit wichtigen Impulsen anreichern. Ein herzlicher Dank geht auch an die Mitglieder des Forschungsnetzwerks für Cultural and Literary Animal Studies (CLAS), dessen Summer Schools in Würzburg mir in schöner Erinnerung bleiben werden. Der Berliner Lesekreis, der sich aus diesen Zusammenkünften formierte, hat meine Arbeit entscheidend geprägt. Ich danke besonders Mareike Vennen, Silke Förschler, Katja Kynast, Stephan Zandt, Kerstin Weich, Dan Gorenstein, Sebastian Schönbeck, Matthias Preuß und Sophia Gräfe für nächtelange Gespräche über Tiertheorien in Würzburg, Ringenwalde, Siggen, Küstrinchen und Berlin.

Dank eines Kurzzeitstipendiums des DAAD konnte ich 2016 nach Wien reisen, um im Archiv der Österreichischen Akademie der Wissenschaften zu recherchieren. Der Leiter des Archivs Stefan Sienell und sein Team haben mich aufs Herzlichste willkommen geheißen und bestmöglich unterstützt. Kerstin Weich hat mir während dieser Zeit ein Zuhause gegeben und mir so einen wunderbaren Aufenthalt in Wien beschert.

Ohne meine Familie und meine Freund:innen, die während der langen Zeit für mich da waren, wäre diese Arbeit nicht denkbar gewesen. Für Zuspruch und Gespräche diesseits und jenseits der Dissertation danke ich besonders meinen Eltern Elisabeth und Carsten Reimann, meinen beiden Schwestern Janine und Christin Reimann, Gundula Gahlen, Tabea Wachsmuth, Maria und Stefan Wendland, Pauline Fleischmann, Simone Schröder und Martin Widmann, Charlotte Meinders, Verena Straub, Marit Rericha, Carlo Mathieu und schließlich Hanne Gahlen, die das gesamte Manuskript gelesen und mich auch darüber hinaus sehr unterstützt hat. Mein größter Dank gilt Christof Gahlen, der mich in allen, auch den schwierigeren Phasen der Arbeit an diesem Buch mit großer Geduld und konstantem Zuspruch begleitet und aufgefangen hat, der wichtiger Gesprächspartner und bester Freund war, der erste und letzte Entwürfe gelesen und mich immer wieder mit Leben erfüllt hat. Ihm, unserer Katze Rubi und unserer gemeinsamen Tochter Ria Elise, die mich seit ihrer Geburt in der letzten Phase der Schreibzeit täglich daran erinnert, wie schön und vielstimmig das Leben abseits vom Schreibtisch ist, sei dieses Buch gewidmet.

Personenregister

Abbé de L'Épée, Charles-Michel 169, 172, 174, 182
Abbé Mical 85
Agamben, Giorgio 138
Albertus Magnus 53 f.
Aristoteles 5, 28, 32 f., 37 f., 45 f., 48, 52, 180, 202, 323, 382

Babington, Benjamin Guy 19
Bataille, Georges 24
Benjamin, Walter 9, 218 f., 243 f.
Bertin, Exupere Josephe 42
Blumenbach, Johann Friedrich 126 f.
Blumenberg, Hans 215
Bozzini, Philipp 18 f.
Brandes, Gustav 340–344
Bruhier d'Alaincourt, Jean Jacques 55–57, 62, 69
Brunner, Heinrich Maximilian 206
Buffon, Georges-Louis Leclerc de 108, 112, 136 f., 182–184, 322

Camper, Pieter 26, 43, 65, 67–70, 78, 91, 112, 133–134, 139–145, 147–149, 152 f., 158, 161 f., 168, 173, 296, 344
Casserius, Julius 25
Cheney, Dorothy L. 294 f., 312
Chladni, Ernst Florens Friedrich 209–212, 391 f.
Cuvier, Georges 109, 121–126, 130 f., 160–162, 231, 352

Darwin, Charles 11, 136, 227, 285–287, 296, 298, 300, 321–323
Daston, Lorraine 289 f., 361, 392
Deleuze, Gilles 6, 24
Derrida, Jacques 4, 6, 52 f., 91, 174, 180, 389
Descartes, René 134, 136, 171, 179, 197 f., 205, 322
Diderot, Denis 40, 44–46, 201
Dodart, Denis 32–37, 42, 48, 84, 96, 122
Doegen, Wilhelm 331–343

Edison, Thomas A. 11, 63, 174, 211, 230, 245, 251–255, 261, 289, 293, 304–309, 311, 317–319, 330, 345 f., 375
Eichendorff, Joseph von 219 f., 416
Euler, Leonhard 198 f.
Exner, Sigmund 309 f., 345–357, 359

Faber, Albrecht 1, 404–410
Faber, Joseph 85 f.
Fabre, Jean-Henri 362, 368–371, 377, 380
Ferrein, Antoine 9 f., 15–17, 22, 33, 36–55, 59–63, 65, 69, 78, 84–87, 93, 96 f., 100 f., 104 f., 107, 111, 114–116, 119 f., 126, 133, 142, 172, 182–184, 186, 253, 391, 415, 417
Fichte, Johann Gottlieb 199
Flammarion, Camille 362, 367–369
Flaubert, Gustave 155–157
Foucault, Michel 72
Frisch, Karl von 350–354, 357, 374, 381
Frommolt, Karl-Heinz 408

Galen 30
Galison, Peter 289 f., 361, 392
Garcia, Manuel 19 f., 38, 111
Garner, Richard Lynch 11, 254, 261, 273, 283, 285, 287–321, 323–327, 329 f., 334, 343 f., 356, 359, 361, 378, 386, 406, 415, 417 f.
Genette, Gérard 157
Goethe, Johann Wolfgang von 380, 402
Grimm, Jacob 92, 149, 190, 322
Grimm, Wilhelm 92, 149, 190
Guattari, Félix 24

Haeckel, Ernst 342
Haller, Albrecht von 27, 29–32, 40–43, 45, 50, 65–67, 69 f., 78, 103–108, 117, 119 f., 123, 126, 129–131, 231, 352 f.
Hauff, Wilhelm 150 f., 155–157, 159
Heinicke, Samuel 178, 191–195
Helmholtz, Hermann von 242 f., 271, 273, 296–298

Herder, Johann Gottfried 82 f., 137, 139, 144–146, 149, 196, 204, 209, 212–214, 286
Hérissant, David-François 96–103, 105–108, 111, 117, 119 f., 122–124, 126 f., 131 f., 352 f.
Herzing, Denise 1–3, 11 f., 418
Hoffmann, E.T.A. 150, 154–157, 179, 197, 203–209, 211, 216–218, 221 f.
Hofmannsthal, Hugo von 348, 362, 364–366, 402
Hornbostel, Erich Moritz 276–278, 280–282, 328–330
Hufeland, Christoph Wilhelm 57–60, 63–65, 69, 73, 78
Hughes, David Edward 241 f.
Humboldt, Alexander von 224–233, 235

Jacquet-Droz, Henri 207
Jacquet-Droz, Pierre 207
Jean Paul 200–203

Kafka, Franz 24, 237 f., 255–265, 269, 273–275, 282 f., 312, 317–321, 405, 416
Kant, Immanuel 197–199
Kempelen, Wolfgang von 10, 27, 47, 62 f., 75–87, 89, 93, 144, 147–150, 164 f., 167, 172–179, 187 f., 191, 194 f., 197–200, 202 f., 206, 253
Kittler, Friedrich A. 85, 163, 170, 174 f., 196, 203 f., 213, 246, 251, 253 f., 262, 318, 353
Krall, Karl 319 f.
Krause, Bernard L. 12, 115, 410 f.
Krause, Carl Christian 31 f.
Krause, Ernst 368
Kreidl, Alois 355, 357–361, 365, 373, 390

La Fontaine, Jean de 402
La Mettrie, Julien Offray de 168, 170, 195
Lach, Robert 323
Landois, Hermann 386
Lessing, Theodor 235–241, 362–364, 375, 402
Leveling, Theodor von 26, 173
Lichtenberg, Georg Christoph 199

Linné, Carl von 135
Lord Monboddo, James Burnett 167–173, 189, 195
Lordat, Jacques 146

Magendie, François 27, 29, 32, 43, 59
Mangold, Ernst 374, 384
Marler, Peter 294 f., 312
Mende, Ludwig Julius Caspar 22–27, 35, 59
Mersenne, Marin 18
Meyrink, Gustav 404 f.
Montagnat, Henri-Joseph-Bernard 42
Müller, Johannes 26 f., 43 f., 48, 53
Musil, Robert 98, 255, 264–277, 282 f., 405, 416

Nägeli, Hans Georg 211
Novalis 211 f., 218 f., 222

Platon 366, 401
Poe, Edgar Allan 60–64, 74, 150, 152, 158–165
Poizat, Michel 185, 189, 193

Regen, Johann 11 f., 254, 273, 281, 357–362, 365, 370–411, 415, 417 f.
Richerand, Balthasar-Anthelme 145 f.
Rilke, Rainer Maria 245–246, 253, 362, 365 f., 375, 402
Ritter, Johann Wilhelm 212
Rösel von Rosenhof, August Johann 357 f.
Rousseau, Jean-Jacques 137–139
Rudolphi, Karl Asmund 26–28, 146

Schafer, Raymond Murray 363
Schmid, Bastian 341, 391 f.
Schmitt, Cornel 279–281
Schubert, Gotthilf Heinrich 208, 222
Scudder, Samuel Hubbard 367
Sicard, Abbé Roch-Ambroise 180 f.
Stadler, Hans 279–282
Steffens, Henrik 151–154, 156 f., 160 f., 164, 167, 195
Stumpf, Carl 269–274, 277, 327–329, 331 f.

Tawada, Yōko 217
Tembrock, Günter 1 f., 6–8, 361, 404, 408–411
Tieck, Ludwig 89–95, 113 f., 150–154, 156 f., 160 f., 164, 167, 179, 195, 209, 215, 218, 221, 229, 241, 362–364, 370, 375, 403
Tucholsky, Kurt 237 f.

Vaucanson, Jacques de 207
Verne, Jules 302, 312–317, 321

Vicq d'Azyr, Félix 43 f., 108–121, 123–127, 132 f., 139 f., 146, 352
Virey, Julien-Joseph 144
Voigt, Alwin 278

Wendt, Johann 73–75
Weikard, Melchior Adam 71
Wittgenstein, Ludwig 295